반드시
풀어야 하는
173유형
1130제 수록

A, B, C의
3단계 학습
+ 고난도 문제

2022 개정 교육과정

수학의 바이블

유형 ON

본책

KB276018

ON [켜다]
실력의 불을 켜다

온 [모두의]
모든 유형을 담다

중학 1·1

이투스북

STAFF

발행인 정선욱
퍼블리싱 총괄 남형주
개발 김태원 김한길 이유미 김윤희 박문서 남은희 권오은
기획 · 디자인 · 마케팅 조비호 김정인 에딩크
유통 · 제작 서준성 김경수

수학의 바이블 유형ON 중학수학 1-1 | 202407 제4판 1쇄 202505 제4판 2쇄
펴낸곳 이투스에듀㈜ 서울시 서초구 남부순환로 2547
고객센터 1599-3225 **등록번호** 제2007-000035호 **ISBN** 979-11-389-2390-3 [53410]

2024년 이투스북 수학 연간검토단

※ 지역명, 이름은 가나다순입니다.

강원

고민정 로이스 물맷돌 수학
고승희 고수수학
구영준 하이탑수학과학학원
김보건 영탑학원
김성영 빨리강해지는 수학과학학원
김정은 아이탑스터디
김지영 김지영 수학
김진수 MCR융합원/PF수학 (전문과외)
김호동 하이탑수학학원
김희수 이투스247원주
남정훈 으뜸장원학원
노명훈 노명훈쌤의 알수학학원
노명희 탑클래스
박미경 수올림수학전문학원
박상윤 박상윤수학
배형진 화천학습관
백경수 이코수학
서아영 스텝영수단과학원
신동혁 이코수학
심수경 PF math
안현지 전문과외
양광석 원주고등학교
오준환 수학다움학원
유선형 PF math
이윤서 더자람교실
이태현 하이탑 수학학원
이현우 베스트수학과학학원
장해연 영탑학원
정복인 하이탑수학과학학원
정인혁 수학과통하다학원
최수남 강릉 영.수배움교실
최재현 원탑M학원
홍지선 홍수학교습소

경기

강명식 매쓰온 수학학원
강민정 한진홈스쿨
강민종 필에듀학원
강소미 솜수학
강수정 노마드 수학학원
강신충 원리탐구학원
강영미 쌤과통하는학원
강유정 더배움학원
강정희 쓱보고싹푼다
강진욱 고밀도 학원
강하나 강하나수학
강태희 한민고등학교
강현숙 루트엠수학교습소
경유진 오늘부터수학학원
경지현 화서탑이지수학
고규혁 고동국수학학원
고동국 고동국수학학원
고명지 고쌤수학학원
고상준 준수학교습소
고안나 기찬에듀 기찬수학
고지윤 고수학전문학원
고진희 지니Go수학
곽병무 뉴파인 동탄 특목관
곽진영 전문과외
구재희 오성학원
구창숙 이름학원
권영미 에스이마고수학학원
권영아 늘봄수학
권은주 나만수학
권준환 와이솔루션수학
권지우 수학앤마루
기소연 지혜의 틀 수학기지
김강환 뉴파인 동탄고등1관
김강희 수학전문 일비충천
김경민 평촌 바른길수학학원
김경오 더하다학원
김경진 경진수학학원 다산점
김경태 함께수학
김경훈 행복한학생학원
김관태 케이스 수학학원
김국환 전문과외
김덕락 준수학 수학학원
김도완 프라매쓰 수학 학원
김도현 유캔매스수학교습소
김동수 김동수학원
김동은 수학의힘 평택지제캠퍼스
김동현 JK영어수학전문학원
김미선 안양예일영수학원
김미옥 알프 수학교실
김민겸 더퍼스트수학교습소
김민경 경화여자중학교
김민경 더원수학
김민석 전문과외
김보경 새로운희망 수학학원
김보람 효성 스마트해법수학
김복현 시온고등학교
김상욱 Wook Math
김상윤 막강한수학학원
김새로미 뉴파인동탄특목관
김서림 엠베스트갈매
김서영 다인수학교습소
김석호 푸른영수학원
김선혜 수학의아침(수내 중등관)
김선홍 고밀도학원
김성은 블랙박스수학과학전문학원
김세준 SMC수학학원
김소영 김소영수학학원
김소영 호매실 예스셈올림피아드
김소희 도촌동멘토해법수학
김수림 전문과외
김수연 김포셀파우등생학원
김수진 봉담 자이 라피네 진샘수학
김슬기 용죽 센트로학원
김승현 대치매쓰포유 동탄캠퍼스
김시훈 smc수학학원
김연진 수학메디컬센터
김영아 브레인캐슬 사고력학원
김완수 고수학
김용덕 (주)매쓰토리수학학원
김용환 수학의아침
김용희 솔로몬학원
김유리 미사페르마수학
김윤경 구리국빈학원
김윤재 코스매쓰 수학학원
김은미 탑브레인수학과학학원
김은영 세교수학의힘
김은채 채채 수학 교습소
김은향 의왕하이클래스
김정현 채움스쿨
김종균 케이수학
김종남 제너스학원
김종화 퍼스널개별지도학원
김주영 정진학원
김주용 스타수학
김지선 고산원탑학원
김지선 다산참수학영어2관학원
김지영 수이학원
김지윤 광교오드수학
김지현 엠코드수학과학원
김지효 로고스에이
김진만 아빠수학엄마영어학원
김진민 에듀스템수학전문학원
김진영 예미지우등생교실
김창영 하이포스학원
김태익 설봉중학교
김태진 프라임리만수학학원
김태학 평택드림에듀
김하영 막강수학학원
김하현 로지플 수학
김학준 수담 수학 학원
김학진 별을셀수학
김현자 생각하는수학공간학원
김현정 생각하는Y.와이수학
김현주 서부세종학원
김현지 프라임대치수학교습소
김형숙 가우스수학학원
김혜정 수학을말하다
김혜지 전문과외
김혜진 동탄자이교실
김호숙 호수학원
나영우 평촌에듀플렉스
나혜림 마녀수학
남선규 로지플수학
노영하 노크온 수학학원
노진석 고밀도학원
노혜숙 지혜숲수학
도건민 목동 LEN
류은경 매쓰랩수학교습소
마소영 스터디MK
마정이 정이 수학
마지희 이안의학원 화정캠퍼스
문다영 평촌 에듀플렉스
문장원 에스원 영수학원
문재웅 수학의 공간
문제승 성공수학
문지현 문쌤수학
문진희 플랜에이수학학원
민건홍 칼수학학원 중.고등관
민동건 전문과외
민윤기 배곧 알파수학
박강희 끝장수학
박경훈 리버스수학학원
박대수 대수학
박도솔 도솔샘수학
박도현 진성고등학교
박민서 칼수학전문학원
박민정 악어수학
박민주 카라Math
박상일 생각의숲 수풀림수학학원
박성찬 성찬쌤's 수학의공간
박소연 이투스기숙학원
박수민 유레카 영수학원
박수현 용인능원 씨앗학원
박수현 리더가되는수학교습소
박신태 디엘수학전문학원
박연지 상승에듀
박영주 일산 후곡 쉬운수학
박우희 푸른보습학원
박유승 스터디모드
박윤호 이름학원
박은자 솔로몬 공부방
박은주 은주짱샘 수학공부방
박은주 스마일수학
박은진 지오수학학원
박은희 수학에 빠지다
박재연 아이셀프수학교습소
박재현 LETS
박재홍 열린학원
박정화 우리들의 수학원
박종림 박쌤수학
박종필 정석수학학원
박주리 수학에반하다
박지영 전문과외
박지윤 파란수학학원
박지혜 수이학원
박진한 엡실론학원
박진홍 상위권을만드는 고밀도학원
박찬현 박종호수학학원
박태수 전문과외
박하늘 일산 후곡 쉬운 수학
박현숙 전문과외
박장군 수리연학원
박현정 빡꼼수학학원
박현정 탑수학 공부방
박혜림 림스터디 수학
박희동 미르수학학원
방미양 JMI 수학학원
방혜정 리더스수학영어
배재준 연세영어고려수학 학원
배정혜 이화수학
배준용 변화의시작
배탐스 안양 삼성학원
백흥룡 성공수학학원
변상선 바른샘수학전문보습학원

박규진 김포 하이스트
서장호 로켓수학학원
서정환 아이디수학
서지은 지은쌤수학
서효언 아이콘수학
서희원 함께하는수학 학원
설성환 설샘수학학원
설성희 설쌤수학
성기주 이젠수학과학학원
성인영 정석 공부방
성지희 snt 수학학원
손동학 자호수학학원
손정현 참교육
손지영 엠베스트에스이프라임학원
손진아 포스엠수학학원
송빛나 원수학학원
송치호 대치명인학원
송태원 송태원1프로수학학원
송혜빈 인재와고수 학원
송호석 수학세상
신경성 한수학전문학원
신수연 동탄 신수연 수학과학
신일호 바른수학교육 한 학원
신정임 정수학학원
신정화 SnP수학학원
신준효 열정과의지 수학보습학원
심은지 고수학학원
심재현 웨이메이커 수학학원
안대호 독강수학학원
안하성 안쌤수학
안현경 전문과외
안효자 진수학
안효정 수학상상수학교습소
안희애 에이엔 수학학원
양병철 우리수학학원
양유열 고수학전문학원
양은진 수플러스 수학교습소
어성웅 어쌤수학학원
엄은희 엄은희스터디
염승호 전문과외
염철호 하비투스학원
오종숙 함께하는 수학
용다혜 에듀플렉스 동백점
우선혜 HSP수학학원
원준희 수학의 아침
유기정 STUDYTOWN 수학의신
유남기 의치한학원
유대호 플랜지 에듀
유소현 웨이메이커수학학원
유현종 SMT수학전문학원
유혜리 유혜리수학
유호애 지윤 수학
윤덕환 여주비상에듀기숙학원
윤도형 PST CAMP 입시학원
윤명희 사랑셈교실
윤문성 평촌 수학의 봄날 입시학원
윤미영 수주고등학교
윤여태 103수학
윤재은 놀이터수학교실
윤재현 윤수학학원
윤지영 의정부수학공부방
윤채린 전문과외
윤혜원 고수학전문학원
윤 희 희쌤수학과학학원
윤희용 매트릭스 수학학원
이건도 아론에듀학원
이경민 차앤국수학국어전문학원
이경복 전문과외
이광후 수학의아침 광교 특목자사관
이규상 유클리드 수학
이근표 정진학원
이나래 토리103수학학원
이나현 엠브릿지 수학
이다정 능수능란 수학전문학원
이대훈 밀알두레학교
이동희 이쌤 최상위수학교습소
이명환 다산 더원 수학학원
이무송 유투엠수학학원주엽점
이민영 목동 엘리엔학원
이민하 보듬교육학원
이보형 매쓰코드1학원
이봉주 분당성지수학
이상윤 엘에스수학전문학원
이상일 캔디학원
이상준 E&T수학전문학원
이상철 G1230 옥길
이상형 수학의이상형
이서령 더바른수학전문학원
이서윤 공수학 학원 (동탄)
이성희 피타고라스 셀파수학교실
이세복 퍼스널수학
이수동 부천 E&T수학전문학원
이수정 매쓰투미수학학원
이슬기 대치깊은생각
이승진 안중 호연수학
이승환 우리들의 수학원
이아현 전문과외
이애경 M4더메타학원
이연숙 최상위권수학영어학원 수지관
이연주 수학연주수학교습소
이영현 대치명인학원
이영훈 펜타수학학원
이예빈 아이콘수학
이우선 효성고등학교
이원녕 대치명인학원
이유림 수학의 아침
이은미 봄수학교습소
이은아 이은아 수학학원
이은지 수학대가 수지캠퍼스
이재욱 고려대학교/KAMI
이재환 칼수학학원
이정은 이루다영수전문학원
이정희 JH영어수학학원
이종익 분당파인만 고등부
이주혁 수학의아침(플로우교육)
이 준 준수학고등관학원
이지연 브레인리그
이지영 GS112 수학 공부방
이지예 대치명인 이매캠퍼스
이지은 리쌤앤탑경시수학학원
이지혜 이자경수학학원 권선관
이진주 분당 원수학학원
이창수 와이즈만 영재교육 일산화정센터
이창훈 나인에듀학원
이채열 하제입시학원
이철호 파스칼수학
이태희 펜타수학학원 청계관
이한솔 더바른수학전문학원
이현이 함께하는수학
이현희 폴리아에듀
이형강 HK수학학원
이혜민 대감학원
이혜수 송산고등학교
이혜진 S4국영수학원고덕국제점
이화원 탑수학학원
이희연 이엠원학원
임길홍 셀파우등생학원
임동진 S4 고덕국제점학원
임명진 서연고학원
임소미 Sem 영수학원
임율인 탑수학교습소
임은정 마테마티카 수학학원
임재현 임수학교습소
임정혁 하이엔드 수학
임지원 누나수학
임찬혁 차수학동삭캠퍼스
임현주 온수학교습소
임현지 위너스 하이
임형석 전문과외
장미선 하우투스터디학원
장민수 신미주수학
장종민 열정수학학원
장찬수 전문과외
장혜련 푸른나비수학 공부방
장혜민 수학의 아침
전경진 M&S 아카데미
전미영 영재수학
전 일 생각하는수학공간학원
전지원 원프로교육
전진우 플랜지에듀
전희나 대치명인학원 이매캠퍼스
정금재 혜윰수학전문학원
정다해 에픽수학
정미숙 쑥쑥수학교실
정미윤 함께하는수학 학원
정민정 정쌤수학 과외방
정민준 HM학원
정승호 이프수학
정양진 올림피아드학원
정연순 탑클래스 영수학원
정영진 공부의자신감학원
정예철 칼수학전문학원
정용석 수학마녀학원
정유정 수학VS영어학원
정은선 아이원수학
정장선 생각하는 황소 동탄점
정재경 산돌수학학원
정지영 SJ대치수학학원
정지훈 수지최상위권수학영어학원
정진욱 수원메가스터디학원
정하윤 공부방(정하윤수학)
정하준 2H수학학원
정한울 경기도 포천(한울스터디)
정해도 목동혜윰수학교습소
정현주 삼성영어쎈수학은계학원
정혜정 JM수학
조기민 일산동고등학교
조민석 마이엠수학학원 철산관
조병욱 PK독학재수학원 미금
조상숙 수학의 아침
조성철 매트릭스수학학원
조성화 SH수학
조연주 YJ수학학원
조 은 전문과외
조은정 최강수학
조의상 양지, 서초, 안성메가스터디 기숙학원, 강북, 분당메가스터디
조이정 필탑학원
조현웅 추담교육컨설팅
조현정 깨단수학
주소연 알고리즘 수학 연구소
주정례 청운학원
주태빈 수학을 권하다
지슬기 지수학학원
진동준 필탑학원
진민하 인스카이학원
차동희 수학전문공감학원
차무근 차원이다른수학학원
차일훈 대치엠에스학원
채준혁 인재의 창
천기분 이지(EZ)수학교습소
최경희 최강수학학원
최근정 SKY영수학원
최다혜 싹수학학원
최동훈 고수학 전문학원
최명길 우리학원
최문채 문산 열린학원
최범균 유투엠수학학원 부천옥길점
최보람 꿈꾸는수학연구소
최서현 이룸수학
최소영 키움수학
최수지 싹수학학원
최수진 재밌는수학
최승권 스터디올킬학원
최영성 에이블수학영어학원
최영식 수학의신학원
최영철 고밀도학원
최용재 필에듀입시학원
최용희 대치명인학원
최웅용 유타스 수학학원
최유미 분당파인만교육
최윤형 청운수학전문학원
최은혜 전문과외(G.M.C)
최재원 하이탑에듀 고등대입전문관

최재원 이지수학
최정아 딱풀리는수학 다산하늘초점
최종찬 초당필탑학원
최주영 옥쌤영어수학독서논술 전문학원
최지윤 와이즈만 분당영재입시센터
최한나 수학의아침
최호순 관찰과추론
표광수 풀무질 수학전문학원
하정훈 하쌤학원
하창형 오늘부터수학학원
한경태 한경태수학전문학원
한규욱 계수why수학학원
한기언 한스수학학원
한동훈 고밀도학원
한문수 성빈학원
한미정 한쌤수학
한상훈 동탄수학과학학원
한성필 더프라임학원
한세은 이지수학
한수민 SM수학학원
한유호 에듀셀파 독학 기숙학원
한은기 참선생 수학 동탄호수
한지희 이음수학학원
한혜숙 창의수학 플레이팩토
함민호 에듀매쓰수학학원
함영호 함영호고등전문수학클럽
허지현 최상위권수학학원
홍성미 부천옥길홍수학
홍성민 해법영어 셀파우등생 일월 메디학원
홍세정 전문과외
홍유진 평촌 지수학학원
홍의찬 원수학
홍재욱 켈리윙즈학원
홍정욱 광교 김샘수학 3.14고등수학
홍지윤 HONGSSAM창의수학
홍훈희 MAX 수학학원
황두연 전문과외
황민지 수학하는날 입시학원
황선아 서나수학
황애리 애리수학학원
황영미 오산일신학원
황은지 멘토수학과학학원
황인영 더올림수학학원
황지훈 명문JS입시학원

경남

강경희 TOP Edu
강도윤 강도윤수학컨설팅학원
강지혜 강선생수학학원
고병옥 옥쌤수학과학학원
고성대 math911
고은정 수학은고쌤학원
권영애 권쌤수학
김가령 킴스아카데미
김경문 참진학원
김미양 오렌지클래스학원
김민석 한수위 수학원
김민정 창원스키마수학
김선희 책벌레국영수학원
김송은 은쌤 수학
김수진 수학의봄수학교습소
김양준 이룸학원
김연지 하이퍼영수학원
김옥경 다온수학전문학원
김재현 타임영수학원
김정두 해성고등학교
김진형 수풀림 수학학원
김치남 수나무학원
김해성 AHHA수학(아하수학)
김형균 칠원채움수학
김형신 대치스터디 수학학원
김혜영 프라임수학
김혜인 조이매쓰
김혜정 올림수학 교습소
노현석 비코즈수학전문학원
문소영 문소영수학관리학원
문주란 장유 올바른수학
민동록 민쌤수학
박규태 에듀탑영수학원
박소현 오름수학전문학원
박영진 대치스터디수학학원
박우열 앤즈스터디메이트 학원
박임수 고탑(GO TOP)수학학원
박정길 아쿰수학학원
박주연 마산무학여자고등학교
박진현 박쌤과외
박혜인 참좋은학원
배미나 경남진주시
배종우 매쓰팩토리 수학학원
백은애 매쓰플랜수학학원
성민지 베스트수학교습소
송상윤 비상한수학학원
신욱희 창익학원
안성휘 매쓰팩토리 수학학원
안지영 모두의수학학원
어다혜 전문과외
유인영 마산중앙고등학교
유준성 시퀀스영수학원
윤영진 유클리드수학과학학원
이근영 매스마스터수학전문학원
이나영 TOP Edu
이선미 삼성영수학원
이아름 애시앙 수학맛집
이유진 멘토수학교습소
이진우 전문과외
이현주 즐거운 수학 교습소
장초향 이룸플러스수학학원
전창근 수과원학원
정승엽 해냄학원
정주영 다시봄이룸수학학원
조소현 in수학전문학원
조윤호 조윤호수학학원
주기호 비상한수학국어학원
차민성 율하차쌤수학
최소현 펠릭스 수학학원
하윤석 거제 정금학원
황진호 타임수학학원
황혜숙 합포고등학교

경북

강경훈 예천여자고등학교
강혜연 BK 영수전문학원
권오준 필수학영어학원
권호준 위너스터디학원
김대훈 이상렬입시단과학원
김동수 문화고등학교
김동욱 구미정보고등학교
김명훈 김민재수학
김보아 매쓰킹공부방
김수현 꿈꾸는 I
김윤정 더채움영수학원
김은미 매쓰그로우 수학학원
김재경 필즈수학영어학원
김태웅 에듀플렉스
김형진 닥터박수학전문학원
남영준 아르베수학전문학원
문소연 조쌤보습학원
박다현 최상위해법수학학원
박명훈 수학행수학학원
박우혁 예천연세학원
박유건 닥터박 수학학원
박은영 esh수학의달인
박진성 포항제철중학교
방성훈 매쓰그로우 수학학원
배재현 수학만영어도학원
백기남 수학만영어도학원
성세현 이투스수학두호장량학원
손나래 이든샘영수학원
손주희 이루다수학과학
송미경 강의하는 아이들
송종진 김천고등학교
신광섭 광 수학학원
신승규 영남삼육고등학교
신승용 유신수학전문학원
신지헌 문영수 학원
신채윤 포항제철고등학교
염성군 근화여자고등학교
예보경 피타고라스학원
오선민 수학만영어도학원
윤장영 윤쌤아카데미
이경하 안동 풍산고등학교
이다례 문매쓰달쌤수학
이상원 전문가집단 영수학원
이상현 인투학원
이성국 포스카이학원
이송제 다올입시학원
이영성 영주여자고등학교
이재광 생존학원
이준호 이준호수학교습소
이혜민 영남삼육중학교
이혜은 김천고등학교
장아름 아름수학학원
정은미 수학의봄학원
정재훈 현일고등학교
조진우 늘품수학학원
조현정 올댓수학
진성은 전문과외
천경훈 천강수학전문학원
최수영 수학만영어도학원
최진영 구미시 금오고등학교
추민지 닥터박수학학원
추호성 필즈수학영어학원
표현석 안동 풍산고등학교
하홍민 홍수학
홍영준 하이맵수학학원

광주

강민결 광주수피아여자중학교
강승완 블루마인드아카데미
곽웅수 카르페영수학원
권용식 와이엠 수학전문학원
김국진 김국진짜학원
김국철 풍암필즈수학학원
김대균 김대균수학학원
김동희 김동희수학학원
김미경 임팩트학원
김성기 파머스 영어수학학원
김안나 풍암필즈수학학원
김원진 메이블수학전문학원
김은석 만문제수학전문학원
김재광 디투엠 영수학학원
김종민 퍼스트수학학원
김태성 일곡지구 김태성 수학
김현진 에이블수학학원
나혜경 고수학학원
마채연 마채연 수학 전문학원
박서정 더강한수학전문학원
박용우 광주 더샘수학학원
박주홍 KS수학
박충현 본수학과학전문학원
박현영 KS수학
변석주 153유클리드수학학원
빈선욱 빈선욱수학전문학원
선승연 MATHTOOL수학교습소
소병효 새움수학전문학원
손광일 송원고등학교
손동규 툴즈수학교습소
송승용 송승용수학학원
신성호 신성호수학공화국
신예준 JS영재학원
신현석 프라임 아카데미
심여주 웅진 공부방
양동식 A+수리수학원
어흥범 매쓰피아
이만재 매쓰로드수학
이상혁 감성수학
이승현 본(本)영수학원
이창현 알파수학학원
이채연 알파수학학원
이충현 전문과외
이헌기 보문고등학교

임태관 매쓰멘토수학전문학원
장광현 장쌤수학
장민경 일대일코칭수학학원
장영진 새움수학전문학원
전주현 이창길수학학원
정다원 광주인성고등학교
정다희 다희쌤수학
정수인 더최선학원
정원섭 수리수학학원
정인용 일품수학학원
정종규 에스원수학학원
정태규 가우스수학전문학원
정형진 BMA롱맨영수학원
조일양 서안수학
조현진 조현진수학학원
조형서 조형서 수학교습소
채소연 마하나임 영수학원
천지선 고수학학원
최지웅 미라클학원
최혜정 이루다전문학원

대구

강민영 매씨지수학학원
고민정 전문과외
곽미선 좀다른수학
구정모 제니스클래스
구현태 대치깊은생각수학학원 시지본원
권기현 이렇게좋은수학교습소
권보경 학문당입시학원
권혜진 폴리아수학2호관학원
김기연 스텝업수학
김대운 그릿수학831
김도영 땡큐수학학원
김동영 통쾌한 수학
김득현 차수학 교습소 사월보성점
김명서 샘수학
김미경 풀린다수학교습소
김미랑 랑쌤수해
김미소 전문과외
김미정 일등수학학원
김상우 에이치투수학교습소
김선영 수학학원 바른
김성무 김성무수학 수학교습소
김수영 봉덕김쌤수학학원
김수진 지니수학
김연정 유니티영어
김유진 S.M과외교습소
김재홍 경북여자상업고등학교
김정우 이룸수학학원
김종희 학문당 입시학원
김지연 찐수학
김지영 김지영 수학교습소
김지은 정화여자고등학교
김채영 전문과외
김태진 구정남수학전문학원
김태환 로고스수학학원(성당원)
김해은 한상철수학과학학원 상인원
김현숙 메타매쓰
남인제 미쓰매쓰수학학원
노현진 트루매쓰 수학학원
민병문 선택과 집중
박경득 파란수학
박도희 전문과외
박민석 아크로수학학원
박민정 빡쎈수학교습소
박산성 Venn수학
박수연 쌤통수학학원
박순찬 찬스수학
박옥기 매쓰플랜수학학원
박장호 대구혜화여자고등학교
박정욱 연세스카이수학학원
박지훈 더엠수학학원
박태호 프라임수학교습소
박현주 매쓰플래너
방소연 대치깊은생각수학학원 시지본원
백승대 백박사학원
백승환 수학의봄 수학교습소
백재규 필즈수학공부방
백태민 학문당입시학원
백현식 바른입시학원
변용기 라온수학학원
서경도 서경도수학교습소
서재은 절대등급수학
성웅경 더빡쎈수학학원
소현주 정S과학수학학원
손승연 스카이수학
손태수 트루매쓰 학원
송영배 수학의정원
신묘숙 매쓰매티카 수학교습소
신수진 폴리아수학학원
신은경 황금라온수학
신은주 하이매쓰학원
양강일 양쌤수학과학학원
양은실 제니스 클래스
오세욱 IP수학과학학원
윤기호 샤인수학학원
이규철 좋은수학
이남희 이남희수학
이만희 오르라수학전문학원
이명희 잇츠생각수학 학원
이상훈 명석수학학원
이수현 하이매쓰 수학교습소
이원경 엠제이통수학영어학원
이인호 본투비수학교습소
이일균 수학의달인 수학교습소
이종환 이꼼수학
이준우 깊을준수학
이지민 아이플러스 수학
이진영 소나무학원
이진욱 시지이룸수학학원
이창우 강철FM수학학원
이태형 가토수학과학학원
이한조 닥터엠에스
이효진 진선생수학학원
임신옥 KS수학학원
임유진 박진수학
장두영 바움수학학원
장세완 장선생수학학원
장시현 전문과외
전동형 땡큐수학학원
전수민 전문과외
전준현 매쓰플랜수학학원
전지영 전지영수학
정민호 스테듀입시학원
정재현 율사학원
조미란 엠투엠수학 학원
조성애 조성애세움학원
조연호 Cho is Math
조유정 다원MDS
조인혁 루트원 수학과학학원
조지연 연쌤영수학원
주기헌 송현여자고등학교
진수정 마틸다수학
최대진 엠프로수학학원
최은미 수학다움 학원
최정이 탑수학교습소(국우동)
최현정 MQ멘토수학
최현희 다온수학학원
하태호 팀하이퍼 수학학원
한원기 한쌤수학
홍은아 탄탄수학교실
황가영 루나수학
황지현 위드제스트수학학원

대전

강유식 연세제일학원
강홍규 최강학원
고지훈 고지훈수학 지적공감입시 학원
김 일 더브레인코어 학원
김근아 닥터매쓰205
김근하 엠씨스터디수학학원
김남홍 대전종로학원
김덕한 더칸수학학원
김동근 엠투오영재학원
김민지 (주)청명에페보스학원
김복응 더브레인코어 학원
김상현 세종입시학원
김수빈 제타수학전문학원
김승환 청운학원
김윤혜 슬기로운수학교습소
김주성 양영학원
김지현 파스칼 대덕학원
김 진 발상의전환 수학전문학원
김진수 김진수학
김태형 청명대입학원
김하은 고려바움수학학원
김한솔 시대인재 대전
김해찬 전문과외
김휘식 양영학원 고등관
나효명 열린아카데미
류재원 양영학원
박가와 마스터플랜 수학전문학원
박솔비 매쓰톡수학 교습소
박주희 빡쌤의 빡센수학
박지성 엠아이큐수학학원
배용제 굿티쳐강남학원
백승정 오르고 수학학원
서동원 수학의 중심 학원
서영준 힐탑학원
선진규 로하스학원
송규성 하이클래스학원
송다인 더브라이트학원
송인석 송인석수학학원
송정은 바른수학전문교실
신성철 도안베스트학원
신성호 수학과학하다
신원진 수학의 길
신익주 신 수학 교습소
심훈흠 일인주의학원
양지연 자람수학
오우진 양영학원
우현석 EBS 수학우수학원
유수림 수림수학학원
유준호 더브레인코어 학원
윤석주 윤석주수학전문학원
윤찬근 오르고학원
이국빈 케이플러스수학
이규영 쉐마수학학원
이민호 매쓰플랜수학학원 반석지점
이성재 알파수학학원
이소현 바칼로레아영수학원
이수진 대전관저중학교
이용희 수림학원
이일녕 양영학원
이재옥 청명대입학원
이준희 전문과외
이희도 전문과외
인승열 신성 수학나무 공부방
임병수 모티브에듀학원
임현호 전문과외
장용훈 프라임수학
전병전 더브레인코어 학원
전하윤 전문과외
정순영 공부방,여기
정지윤 더브레인코어 학원
조용호 오르고 수학학원
조창희 시그마수학교습소
조충현 로하스학원
차영진 연세언더우드수학
차지훈 모티브에듀학원
홍진국 저스트수학
황은실 나린학원

부산

고경희 대연고등학교
권병국 케이스학원
권순석 남천다수인
권영린 과사람학원
김건우 4퍼센트의 논리 수학
김경희 해운대영수전문 y-study
김대현 해운대중학교

김도현 해신수학학원
김도형 명작수학
김민규 다비드수학학원
김민영 정모클입시학원
김성민 직관수학학원
김승호 과사람학원
김애랑 채움수학교습소
김원진 수성초등학교
김지연 김지연수학교습소
김초록 수날다수학교습소
김태영 뉴스터디학원
김태진 한빛단과학원
김효상 코스터디학원
나기열 프로매스수학교습소
노지연 수학공간학원
노향희 노쌤수학학원
류형수 연산 한샘학원
박대성 키움수학교습소
박성찬 프라임학원
박연주 매쓰메이트수학학원
박재용 해운대영수전문y-study
박주형 삼성에듀학원
배철우 명지 명성학원
백융일 과사람학원
부종민 부종민수학
서유진 다올수학
서은지 ESM영수전문학원
서자현 과사람학원
서평승 신의학원
손희옥 매쓰폴수학학원 (부산진구부암동)
송다슬 전문과외
신동훈 과사람학원
심현섭 과사람학원
심혜정 명품수학
안남희 명지 실력을키움수학
안애경 오메가 수학 학원
안찬종 전문과외
양인희 에센셜수학교습소
오인혜 하단초등학교
오희영
옥승길 옥승길수학학원
이가연 엠오엠수학학원
이경덕 수학으로 물들어 가다
이경수 경:수학
이명희 조이수학학원
이아름누리 청어람학원
이정화 수학의 힘 가야캠퍼스
이지영 오늘도,영어그리고수학
이지은 한수연하이매쓰
이 철 과사람 학원
이효정 해 수학
장지원 해신수학학원
장진권 오메가수학
전경훈 대치명인학원
전완재 강앤전 수학학원
전우빈 과사람학원
전찬용 다이나믹학원
정운용 정쌤수학교습소
정의진 남천다수인
정휘수 제이매쓰수학방
정희정 정쌤수학
조아영 플레이팩토 오션시티교육원
조우영 위드유수학학원
조은영 MIT수학교습소
조 훈 캔필학원
주유미 엠투수학공부방
채송화 채송화수학
천현민 키움스터디
최광은 럭스 (Lux) 수학학원
최수정 이루다수학
최운교 삼성영어수학전문학원
최준승 주감학원
하 현 하현수학교습소
한주환 으뜸나무수학학원
한혜경 한수학 교습소
허영재 자하연 학원
허윤정 올림수학전문학원
허정은 전문과외
황영찬 수피움 수학
황진영 진심수학
황하남 과학수학의봄날학원

서울

강동은 반포 세정학원
강성철 목동 일타수학학원
강수진 블루플랜
강영미 슬로비매쓰수학학원
강은녕 탑수학학원
강종철 쿠메수학교습소
강주석 염광고등학교
강태윤 미래탐구 대치 중등센터
강현숙 유니크학원
계훈범 MathK 공부방
고수환 상승곡선학원
고재일 대치 토브(TOV)수학
고지영 황금열쇠학원
고 현 네오 수학학원
공정현 대공수학학원
곽슬기 목동매쓰원수학학원
구난영 셀프스터디수학학원
구순모 세진학원
권가영 커스텀(CUSTOM)수학
권경아 청담해법수학학원
권민경 전문과외
권상호 수학은권상호 수학학원
권용만 은광여자고등학교
권은진 참수학뿌리국어학원
김가회 에이원수학학원
김강현 구주이배수학학원 송파점
김경진 덕성여자중학교
김경희 전문과외
김규보 메리트수학원
김규연 수력발전소학원
김금화 그루터기 수학학원
김기덕 메가매쓰 수학학원
김나래 전문과외
김나영 대치 새움학원
김도규 김도규수학학원
김동균 아우다키아 수학학원
김명후 김명후 수학학원
김미란 퍼펙트수학
김미아 일등수학교습소
김미애 스카이맥에듀
김미영 명수학교습소
김미영 정일품 수학학원
김미진 채움수학
김미희 행복한수학쌤
김민수 대치 원수학
김민정 전문과외
김민지 강북 메가스터디학원
김민창 김민창 수학
김병수 중계 학림학원
김병호 국선수학학원
김보민 이투스수학학원 상도점
김부환 압구정정보강북수학학원
김상철 미래탐구마포
김상호 압구정 파인만 이촌특별관
김선정 이룸학원
김성숙 써큘러스리더 러닝센터
김성현 하이탑수학학원
김성호 개념상상(서초관)
김수민 통수학학원
김수정 유니크 수학
김수진 싸인매쓰수학학원
김수진 깊은수학학원
김승원 솔(sol)수학학원
김승훈 하이스트 염창관
김양식 송파영재센터GTG
김여옥 매쓰홀릭학원
김연정 전문과외
김연주 목동쌤올림수학
김영란 일심수학학원
김영미 제로미수학교습소
김영숙 수 플러스학원
김영재 한그루수학
김영준 강남매쓰탑학원
김영진 세움수학학원
김 유 전문과외
김유진 전문과외
김윤태 두각학원, 김종철 국어수학 전문학원
김윤희 유니수학교습소
김은숙 전문과외
김은영 선우수학
김은영 와이즈만은평
김은영 휘경여자고등학교
김은찬 엑시엄수학학원
김은현 김쌤깨알수학
김의진 서울 성북구 채움수학
김이슬 전문과외
김이현 에듀플렉스 고덕지점
김인기 중계 학림학원
김재산 목동 일타수학학원
김재성 티포인트에듀학원
김재연 규연 수학 학원
김재헌 Creverse 고등관
김정민 청어람 수학원
김정민 학원 개원 예정
김정아 지올수학
김지선 수학전문 순수
김지숙 김쌤수학의숲
김지영 구주이배수학학원
김지은 티포인트 에듀
김지은 수학대장
김지은 분석수학 선두학원
김지훈 드림에듀학원
김지훈 형설학원
김지훈 마타수학
김진규 서울바움수학(역삼럭키)
김진영 이대부속고등학교
김찬열 라엘수학
김창재 중계세일학원
김창주 고등부관 스카이학원
김태현 반포파인만
김태훈 성북 페르마
김하늘 역경패도 수학전문
김하민 서강학원
김하연 전문과외
김항기 동대문중학교
김현미 김현미수학학원
김현욱 리마인드수학
김현유 혜성여자고등학교
김현정 미래탐구 중계
김현주 숙명여자고등학교
김현지 전문과외
김형진 소자수학학원
김혜연 수학작가
김호영 장학학원
김홍수 김홍학원
김효선 토이300컴퓨터교습소
김효정 블루스카이학원 반포점
김후광 압구정파인만
김희연 이룸공부방
김희원 대일외국어고등학교
김희진 엑시엄 수학학원
나은영 메가스터디 러셀중계
나태산 중계 학림학원
남식훈 수학만
남호성 퍼씰수학전문학원
노동일 형설학원
류도현 서초구 방배동
류정민 사사모플러스수학학원
목영훈 목동 일타수학학원
목지아 수리티수학학원
문근실 시리우스수학
문성호 차원이다른수학학원
문소정 대치명인학원
문용근 올림 고등수학
문지훈 문지훈수학
박경보 최고수챌린지에듀학원
박경원 대치메이드 반포관
박광남 올마이티캠퍼스
박교국 백인대장
박근백 대치멘토스학원

박동진 더힐링수학 교습소
박리안 CMS서초고등부
박명훈 김샘학원 성북캠퍼스
박미라 매쓰몽
박민정 목동 깡수학과학학원
박상길 대길수학
박상후 강북 메가스터디학원
박설아 수학을삼키다학원 흑석2관
박성재 매쓰플러스수학학원
박소영 창동수학
박소윤 제이커브학원
박수견 비채수학원
박연주 물댄동산
박연희 박연희깨침수학교습소
박연희 열방수학
박영규 하이스트핏 수학 교습소
박영욱 태산학원
박용진 푸름을말하다학원
박정아 한신수학과외방
박정훈 전문과외
박종선 스터디153학원
박종원 상아탑 학원/대치 오르비
박종태 일타수학학원
박주현 장훈고등학교
박준하 전문과외
박진희 박선생수학전문학원
박 현 상일여자고등학교
박현주 나는별학원
박혜진 강북수재학원
박혜진 진매쓰
박홍식 송파연세수보습학원
방정은 백인대장 훈련소
방효건 서준학원 지혜관
배재형 배재형수학
백아름 아름쌤수학공부방
서근환 대진고등학교
서다인 수학의봄학원
서민국 시대인재
서민재 서준학원
서수연 수학전문 순수
서승희 딥브레인수학
서용준 와이제이학원
서원준 잠실 시그마 수학학원
서은애 하이탑수학학원
서중은 블루플렉스학원
서한나 라엘수학학원
석현욱 잇올스파르타
선 철 일신학원
설세령 뉴파인 용산중고등관
손권민경 원인학원
손민정 두드림에듀
손전모 다원교육
손정화 4퍼센트수학학원
손충모 공감수학
송경호 스마트스터디 학원
송동인 송동인수학명가
송재혁 엑시엄수학전문학원
송준민 송수학
송진우 도진우 수학 연구소

송해선 불곰에듀
신연우 개념폴리아 삼성청담관
신은숙 마곡펜타곤학원
신은진 상위권수학학원
신정훈 STEP EDU
신지영 아하 김일래 수학 전문학원
신지현 대치미래탐구
신채민 오스카 학원
신현수 현수쌤의 수학해설
심창섭 피앤에스수학학원
심혜진 반포파인만 의치대관
안나연 전문과외
안도연 목동정도수학
안주은 채움수학
양원규 일신학원
양지애 전문과외
양창진 수학의 숲 수림학원
양해영 청출어람학원
엄시온 올마이티캠퍼스
엄유빈 유빈쌤 수학
엄지희 티포인트에듀학원
엄태웅 엄선생수학
여혜연 성북미래탐구
염승훈 성동뉴파인 초중등관
오명석 대치 미래탐구 영과센터
오재경 성북 학림학원
오재현 강동파인만 고덕 고등관
오종택 에이원수학학원
오한별 광문고등학교
우동훈 헤파학원
위명훈 대치명인학원(마포)
위성웅 시대인재수학스쿨
위형채 에이치앤제이형설학원
유가영 탑솔루션 수학 교습소
유시준 목동깡수학과학학원
유정연 장훈고등학교
유환승 강북청솔학원
윤고은 한솔학원
윤상문 청어람수학원
윤석원 공감수학
윤여균 전문과외
윤영숙 윤영숙수학학원
윤인영 전문과외
윤형중 씨알학당
은 현 목동 cms입시센터
과고대비반
이경용 열공학원
이경주 생각하는 황소수학 서초학원
이경환 전문과외
이광락 펜타곤학원
이규만 수퍼매쓰학원
이동규 형설학원
이동훈 최강수학전문학원
이루마 김샘학원
이민아 정수학
이민호 강안교육
이상영 대치명인학원 은평캠퍼스
이상훈 골든벨수학학원
이서경 엘리트탑학원

이성용 수학의원리학원
이성재 지앤정 학원
이소윤 목동선수학
이수지 전문과외
이수호 준토에듀수학학원
이슬기 예친에듀
이시현 SKY미래연수학학원
이어진 신목중학교
이영하 키움수학
이용우 올림피아드 학원
이원용 필과수 학원
이원희 수학공작소
이유예 스카이플러스학원
이윤주 와이제이수학교습소
이은경 신길수학
이은숙 포르테수학 교습소
이은영 은수학교습소
이재봉 형설에듀이스트
이재용 이재용the쉬운수학학원
이정석 CMS서초영재관
이정섭 은지호 영감수학
이정호 정샘수학교습소
이제현 막강수학
이종혁 유인어스 학원
이종호 MathOne수학
이종환 카이수학전문학원
이주연 목동 하이씨앤씨
이준석 이가수학학원
이지연 단디수학학원
이지우 제이 앤 수 학원
이지혜 세레나영어수학학원
이지혜 대치파인만
이지훈 백향목에듀수학학원
이 진 수박에듀학원
이진덕 카이스트수학학원
이진희 서준학원
이창석 핵수학 수학전문학원
이채윤 전문과외
이충훈 QANDA
이학송 뷰티풀마인드 수학학원
이 혁 강동메르센수학학원
이현주 그레잇에듀
이형수 피앤아이수학영어학원
이혜림 다오른수학학원
이혜림 대동세무고등학교
이혜수 대치수학원
이호준 형설학원
이효준 다원교육
이효진 올토수학
이희선 브리스톨
임규철 원수학 대치
임기호 대치 원수학
임다혜 시대인재 수학스쿨
임민정 전문과외
임상혁 임상혁수학학원
(생각하는 두꺼비)
임소영 123수학
임영주 송파 세빛학원
임정빈 임정빈수학

임지혜 위드수학교습소
임현우 선덕고등학교
장석진 이덕재수학이미선국어학원
장성훈 미독수학
장세영 스펀지 영어수학 학원
장승희 명품이앤엠학원
장영신 송례중학교
장은영 목동깡수학과학학원
장지식 피큐브아카데미
장희준 대치 미래탐구
전기열 유니크학원
전상현 뉴클리어 수학 교습소
전성식 맥스전성식수학학원
전은나 상상수학학원
전지수 전문과외
전진남 지니어스 논술 교습소
전진아 메가스터디
정광조 로드맵수학
정다운 정다운수학교습소
정대영 대치파인만
정명련 유니크 수학학원
정무웅 강동드림보습학원
정문정 연세수학원
정민교 진학학원
정수정 대치수학클리닉 대치본점
정슬기 티포인트에듀학원
정승희 뉴파인
정연화 풀우리수학
정영아 정이수학교습소
정유미 휴브레인압구정학원
정은경 제이수학
정은영 CMS
정재윤 성덕고등학교
정진아 정선생수학
정찬민 목동매쓰원수학학원
정화진 진화수학학원
정환동 씨앤씨0.1%의대수학
정효석 최상위하다학원
조경미 레벨업수학(feat.과학)
조병훈 꿈을담는수학
조아라 유일수학
조아라 수학의시점
조아람 서울 양천구 목동
조원해 연세YT학원
조재묵 천광학원
조정은 전문과외
조한진 새미기픈수학
조햇봄 대치동(너의일등급수학)
조현탁 전문가집단
주용호 아찬수학교습소
주은재 주은재수학학원
주정미 수학의꽃수학교습소
지명훈 선덕고등학교
지민경 고래수학교습소
진임진 전문과외
진혜원 더올라수학교습소
차민준 이투스수학학원 중계점
차성철 목동깡수학과학학원
차슬기 사과나무학원 은평관

차용우 서울외국어고등학교
채성진 수학에빠진학원
채우리 라엘수학
채행원 전문과외
최경민 배움틀수학학원
최규식 최강수학학원 보라매캠퍼스
최동영 중계이투스수학학원
최동욱 숭의여자고등학교
최백화 최백화수학
최병옥 최코치수학학원
최서훈 피큐브 아카데미
최성수 알티스수학학원
최성희 최쌤수학학원
최세남 엑시엄수학학원
최소민 최쌤ON수학
최엄견 차수학학원
최영준 문일고등학교
최용주 피크에듀학원
최윤정 최쌤수학학원
최정언 진화수학학원
최종석 강북수재학원
최지나 목동PGA전문가집단학원
최지선
최찬희 CMS중고등관
최철우 탑수학학원
최향애 피크에듀학원
최효원 한국삼육중학교
편순창 알면쉽다연세수학학원
피경민 대치명인sky
하태성 은평G1230
한나희 우리해법수학 교습소
한명석 아드폰테스
한승우 같이상승수학
한승환 짱솔학원 반포점
한유리 강북청솔학원
한정우 휘문고등학교
한태인 러셀 강남
한헌주 PMG학원
현제윤 정명수학교습소
홍상민 전문과외
홍석화 강동홍석화수학학원
홍성윤 센티움
홍성주 굿매쓰 수학
홍성진 대치 김앤홍 수학전문학원
홍재화 티다른수학교습소
홍정아 서울사당
홍지혜 라온수학전문학원
황의숙 The 나은학원

세종

강태원 원수학
권정섭 너희가 꽃이다
권현수 권현수 수학전문학원
김광연 반곡고등학교
김기평 바른길수학학원
김서현 봄날영어수학학원
김수경 김수경 수학교실
김우진 정진수학학원
김편전 세종 데카르트 학원
김혜림 단하나수학
류바른 더 바른학원
박민겸 강남한국학원
배명욱 GTM 수학전문학원
배지후 해밀수학과학학원
설지연 수학적상상력
신석현 알파학원
오세은 플러스 학습교실
오현지 오 수학
윤여민 윤솔빈 수학하자
이준영 공부는습관이다
이지희 수학의강자
이진원 권현수수학학원
이혜란 마스터수학교습소
임채호 스파르타수학보람학원
장준영 백년대계입시학원
최성실 샤위너스학원
최시안 세종 데카르트 수학학원
황성관 카이젠프리미엄 학원

울산

강규리 퍼스트클래스 수학영어 전문학원
고규라 고수학
고영준 비엠더블유수학전문학원
권상수 호크마수학전문학원
김민정 전문과외
김봉조 퍼스트클래스 수학영어 전문학원
김수영 울산학명수학학원
김영배 이영수학학원
김제득 퍼스트클래스수학전문학원
김진희 김진수학학원
김현조 깊은생각수학학원
나순현 물푸레수학교습소
문명화 문쌤수학나무
박국진 강한수학전문학원
박민식 위더스 수학전문학원
반려진 우정 수학의달인
성수경 위룰수학영어전문학원
안지환 안누수학
오종민 수학공작소학원
이윤호 호크마수학
이은수 삼산차수학학원
이한나 꿈꾸는고래학원
정경래 로고스영어수학학원
최규종 울산 뉴토모수학전문학원
최이영 한양수학전문학원
허다민 대치동허쌤수학
황금주 제이티수학전문학원

인천

강동인 전문과외
고준호 베스트교육(마전직영점)
곽나래 일등수학
권경원 강수학학원
권기우 하늘스터디수학학원
금상원 수미다
기미나 기쌤수학
기혜선 체리온탑수학영어학원
김강현 강수학전문학원
김건우 G1230 검단아라캠퍼스
김남신 클라비스학원
김도영 태풍학원
김미희 희수학
김보건 대치S클래스 학원
김보경 오아수학
김연주 하나M수학
김영훈 청라공감수학
김윤경 엠베스트SE학원
김은주 형진수학학원
김응수 메타수학학원
김 준 쭌에듀학원
김준식 동춘아카데미 동춘수학
김진완 성일학원
김현기 옵티머스프라임학원
김현우 더워스터디학원
김현호 온풀이 수학 1관 학원
김형진 형진수학학원
김혜린 밀턴수학
김혜영 김혜영 수학
김혜지 전문과외
김효선 코다수학학원
남덕우 Fun수학
노기성 노기성개인과외교습
렴영순 이텀교육학원
박동석 매쓰플랜수학학원 청라지점
박소이 다빈치창의수학교습소
박용석 절대학원
박재섭 구월SKY수학과학전문학원
박정우 청라디에이블영어수학학원
박치문 제일고등학교
박해석 효성비상영수학원
박혜용 전문과외
박효성 지코스수학학원
서대원 구름주전자
서미란 파이데이아학원
석동방 송도GLA학원
손선진 일품수학과학전문학원
송대익 청라ATOZ수학과학학원
송세진 부평페르마
신현우 다원교육
안서은 Sun매쓰
안예원 전문과외
안지훈 인천수학의힘
오정민 갈루아수학학원
오지연 수학의힘 용현캠퍼스
왕건일 토모수학학원
유성규 현수학전문학원
유혜정 유쌤수학
이루다 이루다 교육학원
이민혁 혜윰학원
이애희 부평해법수학교실
이예나 E&M 아카데미
이필규 신현엠베스트SE학원
이혜경 이혜경고등수학학원
이혜선 우리공부
장태식 라이징수학학원
장혜림 와풀수학
전우진 인사이트 수학학원
정대웅 와이드수학
정진영 정선생 수학연구소
조미숙 수학의 신 학원
조민관 이앤에스 수학학원
조현숙 boo1class
차승민 황제수학학원
채선영 전문과외
최덕호 엠스퀘어수학교습소
최문경 (주)영웅아카데미
최웅철 큰샘수학학원
최은진 동춘수학
최 진 절대학원
한성윤 전문과외
한희영 더센플러스학원
허진선 수학나무
현미선 써니수학
현진명 에임학원
홍미영 연세영어수학과외
황규철 혜윰수학전문학원

전남

강선희 태강수학영어학원
김경민 한샘수학
김광현 한수위수학학원
김도형 하이수학교실
김도희 가람수학개인과외
김성문 창평고등학교
김윤선 전문과외
김은경 목포덕인고등학교
김은지 나주혁신위즈수학영어학원
김정은 바른사고력수학
박미옥 목포 폴리아학원
박유정 요리수연산&해봄학원
박진성 해남 한가람학원
배미경 창의논리upup
백지하 엠앤엠
서창현 전문과외
성준우 광양제철고등학교
위광복 엠베스트SE 나주혁신점
유혜정 전문과외
이강화 강승학원
이미아 한다수학
임정원 순천매산고등학교
임진아 브레인 수학
전윤정 라온수학학원
정은경 목포베스트수학
정정화 올라스터디
정현옥 JK영수전문
조두희 전문과외
조예은 스페셜 매쓰
조정인 나주엠베스트학원
주희정 주쌤의과수원
진양수 목포덕인고등학교
한용호 한샘수학

한지선 개인과외
황남일 SM 수학학원

전북

강원택 탑시드 수학전문학원
고혜련 성영재수학학원
권정욱 권정욱 수학
김상호 휴민고등수학전문학원
김선호 혜명학원
김성혁 S수학전문학원
김수연 전선생수학학원
김윤빈 쿼크수학영어전문학원
김재순 김재순수학학원
김준형 성영재 수학학원
나승현 나승현전유나 수학전문학원
노기한 포스 수학과학학원
박광수 박선생수학학원
박미숙 전문과외
박미화 엄쌤수학전문학원
박선미 박선생수학학원
박세희 멘토이젠수학
박소영 황규종수학전문학원
박은미 박은미수학교습소
박재성 올림수학학원
박재홍 예섬학원
박지유 박지유수학전문학원
박철우 익산 청운학원
배태익 스키마아카데미 수학교실
서영우 서영우수학교실
성영재 성영재수학전문학원
송지연 아이비리그데칼트학원
신영진 유나이츠학원
심우성 오늘은수학학원
양은지 군산중앙고등학교
양재호 양재호카이스트학원
양형준 대들보 수학
오혜진 YMS부송
유현수 수학당
윤병오 이투스247익산
이가영 마루수학국어학원
이보근 미라클입시학원
이송심 와이엠에스입시전문학원
이인성 우림중학교
이지원 긱매쓰
이한나 알파스터디영어수학전문학원
이혜상 S수학전문학원
임승진 이터널수학영어학원
장재은 YMS입시학원
정두리 전문과외
정용재 성영재수학전문학원
정혜승 샤인학원
정환희 릿지수학학원
조세진 수학의길
조영신 성영재 수학전문학원
채승희 전문과외(윤영권수학전문학원)
최성훈 최성훈수학학원
최영준 최영준수학학원
최 윤 엠투엠수학학원

최형진 수학본부
황규종 황규종수학전문학원

제주

강경혜 강경혜수학
강나래 전문과외
김기한 원탑학원
김대환 The원 수학
김보라 라딕스수학
김연희 whyplus 수학교습소
김장훈 프로젝트M수학학원
류혜선 진정성영어수학노형학원
박 찬 찬수학학원
박대희 실전수학
박승우 남녕고등학교
박재현 위더스입시학원
박진석 진리수
백민지 가우스수학학원
양은석 신성여자중학교
여원구 피드백수학전문학원
오재일 터닝포인트영어수학학원
이민경 공부의마침표
이상민 서이현아카데미학원
이선혜 The ssen 수학
이영주 전문과외
이현우 전문과외
장영환 제로링수학교실
편미경 편쌤수학
하혜림 제일아카데미
허은지 Hmath학원
현수진 학고제입시학원

충남

강민주 수학하다 수학교습소
강범수 전문과외
강 석 에이커리어
고영지 전문과외
권순필 권쌤수학
권오운 광풍중학교
김경원 한일학원
김명은 더하다 수학학원
김미경 시티자이수학
김태화 김태화수학학원
김한빛 한빛수학학원
김현영 마루공부방
남기용 전문과외
박유진 제이홈스쿨
박재혁 명성수학학원
박지화 MATH1022
박혜정 전문과외
서봉원 서산SM수학교습소
서승우 담다수학
서유리 더배움영수학원
서정기 시너지S클래스 불당
송은선 전문과외
신경미 Honeytip
신유미 무한수학학원
유정수 천안고등학교
유창훈 시그마학원
윤보희 충남삼성고등학교
윤재웅 베테랑수학전문학원
이봉이 더수학교습소
이승훈 공감(탑씨크리트)
이아람 퍼펙트브레인학원
이연지 하크니스 수학학원
이예진 명성학원
이은아 한다수학학원
이재장 깊은수학학원
이하나 에메트수학
이현주 수학다방
장다희 개인과외교습소
전혜영 타임수학학원
정광수 혜윰국영수단과학원
최소영 빛나는수학
최원석 명사특강학원
최지원 청수303수학
추교현 전문과외(더웨이수학)
한호선 두드림영어수학학원
허유미 전문과외

충북

고정균 엠스터디수학학원
구강서 상류수학 전문학원
김가흔 루트 수학학원
김경희 점프업수학학원
김대호 온수학전문학원
김미화 참수학공간학원
김병용 동남수학하는사람들학원
김영은 연세고려E&M
김재광 노블가온수학학원
김정호 생생수학
김주희 매쓰프라임수학학원
김하나 하나수학
김현주 루트수학학원
문지혁 수학의 문 학원
박연경 전문과외
안진아 전문과외
윤성길 엑스클래스 수학학원
윤성희 윤성수학
윤정화 페르마수학교습소
이경미 행복한수학공부방
이연수 오창로뎀학원
이예나 수학여우 정철어학원 주니어 옥산캠퍼스
이예찬 입실론수학학원
이윤성 블랙수학 교습소
이지수 일신여자고등학교
전병호 이루다 수학 학원
정수연 모두의 수학
조병교 에르매쓰수학학원
조원미 원쌤수학과학교실
조형우 와이파이수학학원
최윤아 피티엠수학학원

수학의 바이블

유형 ON

본책

중학 1·1

구성과 특징

Structure

1

빈틈없는
단계별, 수준별 학습 시스템

수학의 바이블 유형ON은 3단계+고난도 문제로 구성된 학습 시스템으로 중학 수학의 모든 유형을 체계적으로 학습할 수 있도록 하였습니다.

2

모든 유형을 다 담아
중학 수학을 완벽하게 마스터

유형 집중 학습 구성으로 부족한 부분의 파악이 쉽고 유형을 익히기 편리하여 효과적인 학습이 가능합니다.

3

수학의 바이블 개념ON과의
연계 학습이 가능한
상호 순환 구성

개념ON으로 개념을 다지고 유형ON으로 문제 해결 능력을 키울 수 있도록 단원 구성 및 개념의 흐름을 통일하였습니다.

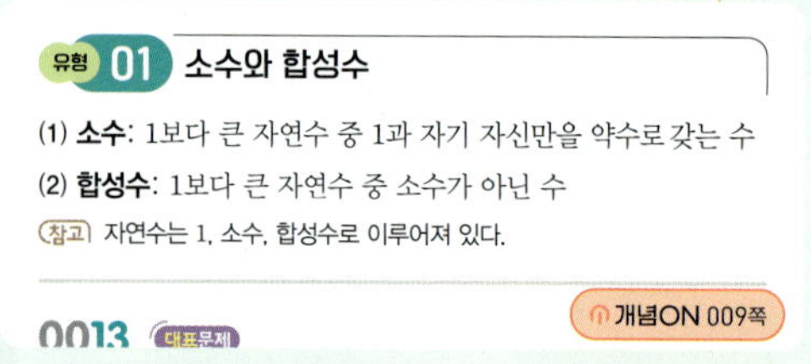
유형 01 소수와 합성수

(1) 소수: 1보다 큰 자연수 중 1과 자기 자신만을 약수로 갖는 수

(2) 합성수: 1보다 큰 자연수 중 소수가 아닌 수

참고 자연수는 1, 소수, 합성수로 이루어져 있다.

개념ON 009쪽

0013 대표문제

수학의 바이블 개념ON 중학 수학과의
개념 연계 링크

본책

모든 유형을 싹 쓸어 담아 빠짐없이!

A 개념 & 개념 확인하기

- 핵심 개념만을 모아 한눈에 알아볼 수 있도록 정리하였습니다.
- BIBLE SAYS 문제 풀이에 도움이 되는 추가 설명과 내용 정리를 통해 수학적 사고를 넓힐 수 있습니다.
- 개념 확인하기 개념을 적용하는 기본 훈련을 할 수 있는 문제를 개념별 1:1 맞춤으로 제공하였습니다.

B 유형별 문제

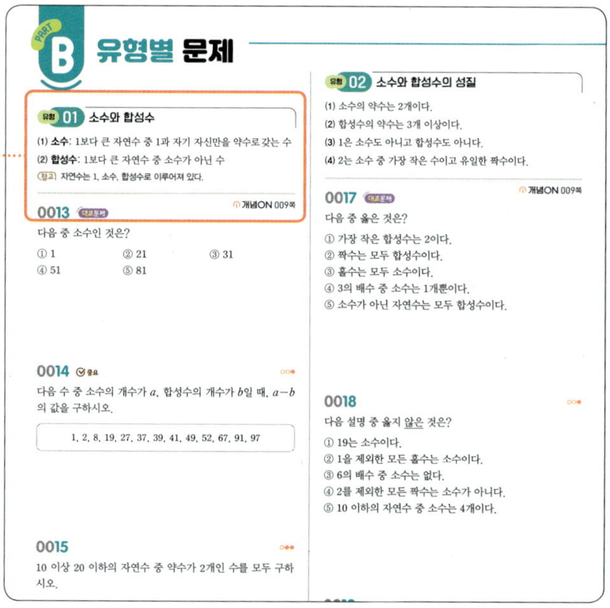

- 교과서 및 학교 시험을 분석하여 문제 해결에 필요한 개념 및 해결 방법에 따라 유형을 세분화하였습니다.
- 각 유형에 대한 기본 개념을 더 자세히 학습할 수 있는 개념ON 페이지를 표기하여 편리한 연계학습이 가능합니다.
- 각 유형을 대표하는 대표문제를 제시하였고 중요, 실력, 서술형, 사고력의 다양한 아이콘을 활용하여 풍부한 학습이 가능합니다.

모든 유형을 한 번 더 완벽하게!

C 중단원 마무리

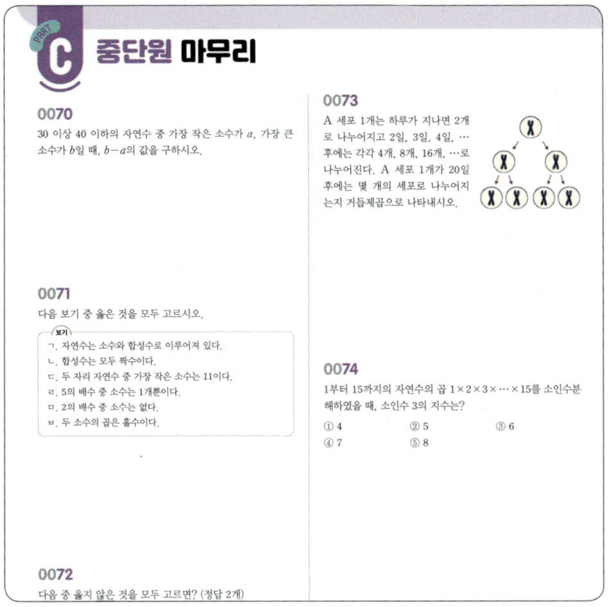
C 중단원 마무리

0070
30 이상 40 이하의 자연수 중 가장 작은 소수가 a, 가장 큰 소수가 b일 때, $b-a$의 값을 구하시오.

0071
다음 보기 중 옳은 것을 모두 고르시오.

ㄱ. 자연수는 소수와 합성수로 이루어져 있다.
ㄴ. 합성수는 모두 짝수이다.
ㄷ. 두 자리 자연수 중 가장 작은 소수는 11이다.
ㄹ. 5의 배수 중 소수는 1개뿐이다.
ㅁ. 2의 배수 중 소수는 없다.
ㅂ. 두 소수의 곱은 홀수이다.

0072
다음 중 옳지 않은 것을 모두 고르면? (정답 2개)

0073
A 세포 1개는 하루가 지나면 2개로 나누어지고 2일, 3일, 4일, ⋯ 후에는 각각 4개, 8개, 16개, ⋯로 나누어진다. A 세포 1개가 20일 후에는 몇 개의 세포로 나누어지는지 거듭제곱으로 나타내시오.

0074
1부터 15까지의 자연수의 곱 $1\times2\times3\times\cdots\times15$를 소인수분해하였을 때, 소인수 3의 지수는?
① 4 ② 5 ③ 6
④ 7 ⑤ 8

- 핵심 유형을 잘 익혔는지 확인할 수 있도록 중단원별로 반드시 풀어야 하는 문제를 선별하여 구성하였습니다.
- 중단원 학습 후 학습 성취도를 확인할 수 있습니다.
- 유형별 학습의 단점(유형이 뒤섞여 있으면 풀지 못함)을 극복할 수 있습니다.

정답과 풀이 풀이의 흐름을 한 눈에!

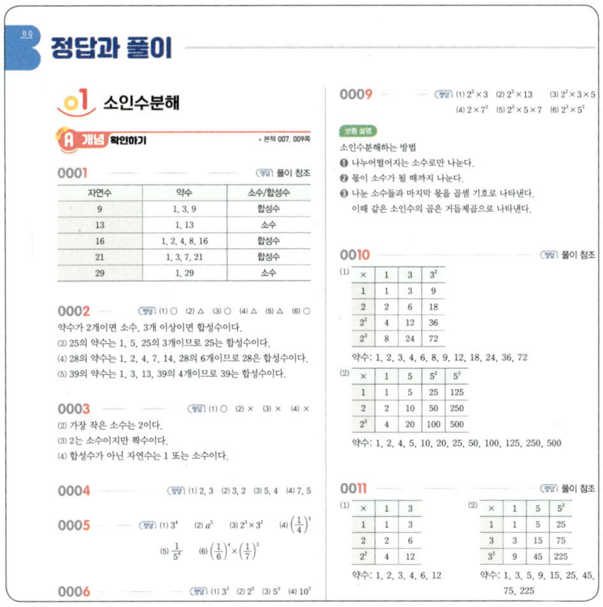
정답과 풀이

01 소인수분해

A 개념 확인하기

0001 풀이 참조

자연수	약수	소수/합성수
9	1, 3, 9	합성수
13	1, 13	소수
16	1, 2, 4, 8, 16	합성수
21	1, 3, 7, 21	합성수
29	1, 29	소수

0002 (1) ○ (2) △ (3) ○ (4) △ (5) △ (6) ○
약수가 2개이면 소수, 3개 이상이면 합성수이다.
(2) 25의 약수는 1, 5, 25의 3개이므로 25는 합성수이다.
(4) 28의 약수는 1, 2, 4, 7, 14, 28의 6개이므로 28은 합성수이다.
(5) 39의 약수는 1, 3, 13, 39의 4개이므로 39는 합성수이다.

0003 (1) ○ (2) × (3) × (4) ×
(2) 가장 작은 소수는 2이다.
(3) 2는 소수이지만 짝수이다.
(4) 합성수가 아닌 자연수는 1 또는 소수이다.

0004 (1) 2, 3 (2) 3, 2 (3) 5, 4 (4) 7, 5

0005 (1) 3^4 (2) a^5 (3) $2^3\times3^2$ (4) $\left(\frac{1}{4}\right)^3$ (5) $\frac{1}{5^4}$ (6) $\left(\frac{1}{6}\right)^2\times\left(\frac{1}{7}\right)^3$

0006 (1) 3^2 (2) 2^2 (3) 5^2 (4) 10^2

0009 (1) $2^2\times3$ (2) $2^2\times13$ (3) $2^2\times3\times5$ (4) 2×7^2 (5) $2^2\times5\times7$ (6) $2^3\times5^2$

보충 설명
소인수분해하는 방법
❶ 나누어떨어지는 소수로만 나눈다.
❷ 몫이 소수가 될 때까지 나눈다.
❸ 나눈 소수들과 마지막 몫을 곱셈 기호로 나타낸다.
이때 같은 소인수의 곱은 거듭제곱으로 나타낸다.

0010 풀이 참조

(1)

×	1	3	3^2
1	1	3	9
2	2	6	18
2^2	4	12	36
2^3	8	24	72

약수: 1, 2, 3, 4, 6, 8, 9, 12, 18, 24, 36, 72

(2)

×	1	5	5^2	5^3
1	1	5	25	125
2	2	10	50	250
2^2	4	20	100	500

약수: 1, 2, 4, 5, 10, 20, 25, 50, 100, 125, 250, 500

0011 풀이 참조

(1)

×	1	3
1	1	3
2	2	6
2^2	4	12

약수: 1, 2, 3, 4, 6, 12

(2)

×	1	5	5^2
1	1	5	25
3	3	15	75
3^2	9	45	225

약수: 1, 3, 5, 9, 15, 25, 45, 75, 225

- 문제 해결 과정을 꼼꼼하게 체크하고 이해할 수 있도록 친절하고 자세한 풀이를 제공합니다.
- 풀이 과정의 이해를 돕기 위해 참고, BIBLE SAYS, 다른 풀이, 보충 설명을 이용한 부가 설명을 수록하였습니다.

C+ 고난도 문제

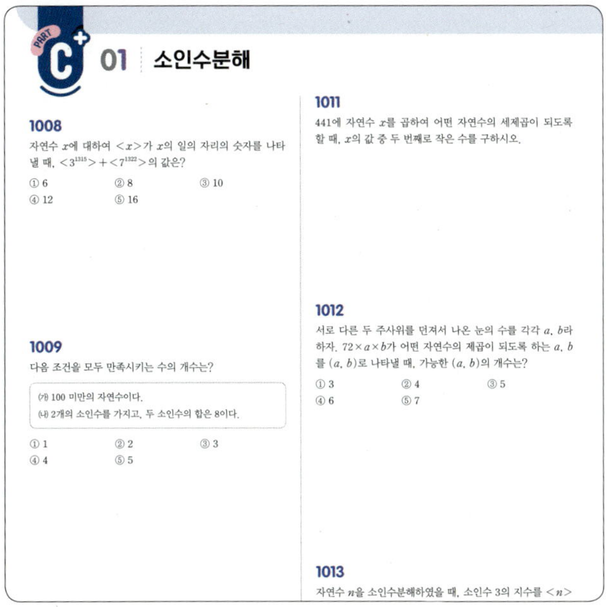
C+ 01 소인수분해

1008
자연수 x에 대하여 $<x>$가 x의 일의 자리의 숫자를 나타낼 때, $<3^{1313}>+<7^{1322}>$의 값은?
① 6 ② 8 ③ 10
④ 12 ⑤ 16

1009
다음 조건을 모두 만족시키는 수의 개수는?
(가) 100 미만의 자연수이다.
(나) 2개의 소인수를 가지고, 두 소인수의 합은 8이다.
① 1 ② 2 ③ 3
④ 4 ⑤ 5

1011
441에 자연수 x를 곱하여 어떤 자연수의 세제곱이 되도록 할 때, x의 값 중 두 번째로 작은 수를 구하시오.

1012
서로 다른 두 주사위를 던져서 나온 눈의 수를 각각 a, b라 하자. $72\times a\times b$가 어떤 자연수의 제곱이 되도록 하는 a, b를 (a, b)로 나타낼 때, 가능한 (a, b)의 개수는?
① 3 ② 4 ③ 5
④ 6 ⑤ 7

1013
자연수 n을 소인수분해하였을 때, 소인수 3의 지수를 $<n>$

- 중단원별 문제 해결 능력을 강화할 수 있도록 변별력 있는 문항으로 엄선하여 다양하게 구성하였습니다.
- 사고력, 문제 해결 능력이 요구되는 고난도 문제를 다양하게 수록하였습니다.
- 고난도 문제에서 오는 학습 부담을 줄이기 위해 별도 코너로 구성하였습니다.

개념 ON
+
유형 ON 과 함께하는 수학 만점 공부법

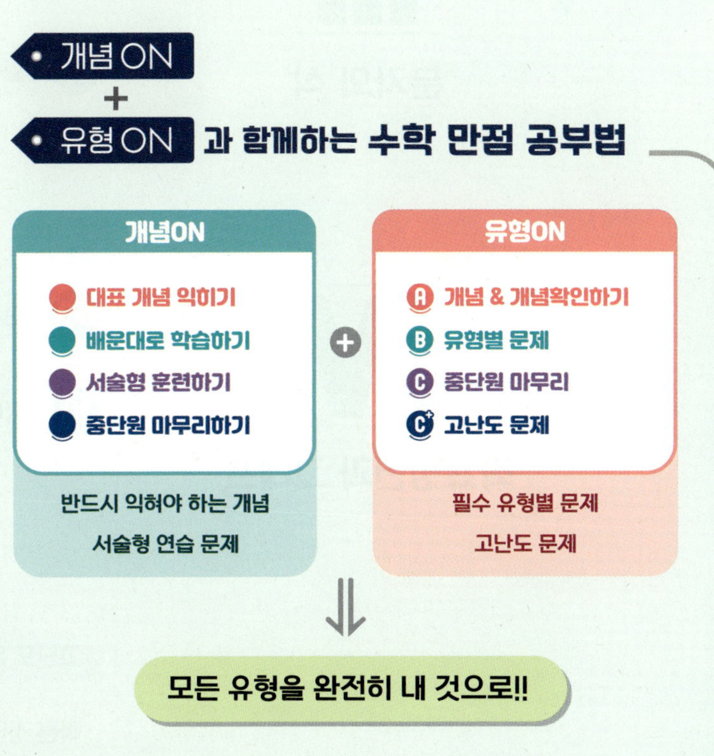

개념ON		유형ON
대표 개념 익히기	+	A 개념 & 개념확인하기
배운대로 학습하기		B 유형별 문제
서술형 훈련하기		C 중단원 마무리
중단원 마무리하기		C+ 고난도 문제
반드시 익혀야 하는 개념 서술형 연습 문제		필수 유형별 문제 고난도 문제

⇓

모든 유형을 완전히 내 것으로!!

차례

Contents

01 소인수분해

PART A 01

소인수분해

01 소수와 합성수

(1) **소수**: 1보다 큰 자연수 중 1과 자기 자신만을 약수로 갖는 수 ➡ 약수가 2개

예시 2, 3, 5, 7, 11, …은 모두 약수가 2개이므로 소수이다.

(2) **합성수**: 1보다 큰 자연수 중 소수가 아닌 수 ➡ 약수가 3개 이상

예시 6의 약수는 1, 2, 3, 6의 4개이므로 6은 합성수이다.

참고 (1) 1은 약수가 1개이므로 소수도 아니고 합성수도 아니다.
(2) 2는 소수 중 가장 작은 수이고 유일한 짝수이다.
(3) 자연수는 1, 소수, 합성수로 이루어져 있다.

- **소수(小數)와 소수(素數)**
0.1, 2.5, 3.47은 소수(小數)이고, 2, 3, 5는 소수(素數)이다.

- 자연수 a, b, c에 대하여 $a=b\times c$일 때, b, c를 a의 약수라 한다.

BIBLE SAYS **소수 찾는 방법 – 에라토스테네스의 체**

1부터 50까지의 자연수 중 소수는 보기와 같은 순서로 찾을 수 있다.

보기
❶ 1은 소수가 아니므로 지운다.
❷ 소수 2는 남기고 2의 배수를 모두 지운다.
❸ 소수 3은 남기고 3의 배수를 모두 지운다.
❹ 소수 5는 남기고 5의 배수를 모두 지운다.
⋮
이와 같은 과정을 반복하면 남는 수가 모두 소수이다.

1	2	3	4	5	6	7	8	9	10
11	12	13	14	15	16	17	18	19	20
21	22	23	24	25	26	27	28	29	30
31	32	33	34	35	36	37	38	39	40
41	42	43	44	45	46	47	48	49	50

➡ 소수: 2, 3, 5, 7, 11, 13, 17, 19, 23, 29, 31, 37, 41, 43, 47

- **에라토스테네스의 체**
오른쪽은 고대 그리스의 수학자 에라토스테네스가 고안한 소수를 찾는 방법으로 체로 걸러 내듯 소수만 남기는 방법이다.

02 거듭제곱

(1) **거듭제곱**: 같은 수나 문자를 여러 번 곱한 것을 간단히 나타낸 것

예시 $2\times2=2^2$, $2\times2\times2=2^3$, $2\times2\times2\times2=2^4$

(2) **밑**: 거듭제곱에서 거듭하여 곱한 수나 문자

(3) **지수**: 거듭제곱에서 밑이 곱해진 개수

$\underbrace{2\times2\times2\times\cdots\times2}_{n\text{개}}=2^n$ ← 지수 (곱한 수의 개수), 2 ↑ 밑 (거듭하여 곱한 수)

참고 (1) $a\neq0$일 때, $a^1=a$로 정한다.
예시 $2^1=2$
(2) 1의 거듭제곱은 항상 1이다.
➡ $1=1^2=1^3=\cdots=1^{100}=\cdots$

주의 (1) $2\times2\times2=2^3$ ➡ 2를 3번 곱한 것
(2) $2+2+2=2\times3$ ➡ 2를 3번 더한 것

- **거듭제곱으로 나타내기**
• $\underbrace{a\times a\times\cdots\times a}_{n\text{개}}=a^n$
• $\underbrace{a\times a\times\cdots\times a}_{m\text{개}}\times\underbrace{b\times b\times\cdots\times b}_{n\text{개}}=a^m\times b^n$

BIBLE SAYS 자연수를 거듭하여 곱하면 일의 자리의 숫자는 규칙적으로 반복하여 나타난다.

(1) 2의 거듭제곱: 2, 4, 8, 6이 반복
(2) 3의 거듭제곱: 3, 9, 7, 1이 반복
(3) 4의 거듭제곱: 4, 6이 반복
(4) 7의 거듭제곱: 7, 9, 3, 1이 반복
(5) 8의 거듭제곱: 8, 4, 2, 6이 반복
(6) 9의 거듭제곱: 9, 1이 반복

- **거듭제곱을 읽는 방법**
a^2 ➡ a의 제곱
a^3 ➡ a의 세제곱
a^4 ➡ a의 네제곱

개념 확인하기

01 소수와 합성수

0001

다음 표에 주어진 자연수의 약수를 모두 구하고, 주어진 수가 소수인지 합성수인지 쓰시오.

자연수	약수	소수/합성수
9		
13		
16		
21		
29		

0002

다음 수가 소수이면 ○, 합성수이면 △를 (　) 안에 써넣으시오.

(1) 2 (　　) (2) 25 (　　)

(3) 31 (　　) (4) 28 (　　)

(5) 39 (　　) (6) 43 (　　)

0003

다음 중 옳은 것에는 ○표, 옳지 않은 것에는 ×표를 (　) 안에 써넣으시오.

(1) 소수는 약수가 2개인 자연수이다. (　　)

(2) 가장 작은 소수는 1이다. (　　)

(3) 모든 소수는 홀수이다. (　　)

(4) 합성수가 아닌 자연수는 모두 소수이다. (　　)

02 거듭제곱

0004

다음 거듭제곱의 밑과 지수를 차례대로 쓰시오.

(1) 2^3 (2) 3^2

(3) 5^4 (4) 7^5

0005

다음을 거듭제곱으로 나타내시오.

(1) $3\times3\times3\times3$

(2) $a\times a\times a\times a\times a$

(3) $2\times2\times2\times3\times3$

(4) $\frac{1}{4}\times\frac{1}{4}\times\frac{1}{4}$

(5) $\frac{1}{5\times5\times5\times5}$

(6) $\frac{1}{6}\times\frac{1}{6}\times\frac{1}{6}\times\frac{1}{6}\times\frac{1}{7}\times\frac{1}{7}\times\frac{1}{7}$

0006

다음 수를 [　] 안의 수의 거듭제곱으로 나타내시오.

(1) 27 [3] (2) 32 [2]

(3) 125 [5] (4) 100 [10]

03 소인수분해

자연수의 약수를 다른 말로 인수라고도 한다.

(1) **소인수**: 자연수의 약수 중 소수인 것

예시 $6=1\times6=2\times3$

➡ 6의 약수 1, 2, 3, 6 중 6의 소인수는 2, 3이다.

(2) **소인수분해**: 1보다 큰 자연수를 그 수의 소인수만의 곱으로 나타내는 것

(3) **소인수분해하는 방법**

❶ 나누어떨어지는 소수로 나눈다. 이때 몫이 소수가 될 때까지 나눈다.

❷ 나눈 소수들과 마지막 몫을 곱셈 기호 ×로 연결한다. 이때 소인수분해한 결과는 보통 크기가 작은 소인수부터 순서대로 쓰고, 같은 소인수의 곱은 거듭제곱으로 나타낸다.

방법 1

$60=2\times30$

$=2\times2\times15$

$=2\times2\times3\times5$

방법 2

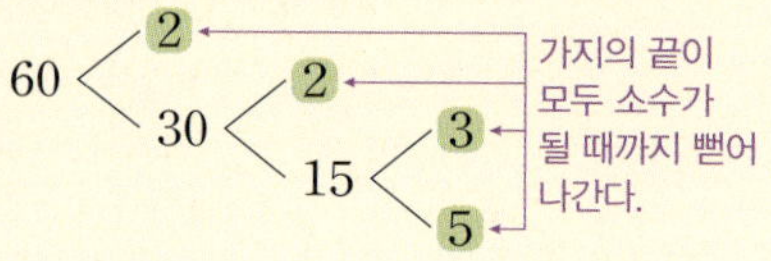

방법 3

2) 60
2) 30
3) 15
5

나누어떨어지는 소수로 계속 나눈다.

몫이 소수가 될 때까지 나눈다.

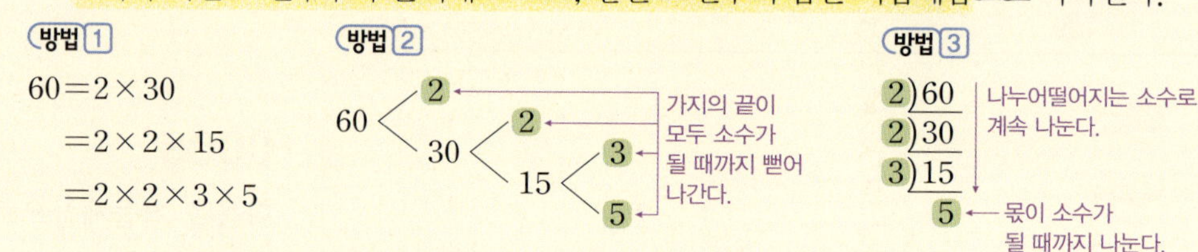

따라서 60을 소인수분해하면 $60=2\times2\times3\times5=2^2\times3\times5$

└ 같은 소인수의 곱은 거듭제곱으로 나타낸다.

일반적으로 소인수분해한 결과는 곱하는 순서를 생각하지 않는다면 오직 한 가지뿐이다.

04 소인수분해를 이용하여 약수 구하기

자연수 N이 $N=a^m\times b^n$ (a, b는 서로 다른 소수, m, n은 자연수)으로 소인수분해될 때

(1) **N의 약수**: (a^m의 약수)×(b^n의 약수)

(2) **N의 약수의 개수**: $(m+1)\times(n+1)$

각 소인수의 지수에 1을 더하여 곱한다.

a^m (a는 소수, m은 자연수)의 약수는 1, a, a^2, $\cdots$, a^m의 $(m+1)$개이다.

자연수 $a^l\times b^m\times c^n$ (a, b, c는 서로 다른 소수, l, m, n은 자연수)의 약수의 개수

➡ $(l+1)\times(m+1)\times(n+1)$

예시 $18=2\times3^2$이므로 오른쪽 표에서

(1) 18의 약수

➡ 1, 2, 3, 6, 9, 18

(2) 18의 약수의 개수

➡ $(1+1)\times(2+1)=6$

3^2의 약수: $(2+1)$개

2^1의 약수: $(1+1)$개

×	1	3	3^2
1	$1\times1=1$	$1\times3=3$	$1\times3^2=9$
2	$2\times1=2$	$2\times3=6$	$2\times3^2=18$

BIBLE SAYS 표를 이용하여 $a^m\times b^n$의 약수 구하기

$a^m\times b^n$(a, b는 서로 다른 소수, m, n은 자연수)의 약수는 다음과 같이 표를 이용하여 구하면 빠짐없이 구할 수 있다.

×	1	b	b^2	$\cdots$	b^n
1	1×1	$1\times b$	$1\times b^2$	$\cdots$	$1\times b^n$
a	$a\times1$	$a\times b$	$a\times b^2$	$\cdots$	$a\times b^n$
a^2	$a^2\times1$	$a^2\times b$	$a^2\times b^2$	$\cdots$	$a^2\times b^n$
$\vdots$	$\vdots$	$\vdots$	$\vdots$	$\vdots$	$\vdots$
a^m	$a^m\times1$	$a^m\times b$	$a^m\times b^2$	$\cdots$	$a^m\times b^n$

개념 확인하기

03 소인수분해

0007

다음 수의 약수와 소인수를 모두 구하시오.

(1) 24 (2) 50

(3) 63 (4) 90

0008

다음은 두 가지 방법으로 45를 소인수분해하는 과정이다. □ 안에 알맞은 수를 써넣으시오.

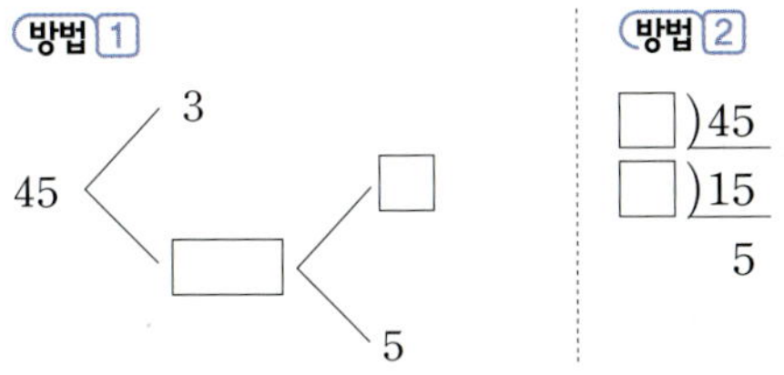

⇨ 소인수분해한 결과: 45=$\square^2\times\square$

0009

다음 수를 소인수분해하시오.

(1) 12 (2) 52

(3) 60 (4) 98

(5) 140 (6) 200

04 소인수분해를 이용하여 약수 구하기

0010

다음 표를 완성하고, 이를 이용하여 주어진 수의 약수를 모두 구하시오.

(1) $2^3\times3^2$

$\times$	1	3	3^2
1			
2			18
2^2		12	
2^3			

(2) $2^2\times5^3$

$\times$	1	5	5^2	5^3
1		5		125
2	2			250
2^2				500

0011

표를 이용하여 다음 수의 약수를 모두 구하시오.

(1) $2^2\times3$ (2) $3^2\times5^2$

(3) 54 (4) 80

0012

다음 수의 약수의 개수를 구하시오.

(1) 2^4 (2) $3^3\times5^2\times7$

(3) 56 (4) 162

PART B 유형별 문제

유형 01 소수와 합성수

(1) **소수**: 1보다 큰 자연수 중 1과 자기 자신만을 약수로 갖는 수

(2) **합성수**: 1보다 큰 자연수 중 소수가 아닌 수

(참고) 자연수는 1, 소수, 합성수로 이루어져 있다.

개념ON 009쪽

0013 대표문제

다음 중 소수인 것은?

① 1　② 21　③ 31
④ 51　⑤ 81

0014 중요

다음 수 중 소수의 개수가 a, 합성수의 개수가 b일 때, $a-b$의 값을 구하시오.

1, 2, 8, 19, 27, 37, 39, 41, 49, 52, 67, 91, 97

0015

10 이상 20 이하의 자연수 중 약수가 2개인 수를 모두 구하시오.

0016

자연수 a보다 작거나 같은 소수가 5개일 때, a의 값이 될 수 있는 수의 개수를 구하시오.

유형 02 소수와 합성수의 성질

(1) 소수의 약수는 2개이다.

(2) 합성수의 약수는 3개 이상이다.

(3) 1은 소수도 아니고 합성수도 아니다.

(4) 2는 소수 중 가장 작은 수이고 유일한 짝수이다.

개념ON 009쪽

0017 대표문제

다음 중 옳은 것은?

① 가장 작은 합성수는 2이다.
② 짝수는 모두 합성수이다.
③ 홀수는 모두 소수이다.
④ 3의 배수 중 소수는 1개뿐이다.
⑤ 소수가 아닌 자연수는 모두 합성수이다.

0018

다음 설명 중 옳지 않은 것은?

① 19는 소수이다.
② 1을 제외한 모든 홀수는 소수이다.
③ 6의 배수 중 소수는 없다.
④ 2를 제외한 모든 짝수는 소수가 아니다.
⑤ 10 이하의 자연수 중 소수는 4개이다.

0019 중요

다음 보기 중 옳은 것을 모두 고르시오.

보기

ㄱ. 자연수는 소수와 합성수로 이루어져 있다.
ㄴ. 일의 자리의 숫자가 7인 자연수는 모두 소수이다.
ㄷ. 2를 제외한 모든 짝수는 합성수이다.
ㄹ. 2를 제외한 소수는 모두 홀수이다.
ㅁ. 두 소수의 합은 합성수이다.

0020

다음 중 옳지 않은 것을 모두 고르면? (정답 2개)

① 6의 배수는 모두 합성수이다.
② 두 자연수의 곱은 항상 합성수이다.
③ 홀수 중 가장 작은 소수는 3이다.
④ 1은 소수도 아니고 합성수도 아니다.
⑤ 10 이하의 자연수 중 가장 작은 소수와 가장 큰 소수의 합은 11이다.

유형 03 거듭제곱

같은 수나 문자를 여러 번 곱한 것은 다음과 같이 거듭제곱을 이용하여 나타낸다.

➡ $\underbrace{a\times a\times\cdots\times a}_{n\text{개}}=a^n$

개념ON 011쪽

0021 대표문제

다음 중 거듭제곱을 이용하여 나타낸 것으로 옳은 것은?

① $16=2^3$
② $5\times5\times5=3^5$
③ $2\times2\times7\times7\times7=2^2\times7^3$
④ $x+x+x=x^3$
⑤ $\frac{2}{5}\times\frac{2}{5}\times\frac{2}{5}\times\frac{2}{5}=\frac{2^4}{5}$

0022 중요

$2\times3\times2\times5\times5\times3\times2=a^3\times3^b\times5^c$일 때, 자연수 a, b, c에 대하여 $a+b+c$의 값을 구하시오.

(단, a는 3, 5와 서로 다른 소수)

0023 사고력

다음은 길이 단위 사이의 관계를 나타낸 것이다. 자연수 a, b, c에 대하여 $a+b+c$의 값을 구하시오.

$$1\text{ km}=10^a\text{ m}=10^b\text{ cm}=10^c\text{ mm}$$

0024 서술형

$2^a=64$, $\frac{1}{5^b}=\frac{1}{125}$을 만족시키는 자연수 a, b에 대하여 $a-b$의 값을 구하시오.

유형 04 소인수분해

(1) 소인수: 자연수의 약수 중 소수인 것

(2) 소인수분해: 1보다 큰 자연수를 그 수의 소인수만의 곱으로 나타내는 것

(예시) 90을 소인수분해하면 다음과 같다.

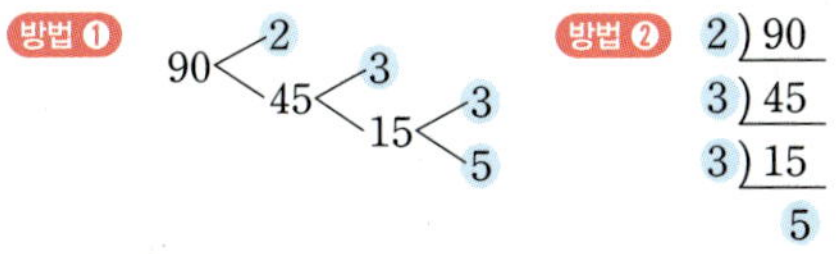

➡ $90=2\times3\times3\times5=2\times3^2\times5$

개념ON 014쪽

0025 대표문제

다음 중 소인수분해한 것으로 옳지 않은 것을 모두 고르면? (정답 2개)

① $24=2^3\times3$
② $27=3^3$
③ $40=2^2\times10$
④ $120=2^3\times3\times5$
⑤ $144=12^2$

0026

다음 중 소인수분해한 것으로 옳은 것은?

① $45=3\times15$ ② $70=7\times10$
③ $100=10^2$ ④ $108=3\times6^2$
⑤ $600=2^3\times3\times5^2$

0027 서술형

156을 소인수분해하면 $2^a\times3^b\times c$일 때, 자연수 a, b, c에 대하여 $a+b+c$의 값을 구하시오.
(단, c는 2, 3과 서로 다른 소수)

0028 중요

40×60을 소인수분해하면 $2^a\times3^b\times5^c$일 때, 자연수 a, b, c에 대하여 $a+b+c$의 값을 구하시오.

0029

189를 소인수분해하면 $a^m\times b^n$일 때, 자연수 a, b, m, n에 대하여 $a+b+m+n$의 값을 구하시오.
(단, a, b는 서로 다른 소수)

유형 05 소인수 구하기

자연수 N이
$N=a^m\times b^n$ (a, b는 서로 다른 소수, m, n은 자연수)
으로 소인수분해될 때, 자연수 N의 소인수는
a, b

0030 대표문제

개념ON 014쪽

다음 보기 중 소인수가 같은 것끼리 짝 지은 것은?

보기
ㄱ. 84 ㄴ. 96 ㄷ. 126 ㄹ. 250

① ㄱ, ㄴ ② ㄱ, ㄷ ③ ㄴ, ㄷ
④ ㄴ, ㄹ ⑤ ㄷ, ㄹ

0031

다음 중 220의 소인수가 아닌 것을 모두 고르면? (정답 2개)

① 2 ② 5 ③ 7
④ 11 ⑤ 13

0032 중요

다음 중 소인수가 나머지 넷과 다른 하나는?

① 6 ② 24 ③ 36
④ 64 ⑤ 72

0033

다음 중 모든 소인수의 합이 가장 큰 것은?

① 12　② 15　③ 28
④ 40　⑤ 45

0034

자연수 n의 소인수 중 가장 큰 수를 $G(n)$, 가장 작은 수를 $L(n)$이라 할 때, $G(182)-L(187)$의 값은?

① 1　② 2　③ 3
④ 4　⑤ 5

0035

자연수 n의 모든 소인수의 합을 $<n>$이라 할 때, 다음 중 $<n>$의 값이 나머지 넷과 다른 하나는?

① 14　② 56　③ 84
④ 98　⑤ 112

유형 06 소인수분해를 이용하여 제곱인 수 만들기 (1)

제곱인 수는 다음과 같은 순서대로 만든다.

❶ 주어진 수를 소인수분해한다.
❷ 지수가 홀수인 소인수를 찾아 지수가 짝수가 되도록 적당한 수를 곱하거나 적당한 수로 나눈다.

0036 대표문제

개념ON 014쪽

54에 자연수를 곱하여 어떤 자연수의 제곱이 되도록 할 때, 곱할 수 있는 가장 작은 자연수는?

① 2　② 3　③ 5
④ 6　⑤ 10

0037 중요

180을 자연수로 나누어 어떤 자연수의 제곱이 되도록 할 때, 나눌 수 있는 가장 작은 자연수는?

① 2　② 3　③ 5
④ 6　⑤ 10

0038

$32\times a=b^2$을 만족시키는 가장 작은 자연수 a, b에 대하여 $b-a$의 값은?

① 2　② 4　③ 6
④ 8　⑤ 10

0039

1176을 가장 작은 자연수 a로 나누어 어떤 자연수 b의 제곱이 되도록 할 때, $a+b$의 값은?

① 20　② 21　③ 22
④ 23　⑤ 24

0040 실력

$20\times a=175\times b=c^2$을 만족시키는 가장 작은 자연수 a, b, c에 대하여 $a+b+c$의 값은?

① 340　② 341　③ 342
④ 343　⑤ 344

유형 07 소인수분해를 이용하여 제곱인 수 만들기 (2)

$2\times3^2\times x$ (x는 자연수)가 어떤 자연수의 제곱인 수일 때

➡ x는 $2\times$(자연수)^2 꼴이다.

➡ x가 될 수 있는 수를 작은 수부터 차례대로 구하면
2×1^2, 2×2^2, 2×3^2, 2×4^2, $\cdots$

0041 대표문제

개념ON 014쪽

$63\times x$가 어떤 자연수의 제곱이 되도록 할 때, 다음 중 x의 값이 될 수 있는 것은? (단, x는 자연수)

① 3 ② 2×3 ③ $2^2\times7$
④ 3×7^2 ⑤ $3^2\times7^2$

0042

528을 자연수 x로 나누어 어떤 자연수의 제곱이 되도록 할 때, 다음 중 x의 값이 될 수 있는 것을 모두 고르면? (정답 2개)

① 9 ② 33 ③ 48
④ 132 ⑤ 176

0043

360에 자연수를 곱하여 어떤 자연수의 제곱이 되도록 할 때, 곱할 수 있는 모든 두 자리 자연수의 합은?

① 10 ② 50 ③ 140
④ 300 ⑤ 450

0044 서술형 실력

240에 자연수를 곱하여 어떤 자연수의 제곱이 되도록 할 때, 곱할 수 있는 자연수 중 두 번째로 작은 수를 구하시오.

유형 08 소인수분해를 이용하여 약수 구하기

자연수 A가
$A=a^m\times b^n$ (a, b는 서로 다른 소수, m, n은 자연수)
으로 소인수분해될 때, A의 약수는
(a^m의 약수)$\times$(b^n의 약수)

➡ a^m의 약수 1, a, a^2, $\cdots$, a^m 중 하나와
b^n의 약수 1, b, b^2, $\cdots$, b^n 중 하나를 곱하여 구한다.

0045 대표문제

개념ON 016쪽

다음 중 $2^2\times3\times7^2$의 약수가 아닌 것은?

① 2×7 ② $2^2\times3$ ③ $2^3\times3$
④ 3×7^2 ⑤ $2\times3\times7^2$

0046 중요

다음 중 350의 약수인 것을 모두 고르면? (정답 2개)

① 2^2 ② 5^2 ③ $2\times5\times7$
④ 5×7^2 ⑤ $2^2\times5^2\times7$

0047

52의 모든 약수의 합은?

① 100 ② 98 ③ 96
④ 90 ⑤ 85

0048

480의 약수 중 세 번째로 큰 수는?

① 2^3　② $2^3\times3$　③ $2^3\times3\times5$
④ $2^5\times5$　⑤ $2^4\times3\times5$

0049

세 자연수 a, b, c에 대하여 $2^a\times3^b\times5^c$이 360을 약수로 가질 때, $a+b+c$의 값 중 가장 작은 값을 구하시오.

유형 09 약수의 개수 구하기

a, b, c는 서로 다른 소수이고, l, m, n은 자연수일 때

(1) a^l의 약수의 개수 ➡ $l+1$

(2) $a^l\times b^m$의 약수의 개수 ➡ $(l+1)\times(m+1)$

(3) $a^l\times b^m\times c^n$의 약수의 개수 ➡ $(l+1)\times(m+1)\times(n+1)$

개념ON 016쪽

0050 대표문제

다음 중 약수의 개수가 나머지 넷과 다른 하나는?

① $2^2\times3^3$　② 2×5^5　③ 3^{11}
④ $2^2\times3\times7$　⑤ $3^4\times5^3$

0051 중요

다음 중 약수의 개수가 가장 많은 것은?

① 60　② 128　③ $2^2\times3$
④ 2×7^2　⑤ $2\times3\times7$

0052

아래 표를 이용하여 392의 약수를 구하려고 한다. 다음 중 옳지 않은 것은?

×	1	2	2^2	2^3
1	1	2	4	8
7	7	14	(가)	56
(나)			(다)	(라)

① 392를 소인수분해하면 $2^3\times7^2$이다.
② (나)는 7^2이다.
③ (가), (다)는 어떤 자연수의 제곱인 수이다.
④ 392의 약수 중 가장 큰 수는 (라)이다.
⑤ 392의 약수의 개수는 12이다.

0053

자연수 n의 모든 소인수의 합을 $<n>$, 약수의 개수를 $\{n\}$이라 할 때, $<20>+\{300\}$의 값을 구하시오.

0054

$\frac{200}{n}$이 자연수가 되도록 하는 자연수 n의 개수는?

① 12　② 13　③ 14
④ 15　⑤ 16

0055

180의 약수 중 5의 배수의 개수를 구하시오.

PART B 유형별 문제

유형 10 약수의 개수가 주어질 때, 소인수의 지수 구하기

$a^m \times b^n$ (a, b는 서로 다른 소수, m, n은 자연수)의 약수의 개수가 k이다.

➡ $(m+1) \times (n+1) = k$

0056 대표문제

개념ON 017쪽

$2^m \times 3^5$의 약수의 개수가 18일 때, 자연수 m의 값은?

① 2　② 3　③ 4　④ 5　⑤ 6

0057 중요

$3^3 \times 5^a \times 7$의 약수의 개수가 40일 때, 자연수 a의 값은?

① 3　② 4　③ 5　④ 6　⑤ 7

0058 서술형

216의 약수의 개수와 $8 \times 3^a \times 7^b$의 약수의 개수가 같을 때, 다음 물음에 답하시오. (단, a, b는 자연수)

(1) 216의 약수의 개수를 구하시오.

(2) a, b의 값을 각각 구하시오.

0059

1200의 약수의 개수와 $7^a \times 9^2$의 약수의 개수가 같을 때, 자연수 a의 값은?

① 2　② 3　③ 4　④ 5　⑤ 6

유형 11 약수의 개수가 주어질 때, 곱해진 수 구하기

$a^m \times \square$ (a는 소수, m은 자연수)의 약수의 개수가 주어지면

(i) □가 a의 거듭제곱 꼴인 경우

(ii) □가 a의 거듭제곱 꼴이 아닌 경우

로 나누어 생각한다.

0060 대표문제

개념ON 017쪽

$27 \times a$의 약수의 개수가 10일 때, 다음 중 자연수 a의 값이 될 수 있는 것은?

① 4　② 10　③ 18　④ 21　⑤ 81

0061 중요

$12 \times \square$의 약수의 개수가 12일 때, 다음 중 □ 안에 들어갈 수 없는 것은?

① 5　② 8　③ 9　④ 10　⑤ 11

0062

소인수가 2개인 자연수 $3^4\times\square$의 약수의 개수가 20일 때, 다음 중 □ 안에 들어갈 수 있는 것을 모두 고르면? (정답 2개)

① 8 ② 10 ③ 27
④ 64 ⑤ 125

0063

$42\times\square$의 약수의 개수가 24일 때, 다음 보기에서 □ 안에 들어갈 수 있는 것을 모두 고르시오.

보기
ㄱ. 12 ㄴ. 14 ㄷ. 42 ㄹ. 77

0064

$x=2^2\times a^3$의 약수의 개수가 12일 때, 가장 작은 자연수 x의 값을 구하시오. (단, a는 소수)

0065 서술형 실력

$2^5\times\square$의 약수의 개수가 18일 때, □ 안에 들어갈 수 있는 가장 작은 자연수를 구하시오.

유형 12 약수의 개수가 k인 자연수

(1) 약수의 개수가 3인 자연수는 $(소수)^2$ 꼴이다.
(2) 약수의 개수가 4인 자연수는 $(소수)^3$ 꼴 또는 $a\times b$ (a, b는 서로 다른 소수) 꼴이다.
(3) 약수의 개수가 홀수인 자연수는 $(자연수)^2$ 꼴이다.

0066 대표문제

200 이하의 자연수 중 약수의 개수가 3인 수의 개수를 구하시오.

0067 중요

300 이하의 자연수 중 약수의 개수가 홀수인 자연수의 개수를 구하시오.

0068

약수의 개수가 4인 가장 작은 자연수를 구하시오.

0069

약수의 개수가 6인 가장 작은 자연수를 구하시오.

중단원 마무리

0070

30 이상 40 이하의 자연수 중 가장 작은 소수가 a, 가장 큰 소수가 b일 때, $b-a$의 값을 구하시오.

0071

다음 보기 중 옳은 것을 모두 고르시오.

보기
ㄱ. 자연수는 소수와 합성수로 이루어져 있다.
ㄴ. 합성수는 모두 짝수이다.
ㄷ. 두 자리 자연수 중 가장 작은 소수는 11이다.
ㄹ. 5의 배수 중 소수는 1개뿐이다.
ㅁ. 2의 배수 중 소수는 없다.
ㅂ. 두 소수의 곱은 홀수이다.

0072

다음 중 옳지 않은 것을 모두 고르면? (정답 2개)

① 짝수 중 소수는 1개이다.
② 합성수는 약수의 개수가 3 이상이다.
③ 소수와 합성수의 합은 항상 합성수이다.
④ 일의 자리의 숫자가 3인 자연수는 모두 소수이다.
⑤ 15 이하의 자연수 중 소수는 6개이다.

0073

A 세포 1개는 하루가 지나면 2개로 나누어지고 2일, 3일, 4일, … 후에는 각각 4개, 8개, 16개, …로 나누어진다. A 세포 1개가 20일 후에는 몇 개의 세포로 나누어지는지 거듭제곱으로 나타내시오.

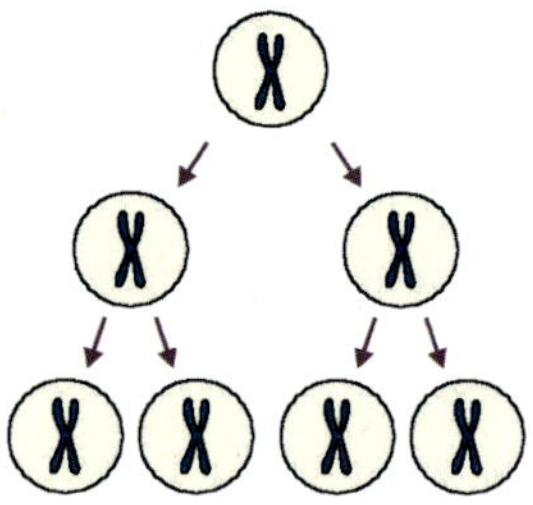

0074

1부터 15까지의 자연수의 곱 $1\times2\times3\times\cdots\times15$를 소인수분해하였을 때, 소인수 3의 지수는?

① 4 ② 5 ③ 6
④ 7 ⑤ 8

0075

1부터 10까지의 자연수의 곱 $1\times2\times3\times\cdots\times10$을 소인수분해하면 $2^a\times3^b\times5^c\times7^d$일 때, $a+b-c+d$의 값을 구하시오. (단, a, b, c, d는 자연수)

0076

400을 소인수분해하면 $a^{m}\times b^{n}$일 때, 자연수 a, b, m, n에 대하여 $a+b+m+n$의 값은? (단, a, b는 서로 다른 소수)

① 10 ② 11 ③ 12
④ 13 ⑤ 14

0077

다음 조건을 모두 만족시키는 자연수 n의 개수를 구하시오.

(가) n은 10보다 크고 20보다 작은 자연수이다.
(나) n의 소인수는 2개이고, 이 두 소인수의 합은 5이다.

0078

125에 자연수를 곱하여 어떤 자연수의 제곱이면서 3의 배수가 되도록 할 때, 곱할 수 있는 가장 작은 자연수를 구하시오.

0079

540을 자연수로 나누어 어떤 자연수의 제곱이 되도록 할 때, 나눌 수 있는 자연수 중 세 번째로 작은 수를 구하시오.

0080

$(3\times5^{3}\times7^{2})\times n$이 어떤 자연수의 제곱이 되도록 하는 모든 두 자리 자연수 n의 값의 합을 구하시오.

0081

45가 $3^{a}\times5^{b}\times7^{c}$의 약수일 때, 가장 작은 자연수 a, b, c에 대하여 $a+b+c$의 값을 구하시오.

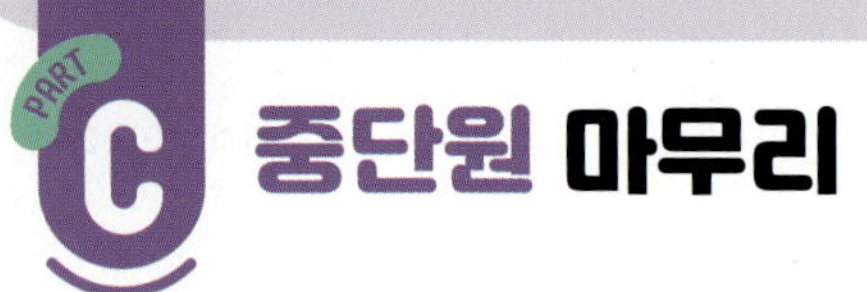

● 정답과 풀이 009쪽

0082

다음 조건을 모두 만족시키는 자연수 A를 구하시오.

(가) A는 90의 약수이다.
(나) A의 약수의 개수는 2이다.
(다) 56은 A의 배수이다.

0083

$A=175$일 때, 다음 중 A에 대한 설명으로 옳지 않은 것은?

① $A=5^2\times7$
② 5×7은 A의 약수이다.
③ A의 약수의 개수는 9이다.
④ $3\times5^2\times7^3$은 A의 배수이다.
⑤ A에 28을 곱한 수는 어떤 수의 제곱이다.

0084

자연수 A를 소인수분해하면 $2^a\times5^b$이다. A의 약수의 개수가 15일 때, A의 값을 구하시오.

(단, a, b는 $a>b$인 자연수)

0085

$2\times5\times\square$의 약수의 개수가 8일 때, $\square$ 안에 들어갈 수 있는 가장 작은 자연수를 구하시오.

0086

1000 이하의 자연수 중 약수의 개수가 5인 수의 개수는?

① 3 ② 4 ③ 5 ④ 6 ⑤ 7

0087

다음 조건을 모두 만족시키는 자연수를 구하시오.

(가) 소인수분해하였을 때, 소인수는 3과 7이다.
(나) 두 자리 자연수이다.
(다) 약수의 개수는 6이다.

PART C+ 188쪽에서 고난도 문제를 만나보아요!

02 최대공약수와 최소공배수

PART A 02

최대공약수와 최소공배수

01 공약수와 최대공약수

(1) **공약수**: 두 개 이상의 자연수의 공통인 약수

(2) **최대공약수**: 공약수 중 가장 큰 수

예시 8의 약수: 1, 2, 4, 8
12의 약수: 1, 2, 3, 4, 6, 12 ➡ 공약수: 1, 2, 4 (4 → 최대공약수)

(3) **최대공약수의 성질**

두 개 이상의 자연수의 공약수는 모두 최대공약수의 약수이다.

➡ (두 수의 공약수)=(두 수의 최대공약수의 약수)

예시 8과 12의 공약수는 모두 최대공약수인 4의 약수이다.

(4) **서로소**: 최대공약수가 1인 두 자연수

➡ 두 자연수가 서로소이면 두 수의 공약수는 1뿐이다.

예시 4와 9의 최대공약수는 1이므로 4와 9는 서로소이다.

참고 서로 다른 두 소수는 항상 서로소이다.

- 공약수 중 가장 작은 수는 항상 1이므로 최소공약수는 생각하지 않는다.
- 공약수의 개수는 최대공약수의 약수의 개수와 같다.
- 공약수가 1 하나뿐인 두 자연수는 서로소이다.

02 최대공약수 구하기

방법 1 소인수분해 이용하기

❶ 주어진 자연수를 각각 소인수분해한다.

❷ 공통인 소인수를 모두 곱한다. 이때 공통인 소인수의 거듭제곱에서 지수가 같으면 그대로, 지수가 다르면 작은 것을 택하여 곱한다.

$24=2^3\times3$
$30=2\times3\times5$
(최대공약수)$=2\times3=6$

(지수가 다르면 작은 것 / 지수가 같으면 그대로)

방법 2 나눗셈 이용하기

❶ 1이 아닌 공약수로 각 수를 나눈다.

❷ 몫에 1 이외의 공약수가 없을 때까지 계속 나눈다.

❸ 나누어 준 공약수를 모두 곱한다.

```
2) 24  30
3) 12  15
    4   5   ← 서로소
```

(최대공약수)$=2\times3=6$

예시 세 수의 최대공약수 구하기

$48=2^4\times3$
$72=2^3\times3^2$
$96=2^5\times3$
(최대공약수)$=2^3\times3=24$

```
2) 48  72  96
2) 24  36  48
2) 12  18  24
3)  6   9  12
    2   3   4
```

(최대공약수)$=2\times2\times2\times3=24$

BIBLE SAYS 최대공약수를 이용하여 실생활 문제 해결하기

다음과 같은 문제는 대부분 최대공약수를 이용하여 해결한다.

(1) 일정한 양을 가능한 한 많은 사람들에게 남김없이 똑같이 나누어 주는 문제

(2) 직사각형을 가능한 한 큰 정사각형으로 빈틈없이 채우는 문제

(3) 몇 개의 자연수를 모두 나누어떨어지게 하는 수 중 가장 큰 자연수를 구하는 문제

개념 확인하기

01 공약수와 최대공약수

0088

다음을 구하시오.

(1) 18의 약수

(2) 24의 약수

(3) 18과 24의 공약수

(4) 18과 24의 최대공약수

0089

최대공약수가 다음과 같은 두 자연수의 공약수를 모두 구하시오.

(1) 최대공약수: 16 ⇨ 공약수: ______________

(2) 최대공약수: 20 ⇨ 공약수: ______________

0090

다음 두 수가 서로소인 것은 ○표, 서로소가 아닌 것은 ×표를 하시오.

(1) 2, 6 (　　) (2) 8, 15 (　　)

(3) 12, 35 (　　) (4) 42, 105 (　　)

02 최대공약수 구하기

0091

다음 수들의 최대공약수를 소인수의 곱으로 나타내시오.

(1) 2×3^3, $2^2\times3$

(2) $3^2\times5^2$, $3^3\times5$

(3) $2^2\times3\times5^2$, $2^2\times3^2\times5$

(4) $3\times5^2\times7^2$, $3^3\times5^2\times7$

(5) 2×5^3, $2\times3^2\times5^3$, $2^2\times3\times5^2$

(6) $2^2\times3^2$, $2^2\times3\times7^2$, $2^3\times3^2\times7$

0092

소인수분해를 이용하여 다음 수들의 최대공약수를 구하시오.

(1) 18, 30

(2) 28, 63

(3) 36, 64

(4) 72, 90

(5) 20, 24, 32

(6) 45, 60, 75

0093

사과 12개와 배 15개를 가능한 한 많은 학생들에게 똑같이 나누어 주려고 한다. 다음 물음에 답하시오.

(1) 12와 15의 최대공약수를 구하시오.

(2) 나누어 줄 수 있는 학생 수를 구하시오.

(3) 한 학생에게 사과와 배를 각각 몇 개씩 나누어 줄 수 있는지 구하시오.

최대공약수와 최소공배수

03 공배수와 최소공배수

> 공배수는 끝없이 구할 수 있으므로 공배수 중 가장 큰 수는 알 수 없다. 따라서 최대공배수는 생각하지 않는다.

(1) **공배수**: 두 개 이상의 자연수의 공통인 배수

(2) **최소공배수**: 공배수 중 가장 작은 수

예시 8의 배수: 8, 16, 24, 32, 40, 48, ⋯
12의 배수: 12, 24, 36, 48, ⋯
➡ 공배수: 24, 48, ⋯ (24 → 최소공배수)

(3) **최소공배수의 성질**

① 두 개 이상의 자연수의 공배수는 모두 최소공배수의 배수이다.

➡ (두 수의 공배수)=(두 수의 최소공배수의 배수)

예시 8과 12의 공배수는 모두 최소공배수인 24의 배수이다.

② 서로소인 두 자연수의 최소공배수는 두 자연수의 곱과 같다.

예시 3과 5는 서로소이므로 두 수의 최소공배수는 $3\times5=15$이다.

04 최소공배수 구하기

방법 1 소인수분해 이용하기

❶ 주어진 자연수를 각각 소인수분해한다.

❷ 공통인 소인수와 공통이 아닌 소인수를 모두 곱한다. 이때 공통인 소인수의 거듭제곱에서 지수가 같으면 그대로, 지수가 다르면 큰 것을 택하여 곱한다.

$24=2^3\times3$
$60=2^2\times3\times5$
$150=2\times3\times5^2$
(최소공배수)$=2^3\times3\times5^2=600$

지수가 다르면 큰 것 / 지수가 같으면 그대로 / 공통이 아닌 소인수

> **미지수가 포함된 세 수의 최소공배수**
> 세 수 $2\times x$, $3\times x$, $5\times x$의 최소공배수가 60이다.
> ➡ x는 세 수의 공약수이다.
> ➡ 세 수를 x로 나누어 최소공배수를 x를 사용한 식으로 나타낸다.
> x) $2\times x$ $3\times x$ $5\times x$
> 　　2　3　5
> ➡ $x\times2\times3\times5=60$이므로 $x=2$

방법 2 나눗셈 이용하기

❶ 1이 아닌 공약수로 각 수를 나눈다.

❷ 세 수의 공약수가 없을 때는 두 수의 공약수로 나눈다. 이때 공약수가 없는 수는 그대로 아래로 내린다.

❸ 어떤 두 수를 택하여도 서로소가 될 때까지 계속 나눈다.

❹ 나누어 준 공약수와 마지막 몫을 모두 곱한다.

2) 24　60　150
3) 12　30　75
5) 4　10　25
2) 4　2　5
　 2　1　5

(최소공배수)$=2\times3\times5\times2\times2\times5$
$=600$

BIBLE SAYS 최소공배수를 이용하여 실생활 문제 해결하기

다음과 같은 문제는 대부분 최소공배수를 이용하여 해결한다.

(1) 움직이는 간격이 다른 두 물체가 동시에 움직이기 시작하여 다시 처음으로 만나는 시점을 묻는 문제

(2) 일정한 크기의 직육면체를 빈틈없이 쌓아서 가능한 한 작은 정육면체를 만드는 문제

(3) 몇 개의 자연수로 모두 나누어떨어지는 수 중 가장 작은 자연수를 구하는 문제

05 최대공약수와 최소공배수의 관계

두 자연수 A, B의 최대공약수가 G, 최소공배수가 L일 때, $A=a\times G$, $B=b\times G$ (a, b는 서로소)라 하면 다음이 성립한다.

(1) $L=a\times b\times G$　　(2) $A\times B=G\times L$

G) A　B
　 a　b (서로소)
➡ $L=a\times b\times G$

> $A\times B=(a\times G)\times(b\times G)$
> $=G\times(a\times b\times G)$
> $=G\times L$

개념 확인하기

03 공배수와 최소공배수

0094

다음을 구하시오.

(1) 4의 배수

(2) 6의 배수

(3) 4와 6의 공배수

(4) 4와 6의 최소공배수

0095

최소공배수가 다음과 같은 두 자연수의 공배수를 작은 수부터 3개씩 구하시오.

(1) 최소공배수: 8 ⇨ 공배수: ______________

(2) 최소공배수: 15 ⇨ 공배수: ______________

04 최소공배수 구하기

0096

다음 수들의 최소공배수를 소인수의 곱으로 나타내시오.

(1) 2×3^2, $2^2\times3$

(2) $2^2\times5^2$, $2^3\times5$

(3) $3^2\times5$, $2^2\times3\times5^2$

(4) $3\times5^2\times7^2$, $3^3\times5^2\times7$

(5) $2^2\times3^3$, $2^2\times3$, $2^3\times3^2$

(6) 2^3, $2^2\times5^2\times7$, $2\times5^2\times7^3$

0097

소인수분해를 이용하여 다음 수들의 최소공배수를 구하시오.

(1) 9, 12

(2) 12, 20

(3) 18, 30

(4) 20, 24

(5) 8, 12, 18

(6) 10, 15, 20

0098

어느 버스정류장에서 두 버스 A, B는 각각 4분, 10분 간격으로 출발한다. 두 버스 A, B가 오전 7시에 동시에 출발하였을 때, 다음 물음에 답하시오.

(1) 4와 10의 최소공배수를 구하시오.

(2) 두 버스 A, B가 처음으로 다시 동시에 출발하는 시각을 구하시오.

05 최대공약수와 최소공배수의 관계

0099

곱이 240이고 최대공약수가 4인 두 자연수의 최소공배수를 구하려고 한다. □ 안에 알맞은 수를 써넣으시오.

(두 자연수의 곱)=(최대공약수)×(최소공배수)이므로

240=□×(최소공배수)

∴ (최소공배수)=□

PART B

유형별 문제

유형 01 최대공약수의 성질

두 개 이상의 자연수의 공약수는 그 수들의 최대공약수의 약수이다.

예시 12의 약수는 1, 2, 3, 4, 6, 12

30의 약수는 1, 2, 3, 5, 6, 10, 15, 30

따라서 12와 30의 공약수는 1, 2, 3, 6이고, 이것은 최대공약수인 6의 약수이다.

0100 대표문제

개념ON 027쪽

두 자연수 A, B의 최대공약수가 225일 때, 다음 중 A, B의 공약수인 것을 모두 고르면? (정답 2개)

① 10 ② 15 ③ 35
④ 3×5^3 ⑤ $3^2\times5$

0101

두 자연수 A, B의 최대공약수가 $2\times3^2\times5$일 때, A, B의 공약수의 개수를 구하시오.

0102

세 자연수의 최대공약수가 14일 때, 이 세 자연수의 모든 공약수의 합은?

① 22 ② 23 ③ 24
④ 25 ⑤ 26

유형 02 서로소

(1) **서로소**: 최대공약수가 1인 두 자연수

(2) 두 수가 서로소인지 알아보려면 두 수의 최대공약수가 1인지를 확인해 본다.

예시 5와 11은 서로소이다.

참고 서로 다른 두 소수는 항상 서로소이다.

0103 대표문제

개념ON 027쪽

다음 중 두 수가 서로소가 아닌 것은?

① 16, 19 ② 15, 21 ③ 23, 31
④ 24, 25 ⑤ 28, 33

0104

다음 보기 중 $2^2\times7$과 서로소인 것을 모두 고른 것은?

보기

ㄱ. 6	ㄴ. 14	ㄷ. 39
ㄹ. 3^2	ㅁ. 3×7	ㅂ. 2×5^2

① ㄱ, ㄹ ② ㄱ, ㅁ ③ ㄴ, ㅂ
④ ㄷ, ㄹ ⑤ ㄷ, ㅂ

0105 중요

30 이하의 자연수 중 78과 서로소인 수의 개수는?

① 8 ② 9 ③ 10
④ 11 ⑤ 12

0106

다음 중 옳지 <u>않은</u> 것은?

① 20과 27은 서로소이다.
② 36과 39는 서로소가 아니다.
③ 홀수와 짝수는 서로소이다.
④ 서로 다른 두 소수는 서로소이다.
⑤ 공약수가 1뿐인 두 자연수는 서로소이다.

유형 03 최대공약수 구하기

(1) 소인수분해 이용하기

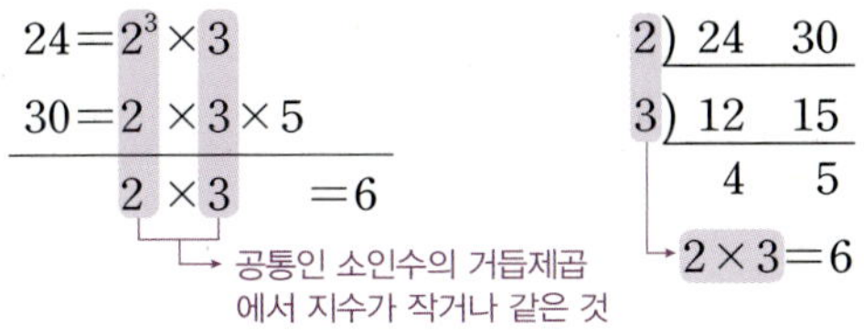

$24=2^3\times3$
$30=2\times3\times5$
$2\times3=6$

→ 공통인 소인수의 거듭제곱에서 지수가 작거나 같은 것

(2) 나눗셈 이용하기

2) 24 30
3) 12 15
  4 5

→ $2\times3=6$

0107 대표문제

개념ON 029쪽

세 수 $2^2\times3^2\times5$, $2^2\times3^3\times5$, $2\times3^2\times5$의 최대공약수는?

① 2×3^2 ② $2\times3\times5$ ③ $2\times3^2\times5$
④ $2^2\times3\times5$ ⑤ $2^2\times3^3\times5$

0108

두 수 108, 135의 최대공약수는?

① 6 ② 15 ③ 27
④ 45 ⑤ 54

0109

다음 보기 중 두 수의 최대공약수가 가장 큰 것을 고르시오.

보기
ㄱ. $2^3\times5^2$, 2×5^2 ㄴ. $2^2\times3\times5^3$, 45
ㄷ. $3\times7^2\times11$, $3^2\times7$ ㄹ. 60, 144

0110

세 수 270, $2^3\times3^2\times5^4$, $2^4\times3^3\times5\times7^2$의 최대공약수가 $2^a\times3^b\times c$일 때, 자연수 a, b, c에 대하여 $a+b+c$의 값은? (단, c는 소수)

① 7 ② 8 ③ 9
④ 10 ⑤ 11

유형 04 공약수 구하기

두 개 이상의 자연수의 공약수는 그 수들의 최대공약수의 약수와 같으므로 다음과 같은 순서대로 구한다.

❶ 주어진 수의 최대공약수를 구한다.
❷ 최대공약수의 약수를 구한다.

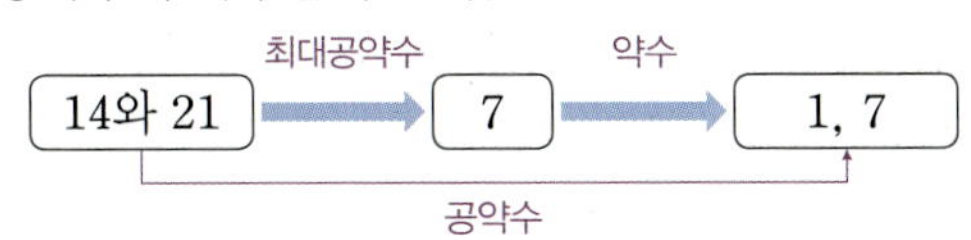

14와 21 —최대공약수→ 7 —약수→ 1, 7
(14와 21 —공약수→ 1, 7)

0111 대표문제

개념ON 029쪽

다음 중 두 수 $3^2\times5\times7^2$, $3^3\times5\times7$의 공약수가 <u>아닌</u> 것은?

① 3^2 ② 3×5 ③ $3^2\times7$
④ $3^2\times5\times7$ ⑤ $3^3\times5\times7$

0112

다음 중 세 수 60, 72, 108의 공약수인 것은?

① 2^2 ② 2×3^2 ③ 2×3^3
④ $2^2\times3^2$ ⑤ $2^2\times3^4$

0113 중요

세 수 24, 36, 48의 공약수의 개수는?

① 6 ② 7 ③ 8
④ 9 ⑤ 10

0114

세 수 $2^2\times3^4\times5^3$, $3\times5^4\times7^2$, $2^3\times3^2\times5^3\times7$의 공약수 중 두 번째로 큰 수는?

① 75 ② 125 ③ 250
④ 375 ⑤ 625

0115 서술형

두 수 $2^3\times3^4\times5^3$, $2^2\times3^3\times5\times7$의 공약수 중 세 번째로 큰 수를 구하시오.

유형 05 최소공배수의 성질

두 개 이상의 자연수의 공배수는 그 수들의 최소공배수의 배수이다.

예시 8의 배수는 8, 16, 24, 32, 40, 48, ⋯
12의 배수는 12, 24, 36, 48, ⋯
따라서 8과 12의 공배수는 24, 48, ⋯이고, 이것은 최소공배수인 24의 배수이다.

개념ON 033쪽

0116 대표문제

두 자연수 A, B의 최소공배수가 16일 때, 다음 중 A, B의 공배수가 아닌 것은?

① 16 ② 48 ③ 80
④ 96 ⑤ 108

0117

두 자연수 A, B의 최소공배수가 84일 때, 다음 보기 중 A, B의 공배수인 것을 모두 고른 것은?

보기

ㄱ. $2\times3\times7$ ㄴ. $2^3\times3^2$ ㄷ. $3^3\times7^3$
ㄹ. $2^2\times3\times7^2$ ㅁ. $2^2\times3^3\times7$ ㅂ. $3^4\times5\times7^2$

① ㄱ, ㄴ ② ㄷ, ㅂ ③ ㄹ, ㅁ
④ ㄱ, ㅁ, ㅂ ⑤ ㄷ, ㄹ, ㅁ

0118

두 자연수 A, B의 최소공배수가 25일 때, A, B의 공배수 중 두 자리 자연수의 개수는?

① 2 ② 3 ③ 4
④ 5 ⑤ 6

0119 서술형

세 자연수 A, B, C의 최소공배수가 18일 때, A, B, C의 공배수 중 가장 작은 세 자리 자연수를 구하시오.

0120

두 자연수 A, B의 최소공배수가 54일 때, A, B의 공배수 중 300보다 작은 자연수의 개수는?

① 5 ② 6 ③ 7
④ 8 ⑤ 9

유형 06 최소공배수 구하기

(1) 소인수분해 이용하기

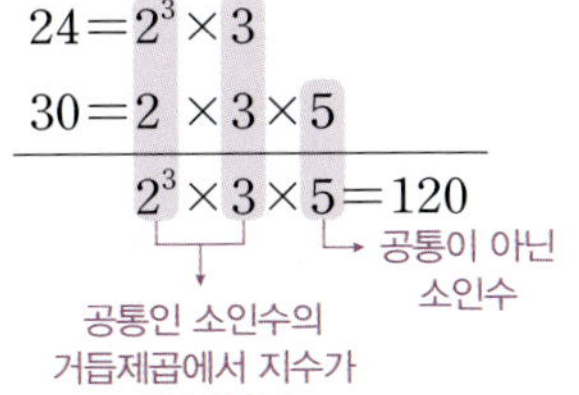

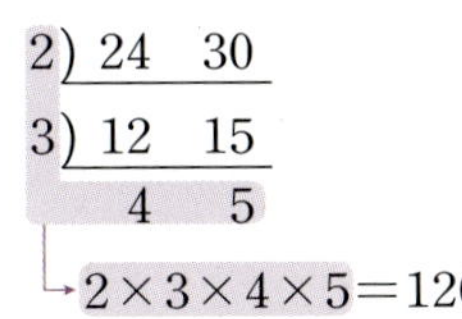

$24 = 2^3 \times 3$
$30 = 2 \times 3 \times 5$
$2^3 \times 3 \times 5 = 120$

공통인 소인수의 거듭제곱에서 지수가 크거나 같은 것
공통이 아닌 소인수

(2) 나눗셈 이용하기

$2\,)\;24\quad 30$
$3\,)\;12\quad 15$
$\quad\;\; 4\quad\; 5$

$2 \times 3 \times 4 \times 5 = 120$

개념ON 035쪽

0121 대표문제

세 수 $2^2 \times 3$, $2 \times 3^3 \times 5$, $2^2 \times 5^2$의 최소공배수는?

① $2^2 \times 3^2 \times 5$ ② $2^2 \times 3^3 \times 5$ ③ $2^2 \times 3^3 \times 5^2$
④ $2^3 \times 3^2 \times 5$ ⑤ $2^3 \times 3^3 \times 5^2$

0122 중요

세 수 108, $2^3 \times 3 \times 5^2$, $2^4 \times 3^3 \times 7$의 최대공약수와 최소공배수를 차례대로 구하면?

① $2^2 \times 3$, $2^4 \times 3^3 \times 5^2$ ② $2^2 \times 3$, $2^4 \times 3^3 \times 5^2 \times 7$
③ $2^2 \times 3^3$, $2^4 \times 3^3 \times 7$ ④ $2^3 \times 3^3$, $2^4 \times 3^3 \times 5^2$
⑤ $2^4 \times 3^3$, $2^4 \times 3^3 \times 5^2 \times 7$

0123

다음 중 두 수의 최소공배수가 $2^3 \times 3 \times 7$인 것은?

① $2^3 \times 3$, 63
② 2×3^2, $2^2 \times 3 \times 7$
③ $2^3 \times 7$, $2 \times 3 \times 7$
④ $2^5 \times 3^2 \times 7$, $2^3 \times 3^4 \times 5$
⑤ 12, 42

0124

다음 중 두 수의 최소공배수가 가장 작은 것은?

① 3×5^2, $3^2 \times 5$ ② $2^3 \times 3$, $2 \times 3^2 \times 7$
③ 40, 75 ④ 52, $2^2 \times 3$
⑤ $2^2 \times 5 \times 7$, $2 \times 3 \times 5$

유형 07 공배수 구하기

두 개 이상의 자연수의 공배수는 그 수들의 최소공배수의 배수와 같으므로 다음과 같은 순서대로 구한다.

❶ 주어진 수의 최소공배수를 구한다.
❷ 최소공배수의 배수를 구한다.

2와 3 —최소공배수→ 6 —배수→ 6, 12, 18, ⋯
(2와 3 → 6, 12, 18, ⋯ : 공배수)

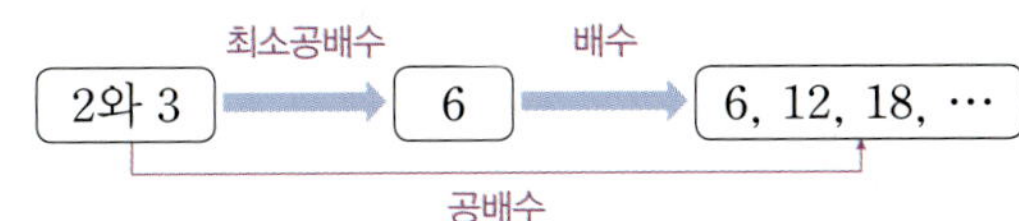

개념ON 035쪽

0125 대표문제

다음 중 세 수 2×3^2, $2^3 \times 3^2$, $2^2 \times 3 \times 5^2$의 공배수인 것을 모두 고르면? (정답 2개)

① $2 \times 3 \times 5^2$ ② $2^3 \times 3^2 \times 5$ ③ $2^2 \times 3 \times 5^2$
④ $2^3 \times 3^2 \times 5^2$ ⑤ $2^4 \times 3^2 \times 5^3$

0126 중요

700 이하의 자연수 중 두 수 $2^2\times3$, $2^3\times3\times5$의 공배수의 개수는?

① 3 ② 4 ③ 5
④ 6 ⑤ 7

0127

세 수 36, $2^3\times3^2$, $2^5\times3$의 공배수 중 세 자리 자연수의 개수는?

① 2 ② 3 ③ 4
④ 5 ⑤ 6

0128

세 수 9, 24, 30의 공배수 중 1000에 가장 가까운 수를 구하시오.

0129

다음 조건을 모두 만족시키는 가장 큰 자연수 x는?

(가) x는 500 이하의 자연수이다.
(나) x는 28, 35로 모두 나누어떨어진다.

① 420 ② 432 ③ 446
④ 458 ⑤ 460

유형 08 미지수가 포함된 세 수의 최소공배수

미지수가 포함된 세 수의 최소공배수는 공약수로 나누는 방법을 이용하여 미지수를 사용한 식으로 나타낼 수 있다.

예시 세 자연수 $3\times x$, $5\times x$, $6\times x$의 최소공배수가 240이라 하면

$$\begin{array}{r|rrr} x & 3\times x & 5\times x & 6\times x \\ \hline 3 & 3 & 5 & 6 \\ \hline & 1 & 5 & 2 \end{array}$$

(최소공배수)$=x\times3\times5\times2=240$이므로

$x\times30=240$ $\therefore x=8$

참고 세 자연수의 비가 $a:b:c$일 때, 세 수는 $a\times x$, $b\times x$, $c\times x$ (x는 자연수)로 놓을 수 있다.

0130 대표문제

개념ON 036쪽

세 자연수 $6\times x$, $10\times x$, $12\times x$의 최소공배수가 300일 때, 세 수의 최대공약수를 구하시오.

0131

세 자연수 $5\times x$, $8\times x$, $20\times x$의 최소공배수가 240일 때, x의 값은?

① 3 ② 4 ③ 5
④ 6 ⑤ 7

0132 실력

세 자연수의 비가 2 : 4 : 7이고 최소공배수가 336일 때, 세 수의 합을 구하시오.

유형 09 최대공약수 또는 최소공배수가 주어질 때, 소인수의 지수 구하기

(1) **최대공약수**: 공통인 소인수의 거듭제곱에서 지수가 작거나 같은 것을 택한다.

(2) **최소공배수**: 공통인 소인수의 거듭제곱에서 지수가 크거나 같은 것을 택한다.

예시

$2^2\times3^3\times5^{ⓒ}$
$2^{ⓐ}\times3^{ⓑ}\times5^2$
(최대공약수)$=2^{①}\times3^{②}\times5^{①}$

$2\times3^{ⓐ}$
$2^{ⓑ}\times3^3\times7^{ⓒ}$
(최소공배수)$=2^{②}\times3^{④}\times7^{①}$

개념ON 036쪽

0133 대표문제

두 수 $2^a\times3^2\times5$, $2^3\times3^b$의 최대공약수가 12일 때, 자연수 a, b에 대하여 $a+b$의 값은?

① 3　② 4　③ 5
④ 6　⑤ 7

0134

두 수 $2^a\times3$, $2^2\times3^b\times5$의 최소공배수가 $2^4\times3^2\times5$일 때, 자연수 a, b에 대하여 $a-b$의 값을 구하시오.

0135

다음 세 수의 최대공약수가 180일 때, 자연수 a, b, c에 대하여 $a+b-c$의 값을 구하시오.

$2^a\times3^3\times5^2$, $2^4\times3^b\times5^3$, $2^5\times3^4\times5^c$

0136 중요

세 수 $2^a\times3^2\times5$, 120, $2^4\times3\times5^2$의 최대공약수가 $2^2\times3^b\times c$일 때, 자연수 a, b, c에 대하여 $a+b+c$의 값은? (단, c는 소수)

① 6　② 7　③ 8
④ 9　⑤ 10

0137

세 수 $2^2\times3^2\times5^a$, $2^2\times3^2\times11$, $2^3\times3^b\times11$의 최소공배수가 $2^c\times3^3\times5\times11$일 때, 자연수 a, b, c에 대하여 $a+b+c$의 값은?

① 3　② 4　③ 5
④ 6　⑤ 7

0138 중요

두 수 $2^a\times3^3$, $2\times3^b\times5$의 최대공약수가 6, 최소공배수가 540일 때, 자연수 a, b에 대하여 $a\times b$의 값은?

① 1　② 2　③ 4
④ 6　⑤ 8

0139 실력

두 수 $2^a\times3^2\times5$, $2^3\times3^3\times5^b\times c$의 최소공배수가 $2^4\times3^3\times5^2\times7$이고 최대공약수가 G일 때, 자연수 a, b, c에 대하여 $a+b+c+G$의 값을 구하시오. (단, c는 소수)

유형 10 최대공약수 또는 최소공배수가 주어질 때, 어떤 수 구하기

주어진 수와 최대공약수, 최소공배수를 각각 소인수분해하여 소인수와 소인수의 지수를 비교한다.

최대공약수	최소공배수
공통인 소인수만 곱한다.	공통이 아닌 소인수까지 곱한다.
지수가 작거나 같은 것을 택한다.	지수가 크거나 같은 것을 택한다.
$2^3\times3^2\times5^{\text{ⓒ}}$ $2^{\text{ⓐ}}\times3^{\text{ⓑ}}\times5^2$ (최대공약수)$=2^{\text{②}}\times3^{\text{①}}\times5^{\text{①}}$	$2^2\times3^{\text{ⓐ}}$ $2^{\text{ⓑ}}\quad\times5^{\text{ⓒ}}$ (최소공배수)$=2^{\text{③}}\times3^{\text{②}}\times5^{\text{①}}$

0140 대표문제

두 자연수 $2^3\times a$, $2^2\times5\times7^2$의 최대공약수가 28일 때, 다음 중 자연수 a의 값이 될 수 있는 수를 모두 고르면? (정답 2개)

① 14 ② 15 ③ 21
④ 35 ⑤ 49

0141

두 수 $2^3\times5\times7$, $\square\times7^2$의 최소공배수가 $2^3\times5\times7^2$일 때, $\square$ 안에 들어갈 수 있는 자연수의 개수는?

① 4 ② 5 ③ 6
④ 7 ⑤ 8

0142 중요

두 자연수 A, $2^2\times3^3$의 최대공약수가 2×3^2, 최소공배수가 $2^2\times3^3\times5^2$일 때, A의 값은?

① 150 ② 180 ③ 300
④ 450 ⑤ 600

0143

세 자연수 72, 126, A의 최대공약수가 9일 때, A의 값이 될 수 있는 수 중 두 번째로 작은 수를 구하시오.

발전유형 11 나누어떨어지게 하는 수 구하기

(1) 어떤 수 x로 A를 나누면 r이 남는다.
➡ x로 $A-r$을 나누면 나누어떨어진다.
➡ x는 $A-r$의 약수이다.
(2) 어떤 수 x로 A를 나누면 s가 부족하다.
➡ x로 $A+s$를 나누면 나누어떨어진다.
➡ x는 $A+s$의 약수이다.

0144 대표문제

개념ON 030쪽

어떤 자연수로 85를 나누면 5가 부족하고 63을 나누면 3이 남고 154를 나누면 4가 남는다고 한다. 이러한 자연수 중 가장 큰 수를 구하시오.

0145

어떤 자연수로 61을 나누면 1이 남고 39를 나누면 3이 남는다고 한다. 이러한 자연수 중 가장 큰 수를 구하시오.

0146

어떤 자연수로 27, 33, 45를 나누었더니 나머지가 모두 3이었다. 이를 만족시키는 자연수를 구하시오.

0147 서술형

어떤 자연수로 82를 나누면 10이 남고 91을 나누면 5가 부족하다고 한다. 이를 만족시키는 자연수의 개수를 구하시오.

발전유형 12 나누어떨어지는 수 구하기

(1) 어떤 수 x를 a, b, c로 나누면 나머지가 모두 r이다.
➡ $x-r$은 a, b, c로 각각 나누어떨어진다.
➡ $x-r$은 a, b, c의 공배수이다.

(2) 어떤 수 x를 a, b, c로 나누었을 때의 나머지가 각각 $a-r$, $b-r$, $c-r$이다.
➡ x를 a, b, c로 나누면 나누어떨어지기에 모두 r이 부족하다.
➡ $x+r$은 a, b, c로 각각 나누어떨어진다.
➡ $x+r$은 a, b, c의 공배수이다.

0148 대표문제

개념ON 037쪽

어떤 수를 5, 8, 15로 나누면 모두 3이 남는다고 한다. 이러한 자연수 중 가장 작은 수를 구하시오.

0149

2, 3, 5의 어느 수로 나누어도 나머지가 1인 두 자리 자연수 중 가장 큰 수를 구하시오.

0150

6으로 나누면 3이 남고, 8로 나누면 5가 남는 자연수 중 100에 가장 가까운 수를 구하시오.

유형 13 분수를 자연수로 만들기 (1)

(1) 두 분수 $\frac{A}{n}$, $\frac{B}{n}$가 자연수가 되도록 하는 자연수 n
➡ n은 A, B의 공약수이다.
➡ 가장 큰 자연수 n은 A, B의 최대공약수이다.

(2) 두 분수 $\frac{n}{A}$, $\frac{n}{B}$이 자연수가 되도록 하는 자연수 n
➡ n은 A, B의 공배수이다.
➡ 가장 작은 자연수 n은 A, B의 최소공배수이다.

0151 대표문제

개념ON 030쪽, 037쪽

두 분수 $\frac{144}{n}$, $\frac{120}{n}$이 자연수가 되도록 하는 자연수 n의 값 중 가장 큰 수를 구하시오.

0152

다음 중 두 분수 $\frac{75}{n}$, $\frac{90}{n}$이 자연수가 되도록 하는 자연수 n의 값이 아닌 것은?

① 1 ② 3 ③ 5
④ 7 ⑤ 15

PART B 유형별 문제

0153 중요

두 분수 $\frac{1}{25}$, $\frac{1}{35}$의 어느 것에 곱해도 그 결과가 모두 자연수가 되도록 하는 500 이하의 자연수의 개수는?

① 2 ② 3 ③ 4
④ 5 ⑤ 6

0154

세 분수 $\frac{1}{8}$, $\frac{1}{10}$, $\frac{1}{12}$의 어느 것에 곱해도 그 결과가 모두 자연수가 되도록 하는 자연수 중 세 번째로 작은 수를 구하시오.

발전유형 14 분수를 자연수로 만들기 (2)

두 분수 $\frac{A}{B}$, $\frac{C}{D}$의 어느 것에 곱해도 그 결과가 모두 자연수가 되도록 하는 분수는 $\frac{(B,\ D\text{의 공배수})}{(A,\ C\text{의 공약수})}$이다.

따라서 가장 작은 분수는 $\frac{(B,\ D\text{의 최소공배수})}{(A,\ C\text{의 최대공약수})}$이다.

0155 대표문제

두 분수 $\frac{10}{21}$, $\frac{15}{28}$의 어느 것에 곱해도 그 결과가 모두 자연수가 되도록 하는 분수 중 가장 작은 기약분수를 구하시오.

0156 서술형

세 분수 $\frac{25}{9}$, $\frac{15}{4}$, $\frac{20}{3}$의 어느 것에 곱해도 그 결과가 모두 자연수가 되도록 하는 분수 중 가장 작은 기약분수를 $\frac{a}{b}$라 할 때, $a-b$의 값을 구하시오.

유형 15 최대공약수를 이용하여 실생활 문제 해결하기

'가장 많은', '최대의', '가능한 한 많은' 등의 표현이 들어 있는 문제는 대부분 최대공약수를 이용하여 문제를 해결한다.

0157 대표문제

연필 36자루, 지우개 42개, A4용지 18장을 학생들에게 남김없이 똑같이 나누어 주려고 한다. 최대 몇 명의 학생에게 나누어 줄 수 있는가?

① 3명 ② 4명
③ 6명 ④ 8명
⑤ 9명

0158 중요

그림과 같이 가로의 길이가 225 cm, 세로의 길이가 315 cm인 직사각형 모양의 벽에 크기가 같은 정사각형 모양의 타일을 빈틈없이 붙이려고 한다. 가능한 한 큰 타일을 붙이려고 할 때, 타일의 한 변의 길이를 구하시오.

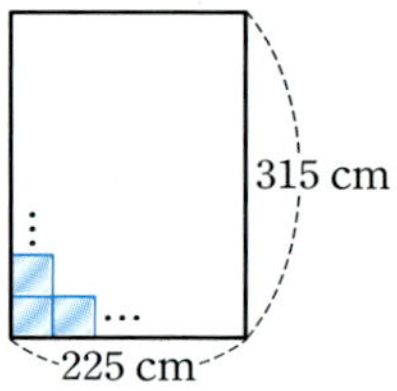

0159 서술형

남학생 56명과 여학생 42명이 계곡에서 보트를 타려고 하는데 각 보트에 남학생과 여학생을 각각 똑같이 나누어 태우려고 한다. 가능한 한 많은 보트에 나누어 타려고 할 때, 보트 한 대에 탈 수 있는 학생 수를 구하시오.

0160

빵 37개, 음료수 74개, 사탕 87개를 학생들에게 똑같이 나누어 주려고 하는데 빵과 음료수는 각각 1개, 2개가 남고, 사탕은 3개가 부족하다고 한다. 다음 중 학생 수가 될 수 없는 것을 모두 고르면? (정답 2개)

① 6 ② 9 ③ 12
④ 18 ⑤ 24

0161 서술형

크기가 같은 정육면체 모양의 블록을 빈틈없이 쌓아 그림과 같이 가로, 세로의 길이가 각각 120 cm, 60 cm이고 높이가 90 cm인 직육면체가 되게 하려고 한다. 블록의 크기를 최대로 할 때, 다음 물음에 답하시오.

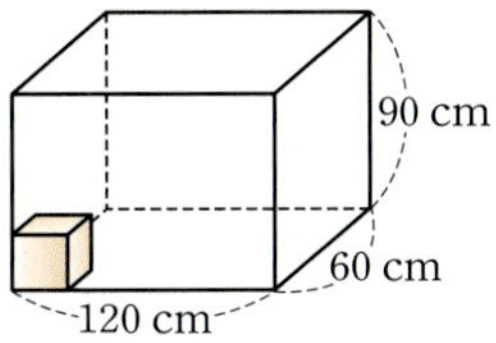

(1) 블록의 한 모서리의 길이를 구하시오.

(2) 필요한 블록의 개수를 구하시오.

0162 사고력

가로, 세로의 길이가 각각 28 m, 98 m인 직사각형 모양의 공원의 둘레에 일정한 간격으로 나무를 심으려고 한다. 공원의 네 모퉁이에는 반드시 나무를 심고 나무는 가능한 한 적게 심으려고 할 때, 나무는 모두 몇 그루 필요한가?

① 8그루 ② 10그루 ③ 14그루
④ 18그루 ⑤ 24그루

유형 16 최소공배수를 이용하여 실생활 문제 해결하기

'가장 적은', ' 최소의', ' 가능한 한 적은' 등의 표현이 들어 있는 문제는 대부분 최소공배수를 이용하여 문제를 해결한다.

0163 대표문제

가로, 세로의 길이가 각각 18 cm, 20 cm인 직사각형 모양의 종이를 겹치지 않게 빈틈없이 붙여서 가능한 한 작은 정사각형 모양을 만들려고 한다. 이때 필요한 직사각형 모양의 종이의 수를 구하시오.

0164

희승이는 5일을 도서관에 가고 하루를 쉬고, 혜나는 8일을 도서관에 가고 하루를 쉰다. 두 사람 모두 5월 1일에 함께 쉬었을 때, 두 사람이 처음으로 다시 함께 쉬게 되는 날은?

① 5월 13일 ② 5월 15일 ③ 5월 19일
④ 5월 21일 ⑤ 5월 25일

0165

두 인공위성 A, B가 일정한 궤도로 지구를 한 바퀴 도는데 걸리는 시간은 각각 80분, 120분이다. 오후 1시에 두 인공위성이 동시에 제주도 상공을 지난 후 처음으로 다시 동시에 제주도 상공을 지나는 시각을 구하시오.

0166

어느 정류장에서 A 버스는 4분마다, B 버스는 6분마다, C 버스는 9분마다 출발한다. 세 버스가 오전 7시에 동시에 출발한 후 오전 9시까지 동시에 몇 회 출발하는지 구하시오.

0167 중요

서로 맞물려 돌아가는 두 톱니바퀴 A, B가 있다. A의 톱니는 36개, B의 톱니는 48개일 때, 두 톱니바퀴가 회전하기 시작하여 같은 톱니에서 처음으로 다시 맞물리는 것은 A, B가 각각 몇 바퀴 회전한 후인지 구하시오.

0168 실력

어느 수련회에 150명보다 많고 200명보다 적은 학생이 참가하였다. 학생들을 텐트에 배정하려고 하는데 3명씩 배정하면 2명이 남고 4명씩 배정하면 3명이 남고 5명씩 배정하면 4명이 남는다고 한다. 이 수련회에 참가한 학생은 모두 몇 명인지 구하시오.

0169 실력

가로, 세로의 길이가 각각 14 cm, 12 cm이고 높이가 6 cm인 직육면체 모양의 벽돌을 빈틈없이 쌓아서 가장 작은 정육면체를 만들려고 한다. 정육면체의 한 모서리의 길이는 a cm이고 필요한 벽돌의 개수는 b일 때, $a+b$의 값을 구하시오.

유형 17 최대공약수와 최소공배수의 관계 (1)

두 자연수 A, B의 최대공약수가 G, 최소공배수가 L일 때,
$A=a\times G$, $B=b\times G$ (a, b는 서로소)라 하면
$L=a\times b\times G$

G) A B
a b (서로소)

0170 대표문제

개념ON 039쪽

두 자연수 A, 60의 최대공약수가 6이고 최소공배수가 180일 때, A의 값은?

① 6 ② 12 ③ 18
④ 30 ⑤ 42

0171

두 자리 자연수 A, B의 최대공약수는 7, 최소공배수는 105이다. 이때 $A-B$의 값을 구하시오. (단, $A>B$)

0172

서로 다른 세 자연수 14, A, 70의 최대공약수가 14이고 최소공배수가 210일 때, 두 자리 자연수 A의 값을 구하시오.

유형 18 최대공약수와 최소공배수의 관계 (2)

두 자연수 A, B의 최대공약수가 G, 최소공배수가 L일 때,
$A=a\times G$, $B=b\times G$ (a, b는 서로소)라 하면

$$A\times B=(a\times G)\times(b\times G)$$
$$=G\times(a\times b\times G)=G\times L$$

➡ (두 수의 곱)=(최대공약수)×(최소공배수)

0173 대표문제

개념ON 039쪽

두 자연수의 곱이 960이고 최소공배수가 120일 때, 이 두 수의 모든 공약수의 합을 구하시오.

0174

두 자연수의 곱이 864이고 최대공약수가 16일 때, 이 두 수의 200 이하의 공배수의 개수를 구하시오.

0175

$5A=4B$를 만족시키는 두 자연수 A, B의 최대공약수와 최소공배수의 곱은 180이다. 이때 A, B의 값을 각각 구하시오.

0176 실력

두 자연수 A, B에 대하여 A, B의 곱이 250이고 최소공배수가 50일 때, $A+B$의 값을 모두 구하시오. (단, $A<B$)

0177

두 자리 자연수 A, B에 대하여 A, B의 곱이 486이고 최대공약수가 9일 때, $A-B$의 값은? (단, $A>B$)

① 9 ② 10 ③ 12
④ 14 ⑤ 15

PART C 중단원 마무리

0178

두 자연수의 최대공약수가 700일 때, 이 두 수의 공약수의 개수는?

① 9 ② 12 ③ 18
④ 20 ⑤ 24

0179

다음 조건을 모두 만족시키는 자연수를 구하시오.

> (가) 두 수 60, 90의 최대공약수와 서로소이다.
> (나) 110 이상 120 미만인 수로 약수가 3개 이상이다.

0180

다음 중 두 수 $2^2\times3^3$, $2^3\times3^2\times5$의 공약수가 아닌 것은?

① 2^2 ② 3^2 ③ 2×3^2
④ $2^2\times3$ ⑤ $2^2\times3^3$

0181

두 수 $2^3\times3\times7$, $2^2\times3^4\times5\times7$의 최대공약수를 a, 공약수의 개수를 b라 할 때, $a+b$의 값을 구하시오.

0182

세 수 12, 18, 24의 공배수 중 700에 가장 가까운 수를 구하시오.

0183

두 수 $2^2\times3\times5$, $\square\times3^2\times11$의 최소공배수가 $2^2\times3^2\times5\times11$일 때, $\square$ 안에 들어갈 수 있는 자연수의 개수는?

① 2 ② 3 ③ 4
④ 5 ⑤ 6

• 정답과 풀이 018쪽

0184

세 자연수의 비가 2 : 5 : 6이고 최소공배수가 570일 때, 세 자연수의 최대공약수를 구하시오.

0185

두 수 $2^a \times 3 \times 5$, $2^3 \times 3^2 \times 5^b$의 최대공약수가 $2^2 \times 3 \times 5$이고 최소공배수가 $2^3 \times 3^2 \times 5^3$일 때, 자연수 a, b에 대하여 $a+b$의 값은?

① 3 ② 4 ③ 5
④ 6 ⑤ 7

0186

다음 중 세 수 12, 60, $2^2 \times 5 \times 7$에 대한 설명으로 옳은 것을 모두 고르면? (정답 2개)

① 세 수의 최대공약수는 6이다.
② 세 수의 최소공배수는 420이다.
③ 세 수의 공배수는 210의 배수이다.
④ 2는 세 수의 공약수이다.
⑤ 세 수의 공약수의 개수는 4이다.

0187

두 자연수 $2^4 \times \square$와 $2^2 \times 3^3 \times 5$의 최대공약수가 $2^2 \times 3$일 때, 다음 중 □ 안에 들어갈 수 있는 수가 아닌 것을 모두 고르면? (정답 2개)

① 3 ② 6 ③ 9
④ 12 ⑤ 15

0188

세 자연수 4, a, 49의 최소공배수가 588일 때, 다음 중 a의 값이 될 수 없는 것은?

① 6 ② 12 ③ 21
④ 35 ⑤ 42

0189

어떤 자연수로 37을 나누면 5가 남고, 50을 나누면 2가 남는다. 이를 만족시키는 자연수 중 가장 큰 수를 구하시오.

• 정답과 풀이 019쪽

0190

두 분수 $\frac{1}{6}$, $\frac{1}{8}$ 중 어느 것에 곱해도 그 결과가 모두 자연수가 되도록 하는 수 중 100 이하의 자연수의 개수를 구하시오.

0191

두 분수 $1\frac{11}{24}$, $\frac{7}{32}$ 중 어느 것에 곱해도 그 결과가 자연수가 되는 분수 중 가장 작은 기약분수를 $\frac{a}{b}$라 할 때, $a+b$의 값을 구하시오.

0192

가로, 세로의 길이가 각각 130 cm, 65 cm이고 높이가 91 cm인 직육면체 모양의 나무토막을 크기가 같은 정육면체 모양으로 남김없이 자르려고 한다. 가능한 한 큰 정육면체 모양으로 자른다고 할 때, 만들어지는 정육면체 모양의 나무토막의 개수를 구하시오.

0193

A, B 두 사람이 3월 1일부터 함께 일을 시작하였다. A는 15일 동안 일하고 하루를 쉬고, B는 9일 동안 일하고 하루를 쉬기로 하였다. 두 사람이 처음으로 같이 쉬는 날은?

(단, 3월은 31일까지, 4월은 30일까지이다.)

① 4월 14일　② 4월 15일　③ 5월 18일
④ 5월 19일　⑤ 5월 20일

0194

두 자연수 A, 63의 최대공약수가 9이고 최소공배수가 252일 때, A의 약수의 개수를 구하시오.

0195

두 자리 자연수 A, B의 곱이 384이고 최대공약수가 8일 때, $A+B$의 값은? (단, $A<B$)

① 24　② 32　③ 40
④ 48　⑤ 56

PART C+ 190쪽에서 고난도 문제를 만나보아요!

03 정수와 유리수

정수와 유리수

01 양수와 음수

(1) **부호를 가진 수**: 서로 반대되는 성질을 가진 양을 0을 기준으로 하여 한쪽 수량에는 양의 부호 +, 다른 한쪽 수량에는 음의 부호 −를 붙여 나타낸다.

예시 500원 이익을 +500원으로 나타내면 400원 손해는 −400원으로 나타낼 수 있다.

(2) **양수와 음수**

① 양수: 0보다 큰 수로 양의 부호 +를 붙인 수

② 음수: 0보다 작은 수로 음의 부호 −를 붙인 수

서로 반대되는 성질을 갖는 두 수량

+	영상	이익	증가	상승	해발
−	영하	손해	감소	하락	해저

+	인상	지상	수입	입금	~후
−	인하	지하	지출	출금	~전

0은 양수도 아니고 음수도 아니다.

양의 부호는 +라 쓰고 '플러스'라 읽는다.

음의 부호는 −라 쓰고 '마이너스'라 읽는다.

02 정수와 유리수

(1) **정수**

① 양의 정수: 자연수에 양의 부호 +를 붙인 수

예시 +1, +2, +3, ⋯

② 음의 정수: 자연수에 음의 부호 −를 붙인 수

예시 −1, −2, −3, ⋯

③ 양의 정수, 0, 음의 정수를 통틀어 정수라 한다.

(2) **유리수**

① 양의 유리수: 분모, 분자가 모두 자연수인 분수에 양의 부호 +를 붙인 수

예시 $+\frac{7}{2}$, $+2.1\left(=+\frac{21}{10}\right)$, $+0.9\left(=+\frac{9}{10}\right)$, $+\frac{3}{10}$, ⋯

② 음의 유리수: 분모, 분자가 모두 자연수인 분수에 음의 부호 −를 붙인 수

예시 $-\frac{5}{3}$, $-1.7\left(=-\frac{17}{10}\right)$, $-\frac{13}{20}$, $-3.6\left(=-\frac{36}{10}\right)$, ⋯

③ 양의 유리수, 0, 음의 유리수를 통틀어 유리수라 한다.
└→ $\frac{(정수)}{(0이 아닌 정수)}$ 꼴로 나타낼 수 있는 수

(3) **유리수의 분류**

- 유리수
  - 정수
    - 양의 정수 (자연수): +1, +2, +3, ⋯
    - 0
    - 음의 정수: −1, −2, −3, ⋯
  - 정수가 아닌 유리수: $-\frac{2}{3}$, −0.5, +0.8, $+\frac{6}{7}$, ⋯

참고 앞으로 특별한 말이 없을 때, 수라 하면 유리수를 의미한다.

양의 정수는 양의 부호 +를 생략하여 나타내기도 하므로 자연수와 같다.

양의 유리수도 양의 정수와 마찬가지로 양의 부호 +를 생략하여 나타낼 수 있다.

모든 정수는 $\frac{(정수)}{(0이 아닌 정수)}$ 꼴로 나타낼 수 있으므로 유리수이다.

예시 $0=\frac{0}{1}$, $2=\frac{2}{1}$, $-3=-\frac{3}{1}$

분수는 약분하여 나타낸 후 정수인지, 정수가 아닌 유리수인지 판단한다.

03 수직선

직선 위에 기준이 되는 점(원점)을 정하여 그 점에 수 0을 대응시키고, 그 점의 좌우에 일정한 간격으로 점을 잡아 오른쪽의 점에 양의 정수를, 왼쪽의 점에 음의 정수를 대응시킨 직선을 수직선이라 한다.

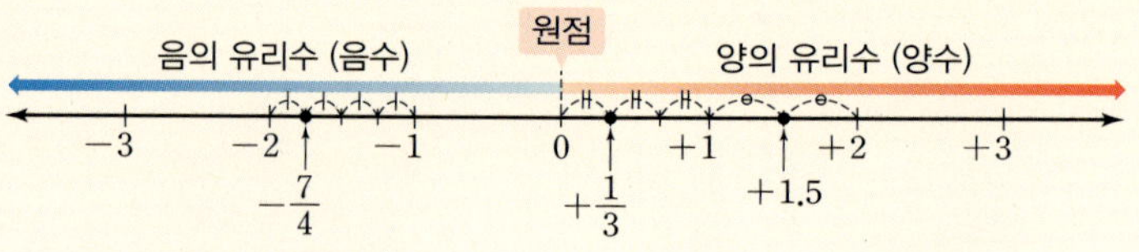

모든 유리수는 정수와 마찬가지로 수직선 위에 점으로 나타낼 수 있다.

수직선에서 양의 부호 +는 생략하여 나타내기도 한다.

개념 확인하기

01 양수와 음수

0196

다음을 양의 부호 + 또는 음의 부호 −를 사용하여 차례대로 나타내시오.

(1) { 영상 4 ℃ / 영하 3 ℃
(2) { 10분 전 / 5분 후
(3) { 1점 상승 / 3점 하락
(4) { 15 % 감소 / 10 % 증가
(5) { 해발 1300 m / 해저 1200 m
(6) { 지상 5층 / 지하 2층

0197

다음 수를 양의 부호 + 또는 음의 부호 −를 사용하여 나타내시오.

(1) 0보다 3만큼 작은 수

(2) 0보다 7만큼 큰 수

(3) 0보다 4.2만큼 큰 수

(4) 0보다 $\frac{2}{11}$만큼 작은 수

02 정수와 유리수

0198

다음에 해당하는 수를 보기에서 모두 고르시오.

보기
$-2.4,\quad +5,\quad 0,\quad -1,\quad +\frac{9}{2},\quad \frac{12}{4}$

(1) 양의 정수

(2) 음의 정수

(3) 정수

0199

다음에 해당하는 수를 보기에서 모두 고르시오.

보기
$-5.2,\quad +9,\quad -\frac{7}{3},\quad 0,\quad -3,\quad -4.2,\quad \frac{2}{5}$

(1) 양의 유리수

(2) 음의 유리수

(3) 정수가 아닌 유리수

0200

다음 표에서 주어진 수가 해당하는 곳에 ○표를 하시오.

수	-6	$-\frac{3}{4}$	0	$+12$	-3.8	$\frac{11}{5}$
정수						
유리수						
음수						
양수						

03 수직선

0201

다음 수를 수직선 위에 점으로 나타내시오.

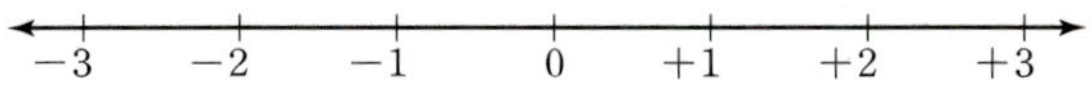

(1) -2
(2) $+3$
(3) $+0.5$
(4) $-\frac{4}{3}$

0202

다음 수직선 위의 네 점 A, B, C, D가 나타내는 수를 각각 구하시오.

정수와 유리수

04 절댓값

- 두 수의 절댓값이 같고, 부호가 반대이면 두 수를 나타내는 점은 0을 나타내는 점으로부터 서로 반대 방향으로 같은 거리에 있다.
- 절댓값이 a $(a>0)$인 수는 $+a$, $-a$의 2개이다.
- (절댓값이 가장 큰 수) =(0을 나타내는 점으로부터 거리가 가장 먼 수)

(1) **절댓값**: 수직선 위에서 0을 나타내는 점(→ 원점)과 어떤 수를 나타내는 점 사이의 거리를 그 수의 **절댓값**이라 하고, 기호 | |를 사용하여 나타낸다.

(예시) $+2$의 절댓값 : $|+2|=2$

-2의 절댓값 : $|-2|=2$

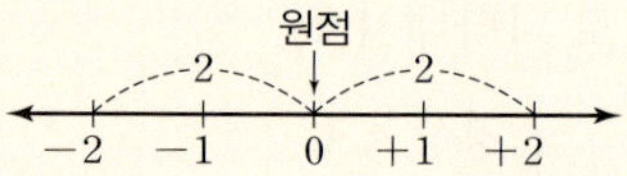

(2) **절댓값의 성질**

① 양수와 음수의 절댓값은 그 수에서 부호 $+$, $-$를 떼어 낸 수와 같다.

② 0의 절댓값은 0이다. ➡ $|0|=0$

③ 절댓값은 거리를 나타내는 것이므로 0 또는 양수이다. → 절댓값이 가장 작은 수는 0이다.

④ 수를 수직선 위에 나타낼 때, 0을 나타내는 점에서 멀리 떨어질수록 절댓값이 커진다.

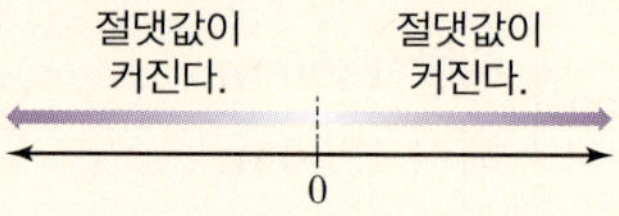

BIBLE SAYS 절댓값의 성질

(1) $a>0$일 때, $|a|=|-a|=a$

(2) $|a-b|=\begin{cases} a-b & (a\geq b) \\ -(a-b) & (a<b) \end{cases}$

05 수의 대소 관계

- 수직선에서 수는 오른쪽으로 갈수록 커지고, 왼쪽으로 갈수록 작아진다.
- 부호가 같은 분수의 대소는 분모를 통분한 후에 비교한다.

(1) 양수는 0보다 크고 음수는 0보다 작다.

➡ (음수)$<0<$(양수)

(2) 양수끼리는 절댓값이 큰 수가 크다.

(예시) $+2<+3$ → $|+2|<|+3|$

(3) 음수끼리는 절댓값이 큰 수가 작다.

(예시) $-2>-3$ → $|-2|<|-3|$

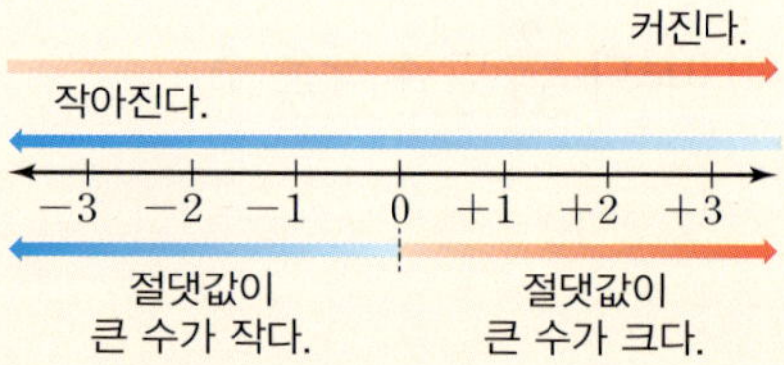

06 부등호의 사용

- 부등호 ≥는 '> 또는 ='를 뜻하고, 부등호 ≤는 '< 또는 ='를 뜻한다.

부등호 $>$, $<$, $\geq$, $\leq$를 사용하여 수의 대소 관계를 나타낼 수 있다.

$a>b$	$a<b$	$a\geq b$	$a\leq b$
a는 b보다 크다. a는 b 초과이다.	a는 b보다 작다. a는 b 미만이다.	a는 b보다 크거나 같다. a는 b보다 작지 않다. a는 b 이상이다.	a는 b보다 작거나 같다. a는 b보다 크지 않다. a는 b 이하이다.

(예시) (1) x는 2보다 크다. ➡ $x>2$　(2) x는 2 미만이다. ➡ $x<2$

(3) x는 2보다 작지 않다. ➡ $x\geq 2$　(4) x는 2보다 작거나 같다. ➡ $x\leq 2$

개념 확인하기

04 절댓값

0203

다음 수의 절댓값을 구하시오.

(1) $+6$ (2) -13

(3) -8.1 (4) $+2.9$

(5) $-\frac{5}{16}$ (6) $1\frac{2}{3}$

0204

다음을 구하시오.

(1) $|+14|$ (2) $|-8|$

(3) $\left|-\frac{4}{9}\right|$ (4) $|+3.7|$

0205

다음 수를 모두 구하시오.

(1) 절댓값이 1인 수

(2) 절댓값이 $\frac{1}{5}$인 수

(3) 절댓값이 0인 수

(4) 0을 나타내는 점으로부터의 거리가 2.6인 수

(5) -3과 절댓값이 같은 양수

(6) $+\frac{4}{7}$와 절댓값이 같은 음수

05 수의 대소 관계

0206

다음 □ 안에 부등호 >, < 중 알맞은 것을 써넣으시오.

(1) 0 □ $+3$ (2) -3 □ $+1$

(3) $-\frac{2}{3}$ □ 0 (4) $\frac{1}{4}$ □ -2

(5) $+\frac{7}{2}$ □ $+3$ (6) -3 □ -5

(7) $-\frac{1}{15}$ □ -0.1 (8) $\frac{3}{5}$ □ $\frac{2}{3}$

0207

다음 수를 작은 수부터 차례대로 나열하시오.

$-0.5,\quad 1.2,\quad -1,\quad -\frac{1}{4},\quad 2$

06 부등호의 사용

0208

다음을 부등호를 사용하여 나타내시오.

(1) a는 $\frac{1}{3}$ 초과이다.

(2) a는 -6보다 크거나 같다.

(3) a는 $-\frac{3}{5}$보다 크지 않다.

(4) a는 -1 이상 9 미만이다.

(5) a는 -3보다 크고 6.4 이하이다.

PART B 유형별 문제

유형 01 부호를 가진 수

어떤 기준에 대하여 서로 반대가 되는 성질을 갖는 양을 수로 나타낼 때, 기준이 되는 수를 0으로 두고 한쪽에는 양의 부호 $+$, 다른 한쪽에는 음의 부호 $-$를 붙여서 나타낼 수 있다.

$+$	영상	증가	상승	해발	수입	득점	~ 후
$-$	영하	감소	하락	해저	지출	실점	~ 전

0209 대표문제

개념ON 051쪽

다음 중 양의 부호 $+$ 또는 음의 부호 $-$를 사용하여 나타낸 것으로 옳지 않은 것은?

① 영상 8 ℃ ⇨ $+8$ ℃
② 10 % 감소 ⇨ -10 %
③ 출발 4시간 후 ⇨ $+4$시간
④ 해저 300 m ⇨ -300 m
⑤ 10000원 손해 ⇨ $+10000$원

0210

다음 중 밑줄 친 부분을 양의 부호 $+$ 또는 음의 부호 $-$를 사용하여 나타낸 것으로 옳지 않은 것은?

① 부산행 KTX가 1시간 전에 출발하였다. ⇨ -1시간
② 아파트 관리비가 지난달보다 3200원 증가했다. ⇨ -3200원
③ 마트의 주차장은 지상 5층에 있다. ⇨ $+5$층
④ 다이어트를 한 결과 몸무게가 3 kg 감소했다. ⇨ -3 kg
⑤ 버스 요금이 8.3 % 인상된다. ⇨ $+8.3$ %

0211 사고력

다음은 신현이의 일기이다. 밑줄 친 부분을 양의 부호 $+$ 또는 음의 부호 $-$를 사용하여 나타낸 것으로 옳지 않은 것은?

> 오늘은 친구네 가족과 캠핑을 가는 날이다. 난 ① 일주일 전부터 기대하고 있었다. 아침에 일기예보를 보니 ② 영상 28 ℃의 맑은 날씨라 한다. 친구네 가족은 우리 가족보다 ③ 10분 후에 도착했다. 캠핑장은 ④ 지상 300 m 높이에 위치해 있었다. 나무도 많고 바람도 불고 시원해서 체감 온도는 ⑤ 3 ℃ 낮게 느껴졌다. 우리 모두 자연에서 즐거운 시간을 보냈다.

① -7일　② $+28$ ℃　③ -10분
④ $+300$ m　⑤ -3 ℃

유형 02 정수의 분류

정수 $\begin{cases} \text{양의 정수 (자연수)} \Rightarrow +1,\ +2,\ +3,\ \cdots \\ 0 \\ \text{음의 정수} \Rightarrow -1,\ -2,\ -3,\ \cdots \end{cases}$

참고 0은 양의 정수도 음의 정수도 아니다.

0212 대표문제

개념ON 051쪽

다음 중 정수가 아닌 것을 모두 고르면? (정답 2개)

① 0　② 1.4　③ 2
④ $-\frac{8}{3}$　⑤ -8

0213 서술형

다음 수 중 양의 정수의 개수를 a, 음의 정수의 개수를 b라 할 때, $a+b$의 값을 구하시오.

$$-\frac{5}{14},\quad 0,\quad -0.3,\quad +7,\quad -\frac{27}{3},\quad \frac{16}{8}$$

0214

다음 수에 대한 설명으로 옳은 것은?

$$-\frac{1}{6},\quad 5,\quad -4.2,\quad +\frac{12}{4},\quad 0,\quad -17,\quad +8$$

① 정수는 4개이다.
② 자연수는 2개이다.
③ 음의 정수는 3개이다.
④ 자연수가 아닌 정수는 2개이다.
⑤ 음수는 4개이다.

유형 03 유리수의 분류

유리수
- 정수
  - 양의 정수 (자연수) ➡ $+1,\ +2,\ +3,\ \cdots$
  - 0
  - 음의 정수 ➡ $-1,\ -2,\ -3,\ \cdots$
- 정수가 아닌 유리수 ➡ $+\frac{1}{3},\ -\frac{4}{3},\ +1.8,\ -0.3,\ \cdots$

0215 대표문제

개념ON 053쪽

다음 중 정수가 아닌 유리수인 것을 모두 고르면? (정답 2개)

① -1.2　② 13　③ $-\frac{3}{7}$
④ 0　⑤ $+\frac{12}{6}$

0216

다음 수에 대한 설명으로 옳지 않은 것은?

$+\frac{2}{5},\quad -2,\quad -3.4,\quad \frac{15}{3},\quad 0,\quad +12$

① 양수는 3개이다.
② 정수는 4개이다.
③ 유리수는 6개이다.
④ 양의 정수는 2개이다.
⑤ 정수가 아닌 유리수는 3개이다.

0217 서술형

다음 수 중 양의 유리수의 개수를 a, 음의 유리수의 개수를 b, 정수가 아닌 유리수의 개수를 c라 할 때, $a+b-c$의 값을 구하시오.

$-11,\quad +\frac{9}{10},\quad +3.14,\quad 0,\quad -\frac{17}{6},\quad \frac{8}{2}$

유형 04 정수와 유리수의 성질

유리수는 $\frac{(\text{정수})}{(0\text{이 아닌 정수})}$ 꼴로 나타낼 수 있다. 이때 모든 정수는 분수로 나타낼 수 있으므로 모든 정수는 유리수이다.

0218 대표문제

개념ON 053쪽

다음 중 옳은 것을 모두 고르면? (정답 2개)

① 모든 정수는 유리수이다.
② 가장 큰 음의 정수는 0이다.
③ 유리수는 양의 유리수와 음의 유리수로 이루어져 있다.
④ 서로 다른 두 유리수 사이에는 또 다른 유리수가 있다.
⑤ 유리수 중에는 분수 꼴로 나타낼 수 없는 수도 있다.

0219 중요

다음은 정수와 유리수에 대한 학생들의 대화이다. 바르게 설명한 학생을 모두 말하시오.

수현: 서로 다른 두 정수 사이에는 항상 유리수가 존재해.
형태: 서로 다른 두 유리수 사이에는 항상 정수가 존재해.
선영: 음의 유리수는 음의 정수야.
재은: 0은 음수도 양수도 아니야.
주보: 음의 정수 중 가장 큰 수는 알 수 없어.

0220

다음 보기 중 옳은 것을 모두 고른 것은?

보기
ㄱ. 0은 정수이지만 유리수는 아니다.
ㄴ. 가장 작은 양의 정수는 1이다.
ㄷ. 자연수에 음의 부호를 붙인 수는 음의 정수이다.
ㄹ. 모든 유리수는 $\frac{(\text{자연수})}{(\text{자연수})}$ 꼴로 나타낼 수 있다.

① ㄱ, ㄴ　② ㄴ, ㄷ　③ ㄴ, ㄹ
④ ㄷ, ㄹ　⑤ ㄴ, ㄷ, ㄹ

PART B 유형별 문제

0221

다음 중 옳은 것은?

① 모든 유리수는 정수이다.
② 모든 자연수는 정수이다.
③ 0은 정수가 아니다.
④ 정수는 양의 정수와 음의 정수로 이루어져 있다.
⑤ 2와 4 사이에는 1개의 유리수가 있다.

유형 05 수를 수직선 위에 나타내기

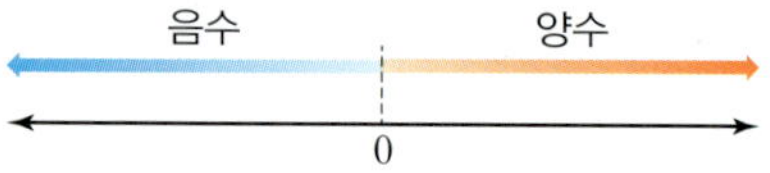

(1) 양수 ➡ 0을 나타내는 점의 오른쪽에 나타낸다.
(2) 음수 ➡ 0을 나타내는 점의 왼쪽에 나타낸다.

0222 대표문제

개념ON 055쪽

다음 수직선 위의 다섯 개의 점 A, B, C, D, E가 나타내는 수로 옳지 않은 것은?

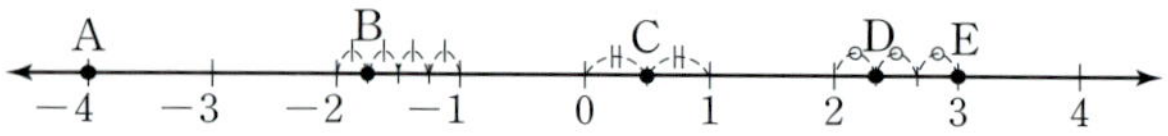

① A: -4 ② B: -1.75 ③ C: $\frac{1}{2}$
④ D: $\frac{7}{2}$ ⑤ E: 3

0223

다음 수를 수직선 위에 점으로 나타낼 때, 왼쪽에서 두 번째에 있는 수와 오른쪽에서 두 번째에 있는 수를 차례대로 구하시오.

$$-3,\quad 2,\quad 5,\quad -\frac{1}{2},\quad +\frac{11}{3}$$

0224 중요

다음 수직선 위의 다섯 개의 점 A, B, C, D, E가 나타내는 수에 대한 설명으로 옳지 않은 것을 모두 고르면? (정답 2개)

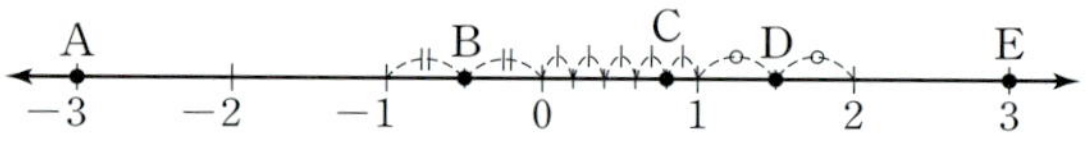

① B: $-\frac{1}{2}$ ② C: $\frac{3}{4}$
③ 정수는 2개이다. ④ 양수는 2개이다.
⑤ 정수가 아닌 유리수는 3개이다.

0225

수직선 위에서 $\frac{5}{3}$에 가장 가까운 정수를 a, $-\frac{9}{4}$에 가장 가까운 정수를 b라 할 때, a, b의 값을 각각 구하시오.

유형 06 수직선 위에서 같은 거리에 있는 점

수직선 위에서 두 수를 나타내는 두 점으로부터 같은 거리에 있는 점이 나타내는 수
➡ 두 점의 한가운데에 있는 점이 나타내는 수

(예시) 수직선 위에서 -4와 2를 나타내는 두 점의 한가운데에 있는 점이 나타내는 수는 -1이다.

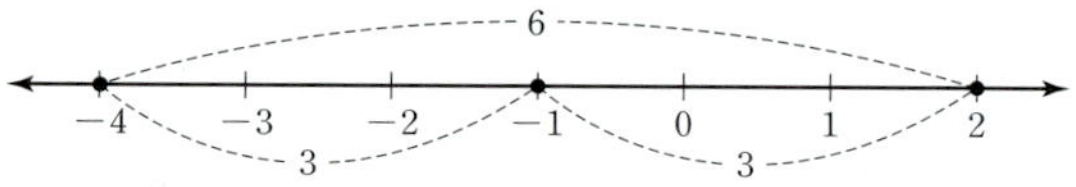

0226 대표문제

개념ON 056쪽

수직선 위에서 -6과 4를 나타내는 두 점으로부터 같은 거리에 있는 점이 나타내는 수는?

① -1 ② 0 ③ 1
④ 2 ⑤ 3

0227

다음 조건을 모두 만족시키는 x의 값을 구하시오.

(가) 수직선 위에서 x를 나타내는 점은 3을 나타내는 점으로부터의 거리가 5이다.
(나) 수직선 위에서 x를 나타내는 점은 0을 나타내는 점의 왼쪽에 있다.

0228 서술형

수직선 위에서 두 수 a, b를 나타내는 두 점 사이의 거리가 12이고 두 점의 한가운데에 있는 점이 나타내는 수가 4일 때, 두 수 a, b의 값을 각각 구하시오. (단, $a<b$)

0229

다음 수직선 위에서 점 B가 나타내는 수는 -1이고 점 D가 나타내는 수는 7이다. 두 점 A, B, 두 점 B, C, 두 점 C, D 사이의 거리가 모두 같을 때, 점 A가 나타내는 수를 구하시오.

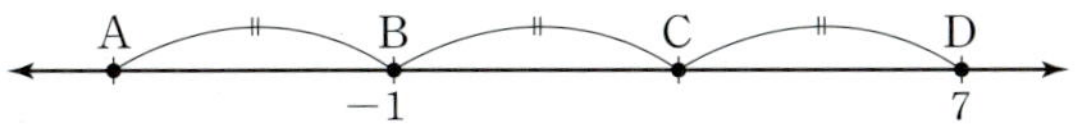

0230 실력

수직선 위에서 점 A는 2를 나타내는 점으로부터 4만큼 떨어진 점이고, 점 B는 -3을 나타내는 점으로부터 3만큼 떨어진 점이다. 두 점 A, B로부터 같은 거리에 있는 점 C가 나타내는 수 중 가장 큰 수를 구하시오.

유형 07 절댓값

수직선 위에서 0을 나타내는 점과 어떤 수를 나타내는 점 사이의 거리를 그 수의 **절댓값**이라 하고 기호 | |를 사용하여 나타낸다.

(1) $|a|$ ➡ 수직선 위에서 0을 나타내는 점과 a를 나타내는 점 사이의 거리
(2) 절댓값이 a $(a>0)$인 수 ➡ a, $-a$

개념ON 060쪽

0231 대표문제

수직선 위에서 절댓값이 5인 두 수를 나타내는 두 점 사이의 거리는?

① 5 ② 10 ③ 15
④ 20 ⑤ 25

0232

-3.8의 절댓값을 a, 절댓값이 $\frac{16}{5}$인 양수를 b라 할 때, $a+b$의 값을 구하시오.

0233

$a=-\frac{1}{3}$, $b=\frac{3}{4}$, $c=5$일 때, $|a|+|b|+|c|$의 값을 구하시오.

0234

a의 절댓값이 5이고 b의 절댓값이 2이다. 수직선 위에서 a를 나타내는 점은 0을 나타내는 점의 오른쪽에 있고, b를 나타내는 점은 0을 나타내는 점의 왼쪽에 있을 때, a, b의 값을 각각 구하시오.

유형 08 절댓값의 성질

(1) 양수, 음수의 절댓값은 그 수에서 부호 $+$, $-$를 떼어 낸 수와 같다.

(2) 0의 절댓값은 0이다. 즉, $|0|=0$이다.

(3) 절댓값은 항상 **0** 또는 **양수**이다.

(4) 수를 수직선 위에 나타낼 때, 0을 나타내는 점에서 멀리 떨어질수록 절댓값이 커진다.

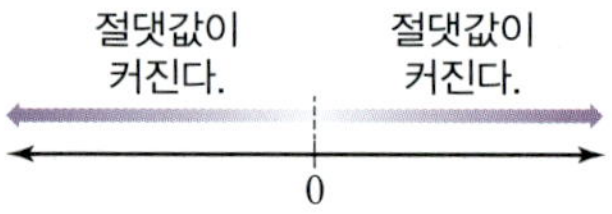

0235 대표문제

다음 중 옳지 않은 것은?

① $\frac{1}{2}$과 $-\frac{1}{2}$의 절댓값은 같다.

② 절댓값은 항상 0보다 크거나 같다.

③ 절댓값이 가장 작은 수는 0이다.

④ 절댓값이 같은 수는 항상 2개이다.

⑤ 절댓값이 같은 두 수는 0을 나타내는 점으로부터 같은 거리에 있다.

0236

다음 중 옳지 않은 것은?

① 수직선에서 절댓값이 같은 수를 나타내는 두 점은 0을 나타내는 점으로부터 떨어진 거리가 같다.

② 0의 절댓값은 0이다.

③ 음수의 절댓값은 양수이다.

④ 절댓값이 가장 작은 정수는 1과 -1이다.

⑤ $|x|=\frac{1}{2}$인 x는 $-\frac{1}{2}$, $\frac{1}{2}$의 2개이다.

0237 중요

다음 중 옳지 않은 것을 모두 고르면? (정답 2개)

① 절댓값이 같은 두 수는 서로 같다.

② 수직선에서 절댓값이 8인 두 수를 나타내는 두 점 사이의 거리는 16이다.

③ 양수의 절댓값은 자기 자신과 같다.

④ 모든 수의 절댓값은 양수이다.

⑤ 절댓값이 작을수록 수직선에서 그 수를 나타내는 점은 0을 나타내는 점에 가깝다.

0238

네 수 a, b, c, d를 수직선 위에 나타내면 그림과 같을 때, a, b, c, d를 절댓값이 작은 수부터 차례대로 나열하시오.

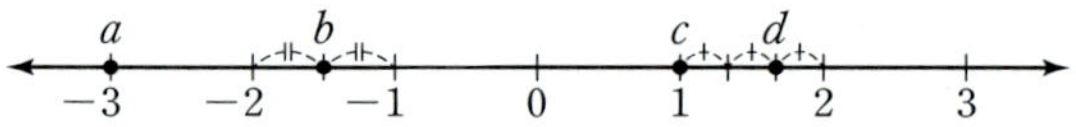

0239

다음 보기에서 옳은 것을 모두 고르시오.

보기
ㄱ. $|a|=a$이면 a는 0 또는 양수이다.
ㄴ. $a>0$이면 $|-a|=a$이다.
ㄷ. $a<0$이면 $|a|=a$이다.
ㄹ. $a=-b$이면 $|a|=|b|$이다.

유형 09 절댓값이 같고 부호가 반대인 두 수

(1) 절댓값이 a $(a>0)$인 수는 a, $-a$의 2개이다.

(2) 수직선 위에서 절댓값이 같고 부호가 반대인 두 수를 나타내는 두 점 사이의 거리가 a이다.

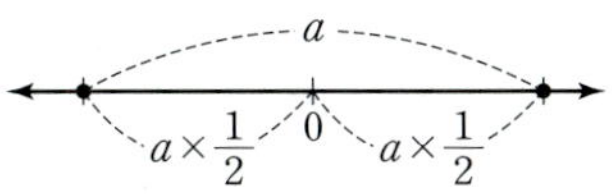

➡ 두 점은 0을 나타내는 점으로부터 서로 반대 방향으로 각각 $\boldsymbol{a\times\frac{1}{2}}$만큼 떨어져 있다.

➡ 두 수는 각각 $a\times\frac{1}{2}$, $-\left(a\times\frac{1}{2}\right)$이다.

개념ON 060쪽

0240 대표문제

수직선 위에서 절댓값이 같고 부호가 반대인 두 수를 나타내는 두 점 사이의 거리가 16일 때, 두 수를 구하시오.

0241

두 수 A, B는 절댓값이 같고 A가 B보다 8만큼 작을 때, A, B의 값을 각각 구하시오.

0242 서술형

두 정수 a, b가 다음 조건을 모두 만족시킬 때, a, b의 값을 각각 구하시오.

> (가) a와 b의 절댓값은 같다.
> (나) 수직선 위에서 두 수 a, b를 나타내는 두 점 사이의 거리가 12이다.
> (다) $|b|=b$

유형 10 절댓값의 대소 관계

(1) 절댓값이 가장 작은 수 ➡ 0

(2) 절댓값의 대소 관계 ➡ 부호를 뗀 수끼리 대소를 비교한다.

개념ON 061쪽

0243 대표문제

다음 수를 수직선 위에 나타낼 때, 0을 나타내는 점에서 가장 가까운 수는?

① -1　② $+2$　③ -0.7
④ $\frac{8}{3}$　⑤ $-\frac{9}{2}$

0244

다음 수를 절댓값이 큰 수부터 차례대로 나열할 때, 세 번째에 오는 수를 구하시오.

> $-\frac{1}{4}$,　$+3$,　-2.4,　$\frac{5}{3}$,　$-\frac{7}{2}$,　-1.8

0245

다음 수 중 절댓값이 가장 큰 수를 x, 절댓값이 가장 작은 수를 y라 할 때, $|x|+|y|$의 값을 구하시오.

> $-\frac{7}{6}$,　1.5,　-1.2,　$\frac{4}{3}$,　$-\frac{22}{15}$

0246 사고력

서로 다른 두 유리수 a, b에 대하여

$a\bullet b=$(a, b 중 절댓값이 큰 수),
$a\triangle b=$(a, b 중 절댓값이 작은 수)

라 할 때, $(-6)\bullet\{(-4)\triangle 7\}$의 값을 구하시오.

유형 11 절댓값의 범위가 주어진 수 구하기

절댓값의 범위가 주어진 수는 다음과 같은 순서대로 구한다.

❶ 조건을 만족시키는 절댓값을 구한다.

❷ 절댓값이 a $(a>0)$인 수는 a, $-a$임을 이용하여 조건을 만족시키는 수를 모두 구한다.

(예시) 절댓값이 3보다 작은 정수 x의 값 구하기

➡ $|x|<3$이므로 $|x|=0, 1, 2$

$\therefore x=-2, -1, 0, 1, 2$

개념ON 061쪽

0247 대표문제

절댓값이 4 이상 8 미만인 정수는 모두 몇 개인가?

① 4개 ② 5개 ③ 8개
④ 9개 ⑤ 10개

0248

다음 수 중 절댓값이 $\frac{9}{4}$ 이상인 수의 개수는?

$$-1,\quad \frac{9}{2},\quad 0.8,\quad +\frac{11}{5},\quad -\frac{7}{3}$$

① 1 ② 2 ③ 3
④ 4 ⑤ 5

0249

$|a|<\frac{10}{3}$을 만족시키는 정수 a의 값을 모두 구하시오.

0250 중요

절댓값이 a 이하인 정수가 27개일 때, 자연수 a의 값을 구하시오.

유형 12 수의 대소 관계

수를 수직선 위에 나타낼 때 오른쪽에 있는 수가 왼쪽에 있는 수보다 크다.

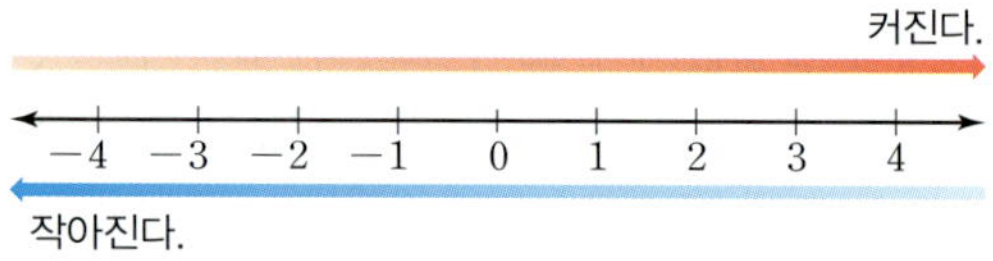

(1) 양수는 0보다 크고 음수는 0보다 작다. ➡ (음수)$<0<$(양수)

(2) 양수는 음수보다 크다.

(3) 양수끼리는 절댓값이 큰 수가 크다.

(4) 음수끼리는 절댓값이 큰 수가 작다.

개념ON 063쪽

0251 대표문제

다음 중 옳은 것을 모두 고르면? (정답 2개)

① $-\frac{1}{5}>\frac{1}{6}$ ② $-\frac{1}{2}>-\frac{3}{4}$
③ $-1.7>0$ ④ $|-4|<3$
⑤ $|-5|>0$

0252

다음 수를 큰 수부터 차례대로 나열할 때, 네 번째에 오는 수를 구하시오.

$$|-1.7|,\quad 5,\quad -3.1,\quad 0,\quad -\frac{2}{3},\quad |-3|$$

0253 중요

다음 중 □ 안에 알맞은 부등호가 나머지 넷과 다른 하나는?

① $\left|-\frac{2}{5}\right|$ □ $\left|-\frac{4}{7}\right|$　② $\frac{4}{3}$ □ $\left|-\frac{1}{2}\right|$

③ -10 □ -9　④ -0.5 □ 1.2

⑤ -1.5 □ $-\frac{3}{5}$

0254 사고력

그림과 같은 길이 있다. 지현이가 입구로 들어가서 각 갈림길에서 표지판에 적힌 수가 큰 쪽으로 갈 때, A, B, C, D 중 어느 곳으로 나오는지 말하시오.

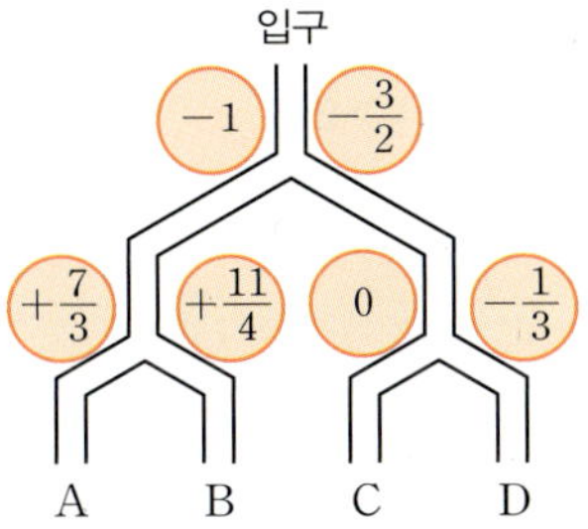

0255

다음 수에 대한 설명으로 옳은 것을 모두 고르면? (정답 2개)

$1.1,\ -\frac{5}{2},\ -0.2,\ 4,\ \frac{11}{3},\ -\frac{2}{3}$

① 가장 큰 수는 $\frac{11}{3}$이다.

② 음수 중 가장 큰 수는 -0.2이다.

③ 양수 중 가장 작은 수는 1.1이다.

④ 1.1보다 작은 수는 1개이다.

⑤ 가장 작은 수는 $-\frac{2}{3}$이다.

0256 서술형

$-\frac{36}{5}$보다 작은 정수 중 가장 큰 수를 a라 할 때, a와 절댓값이 같으면서 부호가 반대인 수를 구하시오.

유형 13 부등호를 사용하여 나타내기

$a>b$	$a<b$
a는 b보다 크다. a는 b 초과이다.	a는 b보다 작다. a는 b 미만이다.
$a\geq b$	$a\leq b$
a는 b보다 크거나 같다. a는 b보다 작지 않다. a는 b 이상이다.	a는 b보다 작거나 같다. a는 b보다 크지 않다. a는 b 이하이다.

0257 대표문제

개념ON 063쪽

다음 중 부등호를 사용하여 나타낸 것으로 옳지 않은 것은?

① a는 0 미만이다. ⇨ $a<0$

② b는 3 이상이고 8보다 크지 않다. ⇨ $3\leq b\leq 8$

③ c는 -4보다 크고 -3 이하이다. ⇨ $-4<c\leq -3$

④ d는 3보다 크거나 같고 7 미만이다. ⇨ $3\leq d<7$

⑤ e는 -2보다 작지 않고 5보다 작거나 같다. ⇨ $-2<e\leq 5$

0258

'x는 3보다 작지 않고 7보다 크지 않다.'를 부등호를 사용하여 바르게 나타낸 것은?

① $3<x\leq 7$　② $3<x<7$

③ $3\leq x\leq 7$　④ $3\leq x<7$

⑤ $x\leq 3$ 또는 $x\geq 7$

0259

다음 보기 중 $-1<x\le 2$를 나타내는 것을 모두 고르시오.

보기
ㄱ. x는 -1보다 크고 2 이하이다.
ㄴ. x는 -1 이상이고 2보다 작다.
ㄷ. x는 -1 이상이고 2보다 작거나 같다.
ㄹ. x는 -1보다 크고 2보다 크지 않다.
ㅁ. x는 -1보다 크고 2보다 작거나 같다.
ㅂ. x는 -1 초과이고 2 미만이다.

유형 14 주어진 범위에 속하는 수 구하기

두 유리수 사이에 있는 정수를 찾을 때, 주어진 유리수가 가분수인 경우 대분수 또는 소수로 고친 후 두 유리수 사이에 있는 정수를 찾는다.

0260 대표문제

두 유리수 $-\frac{13}{2}$과 $\frac{11}{3}$ 사이에 있는 정수의 개수는?

① 6 ② 7 ③ 8
④ 9 ⑤ 10

0261

x가 $-\frac{9}{5}<x\le 2$인 유리수일 때, x의 값이 될 수 없는 수를 모두 고르면? (정답 2개)

① $-\frac{9}{5}$ ② $-\frac{8}{5}$ ③ 0
④ 1 ⑤ $\frac{7}{3}$

0262 서술형

$\frac{13}{3}$보다 작은 자연수의 개수를 x, -2.3 이상이고 2보다 크지 않은 정수의 개수를 y라 할 때, $x+y$의 값을 구하시오.

0263

다음 조건을 모두 만족시키는 정수 a의 값을 구하시오.

(가) a는 -3보다 작지 않고 $\frac{15}{7}$ 미만이다.
(나) $|a|>2$

0264

두 유리수 $-\frac{11}{2}$과 $\frac{10}{3}$ 사이에 있는 정수 중 절댓값이 가장 큰 수를 구하시오.

0265 실력

두 유리수 $-\frac{2}{5}$와 $\frac{11}{10}$ 사이에 있는 정수가 아닌 유리수 중 기약분수로 나타낼 때, 분모가 10인 것의 개수를 구하시오.

발전유형 15 절댓값의 응용

(1) 절댓값은 수직선 위에서 0을 나타내는 점과 어떤 수를 나타내는 점 사이의 거리이다.

(2) $|x|=a\ (a>0)$ ➡ $x=a,\ -a$

0266 대표문제

두 정수 a, b가 다음 조건을 모두 만족시킬 때, a, b의 값을 각각 구하시오.

(가) $a>0$, $b<0$
(나) b의 절댓값은 6이다.
(다) a, b의 절댓값의 합은 10이다.

0267 ●●●

다음 조건을 모두 만족시키는 정수 a, b의 값을 각각 구하시오.

(가) $a<0$, $b>0$
(나) b의 절댓값이 a의 절댓값의 3배이다.
(다) 수직선 위에서 a, b를 나타내는 두 점 사이의 거리는 20이다.

0268 ●●●

부호가 반대인 두 정수 a, b에 대하여 $a>b$이고 b의 절댓값은 a의 절댓값의 2배이다. 수직선 위에서 a, b를 나타내는 두 점 사이의 거리가 18일 때, 정수 a, b의 값을 각각 구하시오.

발전유형 16 조건을 만족시키는 수의 대소 관계

세 개 이상의 수의 대소 관계는 수직선 위에서 조건을 만족시키는 수를 생각하면 편리하다. 이때 수직선 위에서 오른쪽에 있는 수가 왼쪽에 있는 수보다 크다는 것을 이용한다.

0269 대표문제

다음 조건을 모두 만족시키는 서로 다른 세 수 a, b, c의 대소 관계로 옳은 것은?

(가) 수직선 위에서 a와 b를 나타내는 두 점은 각각 0을 나타내는 점으로부터 같은 거리에 있다.
(나) a는 b와 c보다 작다.
(다) c는 음수이다.

① $a<b<c$ ② $a<c<b$ ③ $b<a<c$
④ $b<c<a$ ⑤ $c<b<a$

0270 실력 ●●●

서로 다른 네 정수 a, b, c, d가 다음 조건을 모두 만족시킬 때, 작은 수부터 차례대로 나열하시오.

(가) c는 네 수 중 가장 크다.
(나) a는 양의 정수이다.
(다) 수직선 위에서 b와 c를 나타내는 두 점은 0을 나타내는 점으로부터 같은 거리에 있다.
(라) $b>d$

PART C 중단원 마무리

0271

다음은 유리수의 분류를 나타낸 것이다. □ 안에 들어갈 수로 알맞은 것을 모두 고르면? (정답 2개)

- 유리수
  - 정수
    - 양의 정수 (자연수)
    - 0
    - 음의 정수
  - □

① -4　② $+\frac{1}{2}$　③ $-\frac{6}{3}$
④ 8　⑤ -1.7

0272

다음 수에 대한 설명으로 옳지 않은 것은?

$-4.5,\quad 5,\quad +\frac{1}{3},\quad -\frac{12}{7},\quad 0,\quad -2$

① 정수는 3개이다.　② 유리수는 6개이다.
③ 양수는 2개이다.　④ 음수는 2개이다.
⑤ 자연수는 1개이다.

0273

다음 중 옳은 것을 모두 고르면? (정답 2개)

① 0은 정수가 아니다.
② 정수가 아닌 유리수도 있다.
③ 서로 다른 두 정수 사이에는 반드시 또 다른 정수가 존재한다.
④ 모든 정수는 분수로 나타낼 수 있다.
⑤ 정수 중 양의 정수가 아닌 수는 음의 정수이다.

0274

다음 수를 수직선 위에 나타내었을 때, $-\frac{1}{2}$을 나타내는 점보다 왼쪽에 있는 수의 개수는?

$-\frac{8}{3},\quad \frac{1}{4},\quad -0.25,\quad 0,\quad \frac{4}{3}$

① 1　② 2　③ 3
④ 4　⑤ 5

0275

다음 중 수직선 위의 다섯 개의 점 A, B, C, D, E가 나타내는 수에 대한 설명으로 옳지 않은 것을 모두 고르면? (정답 2개)

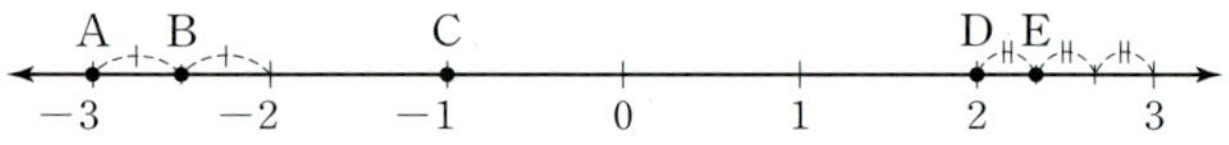

① 점 A가 나타내는 수가 가장 작다.
② 점 B가 나타내는 수는 $-\frac{5}{2}$이다.
③ 점 B와 점 D가 나타내는 수의 절댓값은 같다.
④ 점 D가 나타내는 수는 점 E가 나타내는 수보다 작다.
⑤ 점 E가 나타내는 수의 절댓값이 가장 크다.

0276

다음 수직선 위에서 점 A가 나타내는 수는 -8이고 점 C가 나타내는 수는 $+2$이다. 두 점 A, B, 두 점 B, C, 두 점 C, D 사이의 거리가 모두 같을 때, 점 D가 나타내는 수는?

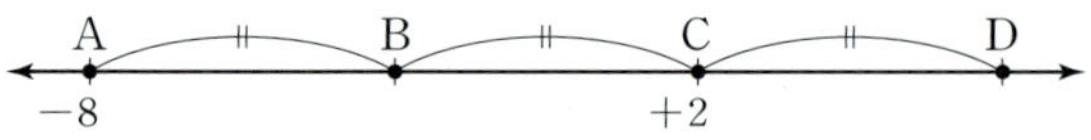

① $+4$　② $+5$　③ $+6$
④ $+7$　⑤ $+8$

0277

절댓값이 9인 음의 정수를 a, 음의 정수 중 가장 큰 수를 b라 할 때, 수직선 위에서 a와 b를 나타내는 점의 한가운데에 있는 점이 나타내는 수를 구하시오.

0278

두 수 x, y의 절댓값이 같고 $x<y$이다. 수직선 위에서 x, y를 나타내는 두 점 사이의 거리가 20일 때, x의 값은?

① -40　② -20　③ -10
④ 10　⑤ 20

0279

두 수 a, b에 대하여

$$\mathrm{M}(a,\ b)=\begin{cases} |a| & (|a| \geq |b|) \\ |b| & (|a| < |b|) \end{cases}$$

라 할 때, $\mathrm{M}\left(\frac{15}{2},\ -8\right)+\mathrm{M}\left(-3,\ -\frac{5}{4}\right)$의 값을 구하시오.

0280

다음 그림에서 □ 안의 수는 바로 위에 이웃하는 두 수 중 절댓값이 큰 수라 할 때, x의 값을 구하시오.

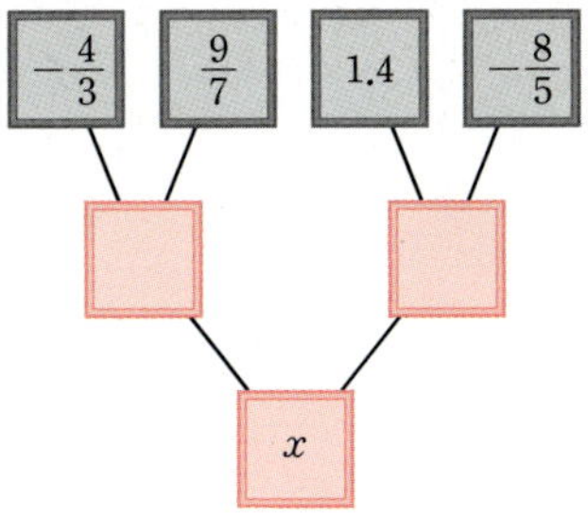

0281

다음 수를 수직선 위에 나타내었을 때, 0을 나타내는 점에서 가장 멀리 떨어져 있는 수는?

① -2　② 0.5　③ $\frac{5}{2}$
④ -4　⑤ $-\frac{2}{3}$

0282

두 수 a, b에 대하여

$$a \circledcirc b=\begin{cases} a & (|a| \geq |b|) \\ b & (|a| < |b|) \end{cases}$$

라 할 때, $\left\{\frac{7}{3} \circledcirc \left(-\frac{9}{4}\right)\right\} \circledcirc \left(-\frac{5}{2}\right)$의 값을 구하시오.

PART C 중단원 마무리

● 정답과 풀이 027쪽

0283

수직선 위에서 0을 나타내는 점과 x를 나타내는 점 사이의 거리가 $\frac{5}{2}$보다 작을 때, 정수 x의 값을 모두 구하시오.

0284

다음 중 두 수의 대소 관계가 옳은 것은?

① $-\frac{2}{3}<-\frac{3}{4}$　② $\frac{9}{4}<2.1$

③ $-0.8<-\frac{3}{5}$　④ $-\frac{1}{10}>0$

⑤ $|-7|<6$

0285

그림과 같은 전개도로 만든 정육면체에서 마주 보는 두 면에 적힌 두 수의 절댓값이 같고 부호가 반대이다. 이때 세 수 A, B, C를 작은 수부터 차례대로 나열하시오.

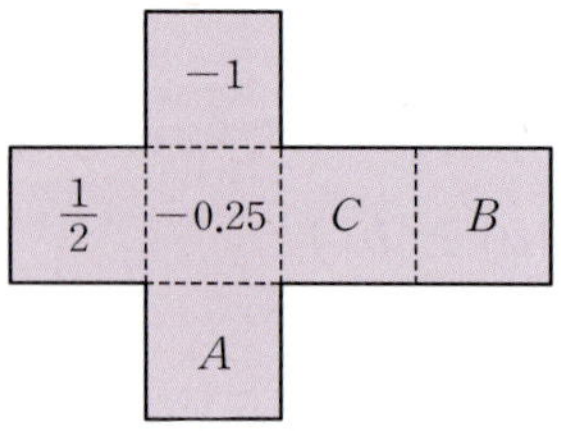

0286

A의 절댓값은 3, B의 절댓값은 5이고 $A<0<B$일 때, 두 수 A, B 사이에 있는 정수의 개수를 구하시오.

0287

x는 -5보다 작지 않고 2 미만인 정수일 때, x의 개수는?

① 5　② 6　③ 7

④ 8　⑤ 9

0288

다음 조건을 모두 만족시키는 서로 다른 세 정수 a, b, c의 대소 관계를 바르게 나타낸 것으로 옳은 것은?

(가) b와 c는 -5보다 크다.
(나) a는 5보다 크다.
(다) b의 절댓값은 -5의 절댓값과 같다.
(라) a는 c보다 -5에 더 가깝다.

① $a<b<c$　② $a<c<b$　③ $b<a<c$

④ $b<c<a$　⑤ $c<b<a$

PART C⁺ 192쪽에서 고난도 문제를 만나보아요!

04 정수와 유리수의 계산 (1)

PART A 04

정수와 유리수의 계산 (1)

01 유리수의 덧셈

(1) **부호가 같은 두 수의 덧셈**: 두 수의 절댓값의 합에 공통인 부호를 붙여서 계산한다.

예시 $(+4)+(+2)=+(4+2)=+6$ (공통인 부호, 절댓값의 합)

$(-4)+(-2)=-(4+2)=-6$ (공통인 부호, 절댓값의 합)

(2) **부호가 다른 두 수의 덧셈**: 두 수의 절댓값의 차에 절댓값이 큰 수의 부호를 붙여서 계산한다.

예시 $(+1)+(-4)=-(4-1)=-3$ (절댓값이 큰 수의 부호, 절댓값의 차)

$(-1)+(+4)=+(4-1)=+3$ (절댓값이 큰 수의 부호, 절댓값의 차)

(3) **덧셈의 계산 법칙**

세 수 a, b, c에 대하여

① 덧셈의 **교환법칙**: $a+b=b+a$ → 더하는 수의 순서를 바꾸어 더해도 그 결과는 같다.

② 덧셈의 **결합법칙**: $(a+b)+c=a+(b+c)$ → 세 수 중 어느 두 수를 먼저 더해도 그 결과는 같다.

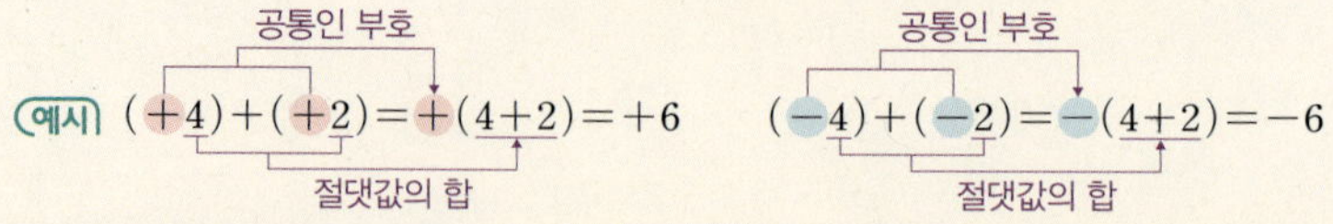

- 어떤 수와 0의 합은 그 수 자신이다.
  예시 $(-1)+0=-1$
  $0+(+1)=+1$
- 절댓값이 같고 부호가 다른 두 수의 합은 0이다.
  예시 $(+2)+(-2)=0$
- 분수의 덧셈은 분모를 통분한 후 계산한다.
- 세 수의 덧셈에서 $(a+b)+c$와 $a+(b+c)$의 결과가 같으므로 이를 보통 괄호 없이 $a+b+c$로 나타낸다.

02 유리수의 뺄셈

두 수의 뺄셈은 빼는 수의 부호를 바꾸어 덧셈으로 고쳐서 계산한다.

예시 $(+3)-(+5)=(+3)+(-5)=-(5-3)=-2$ (덧셈으로 바꾸기, 부호 바꾸기)

$(+3)-(-5)=(+3)+(+5)=+(3+5)=+8$ (덧셈으로 바꾸기, 부호 바꾸기)

주의 뺄셈에서는 교환법칙과 결합법칙이 성립하지 않는다.

- 어떤 수에서 0을 빼면 그 수 자신이다.
  예시 $(+1)-0=+1$
- 뺄셈을 덧셈으로 바꾸기
  $-(+\triangle)=+(-\triangle)$
  $-(-\triangle)=+(+\triangle)$

03 유리수의 덧셈과 뺄셈의 혼합 계산

(1) **유리수의 덧셈과 뺄셈의 혼합 계산**

❶ 뺄셈을 모두 덧셈으로 바꾼다.

❷ 덧셈의 계산 법칙을 이용하여 계산한다. → 덧셈의 교환법칙, 결합법칙

(2) **부호가 생략된 수의 덧셈과 뺄셈**

❶ 생략된 양의 부호 +를 넣는다.

❷ 뺄셈을 모두 덧셈으로 바꾼다.

❸ 덧셈의 계산 법칙을 이용하여 계산한다.

- 양수는 양수끼리, 음수는 음수끼리 계산하면 편리하다.
- 수의 덧셈과 뺄셈에서 양수는 양의 부호와 괄호를 생략하여 나타낼 수 있고, 음수는 식의 맨 앞에 올 때 괄호를 생략하여 나타낼 수 있다.
  예시 $(+3)+(+4)=3+4$
  $(-6)-(+3)=-6-3$

개념 확인하기

01 유리수의 덧셈

0289

다음을 계산하시오.

(1) $(+1)+(+3)$

(2) $(-4)+(-2)$

(3) $(+7)+(-6)$

(4) $(-5)+(+3)$

(5) $(-9.3)+(-0.5)$

(6) $(-4.8)+(+3.2)$

(7) $\left(+\frac{5}{6}\right)+\left(+\frac{1}{2}\right)$

(8) $\left(+\frac{1}{3}\right)+\left(-\frac{3}{4}\right)$

0290

다음을 덧셈의 계산 법칙을 이용하여 계산하시오.

(1) $(+4.5)+(-0.6)+(-1.5)$

(2) $\left(-\frac{10}{7}\right)+\left(-\frac{3}{4}\right)+\left(-\frac{4}{7}\right)$

02 유리수의 뺄셈

0291

다음을 계산하시오.

(1) $(+6)-(+7)$

(2) $(-4)-(-9)$

(3) $(+8)-(-8)$

(4) $(-13)-(+5)$

(5) $(-11.3)-(-4.5)$

(6) $(+6.4)-(-10.8)$

(7) $\left(+\frac{2}{3}\right)-\left(-\frac{1}{2}\right)$

(8) $\left(-\frac{3}{4}\right)-\left(+\frac{1}{5}\right)$

0292

다음을 계산하시오.

(1) $(+12)-(-7)-(+3)$

(2) $(-3.1)-(+5.6)-(-2.7)$

(3) $\left(+\frac{2}{5}\right)-\left(+\frac{1}{3}\right)-(+1)$

03 유리수의 덧셈과 뺄셈의 혼합 계산

0293

다음을 계산하시오.

(1) $(+4)+(+9)-(+3)$

(2) $(-7)-(-6)+(-3)$

(3) $(-2.4)-(+3.5)+(-4.9)$

(4) $\left(-\frac{5}{4}\right)+\left(+\frac{1}{2}\right)-\left(-\frac{9}{5}\right)$

0294

다음을 계산하시오.

(1) $-16-5+3$

(2) $9-12+5-2$

(3) $1.8+1.3-2.4$

(4) $-\frac{3}{2}+\frac{1}{3}-\frac{2}{5}$

PART

B 유형별 문제

유형 01 유리수의 덧셈

(1) 부호가 같은 두 수의 덧셈

두 수의 절댓값의 합에 공통인 부호를 붙여서 계산한다.

(2) 부호가 다른 두 수의 덧셈

두 수의 절댓값의 차에 절댓값이 큰 수의 부호를 붙여서 계산한다.

0295 대표문제 개념ON 073쪽

다음 중 옳은 것은?

① $(+9)+(-5)=-4$　② $(-12)+(-7)=-5$

③ $(+2.3)+(+1.5)=0.8$　④ $(-0.1)+\left(+\frac{1}{2}\right)=\frac{2}{5}$

⑤ $\left(+\frac{1}{5}\right)+\left(-\frac{2}{3}\right)=-\frac{4}{15}$

0296

다음 중 계산 결과가 나머지 넷과 <u>다른</u> 하나는?

① $(-1)+(+6)$　② $(-4)+(-1)$

③ $(-3)+(+8)$　④ $(+2)+(+3)$

⑤ $(+7)+(-2)$

0297 중요

다음 중 계산 결과가 가장 작은 것은?

① $(-8)+(+6)$　② $(+5)+(-1)$

③ $(-3.7)+(-1.3)$　④ $\left(-\frac{7}{2}\right)+(+2)$

⑤ $\left(+\frac{2}{3}\right)+\left(-\frac{14}{3}\right)$

0298

다음 수 중 가장 작은 수를 A, 절댓값이 가장 큰 수를 B라 할 때, $A+B$의 값을 구하시오.

$$+5,\quad -\frac{5}{6},\quad +2.4,\quad +\frac{17}{2},\quad -4$$

유형 02 덧셈의 계산 법칙

세 수 a, b, c에 대하여

(1) 덧셈의 교환법칙 ➡ $a+b=b+a$

(2) 덧셈의 결합법칙 ➡ $(a+b)+c=a+(b+c)$

0299 대표문제 개념ON 075쪽

다음 계산 과정에서 (가), (나)에 이용된 계산 법칙을 말하시오.

$(-5)+(+6)+(-3)$
$=(+6)+(-5)+(-3)$) (가)
$=(+6)+\{(-5)+(-3)\}$) (나)
$=(+6)+(-8)$
$=-2$

0300

다음 계산 과정에서 (가)~(라)에 알맞은 것을 구하시오.

$\left(+\frac{3}{4}\right)+(-7)+\left(+\frac{5}{4}\right)$
$=(-7)+\left(+\frac{3}{4}\right)+\left(+\frac{5}{4}\right)$) 덧셈의 (가) 법칙
$=(-7)+\left\{\left(+\frac{3}{4}\right)+\left(+\frac{5}{4}\right)\right\}$) 덧셈의 (나) 법칙
$=(-7)+($ (다) $)=$ (라)

유형 03 유리수의 뺄셈

두 수의 뺄셈은 빼는 수의 부호를 바꾸어 덧셈으로 고쳐서 계산한다.

➡ ●−(+■)=●+(−■)

●−(−■)=●+(+■)

개념ON 078쪽

0301 대표문제

다음 중 옳지 않은 것은?

① $(+8)-(+5)=3$
② $(-1.6)-(+7.4)=-9$
③ $\left(+\frac{4}{3}\right)-\left(-\frac{1}{3}\right)=\frac{5}{3}$
④ $(-0.6)-\left(-\frac{2}{5}\right)=-\frac{1}{5}$
⑤ $\left(+\frac{1}{3}\right)-\left(+\frac{7}{12}\right)=\frac{11}{12}$

0302

다음 중 계산 결과가 $(+4)-(-7)$의 계산 결과와 같은 것은?

① $(-6)-(-5)$
② $(-8)-(+3)$
③ $(+8.4)-(+4.6)$
④ $(+9.7)-(+1.3)$
⑤ $\left(+\frac{19}{3}\right)-\left(-\frac{14}{3}\right)$

0303 서술형

$a=\left(-\frac{1}{5}\right)-\left(-\frac{2}{3}\right)$, $b=\left(+\frac{1}{2}\right)-\left(+\frac{3}{5}\right)$일 때, $a-b$의 값을 구하시오.

0304 사고력

다음 표는 어느 날 5개 지역의 최고 기온과 최저 기온을 조사하여 나타낸 것이다. 하루 중 최고 기온과 최저 기온의 차를 일교차라 할 때, 일교차가 가장 큰 지역을 구하시오.

지역	최고 기온	최저 기온
강릉	+7 ℃	−1.4 ℃
광주	+6.5 ℃	−2 ℃
대전	−4 ℃	−8.3 ℃
서울	+8 ℃	−2.5 ℃
제주	+9.5 ℃	+0.6 ℃

유형 04 수직선을 이용한 유리수의 덧셈과 뺄셈

수직선 위의 a를 나타내는 점에서 (단, $m>0$, $n>0$)

(1) 오른쪽으로 m만큼 이동 ➡ $a+(+m)$

(2) 왼쪽으로 n만큼 이동 ➡ $a-(+n)$ 또는 $a+(-n)$

0305 대표문제

오른쪽 수직선으로 설명할 수 있는 계산식을 모두 고르면? (정답 2개)

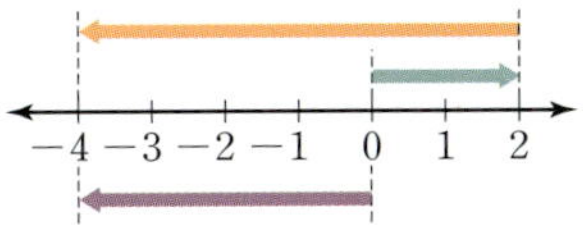

① $(+2)+(+4)=+6$
② $(+2)+(-6)=-4$
③ $(+2)-(+6)=-4$
④ $(-2)-(-4)=+2$
⑤ $(-6)-(+4)=-10$

0306

오른쪽 수직선으로 설명할 수 있는 덧셈식은?

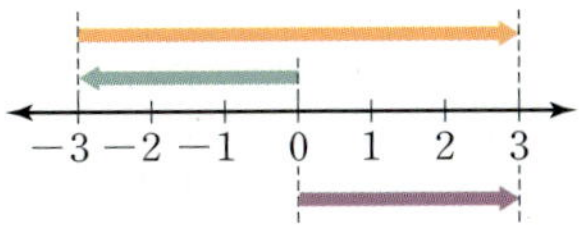

① $(-6)+(+3)=-3$
② $(+3)+(+6)=+9$
③ $(-3)+(+6)=+3$
④ $(+3)+(+3)=+6$
⑤ $(-3)+(+3)=0$

유형 05 덧셈과 뺄셈의 혼합 계산

덧셈과 뺄셈이 혼합된 식은 다음과 같은 순서대로 계산한다.

❶ 뺄셈을 모두 덧셈으로 바꾼다.

❷ 덧셈의 계산 법칙을 이용하여 계산한다.

(예시) $(+2)+(-4)-(-3)-(+1)$

$=(+2)+(-4)+(+3)+(-1)$ ← 뺄셈을 덧셈으로 바꾸기

$=(+2)+(+3)+(-4)+(-1)$ ← 덧셈의 교환법칙

$=\{(+2)+(+3)\}+\{(-4)+(-1)\}$ ← 덧셈의 결합법칙

$=(+5)+(-5)=0$

0307 대표문제

개념ON 080쪽

다음 중 계산 결과가 가장 작은 것은?

① $(-2)+(+3)-(-1)$

② $(+7)-(-3)+(-5)$

③ $(-2.3)-(+2.7)+(-4.5)$

④ $\left(+\frac{4}{3}\right)-(+4)-\left(-\frac{8}{3}\right)$

⑤ $\left(-\frac{2}{3}\right)-\left(-\frac{1}{6}\right)+\left(-\frac{1}{4}\right)$

0308 중요

다음 중 옳지 않은 것은?

① $\left(-\frac{5}{6}\right)+\left(+\frac{3}{2}\right)-\left(+\frac{5}{2}\right)=-\frac{11}{6}$

② $(-5)-(-6)-(+2)=-1$

③ $(+6.2)-(+1.2)+(-4.4)=0.6$

④ $(+12)+(-10)-(-3)=-1$

⑤ $\left(-\frac{3}{4}\right)-(+0.2)+\left(+\frac{3}{2}\right)=\frac{11}{20}$

0309

$(+2)-\left(+\frac{2}{7}\right)-\left(-\frac{4}{3}\right)+(-3)$을 계산하시오.

0310 실력

다음 식의 ㉠, ㉡, ㉢에 세 수 $-\frac{2}{3}$, $+\frac{3}{2}$, $-\frac{7}{6}$을 한 번씩 넣어 계산한 결과 중 가장 큰 값을 구하시오.

(㉠)−(㉡)+(㉢)

유형 06 부호가 생략된 수의 덧셈과 뺄셈

부호가 생략된 수의 덧셈과 뺄셈은 다음과 같은 순서대로 계산한다.

❶ 생략된 양의 부호 +를 넣는다.

❷ 뺄셈을 모두 덧셈으로 바꾼다.

❸ 덧셈의 계산 법칙을 이용하여 계산한다.

(예시) $4-5=(+4)-(+5)=(+4)+(-5)=-1$ (생략된 부호 넣기, 덧셈으로 바꾸기)

0311 대표문제

개념ON 080쪽

다음 중 계산 결과가 가장 큰 것은?

① $-2+7-6$

② $4-5+2$

③ $13-6-5$

④ $-1.7-2.2+3$

⑤ $-\frac{7}{4}+\frac{8}{5}+\frac{3}{20}$

0312 중요

$A=-\frac{3}{4}-\frac{1}{2}+2$, $B=7.4-3+0.6$일 때, $A-B$의 값을 구하시오.

0313

다음 중 계산 결과가 가장 작은 것은?

① $-9+2+8$ ② $3.7-1.2-2.3$
③ $-\frac{3}{10}+\frac{1}{2}-\frac{2}{5}$ ④ $-13+8-4+5$
⑤ $\frac{1}{2}-\frac{2}{3}+\frac{1}{4}-\frac{1}{6}$

0314 실력

다음을 계산하시오.

$$1-2+3-4+5-\cdots+99-100$$

유형 07 어떤 수보다 ~만큼 큰(작은) 수

(1) ●보다 ■만큼 큰 수 ➡ ●에 ■를 더한다.
① a보다 1만큼 큰 수 ➡ $a+1$
② a보다 -1만큼 큰 수 ➡ $a+(-1)$
(2) ●보다 ■만큼 작은 수 ➡ ●에서 ■를 뺀다.
① a보다 1만큼 작은 수 ➡ $a-1$
② a보다 -1만큼 작은 수 ➡ $a-(-1)$

개념ON 078쪽

0315 대표문제

2보다 -4만큼 큰 수를 a, $\frac{1}{3}$보다 $-\frac{1}{4}$만큼 작은 수를 b라 할 때, $a+b$의 값을 구하시오.

0316

다음 수 중 나머지 넷과 다른 하나는?

① -6보다 -7만큼 작은 수
② 0보다 1만큼 큰 수
③ -2보다 3만큼 큰 수
④ -5보다 -6만큼 작은 수
⑤ 9보다 -8만큼 작은 수

0317 중요

-1보다 $\frac{5}{6}$만큼 큰 수를 x, x보다 $-\frac{2}{3}$만큼 작은 수를 y라 할 때, y의 값을 구하시오.

유형별 문제

0318 　서술형　　●●●

$-\dfrac{1}{2}$보다 $-\dfrac{3}{4}$만큼 작은 수를 a, 4보다 $-\dfrac{2}{5}$만큼 큰 수를 b 라 할 때, a보다 크고 b보다 작은 정수의 개수를 구하시오.

0319 　　●●●

-1보다 $-\dfrac{4}{5}$만큼 큰 수를 a, 2보다 $-\dfrac{1}{4}$만큼 작은 수를 b 라 할 때, $a<x<b$를 만족시키는 정수 x의 개수를 구하시오.

유형 08 덧셈과 뺄셈 사이의 관계

덧셈과 뺄셈 사이의 관계를 이용한다.

(1) ■＋▲＝●이면 ■＝●－▲, ▲＝●－■

(2) ■－▲＝●이면 ■＝●＋▲, ▲＝■－●

🔘 개념ON 081쪽

0320 　대표문제

두 수 a, b에 대하여 $a+(-2)=6$, $b-(+3)=-7$일 때, $a-b$의 값을 구하시오.

0321 　　○○●

$\square-\left(-\dfrac{5}{8}\right)=-\dfrac{1}{2}$일 때, $\square$ 안에 알맞은 수는?

① -2 　　② $-\dfrac{11}{8}$ 　　③ $-\dfrac{9}{8}$

④ $\dfrac{1}{8}$ 　　⑤ $\dfrac{9}{8}$

0322 　✅중요　　○●●

두 수 A, B에 대하여 $A+(-3)=\dfrac{3}{2}$, $\left(-\dfrac{3}{4}\right)-B=-1$ 일 때, $A-B$의 값은?

① $\dfrac{13}{4}$ 　　② $\dfrac{7}{2}$ 　　③ $\dfrac{15}{4}$

④ 4 　　⑤ $\dfrac{17}{4}$

0323 　　○●●

$\dfrac{4}{3}-\left(-\dfrac{1}{4}\right)+\square=\dfrac{13}{6}$일 때, $\square$ 안에 알맞은 수를 구하시오.

유형 09 바르게 계산한 답 구하기

유리수의 덧셈과 뺄셈에서 바르게 계산한 답은 다음과 같은 순서대로 구한다.

❶ 어떤 유리수를 □라 하고 식을 세운다.

❷ □를 구한다.

❸ 바르게 계산한 답을 구한다.

0324 대표문제 개념ON 081쪽

어떤 유리수에 $\frac{3}{2}$을 더해야 할 것을 잘못하여 뺐더니 그 결과가 -6이 되었다. 바르게 계산한 답을 구하시오.

0325

-3에 어떤 정수를 더해야 할 것을 잘못하여 뺐더니 그 결과가 7이 되었다. 바르게 계산한 답을 구하시오.

0326 중요

어떤 유리수에서 $-\frac{6}{7}$을 빼야 할 것을 잘못하여 더했더니 $\frac{4}{21}$가 되었다. 바르게 계산한 답을 구하시오.

0327

$\frac{4}{9}$에서 어떤 유리수를 빼야 할 것을 잘못하여 더했더니 $-\frac{1}{3}$이 되었다. 바르게 계산한 답을 구하시오.

유형 10 절댓값이 주어진 수의 덧셈과 뺄셈

$|a|=p$, $|b|=q$ $(p>0,\ q>0)$이면

$a=+p$ 또는 $a=-p$, $b=+q$ 또는 $b=-q$

	가장 큰 값	가장 작은 값
$a+b$	$(+p)+(+q)$	$(-p)+(-q)$
$a-b$	$(+p)-(-q)$	$(-p)-(+q)$

0328 대표문제

a의 절댓값이 3이고, b의 절댓값이 8일 때, $a+b$의 값 중 가장 작은 값은?

① -11 ② -7 ③ -3

④ 3 ⑤ 11

0329

$|x|=\frac{7}{5}$일 때, $4-x$의 값 중 가장 큰 값을 구하시오.

0330 중요

두 수 a, b에 대하여 $|a|=7$, $|b|=2$일 때, $a-b$의 값 중 가장 큰 값은?

① -9 ② -5 ③ 0

④ 5 ⑤ 9

0331 서술형

a의 절댓값이 6, b의 절댓값이 $\frac{5}{2}$일 때, $a-b$의 값 중 가장 큰 값을 M, 가장 작은 값을 m이라 하자. 이때 $M-m$의 값을 구하시오.

PART B 유형별 문제

유형 11 수직선에서 유리수의 덧셈과 뺄셈의 활용

수직선에서 p, q가 거리를 나타낼 때

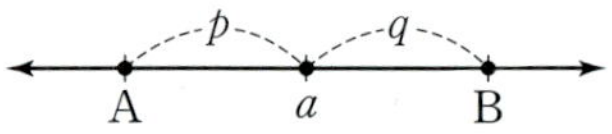

(1) 점 A가 나타내는 수 ➡ $a-p$

(2) 점 B가 나타내는 수 ➡ $a+q$

(3) 두 점 A, B 사이의 거리 ➡ $(a+q)-(a-p)=p+q$

0332 대표문제

다음 수직선에서 점 A가 나타내는 수를 구하시오.

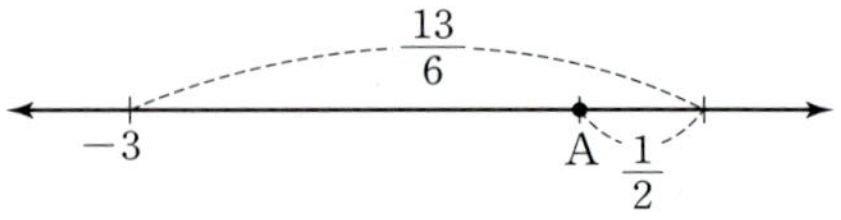

0333 ○○●

수직선에서 두 점 A, B가 나타내는 수가 각각 $-\frac{7}{5}$, 2.1일 때, 두 점 A, B 사이의 거리를 구하시오.

0334 ○●●

수직선에서 -4를 나타내는 점으로부터의 거리가 $\frac{5}{6}$인 점이 나타내는 수 중 작은 수는?

① $-\frac{25}{6}$　② $-\frac{9}{2}$　③ $-\frac{29}{6}$

④ $-\frac{31}{6}$　⑤ $-\frac{11}{2}$

0335 ○●●

다음 수직선에서 점 A가 나타내는 수를 a, 점 B가 나타내는 수를 b라 할 때, $a+b$의 값을 구하시오.

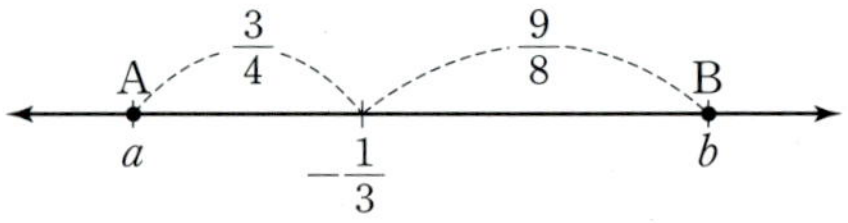

발전유형 12 실생활에서 유리수의 덧셈과 뺄셈의 활용

주어진 상황을 유리수의 계산식으로 나타낼 때

(1) 기준보다 증가하거나 커지면 ➡ $+$

(2) 기준보다 감소하거나 작아지면 ➡ $-$

참고 이 밖에도 어떤 기준값으로부터 반대되는 두 성질을 각각 부호 $+$, $-$를 사용하여 유리수의 계산식으로 나타낼 수 있다.

0336 대표문제

다음 표는 어느 장난감 공장에서 장난감 생산량이 전날과 비교하여 증가하면 부호 $+$, 감소하면 부호 $-$를 사용하여 나타낸 것이다. 월요일의 생산량이 1800개였을 때, 목요일의 생산량은 몇 개인지 구하시오.

화요일	수요일	목요일
+50개	−200개	+100개

0337 ○●●

다음 표는 어느 미술관의 입장객 수를 전날과 비교하여 증가하면 부호 $+$, 감소하면 부호 $-$를 사용하여 나타낸 것이다. 수요일의 입장객이 500명이었을 때, 일요일의 입장객은 몇 명인지 구하시오.

목요일	금요일	토요일	일요일
−70명	+150명	+200명	−50명

0338

다음 표는 창민이가 한 달 동안 읽은 책의 수를 전월과 비교하여 증가하면 부호 +, 감소하면 부호 −를 사용하여 나타낸 것이다. 창민이가 6월에 15권의 책을 읽었다면 1월에는 몇 권의 책을 읽었는지 구하시오.

월	2	3	4	5	6
증감(권)	+4	−2	+3	+1	−2

0339 사고력

다음 표는 런던 시각을 기준으로 어느 해 3월의 세계 주요 도시의 시차를 나타낸 것이다. 서울 시각으로 3월 4일 오후 9시는 뉴욕 시각으로 언제인가?

도시	시드니	뉴욕	런던	서울	베이징
시차(시간)	+9	−5	0	+8	+7

① 3월 3일 오전 9시 ② 3월 3일 오후 1시
③ 3월 4일 오전 8시 ④ 3월 4일 오후 4시
⑤ 3월 5일 오전 10시

발전 유형 13 도형에서 유리수의 덧셈과 뺄셈의 활용

도형의 각 줄에 있는 수의 합이 모두 같을 때, 빈칸에 알맞은 수를 구하는 문제는 다음과 같은 순서대로 해결한다.

❶ 합을 알 수 있는 줄의 합을 먼저 구한다.
❷ 빈칸이 있는 줄을 찾아 식을 세운다.
❸ ❷의 식의 값이 ❶의 값과 같음을 이용하여 빈칸에 알맞은 수를 구한다.

0340 대표문제

표에서 가로, 세로, 대각선에 놓인 세 수의 합이 모두 같을 때, a, b의 값을 각각 구하시오.

2	a	
	1	
−2	b	0

0341

그림의 삼각형에서 한 변에 놓인 네 수의 합이 모두 같을 때, $A-B$의 값은?

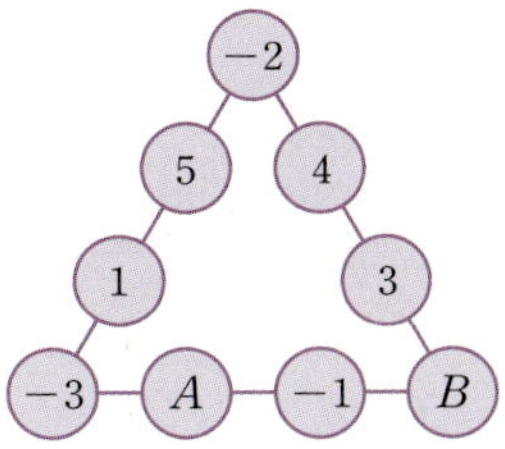

① 9 ② 11
③ 13 ④ 15
⑤ 17

0342 사고력

그림의 사각형에서 한 변에 놓인 세 수의 합이 모두 같을 때, $a+b+c$의 값을 구하시오.

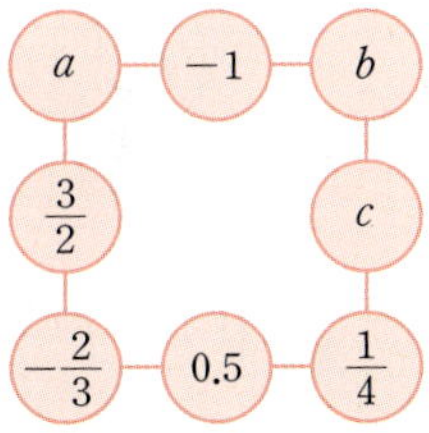

0343 서술형 실력

그림과 같은 전개도를 접어 정육면체를 만들었을 때, 마주 보는 면에 적힌 두 수의 합이 3이다. 이때 $a+b-c$의 값을 구하시오.

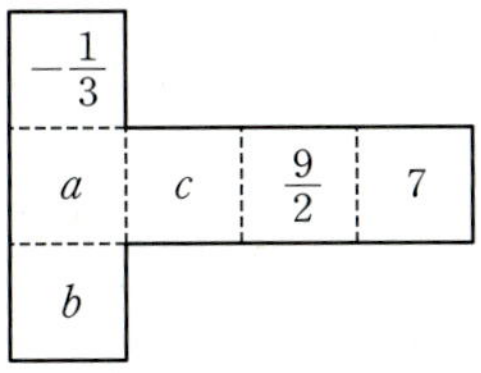

PART C

중단원 마무리

0344

다음 중 옳지 않은 것은?

① $(-8)+(+2)=-6$ ② $(-5)+(-9)=-14$

③ $\left(+\frac{5}{4}\right)+\left(-\frac{1}{2}\right)=\frac{3}{4}$ ④ $\left(-\frac{2}{5}\right)+\left(-\frac{2}{3}\right)=\frac{4}{15}$

⑤ $(-4.2)+(+2.6)=-1.6$

0345

다음 계산 과정에서 (가)~(라)에 알맞은 것을 구하시오.

$\left(-\frac{5}{4}\right)+\left(+\frac{1}{2}\right)+\left(-\frac{7}{4}\right)$

$=\left(-\frac{5}{4}\right)+\left(-\frac{7}{4}\right)+\left(+\frac{1}{2}\right)$) 덧셈의 (가) 법칙

$=\left\{\left(-\frac{5}{4}\right)+\left(-\frac{7}{4}\right)\right\}+\left(+\frac{1}{2}\right)$) 덧셈의 (나) 법칙

$=($ (다) $)+\left(+\frac{1}{2}\right)$

$=$ (라)

0346

다음 중 옳지 않은 것은?

① $(+3)+(-15)=-12$

② $(-2)-(+7)=-9$

③ $(+3.3)-(-4.4)=7.7$

④ $\left(-\frac{1}{3}\right)+\left(+\frac{5}{6}\right)=\frac{1}{2}$

⑤ $\left(+\frac{5}{2}\right)-\left(+\frac{4}{3}\right)=\frac{5}{6}$

0347

다음 보기에서 계산 결과가 양수인 것을 모두 고르시오.

보기

ㄱ. $(+4)-(-2)$ ㄴ. $(-8)-(+3)$

ㄷ. $\left(-\frac{5}{8}\right)-\left(-\frac{1}{2}\right)$ ㄹ. $\left(+\frac{3}{4}\right)-\left(+\frac{2}{5}\right)$

0348

오른쪽 수직선으로 설명할 수 있는 덧셈식은?

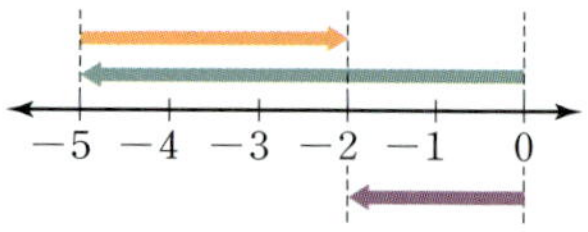

① $(-5)+(-3)=-8$

② $(+5)+(-3)=+2$

③ $(-5)+(+2)=-3$

④ $(-5)+(+3)=-2$

⑤ $(-2)+(-3)=-5$

0349

$\left(+\frac{3}{5}\right)-\left(+\frac{1}{3}\right)+\left(-\frac{7}{15}\right)-\left(-\frac{3}{5}\right)$을 계산하면?

① $-\frac{2}{5}$ ② $-\frac{1}{3}$ ③ $-\frac{4}{15}$

④ $\frac{1}{3}$ ⑤ $\frac{2}{5}$

0350

다음 중 옳은 것을 모두 고르면? (정답 2개)

① $(-6)-(-3)+(+5)=-4$

② $(+11)-(-2)-(+7)=6$

③ $(+4.5)+(-2.3)-(-5)=-2.8$

④ $\left(-\frac{1}{3}\right)+(-2)-\left(+\frac{4}{3}\right)=\frac{1}{3}$

⑤ $\left(+\frac{1}{4}\right)-\left(-\frac{5}{6}\right)+\left(-\frac{2}{3}\right)=\frac{5}{12}$

0351

다음 중 옳은 것은?

① $-4+1-6=9$

② $7-9-3+2=3$

③ $2.8-3.3+1=-1.5$

④ $-\frac{4}{3}+\frac{7}{4}-\frac{5}{6}=-\frac{5}{12}$

⑤ $\frac{3}{5}-\frac{4}{3}+\frac{1}{15}=\frac{2}{3}$

0352

$A=\frac{5}{6}-\frac{2}{3}+2$, $B=4.8-7+5.2$일 때, $A-B$의 값을 구하시오.

0353

3보다 $-\frac{7}{3}$만큼 작은 수를 A, -1보다 -3만큼 큰 수를 B라 할 때, $A-B$의 값을 구하시오.

0354

다음은 4개의 건물 A, B, C, D의 높이를 비교한 것이다. 높이가 가장 낮은 건물부터 차례대로 나열하시오.

- 건물 B는 건물 A보다 $\frac{8}{3}$ m만큼 낮다.
- 건물 C는 건물 B보다 8 m만큼 높다.
- 건물 D는 건물 C보다 $\frac{13}{6}$ m만큼 낮다.

0355

두 수 a, b에 대하여 $-\frac{1}{3}-a=\frac{1}{15}$, $b+\left(-\frac{1}{5}\right)=\frac{1}{4}$일 때, $a-b$의 값을 구하시오.

중단원 마무리

• 정답과 풀이 037쪽

0356

어떤 수에 $-\frac{7}{4}$을 더해야 할 것을 잘못하여 뺐더니 그 결과가 $\frac{1}{2}$이 되었다. 바르게 계산한 답을 구하시오.

0357

두 정수 a, b에 대하여 $|a|=4$, $|b|=6$일 때, 다음 중 $a+b$의 값이 될 수 없는 것은?

① -10 ② -2 ③ 0
④ 2 ⑤ 10

0358

a의 절댓값은 $\frac{1}{4}$, b의 절댓값은 $\frac{3}{2}$일 때, $a-b$의 값 중 가장 큰 값을 M, 가장 작은 값을 m이라 하자. 이때 $M-m$의 값을 구하시오.

0359

다음 수직선에서 점 A가 나타내는 수를 구하시오.

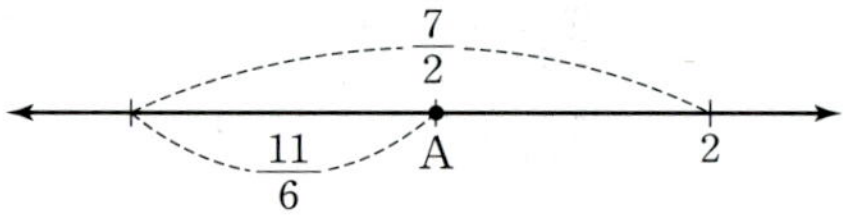

0360

준식이는 A 지점에서 출발하여 동쪽으로 4 km를 가다가 서쪽으로 13 km를 가고 다시 동쪽으로 5 km를 갔다. A 지점으로부터 준식이의 위치는?

① 동쪽 3 km 지점 ② 동쪽 4 km 지점
③ 서쪽 3 km 지점 ④ 서쪽 4 km 지점
⑤ A 지점

0361

그림에서 가로, 세로, 대각선에 놓인 세 수의 합이 모두 같을 때, $a+b+c$의 값은?

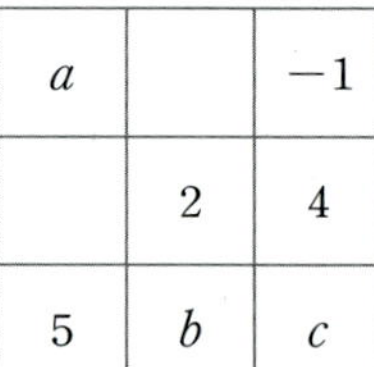

a		-1
	2	4
5	b	c

① -2 ② -1
③ 0 ④ 1
⑤ 2

PART C+ 193쪽에서 고난도 문제를 만나보아요!

05 정수와 유리수의 계산 (2)

PART A 05

정수와 유리수의 계산 (2)

01 유리수의 곱셈

(1) **부호가 같은 두 수의 곱셈**: 두 수의 절댓값의 곱에 양의 부호 +를 붙여서 계산한다.

예시 $(+3)\times(+2)=+(3\times2)=+6$ $(-3)\times(-2)=+(3\times2)=+6$

(부호가 같으면 +, 절댓값의 곱)

(2) **부호가 다른 두 수의 곱셈**: 두 수의 절댓값의 곱에 음의 부호 −를 붙여서 계산한다.

예시 $(+3)\times(-2)=-(3\times2)=-6$ $(-3)\times(+2)=-(3\times2)=-6$

(부호가 다르면 −, 절댓값의 곱)

(3) **곱셈의 계산 법칙**: 세 수 a, b, c에 대하여

① 곱셈의 **교환법칙**: $a\times b=b\times a$ → 곱하는 수의 순서를 바꾸어 곱해도 그 결과는 같다.

② 곱셈의 **결합법칙**: $(a\times b)\times c=a\times(b\times c)$ → 세 수 중 어느 두 수를 먼저 곱해도 그 결과는 같다.

- 두 유리수의 곱셈의 부호
  - $+\times+$, $-\times-$ → $+$
  - $+\times-$, $-\times+$ → $-$
- 어떤 수와 0의 곱은 항상 0이다.
  예시 $(-1)\times0=0$
  $0\times3=0$
- 세 수의 곱셈에서는 $(a\times b)\times c$와 $a\times(b\times c)$의 결과가 같으므로 이를 보통 괄호 없이 $a\times b\times c$로 나타낸다.

02 세 개 이상의 수의 곱셈

세 개 이상의 수의 곱셈은 다음과 같은 순서대로 계산한다.

❶ 부호를 결정한다. ➡ 곱해진 음수(−)가 짝수 개이면 +, 홀수 개이면 −

❷ 각 수의 절댓값의 곱에 ❶에서 결정된 부호를 붙인다.

예시 $(-5)\times(-2)\times(-4)=-(5\times2\times4)=-40$

(음수가 홀수 개이므로 −, 절댓값의 곱)

BIBLE SAYS 거듭제곱의 계산

(1) 양수의 거듭제곱은 항상 양수이다.

예시 $2^2=2\times2=4$

(2) 음수의 거듭제곱은 지수에 의해 부호가 결정된다. ➡ 지수가 짝수이면 +, 홀수이면 −

예시 $(-2)^2=(-2)\times(-2)=+4$ (지수가 짝수이므로 +) $(-2)^3=(-2)\times(-2)\times(-2)=-8$ (지수가 홀수이므로 −)

- $(-3)^2=(-3)\times(-3)=9$
  $-3^2=-(3\times3)=-9$

03 덧셈에 대한 곱셈의 분배법칙

분배법칙: 세 수 a, b, c에 대하여

(1) $a\times(b+c)=a\times b+a\times c$

(2) $(a+b)\times c=a\times c+b\times c$

- $a\times(b+c)=\underset{①}{a\times b}+\underset{②}{a\times c}$
  $(a+b)\times c=\underset{①}{a\times c}+\underset{②}{b\times c}$

개념 확인하기

01 유리수의 곱셈

0362
다음을 계산하시오.

(1) $(+5)\times(+9)$

(2) $(-3)\times(-11)$

(3) $(-12)\times(+2)$

(4) $(+8)\times(-5)$

(5) $(+2.5)\times(+4)$

(6) $\left(-\frac{5}{4}\right)\times\left(-\frac{8}{5}\right)$

(7) $\left(+\frac{6}{7}\right)\times\left(-\frac{1}{2}\right)$

(8) $(-1.2)\times\left(+\frac{10}{3}\right)$

0363
다음을 곱셈의 계산 법칙을 이용하여 계산하시오.

(1) $(-0.5)\times\left(+\frac{4}{3}\right)\times(+2)$

(2) $\left(+\frac{5}{4}\right)\times(-7)\times\left(-\frac{8}{5}\right)$

02 세 개 이상의 수의 곱셈

0364
다음을 계산하시오.

(1) $(-5)^2$

(2) -4^2

(3) $(-1)^4$

(4) $\left(-\frac{1}{2}\right)^3$

0365
다음을 계산하시오.

(1) $(-14)\times\left(-\frac{4}{7}\right)\times\left(+\frac{1}{6}\right)$

(2) $\left(+\frac{8}{5}\right)\times\left(-\frac{5}{12}\right)\times\left(-\frac{9}{2}\right)$

(3) $\left(+\frac{15}{4}\right)\times\left(-\frac{2}{9}\right)\times(+3)$

(4) $\left(+\frac{2}{3}\right)\times(-12)\times\left(+\frac{5}{6}\right)\times\left(+\frac{1}{6}\right)$

(5) $(+12)\times\left(+\frac{5}{8}\right)\times\left(-\frac{3}{7}\right)\times\left(-\frac{7}{10}\right)$

03 덧셈에 대한 곱셈의 분배법칙

0366
다음은 분배법칙을 이용하여 계산하는 과정이다. □ 안에 알맞은 수를 써넣으시오.

(1) $15\times(3+200)=\square\times3+15\times\square$
$=45+\square=\square$

(2) $23\times4+37\times4=(23+\square)\times4$
$=\square\times4=\square$

(3) $(-6.1)\times52+(-6.1)\times48=(-6.1)\times(\square+48)$
$=(-6.1)\times\square$
$=\square$

0367
분배법칙을 이용하여 다음을 계산하시오.

(1) $30\times\left(\frac{4}{5}-\frac{1}{6}\right)$

(2) $(-17)\times35+(-17)\times65$

정수와 유리수의 계산 (2)

04 유리수의 나눗셈

- 0을 0이 아닌 어떤 수로 나눈 몫은 0이다.
  예시 $0\div2=0$
- 어떤 수를 0으로 나누는 것은 생각하지 않는다.

(1) **유리수의 나눗셈**

① 부호가 같은 두 수의 나눗셈: 두 수의 절댓값의 나눗셈의 몫에 양의 부호 +를 붙여서 계산한다.

예시 $(+6)\div(+3)=+(6\div3)=+2$ $\quad(-6)\div(-3)=+(6\div3)=+2$
(부호가 같으면 +, 절댓값의 나눗셈의 몫)

② 부호가 다른 두 수의 나눗셈: 두 수의 절댓값의 나눗셈의 몫에 음의 부호 −를 붙여서 계산한다.

예시 $(+6)\div(-3)=-(6\div3)=-2$ $\quad(-6)\div(+3)=-(6\div3)=-2$
(부호가 다르면 −, 절댓값의 나눗셈의 몫)

주의 나눗셈에서는 교환법칙과 결합법칙이 성립하지 않는다.

(2) **역수를 이용한 유리수의 나눗셈**

- 역수 관계인 두 수의 부호는 서로 같다.
- 나누는 수가 소수인 경우, 소수를 분수로 바꾼 후에 역수를 곱하여 계산한다.

① **역수**: 두 수의 곱이 1일 때, 한 수를 다른 수의 역수라 한다.

예시 $\frac{2}{3}\times\frac{3}{2}=1$이므로 $\frac{2}{3}$는 $\frac{3}{2}$의 역수이고, $\frac{3}{2}$은 $\frac{2}{3}$의 역수이다.

② 역수를 이용한 유리수의 나눗셈: 나누는 수의 역수를 곱하여 계산한다.

예시 $(-8)\div\left(+\frac{4}{3}\right)=(-8)\times\left(+\frac{3}{4}\right)=-\left(8\times\frac{3}{4}\right)=-6$
(나눗셈을 곱셈으로 바꾼다. 역수로 바꾼다.)

05 곱셈과 나눗셈의 혼합 계산

곱셈과 나눗셈이 혼합된 식은 다음과 같은 순서대로 계산한다.

❶ 거듭제곱이 있으면 거듭제곱을 먼저 계산한다.
❷ 나눗셈은 역수를 이용하여 모두 곱셈으로 바꾼다.
❸ 음수의 개수에 따라 부호를 먼저 결정한다.
❹ 각 수의 절댓값의 곱에 ❸에서 정한 부호를 붙인다.

06 덧셈, 뺄셈, 곱셈, 나눗셈의 혼합 계산

- 곱셈과 나눗셈은 덧셈과 뺄셈보다 먼저 계산하고, 곱셈과 나눗셈(또는 덧셈과 뺄셈)은 앞에서부터 차례대로 계산한다.

덧셈, 뺄셈, 곱셈, 나눗셈이 혼합된 식은 다음과 같은 순서대로 계산한다.

❶ 거듭제곱이 있으면 거듭제곱을 먼저 계산한다.
❷ 괄호가 있으면 괄호 안을 먼저 계산한다. (소괄호) ➡ {중괄호} ➡ [대괄호]의 순서대로 계산한다.
❸ 곱셈, 나눗셈을 계산한다.
❹ 덧셈, 뺄셈을 계산한다.

개념 확인하기

04 유리수의 나눗셈

0368

다음을 계산하시오.

(1) $(+8)\div(+4)$

(2) $(-15)\div(-3)$

(3) $(-54)\div(+6)$

(4) $(+4.9)\div(-7)$

(5) $(-2.7)\div(-0.9)$

0369

다음 수의 역수를 구하시오.

(1) 5

(2) $\frac{2}{7}$

(3) $-\frac{3}{11}$

(4) 0.9

0370

다음을 계산하시오.

(1) $(-4)\div\left(-\frac{2}{5}\right)$

(2) $\left(+\frac{15}{4}\right)\div\left(+\frac{9}{8}\right)$

(3) $\left(+\frac{2}{3}\right)\div\left(-\frac{5}{6}\right)$

(4) $(-2.1)\div\left(+\frac{7}{12}\right)$

(5) $\left(-\frac{3}{8}\right)\div(+1.5)$

05 곱셈과 나눗셈의 혼합 계산

0371

다음을 계산하시오.

(1) $\left(-\frac{2}{5}\right)\times\left(-\frac{1}{6}\right)\div\left(+\frac{4}{3}\right)$

(2) $(-12)\div\left(+\frac{2}{3}\right)\times\left(+\frac{5}{6}\right)$

(3) $(-2)\times\left(+\frac{1}{10}\right)\div\left(-\frac{1}{5}\right)^2$

(4) $(-1.4)\div\left(-\frac{7}{4}\right)\times\left(-\frac{15}{8}\right)$

06 덧셈, 뺄셈, 곱셈, 나눗셈의 혼합 계산

0372

다음 식의 계산 순서를 차례대로 나열하시오.

$$2-\left\{\frac{5}{8}-\left(-\frac{3}{4}\right)^2\div\frac{1}{2}\right\}\times\left(-\frac{6}{5}\right)$$

↑ ㉠ (at $-$ after 2), ↑ ㉡ (at $-$ after $\frac{5}{8}$), ↑ ㉢ (at the square), ↑ ㉣ (at $\div$), ↑ ㉤ (at $\times$)

0373

다음을 계산하시오.

(1) $-\frac{1}{3}-\frac{11}{6}\div\left(-\frac{11}{2}\right)$

(2) $9-(2-8)\times\frac{1}{3}-5$

(3) $(-10)\div\{(-2)+4\times(-1)^2\}-3$

(4) $\left(-\frac{1}{4}\right)^2\times32-3^2\div\frac{3}{5}$

PART B 유형별 문제

유형 01 유리수의 곱셈

각 수의 절댓값의 곱에 다음과 같이 부호를 붙인다.

(1) **두 수의 곱의 부호**: 두 수의 부호가 { 같으면 ➡ $+$ / 다르면 ➡ $-$

(2) **세 개 이상의 수의 곱의 부호**: 음수가 { 짝수 개이면 ➡ $+$ / 홀수 개이면 ➡ $-$

0374 대표문제 개념ON 091쪽

다음 중 옳은 것은?

① $(-8)\times(-6)=-48$

② $(-7)\times(+4)=28$

③ $\left(-\frac{3}{4}\right)\times(-8)=6$

④ $(+1.5)\times(-0.6)=-\frac{3}{10}$

⑤ $\left(+\frac{2}{3}\right)\times\left(-\frac{9}{4}\right)=\frac{3}{2}$

0375 중요

다음 중 계산 결과가 가장 작은 것은?

① $(+3)\times(+4)$ ② $(-5)\times(-7)$

③ $\left(-\frac{1}{14}\right)\times(+2)$ ④ $\left(+\frac{3}{4}\right)\times\left(-\frac{8}{15}\right)$

⑤ $\left(-\frac{1}{4}\right)\times\left(-\frac{2}{3}\right)$

0376

다음 수 중 가장 큰 수와 가장 작은 수의 곱을 구하시오.

$-\frac{1}{6},\ \frac{2}{3},\ \frac{3}{5},\ -\frac{1}{2},\ \frac{7}{8},\ -\frac{4}{7}$

0377 서술형

$a=\left(-\frac{1}{2}\right)\times\left(+\frac{4}{3}\right)\times\left(-\frac{9}{8}\right)$, $b=\left(-\frac{8}{3}\right)\times\left(+\frac{9}{20}\right)$일 때, $a\times b$의 값을 구하시오.

유형 02 곱셈의 계산 법칙

(1) **곱셈의 교환법칙** ➡ ●×▲=▲×●

(2) **곱셈의 결합법칙** ➡ (●×▲)×■=●×(▲×■)

0378 대표문제 개념ON 093쪽

다음 계산 과정에서 ㉠, ㉡에 이용된 곱셈의 계산 법칙을 말하시오.

$(+6)\times(-1.5)\times(-5)$
$=(-1.5)\times(+6)\times(-5)$ ㉠
$=(-1.5)\times\{(+6)\times(-5)\}$ ㉡
$=(-1.5)\times(-30)=45$

0379

다음 계산 과정에서 ①~⑤에 들어갈 것으로 옳지 않은 것은?

$\left(+\frac{1}{8}\right)\times(-3)\times\left(+\frac{4}{3}\right)$
$=(-3)\times\left(+\frac{1}{8}\right)\times\left(+\frac{4}{3}\right)$ 곱셈의 ① 법칙
$=(-3)\times\left\{\left(\boxed{③}\right)\times\left(+\frac{4}{3}\right)\right\}$ 곱셈의 ② 법칙
$=(-3)\times\left(\boxed{④}\right)=\boxed{⑤}$

① 교환 ② 결합 ③ $+\frac{1}{8}$

④ $+\frac{1}{6}$ ⑤ $-\frac{1}{3}$

0380

다음을 곱셈의 교환법칙과 결합법칙을 이용하여 계산하시오.

$$(+5)\times(-1.6)\times(-4)$$

유형 03 곱이 가장 큰(작은) 수 만들기

서로 다른 수를 뽑아 곱할 때

(1) 곱이 가장 큰 경우

➡ 절댓값이 가장 큰 양수가 되는 경우

➡ 절댓값이 큰 음수를 짝수 개 뽑는다.

(2) 곱이 가장 작은 경우

➡ 절댓값이 가장 큰 음수가 되는 경우

➡ 절댓값이 큰 음수를 홀수 개 뽑는다.

0381 대표문제

네 유리수 $-\frac{5}{4}$, $\frac{2}{3}$, -6, $-\frac{8}{3}$ 중에서 서로 다른 세 수를 뽑아 곱한 값 중 가장 작은 수는?

① -20　② $-\frac{51}{6}$　③ -8　④ $-\frac{16}{3}$　⑤ $-\frac{9}{4}$

0382 중요

네 유리수 4, $-\frac{5}{8}$, 2, $-\frac{1}{6}$ 중에서 서로 다른 세 수를 뽑아 곱한 값 중 가장 큰 수를 구하시오.

0383 사고력

다음과 같이 유리수가 적힌 4장의 카드가 있다. 이 중 3장의 카드를 뽑아 카드에 적힌 수를 모두 곱할 때, 곱한 값 중 가장 큰 수를 a, 가장 작은 수를 b라 하자. 이때 $a+b$의 값을 구하시오.

-3	$-\frac{3}{2}$	$\frac{1}{3}$	-2

유형 04 거듭제곱의 계산

(1) 양수의 거듭제곱은 항상 양수이다.

(2) 음수의 거듭제곱은 지수에 의해 부호가 결정된다.

즉, $a>0$일 때

① n이 짝수 ➡ $(-a)^n=a^n$

② n이 홀수 ➡ $(-a)^n=-a^n$

개념ON 095쪽

0384 대표문제

다음 중 옳지 않은 것은?

① $(-5)^2=25$

② $\left(-\frac{1}{4}\right)^2=\frac{1}{16}$

③ $\left(-\frac{1}{5}\right)^3=-\frac{1}{125}$

④ $-\frac{1}{4^3}=-\frac{1}{64}$

⑤ $-\left(-\frac{3}{2}\right)^3=-\frac{27}{8}$

0385 중요

다음 중 계산 결과가 가장 큰 것은?

① $(-2)^3$　② $\left(-\frac{1}{2}\right)^4$　③ -3^2　④ $\left(-\frac{2}{3}\right)^2$　⑤ $-\left(-\frac{1}{3}\right)^4$

PART B

유형별 문제

0386

다음 수 중 가장 큰 수를 a, 가장 작은 수를 b라 할 때, $a\times b$의 값을 구하시오.

$$-\left(\frac{1}{2}\right)^4,\quad \left(-\frac{1}{2}\right)^2,\quad -\left(-\frac{1}{2}\right)^5,\quad \left(-\frac{1}{2}\right)^3$$

0387

$\left(-\frac{1}{4}\right)^2\times\left(-\frac{2}{5}\right)^2\times(-10)^3$을 계산하시오.

유형 05 $(-1)^n$이 포함된 식의 계산

자연수 n에 대하여

(1) n이 짝수 ➡ $(-1)^n=1$

(2) n이 홀수 ➡ $(-1)^n=-1$

0388 대표문제

개념ON 095쪽

다음 중 계산 결과가 나머지 넷과 다른 하나는?

① $(-1)^4$　② $-(-1)^5$　③ $\{-(-1)^2\}^2$
④ $-(-1)^3$　⑤ -1^2

0389

다음을 계산하시오.

$$(-1)+(-1)^2+(-1)^3+\cdots+(-1)^{100}$$

0390

다음을 계산하시오.

$$-(-1)^{32}-(-1)^{21}+(-1)^{55}-(-1)^{10}$$

0391 서술형

n이 짝수일 때, $(-1)^n-(-1)^{n+1}+(-1)^{n+2}$을 계산하시오.

유형 06 분배법칙

세 수 a, b, c에 대하여

(1) $a\times(b+c)=\underset{①}{a\times b}+\underset{②}{a\times c}$

(2) $(a+b)\times c=\underset{①}{a\times c}+\underset{②}{b\times c}$

0392 대표문제

개념ON 097쪽

세 유리수 a, b, c에 대하여 $a\times b=3$, $a\times c=-6$일 때, $a\times(b+c)$의 값은?

① -6　② -3　③ -2
④ 3　⑤ 6

0393

다음은 분배법칙을 이용하여 65×101을 계산하는 과정이다. 세 유리수 a, b, c에 대하여 $a+b+c$의 값을 구하시오.

$$\begin{aligned}65\times101&=65\times(100+a)\\&=65\times100+65\times a\\&=6500+b=c\end{aligned}$$

0394 중요

세 유리수 a, b, c에 대하여 $a\times b=8$, $a\times(b-c)=-5$일 때, $a\times c$의 값을 구하시오.

유형 07 역수

두 수의 곱이 1일 때, 한 수를 다른 수의 **역수**라 한다.

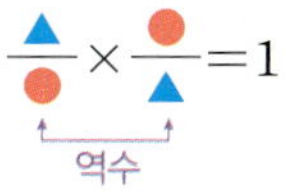

(참고) 역수 관계인 두 수의 부호는 서로 같다.

0395 대표문제

개념ON 101쪽

-3의 역수를 a, $1\frac{1}{6}$의 역수를 b라 할 때, $a\times b$의 값은?

① -7 ② $-\frac{7}{2}$ ③ $-\frac{1}{2}$
④ $-\frac{2}{7}$ ⑤ $-\frac{1}{7}$

0396 중요

다음 중 두 수가 서로 역수 관계인 것은?

① $1,\ -1$ ② $-\frac{1}{2},\ 2$ ③ $0.2,\ 5$
④ $-2\frac{1}{4},\ -\frac{2}{9}$ ⑤ $0.3,\ \frac{3}{10}$

0397 서술형

a의 역수는 -6이고, b의 역수는 1.2일 때, $a+b$의 값을 구하시오.

유형 08 유리수의 나눗셈

(1) 각 수의 절댓값의 나눗셈의 몫에 다음과 같이 부호를 붙인다.

두 수의 부호가 { 같으면 ➡ $+$ / 다르면 ➡ $-$ }

(2) 나누는 수의 역수를 곱하여 계산한다.

0398 대표문제

개념ON 101쪽

다음 중 옳지 않은 것은?

① $0\div(+3)=0$

② $(-7)\div(-28)=\frac{1}{4}$

③ $\left(+\frac{2}{3}\right)\div\left(-\frac{2}{27}\right)=-9$

④ $(-0.8)\div(+1.4)=-\frac{4}{7}$

⑤ $\left(-\frac{4}{5}\right)\div(-2)=\frac{8}{5}$

0399

다음을 계산하시오.

$$\left(-\frac{6}{5}\right)\div\left(-\frac{3}{10}\right)\div\left(-\frac{16}{3}\right)\div\left(-\frac{15}{7}\right)$$

0400

$a=\left(-\frac{4}{3}\right)\div\left(+\frac{4}{9}\right)$, $b=\left(+\frac{9}{2}\right)\div\left(-\frac{3}{8}\right)$일 때, $b\div a$의 값을 구하시오.

0401

$a=\left(-\frac{2}{9}\right)\div\frac{1}{6}\div\left(-\frac{10}{3}\right)$일 때, 수직선에서 a에 가장 가까운 정수는?

① -2 ② -1 ③ 0
④ 1 ⑤ 2

0402

$A=\left(-\frac{4}{5}\right)\div\left(+\frac{2}{15}\right)$, $B=\left(-\frac{7}{6}\right)\div\left(-\frac{14}{15}\right)$일 때, $A\times B$의 값을 구하시오.

유형 09 곱셈과 나눗셈의 혼합 계산

곱셈과 나눗셈이 혼합된 식은 다음과 같은 순서대로 계산한다.
❶ 나눗셈을 곱셈으로 바꾼다.
❷ 각 수의 절댓값의 곱에 다음과 같이 부호를 붙인다.

음수가 짝수 개이면 ➡ $+$
음수가 홀수 개이면 ➡ $-$

0403 대표문제

개념ON 103쪽

다음 중 옳지 않은 것은?

① $(-3)\times(+4)\div(-2)^3=\frac{3}{2}$

② $(+2)\times\left(-\frac{1}{10}\right)\div\left(-\frac{1}{5}\right)^2=-5$

③ $\left(+\frac{5}{6}\right)\div\left(-\frac{3}{4}\right)\times\left(+\frac{1}{2}\right)=-\frac{5}{9}$

④ $\left(-\frac{9}{4}\right)\div\left(-\frac{1}{16}\right)\div(-3^3)=-\frac{2}{3}$

⑤ $\left(-\frac{1}{2}\right)^2\times(+6)\div(+24)=\frac{1}{16}$

0404

다음을 계산하시오.

$$\left(-\frac{3}{4}\right)^2\times(-1.6)\div\left(-\frac{9}{2}\right)$$

0405 중요

다음 중 계산 결과가 가장 큰 것은?

① $(-5)\times(-3)\div(-6)$

② $\frac{7}{4}\div\left(-\frac{2}{9}\right)\times\left(-\frac{8}{3}\right)$

③ $(-3)^2\times\frac{5}{6}\div\frac{1}{2}$

④ $(-1)^3\div\left(-\frac{1}{5}\right)\times\frac{1}{15}$

⑤ $\left(-\frac{3}{4}\right)\times(-2)^3\div(-3)$

0406 서술형

$A=\left(+\frac{1}{9}\right)\times(-3)^3\div\left(-\frac{1}{6}\right)$,
$B=\left(-\frac{1}{2}\right)^2\times\left(-\frac{3}{25}\right)\div\left(-\frac{6}{5}\right)$일 때, $A\times B$의 값을 구하시오.

유형 10 곱셈과 나눗셈의 관계

(1) ■ × ▲ = ● ➡ { ■ = ● ÷ ▲, ▲ = ● ÷ ■ }

(2) ■ ÷ ▲ = ● ➡ { ■ = ● × ▲, ▲ = ■ ÷ ● }

0407 대표문제

두 수 a, b에 대하여 $a\times(-12)=-9$, $b\div\frac{1}{20}=-16$일 때, $a\times b$의 값은?

① $-\frac{7}{5}$ ② -1 ③ $-\frac{3}{5}$

④ 1 ⑤ $\frac{9}{5}$

0408

$\left(-\frac{5}{4}\right)\times\square=-\frac{3}{2}$일 때, □ 안에 알맞은 수를 구하시오.

0409 중요

두 수 a, b에 대하여 $a\times\left(-\frac{5}{6}\right)=-\frac{15}{24}$, $\frac{1}{4}\div b=-\frac{7}{12}$일 때, $a\div b$의 값을 구하시오.

0410

다음 □ 안에 알맞은 수를 구하시오.

$$\left(-\frac{5}{4}\right)\div\square\times\left(-\frac{3}{10}\right)=\frac{1}{16}$$

유형 11 덧셈, 뺄셈, 곱셈, 나눗셈의 혼합 계산

덧셈, 뺄셈, 곱셈, 나눗셈이 혼합된 식은 다음과 같은 순서대로 계산한다.

❶ 거듭제곱이 있으면 거듭제곱을 먼저 계산한다.

❷ 괄호가 있으면 괄호 안을 먼저 계산한다.
이때 (소괄호) ➡ {중괄호} ➡ [대괄호]의 순서대로 계산한다.

❸ 곱셈, 나눗셈을 계산한다.

❹ 덧셈, 뺄셈을 계산한다.

개념ON 103쪽

0411 대표문제

$-8+(-6)\div\left\{\frac{2}{3}-(-1)^2\right\}\times\frac{1}{2}$을 계산하면?

① -2 ② -1 ③ 0

④ 1 ⑤ 2

0412 중요

다음 물음에 답하시오.

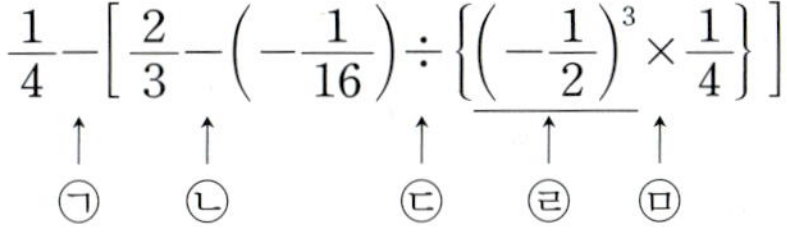

$$\frac{1}{4}-\left[\frac{2}{3}-\left(-\frac{1}{16}\right)\div\left\{\left(-\frac{1}{2}\right)^3\times\frac{1}{4}\right\}\right]$$

↑ ㉠ (−) ↑ ㉡ (−) ↑ ㉢ (÷) ↑ ㉣ ($\left(-\frac{1}{2}\right)^3$) ↑ ㉤ (×)

(1) 위의 식의 계산 순서를 차례대로 나열하시오.

(2) 위의 식을 계산하시오.

0413

$A=(-2)^2\times\left\{\left(1-\frac{1}{2}\right)\times(-4)+\frac{5}{2}\right\}\div\left(-\frac{1}{4}\right)$일 때, A의 역수를 구하시오.

0414

다음 중 계산 결과가 나머지 넷과 다른 하나는?

① $-\frac{1}{3}-\frac{7}{6}\div\left(-\frac{7}{2}\right)$

② $3-(2-8)\times\frac{1}{3}-5$

③ $-4-(-8)\div2$

④ $1-\left(-\frac{5}{8}\right)\times0.5\times\left(-\frac{16}{5}\right)$

⑤ $(-2)^2-2^2\times\frac{1}{3}\div4$

0415 중요

다음 식을 계산하면?

$$\left[\frac{5}{12}-\{(-3)^3+24\}\times\left(-\frac{1}{3}\right)^2\right]\div\left(-\frac{9}{10}\right)$$

① $-\frac{8}{3}$ ② $-\frac{5}{6}$ ③ $-\frac{1}{6}$

④ $\frac{5}{3}$ ⑤ $\frac{11}{6}$

0416

$a=\left\{1-\left(-\frac{2}{3}\right)^2\div\left(-\frac{2}{9}\right)\right\}\div\frac{1}{2}$,

$b=\frac{3}{5}\times\left\{\left(-\frac{1}{4}\right)+\frac{1}{2}\right\}\div(-3)$일 때, $b<x<a$를 만족하는 정수 x의 개수를 구하시오.

유형 12 바르게 계산한 답 구하기

유리수의 곱셈과 나눗셈에서 바르게 계산한 답은 다음과 같은 순서대로 해결한다.

❶ 어떤 유리수를 □라 하고 식을 세운다.

❷ □를 구한다.

❸ 바르게 계산한 답을 구한다.

0417 대표문제

개념ON 104쪽

어떤 유리수를 $\frac{1}{3}$로 나누어야 할 것을 잘못하여 곱했더니 그 결과가 $-\frac{1}{4}$이 되었다. 바르게 계산한 답은?

① $-\frac{9}{4}$ ② -2 ③ $-\frac{3}{4}$

④ $\frac{5}{4}$ ⑤ 3

0418 서술형

어떤 유리수에 $-\frac{7}{3}$을 곱해야 할 것을 잘못하여 나누었더니 그 결과가 $\frac{9}{14}$가 되었다. 바르게 계산한 답을 구하시오.

0419

$-\frac{3}{5}$의 역수를 어떤 수로 나누어야 할 것을 잘못하여 곱했더니 그 결과가 10이 되었다. 바르게 계산한 답을 구하시오.

발전유형 13 새로운 연산 기호의 계산

새로운 연산 기호가 있을 때는 주어진 약속에 따라 식을 세우고 계산한다.

주의 임의로 수의 위치를 바꾸어 계산하지 않는다.

0420 대표문제

두 유리수 a, b에 대하여 $a◆b=a\times(a+b)$라 할 때, $\frac{5}{12}◆\left(\frac{1}{2}◆\frac{2}{3}\right)$를 계산하면?

① $-\frac{5}{12}$ ② $-\frac{1}{4}$ ③ $-\frac{1}{12}$
④ $\frac{1}{4}$ ⑤ $\frac{5}{12}$

0421

두 유리수 a, b에 대하여 $a☆b=9\div(a-b)$라 할 때, $\left(-\frac{2}{3}\right)☆\frac{5}{6}$를 계산하시오.

0422 서술형

두 유리수 a, b에 대하여

$a\bigcirc b=a\div b+1$, $a\triangle b=a\times b+1$

이라 할 때, $(-4)\triangle\left\{\left(-\frac{5}{4}\right)\bigcirc\frac{3}{2}\right\}$을 계산하시오.

유형 14 수의 부호 판별하기

(1) (양수)+(양수) ➡ (양수), (음수)+(음수) ➡ (음수)
(2) (양수)−(음수) ➡ (양수), (음수)−(양수) ➡ (음수)
(3) (양수)×(양수) ➡ (양수), (음수)×(음수) ➡ (양수),
(양수)×(음수) ➡ (음수), (음수)×(양수) ➡ (음수)
(4) (양수)÷(양수) ➡ (양수), (음수)÷(음수) ➡ (양수),
(양수)÷(음수) ➡ (음수), (음수)÷(양수) ➡ (음수)

개념ON 105쪽

0423 대표문제

두 유리수 a, b에 대하여 $a<0$, $b<0$일 때, 다음 중 옳지 않은 것은?

① $a+b<0$ ② $a\times b>0$ ③ $-a-b<0$
④ $a\div b>0$ ⑤ $a^2-b>0$

0424

두 유리수 a, b에 대하여 $a<0$, $b>0$일 때, 다음 중 항상 양수인 것은?

① $a+b$ ② $a-b$ ③ $b-a$
④ $a\times b$ ⑤ $a\div b$

0425 중요

세 유리수 a, b, c에 대하여 $a<0$, $b>0$, $c<0$일 때, 다음 중 옳은 것을 모두 고르면? (정답 2개)

① $a+b+c<0$ ② $a+b-c>0$
③ $a-b+c<0$ ④ $a\times b\times c<0$
⑤ $(-a)\div b\times c<0$

PART B 유형별 문제

유형 15 유리수의 부호 결정

(1) $a\times b>0$, $a\div b>0$

➡ a, b는 서로 같은 부호

➡ $a>0$, $b>0$ 또는 $a<0$, $b<0$

(2) $a\times b<0$, $a\div b<0$

➡ a, b는 서로 다른 부호

➡ $a>0$, $b<0$ 또는 $a<0$, $b>0$

0426 대표문제

개념ON 105쪽

세 유리수 a, b, c에 대하여 $a\times b<0$, $a-b>0$, $b\div c>0$일 때, 다음 중 옳은 것은?

① $a>0$, $b>0$, $c>0$　② $a>0$, $b<0$, $c>0$
③ $a>0$, $b<0$, $c<0$　④ $a<0$, $b>0$, $c>0$
⑤ $a<0$, $b<0$, $c<0$

0427 ○●●

두 유리수 a, b에 대하여 $a\times b<0$, $a>b$일 때, 다음 중 옳지 않은 것은?

① $a>0$　② $b<0$　③ $a-b<0$
④ $b-a<0$　⑤ $a\div b<0$

0428 중요 ○●●

세 유리수 a, b, c에 대하여 $a\times b>0$, $b\times c<0$, $b-c<0$일 때, 다음 중 옳은 것은?

① $a>0$, $b>0$, $c>0$　② $a>0$, $b>0$, $c<0$
③ $a>0$, $b<0$, $c>0$　④ $a<0$, $b>0$, $c<0$
⑤ $a<0$, $b<0$, $c>0$

발전유형 16 수직선에서 유리수의 혼합 계산의 활용

(1) 점 P가 두 점 A, B의 한가운데에 있을 때

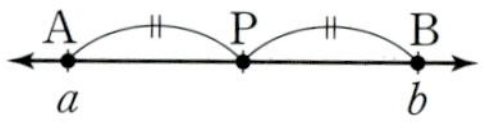

① 두 점 A, B 사이의 거리 ➡ $b-a$

② 두 점 A, P 사이의 거리 ➡ $(b-a)\times\frac{1}{2}$

③ 점 P가 나타내는 수

➡ $a+(b-a)\times\frac{1}{2}$ 또는 $b-(b-a)\times\frac{1}{2}$

(2) 두 점 Q, R이 두 점 A, B 사이를 삼등분할 때

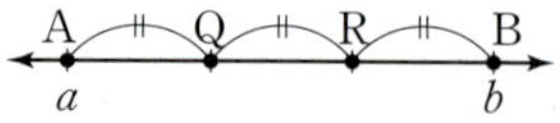

① 두 점 A, B 사이의 거리 ➡ $b-a$

② 두 점 A, Q 사이의 거리 ➡ $(b-a)\times\frac{1}{3}$

③ 점 Q가 나타내는 수

➡ $a+(b-a)\times\frac{1}{3}$ 또는 $b-(b-a)\times\frac{2}{3}$

④ 점 R이 나타내는 수

➡ $b-(b-a)\times\frac{1}{3}$ 또는 $a+(b-a)\times\frac{2}{3}$

0429 대표문제

수직선에서 두 수 $-\frac{5}{6}$와 $\frac{1}{3}$을 나타내는 두 점으로부터 같은 거리에 있는 점이 나타내는 수를 구하시오.

0430 ●●●

오른쪽 수직선에서 점 C는 두 점 A, B 사이의 거리를 1 : 2로 나누는 점이다. 두 점 A, B가 나타내는 수가 각각 $-\frac{2}{3}$, $\frac{7}{2}$일 때, 점 C가 나타내는 수를 구하시오.

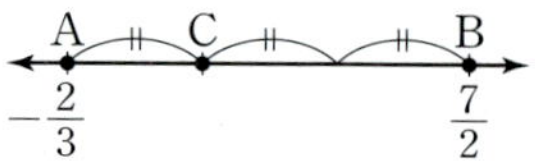

0431 서술형 실력 ●●●

오른쪽 수직선에서 점 P는 두 점 A, B로부터 같은 거리에 있는 점이고, 점 B는 두 점 P, Q로부터 같은 거리에 있는 점이다. 두 점 A, P가 나타내는 수가 각각 $-\frac{9}{4}$, $\frac{1}{6}$일 때, 점 Q가 나타내는 수를 구하시오.

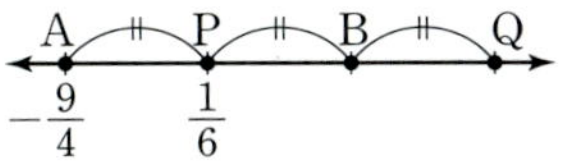

발전유형 17 실생활에서 유리수의 혼합 계산의 활용

이기면 a점을 얻고 지면 b점을 잃을 때

(1) ■번 이기면 ➡ ■$\times(+a)$(점)

(2) ●번 지면 ➡ ●$\times(-b)$(점)

(3) ■번 이기고 ●번 지면 ➡ ■$\times(+a)+$●$\times(-b)$(점)

0432 대표문제

선아와 진우가 계단에서 가위바위보를 하는데 이기면 3칸 올라가고, 지면 1칸 내려가기로 하였다. 두 사람의 처음 위치를 0이라 하고 3칸 올라가는 것을 $+3$, 1칸 내려가는 것을 -1이라 하자. 가위바위보를 7번 하여 선아가 4번 이겼다고 할 때, 선아와 진우의 위치의 차는?

(단, 계단은 충분히 많고, 비기는 경우는 없다.)

① 3 ② 4 ③ 5
④ 6 ⑤ 7

0433 ○●●

어느 야구 대회에 출전한 팀들은 다른 팀과 한 번씩 시합을 하는데 시합에서 이기면 $+3$점, 비기면 $+1$점, 지면 -2점을 받는다. A팀이 이 대회에서 6승 5무 3패를 했을 때, A팀의 점수는?

① 15점 ② 16점 ③ 17점
④ 18점 ⑤ 19점

0434 사고력 ○●●

민준이는 한 문제를 맞히면 4점을 득점하고, 틀리면 2점을 감점하는 퀴즈를 풀었다. 기본 점수 30점에서 시작하여 총 5문제를 푼 결과가 표와 같을 때, 민준이의 점수를 구하시오.

(단, 맞히면 ○, 틀리면 ×로 표시한다.)

1번	2번	3번	4번	5번
○	×	○	○	×

발전유형 18 규칙이 있는 유리수의 혼합 계산

같은 수끼리 약분하거나 더하고 빼서 간단히 한 다음 계산한다.

예시 (1) $\frac{1}{2}\times\frac{2}{3}\times\frac{3}{4}\times\cdots\times\frac{9}{10}=\frac{1}{10}$

(2) $\left(1+\frac{1}{2}\right)\times\left(1+\frac{1}{3}\right)\times\cdots\times\left(1+\frac{1}{7}\right)$

$=\frac{3}{2}\times\frac{4}{3}\times\frac{5}{4}\times\cdots\times\frac{8}{7}=\frac{8}{2}=4$

0435 대표문제

다음을 계산하시오.

$$\left(-\frac{1}{2}\right)\times\left(-\frac{2}{3}\right)\times\left(-\frac{3}{4}\right)\times\cdots\times\left(-\frac{20}{21}\right)$$

0436 실력 ●●●

다음을 계산하시오.

$$\left\{\left(\frac{1}{3}-1\right)+\left(\frac{1}{5}-\frac{1}{3}\right)+\left(\frac{1}{7}-\frac{1}{5}\right)+\cdots+\left(\frac{1}{49}-\frac{1}{47}\right)\right\}\times 49$$

PART C 중단원 마무리

0437

다음 중 계산 결과가 나머지 넷과 다른 하나는?

① $(-2)\times(+3)$ ② $(+9)\times\left(-\frac{2}{3}\right)$

③ $(+24)\div(-4)$ ④ $\left(-\frac{27}{5}\right)\times\left(+\frac{5}{9}\right)$

⑤ $\left(-\frac{18}{7}\right)\div\left(+\frac{3}{7}\right)$

0438

네 유리수 $\frac{2}{3}$, $-\frac{5}{6}$, -4, 3 중에서 서로 다른 세 수를 뽑아 곱한 값 중 가장 큰 수를 구하시오.

0439

n이 홀수일 때, $-1^{n}-(-1)^{n+2}+(-1)^{n}$을 계산하시오.

0440

다음을 만족시키는 두 유리수 a, b에 대하여 $a+b$의 값을 구하시오.

$$(-2.1)\times53+(-2.1)\times47=(-2.1)\times a=b$$

0441

세 유리수 a, b, c에 대하여 $a\times c=-\frac{1}{12}$, $a\times(b-c)=\frac{5}{6}$일 때, $a\times b$의 값은?

① $-\frac{3}{4}$ ② $-\frac{1}{4}$ ③ $\frac{1}{4}$

④ $\frac{3}{4}$ ⑤ 1

0442

그림과 같은 정육면체에서 마주 보는 면에 적힌 두 수의 곱이 1일 때, 보이지 않는 세 면에 적힌 수의 합을 구하시오.

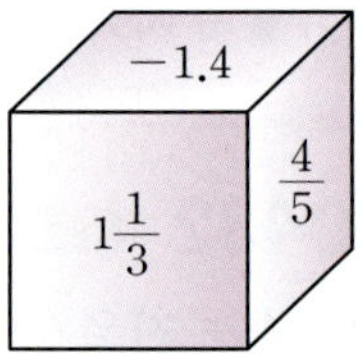

0443

다음 보기 중 옳은 것을 모두 고른 것은?

보기

ㄱ. $\left(-\frac{2}{3}\right)\div\frac{4}{9}\times\frac{3}{4}=-2$

ㄴ. $(-2)\div(-10)\times(-15)=-3$

ㄷ. $\left(-\frac{1}{4}\right)^{2}\times8\div\left(-\frac{4}{3}\right)=-\frac{3}{8}$

ㄹ. $\left(-\frac{4}{5}\right)\div\frac{7}{12}\times\left(-\frac{7}{4}\right)=\frac{4}{15}$

① ㄱ, ㄴ ② ㄱ, ㄹ ③ ㄴ, ㄷ

④ ㄱ, ㄴ, ㄷ ⑤ ㄴ, ㄷ, ㄹ

0444

다음 □ 안에 들어갈 수 중 가장 작은 것은?

① $\square\times3=\frac{9}{7}$
② $\square\div\left(-\frac{2}{3}\right)=4$
③ $6\div\square=-12$
④ $\left(-\frac{5}{2}\right)\times\square=\frac{3}{4}$
⑤ $\square\times\frac{8}{15}=-\frac{1}{3}$

0445

다음 중 계산 결과가 가장 큰 것은?

① $(-3)^2\times\left(-\frac{1}{12}\right)+\frac{3}{8}$
② $\frac{1}{16}\div\left(-\frac{1}{2}\right)^3+(-2)\times\left(-\frac{5}{4}\right)$
③ $-5+\left\{1-\left(-\frac{1}{3}\right)\times\frac{1}{2}\right\}\div\frac{7}{12}$
④ $(-1)^5+\left(-\frac{1}{2}\right)^2+\left(-\frac{3}{4}\right)\div\frac{6}{5}$
⑤ $\left(-\frac{4}{5}\right)\div\left\{\frac{7}{5}\times\left(-\frac{6}{7}\right)\right\}\times\frac{9}{4}$

0446

어떤 유리수를 $-\frac{1}{6}$로 나누어야 할 것을 잘못하여 더했더니 그 결과가 $\frac{1}{2}$이 되었다. 바르게 계산한 답을 구하시오.

0447

두 유리수 a, b에 대하여

$a\bigstar b=a\times(b+3)$, $a\blacklozenge b=a\div(b-2)$

라 할 때, $\left(-\frac{4}{5}\right)\bigstar\left(\frac{1}{2}\blacklozenge\frac{7}{3}\right)$을 계산하시오.

0448

$a=\left\{\left(-\frac{4}{3}\right)^2+1\right\}\div\left(-\frac{5}{3}\right)$, $b=-\frac{1}{2}-\left\{-1+\frac{5}{4}\times\left(\frac{2}{5}\right)^2\right\}$

일 때, $a<x<b$를 만족하는 모든 정수 x의 값의 합을 구하시오.

0449

$-1<a<0$일 때, 다음 중 가장 큰 수는?

① a
② $\frac{1}{a}$
③ a^2
④ $\frac{1}{a^2}$
⑤ a^3

05 정수와 유리수의 계산 (2)

• 정답과 풀이 047쪽

0450

두 유리수 a, b에 대하여 $a>0$, $b<0$이고 $|a|=|b|$일 때, 다음 중 옳지 <u>않은</u> 것은?

① $a+b<0$　② $a-b>0$　③ $a\times b<0$
④ $a\div b=-1$　⑤ $b-a<0$

0451

세 유리수 a, b, c에 대하여 $a\times b>0$, $a\div c<0$, $a>c$일 때, 다음 중 항상 음수인 것은?

① $a+b$　② $a-b$　③ $a+c$
④ $a-c$　⑤ $c-b$

0452

다음 수직선 위의 두 점 A, B 사이의 거리를 5등분하였다. 두 점 A, B를 나타내는 수가 각각 $-\frac{5}{3}$, $\frac{5}{4}$일 때, 점 C가 나타내는 수를 구하시오.

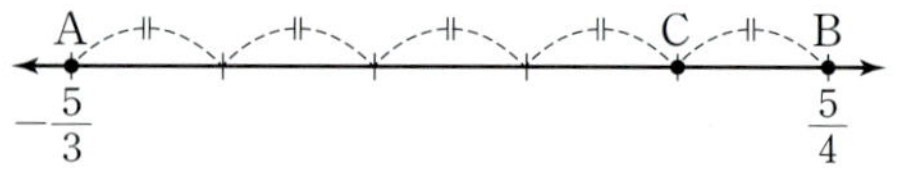

0453

주사위 놀이를 하는데 주사위를 던져서 홀수의 눈이 나오면 나온 눈의 수의 2배만큼 점수를 얻고, 짝수의 눈이 나오면 그 눈의 수만큼 점수를 잃는다고 한다. 서진이가 주사위를 5번 던져서 나온 눈의 수가 표와 같을 때, 서진이가 얻은 점수를 구하시오.

1번	2번	3번	4번	5번
2	5	3	3	6

0454

오른쪽 그림에서 삼각형의 한 변에 놓인 세 수의 곱이 모두 같을 때, A의 역수와 B의 합을 구하시오.

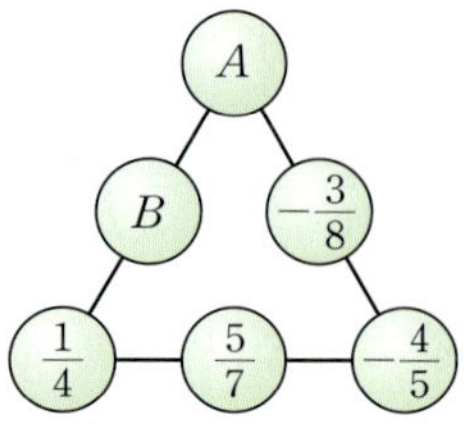

0455

다음을 계산하시오.

$$\left(\frac{1}{2}-1\right)\times\left(\frac{1}{3}-1\right)\times\left(\frac{1}{4}-1\right)\times\cdots\times\left(\frac{1}{30}-1\right)$$

PART C+ 195쪽에서 고난도 문제를 만나보아요!

06 문자의 사용과 식

문자의 사용과 식

01 문자를 사용한 식

- 수량을 문자로 나타낼 때 보통 알파벳 소문자 a, b, c, $\cdots$, x, y, z를 사용한다.
- 문자를 사용하여 식을 세울 때는 단위를 빠뜨리지 않도록 주의한다.

(1) 문자의 사용: 문자를 사용하면 수량 사이의 관계를 식으로 간단히 나타낼 수 있다.

예시 한 개에 800원인 빵 x개의 가격 ➡ $800\times x$(원)

(2) 문자를 사용하여 식 세우기

❶ 문제의 뜻을 파악하여 수량 사이에 성립하는 규칙을 찾는다.

❷ ❶에서 찾은 규칙에 맞도록 문자를 사용하여 식을 세운다.

참고 문자를 사용한 식에서 자주 쓰이는 수량 사이의 관계

(1) (물건의 가격)=(물건 1개의 가격)×(개수), (거스름돈)=(지불한 금액)−(물건의 가격)

(2) (거리)=(속력)×(시간), (속력)=$\dfrac{(\text{거리})}{(\text{시간})}$, (시간)=$\dfrac{(\text{거리})}{(\text{속력})}$

(3) (소금물의 농도)=$\dfrac{(\text{소금의 양})}{(\text{소금물의 양})}\times 100\,(\%)$, (소금의 양)=$\dfrac{(\text{소금물의 농도})}{100}\times$(소금물의 양)

02 곱셈 기호와 나눗셈 기호의 생략

- 덧셈 기호와 뺄셈 기호는 생략할 수 없다.
- 0.1, 0.01 등과 같은 소수와 문자의 곱에서는 1을 생략하지 않는다.
  예시 $0.1\times x$는 $0.x$로 쓰지 않고 $0.1x$로 쓴다.
- 문자를 1과 −1로 나눌 때는 1을 생략한다.
  예시 $a\div 1=\dfrac{a}{1}=a$
  $a\div(-1)=\dfrac{a}{-1}=-a$

(1) 곱셈 기호의 생략: (수)×(문자), (문자)×(문자)에서 곱셈 기호 ×를 생략하고 다음과 같이 나타낸다.

① (수)×(문자): 수를 문자 앞에 쓴다.

예시 $3\times x=3x$, $a\times(-2)=-2a$

② 1×(문자), (−1)×(문자): 1을 생략한다.

예시 $1\times a=a$, $(-1)\times x=-x$

③ (문자)×(문자): 알파벳 순서대로 쓴다.

예시 $b\times a=ab$, $y\times z\times x=xyz$

④ 같은 문자의 곱: 거듭제곱으로 나타낸다.

예시 $x\times x=x^2$, $b\times a\times a=a^2b$

⑤ (괄호가 있는 식)×(수): 수를 괄호 앞에 쓴다.

예시 $4\times(x-y)=4(x-y)$, $(a+b)\times(-2)=-2(a+b)$

(2) 나눗셈 기호의 생략: 나눗셈 기호 ÷를 생략하고 분수 꼴로 나타내거나 역수의 곱셈으로 바꾼 후 곱셈 기호 ×를 생략한다. 예시 $x\div 2=\dfrac{x}{2}$ 또는 $x\div 2=x\times\dfrac{1}{2}=\dfrac{x}{2}$

↳ 어떤 두 수의 곱이 1일 때, 한 수를 다른 수의 역수라 한다.

03 식의 값

- 두 개 이상의 문자를 포함한 식에서 식의 값을 구할 때는 각각의 문자에 수를 대입하여 구한다.
  예시 $a=3$, $b=-2$일 때, $5a+3b$의 값은
  $5a+3b=5\times3+3\times(-2)$
  $=15+(-6)$
  $=9$

(1) 대입: 문자를 사용한 식에서 문자를 어떤 수로 바꾸어 넣는 것

(2) 식의 값: 문자를 사용한 식에서 문자에 어떤 수를 대입하여 계산한 값

(3) 식의 값 구하기

① 문자에 수를 대입할 때는 생략된 곱셈 기호 ×를 다시 쓴다.

예시 $a=3$일 때, $2a-1$의 값은 $2a-1=2\times3-1=5$

② 문자에 음수를 대입할 때는 반드시 괄호를 사용한다.

예시 $a=-2$일 때, $3a+2$의 값은 $3a+2=3\times(-2)+2=-6+2=-4$

③ 분모에 분수를 대입할 때는 생략된 나눗셈 기호 ÷를 다시 쓴다.

예시 $a=\dfrac{1}{3}$일 때, $\dfrac{4}{a}$의 값은 $\dfrac{4}{a}=4\div a=4\div\dfrac{1}{3}=4\times3=12$

개념 확인하기

01 문자를 사용한 식

0456

다음을 문자를 사용한 식으로 나타내시오.

(1) 현재 a세인 지현이보다 5세 많은 언니의 현재 나이

(2) 길이가 x cm인 테이프를 3등분하였을 때, 한 조각의 길이

(3) 한 자루에 700원인 연필 a자루와 한 개에 500원인 지우개 b개의 값

(4) 가로의 길이가 x cm, 세로의 길이가 y cm인 직사각형의 넓이

(5) 시속 60 km로 x시간 동안 달린 거리

(6) 농도가 7 %인 소금물 x g에 들어 있는 소금의 양

02 곱셈 기호와 나눗셈 기호의 생략

0457

다음 식을 곱셈 기호 ×를 생략하여 나타내시오.

(1) $x\times(-2)\times x\times y$

(2) $a\times0.1\times b$

(3) $a\times5\times(x+y)$

(4) $a\times(-3)+b\times7$

0458

다음 식을 나눗셈 기호 ÷를 생략하여 나타내시오.

(1) $(x-y)\div3$

(2) $-4\div(a+b)$

(3) $a\div5-b$

(4) $x\div y\div2$

0459

다음 식을 곱셈 기호 ×, 나눗셈 기호 ÷를 생략하여 나타내시오.

(1) $x\times3\div y$

(2) $a\div b\times(-6)$

(3) $x\times(-5)-y\div4$

(4) $x\div(a+b)\times2$

03 식의 값

0460

다음 식의 값을 구하시오.

(1) $x=5$일 때, $2x-1$의 값

(2) $x=-7$일 때, $-3x+4$의 값

(3) $x=-\frac{1}{2}$일 때, $8x+5$의 값

(4) $x=3$일 때, $\frac{9}{x}-4$의 값

(5) $x=-4$일 때, x^2+5x의 값

0461

다음 식의 값을 구하시오.

(1) $a=1$, $b=2$일 때, $5a+b$의 값

(2) $x=-2$, $y=3$일 때, $2x-3y$의 값

(3) $x=5$, $y=-4$일 때, x^2+4y의 값

(4) $p=\frac{1}{3}$, $q=-\frac{1}{5}$일 때, $12p-30pq$의 값

문자의 사용과 식

04 다항식과 일차식

(1) **항**: 수 또는 문자의 곱으로만 이루어진 식

(2) **상수항**: 문자 없이 수로만 이루어진 항

(3) **계수**: 수와 문자의 곱으로 이루어진 항에서 문자에 곱해진 수

x의 계수 y의 계수 상수항
$2x-3y+5$
항

(4) **다항식**: 한 개의 항 또는 두 개 이상의 항의 합으로 이루어진 식

예시 $3x$, $-x+4$, $5x-2y+1$

(5) **단항식**: 다항식 중 한 개의 항으로만 이루어진 식

예시 $4x^2$, $-\frac{1}{2}y$, 3

(6) **차수**: 어떤 항에서 곱해진 문자의 개수

예시 $5x^2$의 차수는 2, $-2y^3$의 차수는 3이다.

(7) **다항식의 차수**: 다항식에서 차수가 가장 큰 항의 차수

예시 다항식 x^2+3x-2의 차수는 2이다. → 차수가 가장 큰 항인 x^2의 차수가 2이다.

(8) **일차식**: 차수가 1인 다항식

예시 $\frac{3}{5}a$, $x-2$, $3x-4y-6$

- 다항식에서 항을 말할 때는 부호까지 포함하므로 뺄셈으로 된 식은 덧셈으로 고친 후에 생각한다.
  ➡ $2x-3y+5=2x+(-3y)+5$ 이므로 항은 $2x$, $-3y$, 5
- 단항식은 항이 1개인 다항식이다.
- 상수항의 차수는 0이다.
- $\frac{2}{x}$, $\frac{1}{x-3}$과 같이 분모에 문자가 있는 식은 다항식이 아니므로 일차식도 아니다.

05 일차식과 수의 곱셈, 나눗셈

(1) **단항식과 수의 곱셈, 나눗셈**

① (수)×(단항식), (단항식)×(수): 수끼리 곱하여 문자 앞에 쓴다.

예시 $3x\times4=3\times x\times4=3\times4\times x=12x$

② (단항식)÷(수): 나누는 수의 역수를 곱한다.

예시 $8x\div2=8\times x\times\frac{1}{2}=8\times\frac{1}{2}\times x=4x$

(2) **일차식과 수의 곱셈, 나눗셈**

① (수)×(일차식), (일차식)×(수): 분배법칙을 이용하여 일차식의 각 항에 수를 곱한다.

예시 $-2(3x+4)=(-2)\times3x+(-2)\times4=-6x-8$

② (일차식)÷(수): 분배법칙을 이용하여 일차식의 각 항에 나누는 수의 역수를 곱한다.

예시 $(12x-3)\div3=(12x-3)\times\frac{1}{3}=12x\times\frac{1}{3}-3\times\frac{1}{3}=4x-1$

- 세 수 a, b, c에 대하여
  (1) 곱셈의 교환법칙
  $a\times b=b\times a$
  (2) 곱셈의 결합법칙
  $(a\times b)\times c=a\times(b\times c)$
- **분배법칙**
  세 수 a, b, c에 대하여
  $a\times(b+c)=a\times b+a\times c$
  $(a+b)\times c=a\times c+b\times c$
- 괄호 앞에 음수가 곱해져 있으면 부호 −를 숫자뿐만 아니라 괄호 안의 모든 항에 곱한다.

06 일차식의 덧셈과 뺄셈

(1) **동류항**: 다항식에서 문자와 차수가 각각 같은 항

예시 $2x$와 $-5x$, a^2과 $3a^2$, 4와 -3 → 상수항끼리는 모두 동류항이다.

(2) **동류항의 덧셈과 뺄셈**: 동류항끼리 모은 후 분배법칙을 이용하여 간단히 한다.

예시 $2x+3x=(2+3)x=5x$, $3a+2-4a+1=3a-4a+2+1=(3-4)a+(2+1)=-a+3$

(3) **일차식의 덧셈과 뺄셈**

❶ 괄호가 있으면 분배법칙을 이용하여 괄호를 푼다.

❷ 동류항끼리 모아서 계산한다.

예시 $(5a+1)-(a-3)=5a+1-a+3=(5-1)a+(1+3)=4a+4$

- 문자와 차수 중 어느 하나라도 다르면 동류항이 아니다.
- 괄호를 풀 때, 괄호 앞에
  (1) +가 있으면
  ➡ 괄호 안의 부호를 그대로
  ➡ $a+(b-c)=a+b-c$
  (2) −가 있으면
  ➡ 괄호 안의 부호를 반대로
  ➡ $a-(b-c)=a-b+c$

개념 확인하기

04 다항식과 일차식

0462
다음 다항식에서 항을 모두 구하시오.

(1) $x-1$ (2) $2x+3y$

(3) x^2+3x-7 (4) $\frac{1}{4}a-5b-1$

0463
다음 다항식에서 상수항을 구하시오.

(1) $2x+6$ (2) $2a-7b-1$

(3) x^2-4x-3 (4) $y^2+\frac{1}{2}y+\frac{5}{3}$

0464
다음 다항식에서 각 문자의 계수를 구하시오.

(1) $2a+1$ (2) $-\frac{x}{5}-4y$

(3) $x^2-\frac{5}{6}x-\frac{1}{3}$ (4) $-0.2a^2+0.5a+0.4$

0465
다음 다항식의 차수를 구하시오.

(1) $2a$ (2) $-x^2-5$

(3) $\frac{x}{6}-4y$ (4) x^3+x^2-2x+1

0466
다음 중 일차식인 것에는 ○표, 일차식이 아닌 것에는 ×표를 ( ) 안에 써넣으시오.

(1) $5a$ ( ) (2) $0.1x-2$ ( )

(3) 3 ( ) (4) $\frac{1}{y}+4$ ( )

(5) x^2+9 ( ) (6) $\frac{5-x}{2}$ ( )

05 일차식과 수의 곱셈, 나눗셈

0467
다음을 계산하시오.

(1) $2\times(-7a)$ (2) $(-8x)\times\left(-\frac{3}{4}\right)$

(3) $(-9y)\div3$ (4) $15x\div\frac{5}{2}$

0468
다음을 계산하시오.

(1) $2(3x+1)$ (2) $(6-3y)\times\left(-\frac{4}{3}\right)$

(3) $(8x-12)\div(-4)$ (4) $(-4b-5)\div\frac{1}{3}$

06 일차식의 덧셈과 뺄셈

0469
다음을 계산하시오.

(1) $7a-4a$ (2) $-4y+2y-5y$

(3) $-\frac{1}{9}x-5+\frac{2}{3}x$ (4) $5y-4-2y+11$

0470
다음을 계산하시오.

(1) $(4x+3)+(7x+2)$

(2) $(2x+1)-(5-4x)$

(3) $-(x+2)+3(-x+3)$

(4) $-\frac{1}{3}(3x-6)-\frac{1}{5}(15x+10)$

(5) $4x-\{x-2(3x-1)\}$

(6) $\frac{x+1}{2}+\frac{2x+4}{5}$

PART B 유형별 문제

유형 01 곱셈 기호와 나눗셈 기호의 생략

곱셈 기호 ×, 나눗셈 기호 ÷를 생략하여 나타낼 때
(1) 나눗셈을 역수의 곱셈으로 바꾼다.
(2) 앞에서부터 차례대로 계산한다.
(3) 괄호가 있을 때는 괄호 안을 먼저 계산한다.

개념ON 117쪽

0471 대표문제

다음 중 옳지 않은 것은?

① $a\times b\div c=\frac{ab}{c}$

② $(-2)\times x+y\div 9=-2x+\frac{y}{9}$

③ $7\times a\div(x-y)=\frac{7a}{x-y}$

④ $a\times a\times(-1)\div b=-\frac{a^2}{b}$

⑤ $x\div(4\div y)\times 3=\frac{3x}{4y}$

0472

다음 중 $a\div b\div c$와 같은 것은?

① $a\div(b\div c)$　② $a\div(b\times c)$　③ $a\times b\div c$
④ $a\div b\times c$　⑤ $a\times b\times c$

0473

$\frac{5x^2+2y}{3ab}$를 기호 ×, ÷를 사용하여 나타내면?

① $5\times x\times x+2\times y\div 3\times a\times b$
② $5\times x\times x+2\times y\div(3\times a\times b)$
③ $(5\times x\times x+2\times y)\times 3\div a\div b$
④ $(5\times x\times x+2\times y)\div(3\times a\times b)$
⑤ $(5\times x\times x+2\times y)\div(3\div a\div b)$

유형 02 문자를 사용하여 식으로 나타내기-비율, 단위, 수

(1) x의 a % ➡ $\frac{a}{100}x$
(2) a m$=100a$ cm$=1000a$ mm, b kg$=1000b$ g
(3) a시간$=60a$분, b분$=60b$초
(4) 백의 자리의 숫자가 a, 십의 자리의 숫자가 b, 일의 자리의 숫자가 c인 세 자리 자연수 ➡ $100a+10b+c$

개념ON 119쪽

0474 대표문제

다음 중 옳은 것은?

① x L ⇨ $100x$ mL
② a m b cm ⇨ $(a+100b)$ cm
③ x원의 10 % ⇨ $10x$원
④ x시간 y분 ⇨ $(60x+y)$분
⑤ 3 kg의 a % ⇨ $3a$ g

0475

백의 자리의 숫자가 x, 십의 자리의 숫자가 y, 일의 자리의 숫자가 3인 세 자리 자연수를 문자를 사용한 식으로 나타내시오.

0476

다음 중 옳지 않은 것은?

① x, y, z의 평균 ⇨ $\frac{x+y+z}{3}$
② 현재 x세인 윤진이의 3년 후의 나이 ⇨ $(x+3)$세
③ 5개씩 묶인 사탕 x묶음의 사탕의 총 개수 ⇨ $5x$
④ 50자루의 연필을 7명의 학생들에게 x자루씩 나누어주고 남은 연필의 수 ⇨ $7x-50$
⑤ 소수점 아래 첫째 자리의 숫자가 a, 소수점 아래 둘째 자리의 숫자가 b인 수 ⇨ $0.1a+0.01b$

0477 서술형

어느 동호회의 작년 남자 회원 수는 60이고 여자 회원 수는 40이었다. 올해는 작년에 비해 남자 회원 수는 x % 감소하고 여자 회원 수는 y % 증가했다고 할 때, 올해 전체 회원 수를 x, y를 사용한 식으로 나타내시오.

유형 03 문자를 사용하여 식으로 나타내기 - 도형

(1) 정다각형의 둘레의 길이

(정다각형의 둘레의 길이)=(한 변의 길이)×(변의 개수)

(2) 다각형의 넓이

① (삼각형의 넓이)$=\frac{1}{2}$×(밑변의 길이)×(높이)

② (직사각형의 넓이)=(가로의 길이)×(세로의 길이)

③ (사다리꼴의 넓이)

$=\frac{1}{2}$×{(윗변의 길이)+(아랫변의 길이)}×(높이)

개념ON 119쪽

0478 대표문제

다음 중 문자를 사용하여 나타낸 식으로 옳은 것은?

① 한 변의 길이가 x cm인 정삼각형의 둘레의 길이 ⇨ x^3 cm

② 밑변의 길이가 2 cm, 높이가 x cm인 삼각형의 넓이 ⇨ $2x$ cm^2

③ 한 변의 길이가 x cm인 정사각형의 넓이 ⇨ $4x$ cm^2

④ 가로의 길이가 x cm, 세로의 길이가 y cm인 직사각형의 둘레의 길이 ⇨ $2(x+y)$ cm

⑤ 밑변의 길이가 x cm, 높이가 y cm인 평행사변형의 넓이 ⇨ $\frac{xy}{2}$ cm^2

0479

그림과 같이 윗변의 길이가 a, 아랫변의 길이가 b, 높이가 h인 사다리꼴의 넓이를 문자를 사용한 식으로 나타내시오.

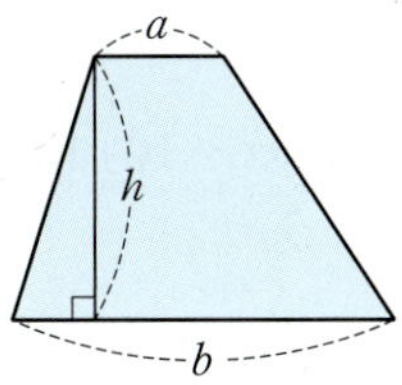

0480

그림과 같이 가로, 세로의 길이가 각각 100 m, 70 m인 직사각형 모양의 땅에 폭이 각각 3 m, x m로 일정한 길을 제외하고 텃밭을 만들었다. 이 텃밭의 넓이를 문자를 사용한 식으로 나타내면?

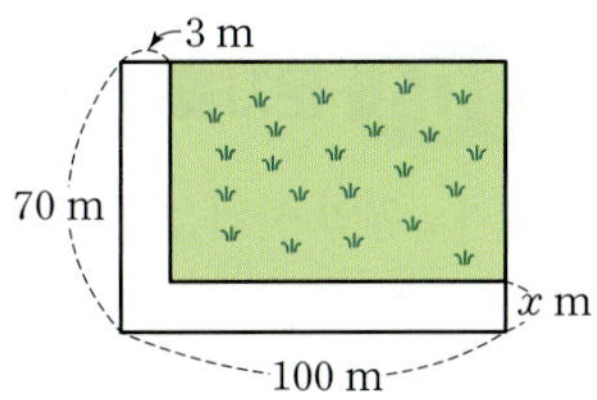

① $67(100-x)$ m^2
② $70(100-x)$ m^2
③ $97(70-x)$ m^2
④ $100(70-x)$ m^2
⑤ $103(70-x)$ m^2

0481

그림과 같은 직육면체에서 가로의 길이가 3 cm, 세로의 길이가 x cm, 높이가 y cm일 때, 다음을 문자를 사용한 식으로 나타내시오.

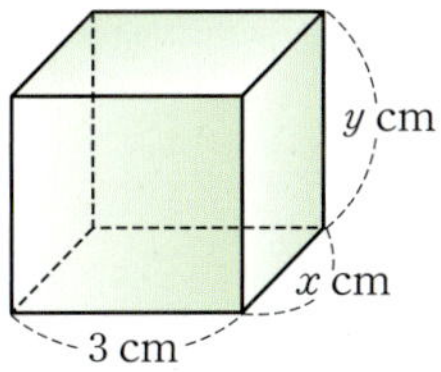

(1) 직육면체의 겉넓이

(2) 직육면체의 부피

0482 중요

그림과 같은 사각형의 넓이를 문자를 사용한 식으로 나타내면?

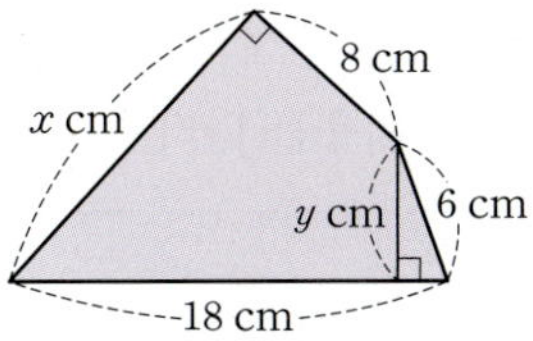

① $(4x+9y)$ cm^2
② $(4x+18y)$ cm^2
③ $(8x+9y)$ cm^2
④ $(8x+18y)$ cm^2
⑤ $(8x+36y)$ cm^2

유형 04 문자를 사용하여 식으로 나타내기-가격

정가가 a원인 물건을 x % 할인한 가격

➡ (정가)−(할인 금액)이므로

$$a-a\times\frac{x}{100}=a-\frac{ax}{100}(\text{원})$$

➡ 정가의 $(100-x)$ %와 같으므로

$$a\times\frac{100-x}{100}=a\left(1-\frac{x}{100}\right)(\text{원})$$

0483 대표문제

개념ON 119쪽

정가가 1500원인 아이스크림을 x % 할인하여 판매할 때, 이 아이스크림의 판매 가격을 문자를 사용한 식으로 나타내면?

① $(1500-150x)$원 ② $(1500-15x)$원
③ $(1500-5x)$원 ④ $(1500-x)$원
⑤ $1350x$원

0484

한 개에 900원짜리 우유 a개와 한 개에 1300원인 빵 b개를 사고 20000원을 냈을 때의 거스름돈을 문자를 사용한 식으로 나타내시오.

0485

다음 표는 어느 꽃 가게에서 50000원에 판매하는 꽃다발 1개의 기본 구성과 기본에서 꽃을 추가할 때마다 더 내야 하는 추가 비용을 나타낸 것이다.

	기본 구성	추가 비용
장미	5송이	1송이당 a원
튤립	4송이	1송이당 $2b$원
카네이션	3송이	1송이당 $2a$원

꽃다발 1개를 기본 구성에 꽃을 추가하여 총 장미 7송이, 튤립 8송이, 카네이션 3송이를 구매했을 때, 지불해야 하는 금액을 문자를 사용한 식으로 나타내시오.

0486 중요

5개에 x원인 사탕 4개와 2개에 y원인 초콜릿 3개의 가격의 합을 문자를 사용한 식으로 나타내면?

① $(4x+3y)$원 ② $\left(\frac{1}{5}x+\frac{1}{2}y\right)$원
③ $\left(\frac{5}{4}x+\frac{2}{3}y\right)$원 ④ $\left(\frac{4}{5}x+\frac{3}{2}y\right)$원
⑤ $(20x+6y)$원

0487 서술형

정가가 2000원인 공책을 x % 할인받고, 정가가 800원인 연필을 y % 할인받아 샀을 때, 지불해야 하는 총 금액을 x, y를 사용한 식으로 나타내시오.

유형 05 문자를 사용하여 식으로 나타내기-거리, 속력, 시간

(1) (거리)=(속력)×(시간)

(2) (속력)$=\frac{(\text{거리})}{(\text{시간})}$

(3) (시간)$=\frac{(\text{거리})}{(\text{속력})}$

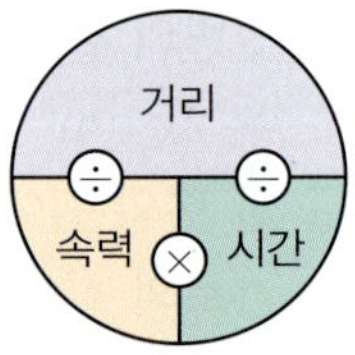

0488 대표문제

개념ON 119쪽

윤수가 집에서 출발하여 10 km 떨어진 지점을 향해 시속 6 km로 x시간 동안 갔을 때, 남은 거리를 문자를 사용한 식으로 나타내면?

① $\left(10-\frac{6}{x}\right)$ km ② $\left(10-\frac{x}{6}\right)$ km
③ $(10-6x)$ km ④ $\left(\frac{x}{6}-10\right)$ km
⑤ $(6x-10)$ km

0489

다음 보기 중 문자를 사용하여 나타낸 식으로 옳은 것을 모두 고르면?

보기
ㄱ. 시속 a km로 b시간 동안 걸은 거리 ⇨ ab km
ㄴ. 3시간 동안 일정한 속력으로 x km를 갔을 때의 속력 ⇨ 시속 $3x$ km
ㄷ. 시속 5 km로 x km를 걸었을 때, 걸린 시간 ⇨ $\frac{x}{5}$시간

① ㄱ ② ㄷ ③ ㄱ, ㄴ
④ ㄱ, ㄷ ⑤ ㄴ, ㄷ

0490 중요

시속 8 km로 A 지점을 출발하여 x km 떨어진 B 지점까지 가는데 도중에 30분간 휴식을 취하였다. A 지점에서 출발하여 B 지점에 도착할 때까지 걸린 시간을 문자를 사용한 식으로 나타내면?

① $\left(\frac{x}{8}+\frac{1}{2}\right)$시간 ② $\left(\frac{x}{8}+30\right)$시간
③ $\left(\frac{8}{x}+\frac{1}{2}\right)$시간 ④ $\left(8x+\frac{1}{2}\right)$시간
⑤ $(8x+30)$시간

0491

길이가 x m인 기차가 길이가 700 m인 터널을 시속 60 km로 완전히 통과하는 데 걸린 시간을 문자를 사용한 식으로 나타내면?

① $\frac{x+700}{60}$분 ② $\frac{x+700}{1000}$분 ③ $\frac{60}{x+700}$분
④ $\frac{1000}{x+700}$분 ⑤ $60(x+700)$분

유형 06 문자를 사용하여 식으로 나타내기 - 농도

(1) $(\text{소금물의 농도})=\frac{(\text{소금의 양})}{(\text{소금물의 양})}\times 100\ (\%)$

(2) $(\text{소금의 양})=\frac{(\text{소금물의 농도})}{100}\times(\text{소금물의 양})$

0492 대표문제

개념ON 119쪽

3 %의 소금물 x g과 5 %의 소금물 y g을 섞었을 때, 이 소금물에 들어 있는 소금의 양을 문자를 사용한 식으로 나타내면?

① $\left(\frac{3}{100}x+\frac{1}{20}y\right)$ g ② $\left(\frac{3}{100}x+5y\right)$ g
③ $\left(3x+\frac{1}{20}y\right)$ g ④ $(3x+5y)$ g
⑤ $15xy$ g

0493

물 200 g에 소금 x g을 넣어 만든 소금물의 농도를 문자를 사용한 식으로 나타내면?

① $\frac{x}{200+x}$ % ② $\frac{10x}{200+x}$ % ③ $\frac{100x}{200+x}$ %
④ $\frac{200+x}{10x}$ % ⑤ $\frac{200+x}{x}$ %

0494 중요 실력

a %의 소금물 300 g과 b %의 소금물 200 g을 섞어 새로운 소금물을 만들 때, 다음을 문자를 사용한 식으로 나타내시오.

(1) 새로 만든 소금물에 들어 있는 소금의 양

(2) 새로 만든 소금물의 농도

PART B 유형별 문제

유형 07 문자를 사용하여 식으로 나타내기-종합

주어진 문장을 문자를 사용한 식으로 나타낸 후 곱셈 기호와 나눗셈 기호를 생략하여 간단히 한다.

0495 대표문제

개념ON 119쪽

다음 보기 중 옳은 것을 모두 고르면?

보기
ㄱ. 물 5 L가 들어 있는 물탱크에 1분당 2 L씩 물을 채울 때, x분 후 물탱크에 들어 있는 물의 양은 $(5+2x)$ L이다.
ㄴ. 원가가 7000원인 물건에 a %의 이익을 붙여서 정한 판매 가격은 $(7000+7a)$원이다.
ㄷ. 십의 자리의 숫자가 5, 일의 자리의 숫자가 x인 두 자리 자연수는 $50+x$이다.
ㄹ. a명씩 네 줄로 서고 한 명이 남았을 때 전체 인원은 $4(a+1)$명이다.

① ㄱ, ㄴ ② ㄱ, ㄷ ③ ㄴ, ㄷ
④ ㄴ, ㄹ ⑤ ㄷ, ㄹ

0496 중요

다음 중 옳지 않은 것은?

① 12자루에 x원인 연필 한 자루의 가격은 $\frac{x}{12}$원이다.
② 두 대각선의 길이가 모두 a cm인 마름모의 넓이는 $\frac{a^2}{2}$ cm^2이다.
③ 시속 a km로 15분 동안 움직인 거리는 $1500a$ m이다.
④ 20 %의 소금물 a g에 들어 있는 소금의 양은 $0.2a$ g이다.
⑤ 동아리의 작년 회원 수가 300일 때, 작년에 비해 x % 감소한 올해 회원 수는 $300-3x$이다.

유형 08 식의 값 구하기

(1) 문자에 수를 대입할 때는 생략된 곱셈 기호를 다시 쓴다. 이때 대입하는 수가 음수이면 반드시 괄호를 사용한다.
(2) 분모에 분수를 대입할 때는 생략된 나눗셈 기호를 다시 쓴다.

0497 대표문제

개념ON 121쪽

$x=4$, $y=-3$일 때, $\frac{1}{6}xy-y^2$의 값을 구하시오.

0498 중요

$x=-\frac{1}{2}$일 때, 다음 중 식의 값이 가장 작은 것은?

① $|x|$ ② x^2 ③ $2x+3$
④ $-\frac{3}{x}$ ⑤ $1-8x$

0499

$x=-2$일 때, $\frac{8}{x^2}+2x(3-x^2)$의 값은?

① -4 ② -2 ③ 2
④ 4 ⑤ 6

0500

$x=2$, $y=-\frac{1}{3}$일 때, $x^2-xy-4y$의 값은?

① -6 ② -2 ③ 0
④ 2 ⑤ 6

0501

$x=\frac{1}{4}$, $y=-\frac{1}{5}$일 때, $\frac{5}{x}+\frac{2}{y}$의 값은?

① 10 ② 11 ③ 12
④ 13 ⑤ 14

0502

$x=-3$, $y=5$일 때, 다음 보기 중 $\frac{1}{5}xy$와 식의 값이 같은 것을 모두 고르시오.

보기

ㄱ. $xy+12$ ㄴ. $-4x-5y$
ㄷ. x^3+y^2 ㄹ. $\frac{x^2+3y}{x-y}$

0503 중요

$x=3$, $y=-4$일 때, $\frac{5x}{x^2+y}+\frac{24}{xy}$의 값은?

① -3 ② -2 ③ -1
④ 1 ⑤ 2

0504

$a=\frac{1}{3}$, $b=-\frac{1}{2}$, $c=\frac{1}{4}$일 때, $\frac{3}{a}+\frac{4}{b}-\frac{8}{c}$의 값을 구하시오.

유형 09 식이 주어진 경우 식의 값 구하기

식이 주어진 경우 문자에 수를 대입하여 식의 값을 구한다.

개념ON 121쪽

0505 대표문제

건물 옥상에서 던져 올린 물체의 t초 후의 높이는 $(50+40t-5t^2)$ m이다. 이 물체의 3초 후의 높이를 구하시오.

0506

온도를 나타내는 단위로는 화씨온도 (°F)와 섭씨온도 (℃)가 있다. 화씨온도 a °F를 섭씨온도로 나타내면 $\frac{5}{9}(a-32)$ ℃이다. 화씨온도 59 °F를 섭씨온도로 나타내면 몇 ℃인지 구하시오.

0507

기온이 x ℃일 때, 소리의 속력은 초속 $(331+0.6x)$ m라 한다. 기온이 5 ℃일 때, 10초 동안 소리가 이동한 거리는 몇 m인지 구하시오.

0508

불쾌지수는 기온과 습도를 이용하여 사람이 불쾌감을 느끼는 정도를 나타내는 것으로 기온이 x ℃, 습구 온도가 y ℃일 때의 불쾌지수는 $0.72(x+y)+40.6$이라 한다. 기온이 32 ℃, 습구 온도가 18 ℃일 때의 불쾌지수를 구하시오.

PART B 유형별 문제

유형 10 식이 주어지지 않은 경우 식의 값 구하기

식이 주어지지 않은 경우 식의 값은 다음과 같은 순서대로 구한다.
❶ 주어진 상황을 문자를 사용한 식으로 나타낸다.
❷ ❶의 식의 문자에 수를 대입하여 식의 값을 구한다.

0509 대표문제

개념ON 121쪽

지면에서 1 km 높아질 때마다 기온은 6 ℃씩 낮아진다고 한다. 현재 지면의 기온이 19 ℃일 때, 다음 물음에 답하시오.

(1) 지면에서 높이가 h km인 곳의 기온을 h를 사용한 식으로 나타내시오.

(2) 지면에서 높이가 2.5 km인 곳의 기온을 구하시오.

0510

그림과 같은 직육면체에서 가로의 길이가 x, 세로의 길이가 4, 높이가 y일 때, 다음 물음에 답하시오.

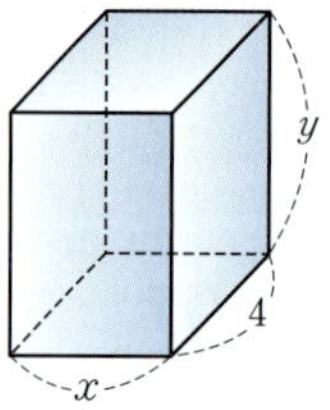

(1) 직육면체의 겉넓이를 x, y를 사용한 식으로 나타내시오.

(2) $x=3$, $y=5$일 때, 직육면체의 겉넓이를 구하시오.

0511

물의 높이가 1시간에 50 cm씩 줄어드는 수조가 있다. 이 수조의 현재 물의 높이가 4 m일 때, 다음 물음에 답하시오.

(1) 지금으로부터 x시간 전의 수조의 물의 높이는 몇 m인지 x를 사용한 식으로 나타내시오.

(2) 지금으로부터 3시간 전의 물의 높이를 구하시오.

0512

오른쪽 표는 박물관의 입장료를 나타낸 것이다. 오늘 어른 x명, 청소년 y명, 어린이 4명이 박물관에 입장했을 때, 다음 물음에 답하시오.

	박물관 입장료
어른	5000원
청소년	3000원
어린이	1000원

(1) 오늘 박물관의 입장료의 총액을 x, y를 사용한 식으로 나타내시오.

(2) 오늘 어른 2명, 청소년 3명, 어린이 4명이 입장했을 때, 입장료의 총액을 구하시오.

유형 11 다항식

(1) **항**: 수 또는 문자의 곱으로만 이루어진 식
(2) **상수항**: 문자 없이 수로만 이루어진 항
(3) **계수**: 수와 문자의 곱으로 이루어진 항에서 문자에 곱해진 수
(4) **다항식**: 한 개의 항 또는 두 개 이상의 항의 합으로 이루어진 식
주의 $\frac{1}{x}$과 같이 분모에 문자가 있는 식은 다항식이 아니다.
(5) **단항식**: 다항식 중 한 개의 항으로만 이루어진 식

0513 대표문제

개념ON 124쪽

다음 중 다항식 $3x^2-7x+4$에 대한 설명으로 옳지 않은 것은?

① x^2의 계수는 3이다.
② x의 계수는 -7이다.
③ 상수항은 4이다.
④ 다항식의 차수는 2이다.
⑤ 항은 $3x^2$, $7x$, 4의 3개이다.

0514

다음 중 단항식인 것을 모두 고르면? (정답 2개)

① -5
② $x+3$
③ $2a-3b+4$
④ $\frac{x^2y}{7}$
⑤ $9y^2+1$

0515 서술형

다항식 $-2x^2+\frac{x}{4}-1$의 차수를 a, x의 계수를 b, 상수항을 c라 할 때, abc의 값을 구하시오.

0516 중요

다음 중 옳은 것은?

① x^2-3x-2에서 상수항은 2이다.

② $\frac{4}{x}$는 다항식이다.

③ $xy-5$에서 항은 3개이다.

④ $-\frac{x}{2}-2y+1$에서 x의 계수는 -2이다.

⑤ $7x^2-5x+3$에서 x의 계수와 상수항의 합은 -2이다.

유형 12 일차식

(1) **차수**: 어떤 항에서 곱해진 문자의 개수

(2) **다항식의 차수**: 다항식에서 차수가 가장 큰 항의 차수

(3) **일차식**: 차수가 1인 다항식

➡ x에 대한 일차식: $ax+b$ (a, b는 상수, $a\neq0$) 꼴

주의 $\frac{1}{x}+3$, $\frac{5}{y-2}$와 같이 분모에 문자가 있는 식은 다항식이 아니므로 일차식이 아니다.

개념ON 124쪽

0517 대표문제

다음 중 일차식인 것을 모두 고르면? (정답 2개)

① $\frac{x}{4}$ ② $\frac{2}{x}+1$ ③ $x-2x^2$

④ $6-5x$ ⑤ -3

0518

다음 중 일차식이 아닌 것은?

① $\frac{1}{2}y-3$ ② $-4x+7$ ③ $0.1x$

④ $\frac{x+1}{3}$ ⑤ $1-x-x^2$

0519

다음 보기 중 일차식인 것을 모두 고른 것은?

보기

ㄱ. 2 ㄴ. $0\times x^2-x+1$ ㄷ. $1-\frac{x}{5}$

ㄹ. $\frac{3}{x}$ ㅁ. $2x^2-x^3$ ㅂ. $0.2x-0.1$

① ㄱ, ㄴ, ㄷ ② ㄱ, ㄷ, ㄹ ③ ㄴ, ㄷ, ㅁ

④ ㄴ, ㄷ, ㅂ ⑤ ㄷ, ㅁ, ㅂ

0520 중요

다음 다항식에 대한 설명으로 옳은 것을 보기에서 모두 고르시오.

$3x-2y$, y^2+x+1, $0.1x+1$, $\frac{x}{2}-\frac{y}{7}-1$

보기

ㄱ. 항이 2개인 식은 2개이다.

ㄴ. 상수항이 1인 식은 3개이다.

ㄷ. 일차식은 3개이다.

0521

x의 계수가 -3이고 상수항이 7인 x에 대한 일차식에 대하여 $x=2$일 때의 식의 값은?

① -2 ② -1 ③ 0

④ 1 ⑤ 2

유형 13 일차식과 수의 곱셈, 나눗셈

(1) (수)×(일차식), (일차식)×(수)

➡ 분배법칙을 이용하여 계산한다.

(2) (일차식)÷(수)

➡ 역수의 곱셈으로 바꾸어 계산한다.

0522 대표문제 개념ON 126쪽

$(2x-8)\times\left(-\frac{3}{2}\right)=ax+b$일 때, $b-a$의 값을 구하시오. (단, a, b는 상수)

0523

다음 중 옳은 것은?

① $4\times(-2x)=8x$
② $12x\div(-3)=4x$
③ $-3(x+2)=-3x+6$
④ $\frac{1}{2}(6x-1)=3x-1$
⑤ $(8x-6)\div(-2)=-4x+3$

0524 서술형

$(6x-9)\div\frac{3}{4}$을 계산하였을 때, x의 계수와 상수항의 합을 구하시오.

0525 중요

다음 중 계산 결과가 $-4(1-5x)$와 같은 것은?

① $4(5x+1)$　② $-4(5x-1)$
③ $(4x-10)\div(-5)$　④ $(1-5x)\div\frac{1}{4}$
⑤ $\left(2x-\frac{2}{5}\right)\div\frac{1}{10}$

0526

그림과 같이 큰 직사각형 안에 각 변끼리 평행한 작은 직사각형이 있다. 큰 직사각형과 작은 직사각형의 평행한 변 사이의 간격이 4 cm로 모두 같을 때, 큰 직사각형의 넓이를 x를 사용한 식으로 나타내시오.

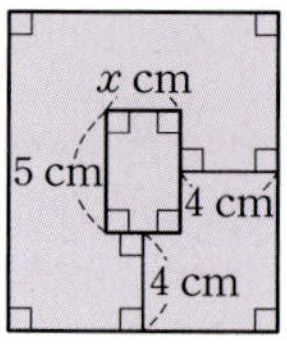

유형 14 동류항

(1) **동류항**: 문자와 차수가 각각 같은 항

(2) 상수항은 모두 동류항이다.

0527 대표문제 개념ON 129쪽

다음 중 동류항끼리 짝 지어진 것은?

① $-x$, $\frac{x^2}{2}$　② $2x$, $-5y$　③ x^2, y^2
④ $4x$, $\frac{7}{3}x$　⑤ $\frac{7}{x}$, $\frac{x}{7}$

0528

다음 중 $2a$와 동류항인 것은?

① -2　② $-\frac{2}{a}$　③ $-\frac{1}{2}a$
④ $2b$　⑤ $2a^2$

0529 중요

다음 중 $\frac{1}{5}x$와 동류항인 것의 개수를 구하시오.

$\frac{1}{5}$, $3y$, $\frac{4}{x}$, y^2, $-2x$, 7, $-\frac{x}{3}$

0530

다음 보기 중 동류항끼리 짝 지어진 것을 모두 고르시오.

보기

ㄱ. -4, $\frac{1}{3}$　ㄴ. $2x$, x^2　ㄷ. $4a$, $4b$
ㄹ. $-3x^2$, $-3y^2$　ㅁ. $\frac{x}{6}$, $-6x$　ㅂ. $2x^2y$, $2xy^2$

유형 15 일차식의 덧셈과 뺄셈

일차식의 덧셈과 뺄셈은 다음과 같은 순서대로 계산한다.
❶ 괄호가 있으면 분배법칙을 이용하여 괄호를 푼다.
❷ 동류항끼리 모아서 계산한다.

개념ON 131쪽

0531 대표문제

$(3x+2)\times(-2)+(10-5x)\div5$를 계산하였을 때, x의 계수와 상수항의 합은?

① -11　② -10　③ -9
④ -8　⑤ -7

0532 중요

$\frac{3}{4}(8x-12)-\frac{1}{2}(6x+4)$를 계산하면 $ax+b$일 때, ab의 값은? (단, a, b는 상수)

① -33　② -14　③ -8
④ 14　⑤ 33

0533

다음 중 옳지 않은 것은?

① $(x+1)+(2x+3)=3x+4$
② $(-x+1)+3(2x-1)=5x-2$
③ $-(x+3)-2(x-1)=-3x-1$
④ $(x-2)-\frac{1}{2}(4x+8)=-x-6$
⑤ $\frac{1}{3}(9x+12)-3(2x+1)=3x+5$

0534

$5x+a-(bx-2)$를 계산하면 $-3x+4$일 때, $a+b$의 값을 구하시오. (단, a, b는 상수)

0535 서술형

$2x-7-(ax+b)$를 계산하면 x의 계수는 -1, 상수항은 3이다. 이때 $a+b$의 값을 구하시오. (단, a, b는 상수)

PART B 유형별 문제

유형 16 일차식이 되기 위한 조건

ax^2+bx+c가 x에 대한 일차식이 되려면

➡ $a=0$, $b\neq0$

0536 대표문제

다항식 $(6-a)x^2+(b+1)x+7$이 x에 대한 일차식이 되도록 하는 두 상수 a, b의 조건을 구하시오.

0537

다항식 $(a+1)x^2+x+b-3$이 x에 대한 일차식이고 상수항이 2일 때, $a+b$의 값을 구하시오. (단, a, b는 상수)

0538

다항식 $\left(a+\frac{1}{3}\right)x^2+(2-a)x+9a^2+1$이 x에 대한 일차식일 때, 상수항을 구하시오. (단, a는 상수)

0539 중요

다항식 $(2+a)x^2+ax+1-x+3a$를 간단히 하였더니 x에 대한 일차식이 되었다. 상수 a의 값과 그때의 일차식을 구하시오.

유형 17 괄호가 여러 개인 일차식의 덧셈과 뺄셈

괄호가 여러 개인 일차식의 덧셈과 뺄셈은

( ) ➡ { } ➡ [ ]

의 순서대로 괄호를 풀어서 계산한다. 이때 괄호 앞의 부호에 주의한다.

0540 대표문제

개념ON 131쪽

다음을 계산하시오.

$$1+2x-\{3x-(4+5x)-6\}$$

0541

$5(x-2)-\{3-2x-2(6x+1)\}$을 계산하면?

① $-19x-11$ ② $-19x-9$ ③ $-9x-11$
④ $19x-11$ ⑤ $19x-9$

0542 중요

$x-\left[4x-\left\{3x+1-\frac{1}{2}(-8x-2)\right\}\right]=ax+b$일 때, ab의 값을 구하시오. (단, a, b는 상수)

0543

$-3x+y-[2x-5y-\{2(x+2y)-(y-x)\}]$를 계산하였을 때, x의 계수와 y의 계수의 합을 구하시오.

발전유형 18 분수 꼴인 일차식의 덧셈과 뺄셈

분수 꼴인 일차식의 덧셈과 뺄셈은 분모의 최소공배수로 통분한 후 동류항끼리 모아서 계산한다.

개념ON 132쪽

0544 대표문제

$\frac{x+2}{4}-\frac{2x-1}{3}$을 계산하면?

① $-\frac{5}{12}x+\frac{1}{6}$ ② $-\frac{5}{12}x+\frac{5}{6}$ ③ $-\frac{1}{12}x+\frac{1}{4}$
④ $\frac{11}{12}x-\frac{1}{6}$ ⑤ $\frac{11}{12}x+\frac{5}{6}$

0545

$\frac{x-3}{6}-0.5(2x+1)$을 계산하였을 때, x의 계수와 상수항의 곱을 구하시오.

0546 중요

다음 식을 계산하시오.

$$\frac{-3x+2}{2}+\frac{4x-1}{5}-1$$

0547 서술형

$\frac{2-x}{3}-\frac{6x-3}{4}+\frac{2x-5}{6}$를 계산하면 $ax+b$일 때, $b-a$의 값을 구하시오. (단, a, b는 상수)

0548 실력

$2x-\frac{3}{5}+\frac{x-4}{3}-\frac{2x-3}{5}$을 계산하였을 때, x의 계수와 상수항의 합을 구하시오.

유형 19 일차식의 덧셈과 뺄셈의 활용

일차식의 덧셈과 뺄셈의 활용 문제는 다음과 같은 순서대로 해결한다.
❶ 주어진 상황을 일차식으로 나타낸다.
❷ 분배법칙을 이용하여 괄호를 풀고 동류항끼리 모아서 계산한다.

0549 대표문제

그림에서 색칠한 부분의 넓이를 x를 사용한 식으로 나타내면?

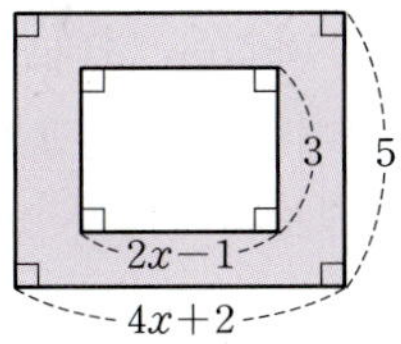

① $6x+1$ ② $6x+9$
③ $14x+7$ ④ $14x+13$
⑤ $26x+13$

0550

그림과 같이 가로의 길이가 9 m, 세로의 길이가 6 m인 직사각형 모양의 밭에 폭이 x m로 일정하고 각 변에 수직인 길을 만들었다. 나누어진 네 밭의 둘레의 길이의 합을 x를 사용한 식으로 나타내시오.

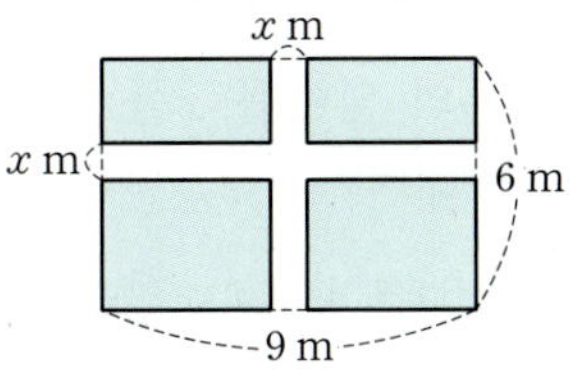

0551

한 변의 길이가 $5x+4$인 정사각형 모양의 색종이 두 장을 그림과 같이 가로의 길이가 $2x+1$만큼 겹치도록 이어 붙여 직사각형을 만들었다. 새로 만든 직사각형의 둘레의 길이를 x를 사용한 식으로 나타내시오.

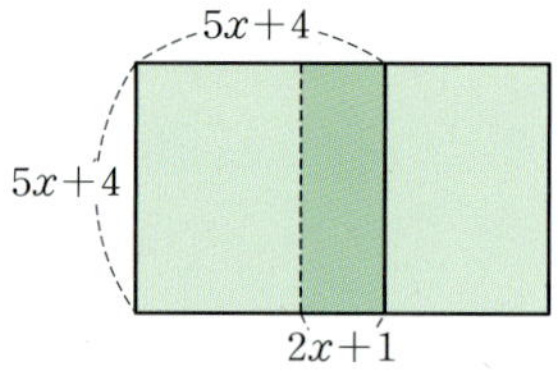

0552 사고력

오른쪽 표는 어느 마트의 과일의 1개당 가격을 나타낸 것이다. 주연이가 구매한 사과는 x개이고, 배는 사과의 2배보다 1개가 적고, 귤은 사과보다 5개 많았다. 주연이가 구매한 과일의 가격의 합을 x를 사용한 식으로 나타내시오.

	가격
사과	800원
배	900원
귤	700원

0553

그림과 같은 사다리꼴에서 색칠한 부분의 넓이를 x를 사용한 식으로 나타내면?

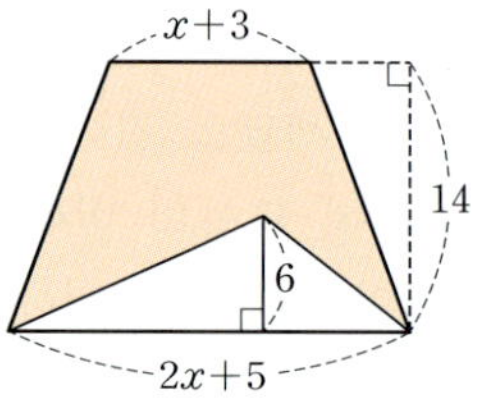

① $15x+41$　② $15x+71$　③ $21x+41$　④ $27x+41$　⑤ $27x+71$

유형 20 문자에 일차식 대입하기

문자에 일차식을 대입할 때는 괄호를 사용한다. 이때 주어진 식이 복잡하면 먼저 그 식을 간단히 한다.

개념ON 132쪽

0554 대표문제

$A=-3x+y$, $B=5x-2y$일 때, $2A-3B$를 계산하면?

① $-21x-4y$　② $-21x+8y$　③ $-9x-8y$　④ $-9x+4y$　⑤ $-x+8y$

0555

$A=2x-y$, $B=6x+2y$, $C=-9x+3y$일 때, $A-2B-\frac{1}{3}C$를 계산하시오.

0556 중요 서술형

$A=4x-1$, $B=-x+6$일 때, $-A+3B-(4A+2B)$를 계산하였더니 $ax+b$가 되었다. 이때 $b-a$의 값을 구하시오. (단, a, b는 상수)

0557 실력

$A=x-\frac{1}{2}y$, $B=\frac{2}{3}x-y$일 때, $3A-\{2A-(A+3B)\}$를 계산하였더니 x의 계수가 a, y의 계수가 b가 되었다. 이때 $a-b$의 값을 구하시오.

유형 21 어떤 식 구하기

(1) 어떤 다항식 □에 다항식 A를 더했더니 다항식 B가 되었다.

➡ $□+A=B$ $\quad\therefore □=B-A$

(2) 어떤 다항식 □에서 다항식 A를 뺐더니 다항식 B가 되었다.

➡ $□-A=B$ $\quad\therefore □=B+A$

(3) 다항식 A에서 어떤 다항식 □를 뺐더니 다항식 B가 되었다.

➡ $A-□=B$ $\quad\therefore □=A-B$

개념ON 133쪽

0558 대표문제

$4a-2b-\square=3a-b$일 때, □ 안에 알맞은 식은?

① $-a-4b$ ② $-a-b$ ③ $a-b$
④ $a+b$ ⑤ $a+4b$

0559

어떤 다항식에서 $6x-4y$를 뺐더니 $-2x+7y$가 되었다. 이때 어떤 다항식을 구하시오.

0560 중요

다음 □ 안에 알맞은 식을 구하시오.

$$\square+3(-2x+4)=7x-3$$

0561 실력

다음 조건을 만족시키는 두 다항식 A, B에 대하여 $A-B$를 계산하시오.

(가) A에 2를 곱했더니 $14x-6$이 되었다.
(나) $-3x+7$에서 B를 뺐더니 $-5x+1$이 되었다.

유형 22 바르게 계산한 식 구하기

바르게 계산한 식을 구하는 문제는 다음과 같은 순서대로 해결한다.

❶ 어떤 다항식을 □라 하고 주어진 조건에 따라 식을 세운다.
❷ 어떤 다항식 □를 구한다.
❸ 바르게 계산한 식을 구한다.

개념ON 133쪽

0562 대표문제

어떤 다항식에서 $-5x+4$를 빼야 할 것을 잘못하여 더했더니 $3x-5$가 되었다. 이때 바르게 계산한 식은?

① $-x+1$ ② $3x-13$ ③ $8x-9$
④ $13x-5$ ⑤ $13x-13$

0563

어떤 다항식에 $2x-3$을 더해야 할 것을 잘못하여 뺐더니 $-x+5$가 되었다. 이때 어떤 다항식과 바르게 계산한 식을 차례대로 구한 것은?

① $-3x+8$, $-4x+13$ ② $-3x+8$, $3x-1$
③ $x+2$, $-4x+13$ ④ $x+2$, $-3x+5$
⑤ $x+2$, $3x-1$

0564 중요 서술형

$2x+5y-3$에서 어떤 다항식을 빼야 할 것을 잘못하여 더했더니 $-2x+y-2$가 되었다. 이때 바르게 계산한 식을 구하시오.

PART C 중단원 마무리

0565

다음 중 옳은 것은?

① $(-0.1)\times a\times b=-0.ab$

② $x\div 3\times y\div 4=\dfrac{3x}{4y}$

③ $x\div\dfrac{1}{y}\div\dfrac{1}{z}=\dfrac{xy}{z}$

④ $5\div(x+y)\times(-x)=-\dfrac{5x}{x+y}$

⑤ $(a+b)\div(c\div 3)=\dfrac{a+b}{3c}$

0566

다음 중 옳지 않은 것은?

① x분 15초는 $(60x+15)$초이다.

② 6개에 x원인 풍선 1개의 값은 $\dfrac{x}{6}$원이다.

③ 한 모서리의 길이가 a cm인 정육면체의 부피는 a^3 cm^{3}이다.

④ 정가가 1000원인 물건을 a % 할인하여 판매할 때의 판매 가격은 $(1000-10a)$원이다.

⑤ 300 km 떨어진 지점을 향해 시속 70 km로 x시간 동안 갔을 때의 남은 거리는 $\left(300-\dfrac{x}{70}\right)$ km이다.

0567

$x=-3$, $y=6$일 때, 다음 중 식의 값이 나머지 넷과 다른 하나는?

① $x+y$ ② $xy+21$ ③ $2x+\dfrac{3}{2}y$

④ $\dfrac{18}{y-x}$ ⑤ $\dfrac{(x-y)^2}{27}$

0568

$a=\dfrac{2}{3}$, $b=\dfrac{5}{2}$, $c=-\dfrac{3}{4}$일 때, $\dfrac{8}{a^3}-\dfrac{5}{b}-\dfrac{3}{c^2}$의 값을 구하시오.

0569

키가 l cm, 몸무게가 w kg인 남학생의 비만도는 $\dfrac{w}{(l-100)\times 0.9}\times 100$ (%)로 계산한다. 비만도에 따른 비만 정도를 다음 표와 같이 분류할 때, 키가 164 cm이고 몸무게가 72 kg인 남학생의 비만 정도를 말하시오.

비만도 (%)	비만 정도
90 이하	저체중
90 초과 110 이하	표준체중
110 초과 120 이하	과체중
120 초과 150 이하	비만
150 초과	고도 비만

0570

그림과 같이 성냥개비를 사용하여 정사각형을 만들 때, 다음 물음에 답하시오.

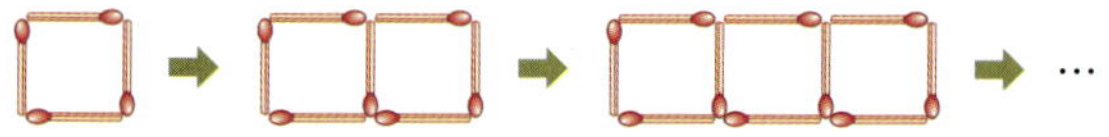

(1) 정사각형을 x개 만드는 데 필요한 성냥개비의 개수를 x를 사용한 식으로 나타내시오.

(2) 정사각형을 15개 만드는 데 필요한 성냥개비의 개수를 구하시오.

• 정답과 풀이 058쪽

0571

다음 중 옳지 않은 것은?

① $4x^2-3x$에서 x의 계수는 -3이다.
② $xy+z$의 항은 3개이다.
③ $2x+5y-3$에서 상수항은 -3이다.
④ $-x^2+2x+7$의 차수는 2이다.
⑤ $3x^2-2x+4$에서 x의 계수와 상수항의 곱은 -8이다.

0572

다음 중 일차식이 아닌 것은?

① $-3x$　② $-(x+5)$
③ $\frac{1}{2}x-\frac{1}{3}$　④ $x^2-\frac{1}{3}(x+3x^2)$
⑤ $2(2x-1)-4x$

0573

다음 중 동류항끼리 짝 지어진 것을 모두 고르면? (정답 2개)

① $3,\ -2$　② $a,\ \frac{1}{a}$　③ $\frac{3}{x},\ \frac{x}{5}$
④ $-x^2,\ -2x^2$　⑤ $2xy,\ x^2y^2$

0574

$(12x-8)\div\frac{4}{3}-\frac{2}{3}(18x+6)$을 계산하였을 때, x의 계수를 a, 상수항을 b라 하자. 이때 $a-b$의 값을 구하시오.

0575

x의 계수가 -4인 x에 대한 일차식이 있다. $x=2$일 때의 식의 값을 a, $x=-3$일 때의 식의 값을 b라 할 때, $b-a$의 값을 구하시오.

0576

두 다항식 A, B에 대하여

A♥$B=2A-3B$, A▲$B=-3A+2B$

라 하자. $(2x$♥$y)+2(y$▲$x)$를 계산하였을 때, x의 계수와 y의 계수의 합은?

① -17　② -6　③ -1
④ 6　⑤ 17

0577

n이 홀수일 때, 다음 식을 계산하시오.

$$(-1)^n(6x+5)-(-1)^{n+1}(2x-1)$$

0578

다항식 $ax^2+3x+2-3x^2-x+b$를 간단히 하면 상수항이 5인 x에 대한 일차식이 된다. 이때 $a+b$의 값을 구하시오.

(단, a, b는 상수)

0579

$\frac{1}{3}(6x-9)-2\left\{\frac{1}{7}(7x-21)-5(x-2)\right\}$를 계산하였을 때, x의 계수와 상수항의 합을 구하시오.

0580

$\frac{5x-2}{4}-\frac{2x-7}{5}+\frac{x}{2}=ax+b$일 때, $a-b$의 값은?

(단, a, b는 상수)

① $\frac{7}{20}$ ② $\frac{2}{5}$ ③ $\frac{9}{20}$

④ $\frac{1}{2}$ ⑤ $\frac{11}{20}$

0581

그림과 같은 직사각형에서 색칠한 부분의 넓이를 x를 사용한 식으로 나타내시오.

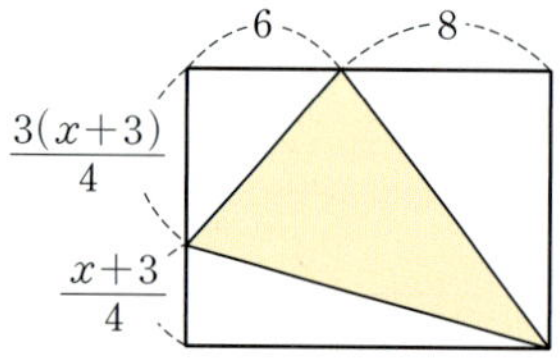

0582

$A=\frac{x-3}{2}+\frac{x+1}{3}$, $B=\frac{12x+6}{5}\div\frac{3}{5}$일 때, $3A-\{2-3(5A-B)+6A\}$를 계산하시오.

0583

다음 □ 안에 알맞은 식을 구하시오.

$$\frac{2(x-4)}{7}-\square=\frac{3x-5}{2}$$

0584

어떤 다항식 A에서 $2x+1$을 뺐더니 $3x+7$이 되었고, 어떤 다항식 B에 다항식 A를 더했더니 $12x+8$이 되었다. 이때 다항식 B는?

① $7x$ ② $x+6$ ③ $5x+8$

④ $7x+16$ ⑤ $17x+16$

0585

[그림 1]과 같은 규칙으로 [그림 2]를 만들 때, 다항식 A, B, C에 대하여 $A+B+C$를 계산하시오.

[그림 1]

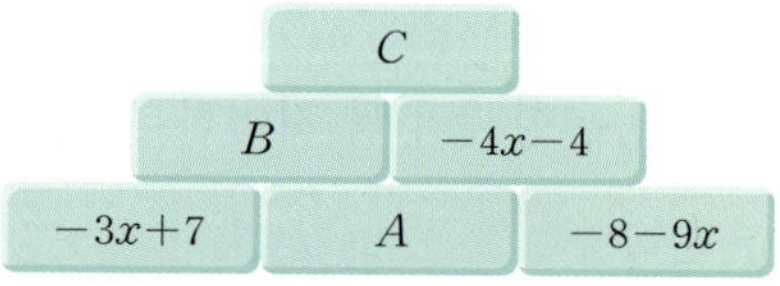

[그림 2]

0586

어떤 다항식 A에서 $-3x-7$을 빼야 할 것을 잘못하여 더했더니 $-5x+9$가 되었다. 바르게 계산한 식을 B라 할 때, $2A-B$를 계산하시오.

PART C+ 198쪽에서 고난도 문제를 만나보아요!

07 일차방정식의 풀이

일차방정식의 풀이

01 방정식과 항등식

- 등호가 있는 식은 참, 거짓에 관계 없이 등식이다.

(1) **등식**: 등호 =를 사용하여 수나 식이 서로 같음을 나타낸 식

① 좌변: 등식에서 등호의 왼쪽 부분

② 우변: 등식에서 등호의 오른쪽 부분

③ 양변: 등식의 좌변과 우변

(주의) $5x-2$와 같이 등호가 없거나 $1+4<6$과 같이 부등호가 있는 식은 등식이 아니다.

등식

등호

$3x-1=2x+1$

좌변 / 우변

양변

- 좌변의 값과 우변의 값이 같으면 참이고, 좌변의 값과 우변의 값이 같지 않으면 거짓이다.

(2) **방정식**: 문자의 값에 따라 참이 되기도 하고 거짓이 되기도 하는 등식

① 미지수: 방정식에 있는 x, y 등의 문자

② 방정식의 해(근): 방정식이 참이 되게 하는 미지수의 값

③ 방정식을 푼다: 방정식의 해를 모두 구하는 것

- 등식 $ax+b=cx+d$가 x에 대한 항등식이면 $a=c$, $b=d$이다.

(3) **항등식**: 미지수에 어떤 값을 대입하여도 항상 참이 되는 등식

→ (좌변)=(우변)

BIBLE SAYS 방정식 또는 항등식이 되는 조건 구하기

등식 $ax+b=cx+d$에서

(1) $a\neq c$ ➡ 방정식

(2) $a=c$, $b=d$ ➡ 항등식

02 등식의 성질

- 등식의 양변에서 c를 빼는 것은 양변에 $-c$를 더하는 것과 같고, 등식의 양변을 c $(c\neq0)$로 나누는 것은 양변에 $\frac{1}{c}$을 곱하는 것과 같다.
- 수를 나눌 때는 0으로 나누는 것은 생각하지 않는다.

(1) 등식의 양변에 같은 수를 더하여도 등식은 성립한다. ➡ $a=b$이면 $a+c=b+c$

(2) 등식의 양변에서 같은 수를 빼어도 등식은 성립한다. ➡ $a=b$이면 $a-c=b-c$

(3) 등식의 양변에 같은 수를 곱하여도 등식은 성립한다. ➡ $a=b$이면 $ac=bc$

(4) 등식의 양변을 0이 아닌 같은 수로 나누어도 등식은 성립한다.

➡ $a=b$이면 $\frac{a}{c}=\frac{b}{c}$ (단, $c\neq0$)

03 일차방정식

- 이항은 '등식의 양변에 같은 수를 더하거나 양변에서 같은 수를 빼어도 등식은 성립한다.'는 등식의 성질을 이용한 것이다.
- 이항을 하면 항의 부호가 바뀐다.
  $+a$를 이항하면 ➡ $-a$
  $-a$를 이항하면 ➡ $+a$

(1) **이항**: 등식의 성질을 이용하여 등식의 한 변에 있는 항을 부호를 바꾸어 다른 변으로 옮기는 것

(2) **일차방정식**: 방정식의 우변에 있는 모든 항을 좌변으로 이항하여 정리하였을 때,

(x에 대한 일차식)$=0$ 꼴로 나타나는 방정식

→ $ax+b=0$ $(a\neq0)$

04 일차방정식의 풀이

- **계수가 소수 또는 분수인 일차방정식을 푸는 방법**
  (1) 계수가 소수인 경우: 양변에 10, 100, 1000, ··· 중 적당한 수를 곱하여 계수를 정수로 바꿔서 푼다.
  (2) 계수가 분수인 경우: 양변에 분모의 최소공배수를 곱하여 계수를 정수로 바꿔서 푼다.

일차방정식은 다음과 같은 순서대로 푼다.

❶ 괄호가 있으면 분배법칙을 이용하여 괄호를 푼다.

❷ x를 포함하는 항은 좌변으로, 상수항은 우변으로 이항한다.

❸ 양변을 정리하여 $ax=b$ $(a\neq0)$ 꼴로 나타낸다.

❹ 양변을 x의 계수 a로 나누어 해를 구한다.

→ $x=$(수) 꼴로 나타낸다.

● 정답과 풀이 060쪽

개념 확인하기

01 방정식과 항등식

0587

다음 중 등식인 것에는 ○표, 등식이 아닌 것에는 ×표를 ( ) 안에 써넣으시오.

(1) $3x-4$ ( ) (2) $x+1=3$ ( )

(3) $2x-7>5$ ( ) (4) $4+x=1-2x$ ( )

0588

다음 문장을 등식으로 나타내시오.

(1) 어떤 수 x에서 4를 빼면 x의 2배와 같다.

(2) 가로의 길이가 x cm, 세로의 길이가 4 cm인 직사각형의 넓이는 20 cm^2이다.

(3) 800원짜리 과자 x봉지와 1000원짜리 음료수 1개의 가격은 5000원이다.

0589

다음 중 방정식인 것에는 '방', 항등식인 것에는 '항'을 ( ) 안에 써넣으시오.

(1) $2x=8$ ( )

(2) $5x-4x=x$ ( )

(3) $6(x+1)=6x+6$ ( )

(4) $-x+1=x-1$ ( )

0590

다음 보기의 방정식 중 해가 $x=-1$인 것을 모두 고르시오.

보기

ㄱ. $x+2=3$ ㄴ. $4-x=5$

ㄷ. $2(x-1)=-6$ ㄹ. $-3x=x+4$

02 등식의 성질

0591

$x=y$일 때, 다음 등식이 성립하도록 □ 안에 알맞은 것을 써넣으시오.

(1) $x+5=y+\square$ (2) $x-\square=y-3$

(3) $-2x=\square y$ (4) $\dfrac{x}{7}=\dfrac{y}{\square}$

03 일차방정식

0592

다음 등식에서 밑줄 친 항을 이항하시오.

(1) $x\underline{-2}=6$ (2) $5x=\underline{x}+7$

(3) $\underline{-8}=\underline{3x}-11$ (4) $4x\underline{+1}=9\underline{-x}$

0593

다음 중 일차방정식인 것에는 ○표, 일차방정식이 아닌 것에는 ×표를 ( ) 안에 써넣으시오.

(1) $\dfrac{1}{4}x+1=0$ ( ) (2) $x^2-2x+1=0$ ( )

(3) $3+5=8$ ( ) (4) $6-x^2=x-x^2$ ( )

04 일차방정식의 풀이

0594

다음 일차방정식을 푸시오.

(1) $5x+2=-13$ (2) $x+7=3(x-1)$

(3) $-0.4x+1.4=0.3x$ (4) $\dfrac{1}{3}x+\dfrac{1}{2}=\dfrac{1}{6}x$

PART B 유형별 문제

유형 01 등식

등호 =를 사용하여 수나 식이 서로 같음을 나타낸 식을 **등식**이라 한다.

(1) **좌변**: 등식에서 등호의 왼쪽 부분

(2) **우변**: 등식에서 등호의 오른쪽 부분

(3) **양변**: 등식의 좌변과 우변

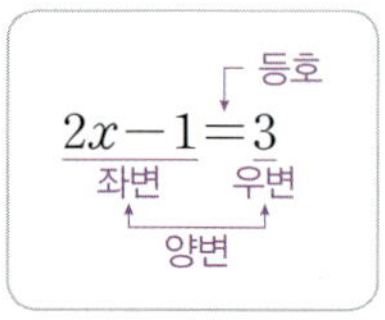

0595 대표문제

다음 중 등식인 것을 모두 고르면? (정답 2개)

① $2+3=5$　② $3-x>10$　③ $7x-9$
④ $4x+1=6x$　⑤ $5x\leq 2x+1$

0596

다음 보기 중 등식인 것을 모두 고른 것은?

보기

ㄱ. $2(x-1)$　ㄴ. $\frac{1}{4}x-3=0$　ㄷ. $6<7$
ㄹ. $1+7=8$　ㅁ. $x+y=-5$　ㅂ. $5x-1\geq 9$

① ㄱ, ㄹ　② ㄴ, ㅁ　③ ㄱ, ㄷ, ㅂ
④ ㄴ, ㄹ, ㅁ　⑤ ㄷ, ㅁ, ㅂ

0597

다음 식에 대한 설명 중 옳지 않은 것은?

$$9-\frac{3}{4}x=1+\frac{1}{2}x$$

① 등식이다.　② 좌변은 $9-\frac{3}{4}x$이다.
③ 우변은 $1+\frac{1}{2}x$이다.　④ 좌변에서 상수항은 9이다.
⑤ 우변에서 상수항은 $\frac{1}{2}$이다.

유형 02 문장을 등식으로 나타내기

주어진 문장을 파악하여 등식의 좌변과 우변에 해당하는 식을 각각 구한 후 등호를 사용하여 나타낸다.

0598 대표문제

개념ON 143쪽

다음 문장을 등식으로 바르게 나타낸 것은?

x에 6을 더하여 2배 한 수는 x의 4배보다 3만큼 작다.

① $2x+6=4x-3$　② $2x+6=4x+3$
③ $2x+6=4(x-3)$　④ $2(x+6)=4x-3$
⑤ $2(x+6)=4(x-3)$

0599

다음 문장을 등식으로 바르게 나타낸 것은?

공책 50권을 x명의 학생들에게 6권씩 나누어 주면 2권이 남는다.

① $50+6x=2$　② $50-6x=2$
③ $50+6+x=2$　④ $50-6-x=2$
⑤ $50-6-x+2=0$

0600

다음 중 문장을 등식으로 나타낸 것으로 옳은 것은?

① 어떤 수 x의 3배보다 2만큼 작은 수는 7이다. ⇨ $3x+2=7$
② 한 변의 길이가 x cm인 정사각형의 둘레의 길이는 36 cm이다. ⇨ $x^2=36$
③ 80과 x의 평균은 72이다. ⇨ $2(80+x)=72$
④ 시속 x km로 4시간 동안 이동한 거리는 50 km이다. ⇨ $\frac{x}{4}=50$
⑤ 200원짜리 연필을 x자루 사고 1000원을 내었더니 거스름돈이 400원이었다. ⇨ $1000-200x=400$

유형 03 방정식의 해

(1) **방정식의 해**: 방정식이 참이 되게 하는 미지수의 값

(2) $x=a$가 방정식의 해이다.

➡ $x=a$를 방정식에 대입하면 참이다.

➡ $x=a$를 방정식에 대입하면 (좌변)=(우변)이다.

개념ON 143쪽

0601 대표문제

다음 중 [ ] 안의 수가 주어진 방정식의 해인 것은?

① $3x-2=7$ [2]
② $5-5x=-2$ [−1]
③ $x=2x+4$ [−3]
④ $x+2=3-2x$ [4]
⑤ $3x+(2-x)=4$ [1]

0602 중요

다음 방정식 중 해가 $x=3$이 아닌 것은?

① $2x=x+3$
② $3x-1=8$
③ $4x+1=-x+16$
④ $5-x=2(x-1)$
⑤ $\frac{1}{3}x-7=-2x$

0603 서술형

x가 $|x|<3$인 정수일 때, 방정식 $3(x-1)=5-x$의 해를 구하시오.

0604

x가 12의 약수일 때, 방정식 $x-3(2x-9)=7$의 해를 구하시오.

유형 04 항등식

(1) **항등식**: 미지수에 어떤 값을 대입하여도 항상 참이 되는 등식

(2) 다음과 같은 순서대로 항등식을 찾는다.

❶ 등식의 좌변, 우변을 각각 정리한다.

❷ (좌변)=(우변)이면 항등식이다.

개념ON 144쪽

0605 대표문제

다음 중 항등식인 것은?

① $3x=2x+1$
② $6x-2x=4$
③ $x-5=5-x$
④ $2(x-3)=2x-6$
⑤ $\frac{1}{4}(x-8)=\frac{1}{4}x-8$

0606

다음 보기 중 항등식은 모두 몇 개인지 구하시오.

보기

ㄱ. $2x=x-3x$
ㄴ. $4x+1=x+4$
ㄷ. $2x+5=2(x+2)+1$
ㄹ. $x+2-6x=5x+2$
ㅁ. $4x-(x+2)=3x-2$
ㅂ. $-3x+9=3(3-x)$

0607 중요

다음 중 x의 값에 관계없이 항상 참인 등식은?

① $-x+8=2$ ② $3(x-2)=3x-2$
③ $x+7=-3x+4x$ ④ $4-2x=2(x-2)$
⑤ $2-3x=(x+2)-4x$

0608

다음 중 x의 값에 관계없이 항상 성립하는 등식이 아닌 것은?

① $2x+3=3+2x$
② $-4(2-x)=4x-8$
③ $-\frac{1}{3}x+\frac{1}{6}=-\frac{1}{3}\left(x-\frac{1}{2}\right)$
④ $2x+9=2(x+4)+1$
⑤ $3(x+5)-(1-x)=4(x+7)$

유형 05 항등식이 되기 위한 조건

등식 $ax+b=cx+d$가 x에 대한 항등식이다.
➡ x의 계수끼리 같고, 상수항끼리 같다.
➡ $a=c$, $b=d$

개념ON 144쪽

0609 대표문제

등식 $\frac{1}{2}ax+3b=2x-9$가 x에 대한 항등식일 때, 상수 a, b에 대하여 $a+b$의 값은?

① -7 ② -2 ③ 1
④ 2 ⑤ 7

0610

등식 $-4(5-x)=-20+2ax$가 x에 대한 항등식일 때, 상수 a의 값은?

① -2 ② -1 ③ 0
④ 1 ⑤ 2

0611

다음 등식이 x에 대한 항등식일 때, 일차식 A는?

$$2(1-4x)+3=-7x+A$$

① $-2x+2$ ② $-2x+5$ ③ $-x+2$
④ $-x+5$ ⑤ $2x+2$

0612 중요 서술형

등식 $3(2x-3)+a=bx-4$가 모든 x의 값에 대하여 항상 참일 때, 상수 a, b에 대하여 ab의 값을 구하시오.

0613

등식 $9-4x=3a(x-1)-bx$가 모든 x의 값에 대하여 항상 성립할 때, 상수 a, b에 대하여 $\frac{1}{4}(a+b)$의 값은?

① -4 ② -2 ③ -1
④ 2 ⑤ 4

유형 06 등식의 성질

$a=b$이면

(1) $a+c=b+c$ (2) $a-c=b-c$

(3) $ac=bc$ (4) $\frac{a}{c}=\frac{b}{c}$ (단, $c\neq0$)

개념ON 146쪽

0614 대표문제

다음 중 옳지 않은 것은?

① $a=b$이면 $a-b=0$이다.

② $4a=-5b$이면 $\frac{a}{5}=-\frac{b}{4}$이다.

③ $a=-b$이면 $a+1=-b-1$이다.

④ $2-a=2-b$이면 $a=b$이다.

⑤ $a=\frac{b}{3}$이면 $3a-2=b-2$이다.

0615

$3a+2=1$일 때, 다음 중 옳지 않은 것은?

① $3a=-1$ ② $3a+1=0$ ③ $6a+4=2$

④ $a+\frac{2}{3}=\frac{1}{2}$ ⑤ $-3a-2=-1$

0616

$a=-3b$일 때, 다음 중 옳지 않은 것은?

① $a+1=-3b+1$ ② $-\frac{a}{3}=b$

③ $5+a=5-3b$ ④ $2a-3=-2(3b+3)$

⑤ $9+\frac{a}{6}=9-\frac{b}{2}$

0617 중요

다음 □ 안에 알맞은 수가 나머지 넷과 다른 하나는?

① $8a=5$이면 $8a+3=$□이다.

② $-3a=9$이면 $-3a-1=$□이다.

③ $\frac{a}{4}=2$이면 $a=$□이다.

④ $-\frac{2}{5}a=-12$이면 $a=$□이다.

⑤ $3a=12$이면 $2a=$□이다.

0618

다음 중 옳은 것을 모두 고르면? (정답 2개)

① $2a=3b$이면 $2(a+1)=3(b+1)$이다.

② $a=-b$이면 $-a-1=b-1$이다.

③ $\frac{a}{2}=\frac{b}{3}$이면 $2a=3b$이다.

④ $2a=4b$이면 $a=2b$이다.

⑤ $a+\frac{1}{2}=-b-\frac{1}{2}$이면 $a=-b$이다.

0619 실력

$\frac{5a-7}{2}=1.25b+3$일 때, $20a-10b$의 값은?

① 13 ② 26 ③ 52

④ 65 ⑤ 104

PART B
유형별 문제

유형 07 등식의 성질을 이용한 방정식의 풀이

x에 대한 방정식은 등식의 성질을 이용하여 주어진 방정식을 $x=(수)$ 꼴로 바꾸어 해를 구한다.

개념ON 146쪽

0620 대표문제

오른쪽은 방정식 $\frac{5x-7}{2}=4$를 푸는 과정이다. (가)~(다)에서 이용된 등식의 성질을 보기에서 찾아 바르게 짝 지으시오.

$\frac{5x-7}{2}=4$
(가)
$5x-7=8$
(나)
$5x=15$
(다)
$\therefore x=3$

보기

$a=b$이고 c는 자연수일 때

ㄱ. $a+c=b+c$　　ㄴ. $a-c=b-c$

ㄷ. $ac=bc$　　ㄹ. $\frac{a}{c}=\frac{b}{c}$

0621

다음 중 등식의 성질을 이용하여 방정식 $\frac{1}{4}x+1=-2$를 푸는 순서로 옳은 것은?

① 양변에 4를 곱한다. ⇨ 양변에서 1을 뺀다.
② 양변에 -4를 곱한다. ⇨ 양변에 1을 더한다.
③ 양변에서 1을 뺀다. ⇨ 양변에 4를 곱한다.
④ 양변에서 1을 뺀다. ⇨ 양변을 4로 나눈다.
⑤ 양변에 1을 더한다. ⇨ 양변에 4를 곱한다.

0622

다음 중 방정식을 푸는 과정에서 등식의 성질 '$a=b$이면 $a-c=b-c$이다.'가 이용되는 것은? (단, c는 자연수)

① $x-5=2$ ⇨ $x=7$
② $9+x=11$ ⇨ $x=2$
③ $-\frac{x}{3}=8$ ⇨ $x=-24$
④ $4x-6=10$ ⇨ $x=4$
⑤ $\frac{x-3}{5}=2$ ⇨ $x=13$

0623

다음은 등식의 성질을 이용하여 방정식 $6x-3=21$을 푸는 과정이다. (가), (나), (다)에 알맞은 수들의 합을 구하시오.

$6x-3=21$에서 $6x-3+$ (가) $=21+$ (가)
$6x=24$
$\frac{6x}{(나)}=\frac{24}{(나)}$
$\therefore x=$ (다)

유형 08 이항

등식의 성질을 이용하여 등식의 한 변에 있는 항을 부호를 바꾸어 다른 변으로 옮기는 것을 **이항**이라 한다.

+●를 이항 ➡ −●
−▲를 이항 ➡ +▲

개념ON 149쪽

0624 대표문제

다음 중 밑줄 친 항을 바르게 이항한 것은?

① $6x\underline{-4}=8$ ⇨ $6x=8-4$
② $2x=\underline{x}+2$ ⇨ $2x+x=2$
③ $-x\underline{+5}=3$ ⇨ $-x=3+5$
④ $5x=4\underline{-3x}$ ⇨ $5x+3x=4$
⑤ $4x\underline{+1}=\underline{2x}-3$ ⇨ $4x+2x=-3-1$

0625

다음 중 등식 $4x+7=-2$에서 좌변의 7을 이항한 것과 결과가 같은 것을 모두 고르면? (정답 2개)

① 양변에 7을 더한다.　　② 양변에서 7을 뺀다.
③ 양변에 7을 곱한다.　　④ 양변에 -7을 더한다.
⑤ 양변에 -7을 곱한다.

0626

등식 $3x-2=8-x$를 이항만을 이용하여 $ax=b$ $(a>0)$ 꼴로 나타내었을 때, $a+b$의 값을 구하시오. (단, a, b는 상수)

유형 09 일차방정식

방정식의 우변에 있는 모든 항을 좌변으로 이항하여 정리한 식이

$ax+b=0$ $(a\neq 0)$

꼴이면 x에 대한 일차방정식이다.

개념ON 149쪽

0627 대표문제

다음 중 일차방정식인 것은?

① $x^2+1=x$ ② $4x-3$
③ $x^2+2x=x^2-7$ ④ $6x-1=-2(1-3x)$
⑤ $x(x-4)=4x+1$

0628

다음 중 등식 $3-ax=2x-5$가 x에 대한 일차방정식이 되도록 하는 상수 a의 값이 아닌 것은?

① -2 ② -1 ③ 0
④ 1 ⑤ 2

0629

다음 등식이 x에 대한 일차방정식이 되기 위한 a, b의 조건은?

$$2x^2-3ax+6=bx^2+9x$$

① $a=-3$, $b\neq -2$ ② $a=-3$, $b\neq 2$
③ $a\neq -3$, $b=-2$ ④ $a\neq -3$, $b=2$
⑤ $a\neq -3$, $b\neq 2$

0630

다음 보기 중 문자를 사용한 식으로 나타낼 때, x에 대한 일차방정식인 것을 모두 고르시오.

보기

ㄱ. 어떤 수 x의 5배에 1을 더한 값은 26과 같다.
ㄴ. 빨간 구슬 x개와 파란 구슬 20개를 합하면 50개보다 많다.
ㄷ. 한 변의 길이가 x cm인 정사각형의 넓이는 9 cm^2이다.
ㄹ. 가로의 길이가 x cm, 세로의 길이가 $(x+2)$ cm인 직사각형의 둘레의 길이는 14 cm이다.

유형 10 괄호가 있는 일차방정식의 풀이

괄호가 있는 일차방정식은 다음과 같은 순서대로 푼다.

❶ 분배법칙을 이용하여 괄호를 푼다.
❷ $ax=b$ $(a\neq 0)$ 꼴로 만든다.
❸ 양변을 x의 계수 a로 나누어 해를 구한다. ➡ $x=\frac{b}{a}$

개념ON 151쪽

0631 대표문제

일차방정식 $6x-(5x-2)=3(x-3)$을 풀면?

① $x=\frac{7}{2}$ ② $x=4$ ③ $x=\frac{9}{2}$
④ $x=5$ ⑤ $x=\frac{11}{2}$

0632

다음 중 해가 가장 작은 것은?

① $2x-1=x+3$ ② $4x-3=2x+7$
③ $5(x+3)=2x$ ④ $7-6x=4-(x+2)$
⑤ $-2(2x-1)=3(1-x)$

0633

다음 중 일차방정식 $4(x-3)=5(x+2)-19$와 해가 같은 것은?

① $x-4=2x$ ② $4x-3=-11$
③ $1-2x=4-x$ ④ $2x-6=9-3x$
⑤ $-3x+1=6x+10$

0634 중요 서술형

일차방정식 $4-5x=13-2x$의 해를 $x=a$, 일차방정식 $2\{4-(2x+1)\}=3(4-x)$의 해를 $x=b$라 할 때, $a+b$의 값을 구하시오.

유형 11 계수가 소수인 일차방정식의 풀이

계수가 소수인 일차방정식은 양변에 10, 100, 1000, … 중 적당한 수를 곱하여 계수를 정수로 바꾼 후 푼다.

개념ON 153쪽

0635 대표문제

일차방정식 $0.4(3x-5)=0.3x+0.7$을 풀면?

① $x=2$ ② $x=3$ ③ $x=4$
④ $x=5$ ⑤ $x=6$

0636

일차방정식 $0.12x+0.9=0.03x$를 풀면?

① $x=-20$ ② $x=-10$ ③ $x=0$
④ $x=10$ ⑤ $x=20$

0637

일차방정식 $0.2(4x+3)=0.5x+2.1$의 해를 $x=a$라 할 때, a^2-3a+7의 값은?

① 11 ② 13 ③ 15
④ 17 ⑤ 19

0638 중요

일차방정식 $2-0.3(x+1)=0.8(4-x)$의 해를 $x=a$라 할 때, 일차방정식 $ax+4=x$를 풀면?

① $x=-4$ ② $x=-2$ ③ $x=-1$
④ $x=2$ ⑤ $x=4$

유형 12 계수가 분수인 일차방정식의 풀이

계수가 분수인 일차방정식은 양변에 분모의 최소공배수를 곱하여 계수를 정수로 바꾼 후 푼다.

개념ON 153쪽

0639 대표문제

일차방정식 $\frac{2x+1}{3}=\frac{x-3}{4}-1$을 풀면?

① $x=-9$ ② $x=-8$ ③ $x=-7$
④ $x=-6$ ⑤ $x=-5$

0640

다음 일차방정식 중 해가 가장 큰 것은?

① $2x=5x-3$
② $18-3(x+4)=0$
③ $0.5x-0.7=0.1x+0.5$
④ $\frac{1}{2}x+\frac{1}{4}=1$
⑤ $\frac{x-2}{3}+\frac{2x-3}{2}=\frac{1}{2}$

0641 중요

다음 중 일차방정식 $\frac{x-1}{2}=\frac{x}{5}+\frac{7}{10}$과 해가 같은 것은?

① $2-7x=6-5x$
② $\frac{1}{4}x-\frac{1}{6}=\frac{1}{3}$
③ $3(x-2)=4(x+1)$
④ $0.4x-2=0.3x-1.6$
⑤ $\frac{x+5}{4}=\frac{x-1}{2}$

0642 서술형

일차방정식 $\frac{6-x}{5}+1=\frac{x-3}{3}$의 해를 $x=a$, 일차방정식 $0.7x+0.3=0.5x-1.3$의 해를 $x=b$라 할 때, $a-b$의 값을 구하시오.

유형 13 계수에 소수와 분수가 혼합된 일차방정식의 풀이

계수에 소수, 분수가 있는 일차방정식은 양변에 적당한 수를 곱하여 계수를 정수로 바꾼 후 푼다.

참고 계수에 소수와 분수가 섞인 일차방정식에서 양변에 적당한 수를 곱할 때, 소수를 분수로 고친 후 분모의 최소공배수를 찾아 곱하면 편리하다.

개념ON 153쪽

0643 대표문제

일차방정식 $\frac{1}{2}x-0.6=\frac{2x-4}{5}$를 풀면?

① $x=-3$
② $x=-2$
③ $x=-1$
④ $x=1$
⑤ $x=2$

0644

일차방정식 $0.1x-\frac{1}{2}=0.3(x-2)-\frac{3}{4}$을 풀면?

① $x=-\frac{17}{4}$
② $x=-\frac{13}{4}$
③ $x=-\frac{9}{4}$
④ $x=\frac{13}{4}$
⑤ $x=\frac{17}{4}$

0645

일차방정식 $\frac{5-x}{6}+\frac{1}{3}=0.25(2-4x)-1$의 해를 $x=a$라 할 때, $\frac{1}{2}a+3$의 값은?

① -4
② -2
③ 2
④ 4
⑤ 6

0646

다음 일차방정식의 해를 $x=a$라 할 때, $4a-1$의 값을 구하시오.

$$\frac{x+5}{5}+0.4(1-2x)=\frac{x}{3}$$

0647 중요

일차방정식 $\frac{3x-4}{2}=0.5x-7$의 해를 $x=a$, 일차방정식 $0.3(x-1)=\frac{4x+1}{5}$의 해를 $x=b$라 할 때, ab의 값을 구하시오.

0648

세 일차방정식 $0.3x-1=0.1x$, $\frac{x-2}{4}=\frac{2x-1}{5}$, $\frac{1-x}{2}+0.7=-1.2$의 해를 차례대로 $x=a$, $x=b$, $x=c$라 할 때, $ac+b$의 값은?

① 10 ② 14 ③ 18 ④ 22 ⑤ 26

유형 14 비례식으로 주어진 일차방정식의 풀이

비례식 $a:b=c:d$가 주어지면 $ad=bc$임을 이용하여 식을 세운다.

개념ON 154쪽

0649 대표문제

비례식 $(x-6):(2x-3)=3:5$를 만족시키는 x의 값은?

① -21 ② -7 ③ -2 ④ 7 ⑤ 21

0650

비례식 $(1.2x-0.8):(x+1.2)=1:2$를 만족시키는 x의 값은?

① 1 ② 2 ③ 3 ④ 4 ⑤ 5

0651 서술형

비례식 $(4x-5):3=(2x+1):\frac{1}{2}$을 만족시키는 x의 값을 a라 할 때, $16a$의 값을 구하시오.

유형 15 일차방정식의 해가 주어진 경우

일차방정식의 해가 주어진 경우에는 해를 일차방정식에 대입하면 등식이 성립함을 이용하여 미지수의 값을 구한다.

개념ON 154쪽

0652 대표문제

일차방정식 $x+4a=2(x-1)$의 해가 $x=6$일 때, 상수 a의 값은?

① -3　② -2　③ -1
④ 1　⑤ 2

0653

일차방정식 $\frac{x-a}{2}=\frac{ax-1}{3}+\frac{5}{6}$의 해가 $x=-3$일 때, 상수 a의 값을 구하시오.

0654 중요

일차방정식 $3x+a=4-x$의 해가 $x=-2$일 때, 일차방정식 $ax=2(x-5)$의 해를 구하시오. (단, a는 상수)

0655

두 일차방정식 $\frac{x+3}{6}-\frac{2x-a}{4}=2$, $4(2x-1)=2(x-b)$의 해가 모두 $x=3$일 때, 두 상수 a, b에 대하여 $a+b$의 값을 구하시오.

유형 16 두 일차방정식의 해가 같은 경우

두 일차방정식의 해가 같은 경우에는 다음과 같은 순서대로 미지수의 값을 구한다.

❶ 해를 구할 수 있는 방정식의 해를 구한다.
❷ ❶에서 구한 해를 다른 방정식에 대입하여 미지수의 값을 구한다.

개념ON 155쪽

0656 대표문제

다음 두 일차방정식의 해가 같을 때, 상수 a의 값을 구하시오.

$$ax-5=x+4, \quad 5(x-2)=4x-7$$

0657 서술형

두 일차방정식 $\frac{x}{2}-1=\frac{x}{5}-\frac{5}{2}$, $3(x-1)=4x+a$의 해가 모두 $x=k$로 같을 때, $a+k$의 값을 구하시오.
(단, a는 상수)

0658 중요

다음 두 식을 만족시키는 x의 값이 같을 때, 상수 a의 값을 구하시오.

$$(3-2x):5=(x-6):2$$
$$a(x+1)=2x-a$$

07 일차방정식의 풀이

유형 17 일차방정식의 해에 대한 조건이 주어진 경우

(1) 해가 정수인 경우

❶ 주어진 방정식의 해를 미지수를 포함한 식으로 나타낸다.

❷ 해가 정수가 되도록 하는 미지수의 값을 구한다.

(2) 해를 구할 수 있는 방정식이 주어진 경우

❶ 해를 구할 수 있는 방정식의 해를 먼저 구한다.

❷ 해에 대한 조건을 이용하여 다른 방정식의 해를 구한다.

0659 대표문제

개념ON 155쪽

x에 대한 일차방정식 $7x-(3x-a)=10$의 해가 자연수가 되도록 하는 모든 자연수 a의 값의 합은?

① 2 ② 4 ③ 6
④ 8 ⑤ 10

0660 중요

x에 대한 일차방정식 $x-\frac{1}{3}(x-a)=2$의 해가 양의 정수가 되도록 하는 자연수 a의 값을 모두 구하시오.

0661

방정식 $7x+3(2x-4)=10x$의 해가 x에 대한 방정식 $\frac{6x+8}{4}=ax-13$의 해의 2배일 때, 상수 a의 값을 구하시오.

0662

방정식 $3x+2\{2(6-x)+3\}=2x+15$의 해의 역수가 x에 대한 방정식 $0.2x-1=1.2x+a$의 해일 때, 상수 a의 값을 구하시오.

0663 실력

x에 대한 일차방정식 $\frac{ax+3}{5}=0.4(x-3)$의 해가 음의 정수가 되도록 하는 모든 정수 a의 값의 합은?

① 17 ② 19 ③ 21
④ 23 ⑤ 25

발전유형 18 새로운 기호가 주어진 경우

새로운 기호의 약속에 따라 방정식을 세우고 해를 구한다. 이때 괄호가 있으면 괄호 안의 연산을 먼저 하고, 괄호 밖의 연산을 나중에 한다.

0664 대표문제

두 수 a, b에 대하여

$$a*b=a+b-ab$$

라 할 때, $(4*x)+\{(2x)*(-3)\}=-9$를 만족시키는 x의 값을 구하시오.

0665

두 수 a, b에 대하여 $a \circledbullet b=3a-b$라 할 때, 다음을 만족시키는 x의 값을 구하시오.

$$(x \circledbullet 2) \circledbullet (3 \circledbullet 1)=2x$$

유형 19 그림이 주어진 경우

주어진 표나 그림의 뜻을 잘 이해하고 좌변, 우변에 들어갈 식 또는 수를 정하여 일차방정식을 세운다.

0666 대표문제

그림에서 ▭ 안의 식은 바로 윗줄의 양옆에 있는 두 식의 합일 때, x의 값을 구하시오.

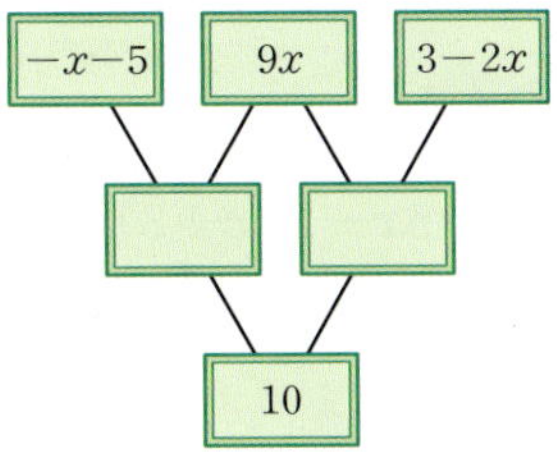

0667 사고력

[그림 1]과 같은 규칙으로 [그림 2]의 빈칸을 채우려고 한다. $P=3$일 때, x의 값을 구하시오.

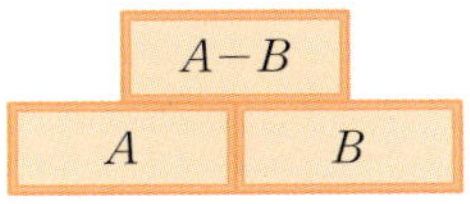

[그림 1]

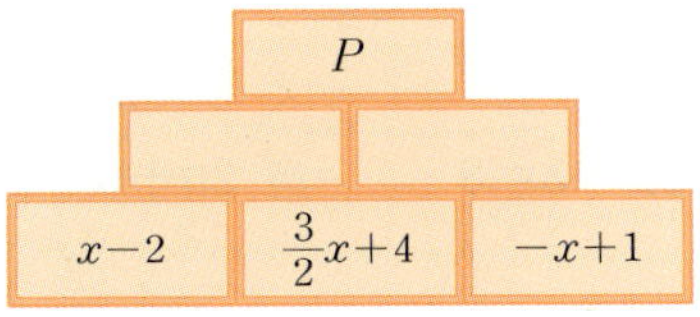

[그림 2]

발전유형 20 특수한 해를 갖는 방정식

(1) x에 대한 방정식 $ax=b$에서
 ① 해가 없을 조건 ➡ $a=0$, $b\neq0$
 ② 해가 무수히 많을 조건 ➡ $a=0$, $b=0$

(2) x에 대한 방정식 $ax+b=cx+d$, 즉 $(a-c)x=d-b$에서
 ① 해가 없을 조건 ➡ $a=c$, $b\neq d$
 ② 해가 무수히 많을 조건 ➡ $a=c$, $b=d$

0668 대표문제

x에 대한 방정식 $4(x-a)+1=4x+5$의 해가 없을 때, 다음 중 상수 a의 값으로 적당하지 않은 것은?

① -3 ② -2 ③ -1
④ 1 ⑤ 2

0669

x에 대한 방정식 $ax-4=5x+2b$의 해가 무수히 많을 때, $a-b$의 값을 구하시오. (단, a, b는 상수)

0670

x에 대한 방정식 $(a+4)x-7=0$의 해는 없고, x에 대한 방정식 $bx=c-3$의 해는 무수히 많을 때, $a+b+c$의 값을 구하시오. (단, a, b, c는 상수)

0671

등식 $\frac{3x+5}{2}-\frac{ax-7}{3}=4$를 만족시키는 x의 값이 존재하지 않을 때, 상수 a에 대하여 $4a$의 값을 구하시오.

PART C

중단원 마무리

0672

다음 중 등식인 것을 모두 고르면? (정답 2개)

① $x+4$ ② $2+4=7$ ③ $3x-1\le 0$
④ $3x+x=8$ ⑤ $5-(-3)>0$

0673

다음 중 문장을 등식으로 나타낸 것으로 옳지 않은 것을 모두 고르면? (정답 2개)

① 어떤 수 x에 4를 더한 수는 x의 2배와 같다.
⇨ $x+4=2x$
② 한 개에 x원인 감 5개와 1 kg에 y원인 대추 2 kg의 값은 3만 원이다. ⇨ $5x+2y=3$
③ 한 변의 길이가 a cm인 정사각형의 둘레의 길이는 32 cm이다. ⇨ $4a=32$
④ x명의 학생들에게 사탕을 나누어 주는데 한 명에게 6개씩 주면 2개가 남고 7개씩 주면 3개가 부족하다.
⇨ $6x+2=7x-3$
⑤ 정가가 b원인 제품을 25 % 할인하여 판매할 때의 가격은 1800원이다. ⇨ $\frac{25}{100}b=1800$

0674

다음 중 [ ] 안의 수가 주어진 방정식의 해가 아닌 것은?

① $-x-2=1$ [-3]
② $2-x=x+2$ [0]
③ $x-3=7-4x$ [2]
④ $2(x-1)=-x+4$ [2]
⑤ $3x=5(x+1)-3$ [1]

0675

다음 보기 중 항등식인 것을 모두 고른 것은?

보기
ㄱ. $4x+1=5$ ㄴ. $3(x-1)=6$
ㄷ. $-x=3x-8$ ㄹ. $7x-6x=x$
ㅁ. $2(x-2)=2x-4$

① ㄱ, ㄴ ② ㄱ, ㄹ ③ ㄴ, ㄷ
④ ㄷ, ㅁ ⑤ ㄹ, ㅁ

0676

등식 $5x-2(x+3)=(a+1)x-b$가 x의 값에 관계없이 항상 참일 때, $2a+b$의 값을 구하시오. (단, a, b는 상수)

0677

$2a-1=5$일 때, 다음 중 옳은 것은?

① $2a+1=6$ ② $a-\frac{1}{2}=5$ ③ $-2a+1=4$
④ $6a-3=8$ ⑤ $2a-5=1$

0678

오른쪽은 등식의 성질을 이용하여 방정식 $\frac{x-3}{4}=-2$의 해를 구하는 과정이다. 이때 (가), (나)에서 이용된 등식의 성질을 보기에서 찾아 바르게 짝 지으시오.

$$\frac{x-3}{4}=-2$$
$$x-3=-8 \quad \text{(가)}$$
$$\therefore x=-5 \quad \text{(나)}$$

보기

$a=b$이고 c는 자연수일 때

ㄱ. $a+c=b+c$ ㄴ. $a-c=b-c$

ㄷ. $ac=bc$ ㄹ. $\frac{a}{c}=\frac{b}{c}$

0679

등식 $4x^2+ax-7=bx^2+5x-1$이 x에 대한 일차방정식이 되도록 하는 상수 a, b의 조건은?

① $a=5$, $b=4$
② $a=5$, $b\neq4$
③ $a\neq5$, $b=4$
④ $a\neq5$, $b\neq-4$
⑤ $a\neq-5$, $b=-4$

0680

다음 일차방정식 중 해가 가장 큰 것은?

① $-5x=3$
② $x+8=6$
③ $4x-1=7$
④ $7x+5=-6x+31$
⑤ $-3x+2=x-10$

0681

일차방정식 $0.5(3x+2)-0.2(5x+4)=0$의 해를 $x=a$, 일차방정식 $\frac{x-2}{4}-1=\frac{2x+1}{3}$의 해를 $x=b$라 할 때, $\frac{5}{4}(a-b)$의 값은?

① -6
② -5
③ -4
④ 5
⑤ 6

0682

일차방정식 $0.04x-0.08=0.02x-0.2$의 해를 $x=a$, 일차방정식 $\frac{2x+1}{3}-\frac{4x+2}{5}=-1$의 해를 $x=b$라 할 때, $a+b$의 값은?

① -2
② -1
③ 0
④ 1
⑤ 2

0683

비례식 $(3x-1):(x+1)=5:3$을 만족시키는 x에 대하여 비례식 $(2x+a):(3a-x)=1:4$가 성립할 때, 상수 a의 값을 구하시오.

● 정답과 풀이 070쪽

0684

일차방정식 $a-2x=-x+1$의 해가 $x=2$일 때, x에 대한 일차방정식 $\frac{1}{2}(4x-1)=ax-\frac{1}{3}$의 해를 구하시오.

(단, a는 상수)

0685

다음 두 일차방정식의 해가 같을 때, 상수 a의 값을 구하시오.

$$3(x-5)=x-17,\quad \frac{a(x+2)}{3}-\frac{1-ax}{4}=\frac{1}{6}$$

0686

x에 대한 일차방정식 $x-\frac{1}{3}(x+2a)=-2$의 해가 음의 정수가 되도록 하는 모든 자연수 a의 값의 합을 구하시오.

0687

x에 대한 일차방정식 $\frac{x+1}{2}-\frac{a-2}{3}=1$과 $\frac{x+1-a}{4}=\frac{a-5}{8}$의 해의 비가 2 : 3일 때, 상수 a의 값은?

① -6 ② -3 ③ -1
④ 3 ⑤ 6

0688

x에 대한 일차방정식 $6x+a=2x-7$에서 a의 부호를 반대로 잘못 보고 풀었더니 해가 $x=-\frac{1}{4}$이었다. 처음 일차방정식을 바르게 푸시오.

0689

다음 보기 중 등식 $x-\frac{2x-b}{a}=3x+1$에 대한 설명으로 옳은 것을 모두 고른 것은? (단, a, b는 상수이고 $a\neq0$)

보기
ㄱ. $a=-1$, $b=-1$이면 해가 없다.
ㄴ. $a\neq-1$, $b\neq-1$이면 해가 1개이다.
ㄷ. $a\neq-1$, $b=-1$이면 해가 1개이다.
ㄹ. $a=-1$, $b\neq-1$이면 해가 무수히 많다.
ㅁ. $a\neq-1$이면 x에 대한 일차방정식이다.

① ㄱ, ㄴ ② ㄴ, ㄹ ③ ㄱ, ㄷ, ㅁ
④ ㄴ, ㄷ, ㅁ ⑤ ㄷ, ㄹ, ㅁ

C+ 201쪽에서 고난도 문제를 만나보아요!

08 일차방정식의 활용

일차방정식의 활용

01 일차방정식의 활용 문제 푸는 순서

일차방정식을 활용하여 문제를 풀 때는 다음과 같은 순서대로 해결한다.

❶ 미지수 정하기: 문제의 뜻을 파악하고 구하려는 것을 미지수 x로 놓는다.

❷ 방정식 세우기: 문제의 뜻에 맞게 x에 대한 일차방정식을 세운다.

❸ 방정식 풀기: 방정식을 풀어 해를 구한다.

❹ 확인하기: 구한 해가 문제의 뜻에 맞는지 확인한다.

문제의 답을 구할 때 단위가 있는 경우에는 반드시 단위를 쓴다.

02 여러 가지 활용 문제

(1) 연속하는 수에 대한 문제

① 연속하는 두 정수: x, $x+1$ 또는 $x-1$, x

② 연속하는 세 정수: $x-1$, x, $x+1$ 또는 x, $x+1$, $x+2$

③ 연속하는 두 짝수(홀수): x, $x+2$ 또는 $x-2$, x

④ 연속하는 세 짝수(홀수): $x-2$, x, $x+2$ 또는 x, $x+2$, $x+4$

(2) 자리의 숫자에 대한 문제: 십의 자리의 숫자가 x, 일의 자리의 숫자가 y인 두 자리 자연수는 $10x+y$이다.

참고 일의 자리의 숫자와 십의 자리의 숫자를 바꾼 수는 $10y+x$이다.

백의 자리의 숫자가 a, 십의 자리의 숫자가 b, 일의 자리의 숫자가 c인 세 자리 자연수는 $100a+10b+c$로 놓는다.

(3) 나이에 대한 문제: (x년 후의 나이)=(현재 나이)$+x$,
(x년 전의 나이)=(현재 나이)$-x$

(4) 합이 일정한 문제: 합이 일정할 때, 구하고자 하는 것을 x, 다른 것을 (합)$-x$로 놓고 일차방정식을 세운다.

(5) 도형에 대한 문제: 도형의 변의 길이를 미지수를 포함한 식으로 나타낸 후 둘레의 길이 또는 넓이를 구하는 공식을 이용하여 일차방정식을 세운다.

(6) 일에 대한 문제: 전체 일의 양을 1로 놓고, 각 사람이 단위 시간에 할 수 있는 일의 양을 구한 후 일차방정식을 세운다.

(7) 거리, 속력, 시간에 대한 문제: 거리, 속력, 시간에 대한 문제는 다음 관계를 이용하여 일차방정식을 세운다.

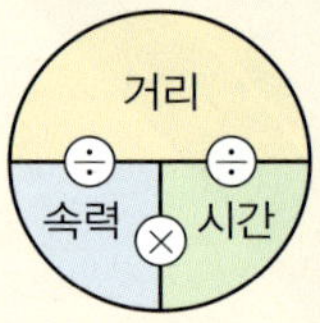

① (거리)=(속력)×(시간)　② (속력)$=\dfrac{(\text{거리})}{(\text{시간})}$　③ (시간)$=\dfrac{(\text{거리})}{(\text{속력})}$

예시 ① 시속 5 km로 x시간 동안 달린 거리 ➡ $5x$ km

② 2시간 동안 y km를 달렸을 때의 속력 ➡ 시속 $\dfrac{y}{2}$ km

③ 시속 3 km로 z km를 가는 데 걸린 시간 ➡ $\dfrac{z}{3}$시간

거리, 속력, 시간에 대한 문제를 풀 때는 단위를 통일하여 방정식을 세운다.

예시 1 km=1000 m, 1시간=60분

(8) 농도에 대한 문제: 소금물의 농도에 대한 문제는 다음 관계를 이용하여 일차방정식을 세운다.

① (소금물의 농도)$=\dfrac{(\text{소금의 양})}{(\text{소금물의 양})}\times 100\ (\%)$

② (소금의 양)$=\dfrac{(\text{소금물의 농도})}{100}\times$(소금물의 양)

예시 ① 물 90 g에 소금 10 g을 넣었을 때의 소금물의 농도 ➡ $\dfrac{10}{90+10}\times 100=10\ (\%)$

② 5 %의 소금물 200 g에 들어 있는 소금의 양 ➡ $\dfrac{5}{100}\times 200=10\ (\text{g})$

소금물에 물을 더 넣거나 증발시켜도 소금의 양은 변하지 않는다.

개념 확인하기

01 일차방정식의 활용 문제 푸는 순서

0690

다음은 한 개에 500원인 아이스크림과 한 개에 700원인 음료수를 합하여 10개를 사고 6200원을 지불하였을 때, 아이스크림은 몇 개를 샀는지 구하는 과정이다. □ 안에 알맞은 것을 써넣으시오.

❶ 미지수 정하기	아이스크림을 x개 샀다고 하면 음료수는 (□)개 샀다.
❷ 방정식 세우기	아이스크림과 음료수를 사는 데 6200원을 지불하였으므로 방정식을 세우면 □
❸ 방정식 풀기	방정식을 풀면 $x=$□
❹ 확인하기	아이스크림을 □개 사고, 음료수를 □개 샀으므로 $500\times$□$+700\times$□$=6200$ 따라서 구한 해는 문제의 뜻에 맞는다.

0691

다음 문장을 x에 대한 방정식으로 나타내고, x의 값을 구하시오.

(1) 어떤 수 x에 3을 더하여 2배 한 것은 x의 4배와 같다.

(2) 가로의 길이가 6 cm, 세로의 길이가 x cm인 직사각형의 둘레의 길이가 22 cm이다.

(3) 사과 20개를 x명에게 3개씩 나누어 주었더니 2개가 남았다.

02 여러 가지 활용 문제

0692

연속하는 두 자연수의 합이 15일 때, 두 수를 구하려고 한다. 다음 물음에 답하시오.

(1) 두 자연수 중 작은 수를 x라 할 때, 큰 수를 x를 사용한 식으로 나타내시오.

(2) x에 대한 방정식을 세우시오.

(3) 두 자연수를 구하시오.

0693

마당에 오리와 토끼가 합하여 18마리가 있다. 다리의 수의 합이 52개일 때, 토끼는 몇 마리인지 구하려고 한다. 다음 물음에 답하시오.

(1) 토끼의 수를 x라 할 때, 오리의 수를 x를 사용한 식으로 나타내시오.

(2) x에 대한 방정식을 세우시오.

(3) 토끼는 몇 마리인지 구하시오.

0694

거리가 x km인 두 지점 사이를 왕복하는데 갈 때는 시속 3 km로, 올 때는 시속 4 km로 걸었더니 1시간이 걸렸다. 다음 물음에 답하시오.

(1) 다음 표를 완성하시오.

	거리 (km)	속력 (km/h)	시간 (시간)
갈 때	x	3	
올 때	x	4	

(2) 왕복하는 데 걸린 시간을 이용하여 x에 대한 방정식을 세우시오.

(3) 두 지점 사이의 거리를 구하시오.

0695

5 %의 소금물 300 g에 물 x g을 넣었더니 3 %의 소금물이 되었다. 다음 물음에 답하시오.

(1) 다음 표를 완성하시오.

	농도 (%)	소금물의 양 (g)	소금의 양 (g)
물을 넣기 전	5	300	
물을 넣은 후	3		$\frac{3}{100}\times(300+x)$

(2) 물을 넣기 전과 물을 넣은 후의 소금의 양은 같음을 이용하여 x에 대한 방정식을 세우시오.

(3) 넣은 물의 양을 구하시오.

PART B

유형별 문제

유형 01 어떤 수에 대한 문제

❶ 어떤 수를 x로 놓는다.
❷ 주어진 조건을 이용하여 x에 대한 일차방정식을 세운다.
❸ 일차방정식을 푼다.

0696 대표문제

어떤 수를 3배 하여 7을 뺀 수는 어떤 수의 2배보다 5만큼 크다. 어떤 수는?

① 8 ② 9 ③ 10
④ 11 ⑤ 12

0697

서로 다른 두 자연수의 차는 9이고 큰 수는 작은 수의 3배보다 5만큼 작을 때, 큰 수와 작은 수를 각각 구하시오.

0698

어떤 수에 1을 더하고 6배 한 수는 어떤 수의 3배보다 15만큼 크다고 한다. 어떤 수를 구하시오.

0699

서로 다른 두 자연수에 대하여 큰 수를 작은 수로 나누었더니 몫이 5이고 나머지가 6이었다. 큰 수와 작은 수의 합이 48일 때, 큰 수를 구하시오.

0700

어떤 수를 2배 하여 3을 더해야 할 것을 잘못하여 어떤 수를 3배 한 후 2를 더했더니 처음 구하려고 했던 수보다 5만큼 커졌다. 이때 처음 구하려고 했던 수를 구하시오.

유형 02 연속하는 수에 대한 문제

(1) 연속하는 두 정수 ➡ x, $x+1$ 또는 $x-1$, x
(2) 연속하는 세 정수
➡ $x-1$, x, $x+1$ 또는 x, $x+1$, $x+2$
(3) 연속하는 세 짝수(홀수)
➡ $x-2$, x, $x+2$ 또는 x, $x+2$, $x+4$

개념ON 165쪽

0701 대표문제

연속하는 두 정수의 합이 21일 때, 두 정수의 곱은?

① 90 ② 110 ③ 132
④ 156 ⑤ 182

0702

연속하는 세 자연수의 합이 63일 때, 세 자연수 중 가운데 수를 구하시오.

0703 중요

연속하는 세 짝수 중 가장 큰 수의 3배는 나머지 두 수의 합보다 24만큼 크다고 한다. 세 짝수 중 가운데 수는?

① 16 ② 18 ③ 20
④ 22 ⑤ 24

0704

연속하는 세 자연수 중 가장 작은 수의 4배는 다른 두 수의 합보다 5만큼 크다고 한다. 이때 세 자연수의 합을 구하시오.

유형 03 자리의 숫자에 대한 문제

(1) 십의 자리의 숫자가 x, 일의 자리의 숫자가 y인 두 자리 자연수 ➡ $10x+y$

(2) 백의 자리의 숫자가 x, 십의 자리의 숫자가 y, 일의 자리의 숫자가 z인 세 자리 자연수 ➡ $100x+10y+z$

개념ON 165쪽

0705 대표문제

십의 자리의 숫자가 7인 두 자리 자연수가 있다. 이 자연수의 십의 자리의 숫자와 일의 자리의 숫자를 바꾼 수는 처음 수보다 18만큼 크다고 할 때, 처음 수는?

① 71 ② 73 ③ 74
④ 76 ⑤ 79

0706 중요

일의 자리의 숫자가 2인 두 자리 자연수가 있다. 이 자연수는 각 자리의 숫자의 합의 8배와 같을 때, 이 자연수는?

① 42 ② 52 ③ 62
④ 72 ⑤ 82

0707

일의 자리의 숫자가 십의 자리의 숫자보다 5만큼 큰 두 자리 자연수가 있다. 이 자연수는 각 자리의 숫자의 합의 3배와 같을 때, 이 자연수를 구하시오.

0708 서술형

각 자리의 숫자의 합이 15인 두 자리 자연수가 있다. 이 자연수의 십의 자리의 숫자와 일의 자리의 숫자를 바꾼 수는 처음 수보다 27만큼 작다고 할 때, 처음 수를 구하시오.

0709

일의 자리의 숫자와 백의 자리의 숫자의 합이 9이고 십의 자리의 숫자가 0인 세 자리 자연수가 있다. 이 자연수의 백의 자리의 숫자와 일의 자리의 숫자를 바꾼 수는 처음 수보다 99만큼 크다고 할 때, 처음 수를 구하시오.

유형 04 나이에 대한 문제

(1) 올해 나이가 a세인 사람의 x년 후의 나이 ➡ $(a+x)$세

(2) 올해 나이가 a세인 사람의 x년 전의 나이 ➡ $(a-x)$세

개념ON 166쪽

0710 대표문제

올해 현욱이의 나이는 14세, 아버지의 나이는 45세이다. 아버지의 나이가 현욱이의 나이의 2배가 되는 것은 몇 년 후인가?

① 16년 후 ② 17년 후 ③ 18년 후
④ 19년 후 ⑤ 20년 후

0711

올해 예은이와 어머니의 나이의 합은 44세이고 4년 후에는 어머니의 나이가 예은이의 나이의 3배가 된다. 올해 예은이의 나이를 구하시오.

0712 중요

민혁이와 형의 나이의 차는 3세이고, 민혁이와 동생의 나이의 차는 4세이다. 세 형제의 나이의 합이 50세일 때, 민혁이의 동생의 나이는?

① 13세 ② 14세 ③ 15세
④ 16세 ⑤ 17세

0713

2025년에 아버지의 나이는 43세, 아들의 나이는 14세이다. 아버지의 나이가 아들의 나이의 2배보다 3세가 더 많아지는 해는 언제인가?

① 2027년 ② 2032년 ③ 2037년
④ 2042년 ⑤ 2047년

0714 사고력 실력

혜림이네 가족은 부모님과 혜림이의 쌍둥이 오빠를 포함하여 모두 네 명이다. 혜림이네 가족의 나이가 다음 조건을 모두 만족시킬 때, 올해 혜림이의 나이를 구하시오.

> (가) 올해 네 명의 나이의 합은 120세이다.
> (나) 어머니의 나이는 아버지의 나이보다 4세 적다.
> (다) 16년 후에 어머니의 나이는 혜림이의 나이의 2배가 된다.

유형 05 합이 일정한 문제

A, B의 개수의 합이 k로 일정한 경우

➡ A의 개수를 x라 하면 B의 개수는 $k-x$임을 이용하여 일차방정식을 세운다.

개념ON 166쪽

0715 대표문제

3점짜리 문제와 4점짜리 문제로만 구성하여 총 30문항을 시험 문제로 출제하려고 한다. 이때 4점짜리 문제는 모두 몇 문항을 출제해야 하는가? (단, 시험은 100점 만점이다.)

① 10문항 ② 11문항 ③ 12문항
④ 13문항 ⑤ 14문항

0716

운동장에 고양이와 비둘기가 총 15마리 있다. 고양이와 비둘기의 다리의 수의 합이 36일 때, 고양이는 모두 몇 마리 있는가?

① 2마리 ② 3마리 ③ 4마리
④ 5마리 ⑤ 6마리

0717

한 개에 600원인 귤과 한 개에 1000원인 사과를 합하여 모두 16개를 사고 12000원을 지불하였다. 이때 귤은 몇 개를 샀는가?

① 6개 ② 7개 ③ 8개
④ 9개 ⑤ 10개

0718

A 중학교와 B 중학교의 농구 경기에서 A 중학교는 2점짜리 슛과 3점짜리 슛을 합하여 38골을 넣었다. A 중학교의 총 득점이 84점일 때, A 중학교가 넣은 3점짜리 슛은 모두 몇 골인지 구하시오.

유형 06 도형에 대한 문제

❶ 도형의 변의 길이를 미지수를 포함한 식으로 나타낸다.
❷ 둘레의 길이 또는 넓이를 구하는 공식을 이용하여 일차방정식을 세운다.
❸ ❷에서 세운 일차방정식을 푼다.

개념ON 167쪽

0719 대표문제

가로의 길이가 3 cm, 세로의 길이가 6 cm인 직사각형의 가로의 길이를 5 cm, 세로의 길이를 x cm만큼 늘였더니 새로 만든 직사각형의 넓이가 처음 직사각형의 넓이의 4배가 되었다. 이때 x의 값을 구하시오.

0720

아랫변의 길이가 윗변의 길이보다 3 cm 더 길고 높이가 6 cm인 사다리꼴의 넓이가 39 cm^2일 때, 이 사다리꼴의 윗변의 길이를 구하시오.

0721

길이가 78 cm인 철사를 구부려 가로의 길이와 세로의 길이의 비가 2 : 1인 직사각형을 만들려고 한다. 이때 직사각형의 가로의 길이는? (단, 겹치는 부분이 없도록 모두 사용한다.)

① 13 cm ② 16 cm ③ 20 cm
④ 26 cm ⑤ 30 cm

0722 중요

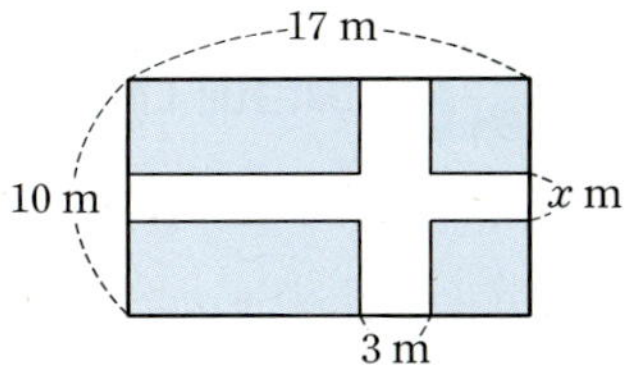

그림과 같이 가로의 길이가 17 m, 세로의 길이가 10 m인 직사각형 모양의 땅에 가로 방향으로는 폭이 x m, 세로 방향으로는 폭이 3 m로 일정한 직선 도로를 만들었다. 도로를 제외한 땅의 넓이가 112 m^2일 때, x의 값을 구하시오.

0723

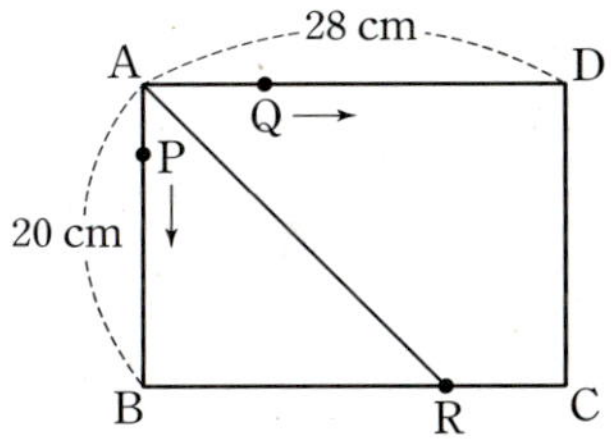

그림과 같이 $\overline{AB}=20$ cm, $\overline{AD}=28$ cm인 직사각형 ABCD에서 점 P는 꼭짓점 A를 출발하여 점 B를 거쳐 점 C까지 초속 3 cm로 움직이고, 점 Q는 꼭짓점 A를 출발하여 점 D와 점 C를 거쳐 점 B까지 초속 5 cm로 움직인다. 두 점 P, Q가 꼭짓점 A를 동시에 출발하여 점 R에서 만날 때, 점 P가 움직인 거리를 구하시오.

0724

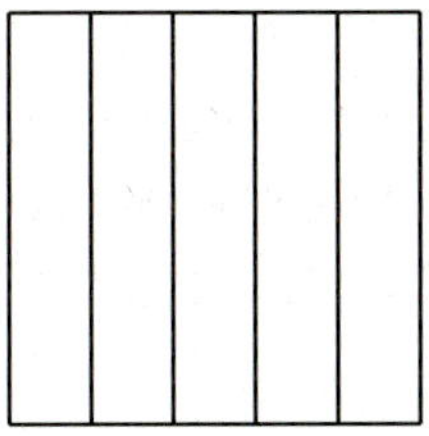

둘레의 길이가 48 cm인 직사각형 5개를 겹치지 않게 이어 붙였더니 그림과 같은 정사각형이 만들어졌다. 이때 직사각형 하나의 넓이는?

① 40 cm^2 ② 60 cm^2
③ 80 cm^2 ④ 100 cm^2
⑤ 120 cm^2

유형 07 예금에 대한 문제

매달 a원씩 x개월 동안 예금할 때, x개월 후의 예금액

➡ (현재 예금액)$+ax$(원)

└ x개월 동안의 예금액

0725 대표문제

현재 형의 예금액은 42000원, 동생의 예금액은 9000원이다. 다음 달부터 형은 매달 1500원씩, 동생은 매달 3000원씩 예금할 때, 형과 동생의 예금액이 같아지는 것은 몇 개월 후인가?

① 18개월 후 ② 19개월 후 ③ 20개월 후
④ 21개월 후 ⑤ 22개월 후

0726

현재 형과 동생의 예금액은 각각 90000원, 66000원이다. 다음 달부터 형은 매달 6000원씩, 동생은 매달 x원씩 예금을 하면 1년 후에 형의 예금액이 동생의 예금액과 같아진다고 한다. 이때 x의 값을 구하시오.

0727 중요

현재 동희는 43000원, 지은이는 38000원의 돈을 갖고 있다. 내일부터 두 사람이 매일 3000원씩 사용할 때, 동희가 갖고 있는 돈이 지은이가 갖고 있는 돈의 2배가 되는 것은 며칠 후인지 구하시오.

0728

현재 은행에 수현이는 16000원, 민정이는 28000원이 예금되어 있다. 다음 달부터 두 사람이 매달 2000원씩 예금할 때, 수현이의 예금액의 3배와 민정이의 예금액의 2배가 같아지는 것은 몇 개월 후인지 구하시오.

발전유형 08 원가와 정가에 대한 문제

(1) 원가가 x원인 물건에 a %의 이익을 붙인 정가

➡ (원가)+(이익)$=x+\frac{a}{100}x$(원)

(2) 정가가 x원인 물건을 a % 할인한 판매 가격

➡ (정가)−(할인 금액)$=x-\frac{a}{100}x$(원)

(3) (이익)=(판매 가격)−(원가)

0729 대표문제

개념ON 168쪽

어떤 물건의 원가에 20 %의 이익을 붙여서 정가를 정한 후 정가에서 1600원을 할인하여 팔았더니 원가의 10 %의 이익이 생겼다. 이 물건의 원가는?

① 13000원 ② 14000원 ③ 15000원
④ 16000원 ⑤ 17000원

0730 중요

어떤 상품의 원가에 30 %의 이익을 붙여서 정가를 정한 후 정가에서 1400원을 할인하여 팔았더니 1000원의 이익을 얻었다. 이 상품의 원가를 구하시오.

0731 서술형 실력

원가가 6000원인 상품이 있다. 이 상품을 정가의 20 %를 할인하여 팔았더니 원가의 8 %의 이익이 생겼다. 이 상품의 정가를 구하시오.

0732 ●●●

원가에 40 %의 이익을 붙여서 정가를 정한 상품이 팔리지 않아 다시 정가의 25 %를 할인하여 팔았더니 3000원의 이익을 얻었다고 한다. 이 상품의 원가는?

① 40000원　② 45000원　③ 50000원
④ 55000원　⑤ 60000원

발전 유형 09 증가와 감소에 대한 문제

증가와 감소에 대한 문제는 다음을 이용하여 일차방정식을 세운다.

	A	B
작년 학생 수	x	y
증가/감소	a % 증가	b % 감소
올해 학생 수	$x+\frac{a}{100}x$	$y-\frac{b}{100}y$

➡ (전체의 변화량)=(A의 변화량)+(B의 변화량)

$$=\frac{a}{100}x-\frac{b}{100}y$$

0733 대표문제

어느 학교의 작년 전체 학생은 1600명이었다. 올해는 작년보다 남학생 수는 5 % 증가하고 여학생 수는 3 % 감소하여 전체적으로 16명이 증가하였다. 올해 남학생은 모두 몇 명인가?

① 816명　② 824명　③ 832명
④ 840명　⑤ 848명

0734 ○●●

어느 인터넷 카페의 회원 수는 작년보다 5 % 감소하여 올해는 23750명이다. 작년의 회원은 모두 몇 명인지 구하시오.

0735 중요 ○●●

작년에 영어 캠프에 참가한 학생은 200명이었다. 올해는 작년보다 남학생 수는 8 % 증가하고 여학생 수는 4 % 감소하여 전체적으로 5 % 증가하였다. 올해 영어 캠프에 참가한 여학생은 모두 몇 명인지 구하시오.

0736 실력 ●●●

작년에 우리나라 쌀 소비량은 잡곡 소비량보다 80만 톤이 더 많았다. 올해는 작년보다 쌀 소비량은 10 % 감소하고 잡곡 소비량은 20 % 증가하여 쌀 소비량과 잡곡 소비량이 같아졌을 때, 올해 쌀 소비량은 몇 톤인지 구하시오.

유형 10 과부족에 대한 문제

과부족에 대한 문제는 다음을 이용하여 일차방정식을 세운다.

(1) 사람들에게 물건을 나누어 주는 경우

➡ 사람 수를 x로 놓고
(물건이 남는 경우의 전체 물건의 개수)
=(물건이 모자라는 경우의 전체 물건의 개수)

(2) 사람들을 몇 명씩 묶는 경우

➡ 묶음의 개수를 x로 놓고
(사람이 남는 경우의 전체 사람 수)
=(사람이 모자라는 경우의 전체 사람 수)

개념ON 167쪽

0737 대표문제

학생들에게 연필을 나누어 주는데 한 명에게 5자루씩 나누어 주면 8자루가 남고, 6자루씩 나누어 주면 4자루가 부족하다. 이때 연필은 모두 몇 자루인가?

① 53자루　② 58자루　③ 63자루
④ 68자루　⑤ 73자루

0738 중요

과수원에서 수확한 사과를 친구들에게 나누어 주는데 한 명에게 3개씩 나누어 주면 2개가 남고, 4개씩 나누어 주면 한 명은 한 개도 받지 못한다. 이때 사과는 모두 몇 개인가?

① 16개 ② 17개 ③ 18개
④ 19개 ⑤ 20개

0739

강당의 긴 의자에 학생들이 앉는데 한 의자에 6명씩 앉으면 13명이 앉지 못하고, 7명씩 앉으면 마지막 의자에는 5명이 앉고 빈 의자는 없다고 한다. 이때 강당에 있는 학생은 모두 몇 명인지 구하시오.

유형 11 일에 대한 문제

(1) 어떤 일을 혼자서 완성하는 데 x일이 걸린다.

➡ 전체 일의 양을 1이라 하면 하루에 하는 일의 양은 $\frac{1}{x}$이다.

(2) 하루에 하는 일의 양이 a이다.

➡ x일 동안 하는 일의 양은 ax이다.

개념ON 168쪽

0740 대표문제

어떤 일을 완성하는 데 A는 14일, B는 21일이 걸린다고 한다. 이 일을 B가 혼자 6일 동안 한 후 A, B가 함께 일하여 완성하였을 때, A, B가 함께 일한 날은 며칠인가?

① 5일 ② 6일 ③ 7일
④ 8일 ⑤ 9일

0741

어떤 과제를 완성하는 데 A가 혼자 하면 6시간, B가 혼자 하면 3시간이 걸린다고 한다. 이 과제를 처음에는 A, B가 함께 하다가 B 혼자 1시간을 더하여 완성하였다. A, B가 함께 과제를 한 시간은 몇 시간 몇 분인지 구하시오.

0742

어떤 장난감을 조립하여 완성하는 데 경수는 12분, 은호는 8분이 걸린다고 한다. 경수가 먼저 3분 동안 조립하고 남은 양을 은호가 조립하여 완성하였을 때, 은호는 몇 분 동안 조립했는지 구하시오.

0743 서술형

빈 물통에 물을 가득 채우는 데 A 호스로는 30분, B 호스로는 50분이 걸린다고 한다. A, B 두 호스를 같이 사용하여 10분 동안 물을 받다가 A 호스만 사용하여 물을 받으려고 한다. 이때 이 물통에 물을 가득 채우려면 A 호스로 몇 분 동안 물을 더 받아야 하는지 구하시오.

0744 중요

어떤 일을 완성하는 데 A는 20시간, B는 25시간이 걸린다고 한다. 이 일을 처음에는 A, B가 함께 하다가 중간에 A 혼자 2시간을 더 일하여 완성하였을 때, A가 일한 총 시간을 구하시오.

유형 12 비율에 대한 문제

전체를 x로 놓고 부분의 합이 전체와 같음을 이용하여 일차방정식을 세운다.

(1) 전체의 $\frac{n}{m}$ ➡ $x\times\frac{n}{m}$

(2) 전체의 $\frac{n}{m}$을 쓰고 남은 양의 $\frac{q}{p}$ ➡ $\left(x-\frac{n}{m}x\right)\times\frac{q}{p}$

0745 대표문제

지수가 소설 책 한 권을 읽는데 첫째 날에는 전체의 $\frac{1}{4}$을, 둘째 날에는 전체의 $\frac{2}{5}$를, 셋째 날에는 18쪽을 읽었더니 전체 쪽수의 $\frac{1}{20}$이 남았다. 이 책은 모두 몇 쪽인지 구하시오.

0746

준이는 여름 방학의 $\frac{1}{4}$은 계곡에서, $\frac{1}{3}$은 해수욕장에서, $\frac{1}{6}$은 친척집에서 보냈다. 또한 방학 중 6일은 집에 있었다고 할 때, 준이의 여름 방학은 모두 며칠인가?

① 21일 ② 22일 ③ 23일
④ 24일 ⑤ 25일

0747

다음은 미국을 대표하는 시인 롱펠로우(Longfellow, H; 1807~1882)가 지은 시이다. 휴리에게 주는 수련 꽃은 몇 송이인지 구하시오.

> 예쁜 수련 꽃다발의 3분의 1은 마하테브에게, 6분의 1은 휴리에게, 5분의 1은 태양에게, 4분의 1은 데비에게, 그리고 남은 아홉 송이는 나의 선생님께 바치련다.

0748

지희는 가지고 있던 구슬의 $\frac{1}{5}$을 성원이에게 주고, 나머지의 $\frac{1}{2}$보다 3개 많은 구슬을 효진이에게 주었더니 21개가 남았다고 한다. 지희가 처음에 가지고 있던 구슬의 개수를 구하시오.

유형 13 거리, 속력, 시간에 대한 문제 - 총 걸린 시간이 주어진 경우

각 구간에서의 속력이 다르고 총 걸린 시간이 주어진 경우
➡ (각 구간에서 걸린 시간의 합)=(총 걸린 시간)임을 이용하여 시간에 대한 일차방정식을 세운다.

개념ON 171쪽

0749 대표문제

등산을 하는데 올라갈 때는 시속 4 km로 걷고, 내려올 때는 올라갈 때보다 3 km 더 먼 거리를 시속 6 km로 걸었더니 총 3시간이 걸렸다. 이때 올라갈 때 걸린 시간은?

① 1시간 10분 ② 1시간 20분 ③ 1시간 30분
④ 1시간 40분 ⑤ 1시간 50분

0750

주원이가 등산을 하는데 올라갈 때는 시속 3 km로 걷고, 내려올 때는 같은 길을 시속 5 km로 걸어서 총 4시간이 걸렸다. 주원이가 올라갈 때 걸은 거리는?

① 6 km ② 6.5 km ③ 7 km
④ 7.5 km ⑤ 8 km

0751 중요

유나가 집에서 출발하여 서점에 다녀오는데 갈 때는 자전거를 타고 시속 15 km로 가고, 서점에서 30분 동안 책을 고른 후 올 때는 같은 길을 자전거를 타고 시속 20 km로 왔더니 총 65분이 걸렸다. 이때 유나네 집에서 서점까지의 거리를 구하시오.

0752 서술형

두 지점 A, B 사이의 거리는 280 km이다. 자동차로 A 지점에서 출발하여 시속 60 km로 가다가 늦을 것 같아서 시속 80 km로 속력을 내어 B 지점에 도착하였더니 총 4시간이 걸렸다. 이때 시속 60 km로 간 거리를 구하시오.

0753

오전 8시 15분에 A역에서 출발하여 오전 9시 정각에 B역에 도착하는 기차가 있다. 이 기차는 출발 후 1 km와 도착 전 1 km 구간에서 시속 100 km로 움직이고, 나머지 구간에서는 시속 200 km로 움직인다. 이때 A역과 B역 사이의 거리를 구하시오.

0754 사고력

수현이는 집에서 10 km 떨어진 학교에서 오전 11시에 지호를 만나기로 약속하고 오전 9시 15분에 집에서 자전거를 타고 출발하였다. 처음에는 시속 8 km로 가다가 도중에 태연이를 만나 20분간 이야기한 후 약속 시간에 늦을 것 같아서 시속 12 km로 달려 예정시간보다 15분 빨리 학교에 도착하였다. 이때 수현이가 태연이를 만난 지점은 집에서 몇 km 떨어진 지점인지 구하시오.

유형 14 거리, 속력, 시간에 대한 문제 - 시간 차가 주어진 경우

두 지점 사이를 다른 속력으로 이동하였을 때 시간 차가 주어진 경우

➡ (느린 속력으로 이동한 시간) − (빠른 속력으로 이동한 시간) = (시간 차)임을 이용하여 시간에 대한 일차방정식을 세운다.

0755 대표문제

개념ON 171쪽

두 지점 A, B 사이를 자전거로 왕복하는데 갈 때는 시속 12 km로 가고, 올 때는 시속 18 km로 왔더니 올 때는 갈 때보다 10분이 덜 걸렸다. 이때 두 지점 A, B 사이의 거리를 구하시오.

0756

A 지점에서 출발하여 B 지점까지 가는데 시속 3 km로 가는 것이 시속 15 km로 가는 것보다 40분이 더 걸린다고 한다. 두 지점 A, B 사이의 거리를 구하시오.

0757 중요

집에서 영화관까지 시속 4 km로 걸어가면 영화가 시작한 지 10분 후에 도착하고, 시속 15 km로 자전거를 타고 가면 영화가 시작하기 12분 전에 도착한다고 한다. 이때 집에서 영화관까지의 거리는?

① 1 km ② 2 km ③ 3 km
④ 4 km ⑤ 5 km

• 정답과 풀이 077쪽

0758 사고력

달리기 경주에 자신 있던 토끼는 출발선에 서 있는 거북이보다 400 m 뒤에서 출발 신호와 동시에 출발하였다. 거북이는 1분에 10 m의 일정한 속력으로 2 km를 달렸고, 달리기 속력이 거북이보다 2배 빠른 토끼는 거북이를 너무 얕잡아 본 나머지 중간에 잠을 자고 느긋하게 결승점을 향해 달려갔지만 이미 거북이는 토끼보다 10분 일찍 들어와 있었다. 토끼가 경주 중간에 잠을 잔 시간은 몇 분인지 구하시오.

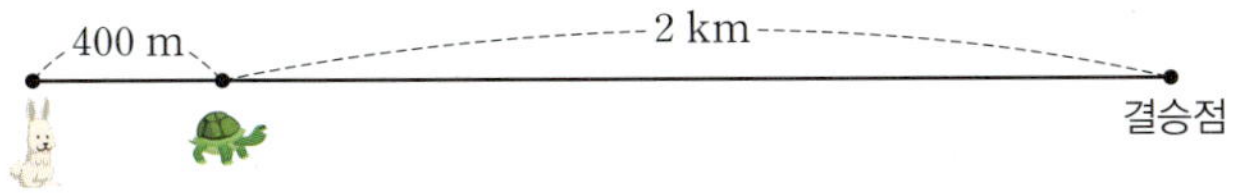

유형 15 거리, 속력, 시간에 대한 문제 - 따라가서 만나는 경우

두 사람 A, B가 시간 차를 두고 같은 지점에서 출발하여 만나는 경우

➡ (A가 이동한 거리)=(B가 이동한 거리)임을 이용하여 거리에 대한 일차방정식을 세운다.

개념ON 172쪽

0759 대표문제

동생이 집을 출발한 지 30분 후에 형이 동생을 따라나섰다. 동생은 분속 60 m로 걷고, 형은 분속 150 m로 동생을 따라갈 때, 형이 집을 출발한 지 몇 분 후에 동생을 만나는가?

① 20분 후 ② 24분 후 ③ 28분 후
④ 30분 후 ⑤ 32분 후

0760 중요

동생은 오전 9시에 집에서 출발하여 도서관까지 분속 20 m로 걸어가고 있다. 언니가 오전 9시 30분에 분속 60 m로 자전거를 타고 동생을 따라갈 때, 언니가 동생을 만나는 시각은?

① 오전 9시 40분 ② 오전 9시 45분
③ 오전 9시 50분 ④ 오전 9시 55분
⑤ 오전 10시

0761

다음은 산학계몽에 실린 문제를 응용한 문제이다. 주어진 문제에서 좋은 말은 달리기 시작한 지 며칠 만에 둔한 말을 따라 잡을 수 있는지 구하시오.

> 좋은 말은 하루에 200리를 달리고, 둔한 말은 하루에 120리를 달린다. 둔한 말이 10일을 먼저 달려갔을 때, 좋은 말은 달리기 시작한 지 며칠 만에 둔한 말을 따라 잡을 수 있는가?
> (10리는 약 4 km이다.)

0762

재은이네 가족은 친척들과 함께 여행을 가는데 두 대의 차로 나누어 타고 출발하였다. 한 차는 먼저 출발하여 시속 80 km로 달렸고, 또 다른 차는 24분 늦게 출발하여 시속 100 km로 달렸더니 목적지에 두 대의 차가 동시에 도착하였다. 이때 출발지에서 목적지까지의 거리를 구하시오.

유형 16 거리, 속력, 시간에 대한 문제 - 마주 보고 걷거나 둘레를 도는 경우

두 사람이 x분 후에 처음으로 만날 때

(1) 서로 다른 지점에서 동시에 출발하여 마주 보고 가는 경우

➡ (x분 동안 두 사람이 걸은 거리의 합)
=(두 지점 사이의 거리)

(2) 같은 곳에서 동시에 출발하여 호수 둘레를 반대 방향으로 도는 경우

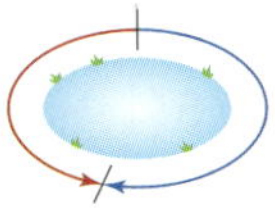

➡ (x분 동안 두 사람이 걸은 거리의 합)
=(호수 둘레의 길이)

(3) 같은 곳에서 동시에 출발하여 호수 둘레를 같은 방향으로 도는 경우

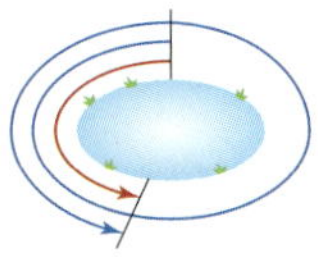

➡ (x분 동안 두 사람이 걸은 거리의 차)
=(호수 둘레의 길이)

개념ON 172쪽

0763 대표문제

둘레의 길이가 3600 m인 호수가 있다. 이 호수의 둘레를 누나는 분속 40 m로, 동생은 분속 60 m로 같은 지점에서 동시에 출발하여 서로 반대 방향으로 걷고 있다. 두 사람은 출발한 지 몇 분 후에 처음으로 다시 만나는지 구하시오.

0764 중요

슬기와 예솔이의 집 사이의 거리는 1.4 km이다. 슬기는 분속 50 m로, 예솔이는 분속 20 m로 각자의 집에서 상대방의 집을 향하여 동시에 출발하였다. 두 사람이 만나는 지점은 슬기네 집으로부터 몇 km 떨어진 곳인지 구하시오.

0765 중요

둘레의 길이가 450 m인 운동장 트랙을 A, B 두 사람이 같은 지점에서 동시에 출발하여 같은 방향으로 달리고 있다. A는 분속 50 m로, B는 분속 75 m로 달릴 때, 두 사람이 처음으로 다시 만나는 것은 출발한 지 몇 분 후인가?

① 13분 후 ② 15분 후 ③ 18분 후
④ 20분 후 ⑤ 23분 후

0766

둘레의 길이가 600 m인 트랙이 있다. 이 트랙 위의 한 지점에서 두 사람 A, B가 자전거를 타고 동시에 출발하여 같은 방향으로 각각 초속 9 m, 초속 6 m로 달리고 있다. 두 사람 A, B가 12분 동안 계속 달릴 때, A가 B를 추월하는 횟수는?

① 2회 ② 3회 ③ 4회
④ 5회 ⑤ 6회

0767

정우와 운재는 20 km 단축 마라톤 대회에 참가하였다. 두 사람은 동시에 출발하여 정우는 시속 9 km의 속력으로, 운재는 시속 6 km의 속력으로 달렸다. 잠시 후 출발 지점에서 10 km 떨어진 반환점을 돌아오던 정우가 반환점을 향해 달려오는 운재와 만났다. 출발 지점으로부터 두 사람이 만난 지점까지의 거리를 구하시오.

발전유형 17 거리, 속력, 시간에 대한 문제 - 열차가 다리 또는 터널을 통과하는 경우

(1) (열차가 다리를 완전히 통과할 때까지 이동한 거리)
=(다리의 길이)+(열차의 길이)

(2) $(\text{열차의 속력})=\dfrac{(\text{다리의 길이})+(\text{열차의 길이})}{(\text{다리를 완전히 통과하는 데 걸린 시간})}$

0768 대표문제

일정한 속력으로 달리는 열차가 길이가 360 m인 철교를 완전히 통과하는 데 30초가 걸리고, 길이가 510 m인 터널을 완전히 통과하는 데 40초가 걸렸다. 이때 열차의 길이는?

① 70 m ② 80 m ③ 90 m
④ 100 m ⑤ 110 m

0769

초속 60 m로 달리는 열차가 길이가 1200 m인 다리를 완전히 통과하는 데 25초가 걸렸다. 이때 열차의 길이는?

① 240 m ② 260 m ③ 280 m
④ 300 m ⑤ 320 m

0770

A 열차의 길이는 150 m, B 열차의 길이는 260 m이다. A, B 두 열차가 같은 속력으로 어떤 다리를 완전히 통과하는 데 A 열차는 40초, B 열차는 50초가 걸렸다. 이때 다리의 길이는?

① 250 m ② 260 m ③ 270 m
④ 280 m ⑤ 290 m

0771 실력

일정한 속력으로 달리는 열차가 길이가 270 m인 터널을 완전히 통과하는 데 20초가 걸리고, 길이가 420 m인 터널을 완전히 통과하는 데 30초가 걸렸다. 이때 열차의 속력은?

① 초속 10 m ② 초속 15 m ③ 초속 20 m
④ 초속 25 m ⑤ 초속 30 m

발전유형 18 물의 속력, 배의 속력

흐르는 강물에서의 배의 속력은

(1) (강물을 따라 내려갈 때의 배의 속력)
=(배의 속력)+(강물의 속력)

(2) (강물을 거슬러 올라갈 때의 배의 속력)
=(배의 속력)−(강물의 속력)

0772 대표문제

시속 5 km로 흐르는 강물을 따라 배를 타고 50 km의 거리를 내려가는 데 2시간이 걸렸다. 이때 정지한 물에서의 배의 속력은?

① 시속 20 km ② 시속 22 km ③ 시속 24 km
④ 시속 26 km ⑤ 시속 28 km

0773

정지한 물에서의 속력이 분속 25 m인 배를 타고 길이가 240 m인 강을 거슬러 올라가는 데 12분이 걸렸다. 이때 강물의 속력은?

① 분속 5 m ② 분속 6 m ③ 분속 7 m
④ 분속 8 m ⑤ 분속 9 m

발전유형 19 농도에 대한 문제 - 소금 또는 물을 넣거나 물을 증발시키는 경우

(1) 물을 넣거나 증발시키는 경우
➡ (처음 소금물의 소금의 양)=(나중 소금물의 소금의 양)

(2) 소금을 더 넣는 경우
➡ (처음 소금물의 소금의 양)+(더 넣은 소금의 양)
=(나중 소금물의 소금의 양)

개념ON 174쪽

0774 대표문제

6 %의 소금물 300 g에서 물을 증발시켜 9 %의 소금물을 만들려고 한다. 이때 증발시켜야 하는 물의 양은?

① 100 g ② 120 g ③ 140 g
④ 160 g ⑤ 180 g

0775 중요 서술형

8 %의 소금물 250 g에 물을 더 넣어서 5 %의 소금물을 만들려고 한다. 이때 더 넣어야 하는 물의 양을 구하시오.

0776

소금물 200 g에 소금 25 g을 더 넣었더니 농도가 처음 소금물의 농도의 2배가 되었다. 이때 처음 소금물의 농도는?

① 8 % ② 9 % ③ 10 %
④ 11 % ⑤ 12 %

PART B 유형별 문제

0777

25 %의 소금물을 만들려다가 물을 너무 많이 넣어서 20 %의 소금물 300 g을 만들었다. 다시 25 %의 소금물을 만들기 위해서는 소금을 몇 g 더 넣어야 하는지 구하시오.

발전유형 20 농도에 대한 문제 - 두 소금물을 섞는 경우

농도가 다른 두 소금물을 섞는 경우

➡ (섞기 전 두 소금물 각각의 소금의 양의 합)
=(섞은 후 소금물의 소금의 양)

0778 대표문제

개념ON 174쪽

12 %의 소금물 400 g과 6 %의 소금물을 섞어 8 %의 소금물을 만들려고 한다. 이때 6 %의 소금물의 양은?

① 800 g ② 840 g ③ 860 g
④ 900 g ⑤ 920 g

0779

x %의 설탕물 400 g과 9 %의 설탕물 200 g을 섞어서 7 %의 설탕물을 만들었다. 이때 x의 값은?

① 2 ② 3 ③ 4
④ 5 ⑤ 6

0780 중요

7 %의 소금물과 12 %의 소금물을 섞어 8 %의 소금물 400 g을 만들려고 한다. 이때 12 %의 소금물의 양은?

① 60 g ② 70 g ③ 80 g
④ 90 g ⑤ 100 g

0781

10 %의 소금물 100 g과 16 %의 소금물 200 g을 섞은 후 물을 증발시켰더니 20 %의 소금물이 되었다. 이때 증발시킨 물의 양은?

① 80 g ② 90 g ③ 100 g
④ 110 g ⑤ 120 g

0782

3 %의 소금물 300 g과 6 %의 소금물 150 g을 섞은 후 물을 더 넣었더니 2 %의 소금물이 되었다. 이때 더 넣은 물의 양은?

① 150 g ② 200 g ③ 300 g
④ 450 g ⑤ 500 g

발전유형 21 시계에 대한 문제

(1) 분침은 1시간, 즉 60분 동안 360°를 움직이므로 1분에 6°씩 움직인다.
➡ (분침이 x분 동안 움직인 각의 크기)$=6x^\circ$

(2) 시침은 1시간, 즉 60분 동안 30°를 움직이므로 1분에 0.5°씩 움직인다.
➡ (시침이 x분 동안 움직인 각의 크기)$=0.5x^\circ$

0783 대표문제

7시와 8시 사이에 시계의 시침과 분침이 일치하는 시각은?

① 7시 37분 ② 7시 $37\frac{3}{11}$분 ③ 7시 38분
④ 7시 $38\frac{2}{11}$분 ⑤ 7시 39분

0784

2시와 3시 사이에 시계의 시침과 분침이 이루는 각 중 작은 각의 크기가 처음으로 160°가 되는 시각은?

① 2시 40분 ② 2시 41분 ③ 2시 42분
④ 2시 43분 ⑤ 2시 44분

0785

3시와 4시 사이에 시계의 시침과 분침이 서로 반대 방향으로 일직선을 이루는 시각은?

① 3시 49분 ② 3시 $49\frac{1}{11}$분 ③ 3시 $49\frac{6}{11}$분
④ 3시 50분 ⑤ 3시 $50\frac{5}{11}$분

유형 22 규칙이 있는 수에 대한 문제

(1) 바둑돌(성냥개비)을 이용하여 도형을 만드는 문제
➡ 한 단계가 증가할 때마다 추가되는 바둑돌(성냥개비)의 개수를 이용하여 규칙을 찾는다.

(2) 달력을 이용하여 날짜를 찾는 문제
➡ 날짜가 배열되는 규칙을 찾는다.

0786 대표문제

그림과 같이 어느 달의 달력에서  모양으로 4개의 수를 선택하여 묶었다. 선택한 4개의 수의 합이 92가 되도록 하는 4개의 날짜 중 가장 큰 수를 구하시오.

(단,  모양을 뒤집거나 돌리지 않는다.)

일	월	화	수	목	금	토
					1	2
3	4	5	6	7	8	9
10	11	12	13	14	15	16
17	18	19	20	21	22	23
24	25	26	27	28	29	30

0787

바둑돌을 이용하여 그림과 같이 도형을 만든다고 한다. 115개의 바둑돌을 이용할 때, 몇 단계의 도형을 만들 수 있는가?

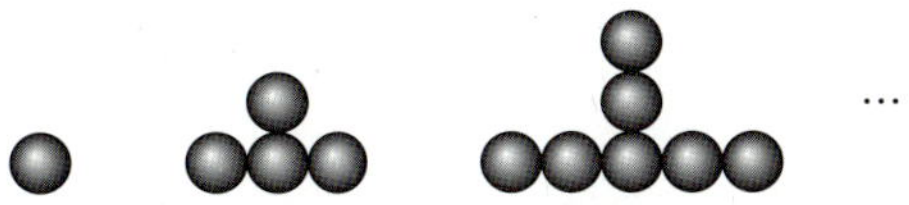

[1단계] [2단계] [3단계]

① 38단계 ② 39단계 ③ 40단계
④ 41단계 ⑤ 42단계

0788 중요 서술형

성냥개비를 이용하여 그림과 같이 정육각형 모양이 이어진 도형을 만들려고 한다. 성냥개비 76개를 이용하여 만들 수 있는 정육각형은 모두 몇 개인지 구하시오.

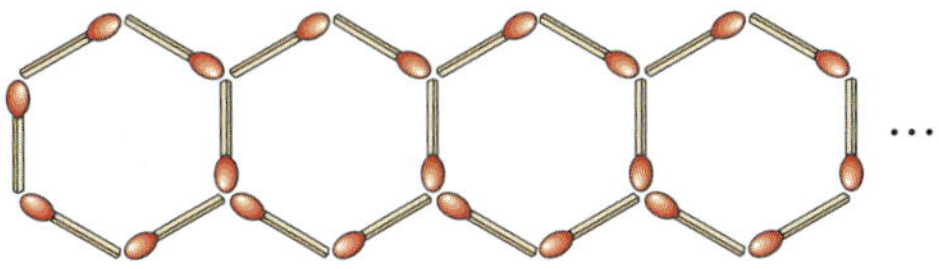

0789

크기가 같은 정사각형 모양의 스티커를 겹치지 않게 이어 붙여서 그림과 같이 도형을 만들려고 한다. 92개의 스티커를 이용할 때, 몇 단계의 도형을 만들 수 있는가?

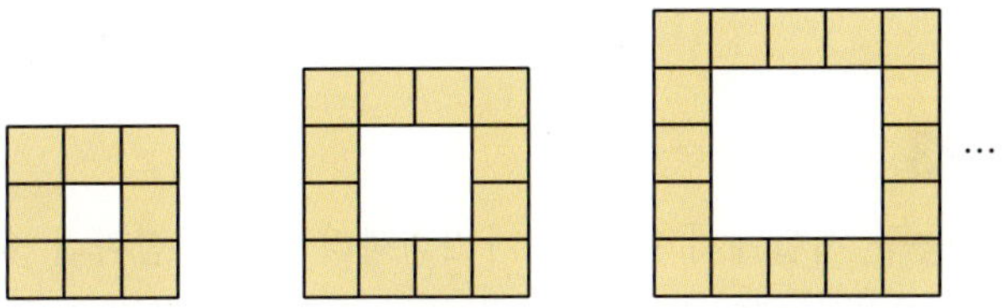

[1단계] [2단계] [3단계]

① 21단계 ② 22단계 ③ 23단계
④ 24단계 ⑤ 25단계

PART C 중단원 마무리

0790

연속하는 세 자연수의 합이 105일 때, 이 세 자연수 중 가장 큰 수는?

① 33 ② 34 ③ 35
④ 36 ⑤ 37

0791

십의 자리의 숫자가 6인 두 자리 자연수가 있다. 이 자연수의 십의 자리의 숫자와 일의 자리의 숫자를 바꾼 수는 처음 수보다 27만큼 작다고 할 때, 처음 수는?

① 61 ② 62 ③ 63
④ 64 ⑤ 65

0792

올해 어머니의 나이는 46세, 딸의 나이는 13세이다. 어머니의 나이가 딸의 나이의 2배가 되는 것은 몇 년 후인가?

① 17년 후 ② 18년 후 ③ 19년 후
④ 20년 후 ⑤ 21년 후

0793

어떤 농구 시합에서 한 선수가 2점짜리 슛과 3점짜리 슛을 합하여 9골을 넣어 23점을 득점하였을 때, 2점짜리 슛은 모두 몇 골 넣었는가?

① 3골 ② 4골 ③ 5골
④ 6골 ⑤ 7골

0794

가로의 길이가 2 cm, 세로의 길이가 3 cm인 직육면체의 겉넓이가 62 cm^2일 때, 이 직육면체의 높이는?

① 5 cm ② 6 cm ③ 7 cm
④ 8 cm ⑤ 9 cm

0795

현재 저금통에 형은 6000원, 동생은 2000원이 들어 있다. 내일부터 형은 매일 300원씩, 동생은 매일 400원씩 저금통에 넣을 때, 형의 저금통에 들어 있는 금액이 동생의 저금통에 들어 있는 금액의 2배가 되는 것은 며칠 후인지 구하시오.

0796

원가에 20 %의 이익을 붙여서 정가를 정한 구두가 팔리지 않아서 정가에서 10 %를 할인하여 판매하였더니 1개를 팔 때마다 4160원의 이익을 얻었다. 이때 이 구두의 원가를 구하시오.

0797

어느 학급의 학생들이 박물관을 관람하기 위해 줄을 서는데 한 줄에 5명씩 서면 2명이 남고, 6명씩 서면 1명이 남는다. 6명씩 서면 5명씩 설 때보다 한 줄이 줄어든다고 할 때, 이 학급의 학생은 몇 명인지 구하시오.

0798

지민이는 부모님에게 용돈을 받아서 첫째 날에 용돈의 $\frac{1}{3}$을 저축하였다. 둘째 날에는 남은 돈의 $\frac{3}{4}$으로 책을 사고, 2500원짜리 아이스크림을 사먹었더니 1000원이 남았다. 지민이가 받은 용돈은 얼마인지 구하시오.

0799

어떤 일을 완성하는 데 주현이는 8일, 정원이는 12일이 걸린다고 한다. 이 일을 정원이가 혼자 2일 동안 한 후 둘이 함께 일하여 완성하였을 때, 두 사람이 함께 일한 날은 며칠인지 구하시오.

0800

집에서 도서관까지 가는데 자동차를 타고 시속 40 km로 가면 자전거를 타고 시속 16 km로 가는 것보다 45분 먼저 도착한다. 이때 집에서 도서관까지 자전거를 타고 가는 데 걸리는 시간은 몇 분인지 구하시오.

0801

둘레의 길이가 500 m인 트랙이 있다. A는 분속 80 m, B는 분속 60 m로 트랙의 같은 지점에서 동시에 출발하여 같은 방향으로 걸을 때, 두 사람은 출발한 지 몇 분 후에 처음으로 다시 만나는지 구하시오.

0802

헬스장에 간 한석이와 기철이가 런닝 머신에 올라가 한석이는 시속 10 km로, 기철이는 시속 13 km로 동시에 달리기 시작하여 한참을 달리는 중에 갑자기 정전이 되면서 런닝 머신이 동시에 모두 멈추었다. 멈출 때까지 두 사람이 달린 거리의 차가 2400 m일 때, 달리기 시작하여 몇 분 후에 런닝 머신이 멈추었는지 구하시오.

0803

일정한 속력으로 달리는 기차가 길이가 240 m인 터널을 완전히 통과하는 데 10초가 걸리고, 길이가 390 m인 터널을 완전히 통과하는 데 13초가 걸렸다. 이때 기차의 속력은?

① 초속 40 m　② 초속 45 m　③ 초속 50 m
④ 초속 55 m　⑤ 초속 60 m

0804

10 %의 소금물 800 g에서 물을 200 g 증발시킨 후 소금을 더 넣었더니 20 %의 소금물이 되었다. 이때 더 넣은 소금의 양을 구하시오.

0805

농도가 15 %인 설탕물의 농도를 20 %로 만들려면 물 50 g을 증발시키면 된다고 한다. 물을 증발시키지 않고 설탕을 넣어 농도를 20 %로 만들고 싶다면 더 넣어야 하는 설탕의 양을 구하시오.

• 정답과 풀이 082쪽

0806

4 %의 소금물 200 g과 8 %의 소금물을 섞어서 6 %의 소금물을 만들려고 한다. 이때 8 %의 소금물의 양은?

① 100 g ② 150 g ③ 200 g
④ 250 g ⑤ 300 g

0807

8시와 9시 사이에 시계의 시침과 분침이 이루는 각 중 작은 각의 크기가 처음으로 13°가 되는 시각은?

① 8시 41분 ② 8시 $41\frac{3}{11}$분 ③ 8시 $41\frac{6}{11}$분
④ 8시 $41\frac{9}{11}$분 ⑤ 8시 $42\frac{1}{11}$분

0808

성냥개비를 이용하여 그림과 같이 도형을 만들려고 한다. 157개의 성냥개비를 이용할 때, 몇 단계의 도형을 만들 수 있는가?

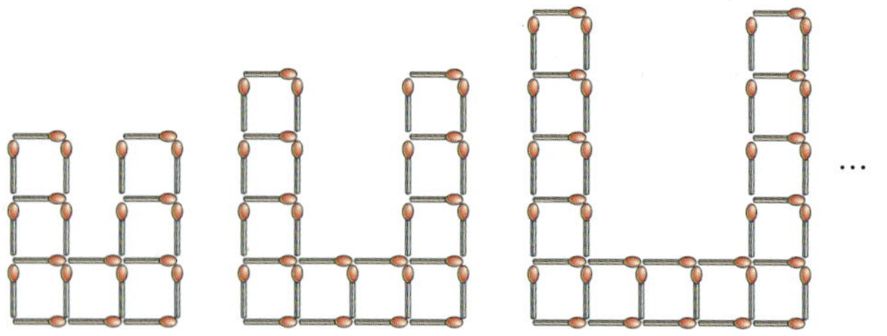

[1단계] [2단계] [3단계]

① 12단계 ② 13단계 ③ 14단계
④ 15단계 ⑤ 16단계

0809

그림과 같이 어느 달의 달력에서 ✚ 모양으로 5개의 수를 선택하여 묶었다. 선택한 5개의 수의 합이 95가 되도록 하는 5개의 날짜 중 가장 작은 수는? (단, ✚ 모양을 뒤집거나 돌리지 않는다.)

일	월	화	수	목	금	토
	1	2	3	4	5	6
7	8	9	10	11	12	13
14	15	16	17	18	19	20
21	22	23	24	25	26	27
28	29	30	31			

① 4 ② 5 ③ 11
④ 12 ⑤ 15

0810

한 변의 길이가 3인 정사각형을 그림과 같이 겹치지 않게 이어 붙여서 직사각형을 만들 때, 직사각형의 둘레의 길이가 150이 되는 것은 몇 단계인지 구하시오.

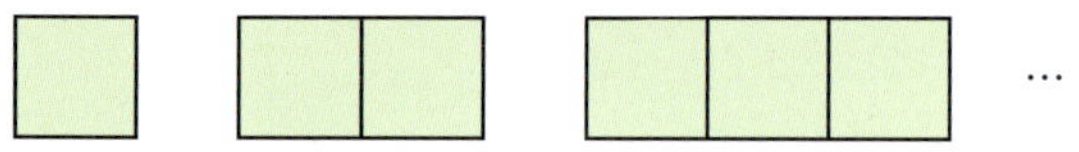

[1단계] [2단계] [3단계]

0811

다음은 왕과 왕관 세공업자의 대화이다. 세공업자가 왕관에 섞은 은의 무게는 몇 g인지 구하시오.

> 세공업자 : 폐하, 저는 분명히 금 600 g을 가지고 왕관을 만들었습니다.
> 왕: 감히 짐을 속이려 들어? 당신은 은을 섞었어!
> 세공업자: 그렇다면 제가 얼마나 은을 섞었다는 겁니까?
> 왕: 여기 있는 이 용액을 봐라. 이 용액에 금을 넣으면 금 무게의 $\frac{1}{18}$만큼이 가벼워지고, 은을 넣으면 은 무게의 $\frac{1}{6}$만큼이 가벼워지지. 그런데 여길 봐! 지금 용액 속에서 당신이 만든 왕관의 무게가 550 g이잖아!

PART C⁺ 203쪽에서 고난도 문제를 만나보아요!

09 순서쌍과 좌표

PART A 09

순서쌍과 좌표

01 순서쌍과 좌표

> 원점을 나타내는 기호 O는 Origin의 첫 글자이다.

(1) 수직선 위의 점의 좌표

① **좌표**: 수직선 위의 한 점이 나타내는 수

➡ 점 P의 좌표가 a일 때, 기호로 **P(a)**와 같이 나타낸다.

② 좌표가 0인 점을 **원점**이라 하며 기호로 O(0)와 같이 나타낸다.

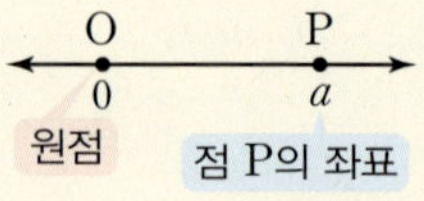

(2) 좌표평면

두 수직선이 점 O에서 서로 수직으로 만날 때

① **x축**: 가로의 수직선

② **y축**: 세로의 수직선

(①, ② → 좌표축)

③ **원점**: 두 좌표축이 만나는 점 O

④ **좌표평면**: 좌표축이 정해져 있는 평면

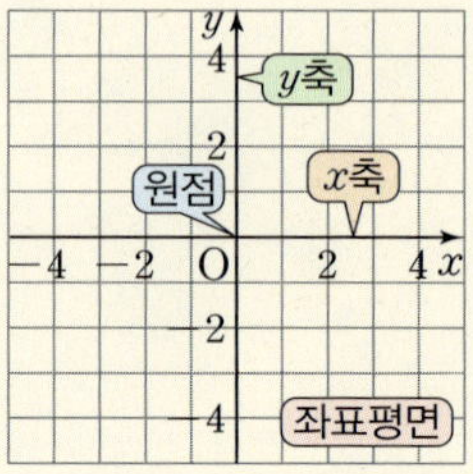

> 좌표평면 위에서 원점 O의 좌표는 (0, 0)이다.

> $a \neq b$일 때, 순서쌍 (a, b)와 순서쌍 (b, a)는 서로 다르다.

> **좌표축 위의 점의 좌표**
> (1) x축 위의 점의 좌표
> ➡ (x좌표, 0)
> (2) y축 위의 점의 좌표
> ➡ (0, y좌표)

(3) 좌표평면 위의 점의 좌표

① **순서쌍**: 순서를 생각하여 두 수를 짝 지어 나타낸 것

② 좌표평면 위의 한 점 P에서 x축, y축에 각각 수선을 그어 이 수선과 x축, y축이 만나는 점이 나타내는 수가 각각 a, b일 때, 순서쌍 (a, b)를 점 P의 **좌표**라 하고, 이것을 기호로 P(a, b)와 같이 나타낸다. 이때 a를 점 P의 **x좌표**, b를 점 P의 **y좌표**라 한다.

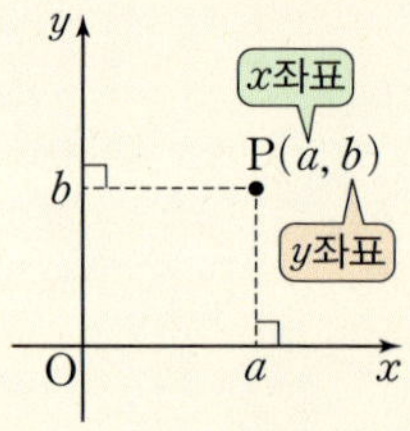

02 사분면

> 원점과 좌표축 위의 점은 어느 사분면에도 속하지 않는다.

(1) 사분면: 좌표평면은 좌표축에 의하여 네 부분으로 나누어지고, 네 부분을 각각 **제1사분면, 제2사분면, 제3사분면, 제4사분면**이라 한다.

(2) 사분면 위의 점의 좌표의 부호

	제1사분면	제2사분면	제3사분면	제4사분면
x좌표	+	−	−	+
y좌표	+	+	−	−

(3) 대칭인 점의 좌표

점 P(a, b)와

① x축에 대하여 대칭인 점 Q의 좌표 ➡ Q(a, $-b$)

② y축에 대하여 대칭인 점 R의 좌표 ➡ R($-a$, b)

③ 원점에 대하여 대칭인 점 S의 좌표 ➡ S($-a$, $-b$)

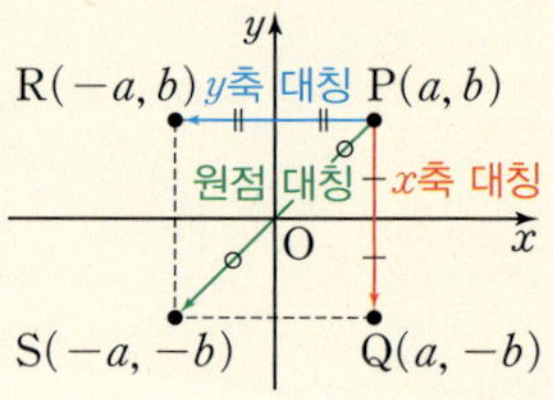

03 그래프

> 변수와 달리 일정한 값을 갖는 수나 문자를 상수라 한다.

> 그래프는 점, 직선, 곡선 등으로 나타낼 수 있다.

(1) 변수: x, y와 같이 여러 가지로 변하는 값을 나타내는 문자

(2) 그래프: 두 변수 사이의 관계를 좌표평면 위에 그림으로 나타낸 것

(3) 그래프의 이해: 주어진 두 변수 사이의 관계를 그래프로 나타내면 두 변수의 변화 관계를 쉽게 알아볼 수 있다.

(두 변수의 변화 관계 ← 두 변수 사이의 증가와 감소, 주기적 변화, 변화의 빠르기)

개념 확인하기

01 순서쌍과 좌표

0812

다음 수직선 위의 네 점 A, B, C, D의 좌표를 각각 기호로 나타내시오.

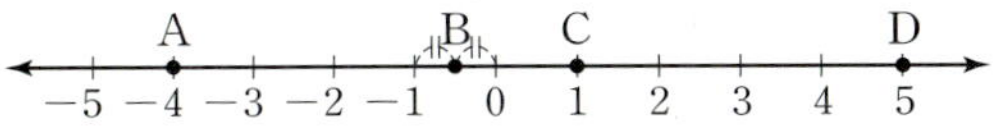

0813

네 점 $A\left(\frac{7}{3}\right)$, $B(0)$, $C\left(-\frac{5}{2}\right)$, $D(4)$를 다음 수직선 위에 각각 나타내시오.

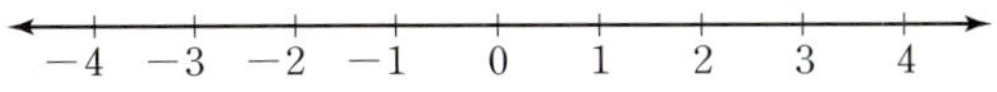

0814

다음 좌표평면 위의 점의 좌표를 기호로 나타내시오.

(1) x좌표가 -1, y좌표가 -2인 점 P

(2) x축 위에 있고, x좌표가 4인 점 Q

(3) y축 위에 있고, y좌표가 -3인 점 R

0815

좌표평면 위의 다섯 개의 점 A, B, C, D, E의 좌표를 각각 기호로 나타내시오.

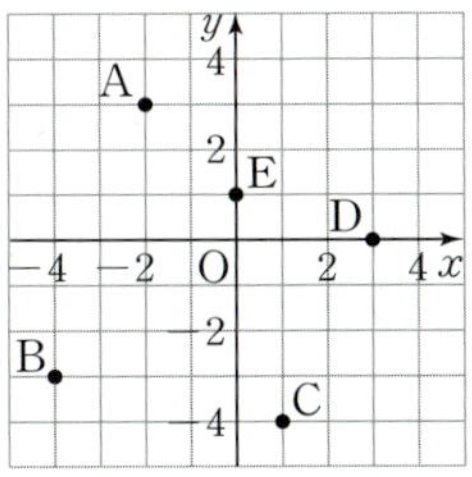

0816

다음 네 점 A, B, C, D를 오른쪽 좌표평면 위에 각각 나타내시오.

$A(-3, 1)$, $B(4, 2)$,
$C(0, -4)$, $D(-1, -3)$

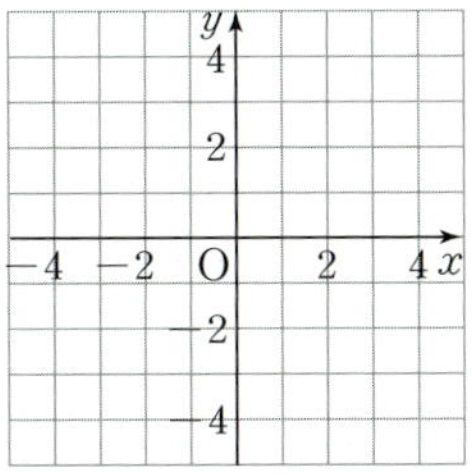

02 사분면

0817

다음 점은 제몇 사분면 위의 점인지 구하시오.

(1) $(-1, 3)$　　(2) $(2, 4)$

(3) $(5, -5)$　　(4) $(-3, -4)$

0818

$a>0$, $b<0$일 때, 다음 점은 제몇 사분면 위의 점인지 구하시오.

(1) (a, b)　　(2) (b, a)

(3) $(-a, b)$　　(4) $(a, -b)$

0819

점 $(-2, 5)$에 대하여 다음 점의 좌표를 구하시오.

(1) x축에 대하여 대칭인 점

(2) y축에 대하여 대칭인 점

(3) 원점에 대하여 대칭인 점

03 그래프

0820

현빈이가 집에서 출발하여 750 m 떨어진 학교까지 갔다. 집을 출발한 지 x분 후의 집으로부터 떨어진 거리를 y m라 할 때, x와 y 사이의 관계를 그래프로 나타내면 오른쪽과 같다. 다음 물음에 답하시오.

(단, 현빈이는 직선으로 이동한다.)

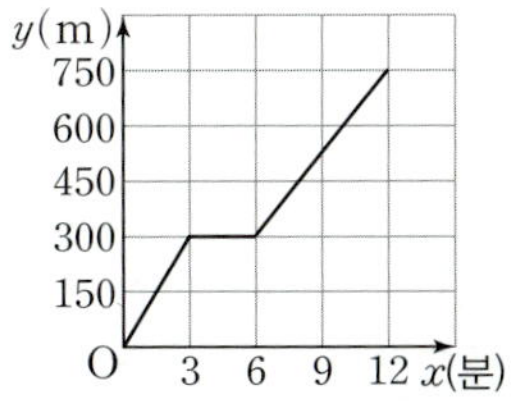

(1) 현빈이가 학교까지 가는 데 걸린 시간을 구하시오.

(2) 현빈이가 집을 출발한 지 3분이 지났을 때, 집으로부터 떨어진 거리는 몇 m인지 구하시오.

(3) 현빈이는 도중에 몇 분 동안 멈춰 있었는지 구하시오.

PART B 유형별 문제

유형 01 순서쌍

(1) 두 순서쌍 (a, b), (c, d)가 서로 같다.
  ➡ $a=c$, $b=d$
(2) $a \neq b$일 때, 순서쌍 (a, b)와 순서쌍 (b, a)는 서로 다르다.

0821 대표문제 개념ON 185쪽

두 순서쌍 $(-a+3, 2b+1)$, $(-3, 5)$가 서로 같을 때, $a-b$의 값을 구하시오.

0822 중요

두 개의 주사위 A, B를 동시에 던져서 나온 눈의 수를 각각 a, b라 할 때, 두 눈의 수의 합이 6이 되는 순서쌍 (a, b)의 개수를 구하시오.

0823

두 수 a, b에 대하여 $|a|=1$, $|b|=2$일 때, 두 순서쌍 $(a, 0)$, $(a, 2b)$로 좌표평면 위에 나타낼 수 있는 모든 점의 개수는?

① 4　② 5　③ 6
④ 7　⑤ 8

0824

바구니 A에는 1, 2, 3, 4, 5가 각각 하나씩 적힌 5개의 공이 들어 있고, 바구니 B에는 1, 2, 3, 4가 각각 하나씩 적힌 4개의 공이 들어 있다. 두 바구니 A, B에 들어 있는 공에 적힌 수를 각각 a, b라 할 때, $a>b$를 만족시키는 순서쌍 (a, b)의 개수를 구하시오.

유형 02 좌표평면 위의 점의 좌표

좌표평면 위의 점 P의 좌표는 다음과 같은 순서대로 찾는다.
❶ 점 P에서 x축, y축에 각각 수선을 긋는다.
❷ 수선과 x축, y축이 만나는 점이 각각 나타내는 수를 찾는다.

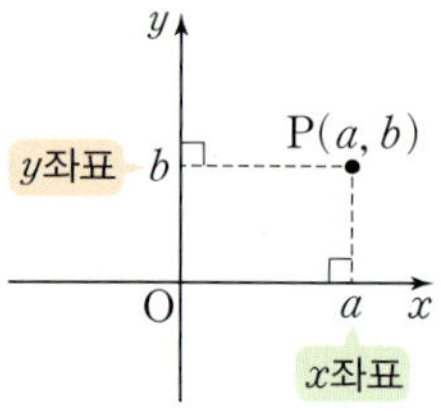

0825 대표문제 개념ON 185쪽

다음 중 좌표평면 위의 다섯 개의 점 A, B, C, D, E의 좌표를 바르게 나타낸 것은?

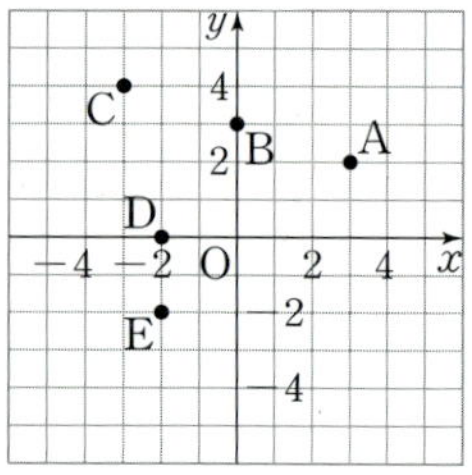

① A(2, 3)　② B(0, 3)
③ C(4, −3)　④ D(0, −2)
⑤ E(−2, 2)

0826

다음 중 좌표평면 위의 다섯 개의 점 A, B, C, D, E의 좌표를 나타낸 것으로 옳지 않은 것은?

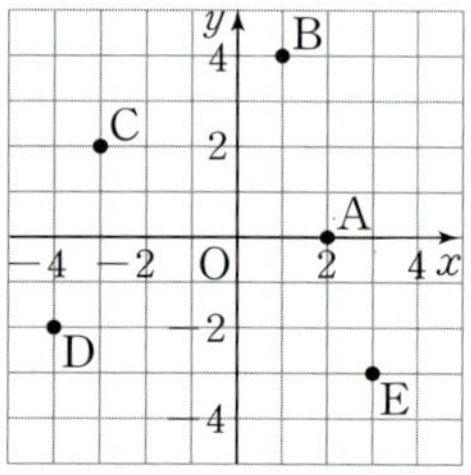

① A(2, 0)
② B(1, 4)
③ C(2, −3)
④ D(−4, −2)
⑤ E(3, −3)

0827 사고력

별자리는 하늘의 별들을 찾기 쉽게 몇 개씩 이어서 동물이나 물건, 신화 속의 인물 등의 이름을 붙여 놓은 것이다. 좌표평면 위에 다음 순서쌍을 좌표로 하는 점을 차례대로 선분으로 이어 카시오페이아자리를 완성하시오.

(−4, 2) ⇨ (−2, 0) ⇨ (0, 1)
⇨ (2, −2) ⇨ (4, 2)

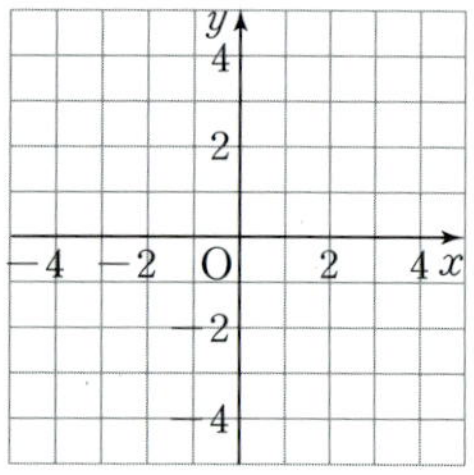

0828 실력

그림에서 사각형 ABCD가 직사각형일 때, 두 점 A, C의 좌표를 각각 구하시오. (단, 사각형 ABCD의 네 변은 x축 또는 y축에 평행하다.)

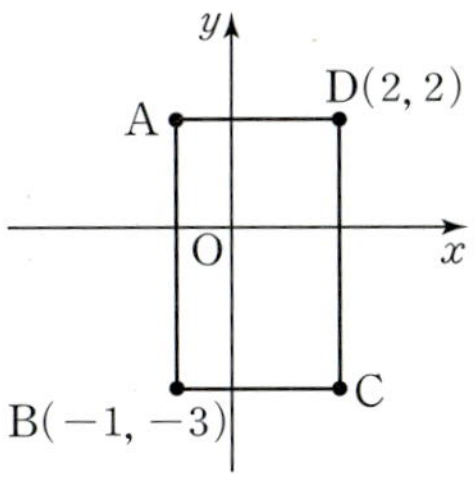

유형 03 좌표축(x축 또는 y축) 위의 점의 좌표

(1) **원점의 좌표** ➡ O(0, 0)

(2) **x축 위에 있는 점 A의 좌표**

➡ y좌표가 0이므로 A$(a, 0)$

(3) **y축 위에 있는 점 B의 좌표**

➡ x좌표가 0이므로 B$(0, b)$

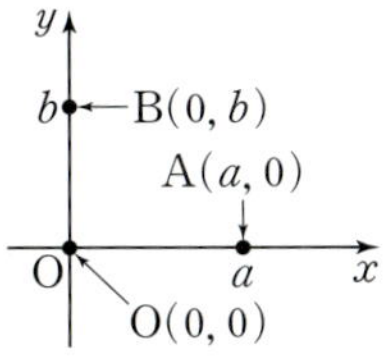

0829 대표문제

개념ON 186쪽

점 $(a-1, b+3)$은 x축 위의 점이고 점 $(a+2, b-5)$는 y축 위의 점일 때, 점 (a, b)는?

① $(-3, -2)$ ② $(-3, 5)$ ③ $(-2, -3)$
④ $(1, 5)$ ⑤ $(5, 1)$

0830 중요

다음 중 y축 위의 점인 것을 모두 고르면? (정답 2개)

① A$(-5, 0)$ ② B$(-1, -4)$ ③ C$(0, -3)$
④ D$(1, 0)$ ⑤ E$(0, 6)$

0831

원점이 아닌 점 (a, b)가 y축 위의 점일 때, 다음 중 옳은 것은?

① $a<0, b<0$ ② $a\neq0, b>0$ ③ $a>0, b>0$
④ $a=0, b\neq0$ ⑤ $a\neq0, b=0$

0832

x좌표가 4인 x축 위의 점 P의 좌표가 (a, b)이고, y좌표가 -3인 y축 위의 점 Q의 좌표가 (c, d)일 때, $a-b-c-d$의 값을 구하시오.

0833 서술형

두 점 A$(2a-4, a-1)$, B$(3-b, 4b)$가 각각 x축, y축 위의 점일 때, $a+b$의 값을 구하시오.

유형 04 좌표평면 위의 도형의 넓이

좌표평면 위의 도형의 넓이는 다음과 같은 순서대로 구한다.

❶ 도형의 꼭짓점을 좌표평면 위에 나타내어 선분으로 연결한다.

❷ 공식을 이용하여 도형의 넓이를 구한다.
이때 두 점 A(a, c), B(b, c)를 잇는 선분의 길이는 $b-a$ $(a<b)$임을 이용한다.

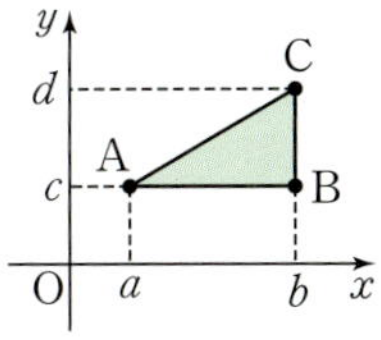

0834 대표문제

개념ON 186쪽

세 점 A$(-3, -4)$, B$(3, -4)$, C$(0, 4)$를 꼭짓점으로 하는 삼각형 ABC의 넓이를 구하시오.

0835 중요

네 점 A$(-3, 2)$, B$(-3, -3)$, C$(4, -3)$, D$(2, 2)$를 꼭짓점으로 하는 사각형 ABCD의 넓이를 구하시오.

PART B 유형별 문제

0836

다음 조건을 모두 만족시키는 세 점 A, B, C를 꼭짓점으로 하는 삼각형 ABC의 넓이를 구하시오.

(가) 점 A의 좌표는 $(-4, 3)$이다.
(나) 점 B는 x좌표가 -4인 x축 위의 점이다.
(다) 점 C는 y좌표가 -5인 y축 위의 점이다.

0837 중요

세 점 $A(1, 4)$, $B(-2, -1)$, $C(2, -3)$을 꼭짓점으로 하는 삼각형 ABC의 넓이를 구하시오.

0838 서술형 실력

세 점 $A(-1, 1)$, $B(4, -3)$, $C(4, a)$를 꼭짓점으로 하는 삼각형 ABC의 넓이가 20일 때, 양수 a의 값을 구하시오.

유형 05 사분면

(1) 사분면 위의 점의 좌표의 부호

① 제1사분면 위의 점 ➡ $(+, +)$
② 제2사분면 위의 점 ➡ $(-, +)$
③ 제3사분면 위의 점 ➡ $(-, -)$
④ 제4사분면 위의 점 ➡ $(+, -)$

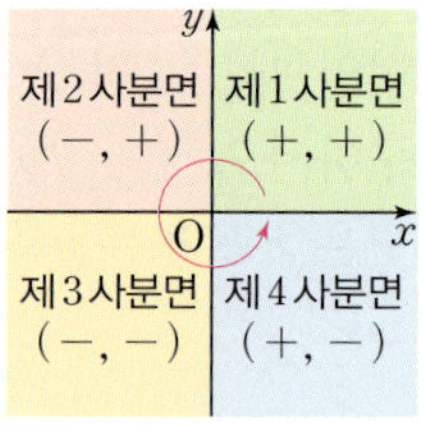

(2) 좌표축 위의 점은 어느 사분면에도 속하지 않는다.
↳ x축 또는 y축

개념ON 188쪽

0839 대표문제

다음 중 옳은 것을 모두 고르면? (정답 2개)

① 점 $(5, 0)$은 x축 위에 있다.
② 점 $(3, 2)$는 제2사분면 위에 있다.
③ 점 $(-4, -3)$은 제4사분면 위에 있다.
④ 제3사분면 위의 점의 y좌표는 음수이다.
⑤ 두 점 $(-2, 1)$, $(1, -2)$는 같은 사분면 위에 있다.

0840

다음 보기 중 제2사분면 위의 점인 것을 모두 고르시오.

보기

ㄱ. $(-2, 0)$	ㄴ. $(1, 5)$	ㄷ. $(-1, 2)$
ㄹ. $(-3, -1)$	ㅁ. $(-4, 6)$	ㅂ. $(-6, 3)$

0841 중요

다음 중 점의 좌표와 그 점이 속하는 사분면이 바르게 짝 지어진 것은?

① $(-1, 7)$ ⇨ 제4사분면
② $(-4, -2)$ ⇨ 제2사분면
③ $(0, 5)$ ⇨ 제3사분면
④ $(1, 3)$ ⇨ 제1사분면
⑤ $(5, -2)$ ⇨ 제2사분면

0842

점 $(a,\ -3)$이 제4사분면 위의 점일 때, 다음 중 a의 값이 될 수 있는 것은?

① 2 ② 0 ③ -1
④ -2 ⑤ -3

0843

다음 중 옳은 것을 모두 고르면? (정답 2개)

① 점 $(0,\ 4)$는 제1사분면 위의 점이다.
② 점 $(2,\ 1)$은 제2사분면 위의 점이다.
③ 점 $(-5,\ -3)$은 제3사분면 위의 점이다.
④ 점 $(-1,\ 1)$과 점 $(1,\ -1)$은 같은 사분면 위의 점이다.
⑤ 제4사분면에 속하는 점의 x좌표는 양수, y좌표는 음수이다.

0844

두 순서쌍 $(a-8,\ 3b+5)$, $(4-3a,\ b-1)$이 서로 같을 때, 점 $(a,\ b)$는 제몇 사분면 위의 점인지 구하시오.

유형 06 사분면의 결정 (1) - 점이 속한 사분면이 주어진 경우

점 $(a,\ b)$가 속한 사분면이 주어지고 점 P의 좌표가 a, b에 대한 식으로 주어질 때, 점 P가 속한 사분면 찾기

➡ a, b의 부호를 판별한 후 이를 이용하여 점 P의 x좌표, y좌표의 부호를 판별한다.

개념ON 188쪽

0845 대표문제

점 $(x,\ y)$가 제2사분면 위의 점일 때, 점 $(xy,\ -y)$는 제몇 사분면 위의 점인지 구하시오.

0846

점 $(x,\ -y)$가 제1사분면 위의 점일 때, 점 $(x-y,\ xy)$는 제몇 사분면 위의 점인지 구하시오.

0847

점 $(x,\ y)$가 제4사분면 위의 점일 때, 다음 중 점 $(-x,\ -y)$와 같은 사분면 위의 점은?

① $(-4,\ 6)$ ② $(-2,\ -1)$ ③ $(0,\ -5)$
④ $(5,\ -4)$ ⑤ $(2,\ 3)$

0848 중요

점 $(a,\ b)$가 제4사분면 위의 점일 때, 다음 중 제3사분면 위의 점은?

① $(a,\ -b)$ ② $(b,\ -a)$ ③ $(ab,\ -b)$
④ $(-a+b,\ a)$ ⑤ $(a,\ a-b)$

0849

점 $(x,\ y)$가 제3사분면 위의 점일 때, 점의 좌표와 그 점이 속하는 사분면이 바르게 짝 지어진 것은?

① $(x,\ -y)$ ⇨ 제4사분면
② $(-x,\ y)$ ⇨ 제2사분면
③ $(-xy,\ x^3)$ ⇨ 제3사분면
④ $(x,\ x+y)$ ⇨ 제1사분면
⑤ $\left(-\frac{x}{y},\ xy\right)$ ⇨ 제4사분면

0850

점 (a, b)는 제2사분면, 점 (c, d)는 제3사분면 위의 점일 때, 점 $\left(-\frac{d}{b}, -ac\right)$는 제몇 사분면 위의 점인지 구하시오.

0851

점 $(-a, b)$가 제1사분면 위의 점일 때, 다음 중 점 $(a-b, b-a)$와 같은 사분면 위의 점은?

① $(0, 3)$ ② $(1, 7)$ ③ $(-2, 4)$
④ $(5, -3)$ ⑤ $(-4, -1)$

유형 07 사분면의 결정(2) - 두 수의 부호를 이용하는 경우

(1) $ab<0$일 때

① $a>b$이면 $a>0$, $b<0$
➡ 점 (a, b)는 제4사분면 위의 점
② $a<b$이면 $a<0$, $b>0$
➡ 점 (a, b)는 제2사분면 위의 점

(2) $ab>0$일 때

① $a+b>0$이면 $a>0$, $b>0$
➡ 점 (a, b)는 제1사분면 위의 점
② $a+b<0$이면 $a<0$, $b<0$
➡ 점 (a, b)는 제3사분면 위의 점

0852 대표문제

개념ON 189쪽

$x+y>0$, $xy>0$일 때, 점 (x, y)는 제몇 사분면 위의 점인가?

① 제1사분면 ② 제2사분면
③ 제3사분면 ④ 제4사분면
⑤ 어느 사분면에도 속하지 않는다.

0853 중요

$a<b$, $ab<0$일 때, 다음 중 점 $(-a, -b)$와 같은 사분면 위의 점은?

① $(2, 3)$ ② $(-1, 0)$ ③ $(4, -1)$
④ $(-3, 2)$ ⑤ $(-2, -2)$

0854 서술형

$x>y$, $xy<0$일 때, 점 $(x, x-y)$는 제몇 사분면 위의 점인지 구하시오.

0855 실력

$a>0$, $b<0$이고 $|a|<|b|$일 때, 다음 중 점 $(a+b, b-a)$와 같은 사분면 위의 점은?

① $(2, 4)$ ② $(-3, 0)$ ③ $(5, -6)$
④ $(-3, 6)$ ⑤ $(-4, -7)$

0856 실력

a, b가 다음 세 조건을 모두 만족시킬 때, 점 $(b, a+b)$는 제몇 사분면 위의 점인지 구하시오.

(가) $ab<0$ (나) $a-b<0$ (다) $|a|>|b|$

유형 08 대칭인 점의 좌표

점 P(a, b)와

(1) x축에 대하여 대칭인 점 Q의 좌표 ➡ Q$(a, -b)$

(2) y축에 대하여 대칭인 점 R의 좌표 ➡ R$(-a, b)$

(3) 원점에 대하여 대칭인 점 S의 좌표 ➡ S$(-a, -b)$

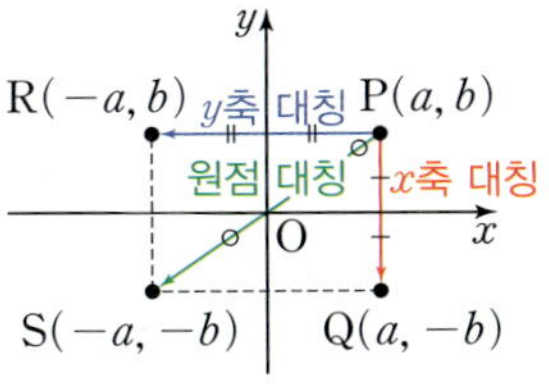

개념ON 189쪽

0857 대표문제

두 점 $(a, 8)$, $(-3, b-1)$이 y축에 대하여 대칭일 때, $a+b$의 값을 구하시오.

0858

두 점 $(a+1, 6)$, $(-5, b)$가 x축에 대하여 대칭일 때, ab의 값은?

① -36　② -30　③ -6　④ 30　⑤ 36

0859 서술형

점 $(a, -1)$과 x축에 대하여 대칭인 점의 좌표와 점 $(4, b)$와 y축에 대하여 대칭인 점의 좌표가 같을 때, $a-b$의 값을 구하시오.

0860

점 A$(3, 2)$와 원점에 대하여 대칭인 점을 B, x축에 대하여 대칭인 점을 C라 할 때, 삼각형 ABC의 넓이를 구하시오.

유형 09 그래프 해석하기

그래프가 주어졌을 때, 필요한 값은 다음과 같은 순서대로 구한다.

❶ 그래프에서 x축, y축이 각각 무엇을 나타내는지 확인한다.

❷ 점의 좌표를 이용하여 필요한 값을 구한다.

개념ON 195쪽

0861 대표문제

지영이가 집에서 출발하여 자전거를 타고 직선 도로 위를 움직이는데 시각이 x시일 때, 집으로부터 떨어진 거리를 y km라 하자. x와 y 사이의 관계를 그래프로 나타내면 다음과 같을 때, 보기 중 옳은 것을 모두 고른 것은?

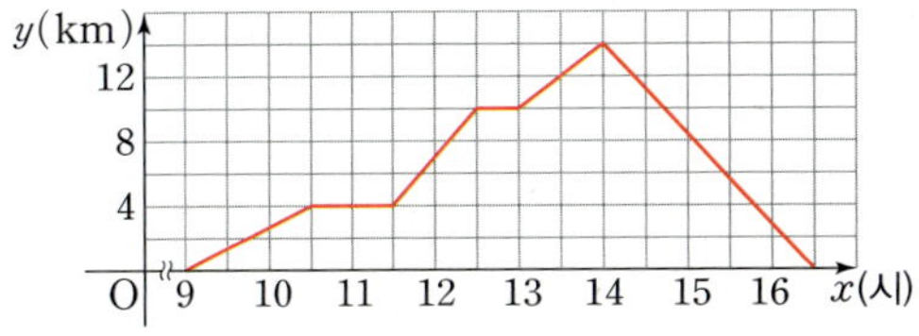

보기

ㄱ. 지영이는 집에서 오전 9시에 출발했다.

ㄴ. 지영이가 출발한 지 3시간 30분 후에 집으로부터 떨어진 거리는 10 km이다.

ㄷ. 지영이가 방향을 바꿔 집으로 돌아가기 시작한 시각은 오후 2시이다.

ㄹ. 지영이가 멈춰 있었던 시간은 총 2시간이다.

① ㄱ, ㄴ　② ㄴ, ㄷ　③ ㄷ, ㄹ　④ ㄱ, ㄴ, ㄷ　⑤ ㄴ, ㄷ, ㄹ

0862

18 ℃의 물을 가열한 지 x분 후의 물의 온도를 y ℃라 할 때, x와 y 사이의 관계를 그래프로 나타내면 오른쪽과 같다. 물을 100 ℃까지 가열하는 데 걸린 시간을 구하시오.

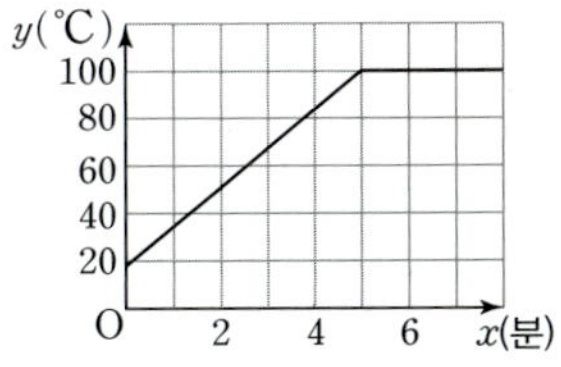

0863

다음은 서현이와 연정이의 출생 시부터 10살까지의 키의 변화를 그래프로 나타낸 것이다. x살일 때의 키를 y cm라 할 때, 보기 중 옳은 것을 모두 고르시오.

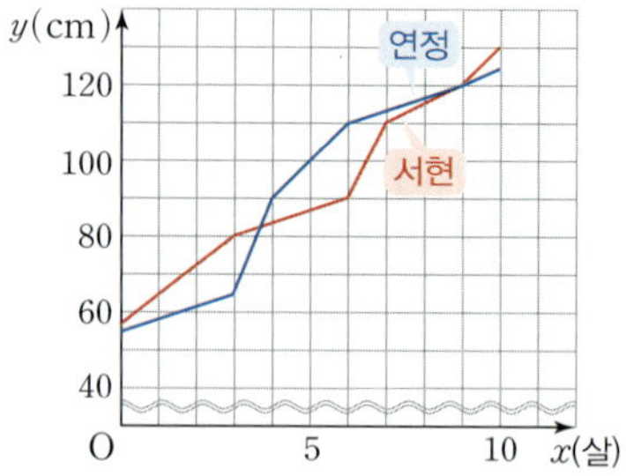

보기

ㄱ. 서현이와 연정이의 키가 같았을 때는 2번 있었다.
ㄴ. 7살 때 연정이가 서현이보다 키가 크다.
ㄷ. 3살 때 서현이와 연정이의 키의 차가 가장 크다.

0864 중요

피자를 배달하기 위해 배달 기사가 오토바이를 타고 피자 가게에서 출발하여 첫 번째 배달지에 정차하였다가 두 번째 배달지에 도착하였다. 다음은 출발한 지 x분 후의 오토바이의 속력을 시속 y km라 할 때, x와 y 사이의 관계를 그래프로 나타낸 것이다. 보기 중 옳은 것을 모두 고르시오.

보기

ㄱ. 출발한 지 3분 후 오토바이의 속력은 시속 50 km이다.
ㄴ. 오토바이의 속력이 첫 번째로 감소하기 시작한 때는 출발한 지 3분 후이다.
ㄷ. 피자 가게에서 출발하여 두 번째 배달지에 도착할 때까지 걸린 시간은 7분이다.
ㄹ. 오토바이가 정지한 시간을 제외하고 오토바이의 속력이 일정하게 유지된 시간은 총 4분 동안이다.

0865

은우가 등산로 입구에서 출발하여 등산을 할 때, 출발한 지 x분 후의 은우가 위치한 지점의 지면으로부터의 높이를 y m라 하자. x와 y 사이의 관계를 그래프로 나타내면 위와 같을 때, 은우가 출발한 후 두 번째로 오르막길에서 내리막길로 바뀐 지점은 지면으로부터의 높이가 몇 m인지 구하시오.

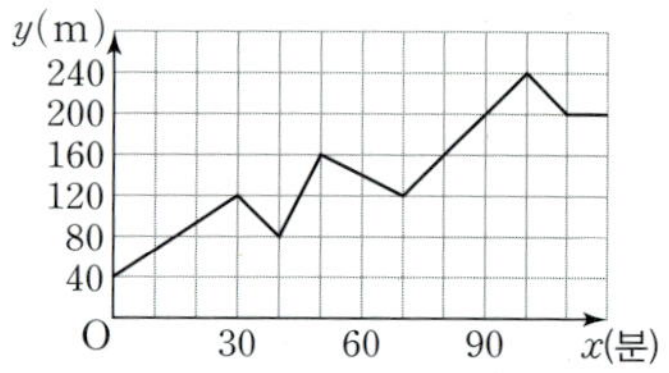

0866

토끼와 거북이가 직선 도로 위에서 달리기 경주를 할 때, 출발한 지 x분 후의 출발점으로부터 떨어진 거리를 y m라 하자. x와 y 사이의 관계를 그래프로 나타내면 위와 같을 때, 다음 중 옳지 않은 것은?

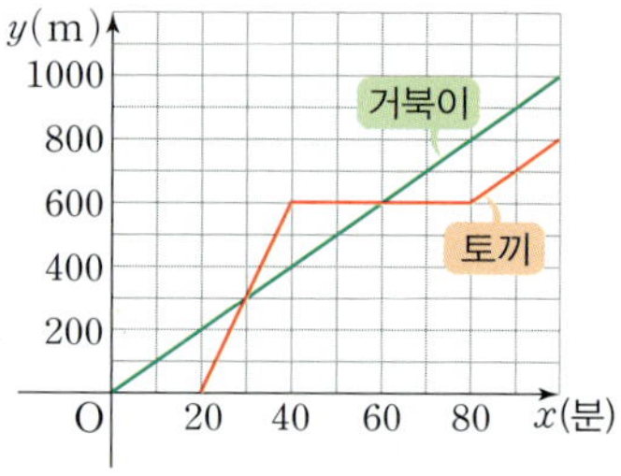

① 거북이가 출발한 지 20분 후에 토끼가 출발하였다.
② 토끼가 경주 도중에 쉰 시간은 40분이다.
③ 토끼가 출발한 지 30분 후에 거북이와 처음으로 만났다.
④ 거북이는 처음부터 끝까지 일정한 속력으로 달렸다.
⑤ 거북이가 출발한 지 60분 후에 토끼를 추월하였다.

0867 서술형

지윤이가 집으로부터 1800 m 떨어진 도서관까지 갈 때, 출발한 지 x분 후의 집으로부터 떨어진 거리를 y m라 하고 x와 y 사이의 관계를 그래프로 나타내면 다음과 같다. 지윤이가 중간에 휴식을 취하기 위하여 a번 멈춰 있었고, 멈춰 있었던 시간은 총 b분이며, 도서관까지 가는 데 걸린 시간은 c분일 때, $a+b+c$의 값을 구하시오.

(단, 지윤이는 직선으로 이동한다.)

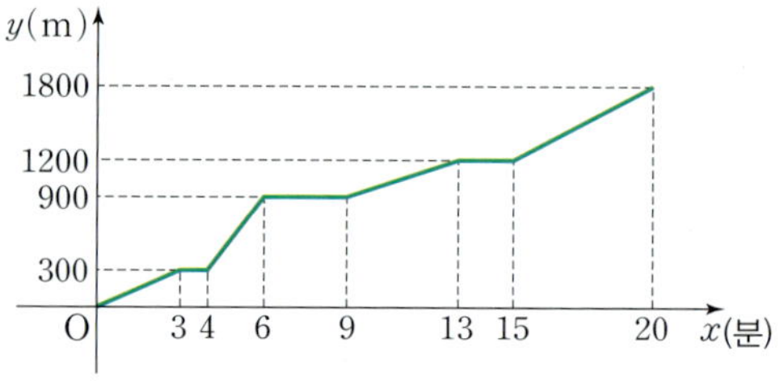

유형 10 상황에 맞는 그래프 찾기

x와 y 사이의 관계를 나타낸 그래프 중 상황에 맞는 그래프는 다음을 파악하여 찾을 수 있다.

(1) 두 변수 x, y가 나타내는 것

(2) 두 변수 x와 y 사이의 관계

(3) x의 값에 따른 y의 값의 증가, 감소

(4) x의 값에 따른 y의 값의 변화의 빠르기

0868 대표문제

개념ON 193쪽

민경이가 집에서 출발한 지 x분 후의 집으로부터 떨어진 거리를 y km라 할 때, 다음 상황에 알맞은 그래프는?

(단, 민경이는 직선으로 이동한다.)

> 민경이가 집에서 출발하여 서점에 가는데 일정한 속력으로 걸어가다가 중간에 공원에 앉아 잠시 쉬다가 다시 서점까지 일정한 속력으로 뛰어갔다.

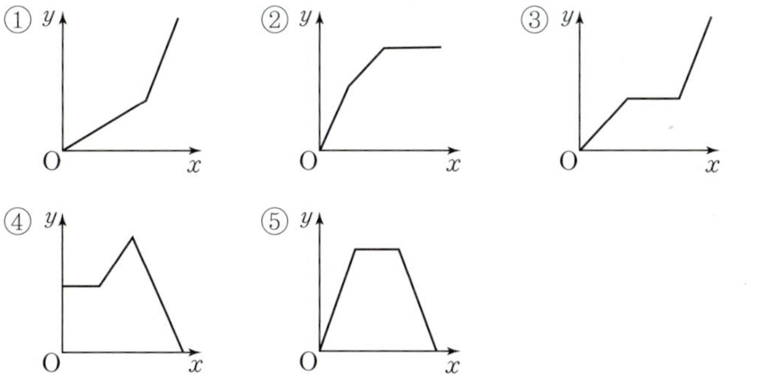

0869

어느 놀이공원에서 수직으로 움직이는 놀이기구를 탈 때, 경과 시간 x에 따른 지면으로부터의 높이를 y라 하자. x와 y 사이의 관계를 그래프로 나타내면 위와 같을 때, 다음 중 A, B 구간의 설명으로 가장 적절한 것은?

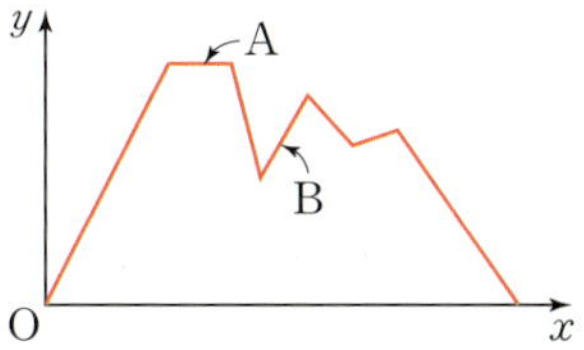

① A 구간에서 일정한 속력으로 올라가고 있다.

② A 구간에서 잠시 멈춰 있다.

③ B 구간에서 점점 빠르게 올라가고 있다.

④ B 구간에서 일정한 속력으로 내려가고 있다.

⑤ B 구간에서 도착하기 위해 속력을 줄이고 있다.

0870 중요

다음은 물 한 컵을 마실 때, 경과 시간 x와 컵에 남아 있는 물의 양 y 사이의 관계를 나타낸 그래프이다. 각 그래프에 알맞은 상황을 보기에서 고르시오.

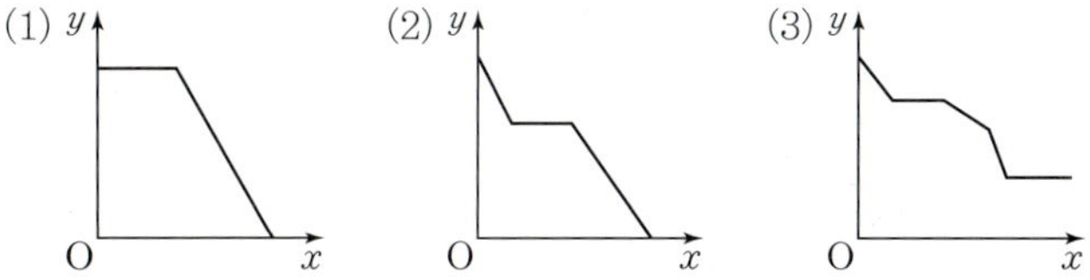

보기

ㄱ. 물을 다 마시지 못했다.

ㄴ. 일정한 속력으로 마시다가 멈추고 다시 일정한 속력으로 다 마셨다.

ㄷ. 마시지 않다가 일정한 속력으로 다 마셨다.

0871

두 변수 x와 y 사이의 관계를 그래프로 나타내면 오른쪽과 같을 때, 다음 중 두 변수 x, y로 가장 알맞은 것은?

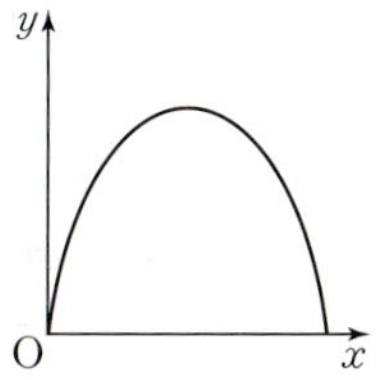

① 일출부터 일몰까지 시각 x에 따른 건물의 그림자의 길이 y

② 휴대 전화를 사용할 때, 사용 시간 x에 따른 남은 배터리의 잔량 y

③ 지면에서 공을 위로 던질 때, 경과 시간 x에 따른 지면으로부터의 공의 높이 y

④ 집에서 출발하여 병원에 갈 때, 이동 시간 x에 따른 집으로부터 떨어진 거리 y

⑤ 자전거를 타고 일정한 속력으로 직선 거리를 왕복하여 돌아올 때, 경과 시간 x에 따른 출발점으로부터 떨어진 거리 y

PART B 유형별 문제

0872

두 변수 x와 y 사이의 관계를 그래프로 나타내었더니 오른쪽과 같았다. 다음 중 두 변수 x, y로 가장 알맞은 것은?

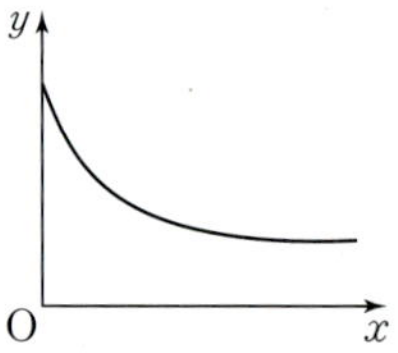

① 다이빙 선수가 점프하여 다이빙을 할 때까지 경과 시간 x에 따른 지면으로부터의 높이 y
② 달리던 버스가 정류장에서 잠시 멈추었다가 출발할 때, 경과 시간 x에 따른 버스의 속력 y
③ 휴대 전화를 충전할 때, 충전 시간 x에 따른 배터리 잔량 y
④ 차를 마시기 위해 끓인 물을 식힐 때, 경과 시간 x에 따른 물의 온도 y
⑤ 지면에서 하늘을 향해 공을 던질 때, 경과 시간 x에 따른 지면으로부터의 공의 높이 y

유형 11 시간에 따른 물의 높이와 그릇의 모양

물통에 시간당 일정한 양의 물을 넣을 때
(1) 물통의 폭이 일정하면
➡ 물의 높이는 일정하게 증가한다.
(2) 물통의 폭이 위로 갈수록 점점 넓어지면
➡ 물의 높이는 점점 느리게 증가한다.
(3) 물통의 폭이 위로 갈수록 점점 좁아지면
➡ 물의 높이는 점점 빠르게 증가한다.

0873 대표문제

개념ON 194쪽

그림과 같이 부피가 같은 원기둥 모양의 세 그릇 A, B, C에 일정한 속력으로 물을 채울 때, 경과 시간 x에 따른 물의 높이를 y라 하자. 각 그릇에 해당하는 그래프를 보기에서 골라 짝 지으시오.

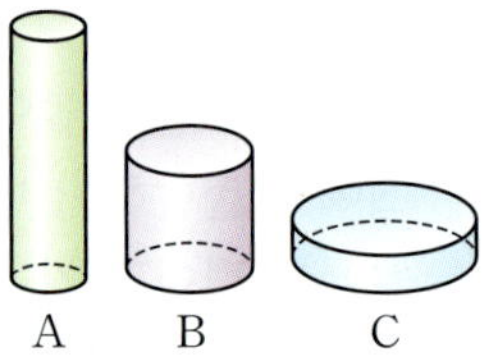

보기

ㄱ.
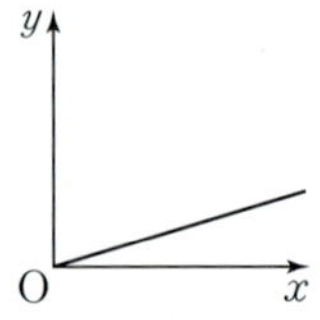

ㄴ.
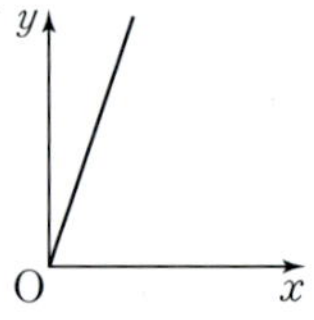

ㄷ.
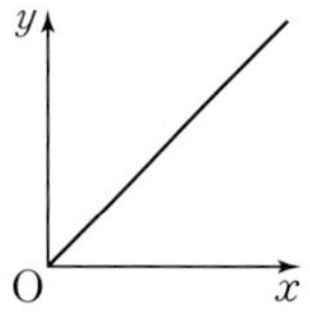

0874 중요

그림과 같은 모양의 용기에 일정한 속력으로 물을 채울 때, 다음 중 경과 시간 x와 물의 높이 y 사이의 관계를 나타낸 그래프로 알맞은 것은?

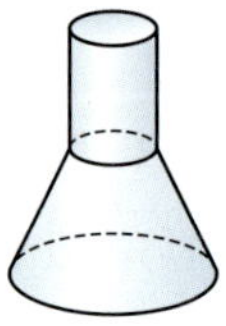

①
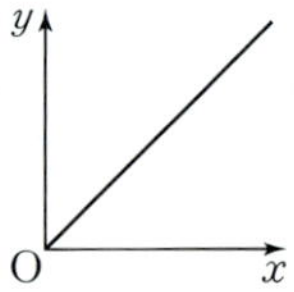

②
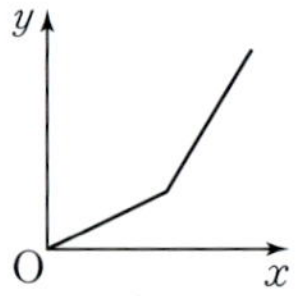

③
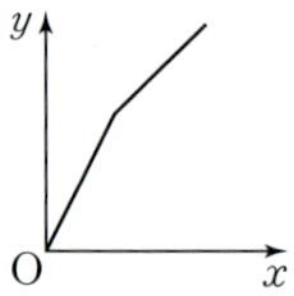

④
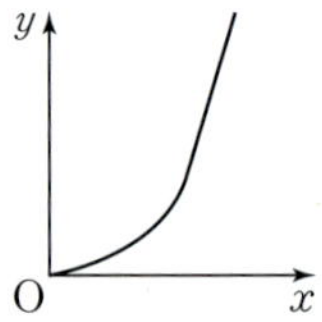

⑤
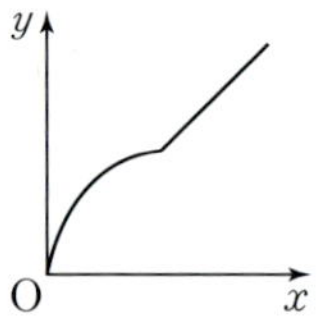

0875

오른쪽은 수지가 가지고 있는 물통에 시간당 일정한 양의 물을 넣을 때, 경과 시간 x에 따른 물의 높이 y의 변화를 나타낸 그래프이다. 다음 보기 중 수지가 가지고 있는 물통의 모양으로 가장 알맞은 것을 고르시오.

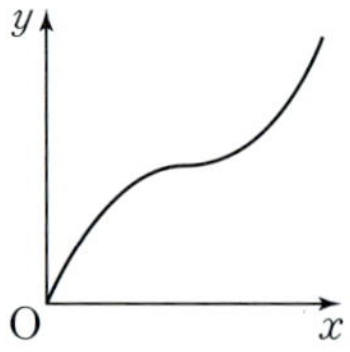

보기

ㄱ.
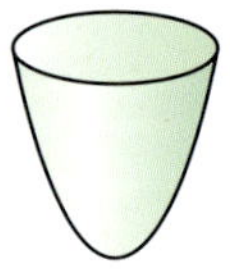

ㄴ.
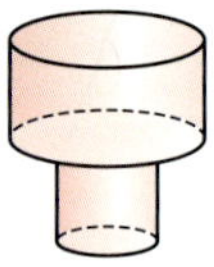

ㄷ.
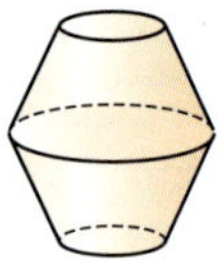

0876

어떤 그릇에 일정한 속력으로 물을 넣을 때, 경과 시간 x에 따른 물의 높이 y의 변화를 그래프로 나타내면 오른쪽과 같다. 다음 중 이 그릇의 모양으로 가장 알맞은 것은?

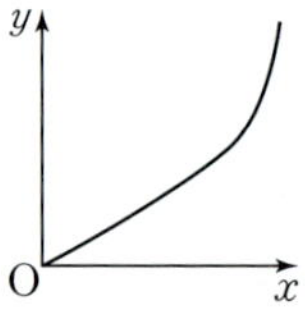

①
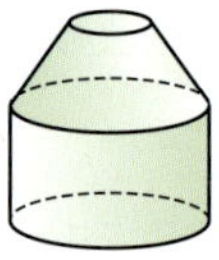

②
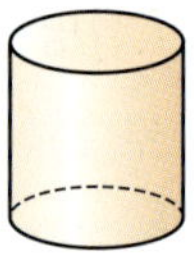

③
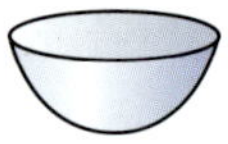

④

⑤
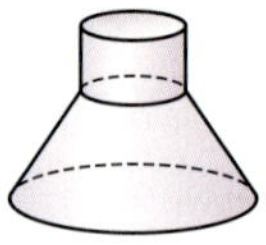

PART C 중단원 마무리

• 정답과 풀이 088쪽

0877

두 순서쌍 $(8-a,\ 2b+5)$, $(3a,\ 5b-1)$이 서로 같을 때, $3a-2b$의 값을 구하시오.

0878

다음 좌표평면 위의 다섯 개의 점 A, B, C, D, E에 대한 설명 중 옳지 않은 것은?

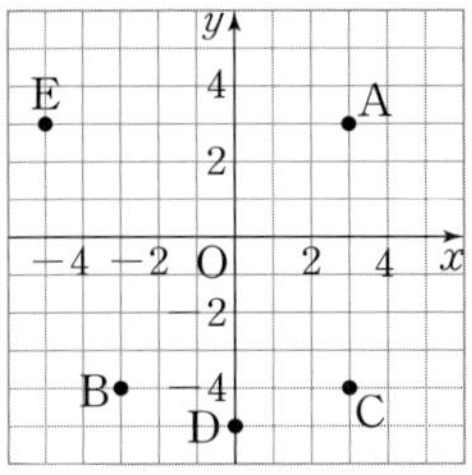

① 점 E의 좌표는 $(-5,\ 3)$이다.
② 점 A와 점 C의 x좌표가 같다.
③ 점 B와 점 C의 y좌표가 같다.
④ 점 D의 x좌표와 y좌표는 모두 음수이다.
⑤ 점 B와 점 E의 y좌표의 곱은 음수이다.

0879

점 $A(-2a+4,\ 4a-16)$은 x축 위의 점이고,
점 $B(3b+6,\ -5b+8)$은 y축 위의 점일 때, 점 C의 좌표가 $C\left(a+b,\ -\frac{a^2}{b}\right)$이다. 다음 물음에 답하시오.

(1) a, b의 값을 각각 구하시오.

(2) 점 C의 좌표를 구하시오.

0880

다음과 같은 네 점 A, B, C, D를 꼭짓점으로 하는 사각형 ABCD의 넓이는?

$A(0,\ 4)$, $B(-3,\ 2)$, $C(0,\ -2)$, $D(4,\ 0)$

① 15 ② 18 ③ 21
④ 24 ⑤ 27

0881

다음 중 옳지 않은 것을 모두 고르면? (정답 2개)

① 점 $(2,\ 0)$은 x축 위의 점이다.
② 점 $(-4,\ -1)$은 제4사분면 위의 점이다.
③ $a>0$일 때, 점 $(-a,\ a)$는 제2사분면 위의 점이다.
④ 점 $(0,\ -6)$은 제3사분면과 제4사분면에 모두 속한다.
⑤ $a=0$이거나 $b=0$이면 점 $(a,\ b)$는 어느 사분면에도 속하지 않는다.

0882

점 $(a,\ b)$는 제3사분면 위의 점이고 점 $(c,\ d)$는 제2사분면 위의 점일 때, 점 $(a+c,\ bd)$는 제몇 사분면 위의 점인가?

① 제1사분면 ② 제2사분면
③ 제3사분면 ④ 제4사분면
⑤ 어느 사분면에도 속하지 않는다.

0883

$xy<0$, $x-y<0$일 때, 점 $(x,\ y)$는 제몇 사분면 위의 점인지 구하시오.

C 중단원 마무리

• 정답과 풀이 088쪽

0884

두 점 $(2a-3,\ 1)$, $(2,\ 2-b)$가 원점에 대하여 대칭일 때, $2a-b$의 값은?

① -4　② -2　③ 0
④ 2　⑤ 4

0885

점 $\mathrm{A}(3,\ 4)$와 x축에 대하여 대칭인 점을 B, 점 A와 원점에 대하여 대칭인 점을 C라 할 때, 삼각형 ABC의 넓이를 구하시오.

0886

연후는 직선 모양의 트랙 위의 두 지점 A, B 사이의 거리를 한 번 왕복하였다. 다음은 연후가 A 지점에서 출발한 지 x분 후 A 지점으로부터 연후가 있는 지점까지의 거리를 y m라 할 때, x와 y 사이의 관계를 그래프로 나타낸 것이다. 같은 속력으로 연후는 1시간 동안 두 지점 A, B 사이의 거리를 모두 몇 번 왕복할 수 있는지 구하려고 한다. 물음에 답하시오.

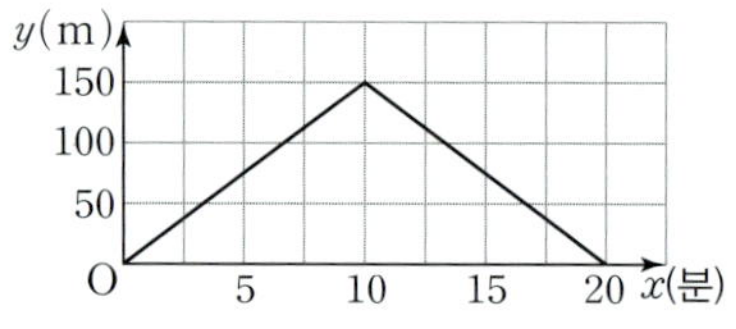

(1) 두 지점 A, B 사이의 거리를 한 번 왕복하는 데 걸리는 시간을 구하시오.

(2) 1시간 동안 두 지점 A, B 사이의 거리를 모두 몇 번 왕복할 수 있는지 구하시오.

0887

다음은 10 km 단축 마라톤 경기에 참가한 민준, 지섭, 수현 세 사람이 출발한 지 x분 후의 출발점으로부터 떨어진 거리를 y km라 할 때, x와 y 사이의 관계를 그래프로 나타낸 것이다. 보기 중 옳은 것을 모두 고른 것은?

(단, 마라톤 코스는 직선이다.)

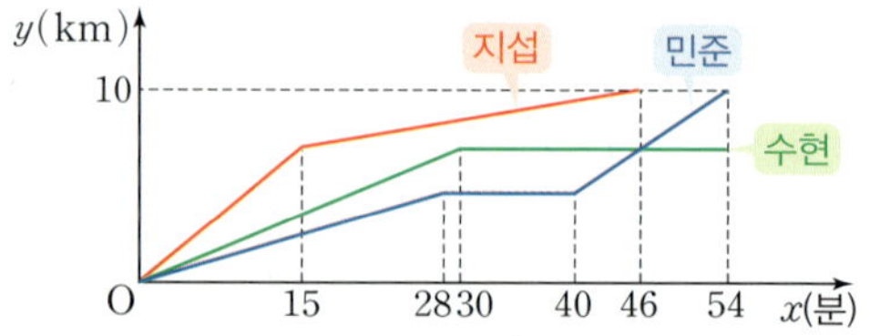

보기

ㄱ. 세 학생 모두 완주하였다.
ㄴ. 결승점에 가장 먼저 도착한 학생은 지섭이다.
ㄷ. 민준이는 중간에 12분 동안 쉬었다.
ㄹ. 달리기 시작하여 30분 전까지는 민준, 수현, 지섭이의 순서대로 달렸다.

① ㄱ, ㄴ　② ㄴ, ㄷ　③ ㄷ, ㄹ
④ ㄱ, ㄴ, ㄷ　⑤ ㄴ, ㄷ, ㄹ

0888

그림과 같은 용기에 물이 가득 차 있다. 물이 일정하게 흐르도록 수도꼭지를 튼 지 x분 후의 물의 높이를 y cm라 할 때, x와 y 사이의 관계를 나타낸 그래프로 알맞은 것을 보기에서 고르시오.

보기

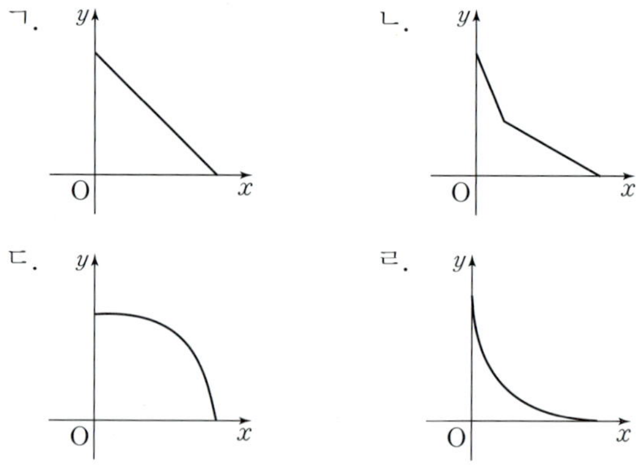

C+ 206쪽에서 고난도 문제를 만나보아요!

10 정비례와 반비례

PART A 10 정비례와 반비례

01 정비례

(1) **정비례**: 두 변수 x, y에 대하여 x의 값이 2배, 3배, 4배, …로 변함에 따라 y의 값도 2배, 3배, 4배, …로 변하는 관계가 있을 때, y는 x에 정비례한다고 한다.

(2) y가 x에 정비례할 때, x와 y 사이의 관계식은 $y=ax\ (a\neq0)$로 나타낼 수 있다.

(3) **정비례 관계 $y=ax\ (a\neq0)$의 그래프**: x의 값의 범위가 수 전체일 때, 정비례 관계 $y=ax\ (a\neq0)$의 그래프는 원점을 지나는 직선이다.

	$a>0$일 때	$a<0$일 때
그래프	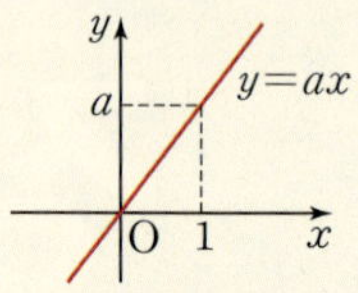	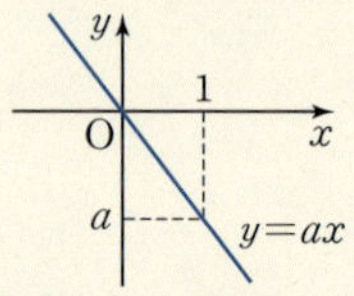
그래프의 모양	오른쪽 위로 향하는 직선	오른쪽 아래로 향하는 직선
지나는 사분면	제1사분면, 제3사분면	제2사분면, 제4사분면
증가·감소	x의 값이 증가하면 y의 값도 증가	x의 값이 증가하면 y의 값은 감소

- y가 x에 정비례할 때, $\frac{y}{x}\ (x\neq0)$의 값은 항상 일정하다.
  ➡ $x\neq0$일 때, $y=ax$에서 $\frac{y}{x}=a$ (일정)
- 정비례 관계 $y=ax\ (a\neq0)$에서 x의 값의 범위가 주어지지 않으면 x의 값의 범위는 수 전체로 생각한다.
- 정비례 관계 $y=ax\ (a\neq0)$의 그래프는 a의 절댓값이 클수록 y축에 가깝다.

02 반비례

(1) **반비례**: 두 변수 x, y에 대하여 x의 값이 2배, 3배, 4배, …로 변함에 따라 y의 값은 $\frac{1}{2}$배, $\frac{1}{3}$배, $\frac{1}{4}$배, …로 변하는 관계가 있을 때, y는 x에 반비례한다고 한다.

(2) y가 x에 반비례할 때, x와 y 사이의 관계식은 $y=\frac{a}{x}\ (a\neq0)$로 나타낼 수 있다.

(3) **반비례 관계 $y=\frac{a}{x}\ (a\neq0)$의 그래프**: x의 값의 범위가 0이 아닌 수 전체일 때, 반비례 관계 $y=\frac{a}{x}\ (a\neq0)$의 그래프는 좌표축에 점점 가까워지면서 한없이 뻗어 나가는 한 쌍의 매끄러운 곡선이다.
↳ 좌표축과 만나지 않는다.

	$a>0$일 때	$a<0$일 때
그래프	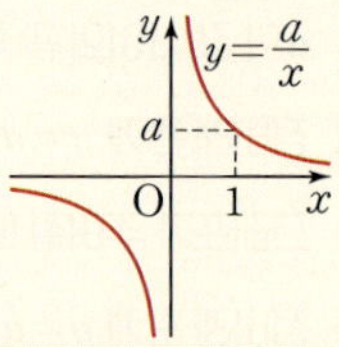	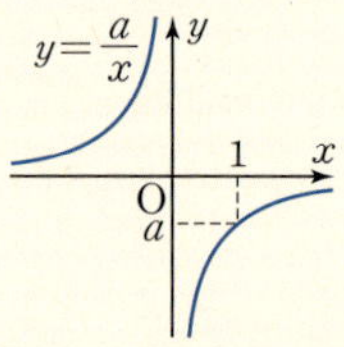
지나는 사분면	제1사분면, 제3사분면	제2사분면, 제4사분면
증가·감소	각 사분면에서 x의 값이 증가하면 y의 값은 감소	각 사분면에서 x의 값이 증가하면 y의 값도 증가

- y가 x에 반비례할 때, xy의 값은 항상 일정하다.
  ➡ $y=\frac{a}{x}$에서 $xy=a$ (일정)
- 반비례 관계 $y=\frac{a}{x}\ (a\neq0)$에서 x의 값의 범위가 주어지지 않으면 x의 값의 범위는 0을 제외한 수 전체로 생각한다.
- 반비례 관계 $y=\frac{a}{x}\ (a\neq0)$의 그래프는 a의 절댓값이 클수록 원점에서 멀다.

03 정비례, 반비례 관계의 활용

❶ 변하는 두 양 x, y에 대하여 x와 y 사이의 관계를 식으로 나타낸다. → y가 x에 정비례하면 $y=ax$, y가 x에 반비례하면 $y=\frac{a}{x}$

❷ ❶의 식에 $x=p$ 또는 $y=q$를 대입하여 필요한 값을 구한다.
↳ 문제에서 주어진 값

• 정답과 풀이 089쪽

개념 확인하기

01 정비례

0889

다음 정비례 관계의 그래프를 좌표평면 위에 나타내시오.

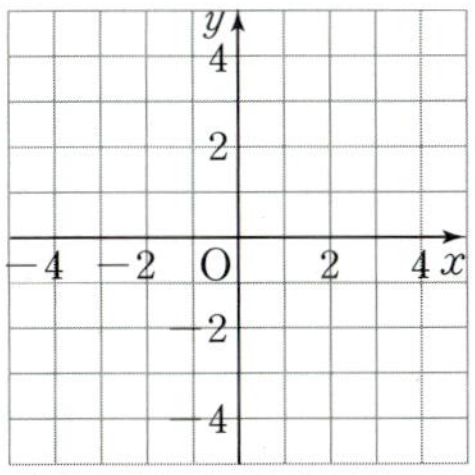

(1) $y=2x$

(2) $y=-\frac{1}{2}x$

0890

정비례 관계 $y=ax$의 그래프가 그림과 같을 때, 상수 a의 값을 구하시오.

(1)
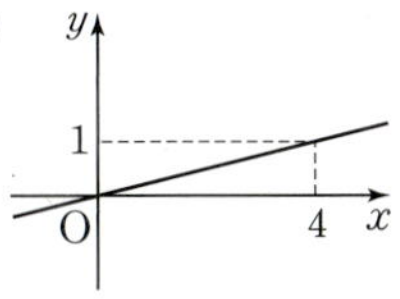

(2)
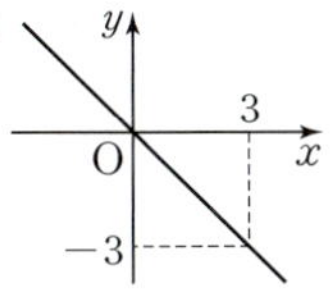

02 반비례

0891

다음 반비례 관계의 그래프를 좌표평면 위에 나타내시오.

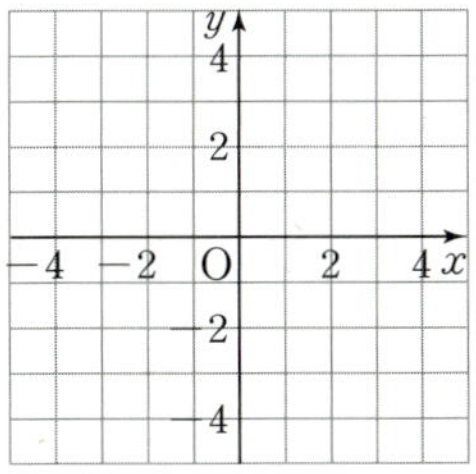

(1) $y=\frac{6}{x}$

(2) $y=-\frac{4}{x}$

0892

반비례 관계 $y=\frac{a}{x}$의 그래프가 그림과 같을 때, 상수 a의 값을 구하시오.

(1)
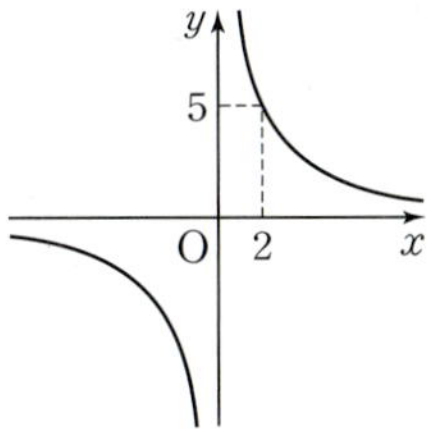

(2)
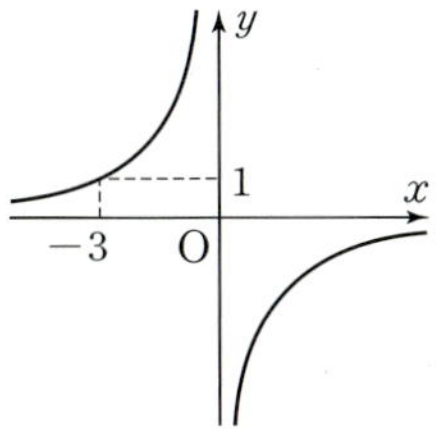

03 정비례, 반비례 관계의 활용

0893

한 봉지에 800원인 과자 x봉지의 가격을 y원이라 할 때, 다음 물음에 답하시오.

(1) 다음 표를 완성하시오.

x	1	2	3	4	5	⋯
y	800					⋯

(2) x와 y 사이의 관계식을 구하시오.

0894

성우네 반에서는 학급 캠프를 준비하기 위하여 일주일에 5000원씩 모으기로 했다. x주 동안 모은 금액을 y원이라 할 때, 다음 물음에 답하시오.

(1) x와 y 사이의 관계식을 구하시오.

(2) 12주 동안 모은 금액을 구하시오.

0895

무게가 300 g인 케이크를 x조각으로 똑같이 나누어 자를 때, 케이크 한 조각의 무게를 y g이라 하자. 다음 물음에 답하시오.

(1) 다음 표를 완성하시오.

x	1	2	3	4	5	⋯
y	300					⋯

(2) x와 y 사이의 관계식을 구하시오.

0896

가로의 길이가 x cm, 세로의 길이가 y cm인 직사각형의 넓이가 24 cm^2일 때, 다음 물음에 답하시오.

(1) x와 y 사이의 관계식을 구하시오.

(2) 세로의 길이가 6 cm일 때, 가로의 길이를 구하시오.

PART B 유형별 문제

유형 01 정비례 관계

y가 x에 정비례한다.

➡ x의 값이 2배, 3배, 4배, …로 변함에 따라 y의 값도 2배, 3배, 4배, …로 변한다.

➡ $y=ax\ (a\neq 0)$

0897 대표문제

개념ON 205쪽

다음 보기 중 y가 x에 정비례하는 것을 모두 고른 것은?

보기

ㄱ. $y=-7x$ ㄴ. $y=-\frac{4}{x}$ ㄷ. $y=-\frac{x}{8}$

ㄹ. $y=x+3$ ㅁ. $\frac{y}{x}=5$ ㅂ. $xy=-2$

① ㄱ, ㄷ ② ㄴ, ㅂ ③ ㄱ, ㄷ, ㄹ
④ ㄱ, ㄷ, ㅁ ⑤ ㄱ, ㄹ, ㅂ

0898

$y=-4x$에 대한 설명으로 옳은 것을 다음 보기에서 모두 고르시오.

보기

ㄱ. y는 x에 정비례한다.
ㄴ. xy의 값이 일정하다.
ㄷ. x의 값이 5배가 되면 y의 값은 $\frac{1}{5}$배가 된다.
ㄹ. x의 값이 -4일 때, y의 값은 16이다.

0899

다음 보기 중 x의 값이 2배, 3배, 4배, …가 될 때 y의 값도 2배, 3배, 4배, …가 되는 것의 개수를 구하시오.

보기

ㄱ. $\frac{y}{x}=-5$ ㄴ. $x-y=2$ ㄷ. $xy=7$

ㄹ. $y=\frac{3}{x}$ ㅁ. $y=x+3$ ㅂ. $y=-\frac{x}{9}$

0900 중요

다음 중 y가 x에 정비례하지 않는 것은?

① 시속 x km로 4시간 동안 달린 거리 y km
② 한 개의 무게가 70 g인 달걀 x개의 무게 y g
③ 한 변의 길이가 x cm인 정삼각형의 둘레의 길이 y cm
④ 100 L의 물이 들어 있는 물통에서 매분 5 L의 물이 흘러 나올 때, x분 후에 물통에 남아 있는 물의 양 y L
⑤ 10 %의 소금물 x g에 들어 있는 소금의 양 y g

유형 02 정비례 관계식 구하기

y가 x에 정비례하고, $x=m$일 때 $y=n$이면 x와 y 사이의 관계를 나타내는 식은 다음과 같은 순서대로 구한다.

❶ $y=ax\ (a\neq 0)$로 놓는다.
❷ ❶의 식에 $x=m$, $y=n$을 대입하여 a의 값을 구한다.

0901 대표문제

개념ON 205쪽

y가 x에 정비례하고, $x=\frac{1}{2}$일 때 $y=-4$이다. $y=6$일 때 x의 값은?

① -2 ② $-\frac{2}{3}$ ③ $-\frac{3}{4}$
④ $\frac{2}{3}$ ⑤ $\frac{3}{4}$

0902

x의 값이 2배, 3배, 4배, …가 될 때 y의 값도 2배, 3배, 4배, …가 되고, $x=-3$일 때 $y=15$이다. 이때 x와 y 사이의 관계식은?

① $y=-15x$ ② $y=-5x$ ③ $y=-\frac{1}{5}x$
④ $y=5x$ ⑤ $y=15x$

0903

y가 x에 정비례하고, $x=\frac{1}{4}$일 때 $y=-1$이다. 다음 보기에서 옳은 것을 모두 고르시오.

보기

ㄱ. x의 값이 2배가 되면 y의 값도 2배가 된다.
ㄴ. x와 y 사이의 관계를 나타내는 식은 $y=4x$이다.
ㄷ. $x=-\frac{1}{2}$일 때 $y=2$이다.

0904 서술형

y가 x에 정비례하고 x와 y 사이의 관계가 다음 표와 같을 때, $AB+C$의 값을 구하시오.

x	A	-2	3	C
y	-1	$-\frac{1}{3}$	B	2

유형 03 정비례 관계의 활용

정비례 관계의 활용 문제는 다음과 같은 순서대로 해결한다.

❶ 변하는 두 양 x, y에 대하여 x와 y 사이의 관계를 $y=ax\ (a\neq 0)$로 나타낸다.
❷ ❶의 식에 $x=p$ 또는 $y=q$를 대입하여 필요한 값을 구한다.

개념ON 209쪽

0905 대표문제

5 L의 휘발유로 60 km를 가는 자동차가 있다. 이 자동차가 x L의 휘발유로 갈 수 있는 거리를 y km라 할 때, 다음 물음에 답하시오.

(1) x와 y 사이의 관계식을 구하시오.

(2) 이 자동차가 70 L의 휘발유로 갈 수 있는 거리는 몇 km인지 구하시오.

0906

어떤 빈 물통에 시간당 일정한 양의 물을 넣을 때, 물의 높이는 매분 4 cm씩 증가한다. 물을 넣기 시작한 지 x분 후의 물의 높이를 y cm라 할 때, x와 y 사이의 관계식을 구하시오.

0907 중요

톱니가 각각 30개, 20개인 두 톱니바퀴 A, B가 그림과 같이 맞물려 돌아가고 있다. 톱니바퀴 A가 x번 회전할 때, 톱니바퀴 B는 y번 회전한다고 한다. 톱니바퀴 A가 8번 회전할 때, 톱니바퀴 B는 몇 번 회전하는지 구하시오.

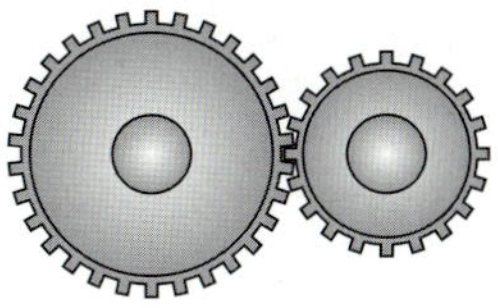

0908

그림과 같이 가로의 길이가 10 cm, 세로의 길이가 6 cm인 직사각형 ABCD에서 점 P는 점 B를 출발하여 변 BC를 따라 점 C까지 움직인다. 선분 BP의 길이를 x cm, 이때 생기는 삼각형 ABP의 넓이를 y cm^{2}라 하자. 삼각형 ABP의 넓이가 24 cm^{2}일 때, 선분 BP의 길이를 구하시오. (단, $0<x\leq 10$)

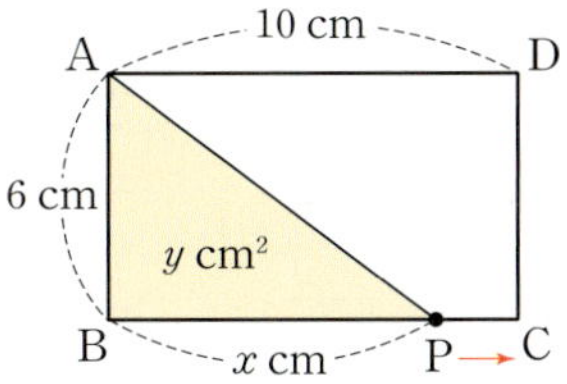

0909

길이가 25 cm인 양초에 불을 붙이면 양초의 길이가 1분에 0.6 cm씩 줄어든다고 한다. 양초가 x분 동안 y cm 줄어든다고 할 때, 다음 물음에 답하시오.

(1) x와 y 사이의 관계식을 구하시오.

(2) 양초의 길이가 13 cm가 될 때 불을 끄려면 불을 붙인 지 몇 분 후에 불을 꺼야 하는지 구하시오.

0910 사고력 ●●●

그림과 같이 길이가 20 cm인 용수철에 추를 매달면 용수철이 늘어나는 길이는 추의 무게에 정비례한다. 이 용수철에 10 g짜리 추를 매달았더니 용수철이 2 cm만큼 늘어났다고 한다. x g짜리 추를 매달면 용수철이 y cm만큼 늘어난다고 할 때, 용수철의 길이가 35 cm가 되려면 몇 g짜리 추를 매달아야 하는지 구하시오.

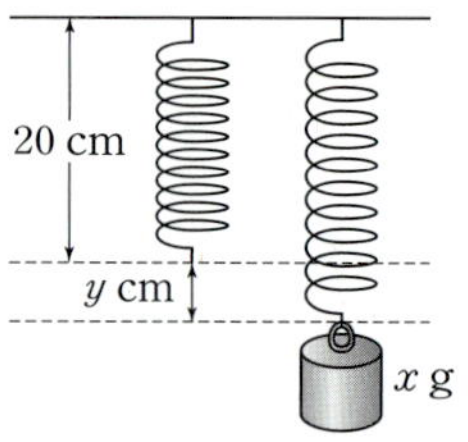

유형 04 정비례 관계 $y=ax\ (a\neq0)$의 그래프

x의 값의 범위가 수 전체일 때, 정비례 관계 $y=ax\ (a\neq0)$의 그래프는 원점을 지나는 직선이다.

$a>0$일 때	$a<0$일 때
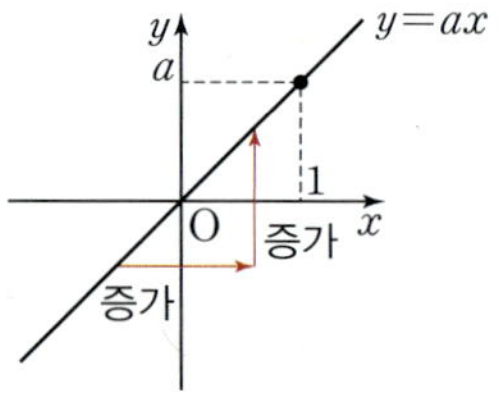	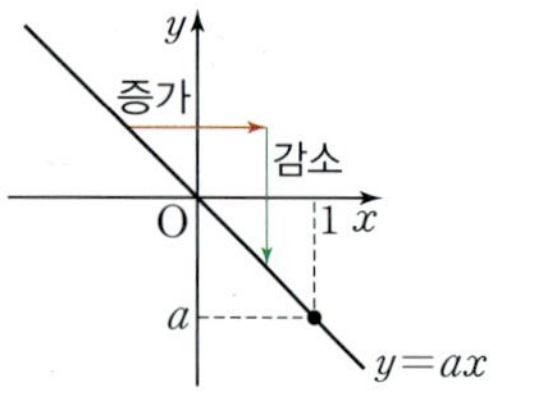
오른쪽 위로 향하는 직선이다.	오른쪽 아래로 향하는 직선이다.
제1, 3사분면을 지난다.	제2, 4사분면을 지난다.
x의 값이 증가하면 y의 값도 증가한다.	x의 값이 증가하면 y의 값은 감소한다.

0911 대표문제

개념ON 207, 208쪽

다음 중 정비례 관계 $y=\frac{2}{3}x$의 그래프는?

① 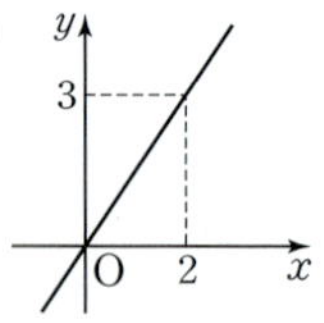
② 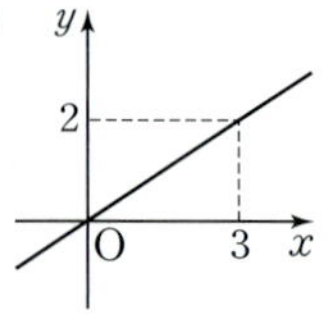
③ 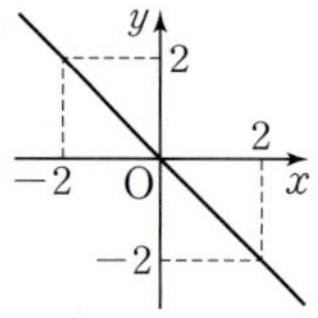
④ 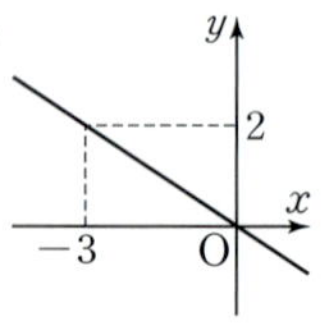
⑤ 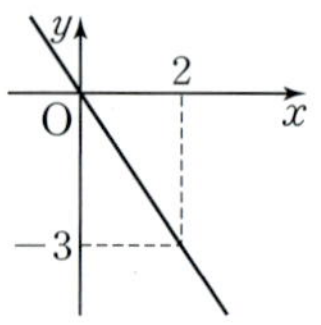

0912 ○○●

x의 값이 -5, 0, 5일 때, 다음 중 정비례 관계 $y=-\frac{3}{5}x$의 그래프는?

① 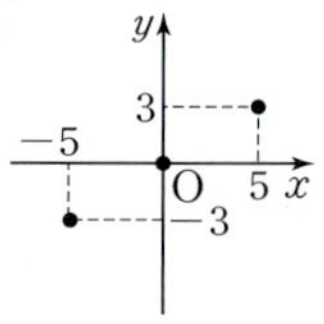
② 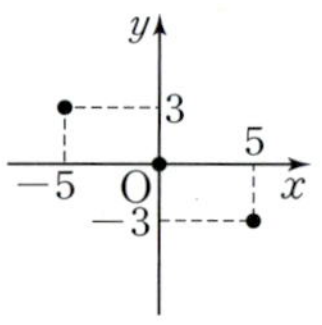
③ 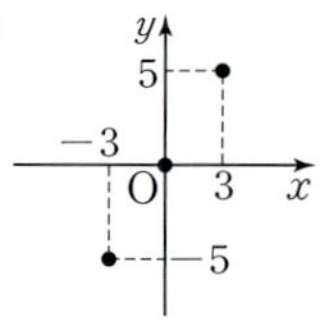
④ 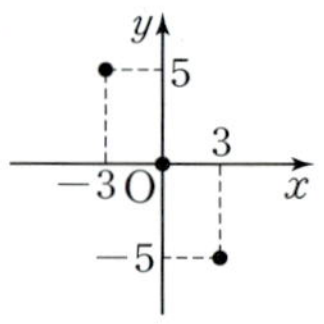
⑤ 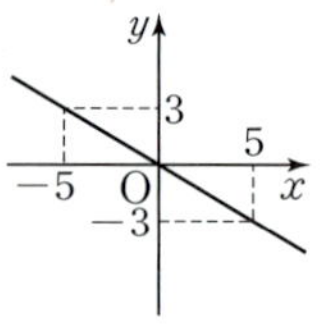

0913 ○●●

다음 보기의 정비례 관계의 그래프 중 제2사분면과 제4사분면을 지나는 것을 모두 고른 것은?

보기

ㄱ. $y=2x$ ㄴ. $y=-\frac{7}{3}x$ ㄷ. $y=\frac{x}{4}$

ㄹ. $y=\frac{6}{5}x$ ㅁ. $y=-8x$ ㅂ. $y=-\frac{5}{9}x$

① ㄱ, ㄴ, ㄷ ② ㄱ, ㄷ, ㄹ ③ ㄴ, ㄷ, ㅁ
④ ㄴ, ㅁ, ㅂ ⑤ ㄷ, ㄹ, ㅂ

0914 중요 ○●●

다음 중 정비례 관계 $y=-\frac{5}{4}x$의 그래프에 대한 설명으로 옳은 것은?

① 원점을 지나지 않는다.
② 점 $(4,\ 5)$를 지난다.
③ 오른쪽 위로 향하는 직선이다.
④ 제2사분면과 제4사분면을 지난다.
⑤ x의 값이 증가하면 y의 값도 증가한다.

0915

다음 중 정비례 관계 $y=ax\ (a\neq0)$의 그래프에 대한 설명으로 옳지 않은 것은?

① a의 값에 관계없이 점 $(1,\ a)$를 지난다.
② a의 값에 관계없이 항상 원점을 지나는 직선이다.
③ a의 값에 관계없이 항상 오른쪽 아래로 향하는 직선이다.
④ $a<0$일 때, 제2사분면과 제4사분면을 지난다.
⑤ $a>0$일 때, x의 값이 증가하면 y의 값도 증가한다.

0918

정비례 관계 $y=ax$의 그래프가 그림의 색칠한 부분만을 지난다고 할 때, 다음 중 상수 a의 값이 될 수 있는 것은?

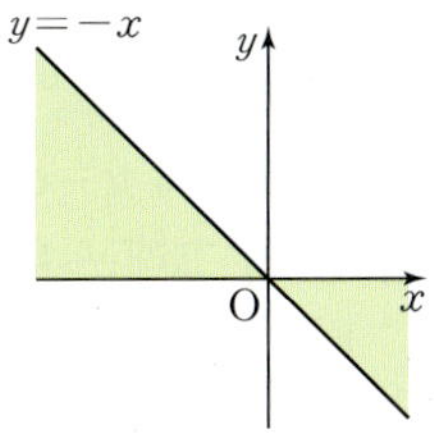

① $-\frac{3}{2}$　② $-\frac{6}{5}$
③ $-\frac{1}{3}$　④ $\frac{2}{3}$
⑤ 2

유형 05 정비례 관계 $y=ax\ (a\neq0)$의 그래프와 a의 값 사이의 관계

정비례 관계 $y=ax\ (a\neq0)$의 그래프는
(1) a의 절댓값이 작을수록 x축에 가깝다. → y축에서 멀다.
(2) a의 절댓값이 클수록 y축에 가깝다. → x축에서 멀다.

개념ON 208쪽

0916 대표문제

다음 정비례 관계의 그래프 중 x축에 가장 가까운 것은?

① $y=\frac{5}{3}x$　② $y=-6x$　③ $y=4x$
④ $y=-\frac{3}{4}x$　⑤ $y=-\frac{4}{5}x$

0917

그림에서 정비례 관계 $y=\frac{9}{4}x$의 그래프가 될 수 있는 것은?

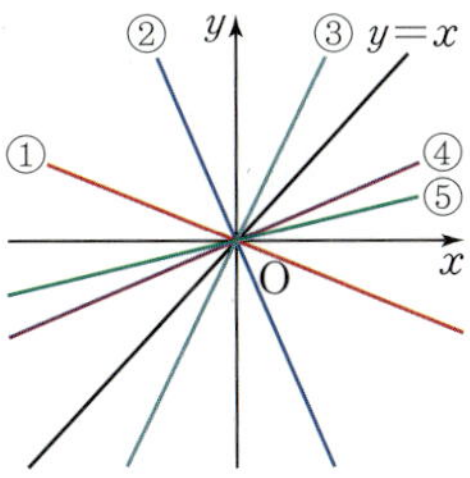

0919

그림은 세 정비례 관계 $y=ax$, $y=bx$, $y=cx$의 그래프이다. 이때 상수 a, b, c의 대소 관계를 바르게 나타낸 것은?

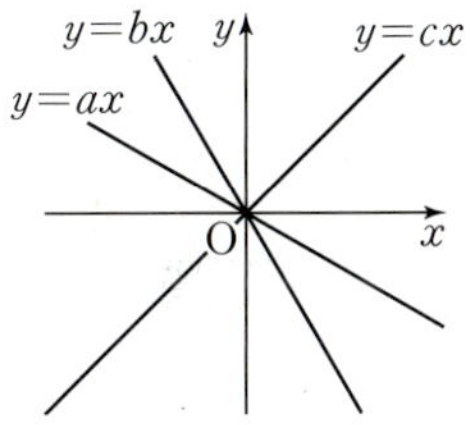

① $a<b<c$　② $a<c<b$
③ $b<a<c$　④ $b<c<a$
⑤ $c<a<b$

유형 06 정비례 관계 $y=ax\ (a\neq0)$의 그래프 위의 점

정비례 관계 $y=ax\ (a\neq0)$의 그래프가 점 $(p,\ q)$를 지난다.
➡ $y=ax$에 $x=p$, $y=q$를 대입하면 등식이 성립한다.
참고 정비례 관계 $y=ax\ (a\neq0)$의 그래프는 항상 점 $(1,\ a)$를 지난다.

개념ON 207쪽

0920 대표문제

정비례 관계 $y=\frac{1}{4}x$의 그래프가 점 $(a,\ a-3)$을 지날 때, a의 값은?

① -4　② -3　③ 1
④ 3　⑤ 4

PART B 유형별 문제

0921
○○●

정비례 관계 $y=ax$의 그래프가 점 $(-3, 4)$를 지날 때, 다음 중 이 그래프 위에 있지 <u>않은</u> 점은? (단, a는 상수)

① $(3, -4)$　② $\left(\frac{3}{4}, -1\right)$　③ $(6, -8)$

④ $\left(-\frac{9}{8}, \frac{2}{3}\right)$　⑤ $\left(-\frac{1}{12}, \frac{1}{9}\right)$

0922 서술형
○●●

두 정비례 관계 $y=ax$, $y=bx$의 그래프가 그림과 같을 때, $a+b$의 값을 구하시오. (단, a, b는 상수)

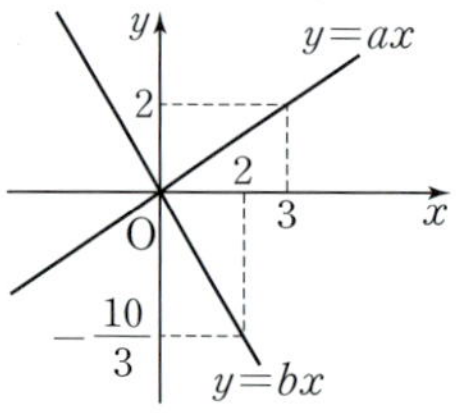

0923
○●●

정비례 관계 $y=ax$의 그래프가 그림과 같을 때, $4a+b$의 값을 구하시오. (단, a는 상수)

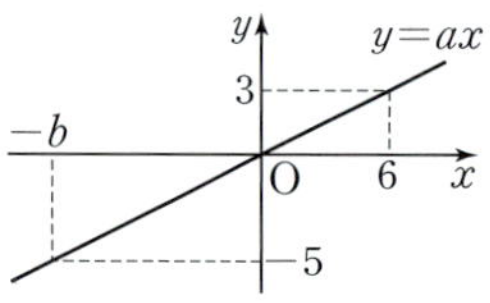

0924
○●●

정비례 관계 $y=ax$의 그래프가 세 점 $(-3, -9)$, $(b, 6)$, $(-2, c)$를 지날 때, $a-b-c$의 값은? (단, a는 상수)

① -12　② -5　③ 1

④ 7　⑤ 11

유형 07 그래프가 주어질 때 정비례 관계식 구하기

그래프가 원점을 지나는 직선이면 정비례 관계의 그래프이므로 정비례 관계식은 다음과 같은 순서대로 구한다.

❶ $y=ax\ (a\neq0)$로 놓는다.

❷ 그래프가 지나는 원점이 아닌 점의 좌표를 $y=ax$에 대입하여 a의 값을 구한다.

0925 대표문제
개념ON 208쪽

다음 중 그림과 같은 그래프가 나타내는 식은?

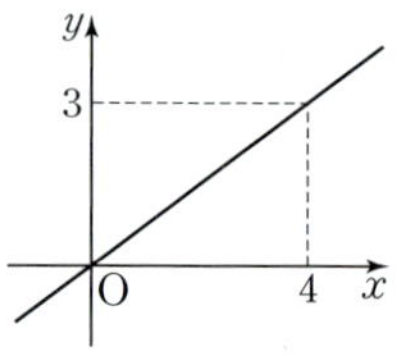

① $y=-\frac{4}{3}x$　② $y=-\frac{3}{4}x$

③ $y=\frac{3}{4}x$　④ $y=\frac{4}{3}x$

⑤ $y=3x$

0926
○●●

그림과 같은 그래프에서 점 P의 y좌표를 구하시오.

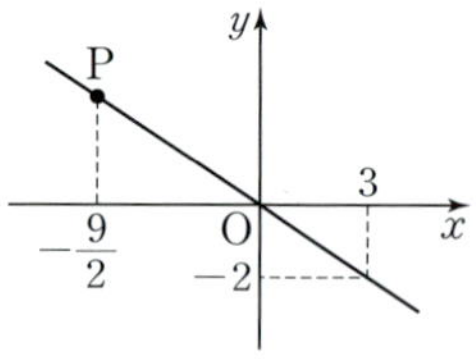

0927 중요

그림과 같은 그래프가 점 $(k,\ -10)$을 지날 때, k의 값은?

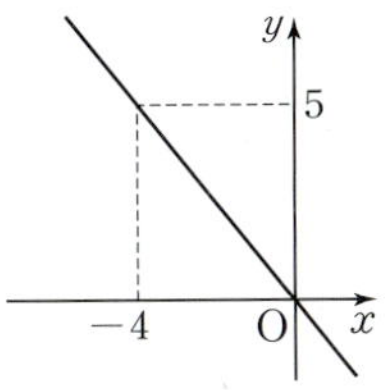

① -12　② -10　③ -8　④ 8　⑤ 10

0928

다음 중 그림과 같은 그래프 위의 점은?

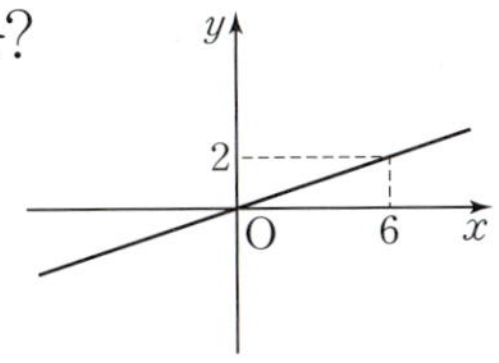

① $(-9,\ 3)$　② $\left(-3,\ \frac{1}{6}\right)$　③ $\left(-1,\ -\frac{2}{3}\right)$　④ $\left(3,\ \frac{1}{3}\right)$　⑤ $(12,\ 4)$

유형 08 정비례 관계 $y=ax\ (a\neq0)$의 그래프와 도형의 넓이

정비례 관계 $y=ax\,(a>0)$의 그래프 위의 점 P의 좌표를 $P(p,\ ap)\ (p>0)$라 하면 $Q(p,\ 0)$이므로

(삼각형 POQ의 넓이)$=\frac{1}{2}\times p\times ap$

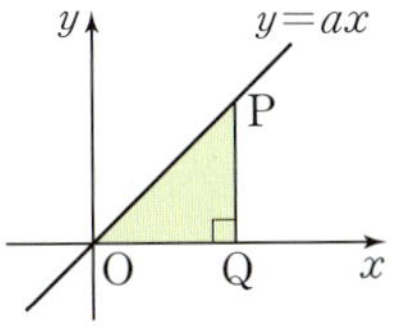

0929 대표문제

개념ON 209쪽

그림과 같이 정비례 관계 $y=\frac{2}{3}x$의 그래프 위의 한 점 A에서 x축에 그은 수선이 x축과 만나는 점 B의 좌표가 $(6,\ 0)$이다. 이때 삼각형 AOB의 넓이를 구하시오. (단, O는 원점)

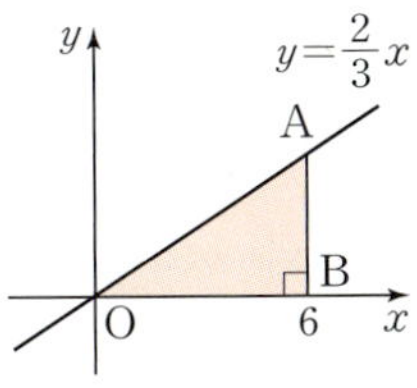

0930

그림과 같이 정비례 관계 $y=\frac{3}{5}x$의 그래프 위의 점 A와 정비례 관계 $y=-x$의 그래프 위의 점 B의 x좌표가 모두 5일 때, 삼각형 AOB의 넓이는? (단, O는 원점)

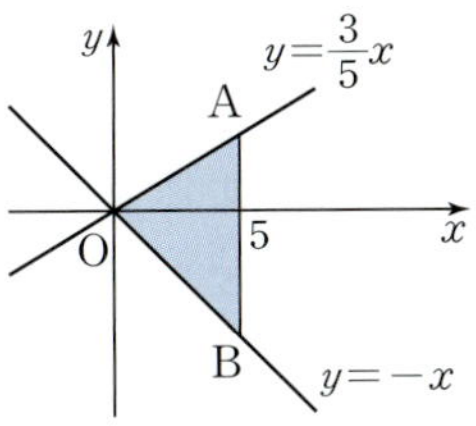

① 16　② 17　③ 18　④ 19　⑤ 20

0931 서술형

그림과 같이 정비례 관계 $y=ax\,(a<0)$의 그래프 위의 한 점 A에서 y축에 그은 수선이 y축과 만나는 점 B의 좌표가 $(0,\ 5)$이다. 삼각형 AOB의 넓이가 20일 때, 상수 a의 값을 구하시오. (단, O는 원점)

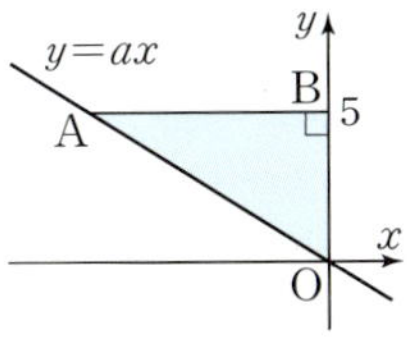

유형 09 정비례 관계의 활용 - 그래프가 주어지는 경우

정비례 관계의 그래프가 주어진 활용 문제는 다음과 같은 순서대로 해결한다.

❶ 그래프가 지나는 점의 좌표를 이용하여 x와 y 사이의 관계를 식으로 나타낸다. ➡ $y=ax\ (a\neq0)$

❷ ❶의 식에 $x=p$ 또는 $y=q$를 대입하여 필요한 값을 구한다.

0932 대표문제

그림은 연우가 걷기 운동을 x분 했을 때의 소모되는 열량을 y kcal라 할 때, x와 y 사이의 관계를 나타낸 그래프이다. 다음 물음에 답하시오.

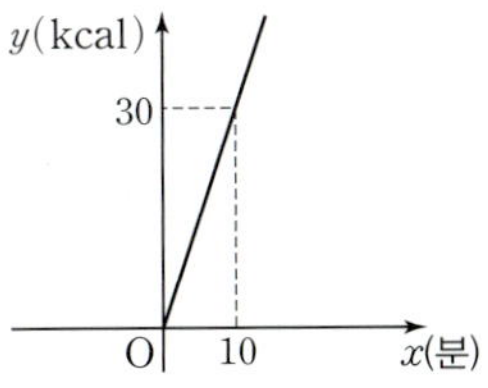

(1) x와 y 사이의 관계식을 구하시오.

(2) 연우가 1시간 운동했을 때, 소모되는 열량을 구하시오.

0933

그림은 귤 x개에서 섭취할 수 있는 비타민 C의 양을 y mg이라 할 때, x와 y 사이의 관계를 나타낸 그래프이다. 송이가 5일 동안 귤을 먹고 섭취한 비타민 C의 양이 420 mg일 때, 5일 동안 몇 개의 귤을 먹었는가?

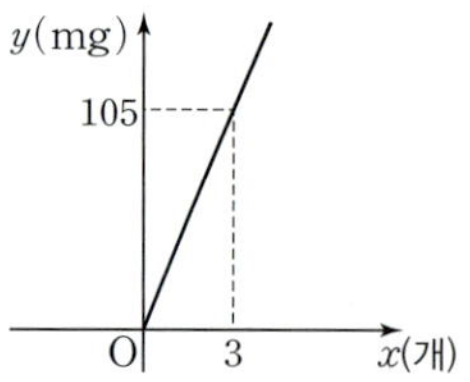

① 4개 ② 8개 ③ 12개
④ 16개 ⑤ 20개

0934

호스 A, B로 수조에 물을 채우려고 한다. 그림은 x분 동안 수조에 채워지는 물의 양을 y L라 할 때, x와 y 사이의 관계를 나타낸 그래프이다. 두 호스로 24000 L 들이 수조 두 개에 각각 물을 가득 채울 때 걸리는 시간의 차를 구하시오.

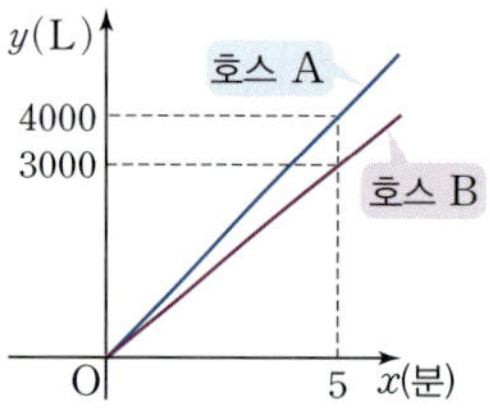

0935

그림은 두 기계 A, B가 x분 동안 만든 장난감의 개수를 y라 할 때, x와 y 사이의 관계를 나타낸 그래프이다. 두 기계 A, B를 동시에 150분 동안 가동하였을 때 만들어지는 장난감의 개수를 구하시오.

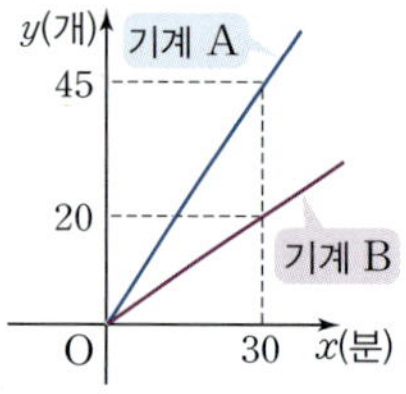

0936

학교에서 960 m 떨어진 도서관까지 민정이는 걸어가고, 주혁이는 뛰어가기로 했다. 그림은 두 사람이 학교에서 동시에 출발하여 x분 동안 간 거리를 y m라 할 때, x와 y 사이의 관계를 나타낸 그래프이다. 주혁이가 도서관에 도착한 후 몇 분을 기다려야 민정이가 도착하는가? (단, 두 사람은 도서관까지 각각 일정한 속력으로 직선으로 이동한다.)

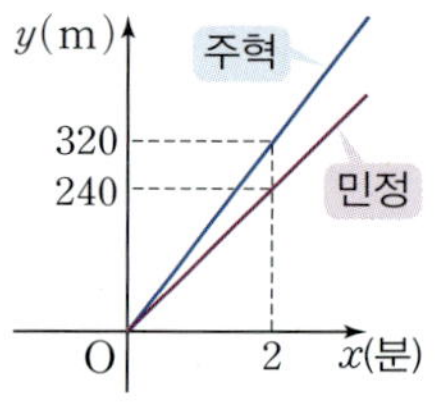

① 1분 ② 2분 ③ 3분
④ 4분 ⑤ 5분

발전 유형 10 도형의 넓이를 이등분하는 직선

정비례 관계 $y=ax\ (a\neq 0)$의 그래프가 삼각형 AOB의 넓이를 이등분한다.

(삼각형 POB의 넓이)

$=$(삼각형 AOP의 넓이)

$=\frac{1}{2}\times$(삼각형 AOB의 넓이)

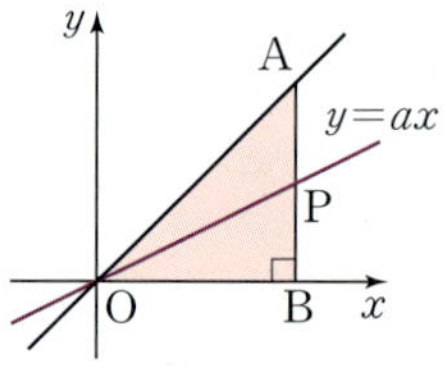

0937 대표문제

그림과 같이 정비례 관계 $y=4x$의 그래프 위의 한 점 A에서 x축에 그은 수선이 x축과 만나는 점을 B라 하자. 점 A의 x좌표가 3일 때, 정비례 관계 $y=ax$의 그래프는 삼각형 AOB의 넓이를 이등분한다. 다음 물음에 답하시오. (단, O는 원점)

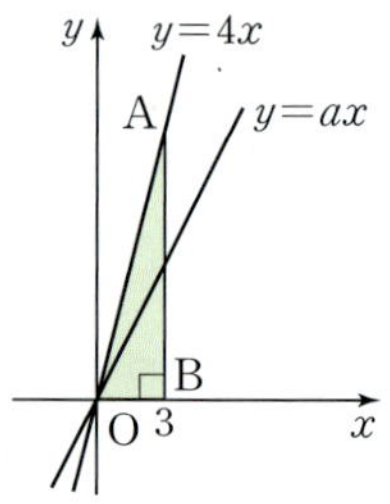

(1) 삼각형 AOB의 넓이를 구하시오.

(2) 상수 a의 값을 구하시오.

0938

그림과 같이 정비례 관계 $y=2x$의 그래프 위의 한 점 A에서 y축에 그은 수선이 y축과 만나는 점을 B라 하자. 점 A의 y좌표가 14일 때, 정비례 관계 $y=ax$의 그래프는 삼각형 ABO의 넓이를 이등분한다. 이때 상수 a의 값을 구하시오. (단, O는 원점)

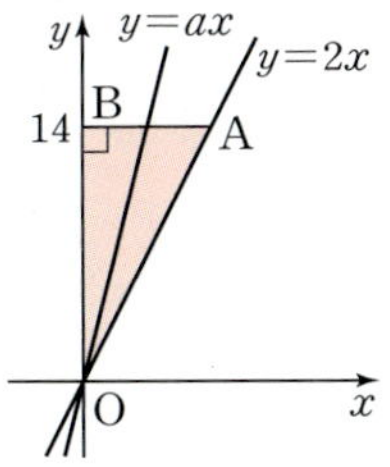

0939

그림과 같이 좌표평면 위의 세 점 O(0, 0), A(8, 0), B(0, 6)을 꼭짓점으로 하는 삼각형 OAB의 넓이를 정비례 관계 $y=ax$의 그래프가 이등분할 때, 상수 a의 값을 구하시오.

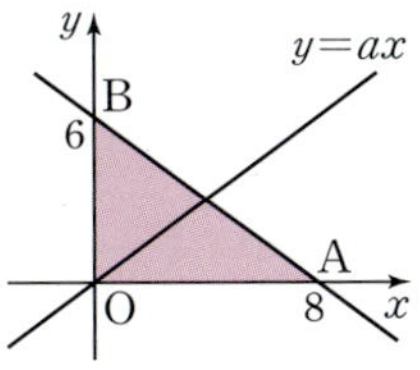

0940 실력

원점 O와 두 점 A(0, 10), B(6, 0)을 꼭짓점으로 하는 삼각형 AOB의 넓이를 정비례 관계 $y=ax$의 그래프가 이등분할 때, 상수 a의 값을 구하시오.

유형 11 반비례 관계

y가 x에 반비례한다.

➡ x의 값이 2배, 3배, 4배, …로 변함에 따라 y의 값은 $\frac{1}{2}$배, $\frac{1}{3}$배, $\frac{1}{4}$배, …로 변한다.

➡ $y=\frac{a}{x}$ $(a\neq 0)$ ← 일정한 수: a

개념ON 212쪽

0941 대표문제

다음 중 y가 x에 반비례하는 것을 모두 고르면? (정답 2개)

① $xy=-5$ ② $y=2x+4$ ③ $x+y=-1$
④ $y=\frac{7}{x}$ ⑤ $\frac{y}{x}=-3$

0942

$y=-\frac{4}{x}$에 대한 설명으로 옳은 것을 다음 보기에서 모두 고르시오.

보기

ㄱ. y는 x에 반비례한다.
ㄴ. x의 값이 3배가 되면 y의 값도 3배가 된다.
ㄷ. x의 값이 -6일 때, y의 값은 $\frac{2}{3}$이다.
ㄹ. xy의 값이 일정하다.

0943

다음 보기 중 y가 x에 반비례하는 것을 모두 고르시오.

보기

ㄱ. $y=2x$ ㄴ. $y=-\frac{3}{x}$ ㄷ. $xy=5$
ㄹ. $y=6-x$ ㅁ. $\frac{y}{x}=1$ ㅂ. $x+2y=0$

0944

다음 중 x의 값이 2배, 3배, 4배, …가 될 때 y의 값은 $\frac{1}{2}$배, $\frac{1}{3}$배, $\frac{1}{4}$배, …가 되는 것을 모두 고르면? (정답 2개)

① $x+y=3$ ② $y=-\frac{x}{4}$ ③ $x=\frac{8}{y}$
④ $\frac{y}{x}=-2$ ⑤ $xy=11$

0945 중요

다음 중 y가 x에 반비례하지 않는 것을 모두 고르면? (정답 2개)

① 100 g의 설탕을 x g씩 나눈 봉지의 수 y
② 밑변의 길이가 20 cm, 높이가 x cm인 삼각형의 넓이 y cm^2
③ 한 개에 1500원인 아이스크림 x개의 가격 y원
④ 5 km의 거리를 시속 x km로 달릴 때, 걸린 시간 y시간
⑤ 소금 30 g이 들어 있는 소금물 x g의 농도 y %

유형 12 반비례 관계식 구하기

y가 x에 반비례하고, $x=m$일 때 $y=n$이면 x와 y 사이의 관계식은 다음과 같은 순서대로 구한다.

❶ $y=\frac{a}{x}$ $(a\neq0)$로 놓는다.
❷ ❶의 식에 $x=m$, $y=n$을 대입하여 a의 값을 구한다.

개념ON 212쪽

0946 대표문제

y가 x에 반비례하고, $x=6$일 때 $y=\frac{1}{3}$이다. $x=-2$일 때 y의 값을 구하시오.

0947

다음 조건을 모두 만족시키는 두 변수 x, y에 대하여 $y=4$일 때 x의 값을 구하시오.

> (가) x의 값이 2배, 3배, 4배, …가 될 때 y의 값은 $\frac{1}{2}$배, $\frac{1}{3}$배, $\frac{1}{4}$배, …가 된다.
> (나) $x=2$일 때, $y=-3$이다.

0948

x의 값이 2배, 3배, 4배, …가 될 때 y의 값은 $\frac{1}{2}$배, $\frac{1}{3}$배, $\frac{1}{4}$배, …가 되고, $x=3$일 때 $y=5$이다. 다음 보기 중 옳지 않은 것을 모두 고르시오.

보기
ㄱ. y가 x에 정비례한다.
ㄴ. x와 y 사이의 관계를 식으로 나타내면 $y=\frac{15}{x}$이다.
ㄷ. $x=-5$일 때, $y=3$이다.
ㄹ. xy의 값은 15로 일정하다.

0949 서술형

y가 x에 반비례하고 x와 y 사이의 관계가 다음 표와 같을 때, $A-B-C$의 값을 구하시오.

x	-4	A	2	4
y	3	6	B	C

유형 13 반비례 관계의 활용

반비례 관계의 활용 문제는 다음과 같은 순서대로 해결한다.

❶ 변하는 두 양 x, y에 대하여 x와 y 사이의 관계를

$y=\frac{a}{x}$ $(a\neq 0)$로 나타낸다.

❷ ❶의 식에 $x=p$ 또는 $y=q$를 대입하여 필요한 값을 구한다.

개념ON 217쪽

0950 대표문제

매분 15 L씩 물을 넣으면 40분 만에 가득 차는 물탱크가 있다. 이 물탱크에 매분 x L씩 물을 넣으면 y분 만에 가득 찬다고 할 때, 다음 물음에 답하시오.

(1) x와 y 사이의 관계식을 구하시오.

(2) 빈 물탱크를 24분 만에 가득 채우려면 매분 몇 L의 물을 넣어야 하는지 구하시오.

0951

온도가 일정할 때, 기체의 부피 y cm^3는 압력 x기압에 반비례한다. 일정한 온도에서 어떤 기체의 부피가 10 cm^3일 때, 이 기체의 압력은 9기압이었다. 다음 물음에 답하시오.

(1) x와 y 사이의 관계식을 구하시오.

(2) 같은 온도에서 압력이 6기압일 때, 이 기체의 부피를 구하시오.

0952

넓이가 24 cm^2인 삼각형의 밑변의 길이를 x cm, 높이를 y cm라 할 때, 이 삼각형의 높이가 8 cm이면 밑변의 길이는 몇 cm인가?

① 2 cm ② 3 cm ③ 4 cm
④ 6 cm ⑤ 8 cm

0953

어떤 공장에서 9명의 직원이 14시간을 작업해야 끝나는 일이 있다. 이 일을 21시간 만에 끝내려면 몇 명의 직원이 필요한지 구하시오. (단, 직원이 일을 하는 속도는 모두 같다.)

0954

그림과 같이 빈틈의 폭이 1.5 mm인 고리를 5 m 거리에서 보았을 때, 그 빈틈이 판별 가능하면 시력이 1.0이라 한다. 5 m 거리에서 시력을 측정할 때, 빈틈의 폭 x mm와 이에 대응하는 시력 y는 반비례한다. 다음 물음에 답하시오.

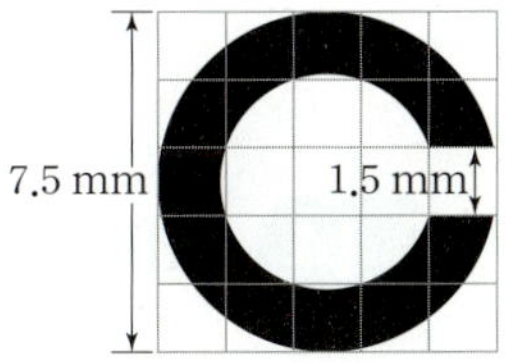

(1) x와 y 사이의 관계식을 구하시오.

(2) 빈틈의 폭이 5 mm인 고리까지 판별할 수 있는 사람의 시력을 구하시오.

0955 사고력

대저울이 수평을 이룰 때, 손잡이에서 물체를 매단 곳까지의 거리와 물체의 무게의 곱은 양쪽이 항상 같다고 한다. 그림과 같이 손잡이의 오른쪽으로 20 cm 떨어진 지점에 60 g짜리 추가 매달려 있는 대저울이 있다. 손잡이의 왼쪽으로 y cm 떨어진 지점에 무게가 x g인 물체 A를 매달아 수평이 되도록 했을 때, 다음 물음에 답하시오.

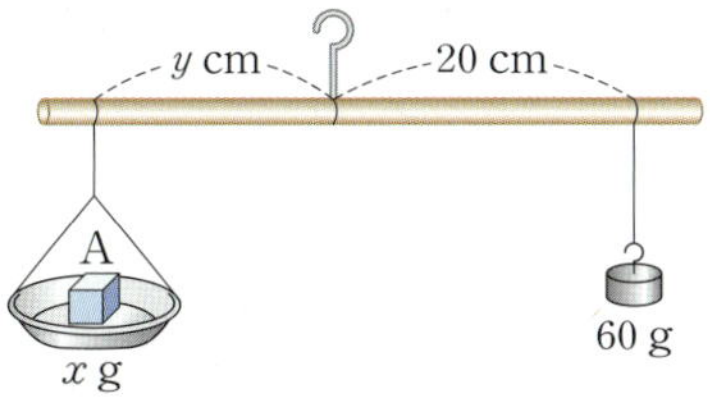

(1) x와 y 사이의 관계식을 구하시오.

(2) 물체 A의 무게가 75 g이고 대저울이 수평을 이룰 때, 물체 A를 매단 곳은 손잡이로부터 몇 cm 떨어져 있는지 구하시오.

0956

서로 맞물려 돌고 있는 두 톱니바퀴 A, B가 있다. 톱니가 16개인 톱니바퀴 A가 1분에 5번 회전할 때, 톱니가 x개인 톱니바퀴 B는 1분에 y번 회전한다. 톱니바퀴 B의 톱니가 10개일 때, 톱니바퀴 B는 1분에 몇 번 회전하는지 구하시오.

유형 14 반비례 관계 $y=\frac{a}{x}$ $(a\neq0)$의 그래프

x의 값의 범위가 0이 아닌 수 전체일 때, 반비례 관계 $y=\frac{a}{x}$ $(a\neq0)$의 그래프는 좌표축에 점점 가까워지면서 한없이 뻗어 나가는 한 쌍의 매끄러운 곡선이다.

$a>0$일 때	$a<0$일 때
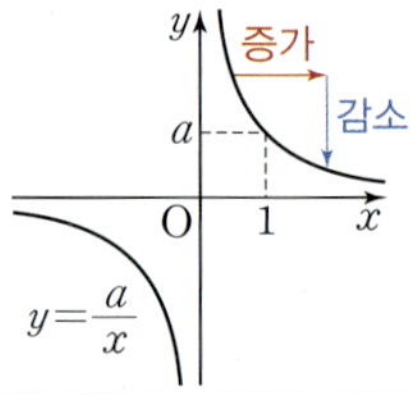	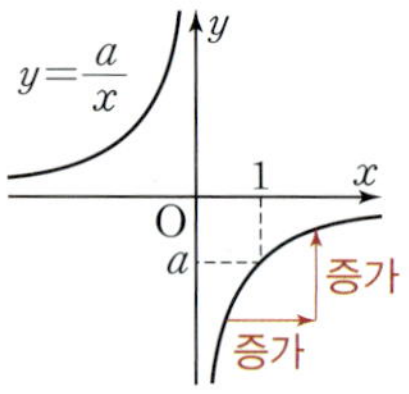
제1, 3사분면을 지난다.	제2, 4사분면을 지난다.
각 사분면에서 x의 값이 증가하면 y의 값은 감소한다.	각 사분면에서 x의 값이 증가하면 y의 값도 증가한다.

0957 대표문제

개념ON 214, 215쪽

다음 중 반비례 관계 $y=\frac{4}{x}$의 그래프는?

① 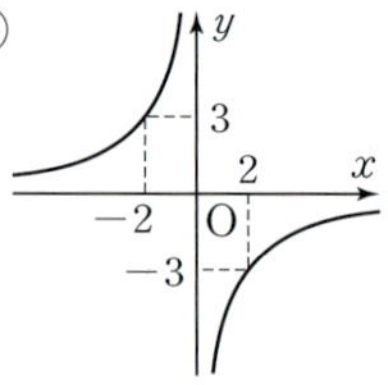
② 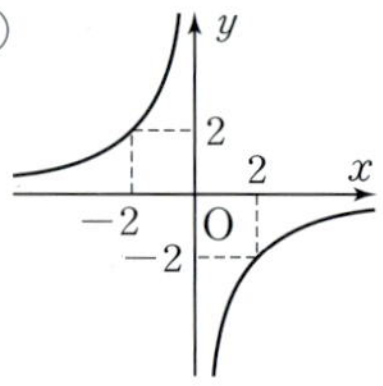
③ 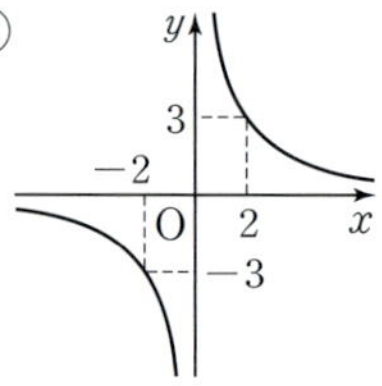
④ 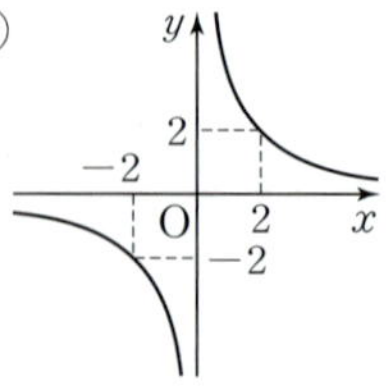
⑤ 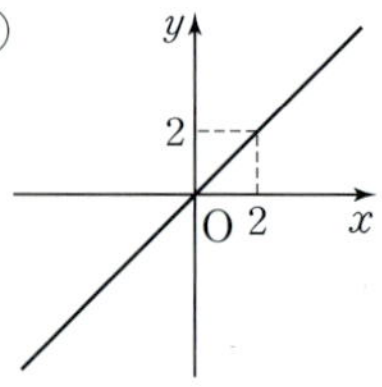

0958

다음 중 그래프가 제4사분면을 지나는 것을 모두 고르면? (정답 2개)

① $y=\frac{6}{x}$　② $y=-\frac{12}{x}$　③ $y=\frac{x}{5}$
④ $y=3x$　⑤ $y=-9x$

0959

정비례 관계 $y=ax$의 그래프가 오른쪽 그림과 같을 때, 다음 중 반비례 관계 $y=-\frac{a}{x}$의 그래프가 될 수 있는 것은? (단, a는 상수)

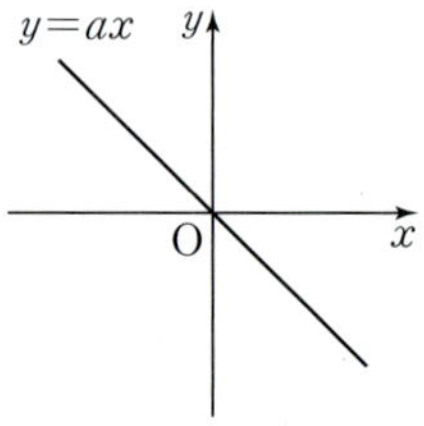

① 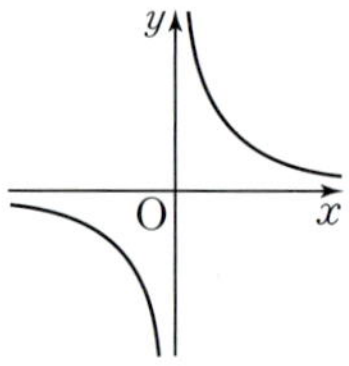
② 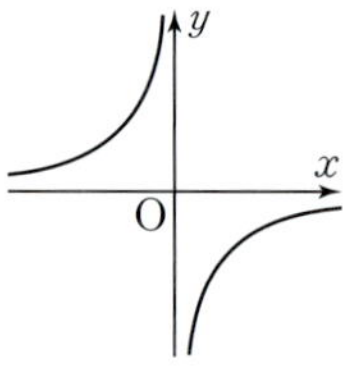
③ 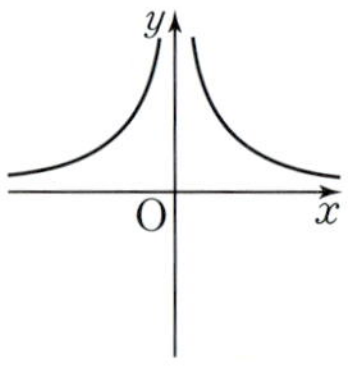
④ 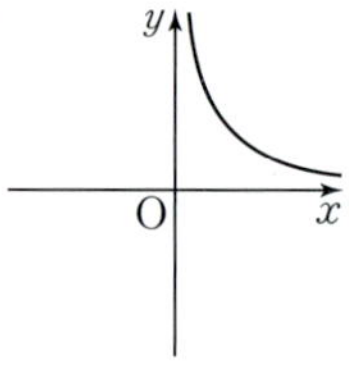
⑤ 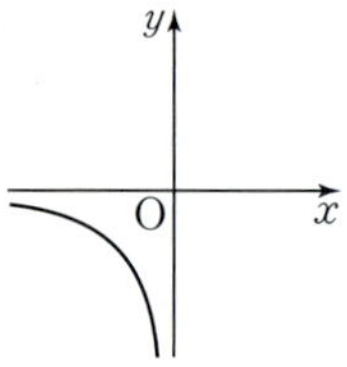

0960

다음 보기 중 반비례 관계 $y=-\frac{7}{x}$의 그래프에 대한 설명으로 옳은 것을 모두 고르시오.

보기

ㄱ. 한 쌍의 매끄러운 곡선이다.
ㄴ. 점 $(-1, -7)$을 지난다.
ㄷ. 제1사분면과 제3사분면을 지난다.
ㄹ. $x>0$일 때, x의 값이 증가하면 y의 값도 증가한다.

유형 15 반비례 관계 $y=\frac{a}{x}\ (a\neq0)$의 그래프와 a의 값 사이의 관계

반비례 관계 $y=\frac{a}{x}\ (a\neq0)$의 그래프는

(1) a의 절댓값이 작을수록 좌표축에 가깝다. → 원점에 가깝다.

(2) a의 절댓값이 클수록 좌표축에서 멀다. → 원점에서 멀다.

0961 대표문제

개념ON 215쪽

다음 반비례 관계의 그래프 중 원점에서 가장 멀리 떨어진 것은?

① $y=-\frac{5}{x}$ ② $y=-\frac{1}{x}$ ③ $y=\frac{3}{4x}$
④ $y=\frac{2}{x}$ ⑤ $y=\frac{3}{x}$

0962 중요

다음 중 반비례 관계 $y=\frac{9}{x}$의 그래프에 대한 설명으로 옳지 않은 것을 모두 고르면? (정답 2개)

① 원점을 지나는 직선이다.
② 점 $(-3,\ -3)$을 지난다.
③ 제1사분면과 제3사분면을 지난다.
④ 각 사분면에서 x의 값이 증가하면 y의 값은 감소한다.
⑤ 반비례 관계 $y=-\frac{10}{x}$의 그래프보다 좌표축에서 멀리 떨어져 있다.

0963

두 반비례 관계 $y=\frac{a}{x}$, $y=-\frac{3}{x}$의 그래프가 그림과 같을 때, 상수 a의 값의 범위를 구하시오.

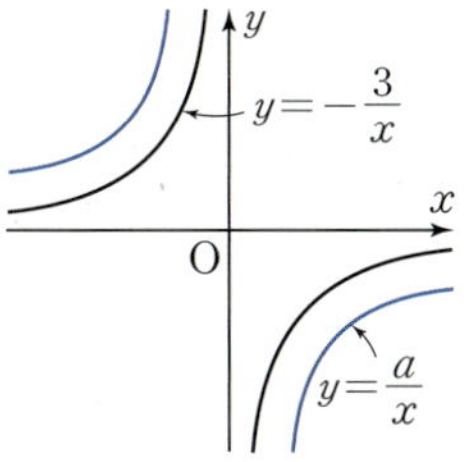

0964

그림은 정비례 관계 $y=-2x$, $y=3x$의 그래프와 반비례 관계 $y=-\frac{5}{x}$, $y=\frac{2}{x}$, $y=\frac{6}{x}$의 그래프이다. 그래프와 그 그래프가 나타내는 식을 바르게 짝 지은 것을 모두 고르면? (정답 2개)

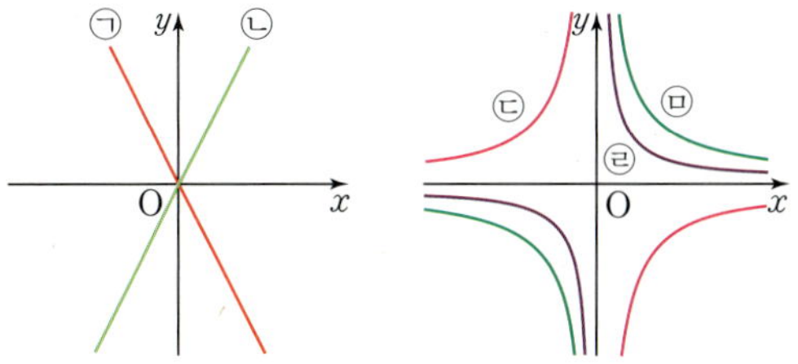

① ㉠: $y=\frac{6}{x}$ ② ㉡: $y=-2x$ ③ ㉢: $y=-\frac{5}{x}$
④ ㉣: $y=\frac{2}{x}$ ⑤ ㉤: $y=3x$

유형 16 반비례 관계 $y=\frac{a}{x}\ (a\neq0)$의 그래프 위의 점

반비례 관계 $y=\frac{a}{x}\ (a\neq0)$의 그래프가 점 $(p,\ q)$를 지난다.

➡ $y=\frac{a}{x}$에 $x=p$, $y=q$를 대입하면 등식이 성립한다.

참고 반비례 관계 $y=\frac{a}{x}\ (a\neq0)$의 그래프는 항상 점 $(1,\ a)$를 지난다.

0965 대표문제

개념ON 214쪽

반비례 관계 $y=\frac{a}{x}$의 그래프가 점 $(-1,\ -6)$을 지날 때, 다음 중 이 그래프 위에 있는 점은? (단, a는 상수)

① $(-6,\ 1)$ ② $(-2,\ -3)$ ③ $(1,\ -6)$
④ $(2,\ -3)$ ⑤ $(6,\ -1)$

0966 중요

반비례 관계 $y=-\frac{18}{x}$의 그래프가 두 점 $(9,\ a)$, $\left(b,\ -\frac{1}{2}\right)$을 지날 때, $a+b$의 값을 구하시오.

0967 서술형

반비례 관계 $y=-\frac{16}{x}$의 그래프가 그림과 같을 때, $m+n$의 값을 구하시오.

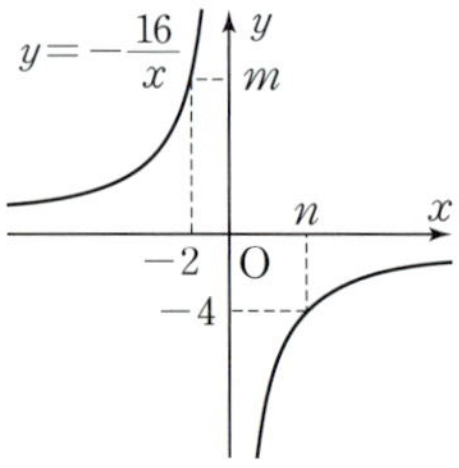

0968

그림은 반비례 관계 $y=\frac{a}{x}\ (x>0)$의 그래프이다. 이 그래프 위의 두 점 P, Q의 x좌표가 각각 2, 4이고 y좌표의 차가 $\frac{5}{2}$일 때, 상수 a의 값을 구하시오.

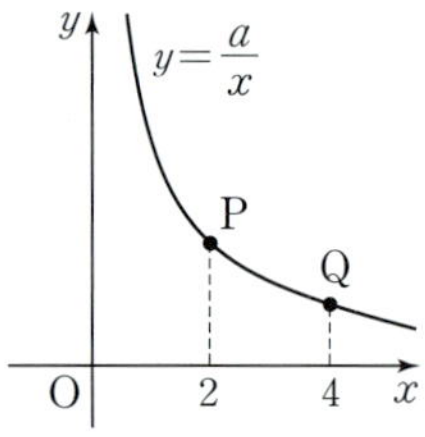

0969

정비례 관계 $y=3x$의 그래프와 반비례 관계 $y=-\frac{30}{x}$의 그래프가 그림과 같을 때, 점 P의 좌표를 구하시오.

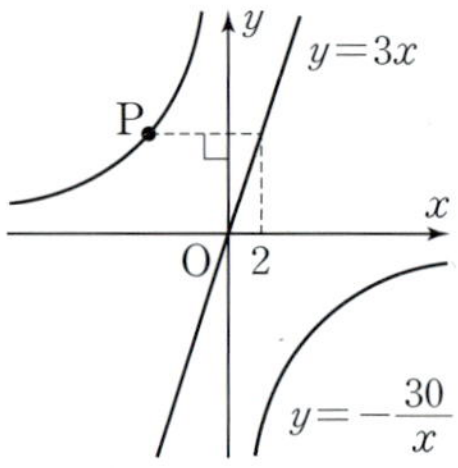

유형 17 반비례 관계 $y=\frac{a}{x}\ (a\neq0)$의 그래프 위의 점 - 점의 좌표가 정수인 경우

반비례 관계 $y=\frac{a}{x}\ (a\neq0)$의 그래프 위의 점 $(m,\ n)$ 중 $m,\ n$이 모두 정수인 경우

➡ $|m|$이 $|a|$의 약수이다.

0970 대표문제

개념ON 217쪽

반비례 관계 $y=\frac{12}{x}$의 그래프 위의 점 중 x좌표와 y좌표가 모두 자연수인 점의 개수를 구하시오.

0971

반비례 관계 $y=-\frac{6}{x}$의 그래프 위의 점 중 x좌표와 y좌표가 모두 정수인 점의 개수는?

① 8　② 9　③ 10
④ 11　⑤ 12

0972 서술형

반비례 관계 $y=\frac{a}{x}$의 그래프가 그림과 같을 때, 이 그래프 위의 점 중 x좌표와 y좌표가 모두 정수인 점의 개수를 구하시오. (단, a는 상수)

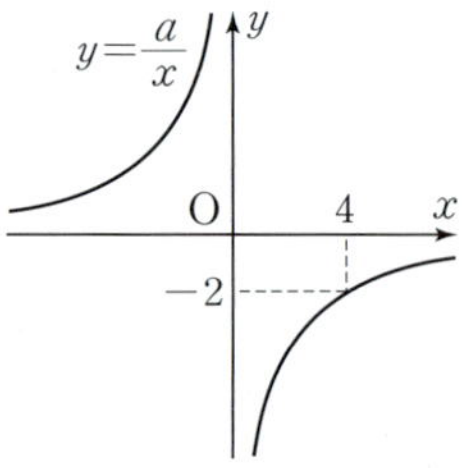

유형 18 그래프가 주어질 때 반비례 관계식 구하기

그래프가 좌표축에 점점 가까워지면서 한없이 뻗어 나가는 한 쌍의 매끄러운 곡선이면 반비례 관계의 그래프이므로 반비례 관계식은 다음과 같은 순서대로 구한다.

❶ $y=\frac{a}{x}$ $(a\neq0)$로 놓는다.

❷ 그래프가 지나는 점의 좌표를 $y=\frac{a}{x}$에 대입하여 a의 값을 구한다.

개념ON 215쪽

0973 대표문제

그림과 같은 그래프에서 m의 값을 구하시오.

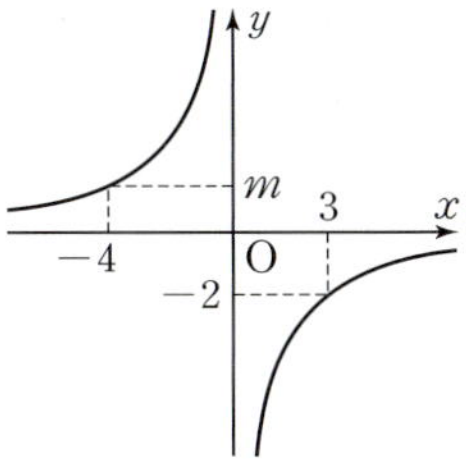

0974

다음 중 그림과 같은 그래프에 대한 설명으로 옳지 않은 것을 모두 고르면? (정답 2개)

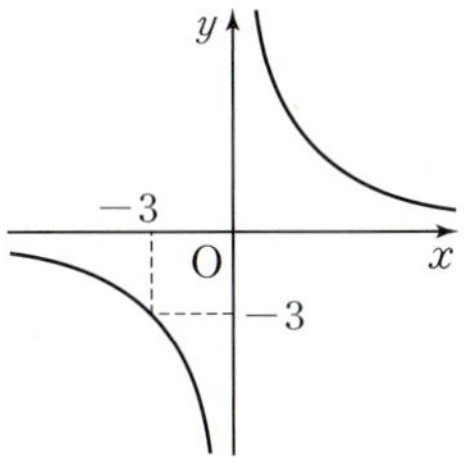

① 반비례 관계 $y=\frac{9}{x}$의 그래프이다.

② 그래프 위의 임의의 점 (p, q)에 대하여 pq의 값이 일정하다.

③ 점 $\left(3, \frac{1}{3}\right)$을 지난다.

④ $x<0$일 때, x의 값이 증가하면 y의 값은 감소한다.

⑤ $x>0$일 때, x의 값이 2배가 되면 y의 값도 2배가 된다.

0975

그림에서 ①~⑤의 그래프가 나타내는 식으로 옳지 않은 것은?

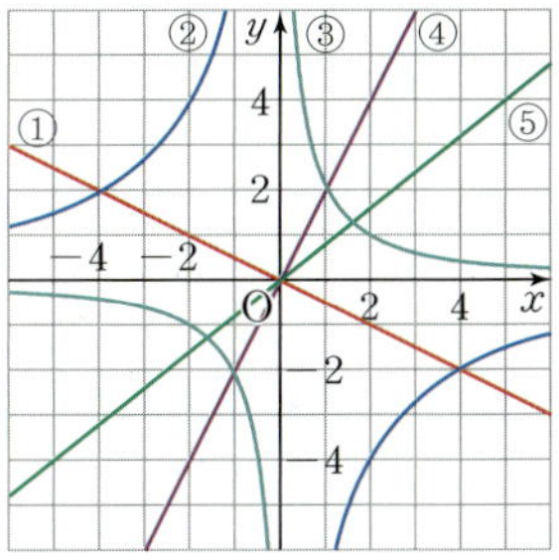

① $y=-\frac{x}{2}$　② $y=-\frac{4}{x}$

③ $y=\frac{2}{x}$　④ $y=2x$

⑤ $y=\frac{4}{5}x$

유형 19 반비례 관계 $y=\frac{a}{x}$ $(a\neq0)$의 그래프와 도형의 넓이

반비례 관계 $y=\frac{a}{x}$ $(a>0)$의 그래프 위의 점 P의 좌표를 $\left(p, \frac{a}{p}\right)$ $(p>0)$라 하면

$A(p, 0)$, $B\left(0, \frac{a}{p}\right)$이므로

(직사각형 OAPB의 넓이)$=p\times\frac{a}{p}=a$ ← p의 값에 관계없이 항상 일정하다.

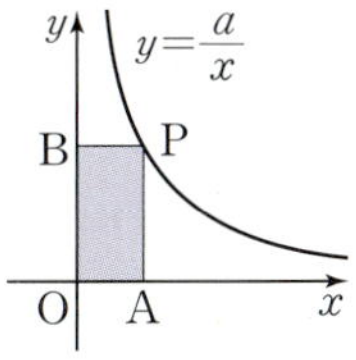

개념ON 216쪽

0976 대표문제

그림은 반비례 관계 $y=\frac{12}{x}$ $(x>0)$의 그래프이고, 점 P는 이 그래프 위의 점이다. 점 P에서 x축, y축에 그은 수선이 x축, y축과 만나는 점을 각각 A, B라 할 때, 직사각형 OAPB의 넓이를 구하시오. (단, O는 원점)

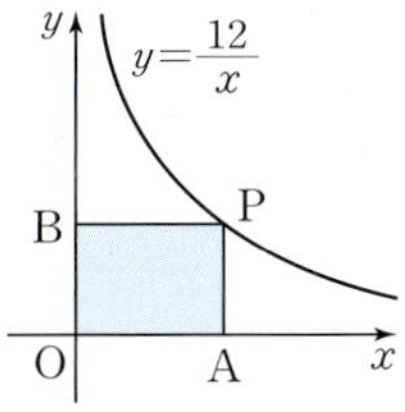

0977

그림은 반비례 관계 $y=\frac{a}{x}$ $(x>0)$의 그래프이고, 점 P는 이 그래프 위의 점이다. 직각삼각형 OAP의 넓이가 9일 때, 상수 a의 값을 구하시오.

(단, O는 원점)

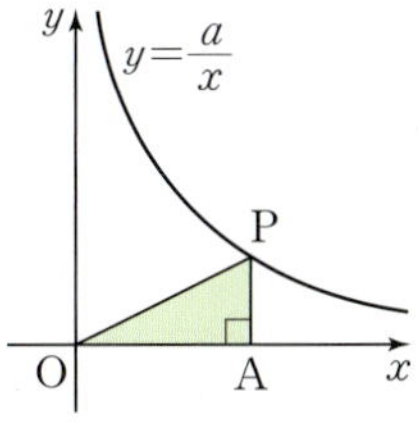

0978

그림은 반비례 관계 $y=\frac{a}{x}$ $(x<0)$의 그래프이고, 점 A는 이 그래프 위의 점이다. 점 B의 좌표가 $(-3, 0)$이고, 직사각형 ABOC의 넓이가 15일 때, 상수 a의 값을 구하시오. (단, O는 원점)

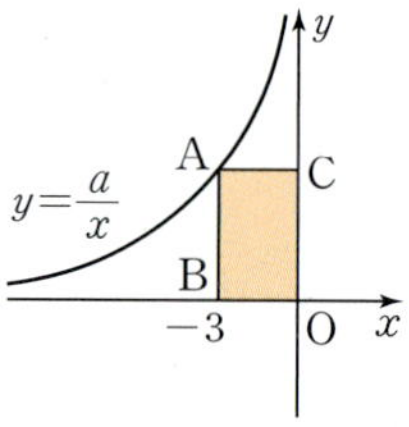

0979 서술형

그림은 반비례 관계 $y=\frac{a}{x}$의 그래프이고, 두 점 A, C는 이 그래프 위의 점이다. 이때 네 변이 x축 또는 y축에 평행한 직사각형 ABCD의 넓이를 구하시오. (단, a는 상수)

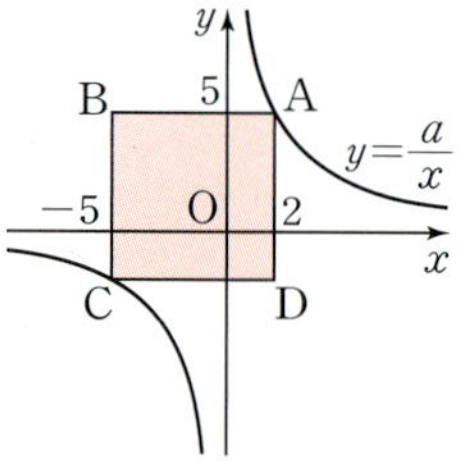

0980

그림과 같이 두 점 P, Q는 점 $(-6, -2)$를 지나는 반비례 관계 $y=\frac{a}{x}$의 그래프 위의 점이다. 이때 직사각형 AOBP와 직사각형 CQDO의 넓이의 합을 구하시오.

(단, a는 상수이고, O는 원점이다.)

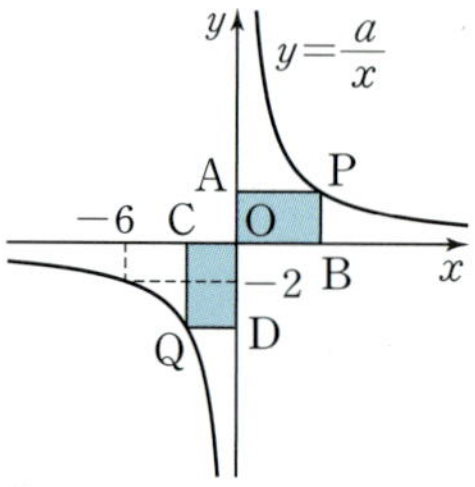

유형 20 $y=ax$ $(a\neq0)$, $y=\frac{b}{x}$ $(b\neq0)$의 그래프가 만나는 점

정비례 관계 $y=ax$ $(a\neq0)$의 그래프와 반비례 관계 $y=\frac{b}{x}$ $(b\neq0)$의 그래프가 점 (p, q)에서 만난다.

➡ 점 (p, q)는 정비례 관계 $y=ax$의 그래프 위의 점인 동시에 반비례 관계 $y=\frac{b}{x}$의 그래프 위의 점이다.

➡ $y=ax$, $y=\frac{b}{x}$에 각각 $x=p$, $y=q$를 대입하면 등식이 성립한다.

0981 대표문제

개념ON 216쪽

그림은 정비례 관계 $y=ax$의 그래프와 반비례 관계 $y=\frac{2}{x}$의 그래프이다. 두 그래프가 만나는 점 A의 x좌표가 -1일 때, 상수 a의 값을 구하시오.

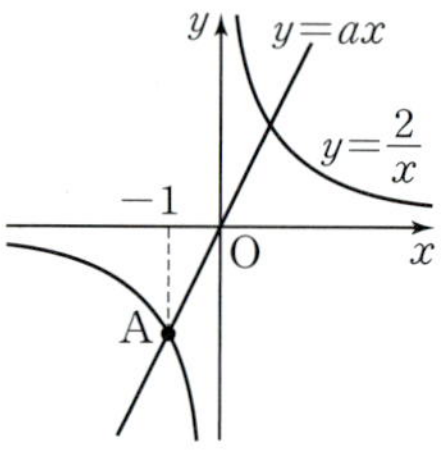

0982

그림과 같이 정비례 관계 $y=2x$의 그래프와 반비례 관계 $y=\frac{a}{x}$ $(x>0)$의 그래프가 점 $A(b, 6)$에서 만날 때, $a+b$의 값을 구하시오. (단, a는 상수)

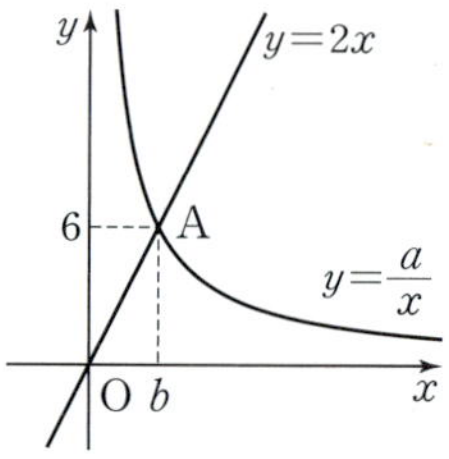

0983

정비례 관계 $y=ax$의 그래프와 반비례 관계 $y=\frac{b}{x}$의 그래프가 두 점 $(-2, 6)$, $(2, c)$에서 만날 때, $a+b-c$의 값을 구하시오. (단, a, b는 상수)

0984 중요

그림은 정비례 관계 $y=-\frac{1}{3}x$의 그래프와 반비례 관계 $y=\frac{a}{x}$의 그래프이다. 두 그래프가 점 $(b,\ 4)$에서 만날 때, $a-b$의 값을 구하시오. (단, a는 상수)

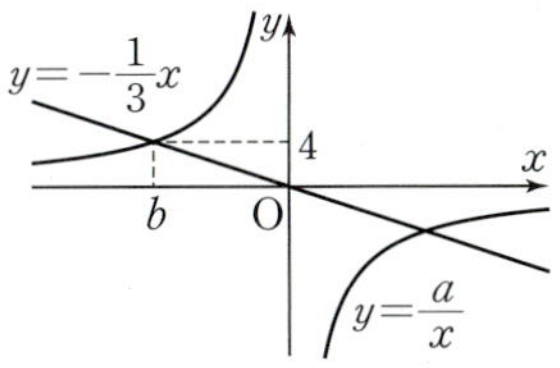

0985 서술형

그림과 같이 정비례 관계 $y=\frac{1}{4}x$의 그래프와 반비례 관계 $y=\frac{a}{x}$의 그래프가 x좌표가 -8인 점 P에서 만날 때, $3ab$의 값을 구하시오.

(단, a는 상수)

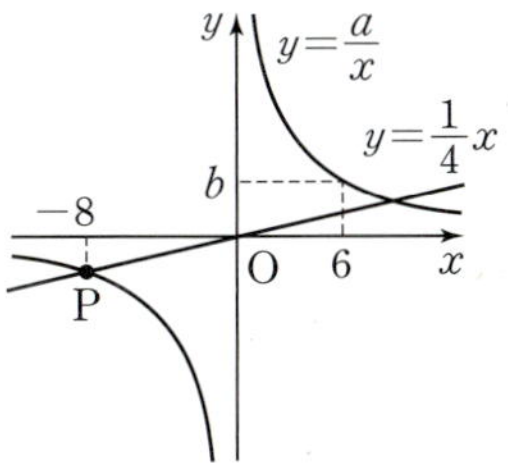

0986 실력

그림과 같이 정비례 관계 $y=ax$의 그래프와 반비례 관계 $y=\frac{b}{x}$의 그래프가 만나는 두 점을 A, B라 할 때, 네 변이 x축 또는 y축에 평행한 직사각형 ACBD의 넓이는 96이다. 두 점 A, B의 x좌표가 각각 6, -6일 때, 상수 a, b에 대하여 ab의 값을 구하시오.

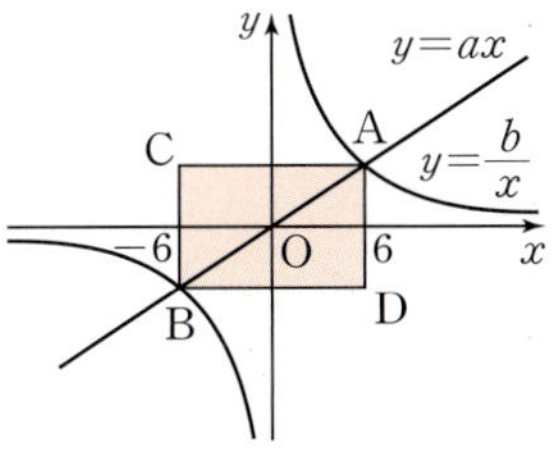

유형 21 반비례 관계의 활용 - 그래프가 주어지는 경우

반비례 관계의 그래프가 주어진 활용 문제는 다음과 같은 순서대로 해결한다.

❶ 그래프가 지나는 점의 좌표를 이용하여 x와 y 사이의 관계를 식으로 나타낸다. ➡ $y=\frac{a}{x}$ $(a\neq 0)$

❷ ❶의 식에 $x=p$ 또는 $y=q$를 대입하여 필요한 값을 구한다.

0987 대표문제

그림은 시속 x km로 달리는 자동차가 출발지로부터 도착지까지 가는 데 걸리는 시간을 y시간이라 할 때, x와 y 사이의 관계를 그래프로 나타낸 것이다. 이 자동차가 시속 90 km로 달릴 때, 도착지까지 가는 데 걸리는 시간을 구하시오.

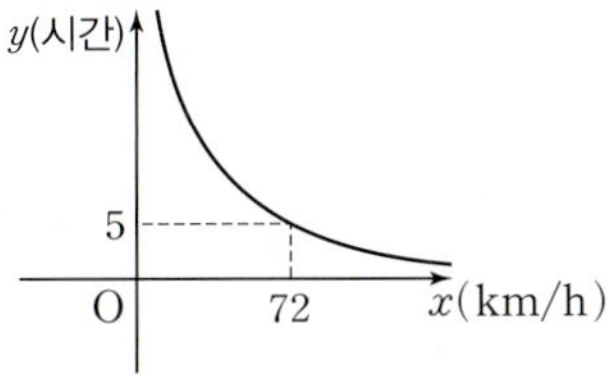

0988

그림은 어느 공장에서 같은 기계 x대를 가동해서 작업을 끝내는 데 걸리는 시간을 y시간이라 할 때, x와 y 사이의 관계를 그래프로 나타낸 것이다. 작업을 끝내는 데 10시간이 걸렸다면 기계를 몇 대 가동한 것인지 구하시오.

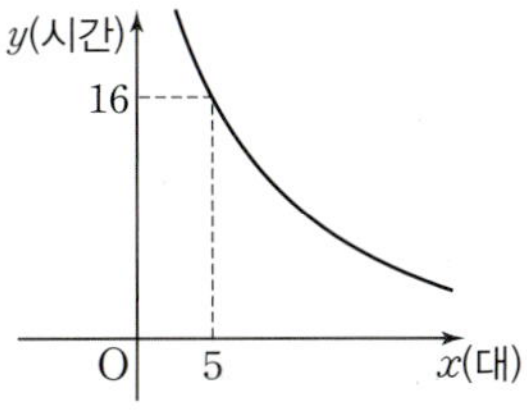

0989 사고력

속력이 일정한 음파의 파장은 진동수에 반비례한다. 그림은 진동수가 x Hz(헤르츠)인 음파의 파장을 y m라 할 때, x와 y 사이의 관계를 그래프로 나타낸 것이다. 사람의 귀로 들을 수 있는 음파의 진동수의 범위가 20 Hz 이상 20000 Hz 이하일 때, 사람이 들을 수 있는 음파의 파장의 범위를 구하시오.

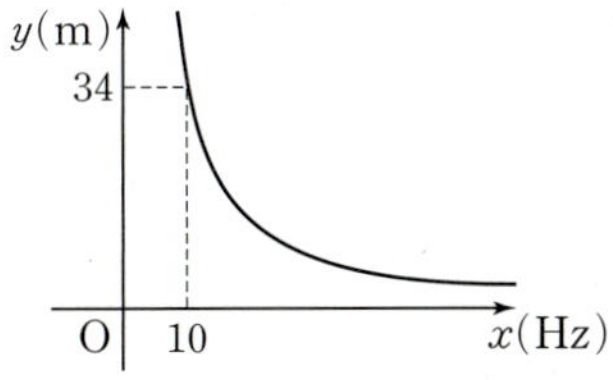

PART C 중단원 마무리

0990

다음 중 x의 값이 2배, 3배, 4배, $\cdots$가 될 때 y의 값도 2배, 3배, 4배, $\cdots$가 되는 관계가 있는 것을 모두 고르면? (정답 2개)

① $y=-\frac{6}{x}$　② $xy=8$　③ $\frac{y}{x}=-3$
④ $x+y=7$　⑤ $x+2y=0$

0991

y가 x에 정비례하고, $x=2$일 때 $y=16$이다. 다음 보기 중 옳은 것을 모두 고르시오.

보기
ㄱ. x와 y 사이의 관계식은 $y=8x$이다.
ㄴ. x의 값이 3배가 되면 y의 값은 $\frac{1}{3}$배가 된다.
ㄷ. $x=6$이면 $y=48$이다.
ㄹ. $y=-40$이면 $x=5$이다.

0992

어느 케이크 가게에서 정가의 20 %를 할인해 주는 행사를 하고 있다. 이 가게에서 정가가 x원인 케이크를 할인받아 구입한 금액을 y원이라 할 때, 정가가 13000원인 케이크는 할인받아 얼마에 구입할 수 있는지 구하시오.

0993

다음 중 정비례 관계 $y=-\frac{5}{6}x$의 그래프에 대한 설명으로 옳지 <u>않은</u> 것을 모두 고르면? (정답 2개)

① 점 $\left(-3, \frac{5}{2}\right)$를 지난다.
② 오른쪽 위로 향하는 직선이다.
③ 제2사분면과 제4사분면을 지난다.
④ x의 값이 증가하면 y의 값은 감소한다.
⑤ 정비례 관계 $y=-\frac{3}{2}x$의 그래프보다 y축에 더 가깝다.

0994

그림은 세 정비례 관계 $y=ax$, $y=bx$, $y=cx$의 그래프이다. 이때 상수 a, b, c의 대소 관계를 바르게 나타낸 것은?

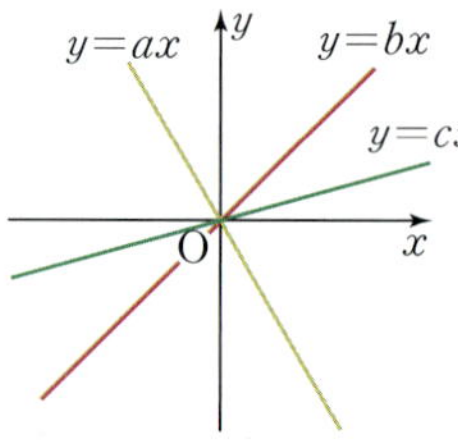

① $a<b<c$　② $a<c<b$
③ $b<a<c$　④ $b<c<a$
⑤ $c<a<b$

0995

그림과 같이 정비례 관계 $y=\frac{3}{4}x$의 그래프 위의 점 A와 정비례 관계 $y=-2x$의 그래프 위의 점 B의 x좌표가 모두 2일 때, 삼각형 AOB의 넓이를 구하시오. (단, O는 원점)

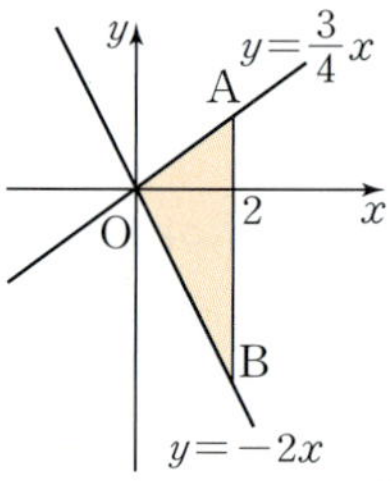

0996

그림과 같이 점 (0, 6)을 지나고 x축에 평행한 직선이 두 정비례 관계 $y=3x$, $y=\frac{2}{3}x$의 그래프와 만나는 점을 각각 A, B라 할 때, 삼각형 AOB의 넓이를 구하시오.

(단, O는 원점)

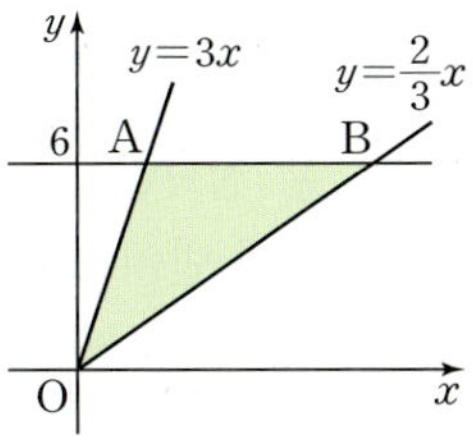

0997

규원이와 재유가 학교에서 50 m 떨어진 문구점에 가려고 한다. 그림은 두 사람이 x초 동안 간 거리를 y m라 할 때, x와 y 사이의 관계를 그래프로 나타낸 것이다. 두 사람이 동시에 출발한다면 몇 초 후에 두 사람이 이동한 거리의 차가 3 m가 되는지 구하시오.

(단, 두 사람은 문구점까지 각각 일정한 속력으로 간다.)

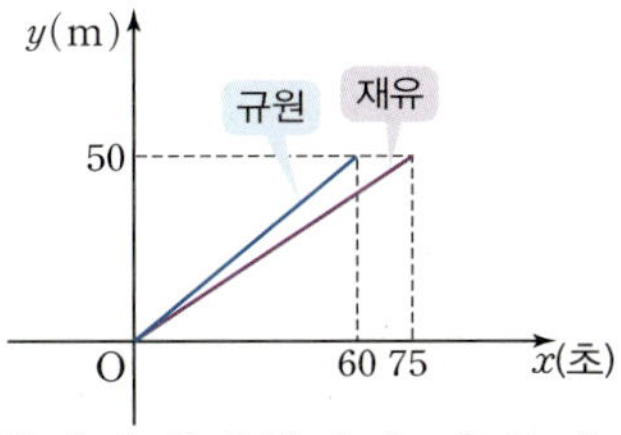

0998

그림과 같이 정비례 관계 $y=\frac{3}{2}x$의 그래프 위의 한 점 A에서 x축에 그은 수선이 x축과 만나는 점을 B라 하자. 점 A의 x좌표가 4일 때, 정비례 관계 $y=ax$의 그래프는 삼각형 AOB의 넓이를 이등분한다. 이때 상수 a의 값을 구하시오.

(단, O는 원점)

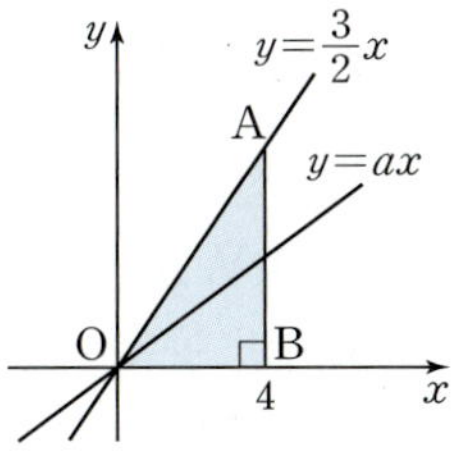

0999

다음 중 y가 x에 반비례하는 것을 모두 고르면? (정답 2개)

① 300쪽짜리 문제집을 x쪽만큼 푼 후 남은 쪽수 y쪽

② 강아지 x마리의 총 다리의 수 y

③ 넓이가 36 cm^2이고 밑변의 길이가 x cm인 평행사변형의 높이 y cm

④ 우유 2 L를 x명에게 똑같이 나누어 줄 때, 한 명이 마시는 우유의 양 y L

⑤ 5분에 250장을 출력할 수 있는 프린터로 x분 동안 출력한 종이의 수 y

1000

y가 x에 반비례하고, $x=2$일 때 $y=5$이다. $y=-4$일 때, x의 값을 구하시오.

1001

반비례 관계 $y=\frac{a}{x}$ $(a\neq0)$의 그래프에 대한 설명으로 옳은 것을 다음 보기에서 모두 고르시오.

보기

ㄱ. $a>0$이면 제1사분면과 제3사분면을 지난다.

ㄴ. $a<0$이면 $x<0$인 범위에서 x의 값이 증가하면 y의 값은 감소한다.

ㄷ. 점 $(1, a)$를 지난다.

ㄹ. a의 절댓값이 클수록 원점에 가깝다.

정답과 풀이 103쪽

1002

정비례 관계 $y=ax$의 그래프가 그림과 같을 때, 다음 중 반비례 관계 $y=-\frac{a}{x}$의 그래프는? (단, a는 상수)

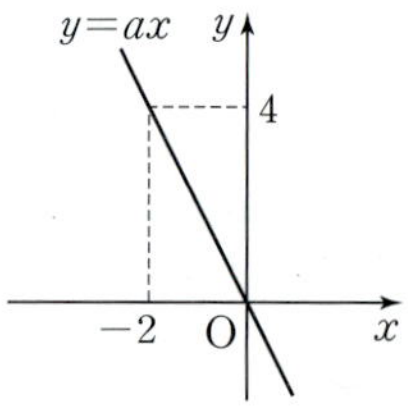

①
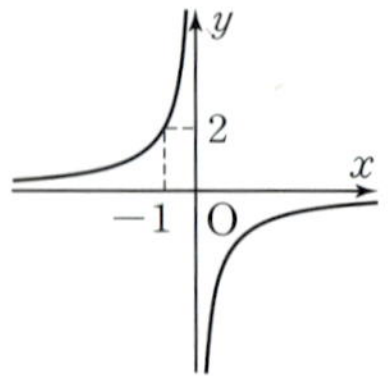

②
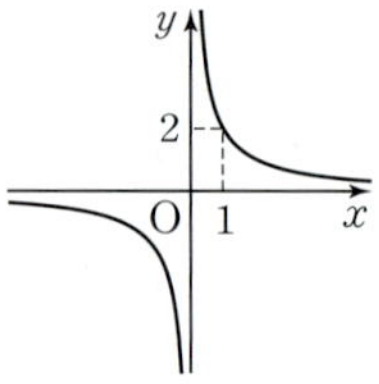

③
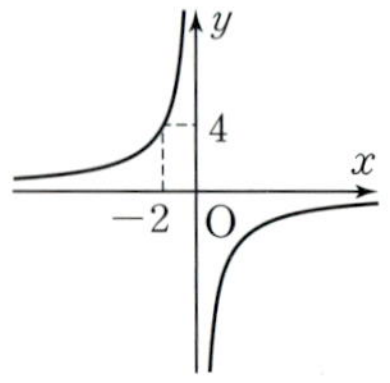

④
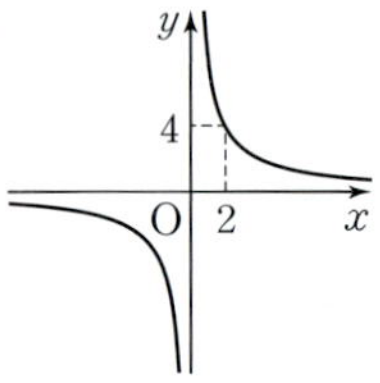

⑤
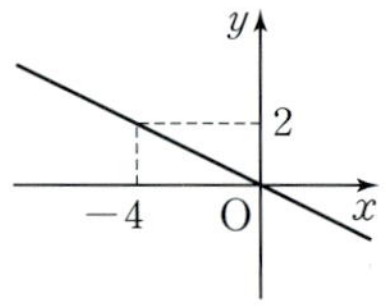

1003

반비례 관계 $y=-\frac{12}{x}$의 그래프가 두 점 $(2,\ a)$, $(b,\ -3)$을 지날 때, $a+b$의 값을 구하시오.

1004

반비례 관계 $y=\frac{a}{x}$의 그래프가 점 $\left(10,\ -\frac{8}{5}\right)$을 지날 때, 이 그래프 위에 있는 점 중 x좌표와 y좌표가 모두 정수인 점의 개수는? (단, a는 상수)

① 6　② 8　③ 9　④ 10　⑤ 12

1005

그림은 반비례 관계 $y=\frac{a}{x}$의 그래프이고, 두 점 A, C는 이 그래프 위의 점이다. 네 변이 x축 또는 y축에 각각 평행한 직사각형 ABCD의 넓이가 48일 때, 상수 a의 값을 구하시오.

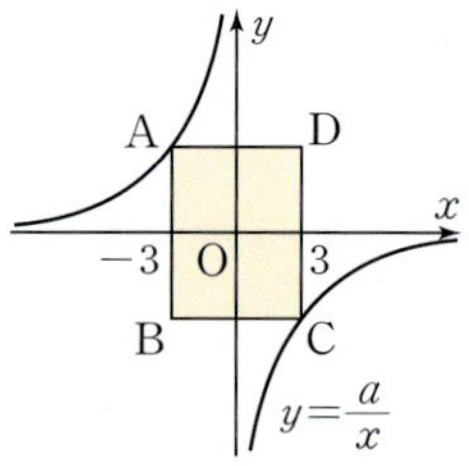

1006

그림은 정비례 관계 $y=\frac{4}{5}x$의 그래프와 반비례 관계 $y=\frac{a}{x}\ (x>0)$의 그래프이다. 반비례 관계 $y=\frac{a}{x}$의 그래프가 점 A$(2,\ b)$를 지나고 두 그래프가 만나는 점 B의 y좌표가 4일 때, $a+b$의 값을 구하시오. (단, a는 상수)

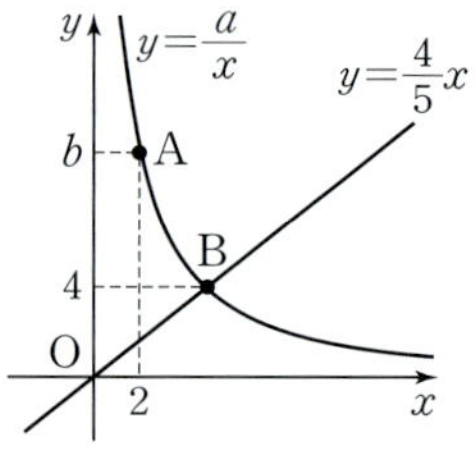

1007

전기차의 전비는 1 kWh(킬로와트시)의 전기로 주행할 수 있는 거리를 말한다. 그림은 전비가 x km/kWh인 어떤 전기차가 일정한 거리를 가는 데 필요한 전기의 양을 y kWh라 할 때, x와 y 사이의 관계를 나타낸 그래프이다. 전비가 6 km/kWh인 전기차가 1920 km를 가는 데 필요한 전기의 양은 몇 kWh인지 구하시오.

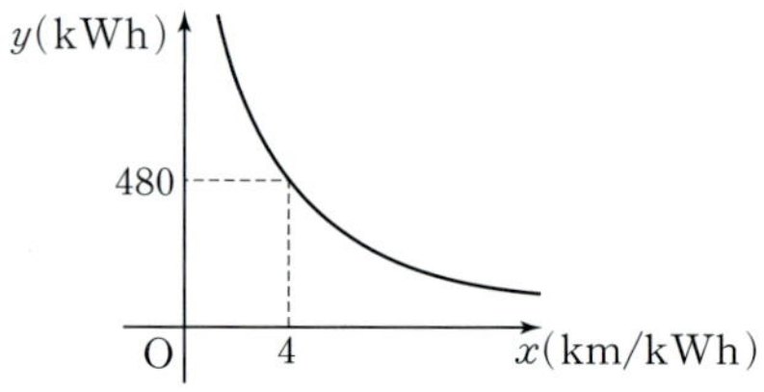

PART C+ 209쪽에서 고난도 문제를 만나보아요!

수학의 바이블

유형 ON

고난도 문제

중학 1·1

PART C+

01 소인수분해

1008

자연수 x에 대하여 $<x>$가 x의 일의 자리의 숫자를 나타낼 때, $<3^{1315}>+<7^{1322}>$의 값은?

① 6　② 8　③ 10
④ 12　⑤ 16

1009

다음 조건을 모두 만족시키는 수의 개수는?

> (가) 100 미만의 자연수이다.
> (나) 2개의 소인수를 가지고, 두 소인수의 합은 8이다.

① 1　② 2　③ 3
④ 4　⑤ 5

1010

다음 식을 만족시키는 가장 작은 자연수 a, b, c에 대하여 $a+b+c$의 값을 구하시오.

$$12\times a=18\times b=c^2$$

1011

441에 자연수 x를 곱하여 어떤 자연수의 세제곱이 되도록 할 때, x의 값 중 두 번째로 작은 수를 구하시오.

1012

서로 다른 두 주사위를 던져서 나온 눈의 수를 각각 a, b라 하자. $72\times a\times b$가 어떤 자연수의 제곱이 되도록 하는 a, b를 (a, b)로 나타낼 때, 가능한 (a, b)의 개수는?

① 3　② 4　③ 5
④ 6　⑤ 7

1013

자연수 n을 소인수분해하였을 때, 소인수 3의 지수를 $<n>$이라 하자. 예를 들어 $45=3^2\times5$이므로 $<45>=2$이다. 이때 $<n>=4$가 되는 2000 이하의 자연수 n의 개수를 구하시오. (단, 자연수 n이 3을 약수로 갖지 않으면 $<n>=0$이다.)

● 정답과 풀이 106쪽

1014

자연수 n은 서로 다른 두 소수 p, q의 곱으로 나타낼 수 있다. 자연수 n의 모든 약수의 합이 $n+26$일 때, n의 값을 구하시오.

1015

$45\times x$의 소인수의 개수는 2이고 약수의 개수는 12일 때, 모든 자연수 x의 값의 합은?

① 65　　② 66　　③ 67
④ 68　　⑤ 69

1016

자연수 x의 약수의 개수를 $f(x)$, x의 모든 약수의 합을 $S(x)$라 할 때, 다음 식을 만족시키는 x의 값 중 가장 작은 자연수를 구하시오.

$$2\times f(63)\times f(x)=S(54)$$

1017

다음 조건을 모두 만족시키는 두 자리 자연수 n의 개수를 구하시오.

(가) n의 약수의 개수는 8이다.
(나) $n-9$의 약수의 개수는 2이다.

1018

어느 전시회에서 다음과 같이 50명의 사람이 조명을 이용한 퍼포먼스를 하였다. 50개의 조명은 1부터 50까지의 번호가 하나씩 붙어 있는 스위치에 각각 연결되어 있고, 조명이 다음과 같은 순서에 따라 켜지고 꺼지기를 반복한다고 한다. 공연이 모두 끝났을 때, 켜져 있는 조명의 개수를 구하시오.
(단, 공연이 시작되기 전 모든 조명은 꺼져 있다.)

(가) 1번째 사람은 모든 스위치를 누른다.
(나) 2번째 사람은 번호가 2의 배수에 해당하는 스위치를 모두 누른다.
(다) 3번째, 4번째, 5번째, … 사람은 각각 자기 번호의 배수에 해당하는 스위치를 모두 차례대로 누른다.
(라) 50번째 사람이 50의 배수에 해당하는 스위치를 모두 누르면 공연이 끝난다.

02 최대공약수와 최소공배수

1019

100 이하의 자연수 중 63과의 공약수가 1개뿐인 수의 개수를 구하시오.

1020

두 자연수 a, b의 최대공약수를 $a\triangledown b$, 최소공배수를 $a\triangle b$로 나타낼 때, $\{225\triangledown(45\triangle 27)\}\triangle(2^2\times 3\times 5^3)$을 계산하면?

① 3×5^3 ② $3^2\times 5^3$ ③ $2^2\times 3\times 5^3$
④ $2^2\times 3^2\times 5$ ⑤ $2^2\times 3^2\times 5^3$

1021

어떤 자연수 x로 115를 나누면 3이 남고 128을 나누면 2가 남고 214를 나누면 4가 남는다고 한다. 이를 만족시키는 모든 자연수 x의 값의 합을 구하시오.

1022

한 개에 1200원인 우유 48개, 한 개에 1500원인 쿠키 60개, 한 개에 800원인 초콜릿 84개를 남김없이 똑같이 나누어 상자에 담아 판매하려고 한다. 한 상자에 넣을 우유, 쿠키, 초콜릿의 개수는 각각 일정하게 하고 최대한 많은 상자에 나누어 담으려고 할 때, 한 상자에 넣을 제품의 가격의 합을 구하시오.

1023

가로, 세로의 길이가 각각 6 cm, 9 cm인 직사각형 모양의 타일과 가로, 세로의 길이가 각각 8 cm, 12 cm인 직사각형 모양의 타일을 판매하는 가게가 있다. 직육면체 모양의 상자에 같은 크기의 타일끼리 담으려고 하는데 같은 방향으로 겹치지 않게 빈틈없이 넣으려고 한다. 이때 상자는 밑면의 넓이가 최소인 것으로 한 종류만 사용하려고 한다. 상자의 가로 방향으로는 타일의 가로 방향이 놓이도록 할 때, 상자의 밑면의 둘레의 길이를 구하시오.

(단, 타일의 두께는 생각하지 않는다.)

1024

두 분수 $\frac{180}{n}$, $\frac{420}{n}$이 자연수가 되도록 하는 자연수 n의 값 중 가장 큰 수를 a라 할 때, $\frac{180}{a}+\frac{420}{a}$의 값을 구하시오.

1025

세 분수 $\frac{5}{48}$, $\frac{15}{32}$, $\frac{35}{36}$의 어느 것에 곱해도 그 결과가 모두 자연수가 되도록 하는 분수 중 가장 작은 기약분수를 $\frac{a}{b}$라 할 때, $a-b$의 값을 구하시오.

• 정답과 풀이 107쪽

1026

252와 324의 공약수 중 어떤 자연수의 제곱이 되는 모든 수의 합을 구하시오.

1027

세 수 90, $2^a\times3^4\times5^2$, $2^3\times3^3\times7^b$의 최소공배수가 어떤 자연수의 제곱이 되도록 하는 가장 작은 자연수 a, b에 대하여 $a+b$의 값은?

① 4 ② 6 ③ 8
④ 10 ⑤ 12

1028

서로 다른 세 자연수 72, 162, A의 최소공배수가 $2^3\times3^4\times5^2$일 때, A의 값이 될 수 있는 자연수의 개수를 구하시오.

1029

세 자연수 a, b, c에 대하여 a, b의 최대공약수는 $3^3\times5\times7$이고, b, c의 최대공약수는 225이다. 이때 a, b, c의 최대공약수를 구하시오.

1030

다음 조건을 모두 만족시키는 두 자연수 A, B에 대하여 $B-A$의 값을 구하시오. (단, $A<B$)

(가) A, B의 최대공약수는 18이다.
(나) A, B의 최소공배수는 270이다.
(다) $A+B=144$

1031

두 자리 자연수 A, B의 곱이 896이고 최소공배수가 112일 때, $A+B$의 값을 구하시오. (단, $A>B$)

1032

두 자연수 a, b에 대하여 $a○b$는 두 수의 최대공약수, $a\triangle b$는 두 수의 최소공배수를 나타낸다고 할 때, 다음 조건을 모두 만족시키는 두 자연수 x, y에 대하여 $y-x$의 값을 구하시오.

(가) x는 $A○30=5$를 만족시키는 자연수 A 중 세 번째로 작은 수이다.
(나) y는 $B\triangle72=360$을 만족시키는 자연수 B 중 가장 큰 수이다.

● 정답과 풀이 108쪽

1033

다음 조건을 모두 만족시키는 두 수 a, b를 수직선 위에 점으로 나타내었다. 이 두 점 사이의 거리를 12등분하는 11개의 점 중에서 오른쪽에서 네 번째에 있는 점이 나타내는 수와 왼쪽에서 세 번째에 있는 점이 나타내는 수를 차례대로 구하시오.

(가) 두 수 a, b의 절댓값이 같다.
(나) 두 수 a, b를 나타내는 두 점 사이의 거리는 24이다.

1034

0보다 크고 x보다 작거나 같은 정수가 아닌 유리수 중에서 분모가 7인 수의 개수가 120일 때, 자연수 x의 값은?

① 14 ② 16 ③ 20 ④ 21 ⑤ 28

1035

두 유리수 a, b에 대하여 a의 절댓값은 b의 절댓값의 4배이다. 수직선 위에서 a, b를 나타내는 두 점 사이의 거리가 15일 때, $|a|+|b|$가 될 수 있는 값 중 가장 작은 값을 구하시오.

1036

다음 조건을 모두 만족시키는 두 정수 m, n을 (m, n)으로 나타낼 때, (m, n)의 개수를 구하시오.

(가) $5<|m|\le 7$, $4<|n|\le 7$
(나) $m<n$

1037

두 정수 a, b가 다음 조건을 모두 만족시킬 때, 수직선 위에서 a와 b를 나타내는 두 점의 한가운데 있는 점이 나타내는 정수를 구하시오.

(가) a와 b는 서로 같은 부호이다.
(나) $|a-1|=3$
(다) $b+|a|=16$

1038

두 정수 a, b에 대하여

$$a\blacktriangle b=\begin{cases} a\ (|a|\ge|b|) \\ b\ (|a|<|b|) \end{cases},\quad a\bullet b=\begin{cases} a\ (|a|\le|b|) \\ b\ (|a|>|b|) \end{cases}$$

로 약속할 때, $\{13\blacktriangle(-5)\}\bullet(m\blacktriangle 3)=3$을 만족시키는 정수 m의 개수를 구하시오.

04 정수와 유리수의 계산 (1)

● 정답과 풀이 109쪽

1039

어떤 정수에 7을 더하면 양의 정수가 되고, 5를 더하면 음의 정수가 될 때, 어떤 정수를 구하시오.

1040

$\frac{3}{7}$보다 -1만큼 큰 수를 a, $\frac{5}{4}$보다 -3만큼 작은 수를 b라 할 때, $a<|x|<b$를 만족시키는 정수 x의 개수를 구하시오.

1041

수직선에서 유리수 a에 가장 가까운 정수를 $<a>$라 하자. 예를 들어 $<1.7>=2$, $<3.1>=3$일 때, $\left\langle \frac{16}{5} \right\rangle + \left\langle -\frac{19}{3} \right\rangle + <-1.8>$의 값은?

① -7　② -5　③ -3
④ -1　⑤ 1

1042

유리수 a의 절댓값은 $\frac{7}{6}$이고 유리수 b는 a와 다른 부호이며 b의 절댓값은 a의 절댓값보다 2만큼 크다. $a-b$의 값 중 큰 값을 M, 작은 값을 m이라 할 때, $M-m$의 값은?

① $-\frac{26}{3}$　② $-\frac{13}{3}$　③ $\frac{13}{3}$
④ $\frac{26}{3}$　⑤ $\frac{38}{3}$

1043

자연수 n에 대하여 $\frac{1}{n\times(n+1)}=\frac{1}{n}-\frac{1}{n+1}$이 성립할 때, 다음을 계산하시오.

$$\frac{1}{1\times2}+\frac{1}{2\times3}+\frac{1}{3\times4}+\cdots+\frac{1}{19\times20}$$

1044

민주와 정현이는 주사위 놀이를 하고 있다. 주사위를 던져 나오는 눈의 수가 홀수이면 그 수만큼 점수를 얻고, 짝수이면 그 수만큼 점수를 잃는다고 한다. 두 사람이 주사위를 각각 4번씩 던져서 나온 눈의 수가 다음과 같을 때, 두 사람의 점수의 차를 구하시오.

	1회	2회	3회	4회
민주	2	5	1	6
정현	3	3	4	1

1045

마주 보는 면에 적힌 두 수의 합이 항상 6이 되는 2개의 주사위를 그림과 같이 쌓았다. 위에 놓인 주사위에서 보이지 않는 3개의 면에 적힌 수들과 아래에 놓인 주사위에서 보이지 않는 4개의 면에 적힌 수들의 합은?

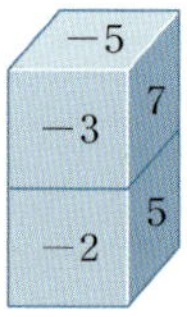

① −15　② −6　③ 12
④ 24　⑤ 34

1046

세 정수 a, b, c가 다음 조건을 모두 만족시킬 때, $a+b+c$의 값을 구하시오.

> (가) $c<0<b<a$
> (나) c의 절댓값은 4이다.
> (다) $|b|+|c|=7$
> (라) $a-b+c=-2$

1047

그림과 같은 전개도를 접어 정육면체를 만들 때, 마주 보는 면에 적힌 두 수의 합이 모두 같다. 이때 $A+B$의 값을 구하시오.

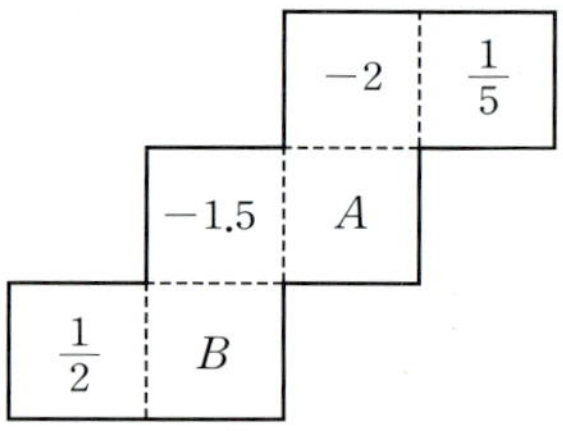

1048

다음 그림은 연속한 세 칸에서 왼쪽에 있는 수와 오른쪽에 있는 수의 합이 가운데에 있는 수가 되도록 수를 적은 것이다. 같은 방법으로 계속해서 수를 적어 나갈 때, 80번째 칸에 적히는 수를 구하시오.

4	−3	−7	−4	3	⋯

1049

두 유리수 a, b에 대하여 $[a, b]$를 두 수의 차라 하자.
예를 들어 $[3, 5]=2$이고 $[-5, -2]=3$이다.
$[[a, 8], [-4, 6]]=3$이 성립하도록 하는 a의 값 중 가장 큰 수를 M, 가장 작은 수를 m이라 할 때, $[[M, m], 12]$의 값을 구하시오.

PART C+

05 정수와 유리수의 계산 (2)

정답과 풀이 111쪽

1050

세 수 $\frac{3}{10}$, $-\frac{4}{5}$, 4를 ㉠, ㉡, ㉢에 한 번씩 넣어 계산한 결과 중 가장 큰 값을 구하시오.

$$(\boxed{㉠})\times(\boxed{㉡})-(\boxed{㉢})$$

1051

서로 다른 세 정수의 곱이 -26일 때, 이 세 정수의 합이 될 수 없는 것은?

① -16　② -13　③ -10　④ 12　⑤ 14

1052

두 유리수 a, b에 대하여 $a◎b=(a-b)\div k$라 할 때, $(-3)◎(-11)$을 계산한 결과가 -16이다. 이때 $\left(-\frac{1}{6}\right)◎\frac{2}{3}$를 계산하시오.

1053

다음 □ 안에 알맞은 수를 구하시오.

$$\left(-\frac{3}{8}\right)\div\frac{6}{5}\times\square\div\left(\frac{3}{2}\right)^3=\frac{5}{3}$$

1054

$|a|=|b|=1$이고 $a>b$일 때, $\frac{a^{11}-b^{11}}{a^{10}+b^{10}}$의 값은?

① -1　② $-\frac{1}{2}$　③ 0　④ $\frac{1}{2}$　⑤ 1

1055

두 유리수 a, b에 대하여

$$a◇b=|-a^2\div b|,\ a◆b=\left|\frac{1}{a^2}\times b^2\right|$$

이라 할 때, $10◇\left[\left\{\left(-\frac{2}{3}\right)◇\frac{8}{9}\right\}◆\left(-\frac{5}{4}\right)\right]$를 계산하시오.

고난도 문제

1056

$[x]$는 x보다 크지 않은 최대의 정수를 나타낸다. 예를 들어 $[4.6]$은 4.6보다 크지 않은 최대의 정수이므로 $[4.6]=4$이다. 다음 식의 값을 a라 할 때, $[a]$의 값을 구하시오.

$$[4.3]\div\left[-\frac{7}{2}\right]^2\times\left[-\frac{5}{4}\right]-\left\{\left(\left[\frac{1}{2}\right]-[3.1]\right)\div\frac{1}{2}\right\}$$

1057

두 유리수 a, b에 대하여

$$\left(-\frac{3}{2}\right)^3\div\frac{5}{4}-\left\{-\frac{2}{3}-\left(-\frac{2}{3}\right)^2\times\left(-\frac{3}{4}\right)\right\}\div\left(\frac{2}{9}-\frac{4}{3}\right)=a$$

$$14-\left(-\frac{2^2}{3}\right)-\left[\left\{(-3)^2+\left(-\frac{11}{2}\right)\right\}\times5\right]\div\frac{5}{4}=b$$

일 때, 수직선에서 두 수 a, b를 나타내는 두 점으로부터 같은 거리에 있는 점이 나타내는 수를 구하시오.

1058

네 개의 유리수 $\frac{5}{4}$, $-\frac{4}{3}$, $\frac{6}{5}$, $-\frac{3}{2}$ 중에서 두 개의 수를 선택하여 각각 a, b라 하고 $a\div b$의 최댓값을 A, $a\div b$의 최솟값을 B라 할 때, $A+B$의 값은?

① $-\frac{1}{40}$ ② $-\frac{1}{20}$ ③ $-\frac{3}{40}$
④ $-\frac{1}{10}$ ⑤ $-\frac{1}{8}$

1059

n이 자연수일 때, 다음 중 옳은 것을 모두 고른 것은?

ㄱ. $(-1)^n+(-1)^{n+1}=0$ (단, n은 홀수)
ㄴ. $(-1)^n-(-1)^{n+1}=1$ (단, n은 짝수)
ㄷ. $(-1)^n+(-1)^{n+1}-(-1)^{n+2}\times(-1)^{n+3}+(-1)^{n+4}\div(-1)^{n+5}=0$ (단, n은 짝수)
ㄹ. $(-1)^n+(-1)^{n+1}-(-1)^{n+2}\times(-1)^{n+3}+(-1)^{n+4}\div(-1)^{n+5}=1$ (단, n은 홀수)

① ㄱ ② ㄱ, ㄷ ③ ㄴ, ㄷ
④ ㄴ, ㄹ ⑤ ㄷ, ㄹ

1060

그림에서 $-\frac{2}{5}$, 1.2, $\frac{3}{4}$을 각각 선택하여 사다리타기를 하면서 만나는 연산을 차례대로 계산할 때, $(A-B)\div C$의 값을 구하시오.

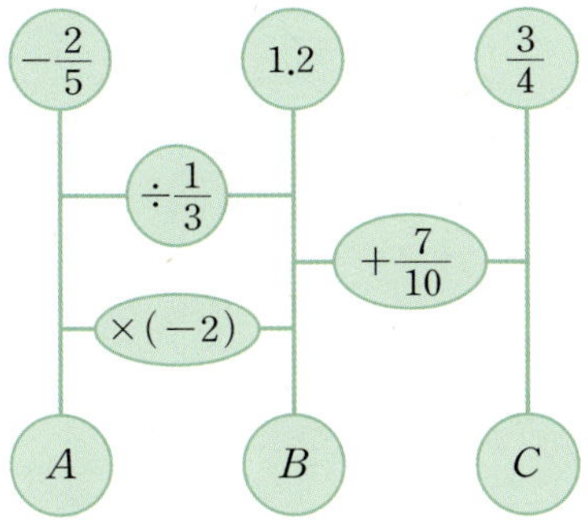

1061

세 유리수 a, b, c가 모두 양수일 때, 계산 결과가 항상 양수인 것은?

① $\frac{(-a^2)\times(-b)^3}{(-c^3)}$　② $\frac{-(-a^2)^3}{(-b)^2\times(-c^2)}$

③ $-\frac{(-a)^3\times(-b)^2}{(-c)^3}$　④ $-a^2\times(-b)^2\div(-c)^2$

⑤ $-(a^2)^2\div(-b^3)\times(-c)^2$

1062

다음 조건을 모두 만족시키는 5개의 정수 a, b, c, d, e 중 하나가 될 수 <u>없는</u> 수는?

(가) $a<b$이고 $|a+b|=0$
(나) $a\times b=-1$
(다) $|a|\times|b|\times|c|\times|d|\times|e|=162$
(라) c, d, e의 절댓값의 비는 $1:2:3$
(마) $|c+d+e|=0$

① -9　② -1　③ 1
④ 2　⑤ 6

1063

다음 조건을 모두 만족시키는 네 정수 a, b, c, d에 대하여 $a-b-c+d$의 값 중 가장 큰 값을 구하시오.

(가) $|a|=|c|$
(나) $a\times b\times c\times d=180$
(다) $a<b<0<c<d$

고난도 문제

1064

한 변의 길이가 6 cm인 정사각형 모양의 종이 n장을 그림과 같이 한 꼭짓점이 정사각형의 두 대각선이 만나는 점에 오도록 겹쳐 놓았다. 이때 생기는 도형의 넓이를 n을 사용한 식으로 나타내시오.

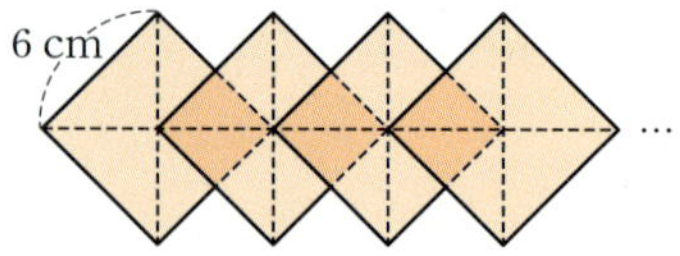

1065

한 개의 가격이 x원인 과자 30개를 A 마트나 B 마트에서 구입하려고 한다. A 마트에서는 과자를 6개씩 묶어 5개의 가격으로 판매하고, B 마트에서는 전체 가격에서 10 %를 할인해준다고 할 때, 어느 마트에서 사는 것이 얼마만큼 더 저렴한지 x를 사용한 식으로 나타내시오.

1066

가현이와 지성이가 x에 대한 일차식 A와 $3x-5$를 더하려고 한다. 그런데 가현이는 x에 대한 일차식 A의 상수항을 잘못 보고 A와 $3x-5$를 더해서 $6x+8$이 되었고, 지성이는 일차식 A의 x의 계수를 잘못 보고 A와 $3x-5$를 더해서 $8x-1$이 되었다. 이때 바르게 계산한 식을 구하시오.

1067

$|x|=5$, $|y|=4$이고 $xy<0$, $x<y$일 때,
$\frac{xy}{2}-\frac{x^2-7}{x+y}+\frac{18}{2x+y}$의 값을 구하시오.

1068

다음과 같이 $ax+b$에 $-\frac{1}{2}$을 곱하면 $2x-3$이 되고, $2x-3$에 $-\frac{5}{2}$를 곱하면 $cx+d$가 될 때, $a+b+c+d$의 값을 구하시오. (단, a, b, c, d는 상수)

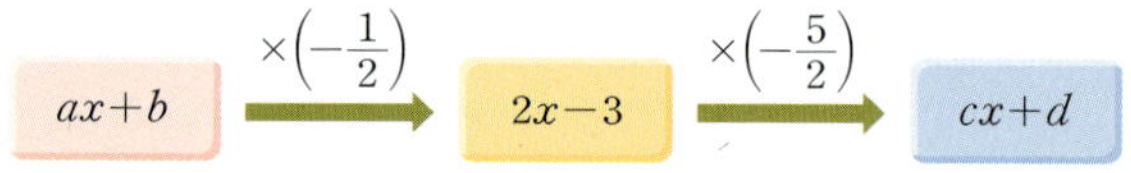

1069

$A=3x-2$, $B=-\frac{2}{7}x+1$, $C=-\frac{1}{5}x+\frac{1}{2}$일 때,
$4(A-3B)-\{3A-5(B+2C)\}=ax+b$이다. $a-b$의 값은? (단, a, b는 상수)

① 1 ② 3 ③ 5
④ 7 ⑤ 9

• 정답과 풀이 113쪽

1070

$a(x^2-3)-2\left\{-2x^2-\frac{1}{3}(6x-3)-a^2\right\}$을 계산하면 x에 대한 일차식이 된다. 이 일차식에서 x의 계수와 상수항의 합을 구하시오. (단, a는 상수)

1071

$3(4x-5)-\frac{1}{2}(4x+8)$을 계산하면 $mx-n$일 때, 다음 식을 계산하시오. (단, m, n은 자연수)

$$(-1)^m\frac{3x+y}{2}+(-1)^n\frac{x-2y}{3}+(-1)^{m+n}\frac{x-5y}{6}$$

1072

두 다항식 A, B에 대하여

$$A\diamondsuit B=-2A+5B,\ A\circledcirc B=-3A+7B$$

라 할 때, 다음을 계산한 식에서 x의 계수와 y의 계수의 합을 구하시오.

$$\{(x+y)\diamondsuit(x-y)\}-\{(2x+y)\circledcirc(2y-x)\}$$

1073

다음 조건을 만족시키는 세 다항식 A, B, C에 대하여 $A-B+C$를 계산하시오.

(가) A에서 $4x-3$을 뺐더니 $6x+2$가 되었다.
(나) B에 $(15-6x)\div\frac{3}{2}$을 더했더니 A가 되었다.
(다) C에서 $2(3-5x)$를 뺐더니 B가 되었다.

고난도 문제

• 정답과 풀이 114쪽

1074

다음 표에서 가로, 세로, 대각선에 놓인 세 다항식의 합이 모두 같을 때, $A-B$를 계산하시오.

$3x-4$	$4x+1$	$-x$
B	A	
		$x+2$

1075

그림과 같이 윗변의 길이가 $2x+2y$, 아랫변의 길이가 $3x+5y$, 높이가 25인 사다리꼴이 있다. 이 사다리꼴에서 윗변의 길이를 25 % 줄이고, 아랫변의 길이를 10 % 늘이고, 높이를 20 % 줄여서 만든 사다리꼴의 넓이를 x, y를 사용한 식으로 나타내시오.

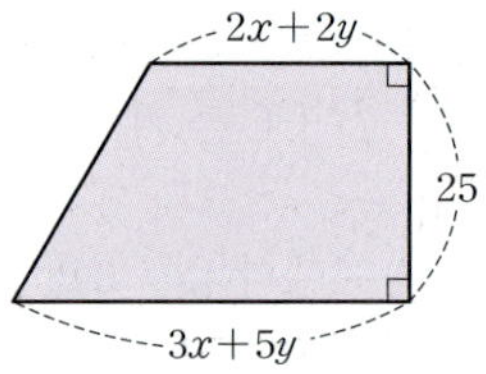

1076

그림과 같이 한 변의 길이가 5 cm인 정육각형의 한 점 A를 출발하여 변을 따라 시곗바늘이 도는 반대 방향으로 움직이는 점 P와 정육각형의 한 점 B를 출발하여 변을 따라 시곗바늘이 도는 반대 방향으로 움직이는 점 Q가 있다. 점 P는 매초 2 cm의 속력으로 움직이고 점 Q는 매초 3 cm의 속력으로 움직일 때, 점 P가 점 A를 출발하여 m바퀴 돌고 난 후 다시 점 A로 돌아오는 데 걸리는 시간과 점 Q가 점 B를 출발하여 n바퀴 돌고 난 후 점 E에 도착하는 데 걸리는 시간이 같다. 이때 m을 n에 대한 식으로 나타내면 $m=\frac{bn+c}{a}$일 때, $a+b+c$의 값을 구하시오.

(단, a, b는 서로소인 자연수)

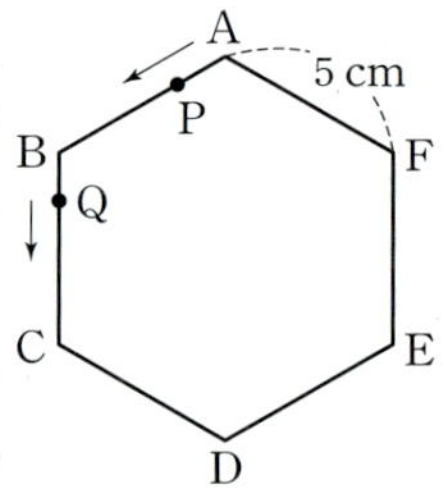

1077

농도가 a %인 소금물 200 g과 b %인 소금물 300 g을 섞어 p %의 소금물을 만들었다. 또한 농도가 a %인 소금물 300 g과 b %인 소금물 100 g을 섞어 q %의 소금물을 만들었다. $5p=3q$일 때, $\frac{a^2+9b^2}{ab}$의 값을 구하시오. (단, $ab\neq0$)

07 일차방정식의 풀이

정답과 풀이 115쪽

1078

등식 $x\left\{\frac{1}{3}(6x-3)+x\right\}-2=ax(x-1)-5$가 x에 대한 일차방정식 $kx+3=0$일 때, 상수 k의 값을 구하시오.

1079

등식 $2ax-9=4x+3b$가 x의 값에 관계없이 항상 참일 때, x에 대한 일차방정식 $ax-\frac{b}{3}=5(x-1)$의 해를 구하시오.

(단, a, b는 상수)

1080

다음 두 방정식의 해가 같을 때, 상수 a의 값은?

$$2(3x+1)=1-a, \quad \frac{x-3}{2}=\frac{2x-a}{6}$$

① 3 ② 5 ③ 7
④ 9 ⑤ 11

1081

x에 대한 일차방정식 $\frac{3}{4}(x-a)=0.4x+\frac{1}{5}$의 해가 양의 정수가 되도록 하는 가장 작은 자연수 a의 값은?

① 3 ② 4 ③ 5
④ 6 ⑤ 7

1082

x에 대한 방정식 $ax-(3x+5)=1$의 해는 존재하지 않고, x에 대한 방정식 $b(0.5x-2)+7=\frac{1}{4}cx$의 해는 무수히 많을 때, $3a+2b+c$의 값을 구하시오. (단, a, b, c는 상수)

1083

x에 대한 두 방정식

$$\frac{x+1}{4}-\frac{3x-2}{5}=4.5,\ 3(x-10)=x-2k$$

의 해는 절댓값이 같고 부호는 서로 반대이다. 이때 상수 k의 값을 구하시오.

● 정답과 풀이 116쪽

1084

세 수 a, b, c에 대하여 $\ll a, b, c \gg = ab - bc + ca$라 할 때, $\ll 1, x, -4 \gg - \ll 0.5, 10, -2x \gg = -2$를 만족시키는 x의 값을 구하시오.

1085

다음 두 일차방정식의 해가 같을 때, $142a$의 값을 구하시오.
(단, a는 상수)

$$\frac{1}{2}x - \frac{1}{3}\left\{x - \frac{1}{2}x + \frac{1}{10}\left(\frac{1}{3}x - \frac{1}{12}x\right)\right\} = 26$$

$$\frac{a(x+2)}{3} - \frac{2-ax}{4} = \frac{1}{6}$$

1086

일차방정식 $\frac{a-x}{2} = \frac{5a-3}{4} + x$와

$0.2(2x+3a+2) - \frac{x-2}{5} = -1$의 해를 각각 $x=A$, $x=B$라 할 때, $A+B=2$를 만족시키는 상수 a의 값은?

① -3 ② -1 ③ 0
④ 1 ⑤ 3

1087

일차방정식 $\frac{3x-2a}{2} = \frac{6a+3}{4}$과

$0.2(3x+1+2a) - \frac{2x-1}{3} = 1$의 해의 비가 $1:2$일 때, 상수 a의 값을 구하시오.

1088

그림과 같이 빨간 공과 파란 공을 올려 놓은 접시저울이 평형을 이루고 있다. 다음은 파란 공 한 개의 무게가 15 g일 때, 등식의 성질을 이용하여 빨간 공 한 개의 무게를 구하는 과정이다. $a+b+c+d$의 값을 구하시오.

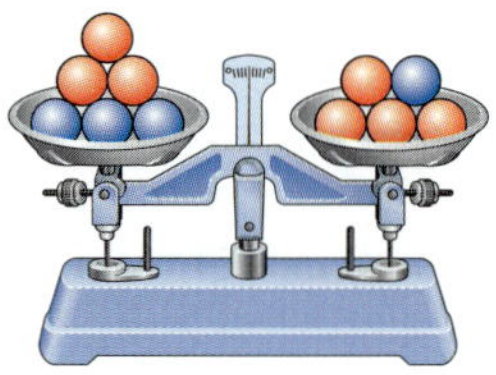

❶ 접시저울의 양쪽 접시에서 빨간 공을 a개씩 덜어낸다.
❷ 접시저울의 양쪽 접시에서 파란 공을 b개씩 덜어낸다.
❸ 파란 공 2개의 무게가 c g이므로 빨간 공 1개의 무게는 d g이다.

1089

x에 대한 방정식 $ax-2=3x+b$의 해에 대한 다음 설명 중 옳은 것은? (단, a, b는 상수)

① $a \neq 3$, $b \neq -2$이면 $x=b+2$
② $a=3$, $b=-2$이면 해는 모든 수이다.
③ $a=3$, $b=-2$이면 $x=b+2$
④ $a=3$, $b \neq -2$이면 $x=0$
⑤ $a \neq 3$, $b=-2$이면 해가 없다.

08 일차방정식의 활용

정답과 풀이 116쪽

1090

두 자리 자연수의 십의 자리의 숫자와 일의 자리의 숫자의 비는 2 : 3이다. 이 수의 각 자리의 숫자를 바꾼 수는 처음 수보다 18만큼 클 때, 처음 수는?

① 23 ② 32 ③ 46
④ 64 ⑤ 69

1091

효린이는 자신의 일생을 계획하여 묘비를 만들라는 수학 과제를 받아서 다음과 같이 기록하였다. 아래 내용을 읽고 옳은 것을 고르면?

> 효린이는 일생의 $\frac{1}{3}$은 부모님의 도움으로 살았고, 그 후 일생의 $\frac{1}{9}$은 세계를 다니면서 사진작가로 일을 하다 결혼하여 1년 만에 딸을 낳았다. 딸을 낳고 2년 후부터 일생의 $\frac{1}{2}$은 사회를 위한 기부 활동을 하며 살고 1년 동안 인생을 정리한 후 생을 마감하게 된다.

① 효린이는 27년 동안 부모님의 도움을 받았다.
② 효린이는 9년 동안 세계를 다니면서 사진작가로 일했다.
③ 효린이가 결혼한 나이는 33세이다.
④ 효린이가 기부 활동을 시작한 나이는 35세이다.
⑤ 효린이가 사망한 나이는 90세이다.

1092

국립공원 그린포인트 제도는 탐방객이 수거한 쓰레기에 대하여 2 g당 5포인트를 적립해 준다고 한다. 단, 젖은 쓰레기는 무게의 60 %만 인정한다고 할 때, 다음 물음에 답하시오.

(1) A 탐방객이 젖은 쓰레기만을 수거하여 1200포인트를 적립하였다. 젖은 쓰레기의 무게를 구하시오.

(2) B 탐방객이 쓰레기를 수거하여 1470포인트를 적립하였다. 수거한 전체 쓰레기의 무게를 구하시오. (단, 수거한 쓰레기 중 젖은 쓰레기와 젖지 않은 쓰레기의 무게의 비는 2 : 3이다.)

1093

어떤 물통에 물을 가득 채우는 데 A 호스로는 4시간, B 호스로는 5시간이 걸리고, 이 물통에 가득 채운 물을 C 호스로 모두 빼내는 데는 3시간이 걸린다. 비어 있는 이 물통에 A, B 두 호스로 물을 채우는 동시에 C 호스로 물을 빼낼 때, 물통에 물을 $\frac{7}{10}$만큼 채우는 데 걸리는 시간은 몇 시간인지 구하시오.

1094

빈 수레로는 하루에 60리를 가고, 짐을 가득 실은 수레로는 이틀에 80리를 간다고 한다. 지운이가 수레에 곡식을 가득 싣고 집에서 출발하여 창고에 가서 곡식을 내리고 빈 수레로 집으로 돌아오는 것을 3번 반복하는 데 4일이 걸렸다고 한다. 집에서 창고까지의 거리는?

① 24리 ② 26리 ③ 32리
④ 36리 ⑤ 40리

1095

윗변의 길이가 x, 아랫변의 길이가 $3x-1$, 높이가 4인 사다리꼴에서 윗변의 길이를 20 % 늘이고, 아랫변의 길이를 10 % 줄여서 만든 사다리꼴의 넓이가 6일 때, x의 값을 구하시오.

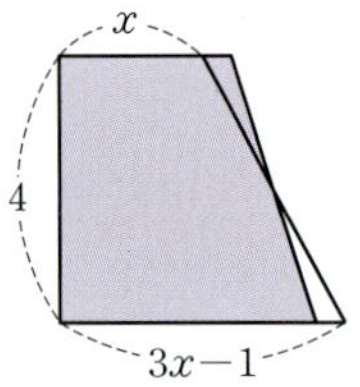

1096

작년에 과학 실험 캠프에 참가한 학생은 200명이었다. 올해는 작년보다 남학생은 10 % 증가하고, 여학생은 5 % 감소하여서 전체 학생이 7 % 증가하였다고 한다. 올해 과학 실험 캠프에 참가한 남학생은 몇 명인가?

① 160명 ② 164명 ③ 168명
④ 172명 ⑤ 176명

1097

빨간색과 파란색의 페인트를 각각 2 : 3, 5 : 3의 비율로 섞어 두 종류의 페인트 A, B를 만들었다. 이 두 페인트 A, B를 모두 섞어 페인트 C를 520 g 만들었더니 빨간색과 파란색 페인트의 비율이 7 : 6이 되었다. 이때 페인트 A의 양을 구하시오.

1098

12 %의 소금물 600 g에서 소금물 몇 g을 버리고 그 양만큼 물을 더 넣어서 9.6 %의 소금물을 만들려고 한다. 이때 버려야 하는 소금물의 양은?

① 100 g ② 110 g ③ 120 g
④ 130 g ⑤ 140 g

1099

정수가 아닌 어떤 기약분수가 있다. 이 기약분수의 분자와 분모의 합이 70이고 이 기약분수에 46을 곱하면 자연수가 된다. 이때 이 기약분수의 분자와 분모의 차를 구하시오.

(단, 분자와 분모는 자연수이다.)

1100

수호는 1일 사용료가 다음 표와 같은 독서실을 주말 6일을 포함하여 총 16일간 이용하였다. A 독서실을 6일, B 독서실을 10일간 이용하고 총 117000원을 사용료로 지불하였을 때, 수호가 A 독서실을 이용한 주말은 모두 며칠인지 구하시오. (단, 독서실 사용료는 시간과 상관없이 일로 계산된다.)

	주말	평일
A 독서실	10000원	7000원
B 독서실	8000원	6000원

1101

일정한 속력으로 달리는 기차가 길이가 920 m인 철교를 완전히 통과하는 데 25초가 걸렸고, 길이가 1280 m인 터널을 통과하는 30초 동안에는 기차가 완전히 보이지 않았다고 한다. 이때 기차의 속력은?

① 초속 40 m ② 초속 42 m ③ 초속 44 m
④ 초속 46 m ⑤ 초속 48 m

1102

어느 떡집의 20년 경력의 주인아주머니는 한 달 경력의 수습생보다 3분 동안 10개의 송편을 더 만든다고 한다. 수습생이 30분, 주인아주머니가 10분 동안 송편을 만들었을 때, 수습생은 주인아주머니가 만든 송편의 절반만큼 만들었다. 두 사람이 만든 송편은 모두 몇 개인지 구하시오.

1103

어느 상인이 도매상에서 1개당 6000원인 물건을 100개 구입하였고, 운반비로 100000원을 지불하였다. 그런데 운반하던 도중 실수로 20개가 파손되어 파손된 물건을 팔 수 없었다. 이 상인이 물건을 모두 팔아 총 비용의 20 %만큼 이익을 얻으려면 이 물건의 판매 가격을 정할 때, 도매 가격에 몇 %의 이익을 붙여서 정해야 하는지 구하시오.

1104

진희는 보트를 타고 곧게 흐르는 강을 따라 직선으로 왕복하고, 윤성이는 자동차를 타고 강변의 직선 도로를 왕복하여 달리고 있다. 진희와 윤성이가 출발점에서 동시에 출발하여 일정한 거리를 시속 40 km로 왕복하였는데 윤성이가 진희보다 3분 먼저 도착하였다. 강물의 속력이 시속 10 km라 할 때, 출발점부터 반환점까지의 거리를 구하시오.

1105

어느 미술관에서 입장료를 20 % 인상하였더니 관람객 수는 감소하였으나 수입은 전보다 8 % 증가하였다고 한다. 관람객 수는 몇 % 감소하였는가?

① 6 % ② 8 % ③ 10 %
④ 12 % ⑤ 14 %

1106

서로 다른 두 개의 주사위 A, B를 던져서 나온 눈의 수를 각각 a, b라 할 때, 두 눈의 수의 합이 6의 배수가 되도록 하는 순서쌍 (a, b)의 개수를 구하시오.

1107

점 $(2a-4,\ b-5)$가 x축 위의 점이고 점 $(3a+15,\ b-1)$이 y축 위의 점일 때, 점 $(a,\ -b)$는 제몇 사분면 위의 점인지 구하시오.

1108

점 $\left(\frac{2}{3}a-4,\ \frac{1}{2}a+1\right)$이 어느 사분면에도 속하지 않도록 하는 모든 a의 값의 합을 구하시오.

1109

점 $(ab,\ a-b)$가 제2사분면 위의 점일 때,
점 $(a-b-ab,\ -2a+b)$는 제몇 사분면 위의 점인지 구하시오.

1110

점 A$(6,\ -1)$과 x축에 대하여 대칭인 점을 B, 원점에 대하여 대칭인 점을 C, y축에 대하여 대칭인 점을 D라 할 때, 사각형 ABCD의 둘레의 길이를 구하시오.

1111

어느 관광지의 대관람차가 한 바퀴 돌았다. 그림은 수민이가 대관람차에 탑승한 지 x분 후의 탑승한 칸의 지면으로부터의 높이를 y m라 할 때, x와 y 사이의 관계를 그래프로 나타낸 것이다. 대관람차가 5바퀴 도는 데 걸리는 시간을 구하시오.

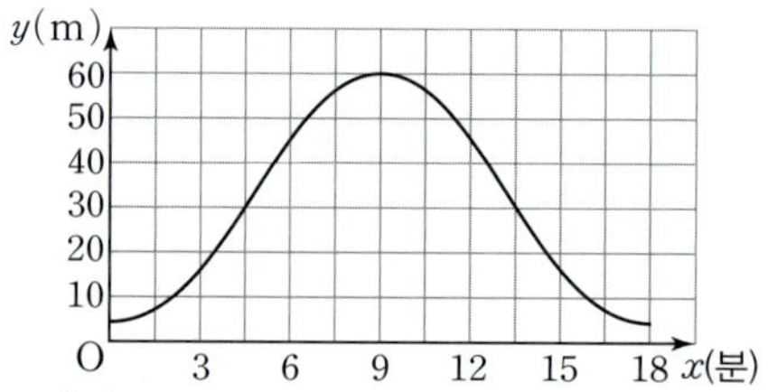

(단, 대관람차는 일정한 속력으로 움직인다.)

1112

세 점 A$(4,\ a)$, B$(-1,\ -2)$, C$(5,\ -2)$를 꼭짓점으로 하는 삼각형 ABC의 넓이가 24일 때, 양수 a의 값은?

① 3　　② 4　　③ 5　　④ 6　　⑤ 7

1113

두 점 A$(2,\ 1)$, B$(-2,\ 4)$와 x축에 대하여 대칭인 점을 각각 C, D라 할 때, 네 점 A, B, C, D를 꼭짓점으로 하는 사각형의 넓이를 구하시오.

1114

언니와 동생이 집에서 600 m 떨어진 학교까지 걸어서 등교하였다. 출발한 지 x분 후의 집으로부터 떨어진 거리를 y m라 할 때, x와 y 사이의 관계를 그래프로 나타내면 그림과 같다. 다음 중 옳지 않은 것은?

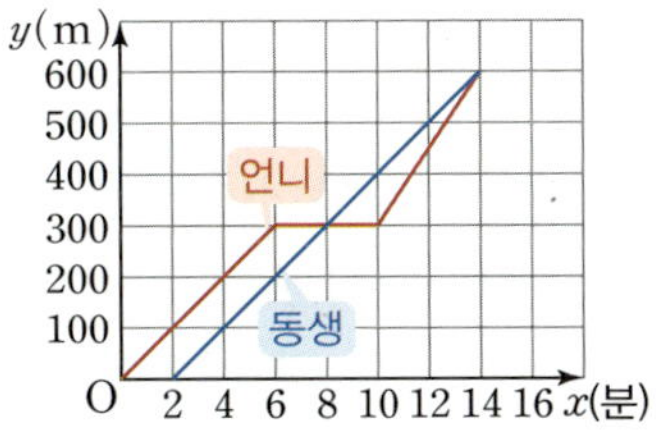

① 동생은 학교까지 쉬지 않고 걸었다.
② 언니는 집에서 출발한 지 8분 후에 동생과 만났다.
③ 언니는 출발한 지 6분 후부터 10분 후까지 4분 동안 멈춰 있었다.
④ 언니와 동생이 등교하는 데 걸린 시간은 같다.
⑤ 언니는 출발하고 처음 6분 동안 분속 50 m로 걸었다.

1115

그림과 같이 직사각형 ABCD의 네 변 위를 움직이는 점 P$(a,\ b)$가 있다. $a-b$의 값 중 가장 작은 값을 구하시오. (단, 직사각형의 네 변은 x축 또는 y축에 평행하다.)

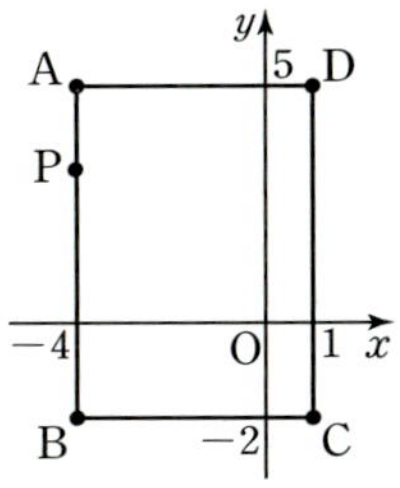

1116

$ab>0$, $a+b<0$, $|a|<|b|$일 때, 다음 점 중 속하는 사분면이 나머지 넷과 다른 하나는?

① $(-a,\ -a+b)$　　② $(-a,\ -b)$
③ $(-b,\ a)$　　④ $(a-b,\ b-a)$
⑤ $(ab-a,\ b)$

1117

그림과 같이 점 A$(3,\ 6)$을 한 꼭짓점으로 하는 정사각형 ABCD에서 꼭짓점 B, C는 x축 위의 점이고 점 E는 변 CD 위의 점이다. 선분 OE가 사다리꼴 AOCD의 넓이를 이등분할 때, 점 E의 좌표를 구하시오.

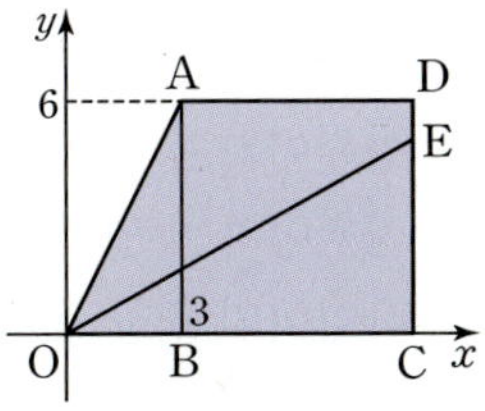

(단, O는 원점이고, 점 D는 제1사분면 위의 점이다.)

정답과 풀이 120쪽

1118

세 점 A$(-2,\ 4)$, B$(-2,\ -1)$, C$(k,\ 2)$를 꼭짓점으로 하는 삼각형 ABC가 있다. 삼각형 ABC의 넓이가 15가 되도록 하는 k의 값을 모두 고르면? (정답 2개)

① -8　② -4　③ 0
④ 2　⑤ 4

1119

성원이와 라임이가 직선 모양의 100 m 레인이 있는 수영장에서 수영을 하고 있다. 출발한 지 x분 후의 출발점으로부터 떨어진 거리를 y m라 하고 x와 y 사이의 관계를 그래프로 나타내면 아래와 같을 때, 다음 중 옳지 <u>않은</u> 것을 모두 고르면? (정답 2개)

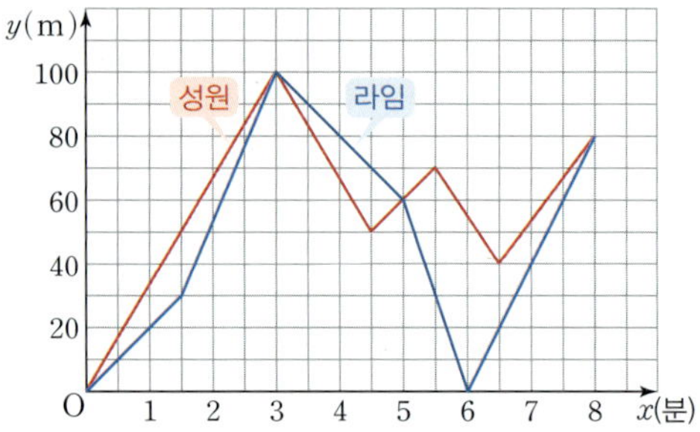

① 라임이는 출발한 지 3분 후에 처음으로 100 m를 통과하였다.
② 성원이가 수영을 하는 동안 방향을 바꾼 횟수는 3회이다.
③ 성원이가 수영한 총 거리는 240 m이다.
④ 라임이의 평균 속력은 분속 25 m이다.
⑤ 성원이의 평균 속력은 분속 30 m이다.

1120

그림과 같이 물이 가득 채워져 있는 물통에서 시간당 일정한 양의 물을 빼서 물통의 물을 모두 빼내려고 한다. 다음 중 경과 시간 x에 따른 물의 높이 y의 변화를 나타낸 그래프로 알맞은 것을 보기에서 고르시오.

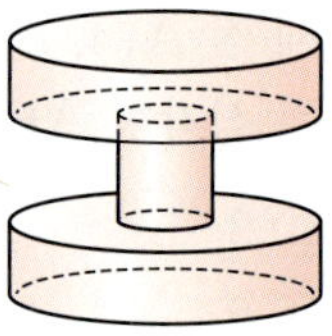

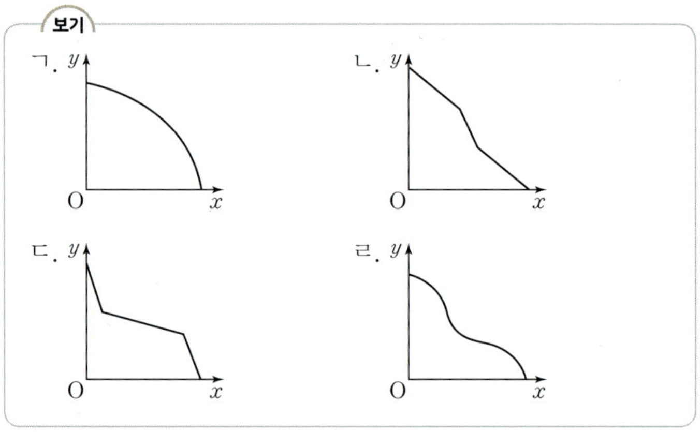

1121

그림과 같이 정사각형 3개를 겹치지 않게 이어 만든 도형에서 점 P는 점 A에서 출발하여 점 B를 지나 점 F까지 시곗바늘이 도는 반대 방향으로 도형의 변 위를 일정한 속력으로 움직인다. 점 P가 출발한 지 x초 후의 삼각형 APF의 넓이를 y라 할 때, x와 y 사이의 관계를 나타낸 그래프로 알맞은 것을 보기에서 고르시오.

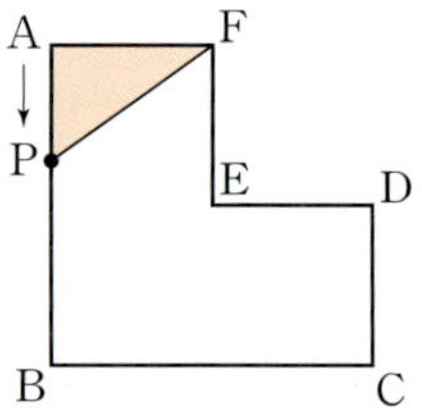

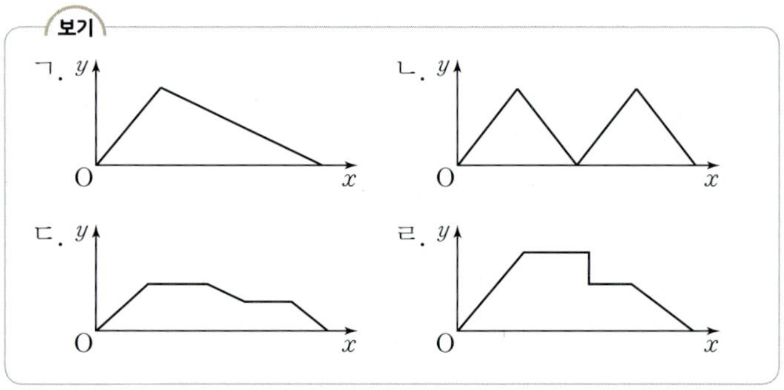

PART C+

10 정비례와 반비례

● 정답과 풀이 121쪽

1122

점 $(a,\ b)$가 제2사분면 위의 점일 때, 다음 중 그래프가 제2사분면과 제4사분면을 지나는 것은?

① $y=-ax$ ② $y=-\dfrac{a}{b}x$ ③ $y=bx$

④ $y=-\dfrac{a}{x}$ ⑤ $y=\dfrac{ab}{x}$

1123

5 %의 소금물 x g과 12 %의 소금물을 섞어 10 %의 소금물 y g을 만들었다. 다음 물음에 답하시오.

(1) x와 y 사이의 관계식을 구하시오.

(2) 10 % 소금물의 양이 490 g일 때, 필요한 5 %의 소금물의 양을 구하시오.

1124

학생 6명이 교실을 청소하는 데 15분이 걸린다고 한다. 학생 x명이 교실을 청소하는 데 걸리는 시간을 y분이라 할 때, 다음 보기 중 옳지 않은 것을 모두 고르시오. (단, 학생들이 일정한 시간 동안 하는 청소의 양은 같다.)

보기

ㄱ. y는 x에 반비례한다.

ㄴ. x와 y 사이의 관계식은 $y=90x$이다.

ㄷ. 학생 18명이 교실을 청소하면 5분이 걸린다.

ㄹ. 10분만에 교실을 청소하려면 학생 8명이 필요하다.

1125

그림과 같이 톱니의 수가 각각 12, 32, 24, 48인 네 톱니바퀴 A, B, C, D가 맞물려 회전하고 있다. 톱니바퀴 A가 x번 회전하는 동안 톱니바퀴 D가 y번 회전할 때, 다음 물음에 답하시오.

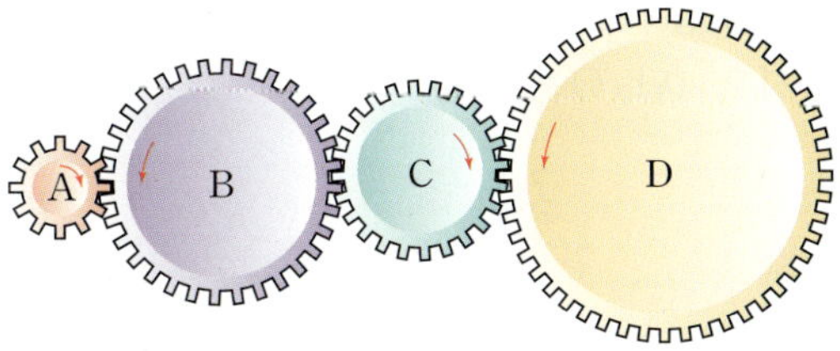

(1) x와 y 사이의 관계식을 구하시오.

(2) 톱니바퀴가 A가 12번 회전하는 동안 톱니바퀴 D는 몇 번 회전하는지 구하시오.

1126

그림과 같이 제1사분면 위의 두 점 A와 C는 각각 두 정비례 관계 $y=5x$, $y=ax$의 그래프 위에 있다. 사각형 ABCD는 한 변의 길이가 5이고 변 AB가 y축에 평행한 정사각형이다. 점 A의 좌표가 $(b,\ 15)$일 때, 상수 a의 값을 구하시오.

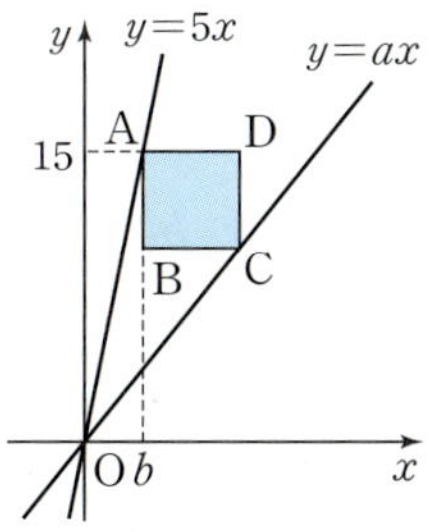

고난도 문제

● 정답과 풀이 121쪽

1127

그림과 같이 좌표평면 위의 세 점 A(6, 0), B(6, 3), C(4, 3)이 있다. 정비례 관계 $y=ax$의 그래프가 사다리꼴 OABC의 넓이를 이등분할 때, 상수 a의 값을 구하시오. (단, O는 원점)

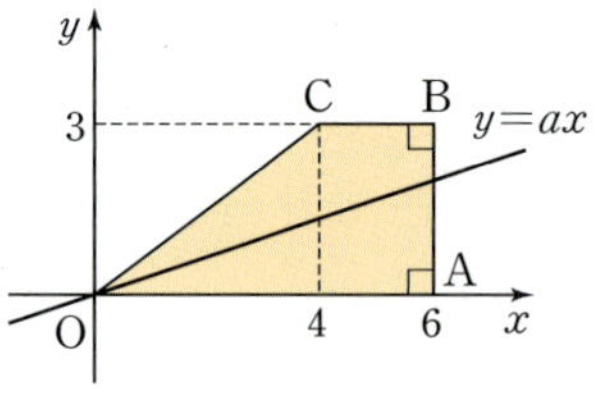

1128

그림과 같이 반비례 관계 $y=\frac{b}{x}\ (x>0)$의 그래프는 두 점 A(2, 6), B(a, 3)을 지난다. 정비례 관계 $y=kx$의 그래프가 선분 AB와 만날 때, 상수 k의 값의 범위를 구하시오. (단, b는 상수)

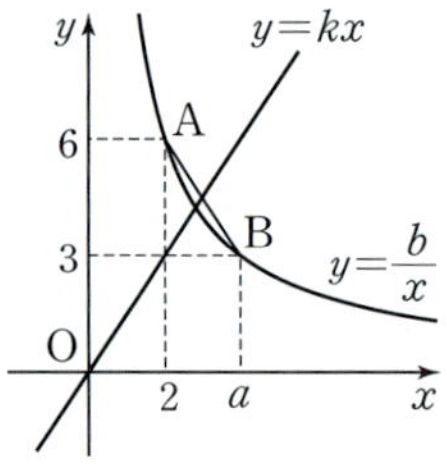

1129

그림과 같이 반비례 관계 $y=\frac{a}{x}\ (x>0)$의 그래프 위의 점 P(2, 5)에서 x축에 그은 수선과 x축이 만나는 점을 A라 하자. 점 B가 점 A를 출발하여 화살표 방향으로 x축 위를 매초 $\frac{1}{4}$씩 움직일 때, 점 B와 x좌표가 같은 반비례 관계 $y=\frac{a}{x}$의 그래프 위의 점을 Q라 하자. 점 B가 점 A를 출발한 지 12초 후 사다리꼴 PABQ의 넓이를 구하시오.

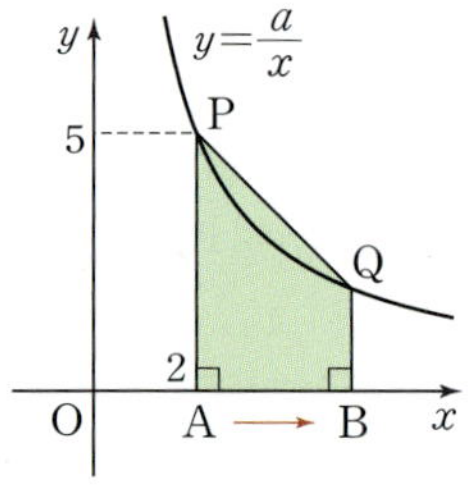

1130

그림과 같이 반비례 관계 $y=\frac{16}{x}\ (x>0)$의 그래프 위의 점 P(a, b)에서 x축, y축에 그은 수선과 x축, y축이 만나는 점을 각각 Q, R이라 하자. a, b가 자연수일 때, 직사각형 PROQ의 둘레의 길이의 최댓값과 최솟값의 차를 구하시오. (단, O는 원점)

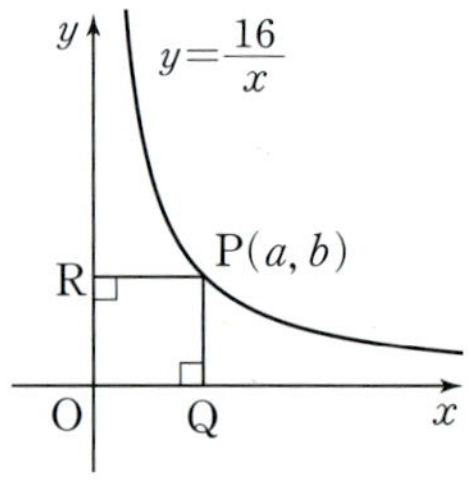

MEMO

01 소인수분해

PART A 개념 확인하기

• 본책 007, 009쪽

0001

자연수	약수	소수/합성수
9	1, 3, 9	합성수
13	1, 13	소수
16	1, 2, 4, 8, 16	합성수
21	1, 3, 7, 21	합성수
29	1, 29	소수

0002 (1) ○ (2) △ (3) ○ (4) △ (5) △ (6) ○

0003 (1) ○ (2) × (3) × (4) ×

0004 (1) 2, 3 (2) 3, 2 (3) 5, 4 (4) 7, 5

0005 (1) 3^4 (2) a^5 (3) $2^3\times3^2$ (4) $\left(\frac{1}{4}\right)^3$ (5) $\frac{1}{5^4}$ (6) $\left(\frac{1}{6}\right)^4\times\left(\frac{1}{7}\right)^3$

0006 (1) 3^3 (2) 2^5 (3) 5^3 (4) 10^2

0007 (1) 약수: 1, 2, 3, 4, 6, 8, 12, 24 / 소인수: 2, 3
(2) 약수: 1, 2, 5, 10, 25, 50 / 소인수: 2, 5
(3) 약수: 1, 3, 7, 9, 21, 63 / 소인수: 3, 7
(4) 약수: 1, 2, 3, 5, 6, 9, 10, 15, 18, 30, 45, 90 / 소인수: 2, 3, 5

0008 방법 1 방법 2

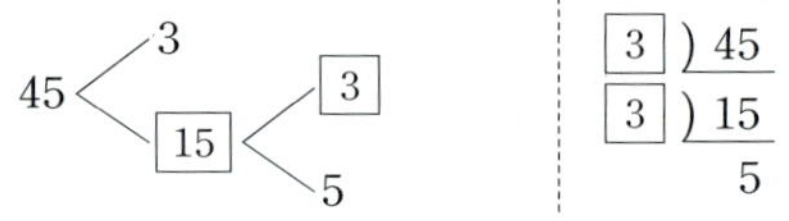

➡ 소인수분해한 결과: $45=\boxed{3}^2\times\boxed{5}$

0009 (1) $2^2\times3$ (2) $2^2\times13$ (3) $2^2\times3\times5$ (4) 2×7^2
(5) $2^2\times5\times7$ (6) $2^3\times5^2$

0010 (1)

×	1	3	3^2
1	1	3	9
2	2	6	18
2^2	4	12	36
2^3	8	24	72

약수: 1, 2, 3, 4, 6, 8, 9, 12, 18, 24, 36, 72

(2)

×	1	5	5^2	5^3
1	1	5	25	125
2	2	10	50	250
2^2	4	20	100	500

약수: 1, 2, 4, 5, 10, 20, 25, 50, 100, 125, 250, 500

0011 (1) 1, 2, 3, 4, 6, 12
(2) 1, 3, 5, 9, 15, 25, 45, 75, 225
(3) 1, 2, 3, 6, 9, 18, 27, 54
(4) 1, 2, 4, 5, 8, 10, 16, 20, 40, 80

0012 (1) 5 (2) 24 (3) 8 (4) 10

PART B 유형별 문제

• 본책 010~017쪽

0013 ③ **0014** 0 **0015** 11, 13, 17, 19
0016 2 **0017** ④ **0018** ② **0019** ㄷ, ㄹ
0020 ②, ⑤ **0021** ③ **0022** 6 **0023** 14
0024 3 **0025** ③, ⑤ **0026** ⑤ **0027** 16
0028 8 **0029** 14 **0030** ② **0031** ③, ⑤
0032 ④ **0033** ③ **0034** ② **0035** ③
0036 ④ **0037** ③ **0038** ③ **0039** ①
0040 ④ **0041** ③ **0042** ②, ④ **0043** ③
0044 60 **0045** ③ **0046** ②, ③ **0047** ②
0048 ④ **0049** 6 **0050** ⑤ **0051** ①
0052 ③ **0053** 25 **0054** ① **0055** 9
0056 ① **0057** ② **0058** (1) 16 (2) $a=1$, $b=1$
0059 ④ **0060** ④ **0061** ④ **0062** ①, ⑤
0063 ㄱ, ㄹ **0064** 108 **0065** 9 **0066** 6
0067 17 **0068** 6 **0069** 12

PART C 중단원 마무리

• 본책 018~020쪽

0070 6 **0071** ㄷ, ㄹ **0072** ③, ④ **0073** 2^{20}개
0074 ③ **0075** 11 **0076** ④ **0077** 2
0078 45 **0079** 135 **0080** 75 **0081** 4
0082 2 **0083** ③ **0084** 400 **0085** 3
0086 ① **0087** 63

02 최대공약수와 최소공배수

PART A 개념 확인하기

• 본책 023, 025쪽

0088 (1) 1, 2, 3, 6, 9, 18 (2) 1, 2, 3, 4, 6, 8, 12, 24
(3) 1, 2, 3, 6 (4) 6

0089 (1) 1, 2, 4, 8, 16 (2) 1, 2, 4, 5, 10, 20

0090 (1) × (2) ○ (3) ○ (4) ×

0091 (1) 2×3 (2) $3^2\times5$ (3) $2^2\times3\times5$ (4) $3\times5^2\times7$
(5) 2×5^2 (6) $2^2\times3$

0092 (1) 6 (2) 7 (3) 4 (4) 18 (5) 4 (6) 15

0093 (1) 3 (2) 3 (3) 사과: 4개, 배: 5개

0094 (1) 4, 8, 12, 16, 20, 24, ⋯ (2) 6, 12, 18, 24, ⋯
(3) 12, 24, ⋯ (4) 12

0095 (1) 8, 16, 24 (2) 15, 30, 45

0096 (1) $2^2\times3^2$ (2) $2^3\times5^2$ (3) $2^2\times3^2\times5^2$
(4) $3^3\times5^2\times7^2$ (5) $2^3\times3^3$ (6) $2^3\times5^2\times7^3$

0097 (1) 36 (2) 60 (3) 90 (4) 120 (5) 72 (6) 60

0098 (1) 20 (2) 오전 7시 20분 **0099** 4, 60

PART B 유형별 문제

• 본책 026~037쪽

0100 ②, ⑤ **0101** 12 **0102** ③ **0103** ②
0104 ④ **0105** ② **0106** ③ **0107** ③
0108 ③ **0109** ㄱ **0110** ② **0111** ⑤
0112 ① **0113** ① **0114** ② **0115** 180
0116 ⑤ **0117** ③ **0118** ② **0119** 108
0120 ① **0121** ③ **0122** ② **0123** ③
0124 ④ **0125** ④, ⑤ **0126** ③ **0127** ②
0128 1080 **0129** ① **0130** 10 **0131** ④
0132 156 **0133** ① **0134** 2 **0135** 3
0136 ③ **0137** ⑤ **0138** ② **0139** 373
0140 ①, ③ **0141** ⑤ **0142** ④ **0143** 27
0144 30 **0145** 12 **0146** 6 **0147** 2
0148 123 **0149** 91 **0150** 93 **0151** 24
0152 ④ **0153** ① **0154** 360 **0155** $\frac{84}{5}$
0156 31 **0157** ③ **0158** 45 cm **0159** 7
0160 ③, ⑤ **0161** (1) 30 cm (2) 24 **0162** ④
0163 90 **0164** ③ **0165** 오후 5시
0166 3회 **0167** A: 4바퀴, B: 3바퀴 **0168** 179명
0169 672 **0170** ③ **0171** 14 **0172** 42
0173 15 **0174** 3 **0175** $A=12$, $B=15$
0176 35, 55 **0177** ①

PART C 중단원 마무리

• 본책 038~040쪽

0178 ③ **0179** 119 **0180** ⑤ **0181** 96
0182 720 **0183** ⑤ **0184** 19 **0185** ③
0186 ②, ④ **0187** ③, ⑤ **0188** ④ **0189** 16
0190 4 **0191** 103 **0192** 350 **0193** ④
0194 9 **0195** ③

03 정수와 유리수

PART A 개념 확인하기

• 본책 043, 045쪽

0196 (1) +4 ℃, −3 ℃ (2) −10분, +5분 (3) +1점, −3점
(4) −15 %, +10 % (5) +1300 m, −1200 m
(6) +5층, −2층

0197 (1) −3 (2) +7 (3) +4.2 (4) $-\frac{2}{11}$

0198 (1) +5, $\frac{12}{4}$ (2) −1 (3) +5, 0, −1, $\frac{12}{4}$

0199 (1) +9, $\frac{2}{5}$ (2) −5.2, $-\frac{7}{3}$, −3, −4.2
(3) −5.2, $-\frac{7}{3}$, −4.2, $\frac{2}{5}$

0200

수	−6	$-\frac{3}{4}$	0	+12	−3.8	$\frac{11}{5}$
정수	○		○	○		
유리수	○	○	○	○	○	○
음수	○	○			○	
양수				○		○

0201

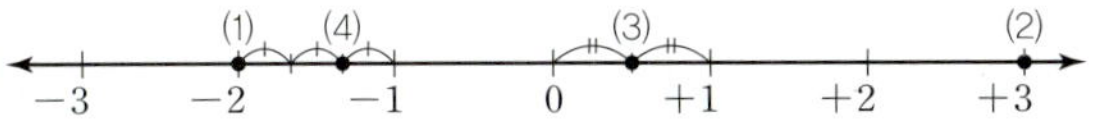

0202 A: $-\frac{9}{4}$, B: $-\frac{3}{2}$, C: +1, D: $+\frac{5}{3}$

0203 (1) 6 (2) 13 (3) 8.1 (4) 2.9 (5) $\frac{5}{16}$ (6) $1\frac{2}{3}$

0204 (1) 14 (2) 8 (3) $\frac{4}{9}$ (4) 3.7

0205 (1) +1, −1 (2) $+\frac{1}{5}$, $-\frac{1}{5}$ (3) 0 (4) +2.6, −2.6
(5) +3 (6) $-\frac{4}{7}$

0206 (1) $<$ (2) $<$ (3) $<$ (4) $>$ (5) $>$ (6) $>$ (7) $>$ (8) $<$

0207 −1, −0.5, $-\frac{1}{4}$, 1.2, 2

0208 (1) $a>\frac{1}{3}$ (2) $a\geq-6$ (3) $a\leq-\frac{3}{5}$ (4) $-1\leq a<9$
(5) $-3<a\leq6.4$

PART B 유형별 문제

• 본책 046~055쪽

0209 ⑤ **0210** ② **0211** ③ **0212** ②, ④
0213 3 **0214** ④ **0215** ①, ③ **0216** ⑤
0217 2 **0218** ①, ④ **0219** 수현, 재은
0220 ② **0221** ② **0222** ④
0223 $-\frac{1}{2}$, $+\frac{11}{3}$ **0224** ②, ④

0225 $a=2$, $b=-2$ 0226 ① 0227 -2
0228 $a=-2$, $b=10$ 0229 -5 0230 3
0231 ② 0232 7 0233 $\frac{73}{12}$
0234 $a=5$, $b=-2$ 0235 ④ 0236 ④
0237 ①, ④ 0238 c, b, d, a
0239 ㄱ, ㄴ, ㄹ 0240 8, -8
0241 $A=-4$, $B=4$ 0242 $a=-6$, $b=6$
0243 ③ 0244 -2.4 0245 $\frac{8}{3}$ 0246 -6
0247 ③ 0248 ②
0249 -3, -2, -1, 0, 1, 2, 3 0250 13 0251 ②, ⑤
0252 0 0253 ② 0254 B 0255 ②, ③
0256 8 0257 ⑤ 0258 ③
0259 ㄱ, ㄹ, ㅁ 0260 ⑤ 0261 ①, ⑤
0262 9 0263 -3 0264 -5 0265 6
0266 $a=4$, $b=-6$ 0267 $a=-5$, $b=15$
0268 $a=6$, $b=-12$ 0269 ②
0270 d, b, a, c

PART C 중단원 마무리

• 본책 056~058쪽

0271 ②, ⑤ 0272 ④ 0273 ②, ④ 0274 ①
0275 ③, ⑤ 0276 ④ 0277 -5 0278 ③
0279 11 0280 $-\frac{8}{5}$ 0281 ④ 0282 $-\frac{5}{2}$
0283 -2, -1, 0, 1, 2 0284 ③
0285 C, B, A 0286 7 0287 ③
0288 ③

04 정수와 유리수의 계산 (1)

PART A 개념 확인하기

• 본책 061쪽

0289 (1) 4 (2) -6 (3) 1 (4) -2 (5) -9.8 (6) -1.6 (7) $\frac{4}{3}$ (8) $-\frac{5}{12}$

0290 (1) 2.4 (2) $-\frac{11}{4}$

0291 (1) -1 (2) 5 (3) 16 (4) -18 (5) -6.8 (6) 17.2 (7) $\frac{7}{6}$ (8) $-\frac{19}{20}$

0292 (1) 16 (2) -6 (3) $-\frac{14}{15}$

0293 (1) 10 (2) -4 (3) -10.8 (4) $\frac{21}{20}$

0294 (1) -18 (2) 0 (3) 0.7 (4) $-\frac{47}{30}$

PART B 유형별 문제

• 본책 062~069쪽

0295 ④ 0296 ② 0297 ③ 0298 $\frac{9}{2}$
0299 (가) 덧셈의 교환법칙 (나) 덧셈의 결합법칙
0300 (가) 교환 (나) 결합 (다) $+2$ (라) -5 0301 ⑤
0302 ⑤ 0303 $\frac{17}{30}$ 0304 서울 0305 ②, ③
0306 ③ 0307 ③ 0308 ④ 0309 $\frac{1}{21}$
0310 2 0311 ③ 0312 $-\frac{17}{4}$ 0313 ④
0314 -50 0315 $-\frac{17}{12}$ 0316 ⑤ 0317 $\frac{1}{2}$
0318 3 0319 4 0320 12 0321 ③
0322 ⑤ 0323 $\frac{7}{12}$ 0324 -3 0325 -13
0326 $\frac{40}{21}$ 0327 $\frac{11}{9}$ 0328 ① 0329 $\frac{27}{5}$
0330 ⑤ 0331 17 0332 $-\frac{4}{3}$ 0333 $\frac{7}{2}$
0334 ③ 0335 $-\frac{7}{24}$ 0336 1750개 0337 730명
0338 11권 0339 ③ 0340 $a=-3$, $b=5$
0341 ③ 0342 $-\frac{11}{12}$ 0343 $\frac{35}{6}$

PART C 중단원 마무리

• 본책 070~072쪽

0344 ④ 0345 (가) 교환 (나) 결합 (다) -3 (라) $-\frac{5}{2}$
0346 ⑤ 0347 ㄱ, ㄹ 0348 ④ 0349 ⑤
0350 ②, ⑤ 0351 ④ 0352 $-\frac{5}{6}$ 0353 $\frac{28}{3}$
0354 B, A, D, C 0355 $-\frac{17}{20}$ 0356 -3
0357 ③ 0358 $\frac{7}{2}$ 0359 $\frac{1}{3}$ 0360 ④
0361 ⑤

05 정수와 유리수의 계산 (2)

PART A 개념 확인하기

• 본책 075, 077쪽

0362 (1) 45 (2) 33 (3) -24 (4) -40 (5) 10 (6) 2 (7) $-\frac{3}{7}$ (8) -4

0363 (1) $-\frac{4}{3}$ (2) 14

0364 (1) 25 (2) -16 (3) 1 (4) $-\frac{1}{8}$

0365 (1) $\frac{4}{3}$ (2) 3 (3) $-\frac{5}{2}$ (4) $-\frac{10}{9}$ (5) $\frac{9}{4}$

0366 (1) 15, 200, 3000, 3045 (2) 37, 60, 240 (3) 52, 100, -610

0367 (1) 19 (2) -1700

0368 (1) 2 (2) 5 (3) -9 (4) -0.7 (5) 3

0369 (1) $\frac{1}{5}$ (2) $\frac{7}{2}$ (3) $-\frac{11}{3}$ (4) $\frac{10}{9}$

0370 (1) 10 (2) $\frac{10}{3}$ (3) $-\frac{4}{5}$ (4) $-\frac{18}{5}$ (5) $-\frac{1}{4}$

0371 (1) $\frac{1}{20}$ (2) -15 (3) -5 (4) $-\frac{3}{2}$

0372 ㉢, ㉣, ㉡, ㉤, ㉠

0373 (1) 0 (2) 6 (3) -8 (4) -13

PART B 유형별 문제

• 본책 078~087쪽

0374 ③ **0375** ④ **0376** $-\frac{1}{2}$ **0377** $-\frac{9}{10}$

0378 ㉠ 교환법칙 ㉡ 결합법칙 **0379** ⑤ **0380** 32

0381 ① **0382** $\frac{5}{12}$ **0383** -7 **0384** ⑤

0385 ④ **0386** $-\frac{1}{32}$ **0387** -10 **0388** ⑤

0389 0 **0390** -2 **0391** 3 **0392** ②

0393 6631 **0394** 13 **0395** ④ **0396** ③

0397 $\frac{2}{3}$ **0398** ⑤ **0399** $\frac{7}{20}$ **0400** 4

0401 ③ **0402** $-\frac{15}{2}$ **0403** ④ **0404** $\frac{1}{5}$

0405 ② **0406** $\frac{9}{20}$ **0407** ③ **0408** $\frac{6}{5}$

0409 $-\frac{7}{4}$ **0410** 6 **0411** ④

0412 (1) ㉣, ㉤, ㉢, ㉡, ㉠ (2) $\frac{19}{12}$ **0413** $-\frac{1}{8}$

0414 ⑤ **0415** ② **0416** 6 **0417** ①

0418 $\frac{7}{2}$ **0419** $\frac{5}{18}$ **0420** ⑤ **0421** -6

0422 $\frac{1}{3}$ **0423** ③ **0424** ③ **0425** ③, ⑤

0426 ③ **0427** ③ **0428** ⑤ **0429** $-\frac{1}{4}$

0430 $\frac{13}{18}$ **0431** 5 **0432** ② **0433** ③

0434 38점 **0435** $\frac{1}{21}$ **0436** -48

PART C 중단원 마무리

• 본책 088~090쪽

0437 ④ **0438** 10 **0439** -1 **0440** -110

0441 ④ **0442** $\frac{9}{7}$ **0443** ③ **0444** ②

0445 ② **0446** -4 **0447** $-\frac{18}{5}$ **0448** -1

0449 ④ **0450** ① **0451** ⑤ **0452** $\frac{2}{3}$

0453 14점 **0454** $-\frac{9}{10}$ **0455** $-\frac{1}{30}$

06 문자의 사용과 식

PART A 개념 확인하기

• 본책 093, 095쪽

0456 (1) $(a+5)$세 (2) $(x\div 3)$ cm (3) $(700\times a+500\times b)$원 (4) $(x\times y)$ cm^2 (5) $(60\times x)$ km (6) $\left(\frac{7}{100}\times x\right)$ g

0457 (1) $-2x^2y$ (2) $0.1ab$ (3) $5a(x+y)$ (4) $-3a+7b$

0458 (1) $\frac{x-y}{3}$ (2) $-\frac{4}{a+b}$ (3) $\frac{a}{5}-b$ (4) $\frac{x}{2y}$

0459 (1) $\frac{3x}{y}$ (2) $-\frac{6a}{b}$ (3) $-5x-\frac{y}{4}$ (4) $\frac{2x}{a+b}$

0460 (1) 9 (2) 25 (3) 1 (4) -1 (5) -4

0461 (1) 7 (2) -13 (3) 9 (4) 6

0462 (1) x, -1 (2) $2x$, $3y$ (3) x^2, $3x$, -7 (4) $\frac{1}{4}a$, $-5b$, -1

0463 (1) 6 (2) -1 (3) -3 (4) $\frac{5}{3}$

0464 (1) a의 계수: 2 (2) x의 계수: $-\frac{1}{5}$, y의 계수: -4
(3) x^2의 계수: 1, x의 계수: $-\frac{5}{6}$
(4) a^2의 계수: -0.2, a의 계수: 0.5
0465 (1) 1 (2) 2 (3) 1 (4) 3
0466 (1) ○ (2) ○ (3) × (4) × (5) × (6) ○
0467 (1) $-14a$ (2) $6x$ (3) $-3y$ (4) $6x$
0468 (1) $6x+2$ (2) $-8+4y$ (3) $-2x+3$ (4) $-12b-15$
0469 (1) $3a$ (2) $-7y$ (3) $\frac{5}{9}x-5$ (4) $3y+7$
0470 (1) $11x+5$ (2) $6x-4$ (3) $-4x+7$ (4) $-4x$
(5) $9x-2$ (6) $\frac{9}{10}x+\frac{13}{10}$

PART B 유형별 문제

• 본책 096~109쪽

0471 ⑤ 0472 ② 0473 ④ 0474 ④
0475 $100x+10y+3$ 0476 ④
0477 $100-\frac{3}{5}x+\frac{2}{5}y$ 0478 ④
0479 $\frac{1}{2}(a+b)h$ 0480 ③
0481 (1) $(6x+6y+2xy)$ cm² (2) $3xy$ cm³ 0482 ①
0483 ② 0484 $(20000-900a-1300b)$원
0485 $(50000+2a+8b)$원 0486 ④
0487 $(2800-20x-8y)$원 0488 ③ 0489 ④
0490 ① 0491 ② 0492 ① 0493 ③
0494 (1) $(3a+2b)$ g (2) $\frac{3a+2b}{5}$ % 0495 ②
0496 ③ 0497 -11 0498 ② 0499 ⑤
0500 ⑤ 0501 ① 0502 ㄱ, ㄹ 0503 ④
0504 -31 0505 125 m 0506 15 ℃
0507 3340 m 0508 76.6
0509 (1) $(19-6h)$ ℃ (2) 4 ℃
0510 (1) $8x+8y+2xy$ (2) 94
0511 (1) $(4+0.5x)$ m (2) 5.5 m
0512 (1) $(5000x+3000y+4000)$원 (2) 23000원
0513 ⑤ 0514 ①, ④ 0515 $-\frac{1}{2}$ 0516 ⑤
0517 ①, ④ 0518 ⑤ 0519 ④ 0520 ㄱ, ㄷ
0521 ④ 0522 15 0523 ⑤ 0524 -4
0525 ⑤ 0526 $(13x+104)$ cm² 0527 ④
0528 ③ 0529 2 0530 ㄱ, ㅁ 0531 ③
0532 ① 0533 ⑤ 0534 10 0535 -7

0536 $a=6$, $b\neq-1$ 0537 4 0538 2
0539 $a=-2$, 일차식: $-3x-5$
0540 $4x+11$ 0541 ④ 0542 8 0543 7
0544 ② 0545 $\frac{5}{6}$ 0546 $-\frac{7}{10}x-\frac{1}{5}$
0547 $\frac{25}{12}$ 0548 $\frac{3}{5}$ 0549 ④
0550 $(-8x+60)$ m 0551 $26x+22$
0552 $(3300x+2600)$원 0553 ① 0554 ②
0555 $-7x-6y$ 0556 32 0557 8
0558 ③ 0559 $4x+3y$ 0560 $13x-15$
0561 $5x-9$ 0562 ⑤ 0563 ⑤
0564 $6x+9y-4$

PART C 중단원 마무리

• 본책 110~112쪽

0565 ④ 0566 ⑤ 0567 ④ 0568 $\frac{59}{3}$
0569 비만 0570 (1) $3x+1$ (2) 46 0571 ②
0572 ⑤ 0573 ①, ④ 0574 7 0575 20
0576 ③ 0577 $-8x-4$ 0578 6
0579 -7 0580 ③ 0581 $6x+18$
0582 $-2x-22$ 0583 $-\frac{17}{14}x+\frac{19}{14}$
0584 ① 0585 $5x+22$ 0586 $-5x+9$

07 일차방정식의 풀이

PART A 개념 확인하기

• 본책 115쪽

0587 (1) × (2) ○ (3) × (4) ○
0588 (1) $x-4=2x$ (2) $4x=20$ (3) $800x+1000=5000$
0589 (1) 방 (2) 항 (3) 항 (4) 방
0590 ㄴ, ㄹ
0591 (1) 5 (2) 3 (3) -2 (4) 7
0592 (1) $x=6+2$ (2) $5x-x=7$ (3) $-3x=-11+8$
(4) $4x+x=9-1$
0593 (1) ○ (2) × (3) × (4) ○
0594 (1) $x=-3$ (2) $x=5$ (3) $x=2$ (4) $x=-3$

B 유형별 문제

• 본책 116~127쪽

0595 ①, ④	0596 ④	0597 ⑤	0598 ④
0599 ②	0600 ⑤	0601 ⑤	0602 ④
0603 $x=2$	0604 $x=4$	0605 ④	0606 3개
0607 ⑤	0608 ⑤	0609 ③	0610 ⑤
0611 ④	0612 30	0613 ②	0614 ③
0615 ④	0616 ④	0617 ④	0618 ②, ④
0619 ③	0620 (가)－ㄷ, (나)－ㄱ, (다)－ㄹ		0621 ③
0622 ②	0623 13	0624 ④	0625 ②, ④
0626 14	0627 ③	0628 ①	0629 ④
0630 ㄱ, ㄹ	0631 ⑤	0632 ③	0633 ③
0634 -9	0635 ②	0636 ②	0637 ④
0638 ②	0639 ⑤	0640 ③	0641 ④
0642 14	0643 ②	0644 ⑤	0645 ③
0646 5	0647 5	0648 ④	0649 ①
0650 ②	0651 -22	0652 ④	0653 4
0654 $x=-1$	0655 3	0656 4	0657 -3
0658 $\frac{4}{3}$	0659 ④	0660 2, 4	0661 9
0662 $-\frac{6}{5}$	0663 ②	0664 -2	0665 2
0666 $\frac{4}{5}$	0667 -4	0668 ③	0669 7
0670 -1	0671 18		

C 중단원 마무리

• 본책 128~130쪽

0672 ②, ④	0673 ②, ⑤	0674 ⑤	0675 ⑤
0676 10	0677 ⑤	0678 (가)－ㄷ, (나)－ㄱ	
0679 ③	0680 ⑤	0681 ④	0682 ④
0683 -18	0684 $x=-\frac{1}{6}$		0685 5
0686 3	0687 ⑤	0688 $x=-\frac{13}{4}$	
0689 ④			

08 일차방정식의 활용

A 개념 확인하기

• 본책 133쪽

0690 $10-x$, $500x+700(10-x)=6200$, 4, 4, 6, 4, 6

0691 (1) $2(x+3)=4x$, $x=3$ (2) $2(6+x)=22$, $x=5$
(3) $20-3x=2$, $x=6$

0692 (1) $x+1$ (2) $x+(x+1)=15$ (3) 7, 8

0693 (1) $18-x$ (2) $2(18-x)+4x=52$ (3) 8마리

0694 (1) $\frac{x}{3}$, $\frac{x}{4}$ (2) $\frac{x}{3}+\frac{x}{4}=1$ (3) $\frac{12}{7}$ km

0695 (1) $\frac{5}{100}\times300$, $300+x$
(2) $\frac{5}{100}\times300=\frac{3}{100}\times(300+x)$ (3) 200 g

B 유형별 문제

• 본책 134~147쪽

0696 ⑤	0697 큰 수: 16, 작은 수: 7		0698 3
0699 41	0700 15	0701 ②	0702 21
0703 ①	0704 15	0705 ⑤	0706 ④
0707 27	0708 96	0709 405	0710 ②
0711 9세	0712 ①	0713 ③	0714 14세
0715 ①	0716 ②	0717 ⑤	0718 8골
0719 3	0720 5 cm	0721 ④	0722 2
0723 36 cm	0724 ③	0725 ⑤	0726 8000
0727 11일 후	0728 4개월 후	0729 ④	
0730 8000원	0731 8100원	0732 ⑤	0733 ④
0734 25000명	0735 48명	0736 288만 톤	
0737 ④	0738 ⑤	0739 103명	0740 ②
0741 1시간 20분		0742 6분	0743 14분
0744 12시간	0745 60쪽	0746 ④	
0747 30송이	0748 60	0749 ③	0750 ④
0751 5 km	0752 120 km	0753 148 km	
0754 8 km	0755 6 km	0756 2.5 km	0757 ②
0758 90분	0759 ①	0760 ②	0761 15일
0762 160 km	0763 36분 후	0764 1 km	0765 ③
0766 ②	0767 8 km	0768 ③	0769 ④
0770 ⑤	0771 ②	0772 ①	0773 ①
0774 ①	0775 150 g	0776 ③	0777 20 g
0778 ①	0779 ⑤	0780 ③	0781 ②
0782 ④	0783 ④	0784 ①	0785 ②
0786 29	0787 ②	0788 15개	0789 ②

C 중단원 마무리

• 본책 148~150쪽

0790 ④	0791 ③	0792 ④	0793 ②
0794 ①	0795 4일 후	0796 52000원	
0797 37명	0798 21000원	0799 4일	0800 75분
0801 25분 후	0802 48분 후	0803 ③	0804 50 g
0805 12.5 g	0806 ③	0807 ②	0808 ⑤
0809 ④	0810 24단계	0811 150 g	

09 순서쌍과 좌표

PART A 개념 확인하기

• 본책 153쪽

0812 A(-4), B$\left(-\frac{1}{2}\right)$, C$(1)$, D$(5)$

0813

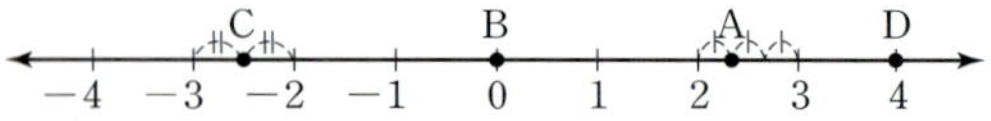

0814 (1) P$(-1, -2)$ (2) Q$(4, 0)$ (3) R$(0, -3)$

0815 A$(-2, 3)$, B$(-4, -3)$, C$(1, -4)$, D$(3, 0)$, E$(0, 1)$

0816

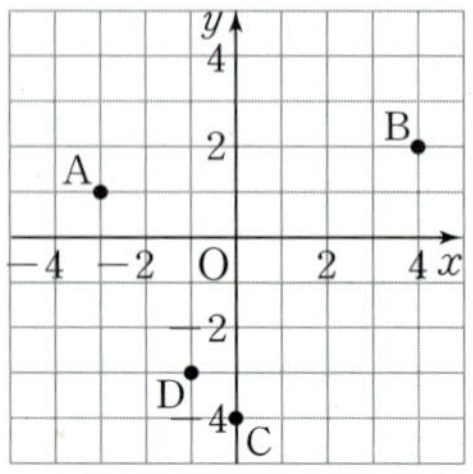

0817 (1) 제2사분면 (2) 제1사분면 (3) 제4사분면 (4) 제3사분면

0818 (1) 제4사분면 (2) 제2사분면 (3) 제3사분면 (4) 제1사분면

0819 (1) $(-2, -5)$ (2) $(2, 5)$ (3) $(2, -5)$

0820 (1) 12분 (2) 300 m (3) 3분

PART B 유형별 문제

• 본책 154~162쪽

0821 4　0822 5　0823 ③　0824 10

0825 ②　0826 ③

0827

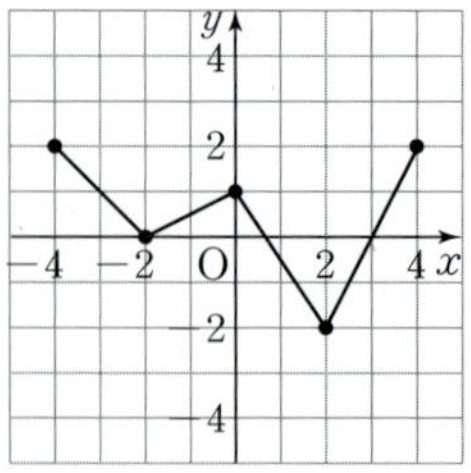

0828 A$(-1, 2)$, C$(2, -3)$　0829 ③　0830 ③, ⑤

0831 ④　0832 7　0833 4　0834 24

0835 30　0836 6　0837 13　0838 5

0839 ①, ④　0840 ㄷ, ㅁ, ㅂ　0841 ④

0842 ①　0843 ③, ⑤　0844 제4사분면

0845 제3사분면　0846 제4사분면

0847 ①　0848 ②　0849 ③

0850 제4사분면　0851 ③　0852 ①

0853 ③　0854 제1사분면　0855 ⑤

0856 제4사분면　0857 12　0858 ⑤

0859 -5　0860 12　0861 ④　0862 5분

0863 ㄱ, ㄴ　0864 ㄱ, ㄹ　0865 160 m　0866 ③

0867 29　0868 ③　0869 ②

0870 (1) ㄷ (2) ㄴ (3) ㄱ　0871 ③　0872 ④

0873 A－ㄴ, B－ㄷ, C－ㄱ　0874 ④　0875 ㄷ

0876 ①

PART C 중단원 마무리

• 본책 163~164쪽

0877 2　0878 ④

0879 (1) $a=4$, $b=-2$ (2) C$(2, 8)$　0880 ③

0881 ②, ④　0882 ③　0883 제2사분면

0884 ②　0885 24　0886 (1) 20분 (2) 3번

0887 ②　0888 ㄹ

10 정비례와 반비례

PART A 개념 확인하기

• 본책 167쪽

0889

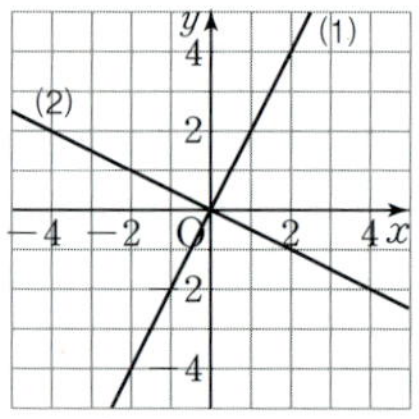

0890 (1) $\frac{1}{4}$ (2) -1

0891

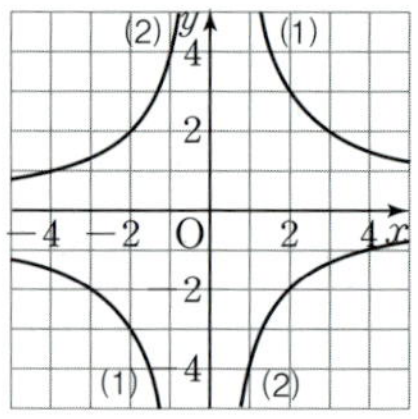

0892 (1) 10 (2) -3

0893 (1)

x	1	2	3	4	5	⋯
y	800	1600	2400	3200	4000	⋯

(2) $y=800x$

0894 (1) $y=5000x$ (2) 60000원

0895 (1)

x	1	2	3	4	5	⋯
y	300	150	100	75	60	⋯

(2) $y=\frac{300}{x}$

0896 (1) $y=\frac{24}{x}$ (2) 4 cm

B 유형별 문제

• 본책 168~183쪽

0897 ④ 0898 ㄱ, ㄹ 0899 2 0900 ④
0901 ③ 0902 ② 0903 ㄱ, ㄷ 0904 9
0905 (1) $y=12x$ (2) 840 km 0906 $y=4x$ 0907 12번
0908 8 cm 0909 (1) $y=0.6x$ (2) 20분 후 0910 75 g
0911 ② 0912 ② 0913 ④ 0914 ④
0915 ③ 0916 ④ 0917 ③ 0918 ③
0919 ③ 0920 ⑤ 0921 ④ 0922 -1
0923 12 0924 ④ 0925 ③ 0926 3
0927 ④ 0928 ⑤ 0929 12 0930 ⑤
0931 $-\frac{5}{8}$ 0932 (1) $y=3x$ (2) 180 kcal 0933 ③
0934 10분 0935 325 0936 ②
0937 (1) 18 (2) 2 0938 4 0939 $\frac{3}{4}$
0940 $\frac{5}{3}$ 0941 ①, ④ 0942 ㄱ, ㄷ, ㄹ
0943 ㄴ, ㄷ 0944 ③, ⑤ 0945 ②, ③ 0946 -1
0947 $-\frac{3}{2}$ 0948 ㄱ, ㄷ 0949 7
0950 (1) $y=\frac{600}{x}$ (2) 25 L 0951 (1) $y=\frac{90}{x}$ (2) 15 cm^3
0952 ④ 0953 6명 0954 (1) $y=\frac{1.5}{x}$ (2) 0.3
0955 (1) $y=\frac{1200}{x}$ (2) 16 cm 0956 8번 0957 ④
0958 ②, ⑤ 0959 ① 0960 ㄱ, ㄹ 0961 ①
0962 ①, ⑤ 0963 $a<-3$ 0964 ③, ④ 0965 ②
0966 34 0967 12 0968 10
0969 $(-5, 6)$ 0970 6 0971 ①
0972 8 0973 $\frac{3}{2}$ 0974 ③, ⑤ 0975 ②
0976 12 0977 18 0978 -15 0979 49
0980 24 0981 2 0982 21 0983 -9
0984 -36 0985 128 0986 16 0987 4시간
0988 8대 0989 $\frac{17}{1000}$ m 이상 17 m 이하

C 중단원 마무리

• 본책 184~186쪽

0990 ③, ⑤ 0991 ㄱ, ㄷ 0992 10400원
0993 ②, ⑤ 0994 ② 0995 $\frac{11}{2}$ 0996 21
0997 18초 후 0998 $\frac{3}{4}$ 0999 ③, ④ 1000 $-\frac{5}{2}$
1001 ㄱ, ㄷ 1002 ② 1003 -2 1004 ④
1005 -12 1006 30 1007 320 kWh

빠른 정답 고난도 문제

PART C 01 소인수분해

• 본책 188~189쪽

1008 ⑤ 1009 ③ 1010 11 1011 168
1012 ④ 1013 16 1014 46 1015 ③
1016 48 1017 4 1018 7

PART C 02 최대공약수와 최소공배수

• 본책 190~191쪽

1019 57 1020 ⑤ 1021 21
1022 17900원 1023 120 cm 1024 10 1025 283
1026 50 1027 ② 1028 20 1029 45
1030 36 1031 72 1032 325

PART C 03 정수와 유리수

• 본책 192쪽

1033 4, -6 1034 ③ 1035 15 1036 10
1037 8 1038 6

PART C 04 정수와 유리수의 계산 (1)

• 본책 193~194쪽

1039 -6 1040 9 1041 ② 1042 ④
1043 $\frac{19}{20}$ 1044 5점 1045 ⑤ 1046 4
1047 $-\frac{11}{10}$ 1048 -3 1049 14

PART C 05 정수와 유리수의 계산 (2)

• 본책 195~197쪽

1050 2 1051 ② 1052 $\frac{5}{3}$ 1053 -18
1054 ⑤ 1055 16 1056 5 1057 $-\frac{5}{6}$
1058 ⑤ 1059 ② 1060 $-\frac{43}{5}$ 1061 ⑤
1062 ④ 1063 42

PART C 06 문자의 사용과 식

• 본책 198~200쪽

1064 $(27n+9)\text{ cm}^2$ 1065 A 마트, $2x$원
1066 $6x-1$ 1067 5 1068 $\frac{9}{2}$ 1069 ④
1070 46 1071 $x+2y$ 1072 -2 1073 5
1074 $4x-4$ 1075 $48x+70y$ 1076 6
1077 10

PART C 07 일차방정식의 풀이

• 본책 201~202쪽

1078 2 1079 $x=2$ 1080 ⑤ 1081 ①
1082 23 1083 4 1084 $-\frac{1}{2}$ 1085 2
1086 ① 1087 3 1088 64 1089 ②

PART C 08 일차방정식의 활용

• 본책 203~205쪽

1090 ③ 1091 ④ 1092 (1) 800 g (2) 700 g
1093 6시간 1094 ③ 1095 1 1096 ⑤
1097 200 g 1098 ③ 1099 24 1100 3일
1101 ① 1102 60개 1103 75 % 1104 15 km
1105 ③

PART C 09 순서쌍과 좌표

• 본책 206~208쪽

1106 6 1107 제3사분면 1108 4
1109 제4사분면 1110 28 1111 90분
1112 ④ 1113 20 1114 ④ 1115 -9
1116 ② 1117 (9, 5) 1118 ①, ⑤ 1119 ②, ④
1120 ㄴ 1121 ㄷ

PART C 10 정비례와 반비례

• 본책 209~210쪽

1122 ⑤ 1123 (1) $y=\frac{7}{2}x$ (2) 140 g 1124 ㄴ, ㄹ
1125 (1) $y=\frac{1}{4}x$ (2) 3번 1126 $\frac{5}{4}$ 1127 $\frac{1}{3}$
1128 $\frac{3}{4}\le k\le 3$ 1129 $\frac{21}{2}$ 1130 18

MEMO

MEMO

MEMO

MEMO

반드시
풀어야 하는
173유형
1130제 수록

A, B, C의
3단계 학습
+ 고난도 문제

2022 개정 교육과정

수학의 바이블

유형 ON

정답과 풀이

ON [켜다]
실력의 불을 켜다

온 [모두의]
모든 유형을 담다

중학 1·1

이투스북

수학의 바이블

유형을 완벽하게 마스터하는
중학 수학 유형 기본서

수학의 바이블 유형ON

수학의 바이블 유형ON은
수학의 바이블 개념ON의 필수 개념과 중학 수학에서 학습해야 하는
'모든 유형'을 선정하여 구성한 중학 수학 유형 기본서입니다.

바이블 Point 1 빈틈없는 학습이 가능한 A, B, C의 3단계 학습 시스템 + 고난도 문제

유형ON의 3단계 학습 시스템과 고난도 문제로 중학 수학의 모든 유형을 체계적으로
학습할 수 있도록 구성

- 개념, 개념 확인하기 : 개념ON으로 학습한 개념을 확인할 수 있는 간단하고 쉬운 문제로 구성
- 유형별 문제 : 중학 수학에서 다루는 모든 유형을 수록하여 빈틈없는 학습이 가능하도록 구성
- 중단원 마무리 : 유형별 문제와 유사, 변형된 문제를 풀어봄으로써 학습 성취도를 확인할 수 있도록 구성
- 고난도 문제 : 고난도 문항을 통해 심화까지 완성!

바이블 Point 2 '수학의 바이블 개념ON'과 연계 학습이 가능한 상호 순환 구성

- 유형별 문제의 각 유형 개념과 연계된 수학의 바이블 개념ON 페이지 표기

바이블 Point 3 중학 수학의 모든 유형을 완벽하게 마스터할 수 있는 바이블만의 커리큘럼

- 모든 개념을 완벽하게 마스터할 수 있는 '수학의 바이블 개념ON'
- 모든 유형을 체계적으로 학습할 수 있는 '수학의 바이블 유형ON'

가르치기 쉽고 빠르게 배울 수 있는 **이투스북**

www.etoosbook.com

○ **도서 내용 문의**
홈페이지 > 이투스북 고객센터 > 1:1 문의
○ **도서 정답 및 해설**
홈페이지 > 도서자료실 > 정답/해설
○ **도서 정오표**
홈페이지 > 도서자료실 > 정오표
○ **선생님을 위한 강의 지원 서비스 T폴더**
홈페이지 > 교강사 T폴더

수학의 바이블

수학의 바이블

유형 ON

정답과 풀이

본책

중학 1·1

01 소인수분해

PART A 개념 확인하기

• 본책 007, 009쪽

0001 정답 풀이 참조

자연수	약수	소수/합성수
9	1, 3, 9	합성수
13	1, 13	소수
16	1, 2, 4, 8, 16	합성수
21	1, 3, 7, 21	합성수
29	1, 29	소수

0002 정답 (1) ○ (2) △ (3) ○ (4) △ (5) △ (6) ○

약수가 2개이면 소수, 3개 이상이면 합성수이다.
(2) 25의 약수는 1, 5, 25의 3개이므로 25는 합성수이다.
(4) 28의 약수는 1, 2, 4, 7, 14, 28의 6개이므로 28은 합성수이다.
(5) 39의 약수는 1, 3, 13, 39의 4개이므로 39는 합성수이다.

0003 정답 (1) ○ (2) × (3) × (4) ×

(2) 가장 작은 소수는 2이다.
(3) 2는 소수이지만 짝수이다.
(4) 합성수가 아닌 자연수는 1 또는 소수이다.

0004 정답 (1) 2, 3 (2) 3, 2 (3) 5, 4 (4) 7, 5

0005 정답 (1) 3^4 (2) a^5 (3) $2^3\times3^2$ (4) $\left(\frac{1}{4}\right)^3$ (5) $\frac{1}{5^4}$ (6) $\left(\frac{1}{6}\right)^4\times\left(\frac{1}{7}\right)^3$

0006 정답 (1) 3^3 (2) 2^5 (3) 5^3 (4) 10^2

0007 정답 (1) 약수: 1, 2, 3, 4, 6, 8, 12, 24 / 소인수: 2, 3
(2) 약수: 1, 2, 5, 10, 25, 50 / 소인수: 2, 5
(3) 약수: 1, 3, 7, 9, 21, 63 / 소인수: 3, 7
(4) 약수: 1, 2, 3, 5, 6, 9, 10, 15, 18, 30, 45, 90 / 소인수: 2, 3, 5

0008 정답 풀이 참조

방법 1

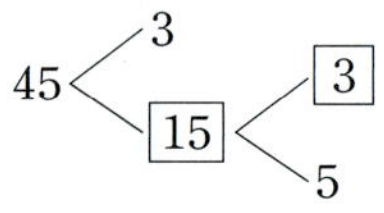

방법 2

3) 45
3) 15
5

➡ 소인수분해한 결과: $45=\boxed{3}^2\times\boxed{5}$

0009 정답 (1) $2^2\times3$ (2) $2^2\times13$ (3) $2^2\times3\times5$ (4) 2×7^2 (5) $2^2\times5\times7$ (6) $2^3\times5^2$

보충 설명

소인수분해하는 방법
❶ 나누어떨어지는 소수로만 나눈다.
❷ 몫이 소수가 될 때까지 나눈다.
❸ 나눈 소수들과 마지막 몫을 곱셈 기호로 나타낸다.
이때 같은 소인수의 곱은 거듭제곱으로 나타낸다.

0010 정답 풀이 참조

(1)

×	1	3	3^2
1	1	3	9
2	2	6	18
2^2	4	12	36
2^3	8	24	72

약수: 1, 2, 3, 4, 6, 8, 9, 12, 18, 24, 36, 72

(2)

×	1	5	5^2	5^3
1	1	5	25	125
2	2	10	50	250
2^2	4	20	100	500

약수: 1, 2, 4, 5, 10, 20, 25, 50, 100, 125, 250, 500

0011 정답 풀이 참조

(1)

×	1	3
1	1	3
2	2	6
2^2	4	12

약수: 1, 2, 3, 4, 6, 12

(2)

×	1	5	5^2
1	1	5	25
3	3	15	75
3^2	9	45	225

약수: 1, 3, 5, 9, 15, 25, 45, 75, 225

(3) $54=2\times3^3$

×	1	3	3^2	3^3
1	1	3	9	27
2	2	6	18	54

약수: 1, 2, 3, 6, 9, 18, 27, 54

(4) $80=2^4\times5$

×	1	5
1	1	5
2	2	10
2^2	4	20
2^3	8	40
2^4	16	80

약수: 1, 2, 4, 5, 8, 10, 16, 20, 40, 80

0012 정답 (1) 5 (2) 24 (3) 8 (4) 10

(1) $4+1=5$

(2) $(3+1)\times(2+1)\times(1+1)=24$

(3) $56=2^3\times7$이므로
$(3+1)\times(1+1)=8$

(4) $162=2\times3^4$이므로
$(1+1)\times(4+1)=10$

PART B 유형별 문제

본책 010~017쪽

유형 01 소수와 합성수

0013 정답 ③

① 1은 소수도 아니고 합성수도 아니다.
② 21의 약수는 1, 3, 7, 21의 4개이므로 21은 합성수이다.
④ 51의 약수는 1, 3, 17, 51의 4개이므로 51은 합성수이다.
⑤ 81의 약수는 1, 3, 9, 27, 81의 5개이므로 81은 합성수이다.
따라서 소수인 것은 ③이다.

0014 정답 0

소수는 2, 19, 37, 41, 67, 97의 6개이므로 $a=6$
합성수는 8, 27, 39, 49, 52, 91의 6개이므로 $b=6$
$\therefore a-b=0$

0015 정답 11, 13, 17, 19

약수가 2개인 수는 소수이므로 구하는 수는 11, 13, 17, 19이다.

0016 정답 2

소수를 작은 것부터 나열하면
2, 3, 5, 7, 11, 13, ⋯
따라서 a의 값이 될 수 있는 수는 11, 12의 2개이다.

유형 02 소수와 합성수의 성질

0017 정답 ④

① 가장 작은 합성수는 4이다.
② 2는 짝수이지만 소수이다.
③ 9는 홀수이지만 합성수이다.
④ 3의 배수 중 소수는 3의 1개뿐이다.
⑤ 소수가 아닌 자연수는 1 또는 합성수이다.
따라서 옳은 것은 ④이다.

0018 정답 ②

② 9는 홀수이지만 소수가 아니다.
⑤ 10 이하의 소수는 2, 3, 5, 7의 4개이다.
따라서 옳지 않은 것은 ②이다.

0019 정답 ㄷ, ㄹ

ㄱ. 자연수는 1, 소수, 합성수로 이루어져 있다.
ㄴ. 27은 일의 자리의 숫자가 7이지만 합성수이다.
ㅁ. 2+3=5에서 5는 두 소수의 합이지만 소수이다.
따라서 옳은 것은 ㄷ, ㄹ이다.

0020 정답 ②, ⑤

② 두 자연수 1과 2의 곱 $1\times2=2$는 소수이다.
⑤ 10 이하의 자연수 중 가장 작은 소수는 2이고 가장 큰 소수는 7이므로 그 합은 $2+7=9$이다.
따라서 옳지 않은 것은 ②, ⑤이다.

유형 03 거듭제곱

0021 정답 ③

① $16=2\times2\times2\times2=2^4$
② $5\times5\times5=5^3$
④ $x+x+x=3\times x$
⑤ $\frac{2}{5}\times\frac{2}{5}\times\frac{2}{5}\times\frac{2}{5}=\left(\frac{2}{5}\right)^4$
따라서 옳은 것은 ③이다.

BIBLE SAYS

(1) $\underbrace{a\times a\times\cdots\times a}_{n\text{개}}=a^n$

(2) $\underbrace{a+a+\cdots+a}_{n\text{개}}=a\times n$

0022 정답 6

$2\times3\times2\times5\times5\times3\times2=2^3\times3^2\times5^2$이므로
$a=2,\ b=2,\ c=2$
$\therefore a+b+c=2+2+2=6$

0023 정답 14

$1\text{ km}=1000\text{ m}=10^3\text{ m}$이므로 $a=3$
$1\text{ m}=100\text{ cm}$이므로
$1000\text{ m}=100000\text{ cm}=10^5\text{ cm}$ $\therefore b=5$
$1\text{ cm}=10\text{ mm}$이므로
$100000\text{ cm}=1000000\text{ mm}=10^6\text{ mm}$ $\therefore c=6$
$\therefore a+b+c=3+5+6=14$

0024 (정답) 3

❶ a의 값을 구할 수 있다.

$64=2^6$이므로 $a=6$

❷ b의 값을 구할 수 있다.

$\frac{1}{125}=\frac{1}{5^3}$이므로 $b=3$

❸ $a-b$의 값을 구할 수 있다.

$a-b=6-3=3$

채점 기준		
❶	a의 값을 구할 수 있다.	40 %
❷	b의 값을 구할 수 있다.	40 %
❸	$a-b$의 값을 구할 수 있다.	20 %

유형 04 소인수분해

0025 (정답) ③, ⑤

③ $40=2^3\times5$ ⑤ $144=2^4\times3^2$

따라서 옳지 않은 것은 ③, ⑤이다.

0026 (정답) ⑤

① $45=3^2\times5$ ② $70=2\times5\times7$

③ $100=2^2\times5^2$ ④ $108=2^2\times3^3$

따라서 소인수분해한 것으로 옳은 것은 ⑤이다.

0027 (정답) 16

❶ 156을 소인수분해할 수 있다.

156을 소인수분해하면 $156=2^2\times3\times13$

❷ a, b, c의 값을 각각 구할 수 있다.

$2^2\times3\times13=2^a\times3^b\times c$이므로 $a=2$, $b=1$, $c=13$

❸ $a+b+c$의 값을 구할 수 있다.

$\therefore a+b+c=2+1+13=16$

채점 기준		
❶	156을 소인수분해할 수 있다.	50 %
❷	a, b, c의 값을 각각 구할 수 있다.	30 %
❸	$a+b+c$의 값을 구할 수 있다.	20 %

0028 (정답) 8

$40=2^3\times5$, $60=2^2\times3\times5$이므로

$40\times60=(2^3\times5)\times(2^2\times3\times5)$

$=2\times2\times2\times5\times2\times2\times3\times5=2^5\times3\times5^2$

따라서 $a=5$, $b=1$, $c=2$이므로

$a+b+c=5+1+2=8$

다른 풀이

$40\times60=2400=2^5\times3\times5^2$이므로

$a=5$, $b=1$, $c=2$

$\therefore a+b+c=5+1+2=8$

0029 (정답) 14

$189=3^3\times7$이므로

$a=3$, $b=7$, $m=3$, $n=1$ 또는 $a=7$, $b=3$, $m=1$, $n=3$

$\therefore a+b+m+n=14$

유형 05 소인수 구하기

0030 (정답) ②

ㄱ. $84=2^2\times3\times7$이므로 소인수는 2, 3, 7이다.

ㄴ. $96=2^5\times3$이므로 소인수는 2, 3이다.

ㄷ. $126=2\times3^2\times7$이므로 소인수는 2, 3, 7이다.

ㄹ. $250=2\times5^3$이므로 소인수는 2, 5이다.

따라서 소인수가 같은 것끼리 짝 지은 것은 ②이다.

0031 (정답) ③, ⑤

$220=2^2\times5\times11$이므로 소인수는 2, 5, 11이다.

0032 (정답) ④

① $6=2\times3$이므로 소인수는 2, 3이다.

② $24=2^3\times3$이므로 소인수는 2, 3이다.

③ $36=2^2\times3^2$이므로 소인수는 2, 3이다.

④ $64=2^6$이므로 소인수는 2이다.

⑤ $72=2^3\times3^2$이므로 소인수는 2, 3이다.

따라서 소인수가 나머지 넷과 다른 하나는 ④이다.

0033 (정답) ③

① $12=2^2\times3$에서 소인수는 2, 3이므로 $2+3=5$

② $15=3\times5$에서 소인수는 3, 5이므로 $3+5=8$

③ $28=2^2\times7$에서 소인수는 2, 7이므로 $2+7=9$

④ $40=2^3\times5$에서 소인수는 2, 5이므로 $2+5=7$

⑤ $45=3^2\times5$에서 소인수는 3, 5이므로 $3+5=8$

따라서 소인수의 합이 가장 큰 것은 ③이다.

0034 (정답) ②

$182=2\times7\times13$이므로 $G(182)=13$

$187=11\times17$이므로 $L(187)=11$

$\therefore G(182)-L(187)=13-11=2$

0035 (정답) ③

① $14=2\times7$에서 소인수는 2, 7이므로

$<14>=2+7=9$

② $56=2^3\times7$에서 소인수는 2, 7이므로

$<56>=2+7=9$

③ $84=2^2\times3\times7$에서 소인수는 2, 3, 7이므로

$<84>=2+3+7=12$

④ $98=2\times7^2$에서 소인수는 2, 7이므로
$<98>=2+7=9$
⑤ $112=2^4\times7$에서 소인수는 2, 7이므로
$<112>=2+7=9$
따라서 $<n>$의 값이 나머지 넷과 다른 하나는 ③이다.

유형 06 소인수분해를 이용하여 제곱인 수 만들기 (1)

0036 (정답) ④
$54=2\times3^3$이므로 곱할 수 있는 자연수는 $2\times3\times$(자연수)^2 꼴이다.
따라서 곱할 수 있는 가장 작은 자연수는
$2\times3=6$

0037 (정답) ③
$180=2^2\times3^2\times5$이므로 나눌 수 있는 자연수는 180의 약수이면서 $5\times$(자연수)^2 꼴이다.
따라서 나눌 수 있는 가장 작은 자연수는 5이다.

0038 (정답) ③
$32\times a=2^5\times a$가 어떤 자연수의 제곱이 되어야 하므로 $a=2$
$b^2=32\times2=64=8^2$이므로 $b=8$
$\therefore b-a=8-2=6$

0039 (정답) ①
$1176=2^3\times3\times7^2$이므로 $a=2\times3=6$
$b^2=1176\div6=196=14^2$이므로 $b=14$
$\therefore a+b=6+14=20$

0040 (정답) ④
$20=2^2\times5$, $175=5^2\times7$이므로
$2^2\times5\times a=5^2\times7\times b=c^2$
위의 식을 만족시키는 가장 작은 자연수 c에 대하여
$c^2=2^2\times5^2\times7^2=4900=70^2$ $\quad\therefore c=70$
$20\times a=4900$에서 $a=245$
$175\times b=4900$에서 $b=28$
$\therefore a+b+c=245+28+70=343$

유형 07 소인수분해를 이용하여 제곱인 수 만들기 (2)

0041 (정답) ③
$63\times x=3^2\times7\times x$이므로 x는 $7\times$(자연수)^2 꼴이다.
따라서 x의 값이 될 수 있는 것은 ③이다.
(참고) $63\times(2^2\times7)=63\times28=1764=42^2$

0042 (정답) ②, ④
$528=2^4\times3\times11$이므로 x는 528의 약수이면서 $3\times11\times$(자연수)^2 꼴이다.
① $9=3^2$ ② $33=3\times11\times1^2$
③ $48=3\times2^4$ ④ $132=3\times11\times2^2$
⑤ $176=2^4\times11$
따라서 x의 값이 될 수 있는 것은 ②, ④이다.

0043 (정답) ③
$360=2^3\times3^2\times5$이므로 곱할 수 있는 자연수는
$2\times5\times$(자연수)^2 꼴이다.
이때 작은 수부터 차례대로 나열하면
$2\times5\times1^2=10$, $2\times5\times2^2=40$, $2\times5\times3^2=90$,
$2\times5\times4^2=160$, $\cdots$
따라서 곱할 수 있는 두 자리 자연수는 10, 40, 90이므로 그 합은
$10+40+90=140$

0044 (정답) 60
❶ 곱할 수 있는 자연수의 형태를 구할 수 있다.
$240=2^4\times3\times5$이므로 곱할 수 있는 자연수는 $3\times5\times$(자연수)^2 꼴이다.
❷ 곱할 수 있는 자연수 중 두 번째로 작은 수를 구할 수 있다.
이때 작은 수부터 차례대로 나열하면
$3\times5\times1^2$, $3\times5\times2^2$, $3\times5\times3^2$, $\cdots$
따라서 두 번째로 작은 수는 $3\times5\times2^2=60$

채점 기준		
❶	곱할 수 있는 자연수의 형태를 구할 수 있다.	50 %
❷	곱할 수 있는 자연수 중 두 번째로 작은 수를 구할 수 있다.	50 %

유형 08 소인수분해를 이용하여 약수 구하기

0045 (정답) ③
$2^2\times3\times7^2$의 약수는 (2^2의 약수)$\times$(3의 약수)$\times$(7^2의 약수) 꼴이다.
③ $2^3\times3$에서 2^3은 2^2의 약수가 아니다.

0046 (정답) ②, ③
$350=2\times5^2\times7$의 약수는 (2의 약수)$\times$(5^2의 약수)$\times$(7의 약수) 꼴이다.
① 2^2은 2의 약수가 아니다.
④ 5×7^2에서 7^2은 7의 약수가 아니다.
⑤ $2^2\times5^2\times7$에서 2^2은 2의 약수가 아니다.
따라서 350의 약수인 것은 ②, ③이다.

(참고) 2×7의 약수는 1, 2, 7, 2×7이므로 350의 약수는 다음 표와 같다.

$\times$	1	2	7	2×7
1	1	2	7	2×7
5	5	2×5	5×7	$2\times5\times7$
5^2	5^2	2×5^2	$5^2\times7$	$2\times5^2\times7$

0047 (정답) ②

$52=2^2\times13$이므로 52의 약수는

1, 2, 2^2, 13, 2×13, $2^2\times13$

즉, 1, 2, 4, 13, 26, 52

따라서 구하는 합은

$1+2+4+13+26+52=98$

0048 (정답) ④

$480=2^5\times3\times5$이므로 480의 약수를 큰 수부터 차례대로 나열하면 $2^5\times3\times5$, $2^4\times3\times5$, $2^5\times5$, ⋯

따라서 480의 약수 중 세 번째로 큰 수는 $2^5\times5$이다.

0049 (정답) 6

$360=2^3\times3^2\times5$가 $2^a\times3^b\times5^c$의 약수이므로

a, b, c의 값 중 가장 작은 값은 각각 3, 2, 1이다.

따라서 $a+b+c$의 값 중 가장 작은 값은 $3+2+1=6$

유형 09 약수의 개수 구하기

0050 (정답) ⑤

① $(2+1)\times(3+1)=12$

② $(1+1)\times(5+1)=12$

③ $11+1=12$

④ $(2+1)\times(1+1)\times(1+1)=12$

⑤ $(4+1)\times(3+1)=20$

따라서 약수의 개수가 나머지 넷과 다른 하나는 ⑤이다.

0051 (정답) ①

① $60=2^2\times3\times5$이므로 $(2+1)\times(1+1)\times(1+1)=12$

② $128=2^7$이므로 $7+1=8$

③ $(2+1)\times(1+1)=6$

④ $(1+1)\times(2+1)=6$

⑤ $(1+1)\times(1+1)\times(1+1)=8$

따라서 약수의 개수가 가장 많은 것은 ①이다.

0052 (정답) ③

③ ㈎는 $2^2\times7$, ㈐는 $2^2\times7^2$이므로 ㈎는 어떤 자연수의 제곱인 수가 아니다.

⑤ $392=2^3\times7^2$이므로 약수의 개수는 $(3+1)\times(2+1)=12$

따라서 옳지 않은 것은 ③이다.

(참고) 제곱인 수는 소인수분해했을 때, 지수가 모두 짝수이다.

0053 (정답) 25

$20=2^2\times5$이므로 $<20>=2+5=7$

$300=2^2\times3\times5^2$이므로 $\{300\}=(2+1)\times(1+1)\times(2+1)=18$

$\therefore <20>+\{300\}=7+18=25$

0054 (정답) ①

$\frac{200}{n}$이 자연수가 되도록 하는 자연수 n은 200의 약수이다.

$200=2^3\times5^2$이므로 200의 약수의 개수는

$(3+1)\times(2+1)=12$

따라서 구하는 자연수 n의 개수는 12이다.

0055 (정답) 9

$180=2^2\times3^2\times5$이고 5의 배수는 $5\times$(자연수) 꼴이므로

180의 약수 중 5의 배수의 개수는 $2^2\times3^2$의 약수의 개수와 같다.

따라서 구하는 수의 개수는 $(2+1)\times(2+1)=9$

유형 10 약수의 개수가 주어질 때, 소인수의 지수 구하기

0056 (정답) ①

$2^m\times3^5$의 약수의 개수가 18이므로

$(m+1)\times(5+1)=18$, $m+1=3$ $\therefore m=2$

0057 (정답) ②

$3^3\times5^a\times7$의 약수의 개수가 40이므로

$(3+1)\times(a+1)\times(1+1)=40$, $8\times(a+1)=40$

$a+1=5$ $\therefore a=4$

0058 (정답) (1) 16 (2) $a=1$, $b=1$

❶ 216의 약수의 개수를 구할 수 있다.

(1) $216=2^3\times3^3$이므로 약수의 개수는

$(3+1)\times(3+1)=16$

❷ $8\times3^a\times7^b$의 약수의 개수를 a, b에 대한 식으로 나타낼 수 있다.

(2) $8\times3^a\times7^b=2^3\times3^a\times7^b$이므로 약수의 개수는

$(3+1)\times(a+1)\times(b+1)=4\times(a+1)\times(b+1)$

❸ a, b의 값을 각각 구할 수 있다.

따라서 $4\times(a+1)\times(b+1)=16$이므로

$(a+1)\times(b+1)=4$

이때 a, b는 자연수이므로

$a=1$, $b=1$

채점 기준		
❶	216의 약수의 개수를 구할 수 있다.	40 %
❷	$8\times3^a\times7^b$의 약수의 개수를 a, b에 대한 식으로 나타낼 수 있다.	40 %
❸	a, b의 값을 각각 구할 수 있다.	20 %

0059

정답 ④

$1200=2^4\times3\times5^2$이므로 약수의 개수는

$(4+1)\times(1+1)\times(2+1)=30$

$7^a\times9^2=7^a\times9\times9=7^a\times3\times3\times3\times3=7^a\times3^4$이므로

약수의 개수는

$(a+1)\times(4+1)=(a+1)\times5$

1200의 약수의 개수와 $7^a\times9^2$의 약수의 개수가 같으므로

$(a+1)\times5=30$, $a+1=6$ $\quad\therefore a=5$

유형 11 약수의 개수가 주어질 때, 곱해진 수 구하기

0060

정답 ④

① $27\times4=2^2\times3^3$의 약수의 개수는 $(2+1)\times(3+1)=12$

② $27\times10=2\times3^3\times5$의 약수의 개수는

$(1+1)\times(3+1)\times(1+1)=16$

③ $27\times18=2\times3^5$의 약수의 개수는 $(1+1)\times(5+1)=12$

④ $27\times21=3^4\times7$의 약수의 개수는 $(4+1)\times(1+1)=10$

⑤ $27\times81=3^7$의 약수의 개수는 $7+1=8$

따라서 자연수 a의 값이 될 수 있는 것은 ④이다.

0061

정답 ④

$12=2^2\times3$이므로

① $(2^2\times3)\times5$의 약수의 개수는 $(2+1)\times(1+1)\times(1+1)=12$

② $(2^2\times3)\times8=2^5\times3$의 약수의 개수는 $(5+1)\times(1+1)=12$

③ $(2^2\times3)\times9=2^2\times3^3$의 약수의 개수는 $(2+1)\times(3+1)=12$

④ $(2^2\times3)\times10=2^3\times3\times5$의 약수의 개수는

$(3+1)\times(1+1)\times(1+1)=16$

⑤ $(2^2\times3)\times11$의 약수의 개수는

$(2+1)\times(1+1)\times(1+1)=12$

따라서 □ 안에 들어갈 수 없는 것은 ④이다.

0062

정답 ①, ⑤

① $3^4\times8=2^3\times3^4$의 약수의 개수는 $(3+1)\times(4+1)=20$

② $3^4\times10=2\times3^4\times5$의 약수의 개수는

$(1+1)\times(4+1)\times(1+1)=20$이지만

소인수가 2, 3, 5의 3개이다.

③ $3^4\times27=3^4\times3^3=3^7$의 약수의 개수는 $7+1=8$이고

소인수가 3의 1개이다.

④ $3^4\times64=2^6\times3^4$의 약수의 개수는 $(6+1)\times(4+1)=35$

⑤ $3^4\times125=3^4\times5^3$의 약수의 개수는 $(4+1)\times(3+1)=20$

따라서 □ 안에 들어갈 수 있는 것은 ①, ⑤이다.

0063

정답 ㄱ, ㄹ

$42=2\times3\times7$이므로

ㄱ. $(2\times3\times7)\times12=2^3\times3^2\times7$의 약수의 개수는

$(3+1)\times(2+1)\times(1+1)=24$

ㄴ. $(2\times3\times7)\times14=2^2\times3\times7^2$의 약수의 개수는

$(2+1)\times(1+1)\times(2+1)=18$

ㄷ. $(2\times3\times7)\times42=2^2\times3^2\times7^2$의 약수의 개수는

$(2+1)\times(2+1)\times(2+1)=27$

ㄹ. $(2\times3\times7)\times77=2\times3\times7^2\times11$의 약수의 개수는

$(1+1)\times(1+1)\times(2+1)\times(1+1)=24$

따라서 □ 안에 들어갈 수 있는 것은 ㄱ, ㄹ이다.

0064

정답 108

$a=2$일 때, $2^2\times a^3=2^5$이므로 약수의 개수는 $5+1=6$

$a\neq2$일 때, 약수의 개수는 $(2+1)\times(3+1)=12$

따라서 $a=3$일 때 자연수 x의 값이 가장 작으므로

가장 작은 x의 값은 $2^2\times3^3=108$

0065

정답 9

❶ $2^5\times$□$=2^{17}$일 때, □ 안에 들어갈 수 있는 자연수를 구할 수 있다.

(i) □$=2^m$ 꼴일 때,

$m=12$이어야 하므로 □$=2^{12}$

❷ $2^5\times$□$=2^8\times a$ (a는 2가 아닌 소수)일 때, □ 안에 들어갈 수 있는 자연수를 구할 수 있다.

(ii) □$=2^3\times a$ (a는 2가 아닌 소수) 꼴일 때,

□$=2^3\times3$, $2^3\times5$, $\cdots$

❸ $2^5\times$□$=2^5\times a^2$ (a는 2가 아닌 소수)일 때, □ 안에 들어갈 수 있는 자연수를 구할 수 있다.

(iii) □$=a^2$ (a는 2가 아닌 소수) 꼴일 때,

□$=3^2$, 5^2, $\cdots$

❹ □ 안에 들어갈 수 있는 가장 작은 자연수를 구할 수 있다.

(i)~(iii)에서 □ 안에 들어갈 수 있는 가장 작은 자연수는 $3^2=9$

채점 기준		
❶	$2^5\times$□$=2^{17}$일 때, □ 안에 들어갈 수 있는 자연수를 구할 수 있다.	30 %
❷	$2^5\times$□$=2^8\times a$ (a는 2가 아닌 소수)일 때, □ 안에 들어갈 수 있는 자연수를 구할 수 있다.	30 %
❸	$2^5\times$□$=2^5\times a^2$ (a는 2가 아닌 소수)일 때, □ 안에 들어갈 수 있는 자연수를 구할 수 있다.	30 %
❹	□ 안에 들어갈 수 있는 가장 작은 자연수를 구할 수 있다.	10 %

유형 12 약수의 개수가 k인 자연수

0066

정답 6

약수의 개수가 3인 자연수는 $(소수)^2$ 꼴이다.

따라서 구하는 수는 $2^2=4$, $3^2=9$, $5^2=25$, $7^2=49$, $11^2=121$, $13^2=169$의 6개이다.

본책

0067

정답 17

약수의 개수가 홀수인 자연수는 $(자연수)^2$ 꼴이다.
따라서 구하는 수는 $1^2=1$, $2^2=4$, $3^2=9$, $4^2=16$, $\cdots$, $17^2=289$의 17개이다.

BIBLE SAYS

(1) 약수의 개수가 3 ➡ $(소수)^2$ 꼴
(2) 약수의 개수가 4
➡ $(소수)^3$ 꼴 또는 $a\times b$ (a, b는 서로 다른 소수) 꼴
(3) 약수의 개수가 홀수 ➡ $(자연수)^2$ 꼴

0068

정답 6

(i) a^3 (a는 소수) 꼴일 때,
가장 작은 자연수는 $2^3=8$
(ii) $a\times b$ (a, b는 서로 다른 소수) 꼴일 때,
가장 작은 자연수는 $2\times3=6$
(i), (ii)에서 약수의 개수가 4인 가장 작은 자연수는 6이다.

0069

정답 12

(i) a^5 (a는 소수) 꼴일 때,
가장 작은 자연수는 $2^5=32$
(ii) $a^2\times b$ (a, b는 서로 다른 소수) 꼴일 때,
가장 작은 자연수는 $2^2\times3=12$
(i), (ii)에서 가장 작은 자연수는 12이다.

PART C 중단원 마무리

• 본책 018~020쪽

0070

정답 6

가장 작은 소수는 31이므로 $a=31$
가장 큰 소수는 37이므로 $b=37$
$\therefore b-a=37-31=6$

0071

정답 ㄷ, ㄹ

ㄱ. 자연수는 1, 소수, 합성수로 이루어져 있다.
ㄴ. 9는 합성수이지만 홀수이다.
ㅁ. 2의 배수 중 2는 소수이다.
ㅂ. $2\times3=6$에서 6은 두 소수의 곱이지만 짝수이다.
따라서 옳은 것은 ㄷ, ㄹ이다.

0072

정답 ③, ④

③ $5+6=11$에서 11은 소수와 합성수의 합이지만 소수이다.
④ 33은 합성수이다.
⑤ 15 이하의 자연수 중 소수는 2, 3, 5, 7, 11, 13의 6개이다.
따라서 옳지 않은 것은 ③, ④이다.

0073

정답 2^{20}개

1일 후: 2개, 2일 후: $2\times2=2^2$(개),
3일 후: $2\times2\times2=2^3$(개), $\cdots$
따라서 매일 전날의 2배가 되므로 20일 후에는
$\underbrace{2\times2\times2\times\cdots\times2}_{20개}=2^{20}$(개)의 세포로 나누어진다.

0074

정답 ③

1, 2, 3, $\cdots$, 15 중 3의 배수는
3, $6=2\times3$, $9=3\times3$, $12=2\times2\times3$, $15=3\times5$
따라서 $1\times2\times3\times\cdots\times15$를 소인수분해하면 3은 모두 6번 곱해지므로 소인수 3의 지수는 6이다.

0075

정답 11

$1\times2\times3\times\cdots\times10$
$=1\times2\times3\times2^2\times5\times(2\times3)\times7\times2^3\times3^2\times(2\times5)$
$=2^8\times3^4\times5^2\times7$
따라서 $a=8$, $b=4$, $c=2$, $d=1$이므로
$\therefore a+b-c+d=8+4-2+1=11$

0076

정답 ④

$400=2^4\times5^2$이므로
$a=2$, $b=5$, $m=4$, $n=2$ 또는 $a=5$, $b=2$, $m=2$, $n=4$
$\therefore a+b+m+n=13$

0077

정답 2

(가), (나)에서 n은 소인수가 2개인 10보다 크고 20보다 작은 수이므로
12, 14, 15, 18
각각을 소인수분해하면
$12=2^2\times3$, $14=2\times7$, $15=3\times5$, $18=2\times3^2$
(나)에서 두 소인수의 합이 5이므로
$n=12$ 또는 $n=18$
따라서 조건을 모두 만족시키는 자연수 n의 개수는 2이다.

다른 풀이

(나)에서 서로 다른 두 소수의 합이 5인 경우는 $2+3=5$뿐이므로 자연수 n은 $2^a\times3^b$ (a, b는 자연수) 꼴이다.
이때 (가)에서 n은 10보다 크고 20보다 작으므로
$2^2\times3=12$, $2\times3^2=18$
따라서 조건을 모두 만족시키는 자연수 n의 개수는 2이다.

0078

정답 45

$125=5^3$이므로 곱할 수 있는 자연수는 $5\times(자연수)^2$ 꼴이다.
이때 3의 배수가 되어야 하므로 곱할 수 있는 가장 작은 자연수는
$5\times3^2=45$

본책

0079

정답 135

$540=2^2\times3^3\times5$이므로 나눌 수 있는 자연수는 540의 약수이면서 $3\times5\times(\text{자연수})^2$ 꼴이어야 한다.
이때 나눌 수 있는 수를 작은 수부터 차례대로 나열하면
$3\times5\times1^2$, $3\times5\times2^2$, $3\times5\times3^2$, $3\times5\times2^2\times3^2$
따라서 세 번째로 작은 수는 $3\times5\times3^2=135$

0080

정답 75

n은 $3\times5\times(\text{자연수})^2$ 꼴이어야 하므로 n의 값이 될 수 있는 수를 작은 수부터 차례대로 나열하면
$3\times5\times1^2=15$, $3\times5\times2^2=60$, $3\times5\times3^2=135$, $\cdots$
이때 n은 두 자리 자연수이므로 15, 60
따라서 모든 n의 값의 합은 $15+60=75$

0081

정답 4

$45=3^2\times5$가 $3^a\times5^b\times7^c$의 약수이므로
$a=2$, $b=1$, $c=1$
$\therefore a+b+c=2+1+1=4$

0082

정답 2

(나)에서 약수의 개수가 2인 수는 소수이다.
(가)에서 $90=2\times3^2\times5$이므로 90의 약수 중 소수는 2, 3, 5이다.
(다)에서 $56=2^3\times7$이므로 56은 2의 배수이지만 3과 5의 배수는 아니다.
따라서 조건을 모두 만족시키는 자연수는 2이다.

0083

정답 ③

③ $A=5^2\times7$의 약수의 개수는 $(2+1)\times(1+1)=6$
⑤ $A\times28=(5^2\times7)\times(2^2\times7)=2^2\times5^2\times7^2=70^2$
따라서 옳지 않은 것은 ③이다.

0084

정답 400

$2^a\times5^b$의 약수의 개수가 15이므로
$(a+1)\times(b+1)=15$
그런데 $a>b$이고 a, b가 자연수이므로
$a+1=5$, $b+1=3$ $\therefore a=4$, $b=2$
$\therefore A=2^4\times5^2=400$

0085

정답 3

$8=4\times2=(3+1)\times(1+1)$ 또는
$8=2\times2\times2=(1+1)\times(1+1)\times(1+1)$
(i) $\square=2^a$ (a는 자연수) 꼴일 때,
$a=2$이어야 하므로 $\square=2^2=4$
(ii) $\square=5^a$ (a는 자연수) 꼴일 때,
$a=2$이어야 하므로 $\square=5^2=25$
(iii) $\square$가 2, 5가 아닌 소수일 때,
$\square=3$, 7, 11, $\cdots$
(i)~(iii)에서 $\square$ 안에 들어갈 수 있는 가장 작은 자연수는 3이다.

0086

정답 ①

약수의 개수가 5인 자연수는 $(\text{소수})^4$ 꼴이다.
따라서 1000 이하의 자연수 중 약수의 개수가 5인 수는
$2^4=16$, $3^4=81$, $5^4=625$의 3개이다.

0087

정답 63

(가)에서 구하는 수는 $3^m\times7^n$ (m, n은 자연수) 꼴이다.
(다)에서 약수의 개수는 6이므로
$(m+1)\times(n+1)=6$
그런데 m, n은 자연수이므로
$m+1=2$, $n+1=3$ 또는 $m+1=3$, $n+1=2$
$\therefore m=1$, $n=2$ 또는 $m=2$, $n=1$
$m=1$, $n=2$일 때, $3\times7^2=147$
$m=2$, $n=1$일 때, $3^2\times7=63$
(나)에서 두 자리 자연수이므로 조건을 모두 만족시키는 자연수는 63이다.

02 최대공약수와 최소공배수

A 개념 확인하기

• 본책 023, 025쪽

0088 정답 (1) 1, 2, 3, 6, 9, 18
(2) 1, 2, 3, 4, 6, 8, 12, 24
(3) 1, 2, 3, 6
(4) 6

0089 정답 (1) 1, 2, 4, 8, 16
(2) 1, 2, 4, 5, 10, 20

0090 정답 (1) × (2) ○ (3) ○ (4) ×

(1) 최대공약수가 2이므로 서로소가 아니다.
(2) 최대공약수가 1이므로 서로소이다.
(3) 최대공약수가 1이므로 서로소이다.
(4) 최대공약수가 21이므로 서로소가 아니다.

0091 정답 (1) 2×3 (2) $3^2\times5$ (3) $2^2\times3\times5$
(4) $3\times5^2\times7$ (5) 2×5^2 (6) $2^2\times3$

0092 정답 (1) 6 (2) 7 (3) 4 (4) 18 (5) 4 (6) 15

(1) $18=2\times3^2$
$30=2\times3\times5$
(최대공약수)$=2\times3=6$

(2) $28=2^2\times7$
$63=3^2\times7$
(최대공약수)$=7=7$

(3) $36=2^2\times3^2$
$64=2^6$
(최대공약수)$=2^2=4$

(4) $72=2^3\times3^2$
$90=2\times3^2\times5$
(최대공약수)$=2\times3^2=18$

(5) $20=2^2\times5$
$24=2^3\times3$
$32=2^5$
(최대공약수)$=2^2=4$

(6) $45=3^2\times5$
$60=2^2\times3\times5$
$75=3\times5^2$
(최대공약수)$=3\times5=15$

0093 정답 (1) 3 (2) 3 (3) 사과: 4개, 배: 5개

(1) $12=2^2\times3$, $15=3\times5$이므로 최대공약수는 3이다.
(2) 12와 15의 최대공약수가 3이므로 나누어 줄 수 있는 학생 수는 3이다.
(3) 사과: $12\div3=4$(개), 배: $15\div3=5$(개)

0094 정답 (1) 4, 8, 12, 16, 20, 24, ⋯
(2) 6, 12, 18, 24, ⋯
(3) 12, 24, ⋯
(4) 12

0095 정답 (1) 8, 16, 24 (2) 15, 30, 45

0096 정답 (1) $2^2\times3^2$ (2) $2^3\times5^2$ (3) $2^2\times3^2\times5^2$
(4) $3^3\times5^2\times7^2$ (5) $2^3\times3^3$ (6) $2^3\times5^2\times7^3$

0097 정답 (1) 36 (2) 60 (3) 90 (4) 120 (5) 72 (6) 60

(1) $9=3^2$
$12=2^2\times3$
(최소공배수)$=2^2\times3^2=36$

(2) $12=2^2\times3$
$20=2^2\times5$
(최소공배수)$=2^2\times3\times5=60$

(3) $18=2\times3^2$
$30=2\times3\times5$
(최소공배수)$=2\times3^2\times5=90$

(4) $20=2^2\times5$
$24=2^3\times3$
(최소공배수)$=2^3\times3\times5=120$

(5) $8=2^3$
$12=2^2\times3$
$18=2\times3^2$
(최소공배수)$=2^3\times3^2=72$

(6) $10=2\times5$
$15=3\times5$
$20=2^2\times5$
(최소공배수)$=2^2\times3\times5=60$

0098 정답 (1) 20 (2) 오전 7시 20분

(1) $4=2^2$, $10=2\times5$이므로 최소공배수는 $2^2\times5=20$
(2) 4와 10의 최소공배수가 20이므로 두 버스 A, B는 20분마다 동시에 출발한다.
따라서 두 버스 A, B가 처음으로 다시 동시에 출발하는 시각은 오전 7시 20분이다.

0099 정답 4, 60

PART B 유형별 문제

● 본책 026~037쪽

유형 01 최대공약수의 성질

0100 정답 ②, ⑤

A, B의 공약수는 두 수의 최대공약수인 $225=3^2\times5^2$의 약수이다.

① $10=2\times5$ ② $15=3\times5$ ③ $35=5\times7$

따라서 A, B의 공약수인 것은 ②, ⑤이다.

0101 정답 12

A, B의 공약수는 두 수의 최대공약수인 $2\times3^2\times5$의 약수이다.

따라서 공약수의 개수는

$(1+1)\times(2+1)\times(1+1)=12$

0102 정답 ③

세 자연수의 공약수는 세 수의 최대공약수인 14의 약수이므로

1, 2, 7, 14이다.

따라서 모든 공약수의 합은

$1+2+7+14=24$

유형 02 서로소

0103 정답 ②

두 수의 최대공약수를 각각 구하면 다음과 같다.

① 1 ② 3 ③ 1 ④ 1 ⑤ 1

따라서 두 수가 서로소가 아닌 것은 ②이다.

0104 정답 ④

$2^2\times7$과의 최대공약수를 각각 구하면 다음과 같다.

ㄱ. 2 ㄴ. 14 ㄷ. 1 ㄹ. 1 ㅁ. 7 ㅂ. 2

따라서 $2^2\times7$과 서로소인 것은 ㄷ, ㄹ이다.

0105 정답 ②

30 이하의 자연수 중 $78=2\times3\times13$과 서로소인 수는 2, 3, 13을 모두 소인수로 갖지 않는 수이므로 구하는 수는 1, 5, 7, 11, 17, 19, 23, 25, 29의 9개이다.

0106 정답 ③

① 20과 27의 최대공약수는 1이므로 두 수는 서로소이다.

② 36과 39의 최대공약수는 3이므로 두 수는 서로소가 아니다.

③ 3은 홀수이고 6은 짝수이지만 3과 6의 최대공약수는 3이므로 두 수는 서로소가 아니다.

④ 서로 다른 두 소수의 최대공약수는 1이므로 두 수는 서로소이다.

⑤ 공약수가 1뿐인 두 자연수의 최대공약수는 1이므로 두 수는 서로소이다.

따라서 옳지 않은 것은 ③이다.

유형 03 최대공약수 구하기

0107 정답 ③

0108 정답 ③

$108=2^2\times3^3$, $135=3^3\times5$이므로 두 수의 최대공약수는

$3^3=27$

0109 정답 ㄱ

ㄱ. 두 수의 최대공약수는 $2\times5^2=50$

ㄴ. $45=3^2\times5$이므로 두 수의 최대공약수는 $3\times5=15$

ㄷ. 두 수의 최대공약수는 $3\times7=21$

ㄹ. $60=2^2\times3\times5$, $144=2^4\times3^2$이므로 두 수의 최대공약수는 $2^2\times3=12$

따라서 최대공약수가 가장 큰 것은 ㄱ이다.

0110 정답 ②

$270=2\times3^3\times5$, $2^3\times3^2\times5^4$, $2^4\times3^3\times5\times7^2$의 최대공약수는

$2\times3^2\times5$이므로

$a=1$, $b=2$, $c=5$

$\therefore a+b+c=1+2+5=8$

유형 04 공약수 구하기

0111 정답 ⑤

$3^2\times5\times7^2$, $3^3\times5\times7$의 공약수는 두 수의 최대공약수인 $3^2\times5\times7$의 약수이다.

따라서 주어진 두 수의 공약수가 아닌 것은 ⑤이다.

0112 정답 ①

$60=2^2\times3\times5$, $72=2^3\times3^2$, $108=2^2\times3^3$의 공약수는 세 수의 최대공약수인 $2^2\times3$의 약수이다.

따라서 주어진 세 수의 공약수인 것은 ①이다.

0113 정답 ①

$24=2^3\times3$, $36=2^2\times3^2$, $48=2^4\times3$의 공약수는 세 수의 최대공약수인 $2^2\times3$의 약수이다.

따라서 공약수의 개수는

$(2+1)\times(1+1)=6$

0114 (정답) ②

$2^2\times3^4\times5^3$, $3\times5^4\times7^2$, $2^3\times3^2\times5^3\times7$의 공약수는 세 수의 최대공약수인 3×5^3의 약수이다.
따라서 세 수의 공약수 중 두 번째로 큰 수는 최대공약수를 가장 작은 소인수로 나눈 수이므로
$5^3=125$

0115 (정답) 180

❶ **두 수의 공약수가 최대공약수의 약수임을 알 수 있다.**
$2^3\times3^4\times5^3$, $2^2\times3^3\times5\times7$의 공약수는 두 수의 최대공약수인 $2^2\times3^3\times5$의 약수이다.
❷ **두 수의 공약수 중 세 번째로 큰 수를 구할 수 있다.**
따라서 두 수의 공약수를 큰 수부터 차례대로 나열하면
$2^2\times3^3\times5$, $2\times3^3\times5$, $2^2\times3^2\times5$, ⋯
이므로 세 번째로 큰 수는
$2^2\times3^2\times5=180$

	채점 기준	
❶	두 수의 공약수가 최대공약수의 약수임을 알 수 있다.	50 %
❷	두 수의 공약수 중 세 번째로 큰 수를 구할 수 있다.	50 %

유형 05 최소공배수의 성질

0116 (정답) ⑤

A, B의 공배수는 두 수의 최소공배수인 16의 배수이다.
따라서 A, B의 공배수가 아닌 것은 ⑤이다.

0117 (정답) ③

A, B의 공배수는 두 수의 최소공배수인 $84=2^2\times3\times7$의 배수이다.
따라서 A, B의 공배수인 것은 ㄹ, ㅁ이다.

0118 (정답) ②

A, B의 공배수는 두 수의 최소공배수인 25의 배수이다.
따라서 A, B의 공배수 중 두 자리 자연수는 25, 50, 75의 3개이다.

0119 (정답) 108

❶ **세 자연수의 공배수가 최소공배수의 배수임을 알 수 있다.**
A, B, C의 공배수는 세 수의 최소공배수인 18의 배수이다.
❷ **세 수의 공배수 중 가장 작은 세 자리 자연수를 구할 수 있다.**
$18\times5=90$, $18\times6=108$이므로 A, B, C의 공배수 중 가장 작은 세 자리 자연수는 108이다.

	채점 기준	
❶	세 자연수의 공배수가 최소공배수의 배수임을 알 수 있다.	50 %
❷	세 수의 공배수 중 가장 작은 세 자리 자연수를 구할 수 있다.	50 %

0120 (정답) ①

A, B의 공배수는 두 수의 최소공배수인 54의 배수이다.
따라서 A, B의 공배수 중 300보다 작은 자연수는 54, 108, 162, 216, 270의 5개이다.

유형 06 최소공배수 구하기

0121 (정답) ③

0122 (정답) ②

$108=2^2\times3^3$, $2^3\times3\times5^2$, $2^4\times3^3\times7$의 최대공약수는 $2^2\times3$이고 최소공배수는 $2^4\times3^3\times5^2\times7$이다.

0123 (정답) ③

① $63=3^2\times7$이므로 두 수의 최소공배수는 $2^3\times3^2\times7$
② 두 수의 최소공배수는 $2^2\times3^2\times7$
③ 두 수의 최소공배수는 $2^3\times3\times7$
④ 두 수의 최소공배수는 $2^5\times3^4\times5\times7$
⑤ $12=2^2\times3$, $42=2\times3\times7$이므로 두 수의 최소공배수는 $2^2\times3\times7$
따라서 두 수의 최소공배수가 $2^3\times3\times7$인 것은 ③이다.

0124 (정답) ④

① 두 수의 최소공배수는 $3^2\times5^2=225$
② 두 수의 최소공배수는 $2^3\times3^2\times7=504$
③ $40=2^3\times5$, $75=3\times5^2$이므로 두 수의 최소공배수는 $2^3\times3\times5^2=600$
④ $52=2^2\times13$이므로 두 수의 최소공배수는 $2^2\times3\times13=156$
⑤ 두 수의 최소공배수는 $2^2\times3\times5\times7=420$
따라서 두 수의 최소공배수가 가장 작은 것은 ④이다.

유형 07 공배수 구하기

0125 (정답) ④, ⑤

2×3^2, $2^3\times3^2$, $2^2\times3\times5^2$의 공배수는 세 수의 최소공배수인 $2^3\times3^2\times5^2$의 배수이다.
따라서 세 수의 공배수인 것은 ④, ⑤이다.

0126 (정답) ③

$2^2\times3$, $2^3\times3\times5$의 공배수는 두 수의 최소공배수인 $2^3\times3\times5=120$의 배수이다.
따라서 700 이하의 자연수 중 두 수의 공배수는 120, 240, 360, 480, 600의 5개이다.

BIBLE SAYS
$700\div120=5.8\cdots$이므로 700 이하의 120의 배수는 5개이다.

0127

정답 ②

$36=2^2\times3^2$, $2^3\times3^2$, $2^5\times3$의 공배수는 세 수의 최소공배수인 $2^5\times3^2=288$의 배수이다.

따라서 공배수 중 세 자리 자연수는 288, 576, 864의 3개이다.

0128

정답 1080

$9=3^2$, $24=2^3\times3$, $30=2\times3\times5$의 공배수는 세 수의 최소공배수인 $2^3\times3^2\times5=360$의 배수이다.

이때 $360\times2=720$, $360\times3=1080$이므로 1000에 가장 가까운 수는 1080이다.

0129

정답 ①

(나)에서 x는 28, 35로 모두 나누어떨어지므로 28과 35의 공배수이다.

$28=2^2\times7$, $35=5\times7$의 최소공배수가 $2^2\times5\times7=140$이므로 x는 140의 배수이다.

(가)에서 500 이하의 자연수이고 $140\times3=420$, $140\times4=560$이므로 조건을 모두 만족시키는 가장 큰 자연수 x는 420이다.

유형 08 미지수가 포함된 세 수의 최소공배수

0130

정답 10

$$\begin{array}{r|ccc} x & 6\times x & 10\times x & 12\times x \\ \hline 2 & 6 & 10 & 12 \\ \hline 3 & 3 & 5 & 6 \\ \hline & 1 & 5 & 2 \end{array}$$

$x\times2\times3\times5\times2=300$이므로

$x\times60=300$ $\quad\therefore x=5$

따라서 세 수의 최대공약수는

$x\times2=5\times2=10$

다른 풀이

$$\begin{aligned} 6\times x&=2\times3\times x \\ 10\times x&=2\times5\times x \\ 12\times x&=2^2\times3\times x \end{aligned}$$

(최소공배수)$=2^2\times3\times5\times x=60\times x$

세 수의 최소공배수가 300이므로

$60\times x=300$ $\quad\therefore x=5$

따라서 세 수의 최대공약수는

$2\times x=2\times5=10$

0131

정답 ④

$$\begin{array}{r|ccc} x & 5\times x & 8\times x & 20\times x \\ \hline 2 & 5 & 8 & 20 \\ \hline 2 & 5 & 4 & 10 \\ \hline 5 & 5 & 2 & 5 \\ \hline & 1 & 2 & 1 \end{array}$$

$x\times2\times2\times5\times2=240$이므로

$x\times40=240$ $\quad\therefore x=6$

0132

정답 156

세 자연수를 $2\times x$, $4\times x$, $7\times x$라 하면

$$\begin{array}{r|ccc} x & 2\times x & 4\times x & 7\times x \\ \hline 2 & 2 & 4 & 7 \\ \hline & 1 & 2 & 7 \end{array}$$

$x\times2\times2\times7=336$이므로

$x\times28=336$ $\quad\therefore x=12$

즉, 세 자연수는 $2\times12=24$, $4\times12=48$, $7\times12=84$

따라서 구하는 세 수의 합은

$24+48+84=156$

유형 09 최대공약수 또는 최소공배수가 주어질 때, 소인수의 지수 구하기

0133

정답 ①

$2^a\times3^2\times5$, $2^3\times3^b$의 최대공약수가 $12=2^2\times3$이므로

$2^a=2^2$, $3^b=3$

따라서 $a=2$, $b=1$이므로

$a+b=2+1=3$

0134

정답 2

$2^a\times3$, $2^2\times3^b\times5$의 최소공배수가 $2^4\times3^2\times5$이므로

$2^a=2^4$, $3^b=3^2$

따라서 $a=4$, $b=2$이므로

$a-b=4-2=2$

0135

정답 3

$2^a\times3^3\times5^2$, $2^4\times3^b\times5^3$, $2^5\times3^4\times5^c$의 최대공약수가 $180=2^2\times3^2\times5$이므로

$2^a=2^2$, $3^b=3^2$, $5^c=5$

따라서 $a=2$, $b=2$, $c=1$이므로

$a+b-c=2+2-1=3$

0136

정답 ③

$2^a\times3^2\times5$, $120=2^3\times3\times5$, $2^4\times3\times5^2$의 최대공약수가 $2^2\times3^b\times c$이므로

$2^a=2^2$, $3^b=3$, $c=5$

따라서 $a=2$, $b=1$, $c=5$이므로

$a+b+c=2+1+5=8$

0137

정답 ⑤

$2^2\times3^2\times5^a$, $2^2\times3^2\times11$, $2^3\times3^b\times11$의 최소공배수가 $2^c\times3^3\times5\times11$이므로

$5^a=5$, $3^b=3^3$, $2^c=2^3$

따라서 $a=1$, $b=3$, $c=3$이므로

$a+b+c=1+3+3=7$

0138
(정답) ②

$2^a\times3^3$, $2\times3^b\times5$의 최대공약수가 $6=2\times3$이므로

$3^b=3$ $\therefore b=1$

최소공배수가 $540=2^2\times3^3\times5$이므로 $2^a=2^2$ $\therefore a=2$

$\therefore a\times b=2\times1=2$

0139
(정답) 373

$2^a\times3^2\times5$, $2^3\times3^3\times5^b\times c$의 최소공배수가 $2^4\times3^3\times5^2\times7$이므로

$2^a=2^4$, $5^b=5^2$, $c=7$ $\therefore a=4, b=2, c=7$

$2^4\times3^2\times5$, $2^3\times3^3\times5^2\times7$의 최대공약수는 $2^3\times3^2\times5=360$이므로 $G=360$

$\therefore a+b+c+G=4+2+7+360=373$

유형 10 최대공약수 또는 최소공배수가 주어질 때, 어떤 수 구하기

0140
(정답) ①, ③

$2^3\times a$, $2^2\times5\times7^2$의 최대공약수가 $28=2^2\times7$이므로 a의 값이 될 수 있는 수는 $7\times b$ (b는 5, 7과 서로소) 꼴이다.

① $14=2\times7$ ② $15=3\times5$ ③ $21=3\times7$

④ $35=5\times7$ ⑤ $49=7^2$

따라서 a의 값이 될 수 있는 수는 ①, ③이다.

0141
(정답) ⑤

최소공배수가 $2^3\times5\times7^2$이므로 □ 안에 들어갈 수 있는 수는 $2^3\times5$의 약수이다.

따라서 구하는 자연수의 개수는

$(3+1)\times(1+1)=8$

0142
(정답) ④

A가 될 수 있는 수를 $2^a\times3^b\times5^c$ (a, b, c는 자연수)이라 하면

A, $2^2\times3^3$의 최대공약수가 2×3^2이므로 $2^a=2$, $3^b=3^2$

$\therefore a=1, b=2$

최소공배수가 $2^2\times3^3\times5^2$이므로 $5^c=5^2$ $\therefore c=2$

$\therefore A=2\times3^2\times5^2=450$

0143
(정답) 27

$72=2^3\times3^2$, $126=2\times3^2\times7$, A의 최대공약수가 $9=3^2$이므로

$A=3^2\times a$ (a는 2와 서로소) 꼴이다.

따라서 A의 값이 될 수 있는 수를 작은 수부터 차례대로 나열하면

$3^2\times1=9$, $3^2\times3=27$, $3^2\times5=45$, …이므로 두 번째로 작은 수는 27이다.

발전 유형 11 나누어떨어지게 하는 수 구하기

0144
(정답) 30

어떤 자연수는 $85+5=90$, $63-3=60$, $154-4=150$의 공약수이다.

따라서 구하는 가장 큰 수는 $90=2\times3^2\times5$, $60=2^2\times3\times5$, $150=2\times3\times5^2$의 최대공약수이므로 $2\times3\times5=30$

0145
(정답) 12

어떤 자연수는 $61-1=60$, $39-3=36$의 공약수 중 3보다 큰 수이다.

따라서 구하는 가장 큰 수는 $60=2^2\times3\times5$, $36=2^2\times3^2$의 최대공약수이므로

$2^2\times3=12$

0146
(정답) 6

어떤 자연수는 $27-3=24$, $33-3=30$, $45-3=42$의 공약수 중 3보다 큰 수이다.

$24=2^3\times3$, $30=2\times3\times5$, $42=2\times3\times7$의 공약수는 최대공약수인 $2\times3=6$의 약수이므로 구하는 수는 6이다.

0147
(정답) 2

❶ 어떤 자연수가 72, 96의 공약수 중 10보다 큰 수임을 알 수 있다.

어떤 자연수는 $82-10=72$, $91+5=96$의 공약수 중 10보다 큰 수이다.

❷ 72, 96의 최대공약수를 구할 수 있다.

이때 $72=2^3\times3^2$, $96=2^5\times3$의 최대공약수는 $2^3\times3=24$

❸ 어떤 자연수의 개수를 구할 수 있다.

따라서 어떤 자연수는 24의 약수 중 10보다 큰 수이므로 12, 24의 2개이다.

채점 기준		
❶	어떤 자연수가 72, 96의 공약수 중 10보다 큰 수임을 알 수 있다.	40 %
❷	72, 96의 최대공약수를 구할 수 있다.	40 %
❸	어떤 자연수의 개수를 구할 수 있다.	20 %

발전 유형 12 나누어떨어지는 수 구하기

0148
(정답) 123

5, 8, 15로 나누면 모두 3이 남는 자연수를 x라 하면 $x-3$은 5, 8, 15의 공배수이다.

5, $8=2^3$, $15=3\times5$의 최소공배수가 $2^3\times3\times5=120$이므로

$x-3=120, 240, 360, \cdots$

$\therefore x=123, 243, 363, \cdots$

따라서 구하는 가장 작은 수는 123이다.

0149 (정답) 91

2, 3, 5의 어느 수로 나누어도 나머지가 1인 자연수를 x라 하면 $x-1$은 2, 3, 5의 공배수이다.
2, 3, 5의 최소공배수가 $2\times3\times5=30$이므로
$x-1=30, 60, 90, 120, \cdots$
$\therefore x=31, 61, 91, 121, \cdots$
따라서 구하는 두 자리 자연수 중 가장 큰 수는 91이다.

0150 (정답) 93

6, 8로 나누면 모두 3이 부족한 자연수를 x라 하면 $x+3$은 6, 8의 공배수이다.
$6=2\times3$, $8=2^3$의 최소공배수가 $2^3\times3=24$이므로
$x+3=24, 48, 72, 96, 120, \cdots$
$\therefore x=21, 45, 69, 93, 117, \cdots$
따라서 100에 가장 가까운 수는 93이다.

유형 13 분수를 자연수로 만들기 (1)

0151 (정답) 24

n은 144, 120의 공약수이다.
따라서 n의 값 중 가장 큰 수는 $144=2^4\times3^2$, $120=2^3\times3\times5$의 최대공약수이므로
$2^3\times3=24$

0152 (정답) ④

n은 75, 90의 공약수이다.
$75=3\times5^2$, $90=2\times3^2\times5$의 공약수는 두 수의 최대공약수인 $3\times5=15$의 약수이므로 n의 값이 될 수 있는 수는 1, 3, 5, 15이다.
따라서 n의 값이 아닌 것은 ④이다.

0153 (정답) ①

두 분수 $\frac{1}{25}$, $\frac{1}{35}$의 어느 것에 곱해도 그 결과가 모두 자연수가 되도록 하는 수는 25, 35의 공배수이다.
$25=5^2$, $35=5\times7$의 공배수는 두 수의 최소공배수인 $5^2\times7=175$의 배수이므로 175의 배수 중 500 이하의 자연수는 175, 350의 2개이다.

0154 (정답) 360

세 분수 $\frac{1}{8}$, $\frac{1}{10}$, $\frac{1}{12}$의 어느 것에 곱해도 그 결과가 모두 자연수가 되도록 하는 수는 8, 10, 12의 공배수이다.
$8=2^3$, $10=2\times5$, $12=2^2\times3$의 공배수는 세 수의 최소공배수인 $2^3\times3\times5=120$의 배수이므로 120, 240, 360, $\cdots$
따라서 구하는 세 번째로 작은 수는 360이다.

발전유형 14 분수를 자연수로 만들기 (2)

0155 (정답) $\frac{84}{5}$

구하는 분수를 $\frac{a}{b}$라 하면 a는 $21=3\times7$, $28=2^2\times7$의 최소공배수이므로 $a=2^2\times3\times7=84$
b는 $10=2\times5$, $15=3\times5$의 최대공약수이므로 $b=5$
따라서 구하는 가장 작은 기약분수는 $\frac{84}{5}$이다.

0156 (정답) 31

❶ a의 값을 구할 수 있다.
a는 $9=3^2$, $4=2^2$, 3의 최소공배수이므로 $a=2^2\times3^2=36$
❷ b의 값을 구할 수 있다.
b는 $25=5^2$, $15=3\times5$, $20=2^2\times5$의 최대공약수이므로 $b=5$
❸ $a-b$의 값을 구할 수 있다.
$\therefore a-b=36-5=31$

	채점 기준	
❶	a의 값을 구할 수 있다.	40 %
❷	b의 값을 구할 수 있다.	40 %
❸	$a-b$의 값을 구할 수 있다.	20 %

유형 15 최대공약수를 이용하여 실생활 문제 해결하기

0157 (정답) ③

$36=2^2\times3^2$, $42=2\times3\times7$, $18=2\times3^2$의 최대공약수는
$2\times3=6$
따라서 최대 6명의 학생에게 나누어 줄 수 있다.

0158 (정답) 45 cm

$225=3^2\times5^2$, $315=3^2\times5\times7$의 최대공약수는
$3^2\times5=45$
따라서 타일의 한 변의 길이는 45 cm이다.

0159 (정답) 7

❶ 필요한 보트 수를 구할 수 있다.
$56=2^3\times7$, $42=2\times3\times7$의 최대공약수는
$2\times7=14$
즉, 필요한 보트는 14대이다.
❷ 보트 한 대에 탈 수 있는 남학생 수, 여학생 수를 각각 구할 수 있다.
보트 한 대에 탈 수 있는
남학생 수는 $56\div14=4$, 여학생 수는 $42\div14=3$
❸ 보트 한 대에 탈 수 있는 학생 수를 구할 수 있다.
따라서 보트 한 대에 탈 수 있는 학생 수는 $4+3=7$

채점 기준		
❶	필요한 보트 수를 구할 수 있다.	40 %
❷	보트 한 대에 탈 수 있는 남학생 수, 여학생 수를 각각 구할 수 있다.	40 %
❸	보트 한 대에 탈 수 있는 학생 수를 구할 수 있다.	20 %

0160
정답 ③, ⑤

학생 수는 $37-1=36$, $74-2=72$, $87+3=90$의 공약수 중 3보다 큰 수이다.
이때 $36=2^2\times3^2$, $72=2^3\times3^2$, $90=2\times3^2\times5$의 최대공약수는
$2\times3^2=18$
즉, 학생 수는 18의 약수 중 3보다 큰 수이므로 6, 9, 18이다.
따라서 학생 수가 될 수 없는 것은 ③, ⑤이다.

0161
정답 (1) 30 cm (2) 24

❶ 블록의 한 모서리의 길이를 구할 수 있다.
(1) $120=2^3\times3\times5$, $60=2^2\times3\times5$, $90=2\times3^2\times5$의 최대공약수는 $2\times3\times5=30$
따라서 블록의 한 모서리의 길이는 30 cm이다.
❷ 가로, 세로, 높이에 필요한 블록의 개수를 구할 수 있다.
(2) 가로, 세로, 높이에 필요한 블록의 개수는
가로: $120\div30=4$, 세로: $60\div30=2$,
높이: $90\div30=3$
❸ 필요한 블록의 개수를 구할 수 있다.
따라서 필요한 블록의 개수는 $4\times2\times3=24$

채점 기준		
❶	블록의 한 모서리의 길이를 구할 수 있다.	40 %
❷	가로, 세로, 높이에 필요한 블록의 개수를 구할 수 있다.	40 %
❸	필요한 블록의 개수를 구할 수 있다.	20 %

0162
정답 ④

나무를 가능한 한 적게 심으려면 나무 사이의 간격은 최대이어야 한다.
이때 $28=2^2\times7$, $98=2\times7^2$의 최대공약수는
$2\times7=14$
즉, 나무 사이의 간격은 14 m이다.
이때 $28\div14=2$, $98\div14=7$이므로
나무는 모두 $(2+7)\times2=18$(그루) 필요하다.

다른 풀이
가로, 세로에 필요한 나무는
가로: $28\div14+1=3$(그루)
세로: $78\div14+1=8$(그루)
따라서 나무는 모두 $(3+8)\times2-4=18$(그루) 필요하다.

유형 16 최소공배수를 이용하여 실생활 문제 해결하기

0163
정답 90

$18=2\times3^2$, $20=2^2\times5$의 최소공배수는
$2^2\times3^2\times5=180$
즉, 정사각형의 한 변의 길이는 180 cm이다.
가로, 세로에 필요한 종이의 수는
가로: $180\div18=10$, 세로: $180\div20=9$
따라서 필요한 직사각형 모양의 종이의 수는 $10\times9=90$

0164
정답 ③

희승이는 $5+1=6$(일), 혜나는 $8+1=9$(일)마다 쉰다.
두 사람이 처음으로 다시 함께 쉬게 되는 날은
$6=2\times3$, $9=3^2$의 최소공배수인 $2\times3^2=18$(일) 후이다.
따라서 두 사람이 처음으로 다시 함께 쉬게 되는 날은 5월 1일로부터 18일 후인 5월 19일이다.

0165
정답 오후 5시

$80=2^4\times5$, $120=2^3\times3\times5$의 최소공배수는
$2^4\times3\times5=240$
따라서 처음으로 다시 두 인공위성이 동시에 제주도 상공을 지나는 시각은 오후 1시로부터 240분, 즉 4시간 후인 오후 5시이다.

0166
정답 3회

$4=2^2$, $6=2\times3$, $9=3^2$의 최소공배수는
$2^2\times3^2=36$
이때 세 버스는 36분마다 동시에 출발하므로 7시 이후 7시 36분, 8시 12분, 8시 48분에 동시에 출발한다.
따라서 세 버스는 오전 7시에 동시에 출발한 후 오전 9시까지 동시에 3회 출발한다.

0167
정답 A: 4바퀴, B: 3바퀴

$36=2^2\times3^2$, $48=2^4\times3$의 최소공배수는
$2^4\times3^2=144$
따라서 두 톱니바퀴가 처음으로 다시 맞물리는 것은
A가 $144\div36=4$(바퀴), B가 $144\div48=3$(바퀴) 회전한 후이다.

BIBLE SAYS
두 톱니바퀴가 한 번 맞물린 후 처음으로 다시 같은 톱니에서 맞물릴 때
(1) 맞물린 톱니의 수
➡ 두 톱니의 수의 최소공배수
(2) 톱니바퀴의 회전 수
➡ (두 톱니바퀴의 최소공배수)÷(톱니바퀴의 톱니의 수)

0168

정답 179명

수련회에 참가한 학생을 x명이라 하자. 이때 x를 3, 4, 5로 나누면 모두 1이 부족하므로 $x+1$은 3, 4, 5의 공배수이다.

3, 4, 5의 최소공배수가 $3\times4\times5=60$이므로

$x+1=60,\ 120,\ 180,\ 240,\ \cdots$

$\therefore\ x=59,\ 119,\ 179,\ 239,\ \cdots$

따라서 수련회에 참가한 학생이 150명보다 많고 200명보다 적으므로 이 수련회에 참가한 학생은 모두 179명이다.

참고 3명씩 배정하면 2명이 남는다.
4명씩 배정하면 3명이 남는다.
5명씩 배정하면 4명이 남는다.
➡ 1명이 부족하다.

0169

정답 672

$14=2\times7,\ 12=2^2\times3,\ 6=2\times3$의 최소공배수는

$2^2\times3\times7=84$

즉, 정육면체의 한 모서리의 길이는 84 cm이므로 $a=84$

가로, 세로, 높이에 필요한 벽돌의 개수는

가로: $84\div14=6$, 세로: $84\div12=7$, 높이: $84\div6=14$

따라서 필요한 벽돌의 개수는 $6\times7\times14=588$이므로 $b=588$

$\therefore\ a+b=84+588=672$

유형 17 최대공약수와 최소공배수의 관계 (1)

0170

정답 ③

$60=6\times10$이므로

$A=6\times a$ (a는 10과 서로소)라 하자.

A, 60의 최소공배수가 180이므로

$6\times a\times10=180,\ 60\times a=180 \qquad \therefore\ a=3$

$\therefore\ A=6\times3=18$

다른 풀이

$A\times60=6\times180$이므로

$A=18$

0171

정답 14

A, B의 최대공약수가 7이므로

$A=7\times a,\ B=7\times b$ (a, b는 서로소, $a>b$)라 하자.

A, B의 최소공배수가 105이므로

$7\times a\times b=105 \qquad \therefore\ a\times b=15$

(i) $a=5,\ b=3$일 때, $A=7\times5=35,\ B=7\times3=21$

(ii) $a=15,\ b=1$일 때, $A=7\times15=105,\ B=7\times1=7$

(i), (ii)에서 A, B가 두 자리 자연수이므로

$A=35,\ B=21$

$\therefore\ A-B=35-21=14$

0172

정답 42

$14=14\times1$, A, $70=14\times5$의 최대공약수가 14이므로

$A=14\times a$ (a는 자연수)라 하자.

14, A, 70의 최소공배수가 $210=14\times3\times5$이므로

$a=3$ 또는 $a=3\times5$

(i) $a=3$일 때, $A=14\times3=42$

(ii) $a=3\times5$일 때, $A=14\times3\times5=210$

(i), (ii)에서 A가 두 자리 자연수이므로

$A=42$

유형 18 최대공약수와 최소공배수의 관계 (2)

0173

정답 15

(두 자연수의 곱)=(최대공약수)×(최소공배수)이므로

960=(최대공약수)×120

∴ (최대공약수)=8

따라서 두 수의 공약수는 8의 약수이므로 1, 2, 4, 8이고

그 합은 $1+2+4+8=15$

0174

정답 3

(두 자연수의 곱)=(최대공약수)×(최소공배수)이므로

864=16×(최소공배수)

∴ (최소공배수)=54

따라서 두 수의 공배수는 54의 배수이므로 200 이하의 공배수는 54, 108, 162의 3개이다.

0175

정답 $A=12,\ B=15$

$5A=4B$이므로 $A:B=4:5$

$A=4\times a,\ B=5\times a$ (a는 자연수)라 하면

$(4\times a)\times(5\times a)=180$

$20\times a^2=180,\ a^2=9 \qquad \therefore\ a=3$

$\therefore\ A=4\times3=12,\ B=5\times3=15$

0176

정답 35, 55

(두 자연수의 곱)=(최대공약수)×(최소공배수)이므로

250=(최대공약수)×50

∴ (최대공약수)=5

$A=5\times a,\ B=5\times b$ (a, b는 서로소, $a<b$)라 하면

$5\times a\times b=50 \qquad \therefore\ a\times b=10$

(i) $a=1,\ b=10$일 때, $A=5\times1=5,\ B=5\times10=50$

$\quad\therefore\ A+B=5+50=55$

(ii) $a=2,\ b=5$일 때, $A=5\times2=10,\ B=5\times5=25$

$\quad\therefore\ A+B=10+25=35$

(i), (ii)에서 $A+B$의 값은 35 또는 55이다.

0177 (정답) ①

A, B의 최대공약수가 9이므로

$A=9\times a$, $B=9\times b$ (a, b는 서로소, $a>b$)라 하자.

A, B의 곱이 486이므로

$(9\times a)\times(9\times b)=486$ $\therefore a\times b=6$

(ⅰ) $a=3$, $b=2$일 때, $A=9\times3=27$, $B=9\times2=18$

(ⅱ) $a=6$, $b=1$일 때, $A=9\times6=54$, $B=9\times1=9$

(ⅰ), (ⅱ)에서 A, B가 두 자리 자연수이므로

$A=27$, $B=18$

$\therefore A-B=27-18=9$

C 중단원 마무리

본책 038~040쪽

0178 (정답) ③

두 자연수의 공약수는 두 수의 최대공약수인 $700=2^2\times5^2\times7$의 약수이다.

따라서 공약수의 개수는

$(2+1)\times(2+1)\times(1+1)=18$

0179 (정답) 119

(가)에서 $60=2^2\times3\times5$, $90=2\times3^2\times5$의 최대공약수는

$2\times3\times5=30$

(나)에서 110 이상 120 미만인 수 중 $2\times3\times5$와 서로소인 수는

113, 119

이때 약수가 3개 이상이므로 합성수이다.

따라서 $119=7\times17$이므로 구하는 수는 119이다.

0180 (정답) ⑤

$2^2\times3^3$, $2^3\times3^2\times5$의 공약수는 두 수의 최대공약수인 $2^2\times3^2$의 약수이다.

따라서 두 수의 공약수가 아닌 것은 ⑤이다.

0181 (정답) 96

두 수 $2^3\times3\times7$, $2^2\times3^4\times5\times7$의 최대공약수는 $2^2\times3\times7=84$이므로

$a=84$

두 수의 공약수의 개수는 $(2+1)\times(1+1)\times(1+1)=12$이므로

$b=12$

$\therefore a+b=84+12=96$

0182 (정답) 720

세 수 $12=2^2\times3$, $18=2\times3^2$, $24=2^3\times3$의 최소공배수는

$2^3\times3^2=72$

이때 세 수의 공배수는 72의 배수이다.

따라서 $72\times9=648$, $72\times10=720$이므로 세 수의 공배수 중 700에 가장 가까운 수는 720이다.

0183 (정답) ⑤

최소공배수가 $2^2\times3^2\times5\times11$이므로 □ 안에 들어갈 수 있는 수는 $2^2\times5$의 약수이다.

따라서 구하는 자연수의 개수는

$(2+1)\times(1+1)=6$

0184 (정답) 19

세 자연수를 $2\times a$, $5\times a$, $6\times a$ (a는 자연수)라 하면

$$\begin{array}{r|ccc} a & 2\times a & 5\times a & 6\times a \\ \hline 2 & 2 & 5 & 6 \\ \hline & 1 & 5 & 3 \end{array}$$

$a\times2\times5\times3=570$이므로

$a\times30=570$ $\therefore a=19$

따라서 세 자연수의 최대공약수는 19이다.

0185 (정답) ③

$2^a\times3\times5$, $2^3\times3^2\times5^b$의 최대공약수가 $2^2\times3\times5$이므로

$2^a=2^2$ $\therefore a=2$

최소공배수가 $2^3\times3^2\times5^3$이므로 $5^b=5^3$ $\therefore b=3$

$\therefore a+b=2+3=5$

0186 (정답) ②, ④

$12=2^2\times3$, $60=2^2\times3\times5$, $2^2\times5\times7$

① 세 수의 최대공약수는 $2^2=4$

② 세 수의 최소공배수는 $2^2\times3\times5\times7=420$

③ 세 수의 공배수는 420의 배수이다.

④, ⑤ 세 수의 공약수는 최대공약수인 4의 약수이므로 1, 2, 4의 3개이다.

따라서 옳은 것은 ②, ④이다.

0187 (정답) ③, ⑤

① $2^4\times3$, $2^2\times3^3\times5$의 최대공약수는 $2^2\times3$이다.

② $2^4\times6=2^5\times3$, $2^2\times3^3\times5$의 최대공약수는 $2^2\times3$이다.

③ $2^4\times9=2^4\times3^2$, $2^2\times3^3\times5$의 최대공약수는 $2^2\times3^2$이다.

④ $2^4\times12=2^6\times3$, $2^2\times3^3\times5$의 최대공약수는 $2^2\times3$이다.

⑤ $2^4\times15=2^4\times3\times5$, $2^2\times3^3\times5$의 최대공약수는 $2^2\times3\times5$이다.

따라서 □ 안에 들어갈 수 있는 수가 아닌 것은 ③, ⑤이다.

다른 풀이

$2^4\times\square$, $2^2\times3^3\times5$의 최대공약수가 $2^2\times3$이므로 □ 안에 들어갈 수 있는 수는 $3\times a$ (a는 3, 5와 서로소) 꼴이다.

① $3=3\times1$ ② $6=3\times2$ ③ $9=3\times3$

④ $12=3\times4$ ⑤ $15=3\times5$

따라서 □ 안에 들어갈 수 있는 수가 아닌 것은 ③, ⑤이다.

0188

정답 ④

$4=2^2$, a, $49=7^2$의 최소공배수가 $588=2^2\times3\times7^2$이므로 a는 3의 배수이면서 588의 약수이어야 한다.

① $6=2\times3$ ② $12=2^2\times3$ ③ $21=3\times7$

④ $35=5\times7$ ⑤ $42=2\times3\times7$

따라서 a의 값이 될 수 없는 것은 ④이다.

0189

정답 16

어떤 자연수는 $37-5=32$, $50-2=48$의 공약수 중 5보다 큰 수이다.

이때 $32=2^5$, $48=2^4\times3$의 최대공약수는 $2^4=16$

따라서 구하는 가장 큰 수는 16이다.

0190

정답 4

두 분수 $\frac{1}{6}$, $\frac{1}{8}$ 중 어느 것에 곱해도 그 결과가 모두 자연수가 되도록 하는 수는 6, 8의 공배수이다.

$6=2\times3$, $8=2^3$의 공배수는 최소공배수인 $2^3\times3=24$의 배수이므로 100 이하의 24의 배수는 24, 48, 72, 96의 4개이다.

0191

정답 103

$1\frac{11}{24}=\frac{35}{24}$이다.

a는 $24=2^3\times3$, $32=2^5$의 최소공배수이므로 $a=2^5\times3=96$

b는 $35=5\times7$, 7의 최대공약수이므로 $b=7$

$\therefore a+b=96+7=103$

0192

정답 350

$130=2\times5\times13$, $65=5\times13$, $91=7\times13$의 최대공약수는 13

즉, 정육면체 모양의 나무토막의 한 모서리의 길이는 13 cm이다.

가로, 세로, 높이에 만들어지는 나무토막의 개수는

가로: $130\div13=10$, 세로: $65\div13=5$, 높이: $91\div13=7$

따라서 만들어지는 정육면체 모양의 나무토막의 개수는

$10\times5\times7=350$

0193

정답 ④

A는 $15+1=16$(일), B는 $9+1=10$(일)마다 쉰다.

$16=2^4$, $10=2\times5$의 최소공배수가 $2^4\times5=80$이므로 두 사람이 처음으로 같이 일을 쉬는 날은 함께 일한 지 80일이 되는 날이다.

따라서 3월 1일부터 시작하여 함께 일한 지 80일이 되는 5월 19일에 처음으로 같이 쉬게 된다.

0194

정답 9

$63=9\times7$이므로 $A=9\times a$ (a는 7과 서로소)라 하자.

A, 63의 최소공배수가 252이므로

$9\times a\times7=252$, $63\times a=252$ $\therefore a=4$

$\therefore A=9\times4=36$

따라서 $36=2^2\times3^2$의 약수의 개수는

$(2+1)\times(2+1)=9$

0195

정답 ③

A, B의 최대공약수가 8이므로

$A=8\times a$, $B=8\times b$ (a, b는 서로소, $a<b$)라 하자.

두 수의 곱이 384이므로

$(8\times a)\times(8\times b)=384$ $\therefore a\times b=6$

(i) $a=1$, $b=6$일 때, $A=8\times1=8$, $B=8\times6=48$

(ii) $a=2$, $b=3$일 때, $A=8\times2=16$, $B=8\times3=24$

(i), (ii)에서 A, B가 두 자리 자연수이므로

$A=16$, $B=24$

$\therefore A+B=16+24=40$

03 정수와 유리수

A 개념 확인하기

• 본책 043, 045쪽

0196 (정답) (1) $+4\,℃$, $-3\,℃$ (2) -10분, $+5$분 (3) $+1$점, -3점 (4) $-15\,\%$, $+10\,\%$ (5) $+1300\text{ m}$, -1200 m (6) $+5$층, -2층

0197 (정답) (1) -3 (2) $+7$ (3) $+4.2$ (4) $-\frac{2}{11}$

0198 (정답) (1) $+5$, $\frac{12}{4}$ (2) -1 (3) $+5$, 0, -1, $\frac{12}{4}$

0199 (정답) (1) $+9$, $\frac{2}{5}$ (2) -5.2, $-\frac{7}{3}$, -3, -4.2 (3) -5.2, $-\frac{7}{3}$, -4.2, $\frac{2}{5}$

0200 (정답) 풀이 참조

수	-6	$-\frac{3}{4}$	0	$+12$	-3.8	$\frac{11}{5}$
정수	○		○	○		
유리수	○	○	○	○	○	○
음수	○	○			○	
양수				○		○

0201 (정답) 풀이 참조

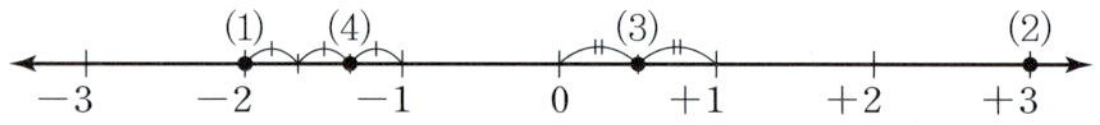

0202 (정답) A: $-\frac{9}{4}$, B: $-\frac{3}{2}$, C: $+1$, D: $+\frac{5}{3}$

0203 (정답) (1) 6 (2) 13 (3) 8.1 (4) 2.9 (5) $\frac{5}{16}$ (6) $1\frac{2}{3}$

0204 (정답) (1) 14 (2) 8 (3) $\frac{4}{9}$ (4) 3.7

0205 (정답) (1) $+1$, -1 (2) $+\frac{1}{5}$, $-\frac{1}{5}$ (3) 0 (4) $+2.6$, -2.6 (5) $+3$ (6) $-\frac{4}{7}$

0206 (정답) (1) $<$ (2) $<$ (3) $<$ (4) $>$ (5) $>$ (6) $>$ (7) $>$ (8) $<$

(5) $+3=+\frac{6}{2}$이므로 $+\frac{7}{2}>+\frac{6}{2}$ $\quad\therefore +\frac{7}{2}>+3$

(7) $-\frac{1}{15}=-\frac{2}{30}$, $-0.1=-\frac{1}{10}=-\frac{3}{30}$이므로 $-\frac{2}{30}>-\frac{3}{30}$

$\therefore -\frac{1}{15}>-0.1$

(8) $\frac{3}{5}=\frac{9}{15}$, $\frac{2}{3}=\frac{10}{15}$이므로 $\frac{9}{15}<\frac{10}{15}$ $\quad\therefore \frac{3}{5}<\frac{2}{3}$

0207 (정답) -1, -0.5, $-\frac{1}{4}$, 1.2, 2

$|-1|>|-0.5|>\left|-\frac{1}{4}\right|$이므로 $-1<-0.5<-\frac{1}{4}$

$|1.2|<|2|$이므로 $1.2<2$

양수는 음수보다 크므로

$-1<-0.5<-\frac{1}{4}<1.2<2$

따라서 주어진 수를 작은 수부터 차례대로 나열하면

-1, -0.5, $-\frac{1}{4}$, 1.2, 2

0208 (정답) (1) $a>\frac{1}{3}$ (2) $a\geq-6$ (3) $a\leq-\frac{3}{5}$ (4) $-1\leq a<9$ (5) $-3<a\leq6.4$

B 유형별 문제

• 본책 046~055쪽

유형 01 부호를 가진 수

0209 (정답) ⑤

⑤ 10000원 손해 ⇨ -10000원

0210 (정답) ②

② 3200원 증가 ⇨ $+3200$원

0211 (정답) ③

③ 10분 후 ⇨ $+10$분

유형 02 정수의 분류

0212 (정답) ②, ④

①, ③, ⑤ 정수이다.

따라서 정수가 아닌 것은 ②, ④이다.

0213 (정답) 3

❶ **a의 값을 구할 수 있다.**

양의 정수는 $+7$, $\frac{16}{8}=2$의 2개이므로 $a=2$

❷ **b의 값을 구할 수 있다.**

음의 정수는 $-\frac{27}{3}=-9$의 1개이므로 $b=1$

❸ **$a+b$의 값을 구할 수 있다.**

$\therefore a+b=2+1=3$

채점 기준		
❶	a의 값을 구할 수 있다.	40 %
❷	b의 값을 구할 수 있다.	40 %
❸	$a+b$의 값을 구할 수 있다.	20 %

0214 정답 ④

① 정수는 5, $+\frac{12}{4}(=+3)$, 0, -17, $+8$의 5개이다.

② 자연수는 5, $+\frac{12}{4}(=+3)$, $+8$의 3개이다.

③ 음의 정수는 -17의 1개이다.

④ 자연수가 아닌 정수는 0, -17의 2개이다.

⑤ 음수는 $-\frac{1}{6}$, -4.2, -17의 3개이다.

따라서 옳은 것은 ④이다.

유형 03 유리수의 분류

0215 정답 ①, ③

②, ④ 정수이다.

⑤ $+\frac{12}{6}=+2$이므로 정수이다.

따라서 정수가 아닌 유리수는 ①, ③이다.

0216 정답 ⑤

① 양수는 $+\frac{2}{5}$, $\frac{15}{3}$, $+12$의 3개이다.

② 정수는 -2, $\frac{15}{3}(=5)$, 0, $+12$의 4개이다.

③ 유리수는 $+\frac{2}{5}$, -2, -3.4, $\frac{15}{3}$, 0, $+12$의 6개이다.

④ 양의 정수는 $\frac{15}{3}(=5)$, $+12$의 2개이다.

⑤ 정수가 아닌 유리수는 $+\frac{2}{5}$, -3.4의 2개이다.

따라서 옳지 않은 것은 ⑤이다.

0217 정답 2

❶ a의 값을 구할 수 있다.

양의 유리수는 $+\frac{9}{10}$, $+3.14$, $\frac{8}{2}(=4)$의 3개이므로 $a=3$

❷ b의 값을 구할 수 있다.

음의 유리수는 -11, $-\frac{17}{6}$의 2개이므로 $b=2$

❸ c의 값을 구할 수 있다.

정수가 아닌 유리수는 $+\frac{9}{10}$, $+3.14$, $-\frac{17}{6}$의 3개이므로 $c=3$

❹ $a+b-c$의 값을 구할 수 있다.

$\therefore a+b-c=3+2-3=2$

채점 기준		
❶	a의 값을 구할 수 있다.	30 %
❷	b의 값을 구할 수 있다.	30 %
❸	c의 값을 구할 수 있다.	30 %
❹	$a+b-c$의 값을 구할 수 있다.	10 %

유형 04 정수와 유리수의 성질

0218 정답 ①, ④

② 가장 큰 음의 정수는 -1이다.

③ 유리수는 양의 유리수, 0, 음의 유리수로 이루어져 있다.

⑤ 모든 유리수는 분수 꼴로 나타낼 수 있다.

따라서 옳은 것은 ①, ④이다.

참고 서로 다른 두 유리수 사이에는 무수히 많은 유리수가 존재한다.

예시 두 유리수 1과 2 사이에 있는 유리수는

1.5, 1.55, 1.551, ⋯

과 같이 무수히 많다.

0219 정답 수현, 재은

형태: $\frac{1}{3}$과 $\frac{2}{3}$ 사이에는 정수가 존재하지 않는다.

선영: $-\frac{1}{2}$은 음의 유리수이지만 음의 정수는 아니다.

주보: 음의 정수 중 가장 큰 수는 -1이다.

따라서 바르게 설명한 학생은 수현, 재은이다.

0220 정답 ②

ㄱ. 0은 $\frac{0}{1}$, $\frac{0}{2}$, $\frac{0}{3}$, ⋯과 같이 $\frac{(\text{정수})}{(\text{0이 아닌 정수})}$ 꼴로 나타낼 수 있으므로 유리수이다.

ㄹ. 0과 음의 유리수는 $\frac{(\text{자연수})}{(\text{자연수})}$ 꼴로 나타낼 수 없다.

따라서 옳은 것은 ㄴ, ㄷ이다.

0221 정답 ②

① 유리수에는 정수와 정수가 아닌 유리수가 있다.

③, ④ 정수는 양의 정수, 0, 음의 정수로 이루어져 있다.

⑤ 2와 4 사이에는 무수히 많은 유리수가 존재한다.

따라서 옳은 것은 ②이다.

유형 05 수를 수직선 위에 나타내기

0222 정답 ④

④ D: $\frac{7}{3}$

0223 정답 $-\frac{1}{2}$, $+\frac{11}{3}$

주어진 수를 수직선 위에 점으로 나타내면 그림과 같다.

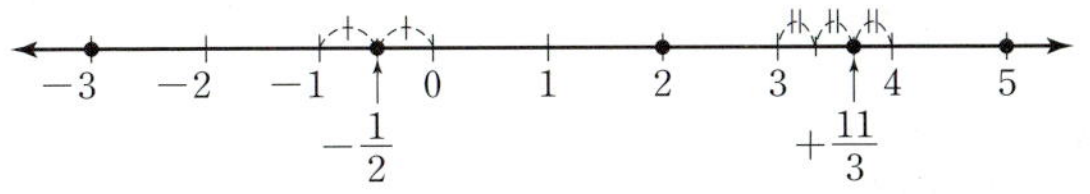

따라서 왼쪽에서 두 번째에 있는 수는 $-\frac{1}{2}$, 오른쪽에서 두 번째에 있는 수는 $+\frac{11}{3}$이다.

0224

(정답) ②, ④

①, ② A: -3, B: $-\frac{1}{2}$, C: $\frac{4}{5}$, D: $\frac{3}{2}$, E: 3

③ 정수는 -3, 3의 2개이다.

④ 양수는 $\frac{4}{5}$, $\frac{3}{2}$, 3의 3개이다.

⑤ 정수가 아닌 유리수는 $-\frac{1}{2}$, $\frac{4}{5}$, $\frac{3}{2}$의 3개이다.

따라서 옳지 않은 것은 ②, ④이다.

0225

(정답) $a=2$, $b=-2$

$\frac{5}{3}=1\frac{2}{3}$, $-\frac{9}{4}=-2\frac{1}{4}$이므로 두 수를 수직선 위에 점으로 나타내면 그림과 같다.

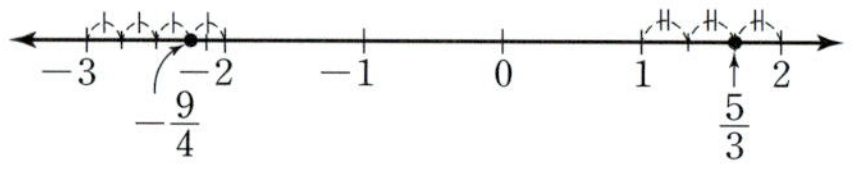

$\frac{5}{3}$에 가장 가까운 정수는 2이므로 $a=2$

$-\frac{9}{4}$에 가장 가까운 정수는 -2이므로 $b=-2$

유형 06 수직선 위에서 같은 거리에 있는 점

0226

(정답) ①

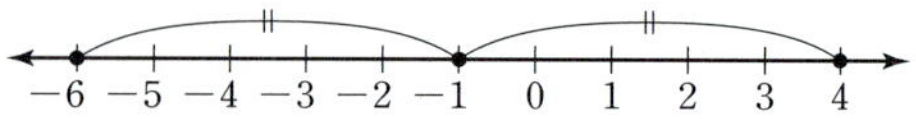

위의 수직선에서 -6과 4를 나타내는 두 점으로부터 같은 거리에 있는 점이 나타내는 수는 -1이다.

0227

(정답) -2

(가)에서 x를 나타내는 점을 수직선 위에 나타내면 그림과 같다.

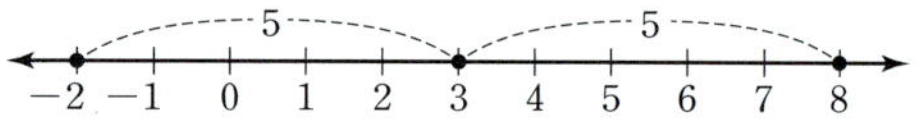

$\therefore x=-2$ 또는 $x=8$

(나)에서 x를 나타내는 점은 0을 나타내는 점의 왼쪽에 있으므로 $x=-2$

0228

(정답) $a=-2$, $b=10$

❶ **a, b와 4를 나타내는 점 사이의 거리를 구할 수 있다.**

두 수 a, b를 나타내는 두 점 사이의 거리가 12이므로 두 수 a, b를 나타내는 두 점은 4를 나타내는 점으로부터 각각 $12\times\frac{1}{2}=6$만큼 떨어져 있다.

❷ **a, b의 값을 구할 수 있다.**

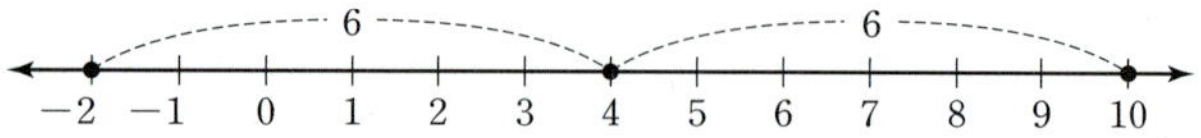

이때 $a<b$이므로 위의 수직선에서 $a=-2$, $b=10$

채점 기준		
❶	a, b와 4를 나타내는 점 사이의 거리를 구할 수 있다.	50 %
❷	a, b의 값을 구할 수 있다.	50 %

0229

(정답) -5

두 점 B, D가 나타내는 수는 -1, 7이므로 두 점 사이의 거리가 8이다.

즉, 두 점 A, B, 두 점 B, C, 두 점 C, D 사이의 거리는 각각 $8\times\frac{1}{2}=4$

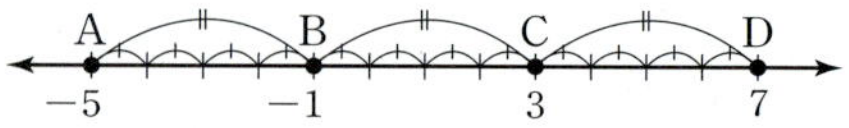

따라서 점 A는 점 B에서 왼쪽으로 4만큼 떨어져 있으므로 점 A가 나타내는 수는 -5이다.

0230

(정답) 3

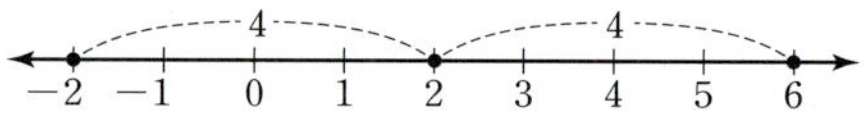

위의 수직선에서 2를 나타내는 점으로부터 4만큼 떨어진 점이 나타내는 수는 -2, 6이므로 점 A가 나타내는 수는 -2, 6이다.

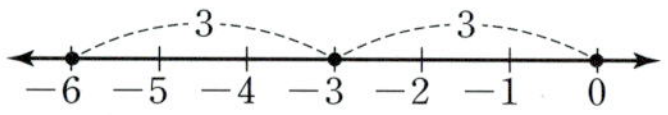

또한 위의 수직선에서 -3을 나타내는 점으로부터 3만큼 떨어진 점이 나타내는 수는 -6, 0이므로 점 B가 나타내는 수는 -6, 0이다.

따라서 점 C가 나타내는 수는 두 점 A, B가 나타내는 수가 각각 6, 0일 때 최대이므로 구하는 수는 3이다.

유형 07 절댓값

0231

(정답) ②

절댓값이 5인 두 수는 5와 -5이므로 그림에서 두 수를 나타내는 두 점 사이의 거리는 10이다.

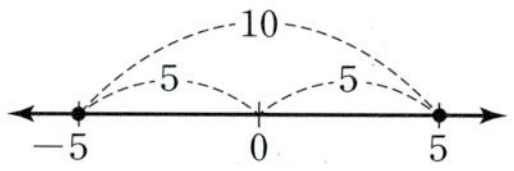

0232

(정답) 7

$a=|-3.8|=3.8$

절댓값이 $\frac{16}{5}$인 수는 $\frac{16}{5}$, $-\frac{16}{5}$이고 이 중 양수는 $\frac{16}{5}$이므로

$b=\frac{16}{5}$

$\therefore a+b=3.8+\frac{16}{5}=\frac{38}{10}+\frac{32}{10}=\frac{70}{10}=7$

0233
정답 $\frac{73}{12}$

$$|a|+|b|+|c|=\left|-\frac{1}{3}\right|+\left|\frac{3}{4}\right|+|5|$$
$$=\frac{1}{3}+\frac{3}{4}+5$$
$$=\frac{4}{12}+\frac{9}{12}+\frac{60}{12}=\frac{73}{12}$$

0234
정답 $a=5$, $b=-2$

절댓값이 5인 수는 5, -5이고 수직선 위에서 0을 나타내는 점의 오른쪽에 있는 수는 양수이므로 $a=5$
절댓값이 2인 수는 2, -2이고 수직선 위에서 0을 나타내는 점의 왼쪽에 있는 수는 음수이므로 $b=-2$

유형 08 절댓값의 성질

0235
정답 ④

④ 절댓값이 0인 수는 0 하나뿐이다.

0236
정답 ④

④ 절댓값이 가장 작은 수는 0이다.

0237
정답 ①, ④

① $|1|=|-1|$이지만 $1\neq-1$이다.
④ 절댓값은 항상 0 또는 양수이다.

0238
정답 c, b, d, a

절댓값이 작을수록 0을 나타내는 점과 가까우므로 0을 나타내는 점에서 가까운 점이 나타내는 수부터 차례대로 나열하면
c, b, d, a

0239
정답 ㄱ, ㄴ, ㄹ

ㄷ. $a=-2$일 때 $|-2|\neq-2$이다.
따라서 옳은 것은 ㄱ, ㄴ, ㄹ이다.

유형 09 절댓값이 같고 부호가 반대인 두 수

0240
정답 8, -8

절댓값이 같고 부호가 반대인 두 수를 나타내는 두 점 사이의 거리가 16이므로 두 수를 나타내는 두 점은 0을 나타내는 점으로부터의 거리가 각각 $16\times\frac{1}{2}=8$이다.
따라서 두 수는 8, -8이다.

0241
정답 $A=-4$, $B=4$

두 수 A, B의 절댓값이 같으므로 두 수 A, B를 나타내는 두 점은 0을 나타내는 점으로부터 같은 거리에 있다.
이때 A가 B보다 8만큼 작으므로 두 점은 0을 나타내는 점으로부터의 거리가 각각 $8\times\frac{1}{2}=4$이다.
이때 $A<B$이므로 $A=-4$, $B=4$

0242
정답 $a=-6$, $b=6$

❶ a, b의 절댓값이 같음의 의미를 파악할 수 있다.
(가)에서 두 수 a, b의 절댓값이 같으므로 두 수를 나타내는 두 점은 0을 나타내는 점으로부터 같은 거리에 있다.
❷ a, b와 0을 나타내는 점 사이의 거리를 구할 수 있다.
(나)에서 수직선 위에서 두 수 a, b를 나타내는 두 점 사이의 거리가 12이므로 두 점은 0을 나타내는 점으로부터의 거리가 각각 $12\times\frac{1}{2}=6$이다.
❸ a, b의 값을 구할 수 있다.
이때 (다)에서 b는 양수이므로 $a=-6$, $b=6$

채점 기준		
❶	a, b의 절댓값이 같음의 의미를 파악할 수 있다.	30 %
❷	a, b와 0을 나타내는 점 사이의 거리를 구할 수 있다.	40 %
❸	a, b의 값을 구할 수 있다.	30 %

유형 10 절댓값의 대소 관계

0243
정답 ③

0을 나타내는 점에서 가장 가까운 수는 절댓값이 가장 작은 수이다.
주어진 수의 절댓값의 대소를 비교하면
$$|-0.7|<|-1|<|+2|<\left|\frac{8}{3}\right|<\left|-\frac{9}{2}\right|$$
따라서 구하는 수는 -0.7이다.

0244
정답 -2.4

각 수의 절댓값을 구하면
$\left|-\frac{1}{4}\right|=\frac{1}{4}$, $|+3|=3$, $|-2.4|=2.4$, $\left|\frac{5}{3}\right|=\frac{5}{3}=1\frac{2}{3}$,
$\left|-\frac{7}{2}\right|=\frac{7}{2}=3\frac{1}{2}$, $|-1.8|=1.8$
따라서 절댓값이 큰 수부터 차례대로 나열하면
$-\frac{7}{2}$, $+3$, -2.4, -1.8, $\frac{5}{3}$, $-\frac{1}{4}$이므로 세 번째에 오는 수는 -2.4이다.

0245 정답 $\frac{8}{3}$

$\left|-\frac{7}{6}\right|=\frac{7}{6}=\frac{35}{30}$, $|1.5|=\frac{3}{2}=\frac{45}{30}$, $|-1.2|=\frac{6}{5}=\frac{36}{30}$,

$\left|\frac{4}{3}\right|=\frac{4}{3}=\frac{40}{30}$, $\left|-\frac{22}{15}\right|=\frac{22}{15}=\frac{44}{30}$이므로 주어진 수의 절댓값의 대소를 비교하면

$|1.5|>\left|-\frac{22}{15}\right|>\left|\frac{4}{3}\right|>|-1.2|>\left|-\frac{7}{6}\right|$

따라서 절댓값이 가장 큰 수는 1.5이므로 $x=1.5$에서 $|x|=1.5$,

절댓값이 가장 작은 수는 $-\frac{7}{6}$이므로 $y=-\frac{7}{6}$에서

$|y|=\left|-\frac{7}{6}\right|=\frac{7}{6}$

$\therefore |x|+|y|=1.5+\frac{7}{6}=\frac{9}{6}+\frac{7}{6}=\frac{16}{6}=\frac{8}{3}$

0246 정답 -6

$|-6|=6$, $|-4|=4$, $|7|=7$이므로

$(-4)\triangle 7=-4$

$\therefore (-6)\bullet\{(-4)\triangle 7\}=(-6)\bullet(-4)=-6$

유형 11 절댓값의 범위가 주어진 수 구하기

0247 정답 ③

절댓값이 4 이상 8 미만인 정수는 절댓값이 4, 5, 6, 7인 정수이다.

절댓값이 4인 정수는 4, -4

절댓값이 5인 정수는 5, -5

절댓값이 6인 정수는 6, -6

절댓값이 7인 정수는 7, -7

따라서 구하는 정수는 모두 8개이다.

0248 정답 ②

$|-1|=1$, $\left|\frac{9}{2}\right|=\frac{9}{2}$, $|0.8|=0.8$, $\left|+\frac{11}{5}\right|=\frac{11}{5}$, $\left|-\frac{7}{3}\right|=\frac{7}{3}$

이므로 절댓값이 $\frac{9}{4}$ 이상인 수는 $\frac{9}{2}$, $-\frac{7}{3}$의 2개이다.

0249 정답 -3, -2, -1, 0, 1, 2, 3

a는 절댓값이 $\frac{10}{3}=3\frac{1}{3}$보다 작은 정수이므로

$|a|=0, 1, 2, 3$

절댓값이 0인 수는 0

절댓값이 1인 수는 1, -1

절댓값이 2인 수는 2, -2

절댓값이 3인 수는 3, -3

따라서 구하는 정수 a의 값은 -3, -2, -1, 0, 1, 2, 3이다.

0250 정답 13

절댓값이 0인 수는 0

절댓값이 1인 수는 1, -1

절댓값이 2인 수는 2, -2

⋮

절댓값이 a인 수는 a, $-a$

절댓값이 a 이하인 정수가 27개이므로 이 중 0을 제외한 정수는 26개이다.

$\therefore a=\frac{26}{2}=13$

유형 12 수의 대소 관계

0251 정답 ②, ⑤

① $-\frac{1}{5}<\frac{1}{6}$

② $-\frac{1}{2}=-\frac{2}{4}$이므로 $-\frac{2}{4}>-\frac{3}{4}$ $\therefore -\frac{1}{2}>-\frac{3}{4}$

③ $-1.7<0$

④ $|-4|=4$이므로 $|-4|>3$

⑤ $|-5|=5$이므로 $|-5|>0$

따라서 옳은 것은 ②, ⑤이다.

0252 정답 0

주어진 수를 큰 수부터 차례대로 나열하면

5, $|-3|=3$, $|-1.7|=1.7$, 0, $-\frac{2}{3}$, -3.1

따라서 네 번째에 오는 수는 0이다.

> **BIBLE SAYS** 세 개 이상의 수의 대소 관계
>
> 세 개 이상의 수의 대소 비교는 다음과 같은 순서대로 한다.
>
> ❶ 양수는 양수끼리, 음수는 음수끼리 비교한다.
>
> ① 양수의 대소 비교 ➡ 절댓값이 큰 수가 크다.
>
> ② 음수의 대소 비교 ➡ 절댓값이 작은 수가 크다.
>
> ❷ (음수)$<0<$(양수)임을 이용하여 작은 수부터 차례대로 나열하여 대소 관계를 파악한다.

0253 정답 ②

① $\left|-\frac{2}{5}\right|=\frac{2}{5}=\frac{14}{35}$, $\left|-\frac{4}{7}\right|=\frac{4}{7}=\frac{20}{35}$이므로

$\frac{14}{35}<\frac{20}{35}$ $\therefore \left|-\frac{2}{5}\right|\boxed{<}\left|-\frac{4}{7}\right|$

② $\frac{4}{3}=\frac{8}{6}$, $\left|-\frac{1}{2}\right|=\frac{1}{2}=\frac{3}{6}$이므로 $\frac{8}{6}>\frac{3}{6}$ $\therefore \frac{4}{3}\boxed{>}\left|-\frac{1}{2}\right|$

③ $-10\boxed{<}-9$

④ $-0.5\boxed{<}1.2$

⑤ $-\frac{3}{5}=-0.6$이므로 $-1.5<-0.6$ $\therefore -1.5\boxed{<}-\frac{3}{5}$

따라서 부등호가 나머지 넷과 다른 하나는 ②이다.

0254 (정답) B

-1과 $-\frac{3}{2}=-1\frac{1}{2}$ 중 큰 수는 -1이므로 지현이는 첫 번째 갈림길에서 -1이 있는 왼쪽 길로 간다.

$+\frac{7}{3}=+\frac{28}{12}$과 $+\frac{11}{4}=+\frac{33}{12}$ 중 큰 수는 $+\frac{11}{4}$이므로 지현이는 두 번째 갈림길에서 $+\frac{11}{4}$이 있는 오른쪽 길로 간다.

따라서 지현이가 나오는 곳은 B이다.

0255 (정답) ②, ③

주어진 수의 대소를 비교하면 $-\frac{5}{2}<-\frac{2}{3}<-0.2<1.1<\frac{11}{3}<4$

① 가장 큰 수는 4이다.

④ 1.1보다 작은 수는 $-\frac{5}{2}$, -0.2, $-\frac{2}{3}$의 3개이다.

⑤ 가장 작은 수는 $-\frac{5}{2}$이다.

따라서 옳은 것은 ②, ③이다.

0256 (정답) 8

❶ **a의 값을 구할 수 있다.**

$-\frac{36}{5}=-7.2$이므로 $-\frac{36}{5}$보다 작은 정수는 -8, -9, -10, ⋯

$\therefore a=-8$

❷ **a와 절댓값이 같으면서 부호가 반대인 수를 구할 수 있다.**

따라서 a와 절댓값이 같으면서 부호가 반대인 수는 8이다.

채점 기준		
❶	a의 값을 구할 수 있다.	60 %
❷	a와 절댓값이 같으면서 부호가 반대인 수를 구할 수 있다.	40 %

유형 13 부등호를 사용하여 나타내기

0257 (정답) ⑤

⑤ e는 -2보다 작지 않고 5보다 작거나 같다. ⇨ $-2\le e\le 5$

0258 (정답) ③

0259 (정답) ㄱ, ㄹ, ㅁ

ㄴ. $-1\le x<2$

ㄷ. $-1\le x\le 2$

ㅂ. $-1<x<2$

따라서 $-1<x\le 2$를 나타내는 것은 ㄱ, ㄹ, ㅁ이다.

유형 14 주어진 범위에 속하는 수 구하기

0260 (정답) ⑤

$-\frac{13}{2}=-6\frac{1}{2}$과 $\frac{11}{3}=3\frac{2}{3}$이므로 두 유리수 $-\frac{13}{2}$과 $\frac{11}{3}$ 사이에 있는 정수는 -6, -5, -4, -3, -2, -1, 0, 1, 2, 3의 10개이다.

0261 (정답) ①, ⑤

x의 값이 될 수 없는 수는 $-\frac{9}{5}$, $\frac{7}{3}=2\frac{1}{3}$이다.

0262 (정답) 9

❶ **x의 값을 구할 수 있다.**

$\frac{13}{3}=4\frac{1}{3}$보다 작은 자연수는 1, 2, 3, 4의 4개이므로

$x=4$

❷ **y의 값을 구할 수 있다.**

-2.3 이상이고 2보다 크지 않은 정수는 -2, -1, 0, 1, 2의 5개이므로

$y=5$

❸ **$x+y$의 값을 구할 수 있다.**

$\therefore x+y=4+5=9$

채점 기준		
❶	x의 값을 구할 수 있다.	40 %
❷	y의 값을 구할 수 있다.	40 %
❸	$x+y$의 값을 구할 수 있다.	20 %

0263 (정답) -3

(가)에서 $-3\le a<\frac{15}{7}$이고 $\frac{15}{7}=2\frac{1}{7}$이므로 정수 a의 값이 될 수 있는 것은 -3, -2, -1, 0, 1, 2이다.

이때 (나)에서 $|a|>2$이므로 정수 a의 값은 -3이다.

0264 (정답) -5

$-\frac{11}{2}=-5\frac{1}{2}$, $\frac{10}{3}=3\frac{1}{3}$이므로 두 유리수 사이에 있는 정수는 -5, -4, -3, -2, -1, 0, 1, 2, 3이다.

이 중 절댓값이 가장 큰 수는 -5이다.

0265 (정답) 6

$-\frac{2}{5}=-\frac{4}{10}$와 $\frac{11}{10}$ 사이에 있는 정수가 아닌 유리수 중 기약분수로 나타낼 때, 분모가 10인 것은

$-\frac{3}{10}$, $-\frac{1}{10}$, $\frac{1}{10}$, $\frac{3}{10}$, $\frac{7}{10}$, $\frac{9}{10}$의 6개이다.

보충 설명

분모가 10이고 분자가 자연수인 분수에 음의 부호, 양의 부호를 붙인 분수 중 $-\frac{4}{10}$와 $\frac{11}{10}$ 사이에 있는 것은 $-\frac{3}{10}$, $-\frac{2}{10}$, $-\frac{1}{10}$, $\frac{1}{10}$, $\frac{2}{10}$, $\frac{3}{10}$, $\frac{4}{10}$, $\frac{5}{10}$, $\frac{6}{10}$, $\frac{7}{10}$, $\frac{8}{10}$, $\frac{9}{10}$, $\frac{10}{10}$

이 중 정수는 $\frac{10}{10}$이고,

정수를 제외한 분수 중 기약분수가 아닌 수는

$-\frac{2}{10}$, $\frac{2}{10}$, $\frac{4}{10}$, $\frac{5}{10}$, $\frac{6}{10}$, $\frac{8}{10}$

따라서 조건을 만족시키는 유리수는

$-\frac{3}{10}$, $-\frac{1}{10}$, $\frac{1}{10}$, $\frac{3}{10}$, $\frac{7}{10}$, $\frac{9}{10}$의 6개이다.

발전유형 15 절댓값의 응용

0266
정답 $a=4$, $b=-6$

(나)에서 b의 절댓값은 6이므로 $b=-6$ 또는 $b=6$
(가)에서 $b<0$이므로 $b=-6$
(다)에서 a, b의 절댓값의 합은 10이므로 a의 절댓값은 $10-6=4$
즉, $a=-4$ 또는 $a=4$
(가)에서 $a>0$이므로 $a=4$

0267
정답 $a=-5$, $b=15$

(나)에서 수직선 위에서 0을 나타내는 점과 b를 나타내는 점 사이의 거리는 0을 나타내는 점과 a를 나타내는 점 사이의 거리의 3배이다.
(다)에서 수직선 위에서 a, b를 나타내는 두 점 사이의 거리가 20이고 (가)에서 $a<0$, $b>0$이므로 두 수 a, b를 수직선 위에 점으로 나타내면 그림과 같다.

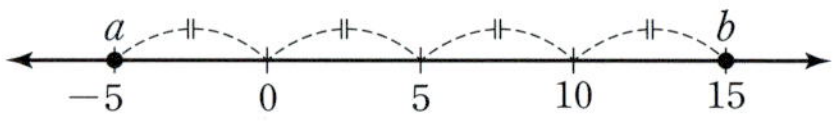

$\therefore a=-5$, $b=15$

0268
정답 $a=6$, $b=-12$

$a>b$이고 부호가 반대이므로 $a>0$, $b<0$이고 b의 절댓값이 a의 절댓값의 2배이므로 수직선 위에서 0을 나타내는 점과 b를 나타내는 점 사이의 거리는 수직선 위에서 0을 나타내는 점과 a를 나타내는 점 사이의 거리의 2배이다.
또한 수직선 위에서 a, b를 나타내는 두 점 사이의 거리가 18이므로 두 수 a, b를 수직선 위에 점으로 나타내면 그림과 같다.

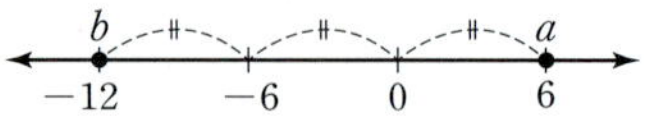

$\therefore a=6$, $b=-12$

발전유형 16 조건을 만족시키는 수의 대소 관계

0269
정답 ②

(가)에서 $|a|=|b|$이고
(나)에서 $a<b$이므로 $a<0$, $b>0$ …… ㉠
(나)에서 $a<c$이고 (다)에서 $c<0$이므로 $a<c<0$ …… ㉡

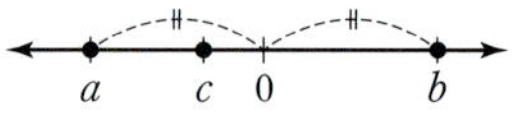

따라서 ㉠, ㉡에서 a, b, c를 수직선 위에 점으로 나타내면 그림과 같으므로 $a<c<b$

0270
정답 d, b, a, c

(가), (나)에서 a는 양의 정수이고 c는 네 수 중 가장 크므로 $c>0$
(다)에서 수직선 위에서 b와 c를 나타내는 점은 0을 나타내는 점으로부터 같은 거리에 있으므로 $b<0$

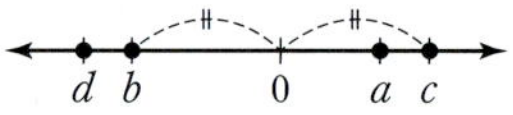

(라)에서 $b>d$이고 a, b, c, d를 수직선 위에 점으로 나타내면 그림과 같으므로 $d<b<a<c$
따라서 작은 수부터 차례대로 나열하면 d, b, a, c

PART C 중단원 마무리

본책 056~058쪽

0271
정답 ②, ⑤

□ 안에 들어갈 수는 정수가 아닌 유리수이므로 $+\frac{1}{2}$, -1.7이다.

0272
정답 ④

① 정수는 5, 0, -2의 3개이다.
② 유리수는 -4.5, 5, $+\frac{1}{3}$, $-\frac{12}{7}$, 0, -2의 6개이다.
③ 양수는 5, $+\frac{1}{3}$의 2개이다.
④ 음수는 -4.5, $-\frac{12}{7}$, -2의 3개이다.
⑤ 자연수는 5의 1개이다.
따라서 옳지 않은 것은 ④이다.

0273
정답 ②, ④

① 0은 정수이다.
③ 1, 2 사이에는 또 다른 정수가 존재하지 않는다.
④ 모든 정수는 유리수이므로 분수로 나타낼 수 있다.
⑤ 정수 중 양의 정수가 아닌 수는 0과 음의 정수이다.
따라서 옳은 것은 ②, ④이다.

0274 (정답) ①

주어진 수를 수직선 위에 점으로 나타내면 그림과 같다.

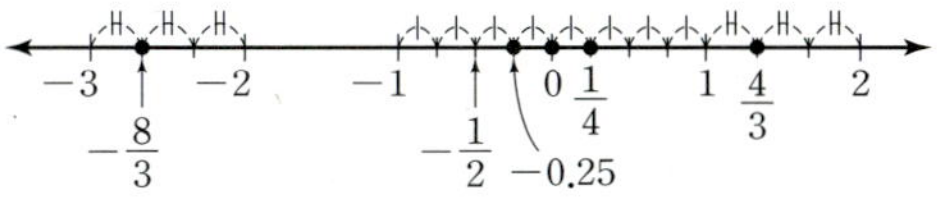

따라서 수직선 위에서 $-\frac{1}{2}$을 나타내는 점보다 왼쪽에 있는 수는 $-\frac{1}{2}$보다 작은 수이므로 $-\frac{8}{3}$의 1개이다.

0275 (정답) ③, ⑤

A: -3, B: $-\frac{5}{2}$, C: -1, D: 2, E: $\frac{7}{3}$

① 수직선에서 가장 왼쪽에 있는 점이 나타내는 수가 가장 작으므로 점 A가 나타내는 수가 가장 작다.

③ 0을 나타내는 점으로부터 점 B와 점 D가 떨어진 거리가 다르므로 점 B와 점 D가 나타내는 수의 절댓값은 같지 않다.

④ 점 D가 점 E보다 왼쪽에 있으므로 점 D가 나타내는 수는 점 E가 나타내는 수보다 작다.

⑤ 점 A가 0을 나타내는 점으로부터 가장 멀리 떨어져 있으므로 점 A가 나타내는 수의 절댓값이 가장 크다.

따라서 옳지 않은 것은 ③, ⑤이다.

0276 (정답) ④

두 점 A, C가 나타내는 수는 -8, $+2$이므로 두 점 사이의 거리는 10이다.

즉, 두 점 A, B, 두 점 B, C, 두 점 C, D 사이의 거리는 각각

$10\times\frac{1}{2}=5$

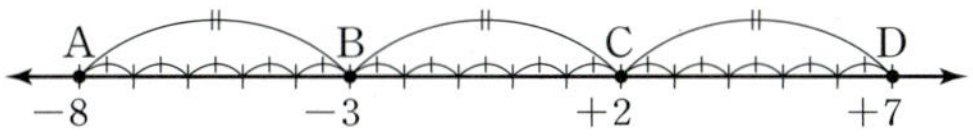

따라서 점 D는 점 C에서 오른쪽으로 5만큼 떨어져 있으므로 점 D가 나타내는 수는 $+7$이다.

0277 (정답) -5

절댓값이 9인 음의 정수는 -9이므로 $a=-9$

음의 정수 중 가장 큰 수는 -1이므로 $b=-1$

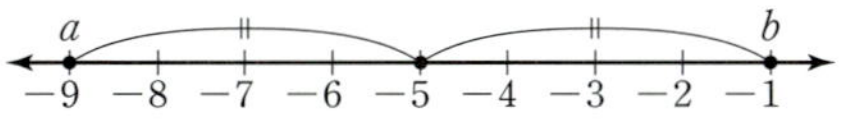

따라서 수직선에서 a와 b가 나타내는 점의 한가운데에 있는 수는 -5이다.

0278 (정답) ③

두 수 x, y의 절댓값이 같으므로 두 수 x, y를 나타내는 두 점은 0을 나타내는 점으로부터 같은 거리에 있다.

이때 두 점 사이의 거리가 20이므로 두 점은 0을 나타내는 점으로부터의 거리가 $20\times\frac{1}{2}=10$이다.

$x<y$에서 $x=-10$, $y=10$

0279 (정답) 11

$\left|\frac{15}{2}\right|=\frac{15}{2}=7\frac{1}{2}$, $|-8|=8$이므로 $\left|\frac{15}{2}\right|<|-8|$

$\therefore M\left(\frac{15}{2}, -8\right)=|-8|=8$

$|-3|=3$, $\left|-\frac{5}{4}\right|=\frac{5}{4}=1\frac{1}{4}$이므로 $|-3|>\left|-\frac{5}{4}\right|$

$\therefore M\left(-3, -\frac{5}{4}\right)=|-3|=3$

$\therefore M\left(\frac{15}{2}, -8\right)+M\left(-3, -\frac{5}{4}\right)=8+3=11$

0280 (정답) $-\frac{8}{5}$

$\left|-\frac{4}{3}\right|=\frac{4}{3}=\frac{28}{21}$, $\left|\frac{9}{7}\right|=\frac{9}{7}=\frac{27}{21}$이므로 절댓값이 큰 수는 $-\frac{4}{3}$이다.

$|1.4|=1.4$, $\left|-\frac{8}{5}\right|=\frac{8}{5}=1.6$이므로 절댓값이 큰 수는 $-\frac{8}{5}$이다.

$\left|-\frac{4}{3}\right|=\frac{4}{3}=\frac{20}{15}$, $\left|-\frac{8}{5}\right|=\frac{8}{5}=\frac{24}{15}$이므로 절댓값이 큰 수는 $-\frac{8}{5}$이다.

$\therefore x=-\frac{8}{5}$

0281 (정답) ④

0을 나타내는 점에서 가장 멀리 떨어져 있는 수는 절댓값이 가장 큰 수이다.

주어진 수의 절댓값의 대소를 비교하면

$|0.5|<\left|-\frac{2}{3}\right|<|-2|<\left|\frac{5}{2}\right|<|-4|$

따라서 구하는 수는 -4이다.

0282 (정답) $-\frac{5}{2}$

$\left|\frac{7}{3}\right|=\frac{7}{3}=\frac{28}{12}$, $\left|-\frac{9}{4}\right|=\frac{9}{4}=\frac{27}{12}$이므로 $\frac{7}{3}>\frac{9}{4}$

$\therefore \frac{7}{3}\circledcirc\left(-\frac{9}{4}\right)=\frac{7}{3}$

$\left|\frac{7}{3}\right|=\frac{7}{3}=\frac{14}{6}$, $\left|-\frac{5}{2}\right|=\frac{5}{2}=\frac{15}{6}$이므로 $\frac{7}{3}<\frac{5}{2}$

$\therefore \left\{\frac{7}{3}\circledcirc\left(-\frac{9}{4}\right)\right\}\circledcirc\left(-\frac{5}{2}\right)=\frac{7}{3}\circledcirc\left(-\frac{5}{2}\right)=-\frac{5}{2}$

0283 (정답) -2, -1, 0, 1, 2

$|x|<\frac{5}{2}$이고 x는 정수이므로 $|x|=0, 1, 2$

절댓값이 0인 수는 0

절댓값이 1인 수는 1, -1

절댓값이 2인 수는 2, -2

따라서 구하는 정수 x의 값은 -2, -1, 0, 1, 2이다.

0284
정답 ③

① $-\frac{2}{3}=-\frac{8}{12}$, $-\frac{3}{4}=-\frac{9}{12}$이므로

$-\frac{8}{12}>-\frac{9}{12}$ $\quad\therefore -\frac{2}{3}>-\frac{3}{4}$

② $\frac{9}{4}=2.25$이므로 $2.25>2.1$ $\quad\therefore \frac{9}{4}>2.1$

③ $-0.8=-\frac{4}{5}$이므로 $-\frac{4}{5}<-\frac{3}{5}$ $\quad\therefore -0.8<-\frac{3}{5}$

④ $-\frac{1}{10}<0$

⑤ $|-7|=7$이므로 $7>6$ $\quad\therefore |-7|>6$

따라서 옳은 것은 ③이다.

0285
정답 C, B, A

A는 -1과 마주 보는 면에 있는 수이고 $|A|=|-1|=1$인 양수이므로 $A=1$

B는 -0.25와 마주 보는 면에 있는 수이고

$|B|=|-0.25|=0.25$인 양수이므로 $B=0.25$

C는 $\frac{1}{2}$과 마주 보는 면에 있는 수이고 $|C|=\left|\frac{1}{2}\right|=\frac{1}{2}$인 음수이므로 $C=-\frac{1}{2}$

따라서 세 수 A, B, C의 대소를 비교하면 $-\frac{1}{2}<0.25<1$이므로 작은 수부터 차례대로 나열하면 C, B, A이다.

0286
정답 7

A의 절댓값이 3이므로 $A=+3$ 또는 $A=-3$이다.

B의 절댓값이 5이므로 $B=+5$ 또는 $B=-5$이다.

이때 $A<0<B$이므로 $A=-3$, $B=+5$

따라서 -3과 $+5$ 사이에 있는 정수는 -2, -1, 0, 1, 2, 3, 4의 7개이다.

0287
정답 ③

$-5\le x<2$인 정수 x는 -5, -4, -3, -2, -1, 0, 1의 7개이다.

0288
정답 ③

(가), (다)에서 $b=5$

(나)에서 a는 5보다 크므로 $b<a$

(가)에서 c는 -5보다 크고, (라)에서 a는 c보다 -5에 더 가까우므로 $5<a<c$

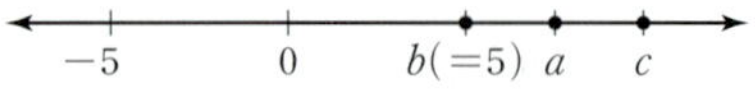

$\therefore b<a<c$

04 정수와 유리수의 계산 (1)

PART A 개념 확인하기
• 본책 061쪽

0289
정답 (1) 4 (2) -6 (3) 1 (4) -2 (5) -9.8 (6) -1.6 (7) $\frac{4}{3}$ (8) $-\frac{5}{12}$

(1) $(+1)+(+3)=+(1+3)=4$

(2) $(-4)+(-2)=-(4+2)=-6$

(3) $(+7)+(-6)=+(7-6)=1$

(4) $(-5)+(+3)=-(5-3)=-2$

(5) $(-9.3)+(-0.5)=-(9.3+0.5)=-9.8$

(6) $(-4.8)+(+3.2)=-(4.8-3.2)=-1.6$

(7) $\left(+\frac{5}{6}\right)+\left(+\frac{1}{2}\right)=\left(+\frac{5}{6}\right)+\left(+\frac{3}{6}\right)=+\left(\frac{5}{6}+\frac{3}{6}\right)=\frac{8}{6}=\frac{4}{3}$

(8) $\left(+\frac{1}{3}\right)+\left(-\frac{3}{4}\right)=\left(+\frac{4}{12}\right)+\left(-\frac{9}{12}\right)=-\left(\frac{9}{12}-\frac{4}{12}\right)$

$=-\frac{5}{12}$

0290
정답 (1) 2.4 (2) $-\frac{11}{4}$

(1) $(+4.5)+(-0.6)+(-1.5)$

$=(+4.5)+(-1.5)+(-0.6)$

$=\{(+4.5)+(-1.5)\}+(-0.6)$

$=(+3)+(-0.6)=2.4$

(2) $\left(-\frac{10}{7}\right)+\left(-\frac{3}{4}\right)+\left(-\frac{4}{7}\right)=\left(-\frac{10}{7}\right)+\left(-\frac{4}{7}\right)+\left(-\frac{3}{4}\right)$

$=\left\{\left(-\frac{10}{7}\right)+\left(-\frac{4}{7}\right)\right\}+\left(-\frac{3}{4}\right)$

$=(-2)+\left(-\frac{3}{4}\right)$

$=\left(-\frac{8}{4}\right)+\left(-\frac{3}{4}\right)=-\frac{11}{4}$

0291
정답 (1) -1 (2) 5 (3) 16 (4) -18 (5) -6.8 (6) 17.2 (7) $\frac{7}{6}$ (8) $-\frac{19}{20}$

(1) $(+6)-(+7)=(+6)+(-7)=-1$

(2) $(-4)-(-9)=(-4)+(+9)=5$

(3) $(+8)-(-8)=(+8)+(+8)=16$

(4) $(-13)-(+5)=(-13)+(-5)=-18$

(5) $(-11.3)-(-4.5)=(-11.3)+(+4.5)=-6.8$

(6) $(+6.4)-(-10.8)=(+6.4)+(+10.8)=17.2$

(7) $\left(+\frac{2}{3}\right)-\left(-\frac{1}{2}\right)=\left(+\frac{2}{3}\right)+\left(+\frac{1}{2}\right)=\left(+\frac{4}{6}\right)+\left(+\frac{3}{6}\right)=\frac{7}{6}$

(8) $\left(-\frac{3}{4}\right)-\left(+\frac{1}{5}\right)=\left(-\frac{3}{4}\right)+\left(-\frac{1}{5}\right)=\left(-\frac{15}{20}\right)+\left(-\frac{4}{20}\right)$

$=-\frac{19}{20}$

0292

정답 (1) 16 (2) -6 (3) $-\frac{14}{15}$

(1) $(+12)-(-7)-(+3)=(+12)+(+7)+(-3)$
$=\{(+12)+(+7)\}+(-3)$
$=(+19)+(-3)=16$

(2) $(-3.1)-(+5.6)-(-2.7)$
$=(-3.1)+(-5.6)+(+2.7)$
$=\{(-3.1)+(-5.6)\}+(+2.7)$
$=(-8.7)+(+2.7)=-6$

(3) $\left(+\frac{2}{5}\right)-\left(+\frac{1}{3}\right)-(+1)=\left(+\frac{2}{5}\right)+\left(-\frac{1}{3}\right)+(-1)$
$=\left\{\left(+\frac{2}{5}\right)+\left(-\frac{1}{3}\right)\right\}+(-1)$
$=\left\{\left(+\frac{6}{15}\right)+\left(-\frac{5}{15}\right)\right\}+(-1)$
$=\left(+\frac{1}{15}\right)+(-1)$
$=\left(+\frac{1}{15}\right)+\left(-\frac{15}{15}\right)=-\frac{14}{15}$

0293

정답 (1) 10 (2) -4 (3) -10.8 (4) $\frac{21}{20}$

(1) $(+4)+(+9)-(+3)=(+4)+(+9)+(-3)$
$=\{(+4)+(+9)\}+(-3)$
$=(+13)+(-3)=10$

(2) $(-7)-(-6)+(-3)=(-7)+(+6)+(-3)$
$=\{(-7)+(-3)\}+(+6)$
$=(-10)+(+6)=-4$

(3) $(-2.4)-(+3.5)+(-4.9)$
$=(-2.4)+(-3.5)+(-4.9)$
$=\{(-2.4)+(-3.5)\}+(-4.9)$
$=(-5.9)+(-4.9)=-10.8$

(4) $\left(-\frac{5}{4}\right)+\left(+\frac{1}{2}\right)-\left(-\frac{9}{5}\right)=\left(-\frac{5}{4}\right)+\left(+\frac{1}{2}\right)+\left(+\frac{9}{5}\right)$
$=\left\{\left(-\frac{5}{4}\right)+\left(+\frac{2}{4}\right)\right\}+\left(+\frac{9}{5}\right)$
$=\left(-\frac{3}{4}\right)+\left(+\frac{9}{5}\right)$
$=\left(-\frac{15}{20}\right)+\left(+\frac{36}{20}\right)$
$=\frac{21}{20}$

0294

정답 (1) -18 (2) 0 (3) 0.7 (4) $-\frac{47}{30}$

(1) $-16-5+3=(-16)-(+5)+(+3)$
$=(-16)+(-5)+(+3)$
$=\{(-16)+(-5)\}+(+3)$
$=(-21)+(+3)=-18$

(2) $9-12+5-2=(+9)-(+12)+(+5)-(+2)$
$=(+9)+(-12)+(+5)+(-2)$
$=\{(+9)+(+5)\}+\{(-12)+(-2)\}$
$=(+14)+(-14)=0$

(3) $1.8+1.3-2.4=(+1.8)+(+1.3)-(+2.4)$
$=(+1.8)+(+1.3)+(-2.4)$
$=\{(+1.8)+(+1.3)\}+(-2.4)$
$=(+3.1)+(-2.4)=0.7$

(4) $-\frac{3}{2}+\frac{1}{3}-\frac{2}{5}=\left(-\frac{3}{2}\right)+\left(+\frac{1}{3}\right)-\left(+\frac{2}{5}\right)$
$=\left(-\frac{3}{2}\right)+\left(+\frac{1}{3}\right)+\left(-\frac{2}{5}\right)$
$=\left\{\left(-\frac{3}{2}\right)+\left(-\frac{2}{5}\right)\right\}+\left(+\frac{1}{3}\right)$
$=\left\{\left(-\frac{15}{10}\right)+\left(-\frac{4}{10}\right)\right\}+\left(+\frac{1}{3}\right)$
$=\left(-\frac{19}{10}\right)+\left(+\frac{1}{3}\right)$
$=\left(-\frac{57}{30}\right)+\left(+\frac{10}{30}\right)$
$=-\frac{47}{30}$

PART B 유형별 문제

• 본책 062~069쪽

유형 01 유리수의 덧셈

0295

정답 ④

① $(+9)+(-5)=+(9-5)=4$
② $(-12)+(-7)=-(12+7)=-19$
③ $(+2.3)+(+1.5)=+(2.3+1.5)=3.8$
④ $(-0.1)+\left(+\frac{1}{2}\right)=\left(-\frac{1}{10}\right)+\left(+\frac{5}{10}\right)$
$=+\left(\frac{5}{10}-\frac{1}{10}\right)=\frac{4}{10}=\frac{2}{5}$
⑤ $\left(+\frac{1}{5}\right)+\left(-\frac{2}{3}\right)=\left(+\frac{3}{15}\right)+\left(-\frac{10}{15}\right)$
$=-\left(\frac{10}{15}-\frac{3}{15}\right)=-\frac{7}{15}$

따라서 옳은 것은 ④이다.

0296

정답 ②

① $(-1)+(+6)=+(6-1)=5$
② $(-4)+(-1)=-(4+1)=-5$
③ $(-3)+(+8)=+(8-3)=5$
④ $(+2)+(+3)=+(2+3)=5$
⑤ $(+7)+(-2)=+(7-2)=5$

따라서 계산 결과가 나머지 넷과 다른 하나는 ②이다.

0297 (정답) ③

① $(-8)+(+6)=-(8-6)=-2$

② $(+5)+(-1)=+(5-1)=4$

③ $(-3.7)+(-1.3)=-(3.7+1.3)=-5$

④ $\left(-\frac{7}{2}\right)+(+2)=\left(-\frac{7}{2}\right)+\left(+\frac{4}{2}\right)=-\left(\frac{7}{2}-\frac{4}{2}\right)=-\frac{3}{2}$

⑤ $\left(+\frac{2}{3}\right)+\left(-\frac{14}{3}\right)=-\left(\frac{14}{3}-\frac{2}{3}\right)=-\frac{12}{3}=-4$

따라서 계산 결과가 가장 작은 것은 ③이다.

0298 (정답) $\frac{9}{2}$

$-4<-\frac{5}{6}<+2.4<+5<+\frac{17}{2}$이므로 $A=-4$

절댓값은 각각 5, $\frac{5}{6}$, 2.4, $\frac{17}{2}$, 4이므로

$\left|-\frac{5}{6}\right|<|+2.4|<|-4|<|+5|<\left|+\frac{17}{2}\right|$ $\quad\therefore B=+\frac{17}{2}$

$\therefore A+B=(-4)+\left(+\frac{17}{2}\right)=\left(-\frac{8}{2}\right)+\left(+\frac{17}{2}\right)$

$=+\left(\frac{17}{2}-\frac{8}{2}\right)=\frac{9}{2}$

유형 02 덧셈의 계산 법칙

0299 (정답) (가) 덧셈의 교환법칙 (나) 덧셈의 결합법칙

0300 (정답) (가) 교환 (나) 결합 (다) $+2$ (라) -5

유형 03 유리수의 뺄셈

0301 (정답) ⑤

① $(+8)-(+5)=(+8)+(-5)=3$

② $(-1.6)-(+7.4)=(-1.6)+(-7.4)=-9$

③ $\left(+\frac{4}{3}\right)-\left(-\frac{1}{3}\right)=\left(+\frac{4}{3}\right)+\left(+\frac{1}{3}\right)=\frac{5}{3}$

④ $(-0.6)-\left(-\frac{2}{5}\right)=\left(-\frac{3}{5}\right)+\left(+\frac{2}{5}\right)=-\frac{1}{5}$

⑤ $\left(+\frac{1}{3}\right)-\left(+\frac{7}{12}\right)=\left(+\frac{4}{12}\right)+\left(-\frac{7}{12}\right)=-\frac{3}{12}=-\frac{1}{4}$

따라서 옳지 않은 것은 ⑤이다.

0302 (정답) ⑤

$(+4)-(-7)=(+4)+(+7)=11$

① $(-6)-(-5)=(-6)+(+5)=-1$

② $(-8)-(+3)=(-8)+(-3)=-11$

③ $(+8.4)-(+4.6)=(+8.4)+(-4.6)=3.8$

④ $(+9.7)-(+1.3)=(+9.7)+(-1.3)=8.4$

⑤ $\left(+\frac{19}{3}\right)-\left(-\frac{14}{3}\right)=\left(+\frac{19}{3}\right)+\left(+\frac{14}{3}\right)=\frac{33}{3}=11$

따라서 계산 결과가 $(+4)-(-7)$의 계산 결과와 같은 것은 ⑤이다.

0303 (정답) $\frac{17}{30}$

❶ a의 값을 구할 수 있다.

$a=\left(-\frac{1}{5}\right)-\left(-\frac{2}{3}\right)=\left(-\frac{1}{5}\right)+\left(+\frac{2}{3}\right)$

$=\left(-\frac{3}{15}\right)+\left(+\frac{10}{15}\right)=\frac{7}{15}$

❷ b의 값을 구할 수 있다.

$b=\left(+\frac{1}{2}\right)-\left(+\frac{3}{5}\right)=\left(+\frac{1}{2}\right)+\left(-\frac{3}{5}\right)$

$=\left(+\frac{5}{10}\right)+\left(-\frac{6}{10}\right)=-\frac{1}{10}$

❸ $a-b$의 값을 구할 수 있다.

$\therefore a-b=\left(+\frac{7}{15}\right)-\left(-\frac{1}{10}\right)=\left(+\frac{7}{15}\right)+\left(+\frac{1}{10}\right)$

$=\left(+\frac{14}{30}\right)+\left(+\frac{3}{30}\right)=\frac{17}{30}$

채점 기준		
❶	a의 값을 구할 수 있다.	30 %
❷	b의 값을 구할 수 있다.	30 %
❸	$a-b$의 값을 구할 수 있다.	40 %

0304 (정답) 서울

5개 지역의 일교차는 다음과 같다.

강릉: $(+7)-(-1.4)=(+7)+(+1.4)=8.4(℃)$

광주: $(+6.5)-(-2)=(+6.5)+(+2)=8.5(℃)$

대전: $(-4)-(-8.3)=(-4)+(+8.3)=4.3(℃)$

서울: $(+8)-(-2.5)=(+8)+(+2.5)=10.5(℃)$

제주: $(+9.5)-(+0.6)=(+9.5)+(-0.6)=8.9(℃)$

따라서 일교차가 가장 큰 지역은 서울이다.

유형 04 수직선을 이용한 유리수의 덧셈과 뺄셈

0305 (정답) ②, ③

0을 나타내는 점에서 오른쪽으로 2만큼 이동한 다음 다시 왼쪽으로 6만큼 이동한 것이 0을 나타내는 점에서 왼쪽으로 4만큼 이동한 것과 같음을 나타내므로 주어진 수직선으로 설명할 수 있는 계산식은 $(+2)+(-6)=-4$ 또는 $(+2)-(+6)=-4$이다.

0306 (정답) ③

0을 나타내는 점에서 왼쪽으로 3만큼 이동한 다음 다시 오른쪽으로 6만큼 이동한 것이 0을 나타내는 점에서 오른쪽으로 3만큼 이동한 것과 같음을 나타내므로 주어진 수직선으로 설명할 수 있는 덧셈식은 $(-3)+(+6)=+3$이다.

유형 05 덧셈과 뺄셈의 혼합 계산

0307

정답 ③

① $(-2)+(+3)-(-1)=(-2)+(+3)+(+1)$
$=(-2)+\{(+3)+(+1)\}$
$=(-2)+(+4)=2$

② $(+7)-(-3)+(-5)=(+7)+(+3)+(-5)$
$=\{(+7)+(+3)\}+(-5)$
$=(+10)+(-5)=5$

③ $(-2.3)-(+2.7)+(-4.5)$
$=(-2.3)+(-2.7)+(-4.5)$
$=\{(-2.3)+(-2.7)\}+(-4.5)$
$=(-5)+(-4.5)=-9.5$

④ $\left(+\frac{4}{3}\right)-(+4)-\left(-\frac{8}{3}\right)=\left(+\frac{4}{3}\right)+(-4)+\left(+\frac{8}{3}\right)$
$=\left\{\left(+\frac{4}{3}\right)+\left(+\frac{8}{3}\right)\right\}+(-4)$
$=(+4)+(-4)=0$

⑤ $\left(-\frac{2}{3}\right)-\left(-\frac{1}{6}\right)+\left(-\frac{1}{4}\right)=\left(-\frac{2}{3}\right)+\left(+\frac{1}{6}\right)+\left(-\frac{1}{4}\right)$
$=\left(-\frac{2}{3}\right)+\left(-\frac{1}{4}\right)+\left(+\frac{1}{6}\right)$
$=\left\{\left(-\frac{8}{12}\right)+\left(-\frac{3}{12}\right)\right\}+\left(+\frac{1}{6}\right)$
$=\left(-\frac{11}{12}\right)+\left(+\frac{2}{12}\right)$
$=-\frac{9}{12}=-\frac{3}{4}$

따라서 계산 결과가 가장 작은 것은 ③이다.

0308

정답 ④

① $\left(-\frac{5}{6}\right)+\left(+\frac{3}{2}\right)-\left(+\frac{5}{2}\right)=\left(-\frac{5}{6}\right)+\left(+\frac{3}{2}\right)+\left(-\frac{5}{2}\right)$
$=\left(-\frac{5}{6}\right)+\left\{\left(+\frac{3}{2}\right)+\left(-\frac{5}{2}\right)\right\}$
$=\left(-\frac{5}{6}\right)+(-1)$
$=\left(-\frac{5}{6}\right)+\left(-\frac{6}{6}\right)=-\frac{11}{6}$

② $(-5)-(-6)-(+2)=(-5)+(+6)+(-2)$
$=\{(-5)+(-2)\}+(+6)$
$=(-7)+(+6)=-1$

③ $(+6.2)-(+1.2)+(-4.4)$
$=(+6.2)+(-1.2)+(-4.4)$
$=\{(+6.2)+(-1.2)\}+(-4.4)$
$=(+5)+(-4.4)=0.6$

④ $(+12)+(-10)-(-3)=(+12)+(-10)+(+3)$
$=\{(+12)+(+3)\}+(-10)$
$=(+15)+(-10)=5$

⑤ $\left(-\frac{3}{4}\right)-(+0.2)+\left(+\frac{3}{2}\right)=\left(-\frac{3}{4}\right)+(-0.2)+\left(+\frac{3}{2}\right)$
$=\left(-\frac{3}{4}\right)+\left(-\frac{1}{5}\right)+\left(+\frac{3}{2}\right)$
$=\left\{\left(-\frac{15}{20}\right)+\left(-\frac{4}{20}\right)\right\}+\left(+\frac{3}{2}\right)$
$=\left(-\frac{19}{20}\right)+\left(+\frac{30}{20}\right)=\frac{11}{20}$

따라서 옳지 않은 것은 ④이다.

0309

정답 $\frac{1}{21}$

$(+2)-\left(+\frac{2}{7}\right)-\left(-\frac{4}{3}\right)+(-3)$

$=(+2)+\left(-\frac{2}{7}\right)+\left(+\frac{4}{3}\right)+(-3)$

$=\{(+2)+(-3)\}+\left\{\left(-\frac{6}{21}\right)+\left(+\frac{28}{21}\right)\right\}$

$=(-1)+\left(+\frac{22}{21}\right)=\left(-\frac{21}{21}\right)+\left(+\frac{22}{21}\right)=\frac{1}{21}$

0310

정답 2

계산한 결과가 가장 크려면 ㉡에는 세 수 중 가장 작은 수를 넣어야 한다.

이때 $-\frac{7}{6}<-\frac{2}{3}<+\frac{3}{2}$이므로 ㉡에는 $-\frac{7}{6}$을 넣고 덧셈은 교환법칙이 성립하므로 ㉠, ㉢에 남은 두 수를 넣는다.

따라서 구하는 값은

$\left(-\frac{2}{3}\right)-\left(-\frac{7}{6}\right)+\left(+\frac{3}{2}\right)=\left(-\frac{2}{3}\right)+\left(+\frac{7}{6}\right)+\left(+\frac{3}{2}\right)$
$=\left(-\frac{2}{3}\right)+\left\{\left(+\frac{7}{6}\right)+\left(+\frac{9}{6}\right)\right\}$
$=\left(-\frac{2}{3}\right)+\left(+\frac{8}{3}\right)=\frac{6}{3}=2$

보충 설명

㉡에 $-\frac{2}{3}$를 넣으면 $\left(+\frac{3}{2}\right)-\left(-\frac{2}{3}\right)+\left(-\frac{7}{6}\right)=1$

㉡에 $+\frac{3}{2}$을 넣으면 $-\frac{2}{3}-\left(+\frac{3}{2}\right)+\left(-\frac{7}{6}\right)=-\frac{10}{3}$

이때 $-\frac{10}{3}<1<2$이므로 2가 가장 큰 값임을 알 수 있다.

유형 06 부호가 생략된 수의 덧셈과 뺄셈

0311

정답 ③

① $-2+7-6=(-2)+(+7)-(+6)$
$=(-2)+(+7)+(-6)$
$=\{(-2)+(-6)\}+(+7)$
$=(-8)+(+7)=-1$

② $4-5+2=(+4)-(+5)+(+2)=(+4)+(-5)+(+2)$
$=\{(+4)+(+2)\}+(-5)=(+6)+(-5)=1$

③ $13-6-5=(+13)-(+6)-(+5)$
$=(+13)+(-6)+(-5)$
$=(+13)+\{(-6)+(-5)\}$
$=(+13)+(-11)=2$

④ $-1.7-2.2+3=(-1.7)-(+2.2)+(+3)$
$=(-1.7)+(-2.2)+(+3)$
$=\{(-1.7)+(-2.2)\}+(+3)$
$=(-3.9)+(+3)=-0.9$

⑤ $-\frac{7}{4}+\frac{8}{5}+\frac{3}{20}=\left(-\frac{7}{4}\right)+\left(+\frac{8}{5}\right)+\left(+\frac{3}{20}\right)$
$=\left(-\frac{7}{4}\right)+\left\{\left(+\frac{32}{20}\right)+\left(+\frac{3}{20}\right)\right\}$
$=\left(-\frac{7}{4}\right)+\left(+\frac{7}{4}\right)=0$

따라서 계산 결과가 가장 큰 것은 ③이다.

0312

정답 $-\frac{17}{4}$

$A=\left(-\frac{3}{4}\right)-\left(+\frac{1}{2}\right)+(+2)=\left(-\frac{3}{4}\right)+\left(-\frac{1}{2}\right)+(+2)$
$=\left\{\left(-\frac{3}{4}\right)+\left(-\frac{2}{4}\right)\right\}+(+2)=\left(-\frac{5}{4}\right)+\left(+\frac{8}{4}\right)=\frac{3}{4}$

$B=(+7.4)-(+3)+(+0.6)=(+7.4)+(-3)+(+0.6)$
$=\{(+7.4)+(+0.6)\}+(-3)=(+8)+(-3)=5$

$\therefore A-B=\frac{3}{4}-5=\left(+\frac{3}{4}\right)-(+5)=\left(+\frac{3}{4}\right)+(-5)$
$=\left(+\frac{3}{4}\right)+\left(-\frac{20}{4}\right)=-\frac{17}{4}$

0313

정답 ④

① $-9+2+8=(-9)+\{(+2)+(+8)\}$
$=(-9)+(+10)=1$

② $3.7-1.2-2.3=(+3.7)-(+1.2)-(+2.3)$
$=(+3.7)+(-1.2)+(-2.3)$
$=(+3.7)+\{(-1.2)+(-2.3)\}$
$=(+3.7)+(-3.5)=0.2$

③ $-\frac{3}{10}+\frac{1}{2}-\frac{2}{5}=\left(-\frac{3}{10}\right)+\left(+\frac{1}{2}\right)-\left(+\frac{2}{5}\right)$
$=\left(-\frac{3}{10}\right)+\left(+\frac{1}{2}\right)+\left(-\frac{2}{5}\right)$
$=\left\{\left(-\frac{3}{10}\right)+\left(-\frac{4}{10}\right)\right\}+\left(+\frac{1}{2}\right)$
$=\left(-\frac{7}{10}\right)+\left(+\frac{5}{10}\right)=-\frac{2}{10}=-\frac{1}{5}$

④ $-13+8-4+5=(-13)+(+8)-(+4)+(+5)$
$=(-13)+(+8)+(-4)+(+5)$
$=\{(-13)+(-4)\}+\{(+8)+(+5)\}$
$=(-17)+(+13)=-4$

⑤ $\frac{1}{2}-\frac{2}{3}+\frac{1}{4}-\frac{1}{6}=\left(+\frac{1}{2}\right)-\left(+\frac{2}{3}\right)+\left(+\frac{1}{4}\right)-\left(+\frac{1}{6}\right)$
$=\left(+\frac{1}{2}\right)+\left(-\frac{2}{3}\right)+\left(+\frac{1}{4}\right)+\left(-\frac{1}{6}\right)$
$=\left\{\left(+\frac{2}{4}\right)+\left(+\frac{1}{4}\right)\right\}+\left\{\left(-\frac{4}{6}\right)+\left(-\frac{1}{6}\right)\right\}$
$=\left(+\frac{3}{4}\right)+\left(-\frac{5}{6}\right)=\left(+\frac{9}{12}\right)+\left(-\frac{10}{12}\right)$
$=-\frac{1}{12}$

따라서 계산 결과가 가장 작은 것은 ④이다.

0314

정답 -50

$1-2+3-4+5-\cdots+99-100$
$=(+1)-(+2)+(+3)-(+4)+(+5)-\cdots$
$+(+99)-(+100)$
$=\{(+1)+(-2)\}+\{(+3)+(-4)\}+\cdots$
$+\{(+99)+(-100)\}$
$=\underbrace{(-1)+(-1)+\cdots+(-1)}_{50\text{개}}=-50$

유형 07 어떤 수보다 ~만큼 큰(작은) 수

0315

정답 $-\frac{17}{12}$

$a=2+(-4)=-2$

$b=\frac{1}{3}-\left(-\frac{1}{4}\right)=\frac{1}{3}+\frac{1}{4}=\frac{4}{12}+\frac{3}{12}=\frac{7}{12}$

$\therefore a+b=-2+\frac{7}{12}=-\frac{24}{12}+\frac{7}{12}=-\frac{17}{12}$

0316

정답 ⑤

① $-6-(-7)=-6+7=1$
② $0+1=1$
③ $-2+3=1$
④ $-5-(-6)=-5+6=1$
⑤ $9-(-8)=9+8=17$

따라서 나머지 넷과 다른 하나는 ⑤이다.

0317

정답 $\frac{1}{2}$

$x=-1+\frac{5}{6}=-\frac{6}{6}+\frac{5}{6}=-\frac{1}{6}$

$\therefore y=-\frac{1}{6}-\left(-\frac{2}{3}\right)=-\frac{1}{6}+\frac{2}{3}=-\frac{1}{6}+\frac{4}{6}=\frac{3}{6}=\frac{1}{2}$

0318

정답 3

❶ a의 값을 구할 수 있다.

$a=-\frac{1}{2}-\left(-\frac{3}{4}\right)=-\frac{1}{2}+\frac{3}{4}=-\frac{2}{4}+\frac{3}{4}=\frac{1}{4}$

❷ b의 값을 구할 수 있다.

$b=4+\left(-\frac{2}{5}\right)=\frac{20}{5}+\left(-\frac{2}{5}\right)=\frac{18}{5}$

❸ a보다 크고 b보다 작은 정수의 개수를 구할 수 있다.

따라서 $\frac{1}{4}$보다 크고 $\frac{18}{5}$보다 작은 정수는 1, 2, 3의 3개이다.

	채점 기준	
❶	a의 값을 구할 수 있다.	35 %
❷	b의 값을 구할 수 있다.	35 %
❸	a보다 크고 b보다 작은 정수의 개수를 구할 수 있다.	30 %

0319
정답 4

$a=-1+\left(-\frac{4}{5}\right)=-\frac{5}{5}+\left(-\frac{4}{5}\right)=-\frac{9}{5}$

$b=2-\left(-\frac{1}{4}\right)=2+\frac{1}{4}=\frac{8}{4}+\frac{1}{4}=\frac{9}{4}$

따라서 $-\frac{9}{5}<x<\frac{9}{4}$를 만족시키는 정수 x는 -1, 0, 1, 2의 4개이다.

유형 08 덧셈과 뺄셈 사이의 관계

0320
정답 12

$a+(-2)=6$에서 $a=6-(-2)=6+2=8$

$b-(+3)=-7$에서 $b=-7+(+3)=-4$

$\therefore a-b=8-(-4)=8+4=12$

0321
정답 ③

$\square=-\frac{1}{2}+\left(-\frac{5}{8}\right)=-\frac{4}{8}+\left(-\frac{5}{8}\right)=-\frac{9}{8}$

0322
정답 ⑤

$A=\frac{3}{2}-(-3)=\frac{3}{2}+3=\frac{3}{2}+\frac{6}{2}=\frac{9}{2}$

$B=\left(-\frac{3}{4}\right)-(-1)=\left(-\frac{3}{4}\right)+1=\left(-\frac{3}{4}\right)+\frac{4}{4}=\frac{1}{4}$

$\therefore A-B=\frac{9}{2}-\frac{1}{4}=\frac{18}{4}-\frac{1}{4}=\frac{17}{4}$

0323
정답 $\frac{7}{12}$

$\frac{4}{3}-\left(-\frac{1}{4}\right)+\square=\frac{13}{6}$에서 $\frac{4}{3}+\frac{1}{4}+\square=\frac{13}{6}$

$\frac{16}{12}+\frac{3}{12}+\square=\frac{13}{6}$, $\frac{19}{12}+\square=\frac{13}{6}$

$\therefore \square=\frac{13}{6}-\frac{19}{12}=\frac{26}{12}-\frac{19}{12}=\frac{7}{12}$

유형 09 바르게 계산한 답 구하기

0324
정답 -3

어떤 유리수를 □라 하면 $\square-\frac{3}{2}=-6$

$\therefore \square=-6-\left(-\frac{3}{2}\right)=-6+\frac{3}{2}=-\frac{12}{2}+\frac{3}{2}=-\frac{9}{2}$

따라서 바르게 계산하면

$-\frac{9}{2}+\frac{3}{2}=-\frac{6}{2}=-3$

0325
정답 -13

어떤 정수를 □라 하면 $-3-\square=7$

$\therefore \square=-3-7=-10$

따라서 바르게 계산하면

$-3+(-10)=-13$

0326
정답 $\frac{40}{21}$

어떤 유리수를 □라 하면 $\square+\left(-\frac{6}{7}\right)=\frac{4}{21}$

$\therefore \square=\frac{4}{21}-\left(-\frac{6}{7}\right)=\frac{4}{21}+\frac{6}{7}=\frac{4}{21}+\frac{18}{21}=\frac{22}{21}$

따라서 바르게 계산하면

$\frac{22}{21}-\left(-\frac{6}{7}\right)=\frac{22}{21}+\frac{6}{7}=\frac{22}{21}+\frac{18}{21}=\frac{40}{21}$

0327
정답 $\frac{11}{9}$

어떤 유리수를 □라 하면 $\frac{4}{9}+\square=-\frac{1}{3}$

$\therefore \square=-\frac{1}{3}-\frac{4}{9}=-\frac{3}{9}-\frac{4}{9}=-\frac{7}{9}$

따라서 바르게 계산하면

$\frac{4}{9}-\left(-\frac{7}{9}\right)=\frac{4}{9}+\frac{7}{9}=\frac{11}{9}$

유형 10 절댓값이 주어진 수의 덧셈과 뺄셈

0328
정답 ①

a의 절댓값이 3이므로 $a=3$ 또는 $a=-3$

b의 절댓값이 8이므로 $b=8$ 또는 $b=-8$

$a+b$의 값 중 가장 작은 값은 a, b가 모두 음수일 때이다.

따라서 $a+b$의 값 중 가장 작은 값은

$-3+(-8)=-11$

BIBLE SAYS

0이 아닌 두 유리수 a, b의 절댓값이 주어질 때
(1) $a+b$의 값이 가장 큰 경우 ➡ (양수)+(양수)
(2) $a+b$의 값이 가장 작은 경우 ➡ (음수)+(음수)

0329
정답 $\frac{27}{5}$

$|x|=\frac{7}{5}$이므로 $x=\frac{7}{5}$ 또는 $x=-\frac{7}{5}$

따라서 x가 음수일 때 $4-x$의 값이 가장 크므로 구하는 값은

$4-\left(-\frac{7}{5}\right)=4+\frac{7}{5}=\frac{20}{5}+\frac{7}{5}=\frac{27}{5}$

0330
정답 ⑤

$|a|=7$이므로 $a=7$ 또는 $a=-7$

$|b|=2$이므로 $b=2$ 또는 $b=-2$

$a-b$의 값 중 가장 큰 값은 a가 양수, b가 음수일 때이다.

따라서 $a-b$의 값 중 가장 큰 값은

$7-(-2)=7+2=9$

BIBLE SAYS

0이 아닌 두 유리수 a, b의 절댓값이 주어질 때
(1) $a-b$의 값이 가장 큰 경우 ➡ (양수)−(음수)
(2) $a-b$의 값이 가장 작은 경우 ➡ (음수)−(양수)

0331
정답 17

❶ a의 값을 구할 수 있다.

a의 절댓값이 6이므로 $a=6$ 또는 $a=-6$

❷ b의 값을 구할 수 있다.

b의 절댓값이 $\frac{5}{2}$이므로 $b=\frac{5}{2}$ 또는 $b=-\frac{5}{2}$

❸ M의 값을 구할 수 있다.

$a-b$의 값 중 가장 큰 값은 a가 양수, b가 음수일 때이므로

$M=6-\left(-\frac{5}{2}\right)=6+\frac{5}{2}=\frac{12}{2}+\frac{5}{2}=\frac{17}{2}$

❹ m의 값을 구할 수 있다.

$a-b$의 값 중 가장 작은 값은 a가 음수, b가 양수일 때이므로

$m=-6-\frac{5}{2}=-\frac{12}{2}-\frac{5}{2}=-\frac{17}{2}$

❺ $M-m$의 값을 구할 수 있다.

$\therefore M-m=\frac{17}{2}-\left(-\frac{17}{2}\right)=\frac{17}{2}+\frac{17}{2}=17$

채점 기준		
❶	a의 값을 구할 수 있다.	20 %
❷	b의 값을 구할 수 있다.	20 %
❸	M의 값을 구할 수 있다.	20 %
❹	m의 값을 구할 수 있다.	20 %
❺	$M-m$의 값을 구할 수 있다.	20 %

유형 11 수직선에서 유리수의 덧셈과 뺄셈의 활용

0332
정답 $-\frac{4}{3}$

점 A가 나타내는 수는

$-3+\frac{13}{6}-\frac{1}{2}=-\frac{18}{6}+\frac{13}{6}-\frac{3}{6}=-\frac{8}{6}=-\frac{4}{3}$

0333
정답 $\frac{7}{2}$

두 점 A, B 사이의 거리는

$2.1-\left(-\frac{7}{5}\right)=\frac{21}{10}+\frac{14}{10}=\frac{35}{10}=\frac{7}{2}$

0334
정답 ③

-4를 나타내는 점으로부터의 거리가 $\frac{5}{6}$인 점이 나타내는 수는

$-4+\frac{5}{6}=-\frac{24}{6}+\frac{5}{6}=-\frac{19}{6}$

또는 $-4-\frac{5}{6}=-\frac{24}{6}-\frac{5}{6}=-\frac{29}{6}$

따라서 작은 수는 $-\frac{29}{6}$이다.

0335
정답 $-\frac{7}{24}$

$a=-\frac{1}{3}-\frac{3}{4}=-\frac{4}{12}-\frac{9}{12}=-\frac{13}{12}$

$b=-\frac{1}{3}+\frac{9}{8}=-\frac{8}{24}+\frac{27}{24}=\frac{19}{24}$

$\therefore a+b=-\frac{13}{12}+\frac{19}{24}=-\frac{26}{24}+\frac{19}{24}=-\frac{7}{24}$

발전유형 12 실생활에서 유리수의 덧셈과 뺄셈의 활용

0336
정답 1750개

$1800+50-200+100=1750$(개)

0337
정답 730명

$500-70+150+200-50=730$(명)

0338
정답 11권

1월에 읽은 책의 수를 □권이라 하면

$\square+4-2+3+1-2=15$

$\square+4=15 \quad \therefore \square=15-4=11$

따라서 1월에는 11권의 책을 읽었다.

0339

정답 ③

$(-5)-(+8)=(-5)+(-8)=-13$이므로 뉴욕은 서울보다 13시간이 느리다.
따라서 서울이 3월 4일 오후 9시일 때, 뉴욕은 13시간 느린 3월 4일 오전 8시이다.

발전 유형 13 도형에서 유리수의 덧셈과 뺄셈의 활용

0340

정답 $a=-3$, $b=5$

$2+1+0=3$이므로
$(-2)+b+0=3$에서 $-2+b=3$　$\therefore b=5$
$a+1+5=3$에서 $a+6=3$　$\therefore a=-3$

0341

정답 ③

$(-2)+5+1+(-3)=1$이므로
$-2+4+3+B=1$에서 $5+B=1$　$\therefore B=-4$
$-3+A+(-1)+(-4)=1$에서 $-8+A=1$　$\therefore A=9$
$\therefore A-B=9-(-4)=9+4=13$

0342

정답 $-\frac{11}{12}$

$-\frac{2}{3}+0.5+\frac{1}{4}=-\frac{2}{3}+\frac{1}{2}+\frac{1}{4}$
$=-\frac{8}{12}+\frac{6}{12}+\frac{3}{12}=\frac{1}{12}$

$a+\frac{3}{2}+\left(-\frac{2}{3}\right)=\frac{1}{12}$에서 $a+\frac{9}{6}+\left(-\frac{4}{6}\right)=\frac{1}{12}$, $a+\frac{5}{6}=\frac{1}{12}$

$\therefore a=\frac{1}{12}-\frac{5}{6}=\frac{1}{12}-\frac{10}{12}=-\frac{9}{12}=-\frac{3}{4}$

$-\frac{3}{4}+(-1)+b=\frac{1}{12}$에서 $-\frac{7}{4}+b=\frac{1}{12}$

$\therefore b=\frac{1}{12}+\frac{7}{4}=\frac{1}{12}+\frac{21}{12}=\frac{22}{12}=\frac{11}{6}$

$\frac{11}{6}+c+\frac{1}{4}=\frac{1}{12}$에서 $\frac{22}{12}+c+\frac{3}{12}=\frac{1}{12}$, $c+\frac{25}{12}=\frac{1}{12}$

$\therefore c=\frac{1}{12}-\frac{25}{12}=-\frac{24}{12}=-2$

$\therefore a+b+c=-\frac{3}{4}+\frac{11}{6}+(-2)$
$=-\frac{9}{12}+\frac{22}{12}+\left(-\frac{24}{12}\right)=-\frac{11}{12}$

다른 풀이

$b+c+\frac{1}{4}=\frac{1}{12}$에서

$b+c=\frac{1}{12}-\frac{1}{4}=\frac{1}{12}-\frac{3}{12}=-\frac{2}{12}=-\frac{1}{6}$

$\therefore a+b+c=-\frac{3}{4}+\left(-\frac{1}{6}\right)=-\frac{9}{12}+\left(-\frac{2}{12}\right)=-\frac{11}{12}$

0343

정답 $\frac{35}{6}$

❶ a의 값을 구할 수 있다.

$a+\frac{9}{2}=3$이므로 $a=3-\frac{9}{2}=\frac{6}{2}-\frac{9}{2}=-\frac{3}{2}$

❷ b의 값을 구할 수 있다.

$b+\left(-\frac{1}{3}\right)=3$이므로 $b=3-\left(-\frac{1}{3}\right)=\frac{9}{3}+\frac{1}{3}=\frac{10}{3}$

❸ c의 값을 구할 수 있다.

$c+7=3$이므로 $c=3-7=-4$

❹ $a+b-c$의 값을 구할 수 있다.

$\therefore a+b-c=-\frac{3}{2}+\frac{10}{3}-(-4)$
$=-\frac{3}{2}+\frac{10}{3}+4$
$=-\frac{9}{6}+\frac{20}{6}+\frac{24}{6}=\frac{35}{6}$

채점 기준		
❶	a의 값을 구할 수 있다.	25 %
❷	b의 값을 구할 수 있다.	25 %
❸	c의 값을 구할 수 있다.	25 %
❹	$a+b-c$의 값을 구할 수 있다.	25 %

Part C 중단원 마무리

• 본책 070~072쪽

0344

정답 ④

① $(-8)+(+2)=-(8-2)=-6$
② $(-5)+(-9)=-(5+9)=-14$
③ $\left(+\frac{5}{4}\right)+\left(-\frac{1}{2}\right)=\left(+\frac{5}{4}\right)+\left(-\frac{2}{4}\right)=+\left(\frac{5}{4}-\frac{2}{4}\right)=\frac{3}{4}$
④ $\left(-\frac{2}{5}\right)+\left(-\frac{2}{3}\right)=\left(-\frac{6}{15}\right)+\left(-\frac{10}{15}\right)$
$=-\left(\frac{6}{15}+\frac{10}{15}\right)=-\frac{16}{15}$
⑤ $(-4.2)+(+2.6)=-(4.2-2.6)=-1.6$
따라서 옳지 않은 것은 ④이다.

0345

정답 (가) 교환 (나) 결합 (다) -3 (라) $-\frac{5}{2}$

0346

정답 ⑤

① $(+3)+(-15)=-(15-3)=-12$
② $(-2)-(+7)=(-2)+(-7)=-9$
③ $(+3.3)-(-4.4)=(+3.3)+(+4.4)=7.7$
④ $\left(-\frac{1}{3}\right)+\left(+\frac{5}{6}\right)=\left(-\frac{2}{6}\right)+\left(+\frac{5}{6}\right)=\frac{3}{6}=\frac{1}{2}$
⑤ $\left(+\frac{5}{2}\right)-\left(+\frac{4}{3}\right)=\left(+\frac{15}{6}\right)+\left(-\frac{8}{6}\right)=\frac{7}{6}$
따라서 옳지 않은 것은 ⑤이다.

0347 (정답) ㄱ, ㄹ

ㄱ. $(+4)-(-2)=(+4)+(+2)=6$

ㄴ. $(-8)-(+3)=(-8)+(-3)=-11$

ㄷ. $\left(-\frac{5}{8}\right)-\left(-\frac{1}{2}\right)=\left(-\frac{5}{8}\right)+\left(+\frac{4}{8}\right)=-\frac{1}{8}$

ㄹ. $\left(+\frac{3}{4}\right)-\left(+\frac{2}{5}\right)=\left(+\frac{15}{20}\right)+\left(-\frac{8}{20}\right)=\frac{7}{20}$

따라서 계산 결과가 양수인 것은 ㄱ, ㄹ이다.

0348 (정답) ④

0을 나타내는 점에서 왼쪽으로 5만큼 이동한 다음 다시 오른쪽으로 3만큼 이동한 것이 0을 나타내는 점에서 왼쪽으로 2만큼 이동한 것과 같음을 나타내므로 주어진 수직선으로 설명할 수 있는 덧셈식은 $(-5)+(+3)=-2$이다.

0349 (정답) ⑤

$\left(+\frac{3}{5}\right)-\left(+\frac{1}{3}\right)+\left(-\frac{7}{15}\right)-\left(-\frac{3}{5}\right)$

$=\left(+\frac{3}{5}\right)+\left(-\frac{1}{3}\right)+\left(-\frac{7}{15}\right)+\left(+\frac{3}{5}\right)$

$=\left\{\left(+\frac{3}{5}\right)+\left(+\frac{3}{5}\right)\right\}+\left\{\left(-\frac{1}{3}\right)+\left(-\frac{7}{15}\right)\right\}$

$=\left(+\frac{6}{5}\right)+\left\{\left(-\frac{5}{15}\right)+\left(-\frac{7}{15}\right)\right\}$

$=\left(+\frac{6}{5}\right)+\left(-\frac{12}{15}\right)$

$=\left(+\frac{6}{5}\right)+\left(-\frac{4}{5}\right)=\frac{2}{5}$

0350 (정답) ②, ⑤

① $(-6)-(-3)+(+5)=(-6)+(+3)+(+5)$
$=(-6)+\{(+3)+(+5)\}$
$=(-6)+(+8)=2$

② $(+11)-(-2)-(+7)=(+11)+(+2)+(-7)$
$=\{(+11)+(+2)\}+(-7)$
$=(+13)+(-7)=6$

③ $(+4.5)+(-2.3)-(-5)=(+4.5)+(-2.3)+(+5)$
$=\{(+4.5)+(-2.3)\}+(+5)$
$=(+2.2)+(+5)=7.2$

④ $\left(-\frac{1}{3}\right)+(-2)-\left(+\frac{4}{3}\right)=\left(-\frac{1}{3}\right)+(-2)+\left(-\frac{4}{3}\right)$
$=\left\{\left(-\frac{1}{3}\right)+\left(-\frac{4}{3}\right)\right\}+(-2)$
$=\left(-\frac{5}{3}\right)+(-2)$
$=\left(-\frac{5}{3}\right)+\left(-\frac{6}{3}\right)=-\frac{11}{3}$

⑤ $\left(+\frac{1}{4}\right)-\left(-\frac{5}{6}\right)+\left(-\frac{2}{3}\right)=\left(+\frac{1}{4}\right)+\left(+\frac{5}{6}\right)+\left(-\frac{2}{3}\right)$
$=\left\{\left(+\frac{3}{12}\right)+\left(+\frac{10}{12}\right)\right\}+\left(-\frac{2}{3}\right)$
$=\left(+\frac{13}{12}\right)+\left(-\frac{8}{12}\right)=\frac{5}{12}$

따라서 옳은 것은 ②, ⑤이다.

0351 (정답) ④

① $-4+1-6=(-4)+(+1)-(+6)$
$=(-4)+(+1)+(-6)$
$=\{(-4)+(-6)\}+(+1)$
$=(-10)+(+1)=-9$

② $7-9-3+2=(+7)-(+9)-(+3)+(+2)$
$=(+7)+(-9)+(-3)+(+2)$
$=\{(+7)+(+2)\}+\{(-9)+(-3)\}$
$=(+9)+(-12)=-3$

③ $2.8-3.3+1=(+2.8)-(+3.3)+(+1)$
$=(+2.8)+(-3.3)+(+1)$
$=\{(+2.8)+(-3.3)\}+(+1)$
$=(-0.5)+(+1)=0.5$

④ $-\frac{4}{3}+\frac{7}{4}-\frac{5}{6}=\left(-\frac{4}{3}\right)+\left(+\frac{7}{4}\right)-\left(+\frac{5}{6}\right)$
$=\left(-\frac{4}{3}\right)+\left(+\frac{7}{4}\right)+\left(-\frac{5}{6}\right)$
$=\left\{\left(-\frac{8}{6}\right)+\left(-\frac{5}{6}\right)\right\}+\left(+\frac{7}{4}\right)$
$=\left(-\frac{13}{6}\right)+\left(+\frac{7}{4}\right)$
$=\left(-\frac{26}{12}\right)+\left(+\frac{21}{12}\right)=-\frac{5}{12}$

⑤ $\frac{3}{5}-\frac{4}{3}+\frac{1}{15}=\left(+\frac{3}{5}\right)-\left(+\frac{4}{3}\right)+\left(+\frac{1}{15}\right)$
$=\left(+\frac{3}{5}\right)+\left(-\frac{4}{3}\right)+\left(+\frac{1}{15}\right)$
$=\left\{\left(+\frac{9}{15}\right)+\left(+\frac{1}{15}\right)\right\}+\left(-\frac{4}{3}\right)$
$=\left(+\frac{2}{3}\right)+\left(-\frac{4}{3}\right)=-\frac{2}{3}$

따라서 옳은 것은 ④이다.

0352 (정답) $-\frac{5}{6}$

$A=\left(+\frac{5}{6}\right)-\left(+\frac{2}{3}\right)+(+2)$

$=\left(+\frac{5}{6}\right)+\left(-\frac{2}{3}\right)+(+2)$

$=\left\{\left(+\frac{5}{6}\right)+\left(-\frac{4}{6}\right)\right\}+(+2)$

$=\left(+\frac{1}{6}\right)+(+2)=\left(+\frac{1}{6}\right)+\left(+\frac{12}{6}\right)$

$=\frac{13}{6}$

$B=(+4.8)-(+7)+(+5.2)$
$=(+4.8)+(-7)+(+5.2)$
$=\{(+4.8)+(+5.2)\}+(-7)$
$=(+10)+(-7)=3$

$\therefore A-B=\frac{13}{6}-3=\left(+\frac{13}{6}\right)-(+3)$
$=\left(+\frac{13}{6}\right)+(-3)=\left(+\frac{13}{6}\right)+\left(-\frac{18}{6}\right)$
$=-\frac{5}{6}$

0353
정답 $\frac{28}{3}$

$A=3-\left(-\frac{7}{3}\right)=3+\frac{7}{3}=\frac{9}{3}+\frac{7}{3}=\frac{16}{3}$

$B=-1+(-3)=-4$

$\therefore A-B=\frac{16}{3}-(-4)=\frac{16}{3}+4=\frac{16}{3}+\frac{12}{3}=\frac{28}{3}$

0354
정답 B, A, D, C

건물 A의 높이를 0 m라 하고, 각 건물의 높이를 부호 + 또는 −를 사용하여 나타내면

건물 B의 높이는 $0-\frac{8}{3}=-\frac{8}{3}$(m)

건물 C의 높이는 $-\frac{8}{3}+8=-\frac{8}{3}+\frac{24}{3}=\frac{16}{3}$(m)

건물 D의 높이는 $\frac{16}{3}-\frac{13}{6}=\frac{32}{6}-\frac{13}{6}=\frac{19}{6}$(m)

따라서 높이가 낮은 건물부터 차례대로 나열하면 B, A, D, C이다.

0355
정답 $-\frac{17}{20}$

$-\frac{1}{3}-a=\frac{1}{15}$에서

$a=-\frac{1}{3}-\frac{1}{15}=-\frac{5}{15}-\frac{1}{15}=-\frac{6}{15}=-\frac{2}{5}$

$b+\left(-\frac{1}{5}\right)=\frac{1}{4}$에서

$b=\frac{1}{4}-\left(-\frac{1}{5}\right)=\frac{1}{4}+\frac{1}{5}=\frac{5}{20}+\frac{4}{20}=\frac{9}{20}$

$\therefore a-b=-\frac{2}{5}-\frac{9}{20}=-\frac{8}{20}-\frac{9}{20}=-\frac{17}{20}$

0356
정답 −3

어떤 수를 □라 하면 $□-\left(-\frac{7}{4}\right)=\frac{1}{2}$

$\therefore □=\frac{1}{2}+\left(-\frac{7}{4}\right)=\frac{2}{4}+\left(-\frac{7}{4}\right)=-\frac{5}{4}$

따라서 바르게 계산하면 $-\frac{5}{4}+\left(-\frac{7}{4}\right)=-\frac{12}{4}=-3$

0357
정답 ③

$|a|=4$이므로 $a=4$ 또는 $a=-4$
$|b|=6$이므로 $b=6$ 또는 $b=-6$
$a+b=4+6=10$ 또는 $a+b=4+(-6)=-2$ 또는
$a+b=-4+6=2$ 또는 $a+b=-4+(-6)=-10$
따라서 $a+b$의 값이 될 수 없는 것은 ③이다.

0358
정답 $\frac{7}{2}$

a의 절댓값이 $\frac{1}{4}$이므로 $a=\frac{1}{4}$ 또는 $a=-\frac{1}{4}$

b의 절댓값이 $\frac{3}{2}$이므로 $b=\frac{3}{2}$ 또는 $b=-\frac{3}{2}$

$a-b$의 값 중 가장 큰 값은 a가 양수, b가 음수일 때이므로

$M=\frac{1}{4}-\left(-\frac{3}{2}\right)=\frac{1}{4}+\frac{3}{2}=\frac{1}{4}+\frac{6}{4}=\frac{7}{4}$

$a-b$의 값 중 가장 작은 값은 a가 음수, b가 양수일 때이므로

$m=-\frac{1}{4}-\frac{3}{2}=-\frac{1}{4}-\frac{6}{4}=-\frac{7}{4}$

$\therefore M-m=\frac{7}{4}-\left(-\frac{7}{4}\right)=\frac{7}{4}+\frac{7}{4}=\frac{14}{4}=\frac{7}{2}$

0359
정답 $\frac{1}{3}$

점 A가 나타내는 수는

$2-\frac{7}{2}+\frac{11}{6}=\frac{12}{6}-\frac{21}{6}+\frac{11}{6}=\frac{2}{6}=\frac{1}{3}$

0360
정답 ④

A 지점의 위치를 0이라 하고 동쪽으로 간 것을 +, 서쪽으로 간 것을 −를 사용하여 나타내면
$0+4-13+5=-4$
따라서 A 지점으로부터 준식이의 위치는 서쪽 4 km 지점이다.

0361
정답 ⑤

$5+2+(-1)=6$이므로
$-1+4+c=6$에서 $3+c=6$ $\therefore c=3$
$a+2+3=6$에서 $a+5=6$ $\therefore a=1$
$5+b+3=6$에서 $b+8=6$ $\therefore b=-2$
$\therefore a+b+c=1+(-2)+3=2$

05 정수와 유리수의 계산 (2)

A 개념 확인하기

• 본책 075, 077쪽

0362

정답 (1) 45 (2) 33 (3) -24 (4) -40 (5) 10 (6) 2 (7) $-\frac{3}{7}$ (8) -4

(1) $(+5)\times(+9)=+(5\times9)=45$

(2) $(-3)\times(-11)=+(3\times11)=33$

(3) $(-12)\times(+2)=-(12\times2)=-24$

(4) $(+8)\times(-5)=-(8\times5)=-40$

(5) $(+2.5)\times(+4)=+(2.5\times4)=10$

(6) $\left(-\frac{5}{4}\right)\times\left(-\frac{8}{5}\right)=+\left(\frac{5}{4}\times\frac{8}{5}\right)=2$

(7) $\left(+\frac{6}{7}\right)\times\left(-\frac{1}{2}\right)=-\left(\frac{6}{7}\times\frac{1}{2}\right)=-\frac{3}{7}$

(8) $(-1.2)\times\left(+\frac{10}{3}\right)=\left(-\frac{6}{5}\right)\times\left(+\frac{10}{3}\right)=-\left(\frac{6}{5}\times\frac{10}{3}\right)=-4$

0363

정답 (1) $-\frac{4}{3}$ (2) 14

(1) $(-0.5)\times\left(+\frac{4}{3}\right)\times(+2)=\left(-\frac{1}{2}\right)\times\left(+\frac{4}{3}\right)\times(+2)$

$=\left\{\left(-\frac{1}{2}\right)\times(+2)\right\}\times\left(+\frac{4}{3}\right)$

$=(-1)\times\left(+\frac{4}{3}\right)=-\frac{4}{3}$

(2) $\left(+\frac{5}{4}\right)\times(-7)\times\left(-\frac{8}{5}\right)=\left\{\left(+\frac{5}{4}\right)\times\left(-\frac{8}{5}\right)\right\}\times(-7)$

$=(-2)\times(-7)=14$

0364

정답 (1) 25 (2) -16 (3) 1 (4) $-\frac{1}{8}$

(1) $(-5)^2=(-5)\times(-5)=25$

(2) $-4^2=-(4\times4)=-16$

(3) $(-1)^4=(-1)\times(-1)\times(-1)\times(-1)=1$

(4) $\left(-\frac{1}{2}\right)^3=\left(-\frac{1}{2}\right)\times\left(-\frac{1}{2}\right)\times\left(-\frac{1}{2}\right)=-\frac{1}{8}$

0365

정답 (1) $\frac{4}{3}$ (2) 3 (3) $-\frac{5}{2}$ (4) $-\frac{10}{9}$ (5) $\frac{9}{4}$

(1) $(-14)\times\left(-\frac{4}{7}\right)\times\left(+\frac{1}{6}\right)=+\left(14\times\frac{4}{7}\times\frac{1}{6}\right)=\frac{4}{3}$

(2) $\left(+\frac{8}{5}\right)\times\left(-\frac{5}{12}\right)\times\left(-\frac{9}{2}\right)=+\left(\frac{8}{5}\times\frac{5}{12}\times\frac{9}{2}\right)=3$

(3) $\left(+\frac{15}{4}\right)\times\left(-\frac{2}{9}\right)\times(+3)=-\left(\frac{15}{4}\times\frac{2}{9}\times3\right)=-\frac{5}{2}$

(4) $\left(+\frac{2}{3}\right)\times(-12)\times\left(+\frac{5}{6}\right)\times\left(+\frac{1}{6}\right)=-\left(\frac{2}{3}\times12\times\frac{5}{6}\times\frac{1}{6}\right)$

$=-\frac{10}{9}$

(5) $(+12)\times\left(+\frac{5}{8}\right)\times\left(-\frac{3}{7}\right)\times\left(-\frac{7}{10}\right)$

$=+\left(12\times\frac{5}{8}\times\frac{3}{7}\times\frac{7}{10}\right)=\frac{9}{4}$

0366

정답 풀이 참조

(1) $15\times(3+200)=\boxed{15}\times3+15\times\boxed{200}$

$=45+\boxed{3000}=\boxed{3045}$

(2) $23\times4+37\times4=(23+\boxed{37})\times4$

$=\boxed{60}\times4=\boxed{240}$

(3) $(-6.1)\times52+(-6.1)\times48=(-6.1)\times(\boxed{52}+48)$

$=(-6.1)\times\boxed{100}$

$=\boxed{-610}$

0367

정답 (1) 19 (2) -1700

(1) $30\times\left(\frac{4}{5}-\frac{1}{6}\right)=30\times\frac{4}{5}-30\times\frac{1}{6}=24-5=19$

(2) $(-17)\times35+(-17)\times65=(-17)\times(35+65)$

$=(-17)\times100$

$=-1700$

보충 설명

(1)을 분배법칙을 사용하지 않고 계산하면 다음과 같다.

$30\times\left(\frac{4}{5}-\frac{1}{6}\right)=30\times\left(\frac{24}{30}-\frac{5}{30}\right)$

$=30\times\frac{19}{30}=19$

이와 같이 분수를 통분하여 계산하여도 결과는 같지만 분배법칙을 이용하면 계산을 더 간단히 할 수 있다.

0368

정답 (1) 2 (2) 5 (3) -9 (4) -0.7 (5) 3

(1) $(+8)\div(+4)=+(8\div4)=2$

(2) $(-15)\div(-3)=+(15\div3)=5$

(3) $(-54)\div(+6)=-(54\div6)=-9$

(4) $(+4.9)\div(-7)=-(4.9\div7)=-0.7$

(5) $(-2.7)\div(-0.9)=+(2.7\div0.9)=3$

0369

정답 (1) $\frac{1}{5}$ (2) $\frac{7}{2}$ (3) $-\frac{11}{3}$ (4) $\frac{10}{9}$

(4) $0.9=\frac{9}{10}$이므로 0.9의 역수는 $\frac{10}{9}$이다.

0370

정답 (1) 10 (2) $\frac{10}{3}$ (3) $-\frac{4}{5}$ (4) $-\frac{18}{5}$ (5) $-\frac{1}{4}$

(1) $(-4)\div\left(-\frac{2}{5}\right)=(-4)\times\left(-\frac{5}{2}\right)=10$

(2) $\left(+\frac{15}{4}\right)\div\left(+\frac{9}{8}\right)=\left(+\frac{15}{4}\right)\times\left(+\frac{8}{9}\right)=\frac{10}{3}$

(3) $\left(+\frac{2}{3}\right)\div\left(-\frac{5}{6}\right)=\left(+\frac{2}{3}\right)\times\left(-\frac{6}{5}\right)=-\frac{4}{5}$

(4) $(-2.1)\div\left(+\frac{7}{12}\right)=\left(-\frac{21}{10}\right)\times\left(+\frac{12}{7}\right)=-\frac{18}{5}$

(5) $\left(-\frac{3}{8}\right)\div(+1.5)=\left(-\frac{3}{8}\right)\div\left(+\frac{3}{2}\right)=\left(-\frac{3}{8}\right)\times\left(+\frac{2}{3}\right)$
$=-\frac{1}{4}$

0371

정답 (1) $\frac{1}{20}$ (2) -15 (3) -5 (4) $-\frac{3}{2}$

(1) $\left(-\frac{2}{5}\right)\times\left(-\frac{1}{6}\right)\div\left(+\frac{4}{3}\right)=\left(-\frac{2}{5}\right)\times\left(-\frac{1}{6}\right)\times\left(+\frac{3}{4}\right)$
$=+\left(\frac{2}{5}\times\frac{1}{6}\times\frac{3}{4}\right)=\frac{1}{20}$

(2) $(-12)\div\left(+\frac{2}{3}\right)\times\left(+\frac{5}{6}\right)=(-12)\times\left(+\frac{3}{2}\right)\times\left(+\frac{5}{6}\right)$
$=-\left(12\times\frac{3}{2}\times\frac{5}{6}\right)=-15$

(3) $(-2)\times\left(+\frac{1}{10}\right)\div\left(-\frac{1}{5}\right)^2=(-2)\times\left(+\frac{1}{10}\right)\div\left(+\frac{1}{25}\right)$
$=(-2)\times\left(+\frac{1}{10}\right)\times(+25)$
$=-\left(2\times\frac{1}{10}\times25\right)$
$=-5$

(4) $(-1.4)\div\left(-\frac{7}{4}\right)\times\left(-\frac{15}{8}\right)=\left(-\frac{7}{5}\right)\times\left(-\frac{4}{7}\right)\times\left(-\frac{15}{8}\right)$
$=-\left(\frac{7}{5}\times\frac{4}{7}\times\frac{15}{8}\right)=-\frac{3}{2}$

0372

정답 ㉢, ㉣, ㉡, ㉤, ㉠

0373

정답 (1) 0 (2) 6 (3) -8 (4) -13

(1) $-\frac{1}{3}-\frac{11}{6}\div\left(-\frac{11}{2}\right)=-\frac{1}{3}-\frac{11}{6}\times\left(-\frac{2}{11}\right)$
$=-\frac{1}{3}-\left(-\frac{1}{3}\right)=-\frac{1}{3}+\frac{1}{3}=0$

(2) $9-(2-8)\times\frac{1}{3}-5=9-(-6)\times\frac{1}{3}-5$
$=9-(-2)-5=9+2-5=6$

(3) $(-10)\div\{(-2)+4\times(-1)^2\}-3$
$=(-10)\div\{(-2)+4\times1\}-3$
$=(-10)\div\{(-2)+4\}-3$
$=(-10)\div2-3=-5-3=-8$

(4) $\left(-\frac{1}{4}\right)^2\times32-3^2\div\frac{3}{5}=\frac{1}{16}\times32-9\times\frac{5}{3}=2-15=-13$

PART B 유형별 문제

• 본책 078~087쪽

유형 01 유리수의 곱셈

0374

정답 ③

① $(-8)\times(-6)=+(8\times6)=48$

② $(-7)\times(+4)=-(7\times4)=-28$

③ $\left(-\frac{3}{4}\right)\times(-8)=+\left(\frac{3}{4}\times8\right)=6$

④ $(+1.5)\times(-0.6)=\left(+\frac{3}{2}\right)\times\left(-\frac{3}{5}\right)$
$=-\left(\frac{3}{2}\times\frac{3}{5}\right)=-\frac{9}{10}$

⑤ $\left(+\frac{2}{3}\right)\times\left(-\frac{9}{4}\right)=-\left(\frac{2}{3}\times\frac{9}{4}\right)=-\frac{3}{2}$

따라서 옳은 것은 ③이다.

0375

정답 ④

① $(+3)\times(+4)=+(3\times4)=12$

② $(-5)\times(-7)=+(5\times7)=35$

③ $\left(-\frac{1}{14}\right)\times(+2)=-\left(\frac{1}{14}\times2\right)=-\frac{1}{7}$

④ $\left(+\frac{3}{4}\right)\times\left(-\frac{8}{15}\right)=-\left(\frac{3}{4}\times\frac{8}{15}\right)=-\frac{2}{5}$

⑤ $\left(-\frac{1}{4}\right)\times\left(-\frac{2}{3}\right)=+\left(\frac{1}{4}\times\frac{2}{3}\right)=\frac{1}{6}$

따라서 계산 결과가 가장 작은 것은 ④이다.

0376

정답 $-\frac{1}{2}$

작은 수부터 순서대로 나열하면

$-\frac{4}{7}$, $-\frac{1}{2}$, $-\frac{1}{6}$, $\frac{3}{5}$, $\frac{2}{3}$, $\frac{7}{8}$

따라서 가장 큰 수는 $\frac{7}{8}$, 가장 작은 수는 $-\frac{4}{7}$이므로 구하는 곱은

$\frac{7}{8}\times\left(-\frac{4}{7}\right)=-\left(\frac{7}{8}\times\frac{4}{7}\right)=-\frac{1}{2}$

0377

정답 $-\frac{9}{10}$

❶ a의 값을 구할 수 있다.

$a=\left(-\frac{1}{2}\right)\times\left(+\frac{4}{3}\right)\times\left(-\frac{9}{8}\right)=+\left(\frac{1}{2}\times\frac{4}{3}\times\frac{9}{8}\right)=\frac{3}{4}$

❷ b의 값을 구할 수 있다.

$b=\left(-\frac{8}{3}\right)\times\left(+\frac{9}{20}\right)=-\left(\frac{8}{3}\times\frac{9}{20}\right)=-\frac{6}{5}$

❸ $a\times b$의 값을 구할 수 있다.

$\therefore a\times b=\frac{3}{4}\times\left(-\frac{6}{5}\right)=-\left(\frac{3}{4}\times\frac{6}{5}\right)=-\frac{9}{10}$

채점 기준		
❶	a의 값을 구할 수 있다.	40 %
❷	b의 값을 구할 수 있다.	30 %
❸	$a\times b$의 값을 구할 수 있다.	30 %

유형 02 곱셈의 계산 법칙

0378 (정답) ㉠ 교환법칙 ㉡ 결합법칙

0379 (정답) ⑤

⑤ $-\frac{1}{2}$

0380 (정답) 32

$$(+5)\times(-1.6)\times(-4)=(-1.6)\times(+5)\times(-4)$$
$$=(-1.6)\times\{(+5)\times(-4)\}$$
$$=(-1.6)\times(-20)$$
$$=32$$

유형 03 곱이 가장 큰(작은) 수 만들기

0381 (정답) ①

주어진 네 유리수 중에서 서로 다른 세 수를 뽑아 곱한 값이 가장 작으려면 (음수)×(음수)×(음수) 꼴이어야 하므로 구하는 가장 작은 수는

$$\left(-\frac{5}{4}\right)\times(-6)\times\left(-\frac{8}{3}\right)=-\left(\frac{5}{4}\times6\times\frac{8}{3}\right)=-20$$

보충 설명

네 수 중에서 서로 다른 세 수를 뽑아 곱한 값 중 가장 큰 것과 가장 작은 것 구하기

(1) 음수가 2개, 양수가 2개 주어진 경우
① 곱이 가장 큰 경우 ➡ (음수)×(음수)×(절댓값이 큰 양수)
② 곱이 가장 작은 경우 ➡ (양수)×(양수)×(절댓값이 큰 음수)

(2) 음수가 3개, 양수가 1개 주어진 경우
① 곱이 가장 큰 경우 ➡ (절댓값이 큰 두 음수의 곱)×(양수)
② 곱이 가장 작은 경우 ➡ (음수)×(음수)×(음수)

0382 (정답) $\frac{5}{12}$

주어진 네 유리수 중에서 서로 다른 세 수를 뽑아 곱한 값이 가장 크려면 (양수)×(음수)×(음수) 꼴이어야 한다.
이때 양수는 절댓값이 큰 수이어야 하므로 구하는 가장 큰 수는

$$4\times\left(-\frac{5}{8}\right)\times\left(-\frac{1}{6}\right)=+\left(4\times\frac{5}{8}\times\frac{1}{6}\right)=\frac{5}{12}$$

0383 (정답) -7

곱한 값이 가장 크려면 (음수)×(음수)×(양수) 꼴이어야 한다.
이때 음수는 절댓값이 큰 두 수이어야 하므로

$$a=(-3)\times(-2)\times\left(+\frac{1}{3}\right)=+\left(3\times2\times\frac{1}{3}\right)=2$$

곱한 값이 가장 작으려면 (음수)×(음수)×(음수) 꼴이어야 하므로

$$b=(-3)\times\left(-\frac{3}{2}\right)\times(-2)=-\left(3\times\frac{3}{2}\times2\right)=-9$$

$\therefore a+b=2+(-9)=-7$

유형 04 거듭제곱의 계산

0384 (정답) ⑤

⑤ $-\left(-\frac{3}{2}\right)^3=-\left(-\frac{27}{8}\right)=\frac{27}{8}$

0385 (정답) ④

① $(-2)^3=-8$
② $\left(-\frac{1}{2}\right)^4=\frac{1}{16}$
③ $-3^2=-9$
④ $\left(-\frac{2}{3}\right)^2=\frac{4}{9}$
⑤ $-\left(-\frac{1}{3}\right)^4=-\frac{1}{81}$

따라서 계산 결과가 가장 큰 것은 ④이다.

0386 (정답) $-\frac{1}{32}$

$-\left(\frac{1}{2}\right)^4=-\frac{1}{16}$, $\left(-\frac{1}{2}\right)^2=\frac{1}{4}$, $-\left(-\frac{1}{2}\right)^5=-\left(-\frac{1}{32}\right)=\frac{1}{32}$,
$\left(-\frac{1}{2}\right)^3=-\frac{1}{8}$이므로 $a=\frac{1}{4}$, $b=-\frac{1}{8}$

$\therefore a\times b=\frac{1}{4}\times\left(-\frac{1}{8}\right)=-\frac{1}{32}$

0387 (정답) -10

$$\left(-\frac{1}{4}\right)^2\times\left(-\frac{2}{5}\right)^2\times(-10)^3=\frac{1}{16}\times\frac{4}{25}\times(-1000)$$
$$=-\left(\frac{1}{16}\times\frac{4}{25}\times1000\right)=-10$$

유형 05 $(-1)^n$이 포함된 식의 계산

0388 (정답) ⑤

① $(-1)^4=1$
② $-(-1)^5=-(-1)=1$
③ $\{-(-1)^2\}^2=(-1)^2=1$
④ $-(-1)^3=-(-1)=1$
⑤ $-1^2=-1$

따라서 계산 결과가 나머지 넷과 다른 하나는 ⑤이다.

(참고) ① $(-1)^4=(-1)\times(-1)\times(-1)\times(-1)$
$=+(1\times1\times1\times1)=1$
⑤ $-1^2=-(1\times1)$
$=-1$

0389 (정답) 0

$(-1)+(-1)^2+(-1)^3+\cdots+(-1)^{100}$
$=(-1)+1+(-1)+\cdots+(-1)+1$
$=\{(-1)+1\}+\{(-1)+1\}+\cdots+\{(-1)+1\}$
$=0+0+\cdots+0=0$

0390 (정답) -2

$-(-1)^{32}-(-1)^{21}+(-1)^{55}-(-1)^{10}$
$=-1-(-1)+(-1)-1$
$=-1+1+(-1)-1=-2$

0391 (정답) 3

❶ **$n+1$은 홀수, $n+2$는 짝수임을 알 수 있다.**

n이 짝수이므로 $n+1$은 홀수, $n+2$는 짝수이다.

❷ **주어진 식을 계산할 수 있다.**

$\therefore (-1)^n-(-1)^{n+1}+(-1)^{n+2}=1-(-1)+1$
$=1+1+1=3$

채점 기준		
❶	$n+1$은 홀수, $n+2$는 짝수임을 알 수 있다.	40 %
❷	주어진 식을 계산할 수 있다.	60 %

유형 06 분배법칙

0392 (정답) ②

$a\times(b+c)=a\times b+a\times c$
$=3+(-6)=-3$

0393 (정답) 6631

$65\times101=65\times(100+1)$
$=65\times100+65\times1$
$=6500+65=6565$

따라서 $a=1$, $b=65$, $c=6565$이므로
$a+b+c=1+65+6565=6631$

0394 (정답) 13

$a\times(b-c)=a\times b-a\times c$이므로
$8-a\times c=-5$
$\therefore a\times c=8-(-5)=13$

유형 07 역수

0395 (정답) ④

-3의 역수는 $-\frac{1}{3}$이므로 $a=-\frac{1}{3}$

$1\frac{1}{6}=\frac{7}{6}$의 역수는 $\frac{6}{7}$이므로 $b=\frac{6}{7}$

$\therefore a\times b=\left(-\frac{1}{3}\right)\times\frac{6}{7}=-\frac{2}{7}$

0396 (정답) ③

③ $0.2=\frac{1}{5}$이고 $\frac{1}{5}\times5=1$이므로 0.2와 5는 서로 역수 관계이다.

0397 (정답) $\frac{2}{3}$

❶ **a의 값을 구할 수 있다.**

a의 역수가 -6이므로 $a=-\frac{1}{6}$

❷ **b의 값을 구할 수 있다.**

b의 역수가 $1.2=\frac{6}{5}$이므로 $b=\frac{5}{6}$

❸ **$a+b$의 값을 구할 수 있다.**

$\therefore a+b=\left(-\frac{1}{6}\right)+\frac{5}{6}=\frac{4}{6}=\frac{2}{3}$

채점 기준		
❶	a의 값을 구할 수 있다.	40 %
❷	b의 값을 구할 수 있다.	40 %
❸	$a+b$의 값을 구할 수 있다.	20 %

유형 08 유리수의 나눗셈

0398 (정답) ⑤

② $(-7)\div(-28)=(-7)\times\left(-\frac{1}{28}\right)=\frac{1}{4}$

③ $\left(+\frac{2}{3}\right)\div\left(-\frac{2}{27}\right)=\left(+\frac{2}{3}\right)\times\left(-\frac{27}{2}\right)=-9$

④ $(-0.8)\div(+1.4)=\left(-\frac{4}{5}\right)\div\left(+\frac{7}{5}\right)$
$=\left(-\frac{4}{5}\right)\times\left(+\frac{5}{7}\right)=-\frac{4}{7}$

⑤ $\left(-\frac{4}{5}\right)\div(-2)=\left(-\frac{4}{5}\right)\times\left(-\frac{1}{2}\right)=\frac{2}{5}$

따라서 옳지 않은 것은 ⑤이다.

0399 (정답) $\frac{7}{20}$

$\left(-\frac{6}{5}\right)\div\left(-\frac{3}{10}\right)\div\left(-\frac{16}{3}\right)\div\left(-\frac{15}{7}\right)$
$=\left(-\frac{6}{5}\right)\times\left(-\frac{10}{3}\right)\times\left(-\frac{3}{16}\right)\times\left(-\frac{7}{15}\right)$
$=+\left(\frac{6}{5}\times\frac{10}{3}\times\frac{3}{16}\times\frac{7}{15}\right)=\frac{7}{20}$

0400 (정답) 4

$a=\left(-\frac{4}{3}\right)\div\left(+\frac{4}{9}\right)=\left(-\frac{4}{3}\right)\times\left(+\frac{9}{4}\right)=-3$

$b=\left(+\frac{9}{2}\right)\div\left(-\frac{3}{8}\right)=\left(+\frac{9}{2}\right)\times\left(-\frac{8}{3}\right)=-12$

$\therefore b\div a=(-12)\div(-3)=4$

0401 (정답) ③

$a=\left(-\frac{2}{9}\right)\div\frac{1}{6}\div\left(-\frac{10}{3}\right)=\left(-\frac{2}{9}\right)\times6\times\left(-\frac{3}{10}\right)$
$=+\left(\frac{2}{9}\times6\times\frac{3}{10}\right)=\frac{2}{5}$

따라서 수직선에서 a에 가장 가까운 정수는 0이다.

0402
정답 $-\frac{15}{2}$

$A=\left(-\frac{4}{5}\right)\div\left(+\frac{2}{15}\right)=\left(-\frac{4}{5}\right)\times\left(+\frac{15}{2}\right)=-6$

$B=\left(-\frac{7}{6}\right)\div\left(-\frac{14}{15}\right)=\left(-\frac{7}{6}\right)\times\left(-\frac{15}{14}\right)=\frac{5}{4}$

$\therefore A\times B=(-6)\times\frac{5}{4}=-\frac{15}{2}$

유형 09 곱셈과 나눗셈의 혼합 계산

0403
정답 ④

① $(-3)\times(+4)\div(-2)^3=(-3)\times(+4)\div(-8)$
$=(-3)\times(+4)\times\left(-\frac{1}{8}\right)$
$=+\left(3\times4\times\frac{1}{8}\right)=\frac{3}{2}$

② $(+2)\times\left(-\frac{1}{10}\right)\div\left(-\frac{1}{5}\right)^2=(+2)\times\left(-\frac{1}{10}\right)\div\left(+\frac{1}{25}\right)$
$=(+2)\times\left(-\frac{1}{10}\right)\times(+25)$
$=-\left(2\times\frac{1}{10}\times25\right)=-5$

③ $\left(+\frac{5}{6}\right)\div\left(-\frac{3}{4}\right)\times\left(+\frac{1}{2}\right)=\left(+\frac{5}{6}\right)\times\left(-\frac{4}{3}\right)\times\left(+\frac{1}{2}\right)$
$=-\left(\frac{5}{6}\times\frac{4}{3}\times\frac{1}{2}\right)=-\frac{5}{9}$

④ $\left(-\frac{9}{4}\right)\div\left(-\frac{1}{16}\right)\div(-3^3)=\left(-\frac{9}{4}\right)\div\left(-\frac{1}{16}\right)\div(-27)$
$=\left(-\frac{9}{4}\right)\times(-16)\times\left(-\frac{1}{27}\right)$
$=-\left(\frac{9}{4}\times16\times\frac{1}{27}\right)=-\frac{4}{3}$

⑤ $\left(-\frac{1}{2}\right)^2\times(+6)\div(+24)=\left(+\frac{1}{4}\right)\times(+6)\div(+24)$
$=\left(+\frac{1}{4}\right)\times(+6)\times\left(+\frac{1}{24}\right)$
$=+\left(\frac{1}{4}\times6\times\frac{1}{24}\right)=\frac{1}{16}$

따라서 옳지 않은 것은 ④이다.

0404
정답 $\frac{1}{5}$

$\left(-\frac{3}{4}\right)^2\times(-1.6)\div\left(-\frac{9}{2}\right)=\left(+\frac{9}{16}\right)\times\left(-\frac{8}{5}\right)\div\left(-\frac{9}{2}\right)$
$=\left(+\frac{9}{16}\right)\times\left(-\frac{8}{5}\right)\times\left(-\frac{2}{9}\right)$
$=+\left(\frac{9}{16}\times\frac{8}{5}\times\frac{2}{9}\right)=\frac{1}{5}$

0405
정답 ②

① $(-5)\times(-3)\div(-6)=(-5)\times(-3)\times\left(-\frac{1}{6}\right)$
$=-\left(5\times3\times\frac{1}{6}\right)=-\frac{5}{2}$

② $\frac{7}{4}\div\left(-\frac{2}{9}\right)\times\left(-\frac{8}{3}\right)=\frac{7}{4}\times\left(-\frac{9}{2}\right)\times\left(-\frac{8}{3}\right)$
$=+\left(\frac{7}{4}\times\frac{9}{2}\times\frac{8}{3}\right)=21$

③ $(-3)^2\times\frac{5}{6}\div\frac{1}{2}=9\times\frac{5}{6}\times2=15$

④ $(-1)^3\div\left(-\frac{1}{5}\right)\times\frac{1}{15}=(-1)\times(-5)\times\frac{1}{15}$
$=+\left(1\times5\times\frac{1}{15}\right)=\frac{1}{3}$

⑤ $\left(-\frac{3}{4}\right)\times(-2)^3\div(-3)=\left(-\frac{3}{4}\right)\times(-8)\times\left(-\frac{1}{3}\right)$
$=-\left(\frac{3}{4}\times8\times\frac{1}{3}\right)=-2$

따라서 계산 결과가 가장 큰 것은 ②이다.

0406
정답 $\frac{9}{20}$

❶ A의 값을 구할 수 있다.

$A=\left(+\frac{1}{9}\right)\times(-3)^3\div\left(-\frac{1}{6}\right)=\left(+\frac{1}{9}\right)\times(-27)\times(-6)$
$=+\left(\frac{1}{9}\times27\times6\right)=18$

❷ B의 값을 구할 수 있다.

$B=\left(-\frac{1}{2}\right)^2\times\left(-\frac{3}{25}\right)\div\left(-\frac{6}{5}\right)=\left(+\frac{1}{4}\right)\times\left(-\frac{3}{25}\right)\times\left(-\frac{5}{6}\right)$
$=+\left(\frac{1}{4}\times\frac{3}{25}\times\frac{5}{6}\right)=\frac{1}{40}$

❸ $A\times B$의 값을 구할 수 있다.

$\therefore A\times B=18\times\frac{1}{40}=\frac{9}{20}$

채점 기준		
❶	A의 값을 구할 수 있다.	40 %
❷	B의 값을 구할 수 있다.	40 %
❸	$A\times B$의 값을 구할 수 있다.	20 %

유형 10 곱셈과 나눗셈의 관계

0407
정답 ③

$a=(-9)\div(-12)=(-9)\times\left(-\frac{1}{12}\right)=\frac{3}{4}$

$b=(-16)\times\frac{1}{20}=-\frac{4}{5}$

$\therefore a\times b=\frac{3}{4}\times\left(-\frac{4}{5}\right)=-\frac{3}{5}$

0408
정답 $\frac{6}{5}$

$\square=\left(-\frac{3}{2}\right)\div\left(-\frac{5}{4}\right)=\left(-\frac{3}{2}\right)\times\left(-\frac{4}{5}\right)=\frac{6}{5}$

0409 (정답) $-\frac{7}{4}$

$a=\left(-\frac{15}{24}\right)\div\left(-\frac{5}{6}\right)=\left(-\frac{15}{24}\right)\times\left(-\frac{6}{5}\right)=\frac{3}{4}$

$b=\frac{1}{4}\div\left(-\frac{7}{12}\right)=\frac{1}{4}\times\left(-\frac{12}{7}\right)=-\frac{3}{7}$

$\therefore a\div b=\frac{3}{4}\div\left(-\frac{3}{7}\right)=\frac{3}{4}\times\left(-\frac{7}{3}\right)=-\frac{7}{4}$

0410 (정답) 6

$\left(-\frac{5}{4}\right)\div\square\times\left(-\frac{3}{10}\right)=\frac{1}{16}$에서

$\left(-\frac{5}{4}\right)\div\square=\frac{1}{16}\div\left(-\frac{3}{10}\right)=\frac{1}{16}\times\left(-\frac{10}{3}\right)=-\frac{5}{24}$

즉, $\left(-\frac{5}{4}\right)\div\square=-\frac{5}{24}$이므로

$\square=\left(-\frac{5}{4}\right)\div\left(-\frac{5}{24}\right)=\left(-\frac{5}{4}\right)\times\left(-\frac{24}{5}\right)=6$

유형 11 덧셈, 뺄셈, 곱셈, 나눗셈의 혼합 계산

0411 (정답) ④

(주어진 식)$=-8+(-6)\div\left(\frac{2}{3}-1\right)\times\frac{1}{2}$

$=-8+(-6)\div\left(-\frac{1}{3}\right)\times\frac{1}{2}$

$=-8+(-6)\times(-3)\times\frac{1}{2}$

$=-8+9=1$

0412 (정답) (1) ㉣, ㉤, ㉢, ㉡, ㉠ (2) $\frac{19}{12}$

(2) (주어진 식)$=\frac{1}{4}-\left[\frac{2}{3}-\left(-\frac{1}{16}\right)\div\left\{\left(-\frac{1}{8}\right)\times\frac{1}{4}\right\}\right]$

$=\frac{1}{4}-\left\{\frac{2}{3}-\left(-\frac{1}{16}\right)\div\left(-\frac{1}{32}\right)\right\}$

$=\frac{1}{4}-\left\{\frac{2}{3}-\left(-\frac{1}{16}\right)\times(-32)\right\}$

$=\frac{1}{4}-\left(\frac{2}{3}-2\right)=\frac{1}{4}-\left(-\frac{4}{3}\right)$

$=\frac{3}{12}+\frac{16}{12}=\frac{19}{12}$

0413 (정답) $-\frac{1}{8}$

$A=(-2)^2\times\left\{\left(1-\frac{1}{2}\right)\times(-4)+\frac{5}{2}\right\}\div\left(-\frac{1}{4}\right)$

$=4\times\left\{\frac{1}{2}\times(-4)+\frac{5}{2}\right\}\times(-4)$

$=4\times\left\{(-2)+\frac{5}{2}\right\}\times(-4)$

$=4\times\frac{1}{2}\times(-4)=-8$

따라서 A의 역수는 $-\frac{1}{8}$이다.

0414 (정답) ⑤

① $-\frac{1}{3}-\frac{7}{6}\div\left(-\frac{7}{2}\right)=-\frac{1}{3}-\frac{7}{6}\times\left(-\frac{2}{7}\right)$

$=-\frac{1}{3}-\left(-\frac{1}{3}\right)$

$=-\frac{1}{3}+\frac{1}{3}=0$

② $3-(2-8)\times\frac{1}{3}-5=3-(-6)\times\frac{1}{3}-5$

$=3-(-2)-5$

$=3+2-5=0$

③ $-4-(-8)\div2=-4-(-4)=-4+4=0$

④ $1-\left(-\frac{5}{8}\right)\times0.5\times\left(-\frac{16}{5}\right)=1-\left(-\frac{5}{8}\right)\times\frac{1}{2}\times\left(-\frac{16}{5}\right)$

$=1-1=0$

⑤ $(-2)^2-2^2\times\frac{1}{3}\div4=4-4\times\frac{1}{3}\times\frac{1}{4}=4-\frac{1}{3}=\frac{11}{3}$

따라서 계산 결과가 나머지 넷과 다른 하나는 ⑤이다.

0415 (정답) ②

(주어진 식)$=\left\{\frac{5}{12}-(-27+24)\times\frac{1}{9}\right\}\div\left(-\frac{9}{10}\right)$

$=\left\{\frac{5}{12}-(-3)\times\frac{1}{9}\right\}\div\left(-\frac{9}{10}\right)$

$=\left\{\frac{5}{12}-\left(-\frac{1}{3}\right)\right\}\div\left(-\frac{9}{10}\right)$

$=\frac{3}{4}\div\left(-\frac{9}{10}\right)=\frac{3}{4}\times\left(-\frac{10}{9}\right)$

$=-\frac{5}{6}$

0416 (정답) 6

$a=\left\{1-\left(-\frac{2}{3}\right)^2\div\left(-\frac{2}{9}\right)\right\}\div\frac{1}{2}$

$=\left\{1-\frac{4}{9}\times\left(-\frac{9}{2}\right)\right\}\div\frac{1}{2}$

$=\{1-(-2)\}\div\frac{1}{2}=3\times2=6$

$b=\frac{3}{5}\times\left\{\left(-\frac{1}{4}\right)+\frac{1}{2}\right\}\div(-3)$

$=\frac{3}{5}\times\frac{1}{4}\div(-3)$

$=\frac{3}{5}\times\frac{1}{4}\times\left(-\frac{1}{3}\right)=-\frac{1}{20}$

따라서 $-\frac{1}{20}<x<6$을 만족하는 정수 x는 0, 1, 2, 3, 4, 5의 6개이다.

유형 12 바르게 계산한 답 구하기

0417 정답 ①

어떤 유리수를 □라 하면 $\square\times\frac{1}{3}=-\frac{1}{4}$

$\therefore \square=\left(-\frac{1}{4}\right)\div\frac{1}{3}=\left(-\frac{1}{4}\right)\times3=-\frac{3}{4}$

따라서 바르게 계산하면

$\left(-\frac{3}{4}\right)\div\frac{1}{3}=\left(-\frac{3}{4}\right)\times3=-\frac{9}{4}$

0418 정답 $\frac{7}{2}$

❶ **어떤 유리수를 □로 놓고 잘못 계산한 식을 세울 수 있다.**

어떤 유리수를 □라 하면 $\square\div\left(-\frac{7}{3}\right)=\frac{9}{14}$

❷ **어떤 유리수 □의 값을 구할 수 있다.**

$\therefore \square=\frac{9}{14}\times\left(-\frac{7}{3}\right)=-\frac{3}{2}$

❸ **바르게 계산한 답을 구할 수 있다.**

따라서 바르게 계산하면

$\left(-\frac{3}{2}\right)\times\left(-\frac{7}{3}\right)=\frac{7}{2}$

채점 기준		
❶	어떤 유리수를 □로 놓고 잘못 계산한 식을 세울 수 있다.	30 %
❷	어떤 유리수 □의 값을 구할 수 있다.	40 %
❸	바르게 계산한 답을 구할 수 있다.	30 %

0419 정답 $\frac{5}{18}$

$-\frac{3}{5}$의 역수는 $-\frac{5}{3}$이므로 어떤 수를 □라 하면

$\left(-\frac{5}{3}\right)\times\square=10$

$\therefore \square=10\div\left(-\frac{5}{3}\right)=10\times\left(-\frac{3}{5}\right)=-6$

따라서 바르게 계산하면

$\left(-\frac{5}{3}\right)\div(-6)=\left(-\frac{5}{3}\right)\times\left(-\frac{1}{6}\right)=\frac{5}{18}$

발전 유형 13 새로운 연산 기호의 계산

0420 정답 ⑤

$\frac{1}{2}\blacklozenge\frac{2}{3}=\frac{1}{2}\times\left(\frac{1}{2}+\frac{2}{3}\right)=\frac{1}{2}\times\left(\frac{3}{6}+\frac{4}{6}\right)$

$=\frac{1}{2}\times\frac{7}{6}=\frac{7}{12}$

$\therefore \frac{5}{12}\blacklozenge\left(\frac{1}{2}\blacklozenge\frac{2}{3}\right)=\frac{5}{12}\blacklozenge\frac{7}{12}$

$=\frac{5}{12}\times\left(\frac{5}{12}+\frac{7}{12}\right)$

$=\frac{5}{12}\times1=\frac{5}{12}$

0421 정답 -6

$\left(-\frac{2}{3}\right)☆\frac{5}{6}=9\div\left\{\left(-\frac{2}{3}\right)-\frac{5}{6}\right\}=9\div\left\{\left(-\frac{4}{6}\right)-\frac{5}{6}\right\}$

$=9\div\left(-\frac{3}{2}\right)=9\times\left(-\frac{2}{3}\right)=-6$

0422 정답 $\frac{1}{3}$

❶ **$\left(-\frac{5}{4}\right)\circ\frac{3}{2}$을 계산할 수 있다.**

$\left(-\frac{5}{4}\right)\circ\frac{3}{2}=\left(-\frac{5}{4}\right)\div\frac{3}{2}+1=\left(-\frac{5}{4}\right)\times\frac{2}{3}+1$

$=-\frac{5}{6}+1=\frac{1}{6}$

❷ **$(-4)\triangle\left\{\left(-\frac{5}{4}\right)\circ\frac{3}{2}\right\}$을 계산할 수 있다.**

$\therefore (-4)\triangle\left\{\left(-\frac{5}{4}\right)\circ\frac{3}{2}\right\}=(-4)\triangle\frac{1}{6}$

$=(-4)\times\frac{1}{6}+1$

$=-\frac{2}{3}+1=\frac{1}{3}$

채점 기준		
❶	$\left(-\frac{5}{4}\right)\circ\frac{3}{2}$을 계산할 수 있다.	50 %
❷	$(-4)\triangle\left\{\left(-\frac{5}{4}\right)\circ\frac{3}{2}\right\}$을 계산할 수 있다.	50 %

유형 14 수의 부호 판별하기

0423 정답 ③

③ $a<0$, $b<0$이므로 $-a>0$, $-b>0$

$\therefore -a-b=(-a)+(-b)>0$

⑤ $a<0$, $b<0$이므로 $a^2>0$, $-b>0$

$\therefore a^2-b=a^2+(-b)>0$

따라서 옳지 않은 것은 ③이다.

0424 정답 ③

① 부호를 알 수 없다.

②, ④, ⑤ 음수

따라서 항상 양수인 것은 ③이다.

BIBLE SAYS

$a<0$, $b>0$이므로 $a=-1$, $b=1$과 같이 적당한 수를 대입하여 주어진 수의 부호를 판단할 수 있다.

그런데 ① $a+b$는 $|a|>|b|$이면 음수, $|a|<|b|$이면 양수, $|a|=|b|$이면 0으로 수에 따라 부호가 달라지는 경우도 있어 주의해야 한다.

0425

(정답) ③, ⑤

①, ② 부호를 알 수 없다.

③ $a-b+c=a+(-b)+c=$(음수)+(음수)+(음수)<0

④ $a\times b\times c=$(음수)×(양수)×(음수)>0

⑤ $(-a)\div b\times c=$(양수)÷(양수)×(음수)<0

따라서 옳은 것은 ③, ⑤이다.

유형 15 유리수의 부호 결정

0426

(정답) ③

$a\times b<0$이므로 a, b는 서로 다른 부호이다.

이때 $a-b>0$이므로 $a>b$ $\quad\therefore a>0,\ b<0$

$b\div c>0$이므로 b, c는 서로 같은 부호이다. $\quad\therefore c<0$

0427

(정답) ③

$a\times b<0$이므로 a, b는 서로 다른 부호이다.

이때 $a>b$이므로 $a>0$, $b<0$

③ $-b>0$이므로 $a-b=a+(-b)>0$

0428

(정답) ⑤

$b\times c<0$이므로 b, c는 서로 다른 부호이다.

이때 $b-c<0$이므로 $b<c$ $\quad\therefore b<0,\ c>0$

$a\times b>0$이므로 a, b는 서로 같은 부호이다. $\quad\therefore a<0$

발전유형 16 수직선에서 유리수의 혼합 계산의 활용

0429

(정답) $-\frac{1}{4}$

두 점 사이의 거리는

$\frac{1}{3}-\left(-\frac{5}{6}\right)=\frac{1}{3}+\frac{5}{6}=\frac{2}{6}+\frac{5}{6}=\frac{7}{6}$

따라서 구하는 수는

$-\frac{5}{6}+\frac{7}{6}\times\frac{1}{2}=-\frac{5}{6}+\frac{7}{12}=-\frac{10}{12}+\frac{7}{12}=-\frac{3}{12}=-\frac{1}{4}$

다른 풀이

$\frac{1}{3}-\frac{7}{6}\times\frac{1}{2}=\frac{1}{3}-\frac{7}{12}=\frac{4}{12}-\frac{7}{12}=-\frac{3}{12}=-\frac{1}{4}$

0430

(정답) $\frac{13}{18}$

두 점 A, B 사이의 거리는

$\frac{7}{2}-\left(-\frac{2}{3}\right)=\frac{7}{2}+\frac{2}{3}=\frac{21}{6}+\frac{4}{6}=\frac{25}{6}$

두 점 A, C 사이의 거리는

$\frac{25}{6}\times\frac{1}{3}=\frac{25}{18}$

따라서 점 C가 나타내는 수는

$-\frac{2}{3}+\frac{25}{18}=-\frac{12}{18}+\frac{25}{18}=\frac{13}{18}$

0431

(정답) 5

❶ 두 점 A, P 사이의 거리를 구할 수 있다.

두 점 A, P 사이의 거리는

$\frac{1}{6}-\left(-\frac{9}{4}\right)=\frac{1}{6}+\frac{9}{4}=\frac{2}{12}+\frac{27}{12}=\frac{29}{12}$

❷ 두 점 A, Q 사이의 거리를 구할 수 있다.

두 점 A, Q 사이의 거리는

$\frac{29}{12}\times 3=\frac{29}{4}$

❸ 점 Q가 나타내는 수를 구할 수 있다.

따라서 점 Q가 나타내는 수는

$-\frac{9}{4}+\frac{29}{4}=\frac{20}{4}=5$

채점 기준		
❶	두 점 A, P 사이의 거리를 구할 수 있다.	30 %
❷	두 점 A, Q 사이의 거리를 구할 수 있다.	30 %
❸	점 Q가 나타내는 수를 구할 수 있다.	40 %

발전유형 17 실생활에서 유리수의 혼합 계산의 활용

0432

(정답) ②

선아는 4번 이기고 3번 졌으므로 선아의 위치는

$4\times(+3)+3\times(-1)=12+(-3)=9$

진우는 3번 이기고 4번 졌으므로 진우의 위치는

$3\times(+3)+4\times(-1)=9+(-4)=5$

따라서 선아와 진우의 위치의 차는 $9-5=4$

0433

(정답) ③

$6\times(+3)+5\times(+1)+3\times(-2)=18+5+(-6)=17$(점)

0434

(정답) 38점

민준이는 3문제는 맞히고 2문제는 틀렸으므로

민준이가 얻은 점수는

$3\times(+4)+2\times(-2)=12+(-4)=8$(점)

따라서 민준이의 점수는 $30+8=38$(점)

발전유형 18 규칙이 있는 유리수의 혼합 계산

0435

(정답) $\frac{1}{21}$

$\left(-\frac{1}{2}\right)\times\left(-\frac{2}{3}\right)\times\left(-\frac{3}{4}\right)\times\cdots\times\left(-\frac{20}{21}\right)$

$=+\left(\frac{1}{2}\times\frac{2}{3}\times\frac{3}{4}\times\cdots\times\frac{20}{21}\right)$ ← 음수가 20개이므로 +

$=\frac{1}{21}$

(참고) 각 수의 절댓값의 곱은

$\frac{1}{2}\times\frac{2}{3}\times\frac{3}{4}\times\cdots\times\frac{20}{21}$과 같이 앞의 분수의 분모와 뒤의 분수의 분자가 서로 약분되므로 첫 번째 분수의 분자와 마지막 분수의 분모만 남게 되어 그 값은 $\frac{1}{21}$이 된다.

0436
(정답) -48

$\left(\frac{1}{3}-1\right)+\left(\frac{1}{5}-\frac{1}{3}\right)+\left(\frac{1}{7}-\frac{1}{5}\right)+\cdots+\left(\frac{1}{49}-\frac{1}{47}\right)$

$=-1+\frac{1}{49}=-\frac{48}{49}$

$\therefore$ (주어진 식)$=-\frac{48}{49}\times 49=-48$

C 중단원 마무리
• 본책 088~090쪽

0437
(정답) ④

①, ②, ③, ⑤ -6　　④ -3

따라서 계산 결과가 나머지 넷과 다른 하나는 ④이다.

0438
(정답) 10

주어진 네 유리수 중에서 서로 다른 세 수를 뽑아 곱한 값이 가장 크려면 (음수)×(음수)×(양수) 꼴이어야 한다.

이때 양수는 절댓값이 큰 수이어야 하므로 구하는 가장 큰 수는

$\left(-\frac{5}{6}\right)\times(-4)\times3=+\left(\frac{5}{6}\times4\times3\right)=10$

0439
(정답) -1

n이 홀수이므로 $n+2$도 홀수이다.

$\therefore -1^n-(-1)^{n+2}+(-1)^n=-1-(-1)+(-1)$

$=-1+1+(-1)=-1$

0440
(정답) -110

$(-2.1)\times53+(-2.1)\times47=(-2.1)\times(53+47)$

$=(-2.1)\times100=-210$

따라서 $a=100$, $b=-210$이므로

$a+b=100+(-210)=-110$

0441
(정답) ④

$a\times(b-c)=a\times b-a\times c$이므로 $a\times b-\left(-\frac{1}{12}\right)=\frac{5}{6}$

$\therefore a\times b=\frac{5}{6}+\left(-\frac{1}{12}\right)=\frac{10}{12}+\left(-\frac{1}{12}\right)=\frac{9}{12}=\frac{3}{4}$

0442
(정답) $\frac{9}{7}$

두 수의 곱이 1일 때, 한 수는 다른 수의 역수이다.

$-1.4=-\frac{7}{5}$, $1\frac{1}{3}=\frac{4}{3}$, $\frac{4}{5}$가 적힌 면과 마주 보는 면에 적힌 수는 각각 $-\frac{5}{7}$, $\frac{3}{4}$, $\frac{5}{4}$이므로 구하는 합은

$-\frac{5}{7}+\frac{3}{4}+\frac{5}{4}=-\frac{5}{7}+2=-\frac{5}{7}+\frac{14}{7}=\frac{9}{7}$

0443
(정답) ③

ㄱ. $\left(-\frac{2}{3}\right)\div\frac{4}{9}\times\frac{3}{4}=\left(-\frac{2}{3}\right)\times\frac{9}{4}\times\frac{3}{4}=-\frac{9}{8}$

ㄴ. $(-2)\div(-10)\times(-15)=(-2)\times\left(-\frac{1}{10}\right)\times(-15)$

$=-3$

ㄷ. $\left(-\frac{1}{4}\right)^2\times8\div\left(-\frac{4}{3}\right)=\frac{1}{16}\times8\times\left(-\frac{3}{4}\right)=-\frac{3}{8}$

ㄹ. $\left(-\frac{4}{5}\right)\div\frac{7}{12}\times\left(-\frac{7}{4}\right)=\left(-\frac{4}{5}\right)\times\frac{12}{7}\times\left(-\frac{7}{4}\right)=\frac{12}{5}$

따라서 옳은 것은 ㄴ, ㄷ이다.

0444
(정답) ②

① $\square=\frac{9}{7}\div3=\frac{9}{7}\times\frac{1}{3}=\frac{3}{7}$

② $\square=4\times\left(-\frac{2}{3}\right)=-\frac{8}{3}$

③ $\square=6\div(-12)=6\times\left(-\frac{1}{12}\right)=-\frac{1}{2}$

④ $\square=\frac{3}{4}\div\left(-\frac{5}{2}\right)=\frac{3}{4}\times\left(-\frac{2}{5}\right)=-\frac{3}{10}$

⑤ $\square=\left(-\frac{1}{3}\right)\div\frac{8}{15}=\left(-\frac{1}{3}\right)\times\frac{15}{8}=-\frac{5}{8}$

따라서 □ 안에 들어갈 수 중 가장 작은 것은 ②이다.

0445
(정답) ②

① $(-3)^2\times\left(-\frac{1}{12}\right)+\frac{3}{8}=9\times\left(-\frac{1}{12}\right)+\frac{3}{8}=-\frac{3}{4}+\frac{3}{8}$

$=-\frac{6}{8}+\frac{3}{8}=-\frac{3}{8}$

② $\frac{1}{16}\div\left(-\frac{1}{2}\right)^3+(-2)\times\left(-\frac{5}{4}\right)$

$=\frac{1}{16}\times(-8)+(-2)\times\left(-\frac{5}{4}\right)$

$=-\frac{1}{2}+\frac{5}{2}=\frac{4}{2}=2$

③ $-5+\left\{1-\left(-\frac{1}{3}\right)\times\frac{1}{2}\right\}\div\frac{7}{12}=-5+\left(1+\frac{1}{6}\right)\div\frac{7}{12}$

$=-5+\frac{7}{6}\times\frac{12}{7}$

$=-5+2=-3$

④ $(-1)^5+\left(-\frac{1}{2}\right)^2+\left(-\frac{3}{4}\right)\div\frac{6}{5}=-1+\frac{1}{4}+\left(-\frac{3}{4}\right)\times\frac{5}{6}$

$=-1+\frac{1}{4}+\left(-\frac{5}{8}\right)$

$=-\frac{3}{4}+\left(-\frac{5}{8}\right)$

$=-\frac{6}{8}+\left(-\frac{5}{8}\right)$

$=-\frac{11}{8}$

⑤ $\left(-\frac{4}{5}\right)\div\left\{\frac{7}{5}\times\left(-\frac{6}{7}\right)\right\}\times\frac{9}{4}=\left(-\frac{4}{5}\right)\div\left(-\frac{6}{5}\right)\times\frac{9}{4}$

$=\left(-\frac{4}{5}\right)\times\left(-\frac{5}{6}\right)\times\frac{9}{4}=\frac{3}{2}$

따라서 계산 결과가 가장 큰 것은 ②이다.

0446

정답 -4

어떤 유리수를 □라 하면 $□+\left(-\frac{1}{6}\right)=\frac{1}{2}$

$\therefore □=\frac{1}{2}-\left(-\frac{1}{6}\right)=\frac{1}{2}+\frac{1}{6}=\frac{3}{6}+\frac{1}{6}=\frac{4}{6}=\frac{2}{3}$

따라서 바르게 계산하면

$\frac{2}{3}\div\left(-\frac{1}{6}\right)=\frac{2}{3}\times(-6)=-4$

0447

정답 $-\frac{18}{5}$

$\frac{1}{2}◆\frac{7}{3}=\frac{1}{2}\div\left(\frac{7}{3}-2\right)=\frac{1}{2}\div\frac{1}{3}=\frac{1}{2}\times3=\frac{3}{2}$

$\therefore \left(-\frac{4}{5}\right)★\left(\frac{1}{2}◆\frac{7}{3}\right)=\left(-\frac{4}{5}\right)★\frac{3}{2}=\left(-\frac{4}{5}\right)\times\left(\frac{3}{2}+3\right)$

$=\left(-\frac{4}{5}\right)\times\frac{9}{2}=-\frac{18}{5}$

0448

정답 -1

$a=\left\{\left(-\frac{4}{3}\right)^2+1\right\}\div\left(-\frac{5}{3}\right)=\left(\frac{16}{9}+1\right)\div\left(-\frac{5}{3}\right)$

$=\frac{25}{9}\times\left(-\frac{3}{5}\right)=-\frac{5}{3}$

$b=-\frac{1}{2}-\left\{-1+\frac{5}{4}\times\left(\frac{2}{5}\right)^2\right\}=-\frac{1}{2}-\left(-1+\frac{5}{4}\times\frac{4}{25}\right)$

$=-\frac{1}{2}-\left(-1+\frac{1}{5}\right)=-\frac{1}{2}-\left(-\frac{4}{5}\right)$

$=-\frac{5}{10}+\frac{8}{10}=\frac{3}{10}$

따라서 $-\frac{5}{3}<x<\frac{3}{10}$을 만족하는 정수 x의 값은 -1, 0이므로 구하는 합은 $-1+0=-1$이다.

0449

정답 ④

$a=-\frac{1}{2}$을 대입하면

② $\frac{1}{a}=1\div a=1\div\left(-\frac{1}{2}\right)=1\times(-2)=-2$

③ $a^2=\left(-\frac{1}{2}\right)^2=\frac{1}{4}$

④ $\frac{1}{a^2}=1\div a^2=1\div\left(-\frac{1}{2}\right)^2=1\div\frac{1}{4}=1\times4=4$

⑤ $a^3=\left(-\frac{1}{2}\right)^3=-\frac{1}{8}$

따라서 가장 큰 수는 ④이다.

0450

정답 ①

① $a+b=0$

0451

정답 ⑤

$a\times b>0$이므로 a, b는 서로 같은 부호이다.

$a\div c<0$이므로 a, c는 서로 다른 부호이다.

이때 $a>c$이므로 $a>0$, $b>0$, $c<0$

① $a+b>0$

②, ③ 부호를 알 수 없다.

④ $-c>0$이므로 $a-c=a+(-c)>0$

⑤ $-b<0$이므로 $c-b=c+(-b)<0$

따라서 항상 음수인 것은 ⑤이다.

0452

정답 $\frac{2}{3}$

두 점 A, B 사이의 거리는

$\frac{5}{4}-\left(-\frac{5}{3}\right)=\frac{5}{4}+\frac{5}{3}=\frac{15}{12}+\frac{20}{12}=\frac{35}{12}$

따라서 점 C가 나타내는 수는

$\frac{5}{4}-\frac{35}{12}\times\frac{1}{5}=\frac{5}{4}-\frac{7}{12}=\frac{15}{12}-\frac{7}{12}=\frac{8}{12}=\frac{2}{3}$

0453

정답 14점

$-2+5\times2+3\times2+3\times2-6=-2+10+6+6-6$

$=14$(점)

0454

정답 $-\frac{9}{10}$

한 번에 놓인 세 수의 곱이

$\frac{1}{4}\times\frac{5}{7}\times\left(-\frac{4}{5}\right)=-\left(\frac{1}{4}\times\frac{5}{7}\times\frac{4}{5}\right)=-\frac{1}{7}$

$A\times\left(-\frac{3}{8}\right)\times\left(-\frac{4}{5}\right)=-\frac{1}{7}$이므로 $A\times\frac{3}{10}=-\frac{1}{7}$

$\therefore A=-\frac{1}{7}\div\frac{3}{10}=-\frac{1}{7}\times\frac{10}{3}=-\frac{10}{21}$

즉 A의 역수는 $-\frac{21}{10}$

$A\times B\times\frac{1}{4}=-\frac{1}{7}$이므로

$-\frac{10}{21}\times B\times\frac{1}{4}=-\frac{1}{7}$, $B\times\left(-\frac{5}{42}\right)=-\frac{1}{7}$

$\therefore B=-\frac{1}{7}\div\left(-\frac{5}{42}\right)=-\frac{1}{7}\times\left(-\frac{42}{5}\right)=\frac{6}{5}$

따라서 구하는 합은

$-\frac{21}{10}+\frac{6}{5}=-\frac{21}{10}+\frac{12}{10}=-\frac{9}{10}$

0455

정답 $-\frac{1}{30}$

$\left(\frac{1}{2}-1\right)\times\left(\frac{1}{3}-1\right)\times\left(\frac{1}{4}-1\right)\times\cdots\times\left(\frac{1}{30}-1\right)$

$=\left(-\frac{1}{2}\right)\times\left(-\frac{2}{3}\right)\times\left(-\frac{3}{4}\right)\times\cdots\times\left(-\frac{29}{30}\right)$

$=-\left(\frac{1}{2}\times\frac{2}{3}\times\frac{3}{4}\times\cdots\times\frac{29}{30}\right)=-\frac{1}{30}$

음수가 29개이므로

06 문자의 사용과 식

A 개념 확인하기

• 본책 093, 095쪽

0456

정답 (1) $(a+5)$세 (2) $(x\div3)$ cm
(3) $(700\times a+500\times b)$원 (4) $(x\times y)$ cm^2
(5) $(60\times x)$ km (6) $\left(\frac{7}{100}\times x\right)$ g

0457

정답 (1) $-2x^2y$ (2) $0.1ab$ (3) $5a(x+y)$
(4) $-3a+7b$

0458

정답 (1) $\frac{x-y}{3}$ (2) $-\frac{4}{a+b}$ (3) $\frac{a}{5}-b$ (4) $\frac{x}{2y}$

(4) $x\div y\div2=x\times\frac{1}{y}\times\frac{1}{2}=\frac{x}{2y}$

0459

정답 (1) $\frac{3x}{y}$ (2) $-\frac{6a}{b}$ (3) $-5x-\frac{y}{4}$ (4) $\frac{2x}{a+b}$

(4) $x\div(a+b)\times2=x\times\frac{1}{a+b}\times2=\frac{2x}{a+b}$

0460

정답 (1) 9 (2) 25 (3) 1 (4) -1 (5) -4

(1) $2x-1=2\times5-1=10-1=9$

(2) $-3x+4=-3\times(-7)+4=21+4=25$

(3) $8x+5=8\times\left(-\frac{1}{2}\right)+5=-4+5=1$

(4) $\frac{9}{x}-4=\frac{9}{3}-4=3-4=-1$

(5) $x^2+5x=(-4)^2+5\times(-4)=16-20=-4$

0461

정답 (1) 7 (2) -13 (3) 9 (4) 6

(1) $5a+b=5\times1+2=5+2=7$

(2) $2x-3y=2\times(-2)-3\times3=-4-9=-13$

(3) $x^2+4y=5^2+4\times(-4)=25-16=9$

(4) $12p-30pq=12\times\frac{1}{3}-30\times\frac{1}{3}\times\left(-\frac{1}{5}\right)=4+2=6$

0462

정답 (1) x, -1 (2) $2x$, $3y$ (3) x^2, $3x$, -7
(4) $\frac{1}{4}a$, $-5b$, -1

0463

정답 (1) 6 (2) -1 (3) -3 (4) $\frac{5}{3}$

0464 정답 (1) a의 계수: 2 (2) x의 계수: $-\frac{1}{5}$, y의 계수: -4

(3) x^2의 계수: 1, x의 계수: $-\frac{5}{6}$

(4) a^2의 계수: -0.2, a의 계수: 0.5

0465 정답 (1) 1 (2) 2 (3) 1 (4) 3

0466 정답 (1) ○ (2) ○ (3) × (4) × (5) × (6) ○

(3) 상수항의 차수는 0이므로 일차식이 아니다.
(4) 분모에 문자가 있으므로 일차식이 아니다.
(5) 다항식의 차수가 2이므로 일차식이 아니다.

0467 정답 (1) $-14a$ (2) $6x$ (3) $-3y$ (4) $6x$

(4) $15x\div\frac{5}{2}=15x\times\frac{2}{5}=6x$

0468 정답 (1) $6x+2$ (2) $-8+4y$ (3) $-2x+3$ (4) $-12b-15$

(3) $(8x-12)\div(-4)=(8x-12)\times\left(-\frac{1}{4}\right)=-2x+3$

(4) $(-4b-5)\div\frac{1}{3}=(-4b-5)\times3=-12b-15$

0469 정답 (1) $3a$ (2) $-7y$ (3) $\frac{5}{9}x-5$ (4) $3y+7$

(3) $-\frac{1}{9}x-5+\frac{2}{3}x=-\frac{1}{9}x+\frac{6}{9}x-5=\frac{5}{9}x-5$

0470 정답 (1) $11x+5$ (2) $6x-4$ (3) $-4x+7$ (4) $-4x$ (5) $9x-2$ (6) $\frac{9}{10}x+\frac{13}{10}$

(2) $(2x+1)-(5-4x)=2x+1-5+4x=6x-4$

(3) $-(x+2)+3(-x+3)=-x-2-3x+9=-4x+7$

(4) $-\frac{1}{3}(3x-6)-\frac{1}{5}(15x+10)=-x+2-3x-2=-4x$

(5) $4x-\{x-2(3x-1)\}=4x-(x-6x+2)$
$=4x-(-5x+2)$
$=4x+5x-2=9x-2$

(6) $\frac{x+1}{2}+\frac{2x+4}{5}=\frac{5(x+1)+2(2x+4)}{10}=\frac{5x+5+4x+8}{10}$
$=\frac{9x+13}{10}=\frac{9}{10}x+\frac{13}{10}$

PART B 유형별 문제

• 본책 096~109쪽

유형 01 곱셈 기호와 나눗셈 기호의 생략

0471 정답 ⑤

⑤ $x\div(4\div y)\times3=x\div\frac{4}{y}\times3=x\times\frac{y}{4}\times3=\frac{3xy}{4}$

0472 정답 ②

$a\div b\div c=a\times\frac{1}{b}\times\frac{1}{c}=\frac{a}{bc}$

① $a\div(b\div c)=a\div\frac{b}{c}=a\times\frac{c}{b}=\frac{ac}{b}$

② $a\div(b\times c)=a\div bc=a\times\frac{1}{bc}=\frac{a}{bc}$

③ $a\times b\div c=a\times b\times\frac{1}{c}=\frac{ab}{c}$

④ $a\div b\times c=a\times\frac{1}{b}\times c=\frac{ac}{b}$

⑤ $a\times b\times c=abc$

따라서 $a\div b\div c$와 같은 것은 ②이다.

0473 정답 ④

$\frac{5x^2+2y}{3ab}=(5x^2+2y)\div3ab=(5\times x\times x+2\times y)\div(3\times a\times b)$

유형 02 문자를 사용하여 식으로 나타내기-비율, 단위, 수

0474 정답 ④

① x L ⇨ $1000x$ mL

② a m b cm ⇨ $100\times a+b=100a+b$ (cm)

③ x원의 10 % ⇨ $x\times\frac{10}{100}=\frac{1}{10}x$(원)

⑤ 3 kg의 a %, 즉 3000 g의 a % ⇨ $3000\times\frac{a}{100}=30a$ (g)

따라서 옳은 것은 ④이다.

0475 정답 $100x+10y+3$

$x\times100+y\times10+3\times1=100x+10y+3$

0476 정답 ④

④ 나누어준 연필의 수는 $7\times x=7x$이므로 남은 연필의 수는 $50-7x$

⑤ $a\times0.1+b\times0.01=0.1a+0.01b$

따라서 옳지 않은 것은 ④이다.

0477

정답 $100-\frac{3}{5}x+\frac{2}{5}y$

❶ 올해 남자 회원 수를 x를 사용한 식으로 나타낼 수 있다.

올해 남자 회원 수는 $60-60\times\frac{x}{100}=60-\frac{3}{5}x$

❷ 올해 여자 회원 수를 y를 사용한 식으로 나타낼 수 있다.

올해 여자 회원 수는 $40+40\times\frac{y}{100}=40+\frac{2}{5}y$

❸ 올해 전체 회원 수를 x, y를 사용한 식으로 나타낼 수 있다.

따라서 올해 전체 회원 수는

$\left(60-\frac{3}{5}x\right)+\left(40+\frac{2}{5}y\right)=100-\frac{3}{5}x+\frac{2}{5}y$

채점 기준		
❶	올해 남자 회원 수를 x를 사용한 식으로 나타낼 수 있다.	40 %
❷	올해 여자 회원 수를 y를 사용한 식으로 나타낼 수 있다.	40 %
❸	올해 전체 회원 수를 x, y를 사용한 식으로 나타낼 수 있다.	20 %

유형 03 문자를 사용하여 식으로 나타내기-도형

0478

정답 ④

① (정삼각형의 둘레의 길이)$=3\times x=3x$ (cm)

② (삼각형의 넓이)$=\frac{1}{2}\times 2\times x=x$ (cm^2)

③ (정사각형의 넓이)$=x\times x=x^2$ (cm^2)

④ (직사각형의 둘레의 길이)$=2\times(x+y)=2(x+y)$ (cm)

⑤ (평행사변형의 넓이)$=x\times y=xy$ (cm^2)

따라서 옳은 것은 ④이다.

0479

정답 $\frac{1}{2}(a+b)h$

(사다리꼴의 넓이)$=\frac{1}{2}\times(a+b)\times h=\frac{1}{2}(a+b)h$

0480

정답 ③

텃밭은 가로의 길이가 $100-3=97$ (m),

세로의 길이가 $(70-x)$ m인 직사각형이므로 텃밭의 넓이는

$97\times(70-x)=97(70-x)$ (m^2)

0481

정답 (1) $(6x+6y+2xy)$ cm^2 (2) $3xy$ cm^3

(1) (직육면체의 겉넓이)$=2\times3\times x+2\times3\times y+2\times x\times y$

$=6x+6y+2xy$ (cm^2)

(2) (직육면체의 부피)$=3\times x\times y=3xy$ (cm^3)

0482

정답 ①

그림과 같이 주어진 사각형을 두 개의 삼각형으로 나누면

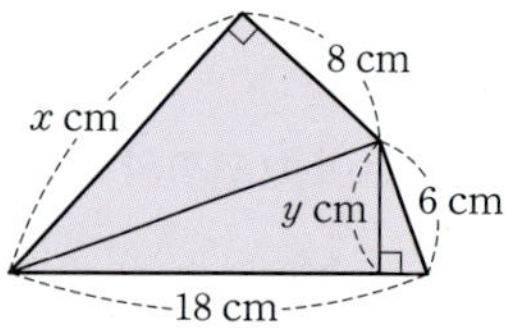

(사각형의 넓이)

$=\frac{1}{2}\times x\times 8+\frac{1}{2}\times 18\times y$

$=4x+9y$ (cm^2)

유형 04 문자를 사용하여 식으로 나타내기-가격

0483

정답 ②

(할인 금액)$=1500\times\frac{x}{100}=15x$(원)이므로

(판매 가격)$=$(정가)$-$(할인 금액)$=1500-15x$(원)

0484

정답 $(20000-900a-1300b)$원

우유 a개의 가격은 $900\times a=900a$(원)

빵 b개의 가격은 $1300\times b=1300b$(원)

따라서 구하는 거스름돈은 $20000-900a-1300b$(원)

0485

정답 $(50000+2a+8b)$원

장미를 추가로 $7-5=2$(송이) 구매하였으므로

장미의 추가 비용은 $2\times a=2a$(원)

튤립을 추가로 $8-4=4$(송이) 구매하였으므로

튤립의 추가 비용은 $4\times 2b=8b$(원)

따라서 지불해야 하는 비용은 $(50000+2a+8b)$원

0486

정답 ④

5개에 x원인 사탕 한 개의 가격은 $\frac{x}{5}$원이고, 2개에 y원인 초콜릿 한 개의 가격은 $\frac{y}{2}$원이다.

따라서 구하는 가격의 합은 $\frac{x}{5}\times4+\frac{y}{2}\times3=\frac{4}{5}x+\frac{3}{2}y$(원)

0487

정답 $(2800-20x-8y)$원

❶ 공책의 가격을 x를 사용한 식으로 나타낼 수 있다.

공책의 할인받은 금액은 $2000\times\frac{x}{100}=20x$(원)이므로

(공책의 가격)$=2000-20x$(원)

❷ 연필의 가격을 y를 사용한 식으로 나타낼 수 있다.

연필의 할인받은 금액은 $800\times\frac{y}{100}=8y$(원)이므로

(연필의 가격)$=800-8y$(원)

❸ 지불해야 하는 총 금액을 x, y를 사용한 식으로 나타낼 수 있다.

따라서 지불해야 하는 총 금액은

$(2000-20x)+(800-8y)=2800-20x-8y$(원)

채점 기준		
❶	공책의 가격을 x를 사용한 식으로 나타낼 수 있다.	40 %
❷	연필의 가격을 y를 사용한 식으로 나타낼 수 있다.	40 %
❸	지불해야 하는 총 금액을 x, y를 사용한 식으로 나타낼 수 있다.	20 %

유형 05 문자를 사용하여 식으로 나타내기-거리, 속력, 시간

0488 정답 ③

(거리)=(속력)×(시간)이므로 시속 6 km로 x시간 동안 간 거리는 $6\times x=6x$ (km)
따라서 구하는 남은 거리는 $(10-6x)$ km

0489 정답 ④

ㄴ. (속력)$=\dfrac{(\text{거리})}{(\text{시간})}$이므로 3시간 동안 일정한 속력으로 x km를 갔을 때의 속력은 시속 $\dfrac{x}{3}$ km이다.

0490 정답 ①

(시간)$=\dfrac{(\text{거리})}{(\text{속력})}$이므로 x km의 거리를 시속 8 km로 갈 때 걸린 시간은 $\dfrac{x}{8}$시간이다.
이때 30분은 $\dfrac{30}{60}=\dfrac{1}{2}$(시간)이므로 전체 걸린 시간은
$\left(\dfrac{x}{8}+\dfrac{1}{2}\right)$시간

0491 정답 ②

시속 60 km는 분속 1000 m이고, 기차가 터널을 완전히 통과할 때까지 움직인 거리는 $(x+700)$ m이다.
이때 (시간)$=\dfrac{(\text{거리})}{(\text{속력})}$이므로 길이가 x m인 기차가 길이가 700 m인 터널을 완전히 통과하는 데 걸린 시간은 $\dfrac{x+700}{1000}$분

참고 시속 60 km ➡ 1시간에 60 km를 간다.
➡ 60분에 60000 m를 간다.
➡ 1분에 1000 m를 간다.
➡ 분속 1000 m

유형 06 문자를 사용하여 식으로 나타내기-농도

0492 정답 ①

(소금의 양)$=\dfrac{(\text{소금물의 농도})}{100}\times$(소금물의 양)이므로

$\dfrac{3}{100}\times x+\dfrac{5}{100}\times y=\dfrac{3}{100}x+\dfrac{1}{20}y$ (g)

0493 정답 ③

(소금물의 농도)$=\dfrac{(\text{소금의 양})}{(\text{소금물의 양})}\times 100$ (%)이므로

$\dfrac{x}{200+x}\times 100=\dfrac{100x}{200+x}$ (%)

0494 정답 (1) $(3a+2b)$ g (2) $\dfrac{3a+2b}{5}$ %

(1) (소금의 양)$=\dfrac{(\text{소금물의 농도})}{100}\times$(소금물의 양)이므로
a %의 소금물 300 g에 들어 있는 소금의 양은
$\dfrac{a}{100}\times 300=3a$ (g)
b %의 소금물 200 g에 들어 있는 소금의 양은
$\dfrac{b}{100}\times 200=2b$ (g)
따라서 새로 만든 소금물에 들어 있는 소금의 양은
$3a+2b$ (g)

(2) (소금물의 농도)$=\dfrac{(\text{소금의 양})}{(\text{소금물의 양})}\times 100$ (%)이므로
새로 만든 소금물의 농도는 $\dfrac{3a+2b}{300+200}\times 100=\dfrac{3a+2b}{5}$ (%)

유형 07 문자를 사용하여 식으로 나타내기-종합

0495 정답 ②

ㄱ. $5+2\times x=5+2x$ (L)
ㄴ. $7000+7000\times\dfrac{a}{100}=7000+70a$(원)
ㄷ. $5\times 10+x\times 1=50+x$
ㄹ. $4\times a+1=4a+1$(명)
따라서 옳은 것은 ㄱ, ㄷ이다.

0496 정답 ③

② (마름모의 넓이)$=\dfrac{1}{2}\times$(두 대각선의 길이의 곱)
$=\dfrac{1}{2}\times a\times a=\dfrac{a^2}{2}$ (cm^2)

③ 시속 a km는 시속 $1000a$ m이고
(거리)=(속력)×(시간)이므로
$1000a\times\dfrac{15}{60}=250a$ (m)

④ (소금의 양)$=\dfrac{(\text{소금물의 농도})}{100}\times$(소금물의 양)이므로
$\dfrac{20}{100}\times a=0.2a$ (g)

⑤ $300-300\times\dfrac{x}{100}=300-3x$

따라서 옳지 않은 것은 ③이다.

유형 08 식의 값 구하기

0497 (정답) -11

$\frac{1}{6}xy-y^2=\frac{1}{6}\times4\times(-3)-(-3)^2$

$=-2-9=-11$

0498 (정답) ②

① $|x|=\left|-\frac{1}{2}\right|=\frac{1}{2}$

② $x^2=\left(-\frac{1}{2}\right)^2=\frac{1}{4}$

③ $2x+3=2\times\left(-\frac{1}{2}\right)+3=-1+3=2$

④ $-\frac{3}{x}=-3\div x=-3\div\left(-\frac{1}{2}\right)=-3\times(-2)=6$

⑤ $1-8x=1-8\times\left(-\frac{1}{2}\right)=1+4=5$

따라서 식의 값이 가장 작은 것은 ②이다.

0499 (정답) ⑤

$\frac{8}{x^2}+2x(3-x^2)=\frac{8}{(-2)^2}+2\times(-2)\times\{3-(-2)^2\}$

$=\frac{8}{4}+2\times(-2)\times(-1)$

$=2+4=6$

0500 (정답) ⑤

$x^2-xy-4y=2^2-2\times\left(-\frac{1}{3}\right)-4\times\left(-\frac{1}{3}\right)$

$=4+\frac{2}{3}+\frac{4}{3}=6$

0501 (정답) ①

$\frac{5}{x}+\frac{2}{y}=5\div x+2\div y$

$=5\div\frac{1}{4}+2\div\left(-\frac{1}{5}\right)$

$=5\times4+2\times(-5)$

$=20-10=10$

0502 (정답) ㄱ, ㄹ

$\frac{1}{5}xy=\frac{1}{5}\times(-3)\times5=-3$

ㄱ. $xy+12=-3\times5+12=-15+12=-3$

ㄴ. $-4x-5y=-4\times(-3)-5\times5=12-25=-13$

ㄷ. $x^3+y^2=(-3)^3+5^2=-27+25=-2$

ㄹ. $\frac{x^2+3y}{x-y}=\frac{(-3)^2+3\times5}{-3-5}=\frac{24}{-8}=-3$

따라서 $\frac{1}{5}xy$와 식의 값이 같은 것은 ㄱ, ㄹ이다.

0503 (정답) ④

$\frac{5x}{x^2+y}+\frac{24}{xy}=\frac{5\times3}{3^2+(-4)}+\frac{24}{3\times(-4)}$

$=\frac{15}{5}+\frac{24}{-12}$

$=3+(-2)=1$

0504 (정답) -31

$\frac{3}{a}+\frac{4}{b}-\frac{8}{c}=3\div a+4\div b-8\div c$

$=3\div\frac{1}{3}+4\div\left(-\frac{1}{2}\right)-8\div\frac{1}{4}$

$=3\times3+4\times(-2)-8\times4$

$=9-8-32=-31$

유형 09 식이 주어진 경우 식의 값 구하기

0505 (정답) 125 m

$50+40t-5t^2$에 $t=3$을 대입하면

$50+40\times3-5\times3^2=50+120-45=125$

따라서 물체의 3초 후의 높이는 125 m이다.

0506 (정답) 15 ℃

$\frac{5}{9}(a-32)$에 $a=59$를 대입하면

$\frac{5}{9}\times(59-32)=\frac{5}{9}\times27=15$

따라서 59 ℉를 섭씨온도로 나타내면 15 ℃이다.

0507 (정답) 3340 m

$331+0.6x$에 $x=5$를 대입하면

$331+0.6\times5=331+3=334$

즉, 기온이 5 ℃일 때, 소리의 속력은 초속 334 m이다.

따라서 10초 동안 소리가 이동한 거리는

$334\times10=3340$ (m)

0508 (정답) 76.6

$0.72(x+y)+40.6$에 $x=32$, $y=18$을 대입하면

$0.72\times(32+18)+40.6=0.72\times50+40.6$

$=36+40.6=76.6$

따라서 기온이 32 ℃, 습구 온도가 18 ℃일 때의 불쾌지수는 76.6이다.

유형 10 식이 주어지지 않은 경우 식의 값 구하기

0509
정답 (1) $(19-6h)$ ℃ (2) 4 ℃

(1) 지면에서 h km 높아지면 기온은 $6h$ ℃가 낮아지므로 지면에서 높이가 h km인 곳의 기온은
$(19-6h)$ ℃

(2) $19-6h$에 $h=2.5$를 대입하면
$19-6\times2.5=19-15=4$ (℃)

0510
정답 (1) $8x+8y+2xy$ (2) 94

(1) (직육면체의 겉넓이)$=2\times x\times4+2\times4\times y+2\times x\times y$
$=8x+8y+2xy$

(2) $8x+8y+2xy$에 $x=3$, $y=5$를 대입하면
$8\times3+8\times5+2\times3\times5=24+40+30=94$

0511
정답 (1) $(4+0.5x)$ m (2) 5.5 m

(1) 물의 높이가 1시간에 50 cm씩 줄어들므로 물의 높이는 x시간 동안 $50x$ cm, 즉 $0.5x$ m 줄어든다.
따라서 x시간 전의 수조의 물의 높이는 $(4+0.5x)$ m

(2) $4+0.5x$에 $x=3$을 대입하면
$4+0.5\times3=4+1.5=5.5$
따라서 지금으로부터 3시간 전의 물의 높이는 5.5 m이다.

0512
정답 (1) $(5000x+3000y+4000)$원 (2) 23000원

(1) $5000\times x+3000\times y+1000\times4=5000x+3000y+4000$(원)

(2) $5000x+3000y+4000$에 $x=2$, $y=3$을 대입하면
$5000\times2+3000\times3+4000=10000+9000+4000=23000$
따라서 구하는 입장료의 총액은 23000원이다.

유형 11 다항식

0513
정답 ⑤

⑤ 항은 $3x^2$, $-7x$, 4의 3개이다.

0514
정답 ①, ④

②, ③, ⑤ 단항식이 아닌 다항식이다.

0515
정답 $-\frac{1}{2}$

❶ a의 값을 구할 수 있다.
다항식의 차수는 2이므로 $a=2$

❷ b의 값을 구할 수 있다.
x의 계수는 $\frac{1}{4}$이므로 $b=\frac{1}{4}$

❸ c의 값을 구할 수 있다.
상수항은 -1이므로 $c=-1$

❹ abc의 값을 구할 수 있다.
$\therefore abc=2\times\frac{1}{4}\times(-1)=-\frac{1}{2}$

채점 기준		
❶	a의 값을 구할 수 있다.	30 %
❷	b의 값을 구할 수 있다.	30 %
❸	c의 값을 구할 수 있다.	30 %
❹	abc의 값을 구할 수 있다.	10 %

0516
정답 ⑤

① x^2-3x-2에서 상수항은 -2이다.
② $\frac{4}{x}$는 분모에 문자가 있으므로 다항식이 아니다.
③ $xy-5$에서 항은 xy, -5의 2개이다.
④ $-\frac{x}{2}-2y+1$에서 x의 계수는 $-\frac{1}{2}$이다.
⑤ $7x^2-5x+3$에서 x의 계수는 -5, 상수항은 3이므로 그 합은 $-5+3=-2$
따라서 옳은 것은 ⑤이다.

유형 12 일차식

0517
정답 ①, ④

② 분모에 문자가 있는 식은 다항식이 아니므로 일차식이 아니다.
③ 다항식의 차수가 2이므로 일차식이 아니다.
⑤ 상수항의 차수는 0이므로 일차식이 아니다.
따라서 일차식인 것은 ①, ④이다.

0518
정답 ⑤

⑤ 다항식의 차수가 2이므로 일차식이 아니다.

0519
정답 ④

ㄱ. 상수항의 차수는 0이므로 일차식이 아니다.
ㄹ. 분모에 문자가 있는 식은 다항식이 아니므로 일차식이 아니다.
ㅁ. 다항식의 차수가 3이므로 일차식이 아니다.
따라서 일차식인 것은 ㄴ, ㄷ, ㅂ이다.

0520
정답 ㄱ, ㄷ

ㄱ. 항이 2개인 식은 $3x-2y$, $0.1x+1$의 2개이다.
ㄴ. 상수항이 1인 식은 y^2+x+1, $0.1x+1$의 2개이다.
ㄷ. 일차식은 $3x-2y$, $0.1x+1$, $\frac{x}{2}-\frac{y}{7}-1$의 3개이다.
따라서 옳은 것은 ㄱ, ㄷ이다.

0521
정답 ④

x의 계수가 -3이고 상수항이 7인 x에 대한 일차식은
$-3x+7$
이 식에 $x=2$를 대입하면
$-3\times2+7=1$

유형 13 일차식과 수의 곱셈, 나눗셈

0522
정답 15

$(2x-8)\times\left(-\frac{3}{2}\right)=-3x+12$
따라서 $a=-3$, $b=12$이므로 $b-a=12-(-3)=15$

0523
정답 ⑤

① $4\times(-2x)=-8x$
② $12x\div(-3)=-4x$
③ $-3(x+2)=-3x-6$
④ $\frac{1}{2}(6x-1)=3x-\frac{1}{2}$
⑤ $(8x-6)\div(-2)=(8x-6)\times\left(-\frac{1}{2}\right)=-4x+3$
따라서 옳은 것은 ⑤이다.

0524
정답 -4

❶ 주어진 식을 계산할 수 있다.
$(6x-9)\div\frac{3}{4}=(6x-9)\times\frac{4}{3}=8x-12$
❷ x의 계수와 상수항의 합을 구할 수 있다.
따라서 x의 계수는 8, 상수항은 -12이므로 그 합은
$8+(-12)=-4$

채점 기준		
❶	주어진 식을 계산할 수 있다.	50 %
❷	x의 계수와 상수항의 합을 구할 수 있다.	50 %

0525
정답 ⑤

$-4(1-5x)=-4+20x$
① $4(5x+1)=20x+4$
② $-4(5x-1)=-20x+4$
③ $(4x-10)\div(-5)=(4x-10)\times\left(-\frac{1}{5}\right)=-\frac{4}{5}x+2$
④ $(1-5x)\div\frac{1}{4}=(1-5x)\times4=4-20x$
⑤ $\left(2x-\frac{2}{5}\right)\div\frac{1}{10}=\left(2x-\frac{2}{5}\right)\times10=20x-4$
따라서 계산 결과가 $-4(1-5x)$와 같은 것은 ⑤이다.

0526
정답 $(13x+104)\ \text{cm}^2$

큰 직사각형의 가로의 길이는 $x+2\times4=x+8\ (\text{cm})$,
세로의 길이는 $5+2\times4=13\ (\text{cm})$
따라서 큰 직사각형의 넓이는 $(x+8)\times13=13x+104\ (\text{cm}^2)$

유형 14 동류항

0527
정답 ④

① 차수가 다르므로 동류항이 아니다.
②, ③ 문자가 다르므로 동류항이 아니다.
⑤ $\frac{7}{x}$은 분모에 문자가 있으므로 다항식이 아니다.
따라서 동류항끼리 짝 지어진 것은 ④이다.

0528
정답 ③

0529
정답 2

$\frac{1}{5}x$와 동류항인 것은 $-2x$, $-\frac{x}{3}$의 2개이다.

0530
정답 ㄱ, ㅁ

ㄱ. 상수항끼리는 동류항이다.
ㄴ. 차수가 다르므로 동류항이 아니다.
ㄷ, ㄹ. 문자가 다르므로 동류항이 아니다.
ㅂ. 각 문자의 차수가 다르므로 동류항이 아니다.
따라서 동류항끼리 짝 지어진 것은 ㄱ, ㅁ이다.

유형 15 일차식의 덧셈과 뺄셈

0531
정답 ③

$(3x+2)\times(-2)+(10-5x)\div5$
$=(3x+2)\times(-2)+(10-5x)\times\frac{1}{5}$
$=-6x-4+2-x=-7x-2$
따라서 x의 계수는 -7이고, 상수항은 -2이므로 그 합은
$-7+(-2)=-9$

0532
정답 ①

$\frac{3}{4}(8x-12)-\frac{1}{2}(6x+4)=6x-9-3x-2=3x-11$
따라서 $a=3$, $b=-11$이므로 $ab=3\times(-11)=-33$

0533
정답 ⑤

① $(x+1)+(2x+3)=x+1+2x+3=3x+4$
② $(-x+1)+3(2x-1)=-x+1+6x-3=5x-2$

③ $-(x+3)-2(x-1)=-x-3-2x+2=-3x-1$

④ $(x-2)-\frac{1}{2}(4x+8)=x-2-2x-4=-x-6$

⑤ $\frac{1}{3}(9x+12)-3(2x+1)=3x+4-6x-3=-3x+1$

따라서 옳지 않은 것은 ⑤이다.

0534 정답 10

$5x+a-(bx-2)=5x+a-bx+2=(5-b)x+a+2$

따라서 $5-b=-3$, $a+2=4$이므로 $a=2$, $b=8$

$\therefore a+b=2+8=10$

0535 정답 -7

❶ **주어진 식을 계산할 수 있다.**

$2x-7-(ax+b)=2x-7-ax-b=(2-a)x-7-b$

❷ **a의 값을 구할 수 있다.**

x의 계수가 -1이므로 $2-a=-1$ $\therefore a=3$

❸ **b의 값을 구할 수 있다.**

상수항이 3이므로 $-7-b=3$ $\therefore b=-10$

❹ **$a+b$의 값을 구할 수 있다.**

$\therefore a+b=3+(-10)=-7$

채점 기준		
❶	주어진 식을 계산할 수 있다.	30 %
❷	a의 값을 구할 수 있다.	30 %
❸	b의 값을 구할 수 있다.	30 %
❹	$a+b$의 값을 구할 수 있다.	10 %

유형 16 일차식이 되기 위한 조건

0536 정답 $a=6$, $b\neq-1$

주어진 다항식이 x에 대한 일차식이 되려면

$6-a=0$, $b+1\neq0$이어야 하므로

$a=6$, $b\neq-1$

0537 정답 4

주어진 다항식이 x에 대한 일차식이므로

$a+1=0$ $\therefore a=-1$

또한 상수항이 2이므로

$b-3=2$ $\therefore b=5$

$\therefore a+b=-1+5=4$

0538 정답 2

주어진 다항식이 x에 대한 일차식이므로

$a+\frac{1}{3}=0$, $2-a\neq0$ $\therefore a=-\frac{1}{3}$

따라서 구하는 상수항은 $9a^2+1=9\times\left(-\frac{1}{3}\right)^2+1=2$

0539 정답 $a=-2$, 일차식: $-3x-5$

주어진 다항식이 일차식이 되려면 $2+a=0$이어야 하므로 $a=-2$

따라서 구하는 일차식은

$ax+1-x+3a=-2x+1-x-6$

$=-3x-5$

유형 17 괄호가 여러 개인 일차식의 덧셈과 뺄셈

0540 정답 $4x+11$

$1+2x-\{3x-(4+5x)-6\}=1+2x-(3x-4-5x-6)$

$=1+2x-(-2x-10)$

$=1+2x+2x+10$

$=4x+11$

0541 정답 ④

$5(x-2)-\{3-2x-2(6x+1)\}=5x-10-(3-2x-12x-2)$

$=5x-10-(-14x+1)$

$=5x-10+14x-1$

$=19x-11$

0542 정답 8

$x-\left[4x-\left\{3x+1-\frac{1}{2}(-8x-2)\right\}\right]$

$=x-\{4x-(3x+1+4x+1)\}$

$=x-\{4x-(7x+2)\}$

$=x-(-3x-2)$

$=x+3x+2$

$=4x+2$

따라서 $a=4$, $b=2$이므로 $ab=4\times2=8$

0543 정답 7

$-3x+y-[2x-5y-\{2(x+2y)-(y-x)\}]$

$=-3x+y-\{2x-5y-(2x+4y-y+x)\}$

$=-3x+y-\{2x-5y-(3x+3y)\}$

$=-3x+y-(2x-5y-3x-3y)$

$=-3x+y-(-x-8y)$

$=-3x+y+x+8y$

$=-2x+9y$

따라서 x의 계수는 -2, y의 계수는 9이므로 그 합은

$-2+9=7$

발전유형 18 분수 꼴인 일차식의 덧셈과 뺄셈

0544
정답 ②

$\frac{x+2}{4}-\frac{2x-1}{3}=\frac{3(x+2)-4(2x-1)}{12}$

$=\frac{3x+6-8x+4}{12}$

$=\frac{-5x+10}{12}=-\frac{5}{12}x+\frac{5}{6}$

0545
정답 $\frac{5}{6}$

$\frac{x-3}{6}-0.5(2x+1)=\frac{x-3}{6}-\frac{1}{2}(2x+1)$

$=\frac{x-3-3(2x+1)}{6}$

$=\frac{x-3-6x-3}{6}$

$=\frac{-5x-6}{6}=-\frac{5}{6}x-1$

따라서 x의 계수는 $-\frac{5}{6}$, 상수항은 -1이므로 그 곱은

$\left(-\frac{5}{6}\right)\times(-1)=\frac{5}{6}$

0546
정답 $-\frac{7}{10}x-\frac{1}{5}$

$\frac{-3x+2}{2}+\frac{4x-1}{5}-1=\frac{5(-3x+2)+2(4x-1)-10}{10}$

$=\frac{-15x+10+8x-2-10}{10}$

$=\frac{-7x-2}{10}=-\frac{7}{10}x-\frac{1}{5}$

0547
정답 $\frac{25}{12}$

❶ 주어진 식을 계산할 수 있다.

$\frac{2-x}{3}-\frac{6x-3}{4}+\frac{2x-5}{6}=\frac{4(2-x)-3(6x-3)+2(2x-5)}{12}$

$=\frac{8-4x-18x+9+4x-10}{12}$

$=\frac{-18x+7}{12}=-\frac{3}{2}x+\frac{7}{12}$

❷ $b-a$의 값을 구할 수 있다.

따라서 $a=-\frac{3}{2}$, $b=\frac{7}{12}$이므로

$b-a=\frac{7}{12}-\left(-\frac{3}{2}\right)=\frac{7}{12}+\frac{18}{12}=\frac{25}{12}$

채점 기준		
❶	주어진 식을 계산할 수 있다.	70 %
❷	$b-a$의 값을 구할 수 있다.	30 %

0548
정답 $\frac{3}{5}$

$2x-\frac{3}{5}+\frac{x-4}{3}-\frac{2x-3}{5}=\frac{30x-9+5(x-4)-3(2x-3)}{15}$

$=\frac{30x-9+5x-20-6x+9}{15}$

$=\frac{29x-20}{15}=\frac{29}{15}x-\frac{4}{3}$

따라서 x의 계수는 $\frac{29}{15}$, 상수항은 $-\frac{4}{3}$이므로 그 합은

$\frac{29}{15}+\left(-\frac{4}{3}\right)=\frac{29}{15}-\frac{20}{15}=\frac{3}{5}$

유형 19 일차식의 덧셈과 뺄셈의 활용

0549
정답 ④

(색칠한 부분의 넓이)

=(큰 직사각형의 넓이)−(작은 직사각형의 넓이)

$=5(4x+2)-3(2x-1)$

$=20x+10-6x+3=14x+13$

0550
정답 $(-8x+60)$ m

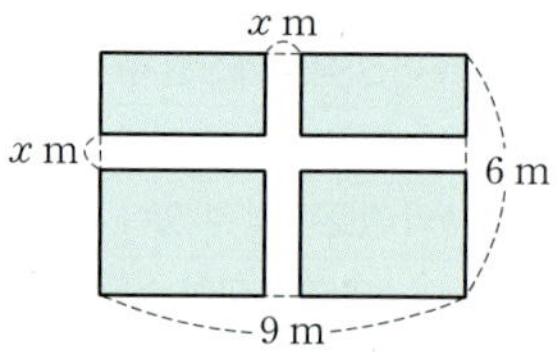

그림에서 가로선의 길이의 합은 $4(9-x)$ m이고, 세로선의 길이의 합은 $4(6-x)$ m이다.

따라서 구하는 네 밭의 둘레의 길이의 합은

$4(9-x)+4(6-x)=36-4x+24-4x$

$=-8x+60$ (m)

0551
정답 $26x+22$

새로 만든 직사각형의 세로의 길이는 $5x+4$,

가로의 길이는 $2(5x+4)-(2x+1)=10x+8-2x-1=8x+7$

따라서 새로 만든 직사각형의 둘레의 길이는

$2\{(5x+4)+(8x+7)\}=2(13x+11)$

$=26x+22$

0552
정답 $(3300x+2600)$원

주연이가 구매한 배는 $(2x-1)$개, 귤은 $(x+5)$개이다.

따라서 주연이가 구매한 과일의 가격의 합은

$800x+900(2x-1)+700(x+5)$

$=800x+1800x-900+700x+3500$

$=3300x+2600$(원)

0553
정답 ①

색칠한 부분의 넓이는 사다리꼴의 넓이에서 삼각형의 넓이를 뺀 것과 같다.

$(\text{사다리꼴의 넓이})=\frac{1}{2}\times\{(x+3)+(2x+5)\}\times 14$

$=7(3x+8)=21x+56$

$(\text{삼각형의 넓이})=\frac{1}{2}\times(2x+5)\times 6=3(2x+5)=6x+15$

따라서 색칠한 부분의 넓이는

$(21x+56)-(6x+15)=21x+56-6x-15$

$=15x+41$

유형 20 문자에 일차식 대입하기

0554
정답 ②

$2A-3B=2(-3x+y)-3(5x-2y)$

$=-6x+2y-15x+6y$

$=-21x+8y$

0555
정답 $-7x-6y$

$A-2B-\frac{1}{3}C=(2x-y)-2(6x+2y)-\frac{1}{3}(-9x+3y)$

$=2x-y-12x-4y+3x-y=-7x-6y$

0556
정답 32

❶ 주어진 식을 계산할 수 있다.

$-A+3B-(4A+2B)=-A+3B-4A-2B$

$=-5A+B$

❷ A, B에 알맞은 식을 대입하고 계산할 수 있다.

이 식에 $A=4x-1$, $B=-x+6$을 대입하면

$-5A+B=-5(4x-1)+(-x+6)$

$=-20x+5-x+6=-21x+11$

❸ $b-a$의 값을 구할 수 있다.

따라서 $a=-21$, $b=11$이므로

$b-a=11-(-21)=11+21=32$

채점 기준		
❶	주어진 식을 계산할 수 있다.	40 %
❷	A, B에 알맞은 식을 대입하고 계산할 수 있다.	40 %
❸	$b-a$의 값을 구할 수 있다.	20 %

0557
정답 8

$3A-\{2A-(A+3B)\}=3A-(2A-A-3B)$

$=3A-(A-3B)$

$=3A-A+3B$

$=2A+3B$

$=2\left(x-\frac{1}{2}y\right)+3\left(\frac{2}{3}x-y\right)$

$=2x-y+2x-3y=4x-4y$

따라서 $a=4$, $b=-4$이므로 $a-b=4-(-4)=4+4=8$

유형 21 어떤 식 구하기

0558
정답 ③

$\square=4a-2b-(3a-b)$

$=4a-2b-3a+b=a-b$

0559
정답 $4x+3y$

어떤 다항식을 $\square$라 하면

$\square-(6x-4y)=-2x+7y$

$\therefore \square=-2x+7y+(6x-4y)=4x+3y$

0560
정답 $13x-15$

$\square=7x-3-3(-2x+4)$

$=7x-3+6x-12=13x-15$

0561
정답 $5x-9$

(가)에서 $A\times 2=14x-6$이므로

$A=(14x-6)\div 2=7x-3$

(나)에서 $-3x+7-B=-5x+1$이므로

$B=-3x+7-(-5x+1)$

$=-3x+7+5x-1=2x+6$

$\therefore A-B=(7x-3)-(2x+6)$

$=7x-3-2x-6=5x-9$

유형 22 바르게 계산한 식 구하기

0562
정답 ⑤

어떤 다항식을 $\square$라 하면

$\square+(-5x+4)=3x-5$

$\therefore \square=3x-5-(-5x+4)$

$=3x-5+5x-4=8x-9$

따라서 바르게 계산하면

$8x-9-(-5x+4)=8x-9+5x-4$

$=13x-13$

0563
정답 ⑤

어떤 다항식을 $\square$라 하면

$\square-(2x-3)=-x+5$

$\therefore \square=-x+5+(2x-3)=x+2$

따라서 바르게 계산하면

$x+2+(2x-3)=3x-1$

0564

정답 $6x+9y-4$

❶ **어떤 다항식을 구할 수 있다.**

어떤 다항식을 $\square$라 하면

$2x+5y-3+\square=-2x+y-2$

$\therefore \square=-2x+y-2-(2x+5y-3)$

$=-2x+y-2-2x-5y+3$

$=-4x-4y+1$

❷ **바르게 계산한 식을 구할 수 있다.**

따라서 바르게 계산하면

$2x+5y-3-(-4x-4y+1)=2x+5y-3+4x+4y-1$

$=6x+9y-4$

채점 기준		
❶	어떤 다항식을 구할 수 있다.	50 %
❷	바르게 계산한 식을 구할 수 있다.	50 %

PART C 중단원 마무리

• 본책 110~112쪽

0565

정답 ④

① $(-0.1)\times a\times b=-0.1ab$

② $x\div3\times y\div4=x\times\frac{1}{3}\times y\times\frac{1}{4}=\frac{xy}{12}$

③ $x\div\frac{1}{y}\div\frac{1}{z}=x\times y\times z=xyz$

④ $5\div(x+y)\times(-x)=5\times\frac{1}{x+y}\times(-x)=-\frac{5x}{x+y}$

⑤ $(a+b)\div(c\div3)=(a+b)\div\frac{c}{3}=(a+b)\times\frac{3}{c}=\frac{3(a+b)}{c}$

따라서 옳은 것은 ④이다.

0566

정답 ⑤

④ (할인 금액)$=1000\times\frac{a}{100}=10a$(원)이므로

(판매 가격)=(정가)−(할인 금액)$=1000-10a$(원)

⑤ 시속 70 km로 x시간 동안 간 거리는 $70\times x=70x$ (km)이므로 남은 거리는 $(300-70x)$ km

따라서 옳지 않은 것은 ⑤이다.

0567

정답 ④

① $x+y=-3+6=3$

② $xy+21=-3\times6+21=-18+21=3$

③ $2x+\frac{3}{2}y=2\times(-3)+\frac{3}{2}\times6=-6+9=3$

④ $\frac{18}{y-x}=\frac{18}{6-(-3)}=\frac{18}{9}=2$

⑤ $\frac{(x-y)^2}{27}=\frac{(-3-6)^2}{27}=\frac{81}{27}=3$

따라서 식의 값이 나머지 넷과 다른 하나는 ④이다.

0568

정답 $\frac{59}{3}$

$\frac{8}{a^3}-\frac{5}{b}-\frac{3}{c^2}=8\div a^3-5\div b-3\div c^2$

$=8\div\left(\frac{2}{3}\right)^3-5\div\frac{5}{2}-3\div\left(-\frac{3}{4}\right)^2$

$=8\times\frac{27}{8}-5\times\frac{2}{5}-3\times\frac{16}{9}$

$=27-2-\frac{16}{3}=\frac{59}{3}$

0569

정답 비만

$\frac{w}{(l-100)\times0.9}\times100$에 $l=164$, $w=72$를 대입하면

$\frac{72}{(164-100)\times0.9}\times100=\frac{72}{64\times0.9}\times100$

$=\frac{72}{57.6}\times100=125\ (\%)$

따라서 구하는 남학생의 비만도는 125 %이므로 비만 정도는 비만이다.

0570

정답 (1) $3x+1$ (2) 46

(1) 정사각형을 1개, 2개, 3개, 4개, ⋯ 만드는 데 필요한 성냥개비의 개수는 각각 4, $4+3$, $4+3\times2$, $4+3\times3$, ⋯

따라서 정사각형을 x개 만드는 데 필요한 성냥개비의 개수는

$4+3(x-1)=4+3x-3$

$=3x+1$

(2) $3x+1$에 $x=15$를 대입하면

$3\times15+1=46$

따라서 정사각형을 15개 만드는 데 필요한 성냥개비의 개수는 46이다.

0571

정답 ②

② $xy+z$의 항은 xy, z의 2개이다.

⑤ $3x^2-2x+4$에서 x의 계수는 -2, 상수항은 4이므로 그 곱은 $-2\times4=-8$

따라서 옳지 않은 것은 ②이다.

0572

정답 ⑤

④ $x^2-\frac{1}{3}(x+3x^2)=x^2-\frac{1}{3}x-x^2=-\frac{1}{3}x$이므로 일차식이다.

⑤ $2(2x-1)-4x=4x-2-4x=-2$이므로 일차식이 아니다.

따라서 일차식이 아닌 것은 ⑤이다.

0573

(정답) ①, ④

② $\frac{1}{a}$은 분모에 문자가 있으므로 다항식이 아니다.

따라서 a와 $\frac{1}{a}$은 동류항이 아니다.

③ $\frac{3}{x}$은 분모에 문자가 있으므로 다항식이 아니다.

따라서 $\frac{3}{x}$과 $\frac{x}{5}$는 동류항이 아니다.

⑤ 각 문자의 차수가 다르므로 동류항이 아니다.

따라서 동류항끼리 짝 지어진 것은 ①, ④이다.

0574

(정답) 7

$(12x-8)\div\frac{4}{3}-\frac{2}{3}(18x+6)=(12x-8)\times\frac{3}{4}-\frac{2}{3}(18x+6)$

$=9x-6-12x-4$

$=-3x-10$

따라서 $a=-3$, $b=-10$이므로

$a-b=-3-(-10)=-3+10=7$

0575

(정답) 20

x의 계수가 -4인 일차식을 $-4x+k$ (k는 상수)라 하자.

이 일차식에 $x=2$를 대입하면 $a=-4\times2+k=-8+k$

$x=-3$을 대입하면 $b=-4\times(-3)+k=12+k$

$\therefore b-a=(12+k)-(-8+k)=12+k+8-k=20$

0576

(정답) ③

$(2x♥y)+2(y▲x)=(2\times2x-3y)+2(-3y+2x)$

$=4x-3y-6y+4x$

$=8x-9y$

따라서 x의 계수는 8, y의 계수는 -9이므로 그 합은

$8+(-9)=-1$

0577

(정답) $-8x-4$

n이 홀수일 때, $n+1$은 짝수이므로

$(-1)^n=-1$, $(-1)^{n+1}=1$

$\therefore (-1)^n(6x+5)-(-1)^{n+1}(2x-1)=-(6x+5)-(2x-1)$

$=-6x-5-2x+1$

$=-8x-4$

0578

(정답) 6

$ax^2+3x+2-3x^2-x+b=(a-3)x^2+2x+(2+b)$

이 식이 x에 대한 일차식이 되려면 $a-3=0$이어야 하므로 $a=3$

또한 상수항이 5이어야 하므로

$2+b=5$　　$\therefore b=3$

$\therefore a+b=3+3=6$

0579

(정답) -7

$\frac{1}{3}(6x-9)-2\left\{\frac{1}{7}(7x-21)-5(x-2)\right\}$

$=2x-3-2(x-3-5x+10)$

$=2x-3-2(-4x+7)$

$=2x-3+8x-14$

$=10x-17$

따라서 x의 계수는 10, 상수항은 -17이므로 그 합은

$10+(-17)=-7$

0580

(정답) ③

$\frac{5x-2}{4}-\frac{2x-7}{5}+\frac{x}{2}=\frac{5(5x-2)-4(2x-7)+10x}{20}$

$=\frac{25x-10-8x+28+10x}{20}$

$=\frac{27x+18}{20}=\frac{27}{20}x+\frac{9}{10}$

따라서 $a=\frac{27}{20}$, $b=\frac{9}{10}$이므로

$a-b=\frac{27}{20}-\frac{9}{10}=\frac{9}{20}$

0581

(정답) $6x+18$

직사각형의 세로의 길이는

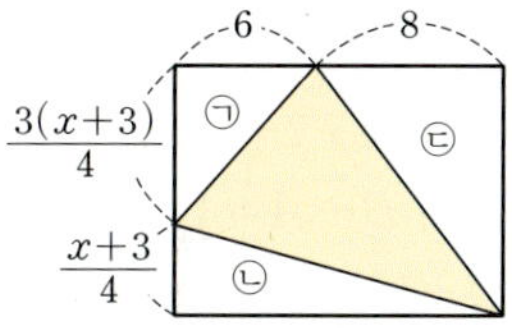

$\frac{3(x+3)}{4}+\frac{x+3}{4}=\frac{3x+9+x+3}{4}$

$=\frac{4x+12}{4}$

$=x+3$

이때 직사각형의 넓이는

$(6+8)\times(x+3)=14(x+3)=14x+42$

(㉠의 넓이)$=\frac{1}{2}\times6\times\frac{3(x+3)}{4}=\frac{9}{4}(x+3)$

(㉡의 넓이)$=\frac{1}{2}\times14\times\frac{x+3}{4}=\frac{7}{4}(x+3)$

(㉢의 넓이)$=\frac{1}{2}\times8\times(x+3)=4(x+3)$

따라서 색칠한 부분의 넓이는

(직사각형의 넓이)$-$(㉠의 넓이)$-$(㉡의 넓이)$-$(㉢의 넓이)

$=(14x+42)-\frac{9}{4}(x+3)-\frac{7}{4}(x+3)-4(x+3)$

$=14x+42-\frac{9}{4}x-\frac{27}{4}-\frac{7}{4}x-\frac{21}{4}-4x-12$

$=6x+18$

0582

(정답) $-2x-22$

$A=\frac{x-3}{2}+\frac{x+1}{3}=\frac{3(x-3)+2(x+1)}{6}$

$=\frac{3x-9+2x+2}{6}=\frac{5x-7}{6}$

$B=\frac{12x+6}{5}\div\frac{3}{5}=\frac{12x+6}{5}\times\frac{5}{3}$

$=4x+2$

$\therefore 3A-\{2-3(5A-B)+6A\}$

$=3A-(2-15A+3B+6A)$

$=3A-(-9A+3B+2)$

$=3A+9A-3B-2$

$=12A-3B-2$

$=12\times\frac{5x-7}{6}-3(4x+2)-2$

$=10x-14-12x-6-2$

$=-2x-22$

0583

정답 $-\frac{17}{14}x+\frac{19}{14}$

$\square=\frac{2(x-4)}{7}-\frac{3x-5}{2}$

$=\frac{4(x-4)-7(3x-5)}{14}$

$=\frac{4x-16-21x+35}{14}$

$=\frac{-17x+19}{14}=-\frac{17}{14}x+\frac{19}{14}$

0584

정답 ①

$A-(2x+1)=3x+7$이므로

$A=3x+7+(2x+1)=5x+8$

이때 $B+A=12x+8$이므로

$B+(5x+8)=12x+8$

$\therefore B=12x+8-(5x+8)$

$=12x+8-5x-8=7x$

0585

정답 $5x+22$

$A+(-8-9x)=-4x-4$이므로

$A=-4x-4-(-8-9x)$

$=-4x-4+8+9x=5x+4$

$B=(-3x+7)+A=-3x+7+5x+4=2x+11$

$C=B+(-4x-4)=2x+11-4x-4=-2x+7$

$\therefore A+B+C=(5x+4)+(2x+11)+(-2x+7)$

$=5x+22$

0586

정답 $-5x+9$

$A+(-3x-7)=-5x+9$이므로

$A=-5x+9-(-3x-7)$

$=-5x+9+3x+7=-2x+16$

$\therefore B=-2x+16-(-3x-7)$

$=-2x+16+3x+7=x+23$

$\therefore 2A-B=2(-2x+16)-(x+23)$

$=-4x+32-x-23=-5x+9$

07 일차방정식의 풀이

PART A 개념 확인하기

본책 115쪽

0587

정답 (1) × (2) ○ (3) × (4) ○

0588

정답 (1) $x-4=2x$ (2) $4x=20$ (3) $800x+1000=5000$

0589

정답 (1) 방 (2) 항 (3) 항 (4) 방

(2) (좌변)$=5x-4x=x$

즉, (좌변)=(우변)이므로 항등식이다.

(3) (좌변)$=6(x+1)=6x+6$

즉, (좌변)=(우변)이므로 항등식이다.

0590

정답 ㄴ, ㄹ

각 방정식에 $x=-1$을 대입하면

ㄱ. $-1+2\neq3$

ㄴ. $4-(-1)=5$

ㄷ. $2\times(-1-1)\neq-6$

ㄹ. $-3\times(-1)=-1+4$

따라서 해가 $x=-1$인 것은 ㄴ, ㄹ이다.

0591

정답 (1) 5 (2) 3 (3) -2 (4) 7

0592

정답 (1) $x=6+2$ (2) $5x-x=7$ (3) $-3x=-11+8$ (4) $4x+x=9-1$

0593

정답 (1) ○ (2) × (3) × (4) ○

0594

정답 (1) $x=-3$ (2) $x=5$ (3) $x=2$ (4) $x=-3$

(1) $5x+2=-13$에서 $5x=-15$ $\therefore x=-3$

(2) $x+7=3(x-1)$에서

$x+7=3x-3$, $-2x=-10$ $\therefore x=5$

(3) $-0.4x+1.4=0.3x$의 양변에 10을 곱하면

$-4x+14=3x$, $-7x=-14$ $\therefore x=2$

(4) $\frac{1}{3}x+\frac{1}{2}=\frac{1}{6}x$의 양변에 6을 곱하면

$2x+3=x$ $\therefore x=-3$

B 유형별 문제

• 본책 116~127쪽

유형 01 등식

0595 (정답) ①, ④

②, ⑤ 부등호가 있으므로 등식이 아니다.

③ 등호가 없으므로 등식이 아니다.

따라서 등식인 것은 ①, ④이다.

0596 (정답) ④

ㄱ. 등호가 없으므로 등식이 아니다.

ㄷ, ㅂ. 부등호가 있으므로 등식이 아니다.

따라서 등식인 것은 ㄴ, ㄹ, ㅁ이다.

0597 (정답) ⑤

⑤ 우변에서 상수항은 1이다.

따라서 옳지 않은 것은 ⑤이다.

유형 02 문장을 등식으로 나타내기

0598 (정답) ④

x에 6을 더하여 2배 한 수는 $2(x+6)$

x의 4배보다 3만큼 작은 수는 $4x-3$

따라서 주어진 문장을 등식으로 나타내면 $2(x+6)=4x-3$

0599 (정답) ②

공책 50권을 x명의 학생들에게 6권씩 나누어 주면 남은 공책의 수는 $50-6x$

따라서 주어진 문장을 등식으로 나타내면 $50-6x=2$

0600 (정답) ⑤

① $3x-2=7$

② 한 변의 길이가 x cm인 정사각형의 둘레의 길이는 $4x$ cm이므로 $4x=36$

③ $\frac{80+x}{2}=72$

④ (거리)=(속력)×(시간)이므로 $4x=50$

따라서 옳은 것은 ⑤이다.

유형 03 방정식의 해

0601 (정답) ⑤

[ ] 안의 수를 각 방정식의 x에 대입하면

① $3\times2-2\neq7$

② $5-5\times(-1)\neq-2$

③ $-3\neq2\times(-3)+4$

④ $4+2\neq3-2\times4$

⑤ $3\times1+(2-1)=4$

따라서 [ ] 안의 수가 주어진 방정식의 해인 것은 ⑤이다.

0602 (정답) ④

각 방정식에 $x=3$을 대입하면

① $2\times3=3+3$

② $3\times3-1=8$

③ $4\times3+1=-3+16$

④ $5-3\neq2\times(3-1)$

⑤ $\frac{1}{3}\times3-7=-2\times3$

따라서 해가 $x=3$이 아닌 것은 ④이다.

0603 (정답) $x=2$

❶ $|x|<3$인 정수 x의 값을 구할 수 있다.

x가 $|x|<3$인 정수이므로 $x=-2, -1, 0, 1, 2$

❷ x의 값을 방정식에 대입할 수 있다.

$x=-2$를 대입하면 $3\times(-2-1)\neq5-(-2)$

$x=-1$을 대입하면 $3\times(-1-1)\neq5-(-1)$

$x=0$을 대입하면 $3\times(0-1)\neq5-0$

$x=1$을 대입하면 $3\times(1-1)\neq5-1$

$x=2$를 대입하면 $3\times(2-1)=5-2$

❸ 방정식의 해를 구할 수 있다.

따라서 주어진 방정식의 해는 $x=2$이다.

채점 기준		
❶	$\lvert x\rvert<3$인 x의 값을 구할 수 있다.	20 %
❷	x의 값을 방정식에 대입할 수 있다.	60 %
❸	방정식의 해를 구할 수 있다.	20 %

0604 (정답) $x=4$

x가 12의 약수이므로 $x=1, 2, 3, 4, 6, 12$

$x=1$을 대입하면 $1-3\times(2\times1-9)\neq7$

$x=2$를 대입하면 $2-3\times(2\times2-9)\neq7$

$x=3$을 대입하면 $3-3\times(2\times3-9)\neq7$

$x=4$를 대입하면 $4-3\times(2\times4-9)=7$

$x=6$을 대입하면 $6-3\times(2\times6-9)\neq7$

$x=12$를 대입하면 $12-3\times(2\times12-9)\neq7$

따라서 주어진 방정식의 해는 $x=4$이다.

유형 04 항등식

0605
정답 ④

④ (좌변)$=2(x-3)=2x-6$
즉, (좌변)$=$(우변)이므로 항등식이다.
따라서 항등식인 것은 ④이다.

0606
정답 3개

ㄷ. (우변)$=2(x+2)+1=2x+5$
즉, (좌변)$=$(우변)이므로 항등식이다.
ㅁ. (좌변)$=4x-(x+2)=4x-x-2=3x-2$
즉, (좌변)$=$(우변)이므로 항등식이다.
ㅂ. (우변)$=3(3-x)=9-3x$
즉, (좌변)$=$(우변)이므로 항등식이다.
따라서 항등식인 것은 ㄷ, ㅁ, ㅂ의 3개이다.

0607
정답 ⑤

x의 값에 관계없이 항상 참인 등식은 항등식이다.
⑤ (우변)$=(x+2)-4x=2-3x$
즉, (좌변)$=$(우변)이므로 항등식이다.

BIBLE SAYS '어떤 등식이 x에 대한 항등식이다.'와 같은 표현

① 모든 x의 값에 대하여 항상 참이다.
② x가 어떤 값을 갖더라도 항상 참이다.
③ x의 값에 관계없이 항상 성립한다.

0608
정답 ⑤

x의 값에 관계없이 항상 성립하는 등식은 항등식이다.
⑤ (좌변)$=3(x+5)-(1-x)=4x+14$
(우변)$=4(x+7)=4x+28$
즉, (좌변)$\neq$(우변)이므로 항등식이 아니다.

유형 05 항등식이 되기 위한 조건

0609
정답 ③

$\frac{1}{2}ax+3b=2x-9$가 x에 대한 항등식이므로
$\frac{1}{2}a=2$, $3b=-9$ $\quad\therefore a=4$, $b=-3$
$\therefore a+b=4+(-3)=1$

0610
정답 ⑤

$-4(5-x)=-20+2ax$에서 $-20+4x=-20+2ax$
이 식이 x에 대한 항등식이므로
$4=2a$ $\quad\therefore a=2$

0611
정답 ④

(좌변)$=2(1-4x)+3=2-8x+3=-8x+5$
따라서 $-8x+5=-7x+A$가 x에 대한 항등식이므로
$A=-8x+5+7x=-x+5$

0612
정답 30

❶ 등식의 좌변을 정리할 수 있다.
(좌변)$=3(2x-3)+a=6x-9+a$
❷ a, b의 값을 구할 수 있다.
따라서 $6x-9+a=bx-4$가 x에 대한 항등식이므로
$6=b$, $-9+a=-4$ $\quad\therefore a=5$, $b=6$
❸ ab의 값을 구할 수 있다.
$\therefore ab=5\times 6=30$

	채점 기준	
❶	등식의 좌변을 정리할 수 있다.	30 %
❷	a, b의 값을 구할 수 있다.	50 %
❸	ab의 값을 구할 수 있다.	20 %

0613
정답 ②

(우변)$=3a(x-1)-bx=3ax-3a-bx=(3a-b)x-3a$
따라서 $9-4x=(3a-b)x-3a$가 x에 대한 항등식이므로
$9=-3a$, $-4=3a-b$
$\therefore a=-3$, $b=-5$
$\therefore \frac{1}{4}(a+b)=\frac{1}{4}\times\{-3+(-5)\}=-2$

유형 06 등식의 성질

0614
정답 ③

① $a=b$의 양변에서 b를 빼면 $a-b=0$
② $4a=-5b$의 양변을 20으로 나누면 $\frac{a}{5}=-\frac{b}{4}$
③ $a=-b$의 양변에 1을 더하면 $a+1=-b+1$
④ $2-a=2-b$의 양변에서 2를 빼면 $-a=-b$
양변에 -1을 곱하면 $a=b$
⑤ $a=\frac{b}{3}$의 양변에 3을 곱하면 $3a=b$
양변에서 2를 빼면 $3a-2=b-2$
따라서 옳지 않은 것은 ③이다.

0615
정답 ④

① $3a+2=1$의 양변에서 2를 빼면 $3a=-1$
② $3a+2=1$의 양변에서 1을 빼면 $3a+1=0$
③ $3a+2=1$의 양변에 2를 곱하면 $6a+4=2$

④ $3a+2=1$의 양변을 3으로 나누면

$\frac{3a+2}{3}=\frac{1}{3}$　　$\therefore a+\frac{2}{3}=\frac{1}{3}$

⑤ $3a+2=1$의 양변에 -1을 곱하면 $-3a-2=-1$

따라서 옳지 않은 것은 ④이다.

0616

정답 ④

① $a=-3b$의 양변에 1을 더하면 $a+1=-3b+1$

② $a=-3b$의 양변을 -3으로 나누면 $-\frac{a}{3}=b$

③ $a=-3b$의 양변에 5를 더하면 $5+a=5-3b$

④ $a=-3b$의 양변에 2를 곱하면 $2a=-6b$

양변에서 3을 빼면 $2a-3=-6b-3$

⑤ $a=-3b$의 양변을 6으로 나누면 $\frac{a}{6}=-\frac{b}{2}$

양변에 9를 더하면 $9+\frac{a}{6}=9-\frac{b}{2}$

따라서 옳지 않은 것은 ④이다.

0617

정답 ④

① $8a=5$의 양변에 3을 더하면 $8a+3=\boxed{8}$

② $-3a=9$의 양변에서 1을 빼면 $-3a-1=\boxed{8}$

③ $\frac{a}{4}=2$의 양변에 4를 곱하면 $a=\boxed{8}$

④ $-\frac{2}{5}a=-12$의 양변에 $-\frac{5}{2}$를 곱하면

$-\frac{2}{5}a\times\left(-\frac{5}{2}\right)=-12\times\left(-\frac{5}{2}\right)$　　$\therefore a=\boxed{30}$

⑤ $3a=12$의 양변에 $\frac{2}{3}$를 곱하면

$3a\times\frac{2}{3}=12\times\frac{2}{3}$　　$\therefore 2a=\boxed{8}$

따라서 나머지 넷과 다른 하나는 ④이다.

0618

정답 ②, ④

① $2a=3b$의 양변에 2를 더하면

$2a+2=3b+2$　　$\therefore 2(a+1)=3b+2$

② $a=-b$의 양변에 -1을 곱하면 $-a=b$

양변에서 1을 빼면 $-a-1=b-1$

③ $\frac{a}{2}=\frac{b}{3}$의 양변에 4를 곱하면 $2a=\frac{4b}{3}$

④ $2a=4b$의 양변을 2로 나누면 $a=2b$

⑤ $a+\frac{1}{2}=-b-\frac{1}{2}$의 양변에서 $\frac{1}{2}$을 빼면 $a=-b-1$

따라서 옳은 것은 ②, ④이다.

0619

정답 ③

$\frac{5a-7}{2}=1.25b+3$의 양변에 4를 곱하면

$10a-14=5b+12$

양변에 14를 더하면 $10a=5b+26$

양변에서 $5b$를 빼면 $10a-5b=26$

양변에 2를 곱하면 $20a-10b=52$

유형 07 등식의 성질을 이용한 방정식의 풀이

0620

정답 (가)－ㄷ, (나)－ㄱ, (다)－ㄹ

(가) 양변에 2를 곱한다. ⇨ ㄷ

(나) 양변에 7을 더한다. ⇨ ㄱ

(다) 양변을 5로 나눈다. ⇨ ㄹ

0621

정답 ③

$\frac{1}{4}x+1=-2$의 양변에서 1을 빼면 $\frac{1}{4}x=-3$

양변에 4를 곱하면 $x=-12$

따라서 주어진 방정식을 푸는 순서로 옳은 것은 ③이다.

0622

정답 ②

② $9+x=11$의 양변에서 9를 빼면 $x=2$

0623

정답 13

$6x-3=21$의 양변에 3을 더하면 $6x-3+\boxed{3}=21+\boxed{3}$

$6x=24$

양변을 6으로 나누면 $\frac{6x}{\boxed{6}}=\frac{24}{\boxed{6}}$

$\therefore x=\boxed{4}$

따라서 (가), (나), (다)에 알맞은 수는 차례대로 3, 6, 4이므로 구하는 합은 $3+6+4=13$

유형 08 이항

0624

정답 ④

① $6x\underline{-4}=8$ ⇨ $6x=8+4$

② $2x=\underline{x}+2$ ⇨ $2x-x=2$

③ $-x\underline{+5}=3$ ⇨ $-x=3-5$

⑤ $4x\underline{+1}=\underline{2x}-3$ ⇨ $4x-2x=-3-1$

따라서 바르게 이항한 것은 ④이다.

0625

정답 ②, ④

$4x+7=-2$에서 7을 이항하면 $4x=-2-7$

따라서 양변에서 7을 빼거나 양변에 -7을 더한 것과 같다.

0626

정답 14

$3x-2=8-x$에서 -2와 $-x$를 이항하면

$3x+x=8+2$ $\therefore 4x=10$

따라서 $a=4$, $b=10$이므로 $a+b=4+10=14$

유형 09 일차방정식

0627

정답 ③

① $x^2+1=x$에서 $x^2-x+1=0$이므로 일차방정식이 아니다.

② 등식이 아니므로 방정식이 아니다.

③ $x^2+2x=x^2-7$에서 $2x+7=0$이므로 일차방정식이다.

④ $6x-1=-2(1-3x)$에서 $1=0$이므로 일차방정식이 아니다.

⑤ $x(x-4)=4x+1$에서 $x^2-8x-1=0$이므로 일차방정식이 아니다.

따라서 일차방정식인 것은 ③이다.

0628

정답 ①

$3-ax=2x-5$에서 $3-ax-2x+5=0$, $(-a-2)x+8=0$

이 등식이 x에 대한 일차방정식이 되려면

$-a-2\neq0$ $\therefore a\neq-2$

따라서 주어진 등식이 일차방정식이 되도록 하는 상수 a의 값이 아닌 것은 -2이다.

0629

정답 ④

$2x^2-3ax+6=bx^2+9x$에서 $(2-b)x^2-(3a+9)x+6=0$

이 등식이 x에 대한 일차방정식이 되려면 $2-b=0$, $3a+9\neq0$이어야 하므로

$a\neq-3$, $b=2$

0630

정답 ㄱ, ㄹ

ㄱ. $5x+1=26$에서 $5x-25=0$이므로 일차방정식이다.

ㄴ. $x+20>50$이므로 부등호를 사용한 식이다.

ㄷ. $x^2=9$에서 $x^2-9=0$이므로 일차방정식이 아니다.

ㄹ. $2\{x+(x+2)\}=14$에서 $4x-10=0$이므로 일차방정식이다.

따라서 x에 대한 일차방정식인 것은 ㄱ, ㄹ이다.

유형 10 괄호가 있는 일차방정식의 풀이

0631

정답 ⑤

$6x-(5x-2)=3(x-3)$에서 $6x-5x+2=3x-9$

$-2x=-11$ $\therefore x=\frac{11}{2}$

0632

정답 ③

① $2x-1=x+3$에서 $x=4$

② $4x-3=2x+7$에서 $2x=10$ $\therefore x=5$

③ $5(x+3)=2x$에서 $5x+15=2x$, $3x=-15$ $\therefore x=-5$

④ $7-6x=4-(x+2)$에서 $7-6x=4-x-2$

$-5x=-5$ $\therefore x=1$

⑤ $-2(2x-1)=3(1-x)$에서 $-4x+2=3-3x$

$-x=1$ $\therefore x=-1$

따라서 해가 가장 작은 것은 ③이다.

0633

정답 ③

$4(x-3)=5(x+2)-19$에서 $4x-12=5x+10-19$

$-x=3$ $\therefore x=-3$

① $x-4=2x$에서 $-x=4$ $\therefore x=-4$

② $4x-3=-11$에서 $4x=-8$ $\therefore x=-2$

③ $1-2x=4-x$에서 $-x=3$ $\therefore x=-3$

④ $2x-6=9-3x$에서 $5x=15$ $\therefore x=3$

⑤ $-3x+1=6x+10$에서 $-9x=9$ $\therefore x=-1$

따라서 주어진 일차방정식과 해가 같은 것은 ③이다.

0634

정답 -9

❶ a의 값을 구할 수 있다.

$4-5x=13-2x$에서 $-3x=9$ $\therefore x=-3$

$\therefore a=-3$

❷ b의 값을 구할 수 있다.

$2\{4-(2x+1)\}=3(4-x)$에서

$2(4-2x-1)=3(4-x)$, $2(3-2x)=3(4-x)$

$6-4x=12-3x$

$-x=6$ $\therefore x=-6$

$\therefore b=-6$

❸ $a+b$의 값을 구할 수 있다.

$\therefore a+b=-3+(-6)=-9$

채점 기준		
❶	a의 값을 구할 수 있다.	30 %
❷	b의 값을 구할 수 있다.	50 %
❸	$a+b$의 값을 구할 수 있다.	20 %

유형 11 계수가 소수인 일차방정식의 풀이

0635 정답 ②

$0.4(3x-5)=0.3x+0.7$의 양변에 10을 곱하면

$4(3x-5)=3x+7$, $12x-20=3x+7$

$9x=27$ $\therefore x=3$

0636 정답 ②

$0.12x+0.9=0.03x$의 양변에 100을 곱하면

$12x+90=3x$, $9x=-90$ $\therefore x=-10$

0637 정답 ④

$0.2(4x+3)=0.5x+2.1$의 양변에 10을 곱하면

$2(4x+3)=5x+21$

$8x+6=5x+21$, $3x=15$ $\therefore x=5$

따라서 $a=5$이므로

$a^2-3a+7=5^2-3\times5+7=17$

0638 정답 ②

$2-0.3(x+1)=0.8(4-x)$의 양변에 10을 곱하면

$20-3(x+1)=8(4-x)$, $20-3x-3=32-8x$

$5x=15$ $\therefore x=3$

따라서 $a=3$이므로 $3x+4=x$

$2x=-4$ $\therefore x=-2$

유형 12 계수가 분수인 일차방정식의 풀이

0639 정답 ⑤

$\frac{2x+1}{3}=\frac{x-3}{4}-1$의 양변에 12를 곱하면

$4(2x+1)=3(x-3)-12$, $8x+4=3x-9-12$

$5x=-25$ $\therefore x=-5$

0640 정답 ③

① $2x=5x-3$에서 $-3x=-3$ $\therefore x=1$

② $18-3(x+4)=0$에서 $18-3x-12=0$

$-3x=-6$ $\therefore x=2$

③ $0.5x-0.7=0.1x+0.5$의 양변에 10을 곱하면

$5x-7=x+5$, $4x=12$ $\therefore x=3$

④ $\frac{1}{2}x+\frac{1}{4}=1$의 양변에 4를 곱하면

$2x+1=4$, $2x=3$ $\therefore x=\frac{3}{2}$

⑤ $\frac{x-2}{3}+\frac{2x-3}{2}=\frac{1}{2}$의 양변에 6을 곱하면

$2(x-2)+3(2x-3)=3$

$2x-4+6x-9=3$, $8x=16$ $\therefore x=2$

따라서 해가 가장 큰 것은 ③이다.

0641 정답 ④

$\frac{x-1}{2}=\frac{x}{5}+\frac{7}{10}$의 양변에 10을 곱하면 $5(x-1)=2x+7$

$5x-5=2x+7$, $3x=12$ $\therefore x=4$

① $2-7x=6-5x$에서 $-2x=4$ $\therefore x=-2$

② $\frac{1}{4}x-\frac{1}{6}=\frac{1}{3}$의 양변에 12를 곱하면

$3x-2=4$, $3x=6$ $\therefore x=2$

③ $3(x-2)=4(x+1)$에서

$3x-6=4x+4$, $-x=10$ $\therefore x=-10$

④ $0.4x-2=0.3x-1.6$의 양변에 10을 곱하면

$4x-20=3x-16$ $\therefore x=4$

⑤ $\frac{x+5}{4}=\frac{x-1}{2}$의 양변에 4를 곱하면

$x+5=2(x-1)$, $x+5=2x-2$

$-x=-7$ $\therefore x=7$

따라서 주어진 일차방정식과 해가 같은 것은 ④이다.

0642 정답 14

❶ **a의 값을 구할 수 있다.**

$\frac{6-x}{5}+1=\frac{x-3}{3}$의 양변에 15를 곱하면

$3(6-x)+15=5(x-3)$, $18-3x+15=5x-15$

$-8x=-48$ $\therefore x=6$

$\therefore a=6$

❷ **b의 값을 구할 수 있다.**

$0.7x+0.3=0.5x-1.3$의 양변에 10을 곱하면

$7x+3=5x-13$, $2x=-16$ $\therefore x=-8$

$\therefore b=-8$

❸ **$a-b$의 값을 구할 수 있다.**

$\therefore a-b=6-(-8)=14$

채점 기준		
❶	a의 값을 구할 수 있다.	40 %
❷	b의 값을 구할 수 있다.	40 %
❸	$a-b$의 값을 구할 수 있다.	20 %

유형 13 계수에 소수와 분수가 혼합된 일차방정식의 풀이

0643 정답 ②

$\frac{1}{2}x-0.6=\frac{2x-4}{5}$에서 $\frac{1}{2}x-\frac{3}{5}=\frac{2x-4}{5}$

양변에 10을 곱하면 $5x-6=2(2x-4)$

$5x-6=4x-8$ $\therefore x=-2$

0644

정답 ⑤

$0.1x-\frac{1}{2}=0.3(x-2)-\frac{3}{4}$에서 $\frac{1}{10}x-\frac{1}{2}=\frac{3}{10}(x-2)-\frac{3}{4}$

양변에 20을 곱하면 $2x-10=6(x-2)-15$

$2x-10=6x-12-15$

$-4x=-17$ $\therefore x=\frac{17}{4}$

0645

정답 ③

$\frac{5-x}{6}+\frac{1}{3}=0.25(2-4x)-1$에서 $\frac{5-x}{6}+\frac{1}{3}=\frac{1}{4}(2-4x)-1$

$\frac{5-x}{6}+\frac{1}{3}=\frac{1}{2}-x-1$

양변에 6을 곱하면 $5-x+2=3-6x-6$

$5x=-10$ $\therefore x=-2$

따라서 $a=-2$이므로

$\frac{1}{2}a+3=\frac{1}{2}\times(-2)+3=2$

0646

정답 5

$\frac{x+5}{5}+0.4(1-2x)=\frac{x}{3}$에서 $\frac{x+5}{5}+\frac{2}{5}(1-2x)=\frac{x}{3}$

양변에 15를 곱하면 $3(x+5)+6(1-2x)=5x$

$3x+15+6-12x=5x$, $-14x=-21$ $\therefore x=\frac{3}{2}$

따라서 $a=\frac{3}{2}$이므로 $4a-1=4\times\frac{3}{2}-1=6-1=5$

0647

정답 5

$\frac{3x-4}{2}=0.5x-7$에서 $\frac{3x-4}{2}=\frac{1}{2}x-7$

양변에 2를 곱하면 $3x-4=x-14$

$2x=-10$ $\therefore x=-5$ $\therefore a=-5$

$0.3(x-1)=\frac{4x+1}{5}$에서 $\frac{3}{10}(x-1)=\frac{4x+1}{5}$

양변에 10을 곱하면 $3(x-1)=2(4x+1)$

$3x-3=8x+2$, $-5x=5$ $\therefore x=-1$ $\therefore b=-1$

$\therefore ab=-5\times(-1)=5$

0648

정답 ④

$0.3x-1=0.1x$의 양변에 10을 곱하면

$3x-10=x$, $2x=10$ $\therefore x=5$

$\therefore a=5$

$\frac{x-2}{4}=\frac{2x-1}{5}$의 양변에 20을 곱하면 $5(x-2)=4(2x-1)$

$5x-10=8x-4$, $-3x=6$ $\therefore x=-2$

$\therefore b=-2$

$\frac{1-x}{2}+0.7=-1.2$의 양변에 10을 곱하면

$5(1-x)+7=-12$, $5-5x+7=-12$

$-5x=-24$ $\therefore x=\frac{24}{5}$

$\therefore c=\frac{24}{5}$

$\therefore ac+b=5\times\frac{24}{5}+(-2)=22$

유형 14 비례식으로 주어진 일차방정식의 풀이

0649

정답 ①

$(x-6):(2x-3)=3:5$에서 $5(x-6)=3(2x-3)$

$5x-30=6x-9$, $-x=21$ $\therefore x=-21$

0650

정답 ②

$(1.2x-0.8):(x+1.2)=1:2$에서 $2(1.2x-0.8)=x+1.2$

$2.4x-1.6=x+1.2$

양변에 10을 곱하면 $24x-16=10x+12$

$14x=28$ $\therefore x=2$

0651

정답 -22

❶ 비례식을 이용하여 일차방정식을 세울 수 있다.

$(4x-5):3=(2x+1):\frac{1}{2}$에서 $\frac{1}{2}(4x-5)=3(2x+1)$

❷ 일차방정식을 만족시키는 x의 값을 구할 수 있다.

양변에 2를 곱하면 $4x-5=6(2x+1)$

$4x-5=12x+6$, $-8x=11$ $\therefore x=-\frac{11}{8}$

❸ $16a$의 값을 구할 수 있다.

따라서 $a=-\frac{11}{8}$이므로 $16a=16\times\left(-\frac{11}{8}\right)=-22$

채점 기준		
❶	비례식을 이용하여 일차방정식을 세울 수 있다.	30 %
❷	일차방정식을 만족시키는 x의 값을 구할 수 있다.	50 %
❸	$16a$의 값을 구할 수 있다.	20 %

유형 15 일차방정식의 해가 주어진 경우

0652

정답 ④

$x+4a=2(x-1)$에 $x=6$을 대입하면

$6+4a=10$, $4a=4$ $\therefore a=1$

0653 ⋯ 정답 4

$\frac{x-a}{2}=\frac{ax-1}{3}+\frac{5}{6}$에 $x=-3$을 대입하면

$\frac{-3-a}{2}=\frac{-3a-1}{3}+\frac{5}{6}$

양변에 6을 곱하면 $3(-3-a)=2(-3a-1)+5$

$-9-3a=-6a-2+5$, $3a=12$ $\therefore a=4$

0654 ⋯ 정답 $x=-1$

$3x+a=4-x$에 $x=-2$를 대입하면

$-6+a=4-(-2)$ $\therefore a=12$

$ax=2(x-5)$에 $a=12$를 대입하면

$12x=2(x-5)$, $12x=2x-10$

$10x=-10$ $\therefore x=-1$

0655 ⋯ 정답 3

$\frac{x+3}{6}-\frac{2x-a}{4}=2$에 $x=3$을 대입하면

$\frac{3+3}{6}-\frac{2\times3-a}{4}=2$, $1-\frac{6-a}{4}=2$

양변에 4를 곱하면 $4-(6-a)=8$

$4-6+a=8$, $a-2=8$

$\therefore a=10$

$4(2x-1)=2(x-b)$에 $x=3$을 대입하면

$4\times(2\times3-1)=2(3-b)$, $20=6-2b$, $2b=-14$

$\therefore b=-7$

$\therefore a+b=10+(-7)=3$

유형 16 두 일차방정식의 해가 같은 경우

0656 ⋯ 정답 4

$5(x-2)=4x-7$에서 $5x-10=4x-7$ $\therefore x=3$

$ax-5=x+4$에 $x=3$을 대입하면

$3a-5=3+4$, $3a=12$ $\therefore a=4$

0657 ⋯ 정답 -3

❶ k의 값을 구할 수 있다.

$\frac{x}{2}-1=\frac{x}{5}-\frac{5}{2}$의 양변에 10을 곱하면

$5x-10=2x-25$, $3x=-15$

$\therefore x=-5$ $\therefore k=-5$

❷ a의 값을 구할 수 있다.

$3(x-1)=4x+a$에 $x=-5$를 대입하면

$-18=-20+a$ $\therefore a=2$

❸ $a+k$의 값을 구할 수 있다.

$\therefore a+k=2+(-5)=-3$

채점 기준		
❶	k의 값을 구할 수 있다.	40 %
❷	a의 값을 구할 수 있다.	40 %
❸	$a+k$의 값을 구할 수 있다.	20 %

0658 ⋯ 정답 $\frac{4}{3}$

$(3-2x):5=(x-6):2$에서 $2(3-2x)=5(x-6)$

$6-4x=5x-30$, $-9x=-36$ $\therefore x=4$

$a(x+1)=2x-a$에 $x=4$를 대입하면

$5a=8-a$, $6a=8$ $\therefore a=\frac{4}{3}$

유형 17 일차방정식의 해에 대한 조건이 주어진 경우

0659 ⋯ 정답 ④

$7x-(3x-a)=10$에서 $7x-3x+a=10$

$4x=10-a$ $\therefore x=\frac{10-a}{4}$

이때 $\frac{10-a}{4}$가 자연수이려면 $10-a$가 4의 배수이어야 한다.

(i) $10-a=4$일 때, $a=6$

(ii) $10-a=8$일 때, $a=2$

(iii) $10-a$가 12 이상인 4의 배수일 때는 a가 자연수가 아니다.

(i)~(iii)에서 자연수 a의 값은 2, 6이므로 구하는 합은

$2+6=8$

0660 ⋯ 정답 2, 4

$x-\frac{1}{3}(x-a)=2$의 양변에 3을 곱하면

$3x-(x-a)=6$, $3x-x+a=6$

$2x=6-a$ $\therefore x=\frac{6-a}{2}$

이때 $\frac{6-a}{2}$가 양의 정수이려면 $6-a$가 2의 배수이어야 한다.

(i) $6-a=2$일 때, $a=4$

(ii) $6-a=4$일 때, $a=2$

(iii) $6-a$가 6 이상인 2의 배수일 때는 a가 자연수가 아니다.

(i)~(iii)에서 자연수 a의 값은 2, 4이다.

0661 ⋯ 정답 9

$7x+3(2x-4)=10x$에서 $7x+6x-12=10x$

$3x=12$ $\therefore x=4$

따라서 $\frac{6x+8}{4}=ax-13$에 $x=4\times\frac{1}{2}=2$를 대입하면

$\frac{12+8}{4}=2a-13$

$5=2a-13$, $-2a=-18$

$\therefore a=9$

0662

정답 $-\frac{6}{5}$

$3x+2\{2(6-x)+3\}=2x+15$에서

$3x+2(15-2x)=2x+15$

$3x+30-4x=2x+15,\ -3x=-15\quad \therefore x=5$

즉, $0.2x-1=1.2x+a$의 해는 $x=\frac{1}{5}$이다.

$0.2x-1=1.2x+a$의 양변에 10을 곱하면

$2x-10=12x+10a,\ -10x=10+10a$

따라서 이 방정식에 $x=\frac{1}{5}$을 대입하면

$-2=10+10a,\ -10a=12$

$\therefore a=-\frac{6}{5}$

0663

정답 ②

$\frac{ax+3}{5}=0.4(x-3)$의 양변에 5를 곱하면

$ax+3=2x-6,\ (a-2)x=-9\quad \therefore x=-\frac{9}{a-2}$

이때 $x=-\frac{9}{a-2}$가 음의 정수이려면 $a-2$가 9의 약수이어야 하므로 $a-2=1$ 또는 $a-2=3$ 또는 $a-2=9$

$\therefore\ a=3$ 또는 $a=5$ 또는 $a=11$

따라서 구하는 합은 $3+5+11=19$

발전유형 18 새로운 기호가 주어진 경우

0664

정답 -2

$4*x=4+x-4x=4-3x$

$(2x)*(-3)=2x+(-3)-(-6x)=2x-3+6x=8x-3$

이때 $(4*x)+\{(2x)*(-3)\}=-9$이므로

$(4-3x)+(8x-3)=-9,\ 5x=-10\quad \therefore x=-2$

0665

정답 2

$x ◉ 2=3x-2,\ 3 ◉ 1=3\times3-1=8$이므로

$(x ◉ 2) ◉ (3 ◉ 1)=(3x-2) ◉ 8$

$=3(3x-2)-8$

$=9x-6-8$

$=9x-14$

따라서 $9x-14=2x$이므로

$7x=14\quad \therefore x=2$

유형 19 그림이 주어진 경우

0666

정답 $\frac{4}{5}$

$(-x-5)+9x=8x-5,\ 9x+(3-2x)=7x+3$이므로

$(8x-5)+(7x+3)=10$

$15x=12\quad \therefore x=\frac{4}{5}$

0667

정답 -4

$(x-2)-\left(\frac{3}{2}x+4\right)=x-2-\frac{3}{2}x-4=-\frac{1}{2}x-6,$

$\left(\frac{3}{2}x+4\right)-(-x+1)=\frac{3}{2}x+4+x-1=\frac{5}{2}x+3$

이므로

$P=\left(-\frac{1}{2}x-6\right)-\left(\frac{5}{2}x+3\right)=-\frac{1}{2}x-6-\frac{5}{2}x-3=-3x-9$

따라서 $-3x-9=3$이므로 $-3x=12\quad \therefore x=-4$

발전유형 20 특수한 해를 갖는 방정식

0668

정답 ③

$4(x-a)+1=4x+5$에서 $4x-4a+1=4x+5$

이 방정식의 해가 없으므로 $-4a+1\neq5$

$-4a\neq4\quad \therefore a\neq-1$

따라서 a의 값으로 적당하지 않은 것은 ③이다.

0669

정답 7

$ax-4=5x+2b$의 해가 무수히 많으므로

$a=5,\ 2b=-4$에서 $b=-2$

$\therefore a-b=5-(-2)=7$

0670

정답 -1

$(a+4)x-7=0$, 즉 $(a+4)x=7$의 해가 없으므로

$a+4=0\quad \therefore a=-4$

$bx=c-3$의 해가 무수히 많으므로

$b=0,\ c-3=0\quad \therefore b=0,\ c=3$

$\therefore a+b+c=-4+0+3=-1$

0671

정답 18

$\frac{3x+5}{2}-\frac{ax-7}{3}=4$의 양변에 6을 곱하면

$3(3x+5)-2(ax-7)=24,\ 9x+15-2ax+14=24$

$(9-2a)x=-5$

이 등식을 만족시키는 x의 값이 존재하지 않으므로

$9-2a=0,\ -2a=-9\quad \therefore a=\frac{9}{2}$

$\therefore 4a=4\times\frac{9}{2}=18$

C 중단원 마무리

• 본책 128~130쪽

0672
정답 ②, ④

① 등호가 없으므로 등식이 아니다.
③, ⑤ 부등호가 있으므로 등식이 아니다.
따라서 등식인 것은 ②, ④이다.

0673
정답 ②, ⑤

② $5x+2y=30000$
⑤ $\left(1-\frac{25}{100}\right)b=1800$에서 $\frac{75}{100}b=1800$
따라서 옳지 않은 것은 ②, ⑤이다.

0674
정답 ⑤

[ ] 안의 수를 각 방정식의 x에 대입하면
① $-(-3)-2=1$
② $2-0=0+2$
③ $2-3=7-4\times2$
④ $2\times(2-1)=-2+4$
⑤ $3\times1\neq5\times(1+1)-3$
따라서 [ ] 안의 수가 주어진 방정식의 해가 아닌 것은 ⑤이다.

0675
정답 ⑤

ㄱ, ㄴ, ㄷ. 방정식
ㄹ. (좌변)$=7x-6x=x$, 즉 (좌변)=(우변)이므로 항등식이다.
ㅁ. (좌변)$=2(x-2)=2x-4$, 즉 (좌변)=(우변)이므로 항등식이다.
따라서 항등식인 것은 ㄹ, ㅁ이다.

0676
정답 10

$5x-2(x+3)=3x-6$이므로 $3x-6=(a+1)x-b$
따라서 $a=2$, $b=6$이므로 $2a+b=2\times2+6=10$

0677
정답 ⑤

① $2a-1=5$의 양변에 2를 더하면 $2a+1=7$
② $2a-1=5$의 양변을 2로 나누면 $a-\frac{1}{2}=\frac{5}{2}$
③ $2a-1=5$의 양변에 -1을 곱하면 $-2a+1=-5$
④ $2a-1=5$의 양변에 3을 곱하면 $6a-3=15$
⑤ $2a-1=5$의 양변에서 4를 빼면 $2a-5=1$
따라서 옳은 것은 ⑤이다.

0678
정답 (가) − ㄷ, (나) − ㄱ

(가) 양변에 4를 곱한다. ⇨ ㄷ
(나) 양변에 3을 더한다. ⇨ ㄱ

0679
정답 ③

$4x^2+ax-7=bx^2+5x-1$에서 $(4-b)x^2+(a-5)x-6=0$
이 등식이 x에 대한 일차방정식이 되려면 $4-b=0$, $a-5\neq0$이어야 하므로
$a\neq5$, $b=4$

0680
정답 ⑤

① $-5x=3$에서 $x=-\frac{3}{5}$
② $x+8=6$에서 $x=-2$
③ $4x-1=7$에서 $4x=8$ $\quad\therefore x=2$
④ $7x+5=-6x+31$에서 $13x=26$ $\quad\therefore x=2$
⑤ $-3x+2=x-10$에서 $-4x=-12$ $\quad\therefore x=3$
따라서 해가 가장 큰 것은 ⑤이다.

0681
정답 ④

$0.5(3x+2)-0.2(5x+4)=0$의 양변에 10을 곱하면
$5(3x+2)-2(5x+4)=0$
$15x+10-10x-8=0$, $5x=-2$ $\quad\therefore x=-\frac{2}{5}$
$\therefore a=-\frac{2}{5}$
$\frac{x-2}{4}-1=\frac{2x+1}{3}$의 양변에 12를 곱하면
$3(x-2)-12=4(2x+1)$, $3x-6-12=8x+4$
$-5x=22$ $\quad\therefore x=-\frac{22}{5}$
$\therefore b=-\frac{22}{5}$
$\therefore \frac{5}{4}(a-b)=\frac{5}{4}\times\left\{-\frac{2}{5}-\left(-\frac{22}{5}\right)\right\}=\frac{5}{4}\times4=5$

0682
정답 ④

$0.04x-0.08=0.02x-0.2$의 양변에 100을 곱하면
$4x-8=2x-20$, $2x=-12$ $\quad\therefore x=-6$
$\therefore a=-6$
$\frac{2x+1}{3}-\frac{4x+2}{5}=-1$의 양변에 15를 곱하면
$5(2x+1)-3(4x+2)=-15$, $10x+5-12x-6=-15$
$-2x=-14$ $\quad\therefore x=7$
$\therefore b=7$
$\therefore a+b=-6+7=1$

0683
정답 -18

$(3x-1):(x+1)=5:3$에서 $3(3x-1)=5(x+1)$
$9x-3=5x+5$, $4x=8$ $\quad\therefore x=2$

$(2x+a):(3a-x)=1:4$에 $x=2$를 대입하면

$(4+a):(3a-2)=1:4$

$4(4+a)=3a-2$, $16+4a=3a-2$ $\therefore a=-18$

0684

(정답) $x=-\frac{1}{6}$

$a-2x=-x+1$에 $x=2$를 대입하면

$a-4=-2+1$ $\therefore a=3$

$\frac{1}{2}(4x-1)=ax-\frac{1}{3}$에 $a=3$을 대입하면

$\frac{1}{2}(4x-1)=3x-\frac{1}{3}$

양변에 6을 곱하면 $3(4x-1)=18x-2$

$12x-3=18x-2$, $-6x=1$ $\therefore x=-\frac{1}{6}$

0685

(정답) 5

$3(x-5)=x-17$에서 $3x-15=x-17$

$2x=-2$ $\therefore x=-1$

$\frac{a(x+2)}{3}-\frac{1-ax}{4}=\frac{1}{6}$에 $x=-1$을 대입하면

$\frac{1}{3}a-\frac{1+a}{4}=\frac{1}{6}$

양변에 12를 곱하면 $4a-3(1+a)=2$

$4a-3-3a=2$ $\therefore a=5$

0686

(정답) 3

$x-\frac{1}{3}(x+2a)=-2$의 양변에 3을 곱하면

$3x-(x+2a)=-6$, $3x-x-2a=-6$

$2x=-6+2a$ $\therefore x=-3+a$

이때 $-3+a$가 음의 정수가 되도록 하는 자연수 a의 값은 1, 2이므로 구하는 합은 $1+2=3$

0687

(정답) ⑤

$\frac{x+1}{2}-\frac{a-2}{3}=1$의 양변에 6을 곱하면

$3(x+1)-2(a-2)=6$

$3x+3-2a+4=6$, $3x=2a-1$ $\therefore x=\frac{2a-1}{3}$

$\frac{x+1-a}{4}=\frac{a-5}{8}$의 양변에 8을 곱하면

$2(x+1-a)=a-5$

$2x+2-2a=a-5$, $2x=3a-7$ $\therefore x=\frac{3a-7}{2}$

$\frac{2a-1}{3}:\frac{3a-7}{2}=2:3$, $2a-1=3a-7$

$-a=-6$ $\therefore a=6$

0688

(정답) $x=-\frac{13}{4}$

$6x-a=2x-7$에 $x=-\frac{1}{4}$을 대입하면

$-\frac{3}{2}-a=-\frac{1}{2}-7$, $-a=-6$ $\therefore a=6$

따라서 $6x+6=2x-7$을 풀면

$4x=-13$ $\therefore x=-\frac{13}{4}$

0689

(정답) ④

$x-\frac{2x-b}{a}=3x+1$의 양변에 a를 곱하면

$ax-(2x-b)=3ax+a$, $ax-2x+b=3ax+a$

$\therefore -2(a+1)x=a-b$ …… ㉠

ㄱ. ㉠에서 $a=-1$, $b=-1$이면 해가 무수히 많다.

ㄴ, ㄷ, ㅁ. ㉠에서 $a\neq-1$이면 1개의 해를 갖는 x에 대한 일차방정식이다.

ㄹ. ㉠에서 $a=-1$, $b\neq-1$이면 해가 없다.

따라서 옳은 것은 ㄴ, ㄷ, ㅁ이다.

08 일차방정식의 활용

PART A 개념 확인하기

• 본책 133쪽

0690 정답 $10-x$, $500x+700(10-x)=6200$, 4, 4, 6, 4, 6

$500x+700(10-x)=6200$에서

$500x+7000-700x=6200$, $-200x=-800$ $\therefore x=4$

0691 정답 (1) $2(x+3)=4x$, $x=3$

(2) $2(6+x)=22$, $x=5$

(3) $20-3x=2$, $x=6$

(1) $2(x+3)=4x$에서 $2x+6=4x$

$-2x=-6$ $\therefore x=3$

(2) $2(6+x)=22$에서 $12+2x=22$

$2x=10$ $\therefore x=5$

(3) $20-3x=2$에서 $-3x=-18$ $\therefore x=6$

0692 정답 (1) $x+1$ (2) $x+(x+1)=15$ (3) 7, 8

(3) $x+(x+1)=15$에서 $2x+1=15$

$2x=14$ $\therefore x=7$

따라서 두 자연수는 7, 8이다.

0693 정답 (1) $18-x$ (2) $2(18-x)+4x=52$ (3) 8마리

(3) $2(18-x)+4x=52$에서

$36-2x+4x=52$, $2x=16$ $\therefore x=8$

따라서 토끼는 8마리이다.

0694 정답 (1) $\frac{x}{3}$, $\frac{x}{4}$ (2) $\frac{x}{3}+\frac{x}{4}=1$ (3) $\frac{12}{7}$ km

(3) $\frac{x}{3}+\frac{x}{4}=1$에서 $4x+3x=12$

$7x=12$ $\therefore x=\frac{12}{7}$

따라서 두 지점 사이의 거리는 $\frac{12}{7}$ km이다.

0695 정답 (1) $\frac{5}{100}\times 300$, $300+x$

(2) $\frac{5}{100}\times 300=\frac{3}{100}\times(300+x)$

(3) 200 g

(3) $\frac{5}{100}\times 300=\frac{3}{100}\times(300+x)$에서

$1500=3(300+x)$, $1500=900+3x$

$-3x=-600$ $\therefore x=200$

따라서 넣은 물의 양은 200 g이다.

PART B 유형별 문제

• 본책 134~147쪽

유형 01 어떤 수에 대한 문제

0696 정답 ⑤

어떤 수를 x라 하면

$3x-7=2x+5$ $\therefore x=12$

따라서 어떤 수는 12이다.

0697 정답 큰 수: 16, 작은 수: 7

작은 수를 x라 하면 큰 수는 $x+9$이므로

$x+9=3x-5$, $-2x=-14$ $\therefore x=7$

따라서 작은 수는 7, 큰 수는 $7+9=16$이다.

0698 정답 3

어떤 수를 x라 하면

$6(x+1)=3x+15$, $6x+6=3x+15$

$3x=9$ $\therefore x=3$

따라서 어떤 수는 3이다.

0699 정답 41

큰 수를 x라 하면 작은 수는 $48-x$이므로

$x=(48-x)\times 5+6$, $x=240-5x+6$

$6x=246$ $\therefore x=41$

따라서 큰 수는 41이다.

0700 정답 15

어떤 수를 x라 하면

$3x+2=(2x+3)+5$, $3x+2=2x+8$ $\therefore x=6$

따라서 처음 구하려고 했던 수는 $2\times 6+3=15$이다.

유형 02 연속하는 수에 대한 문제

0701 정답 ②

연속하는 두 정수를 x, $x+1$이라 하면

$x+(x+1)=21$, $2x+1=21$

$2x=20$ $\therefore x=10$

따라서 연속하는 두 정수는 10, 11이므로 구하는 곱은

$10\times 11=110$이다.

0702

정답 21

연속하는 세 자연수를 $x-1$, x, $x+1$이라 하면

$(x-1)+x+(x+1)=63$, $3x=63$ $\quad\therefore x=21$

따라서 연속하는 세 자연수 중 가운데 수는 21이다.

0703

정답 ①

연속하는 세 짝수를 $x-2$, x, $x+2$라 하면

$3(x+2)=\{(x-2)+x\}+24$, $3x+6=2x+22$ $\quad\therefore x=16$

따라서 연속하는 세 짝수는 14, 16, 18이므로 가운데 수는 16이다.

참고 연속하는 세 짝수를 x, $x+2$, $x+4$로 놓으면 방정식의 해는 다르지만 답은 같다.

연속하는 세 짝수를 x, $x+2$, $x+4$라 하면

$3(x+4)=\{x+(x+2)\}+24$

$3x+12=2x+26$ $\quad\therefore x=14$

따라서 연속하는 세 짝수는 14, 16, 18이므로 가운데 수는 16이다.

0704

정답 15

연속하는 세 자연수를 x, $x+1$, $x+2$라 하면

$4x=\{(x+1)+(x+2)\}+5$, $4x=2x+8$

$2x=8$ $\quad\therefore x=4$

따라서 연속하는 세 자연수는 4, 5, 6이므로 구하는 합은 $4+5+6=15$이다.

유형 03 자리의 숫자에 대한 문제

0705

정답 ⑤

처음 수의 일의 자리의 숫자를 x라 하면

$10x+7=(70+x)+18$, $10x+7=x+88$

$9x=81$ $\quad\therefore x=9$

따라서 처음 수는 79이다.

0706

정답 ④

십의 자리의 숫자를 x라 하면

$10x+2=8(x+2)$, $10x+2=8x+16$

$2x=14$ $\quad\therefore x=7$

따라서 구하는 자연수는 72이다.

0707

정답 27

십의 자리의 숫자를 x라 하면 일의 자리의 숫자는 $x+5$이므로

$10x+(x+5)=3\{x+(x+5)\}$, $11x+5=6x+15$

$5x=10$ $\quad\therefore x=2$

따라서 십의 자리의 숫자는 2, 일의 자리의 숫자는 $2+5=7$이므로 구하는 자연수는 27이다.

0708

정답 96

❶ 방정식을 세울 수 있다.

처음 수의 십의 자리의 숫자를 x라 하면 일의 자리의 숫자는 $15-x$이므로

$10(15-x)+x=\{10x+(15-x)\}-27$

❷ 방정식을 만족시키는 x의 값을 구할 수 있다.

$150-10x+x=9x-12$, $-18x=-162$ $\quad\therefore x=9$

❸ 처음 수를 구할 수 있다.

따라서 십의 자리의 숫자는 9, 일의 자리의 숫자는 $15-9=6$이므로 처음 수는 96이다.

채점 기준		
❶	방정식을 세울 수 있다.	40 %
❷	방정식을 만족시키는 x의 값을 구할 수 있다.	40 %
❸	처음 수를 구할 수 있다.	20 %

0709

정답 405

처음 수의 백의 자리의 숫자를 x라 하면 일의 자리의 숫자는 $9-x$이므로

$100(9-x)+x=100x+(9-x)+99$

$900-100x+x=99x+108$, $900-99x=99x+108$

$-198x=-792$ $\quad\therefore x=4$

따라서 처음 수는 405이다.

유형 04 나이에 대한 문제

0710

정답 ②

x년 후에 아버지의 나이가 현욱이의 나이의 2배가 된다고 하면

$45+x=2(14+x)$, $45+x=28+2x$

$-x=-17$ $\quad\therefore x=17$

따라서 아버지의 나이가 현욱이의 나이의 2배가 되는 것은 17년 후이다.

0711

정답 9세

올해 예은이의 나이를 x세라 하면 어머니의 나이는 $(44-x)$세이므로

$(44-x)+4=3(x+4)$, $48-x=3x+12$

$-4x=-36$ $\quad\therefore x=9$

따라서 올해 예은이의 나이는 9세이다.

0712

정답 ①

민혁이의 나이를 x세라 하면 형의 나이는 $(x+3)$세, 동생의 나이는 $(x-4)$세이므로

$(x-4)+x+(x+3)=50$, $3x-1=50$

$3x=51$ $\quad\therefore x=17$

따라서 민혁이의 동생의 나이는 $17-4=13$(세)이다.

0713 (정답) ③

x년 후에 아버지의 나이가 아들의 나이의 2배보다 3세가 더 많아진다고 하면

$43+x=2(14+x)+3$, $43+x=28+2x+3$

$-x=-12$ $\therefore x=12$

따라서 아버지의 나이가 아들의 나이의 2배보다 3세가 더 많아지는 것은 2025년에서 12년 후이므로 2037년이다.

0714 (정답) 14세

올해 어머니의 나이를 x세라 하면 아버지의 나이는 $(x+4)$세이고 혜림이와 쌍둥이 오빠는 나이가 같으므로

(가)에서 혜림이의 나이는

$\frac{120-x-(x+4)}{2}=\frac{116-2x}{2}=58-x$(세)

(다)에서 $x+16=2\{(58-x)+16\}$

$x+16=148-2x$, $3x=132$ $\therefore x=44$

따라서 올해 어머니의 나이가 44세이므로 올해 혜림이의 나이는 $58-44=14$(세)이다.

유형 05 합이 일정한 문제

0715 (정답) ①

4점짜리 문제를 x문항 출제한다고 하면 3점짜리 문제는 $(30-x)$문항이므로

$3(30-x)+4x=100$, $90-3x+4x=100$ $\therefore x=10$

따라서 4점짜리 문제는 10문항 출제해야 한다.

0716 (정답) ②

고양이가 x마리 있다고 하면 비둘기는 $(15-x)$마리 있으므로

$4x+2(15-x)=36$, $4x+30-2x=36$

$2x=6$ $\therefore x=3$

따라서 고양이는 3마리 있다.

0717 (정답) ⑤

귤을 x개 샀다고 하면 사과는 $(16-x)$개 샀으므로

$600x+1000(16-x)=12000$, $600x+16000-1000x=12000$

$-400x=-4000$ $\therefore x=10$

따라서 귤은 10개를 샀다.

0718 (정답) 8골

A 중학교가 넣은 3점짜리 슛을 x골이라 하면 2점짜리 슛은 $(38-x)$골이므로

$2(38-x)+3x=84$, $76-2x+3x=84$ $\therefore x=8$

따라서 A 중학교가 넣은 3점짜리 슛은 8골이다.

유형 06 도형에 대한 문제

0719 (정답) 3

새로 만든 직사각형의 넓이가 처음 직사각형의 넓이의 4배이므로

$(3+5)\times(6+x)=4\times(3\times6)$, $48+8x=72$

$8x=24$ $\therefore x=3$

0720 (정답) 5 cm

사다리꼴의 윗변의 길이를 x cm라 하면 아랫변의 길이는 $(x+3)$ cm이므로

$\frac{1}{2}\times\{x+(x+3)\}\times6=39$, $6x+9=39$

$6x=30$ $\therefore x=5$

따라서 윗변의 길이는 5 cm이다.

0721 (정답) ④

직사각형의 세로의 길이를 x cm라 하면 가로의 길이는 $2x$ cm이므로

$2(2x+x)=78$, $6x=78$ $\therefore x=13$

따라서 직사각형의 가로의 길이는 $2\times13=26$ (cm)이다.

0722 (정답) 2

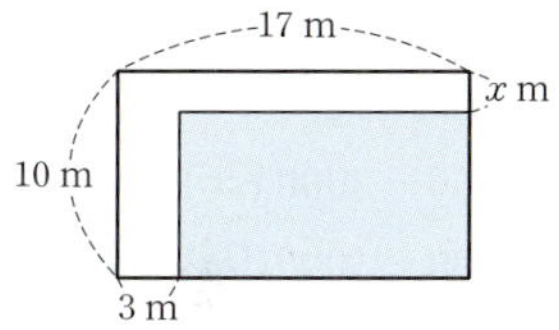

그림과 같이 직선 도로를 이동시키면 직선 도로를 제외한 땅은 가로의 길이가 $17-3=14$ (m), 세로의 길이가 $(10-x)$ m이므로

$14\times(10-x)=112$

$140-14x=112$

$-14x=-28$ $\therefore x=2$

다른 풀이

직선 도로를 만들기 전 땅의 넓이는 $17\times10=170$ (m^2)

도로의 넓이는 $17\times x+3\times10-3\times x=14x+30$ (m^2)

도로를 제외한 땅의 넓이가 112 m^2이므로

$170-(14x+30)=112$, $170-14x-30=112$

$-14x=-28$ $\therefore x=2$

0723 (정답) 36 cm

두 점 P, Q가 x초 후에 점 R에서 만난다고 하면

$3x+5x=2\times(28+20)$, $8x=96$ $\therefore x=12$

따라서 점 P가 움직인 거리는 $3\times12=36$ (cm)이다.

0724 (정답) ③

직사각형 하나의 가로의 길이를 x cm라 하면

세로의 길이는 $\frac{48-2x}{2}=24-x$(cm)

직사각형 5개를 이어 붙여 정사각형이 만들어졌으므로

$5x=24-x$, $6x=24$ $\therefore x=4$
따라서 직사각형 하나의 가로의 길이는 4 cm, 세로의 길이는 $24-4=20$(cm)이므로 넓이는 $4\times20=80$(cm^2)이다.

유형 07 예금에 대한 문제

0725

(정답) ⑤

x개월 후에 형과 동생의 예금액이 같아진다고 하면
$42000+1500x=9000+3000x$, $-1500x=-33000$
$\therefore x=22$
따라서 형과 동생의 예금액이 같아지는 것은 22개월 후이다.

0726

(정답) 8000

12개월 후의 형의 예금액은 $90000+6000\times12=162000$(원)
12개월 후의 동생의 예금액은 $(66000+12x)$원이므로
$66000+12x=162000$, $12x=96000$ $\therefore x=8000$

다른 풀이

$90000+6000\times12=66000+12x$
$-12x=-96000$ $\therefore x=8000$

0727

(정답) 11일 후

x일 후에 동희가 갖고 있는 돈이 지은이가 갖고 있는 돈의 2배가 된다고 하면
$43000-3000x=2(38000-3000x)$
$43000-3000x=76000-6000x$
$3000x=33000$ $\therefore x=11$
따라서 동희가 갖고 있는 돈이 지은이가 갖고 있는 돈의 2배가 되는 것은 11일 후이다.

0728

(정답) 4개월 후

x개월 후에 수현이의 예금액의 3배와 민정이의 예금액의 2배가 같아진다고 하면
$3(16000+2000x)=2(28000+2000x)$
$48000+6000x=56000+4000x$
$2000x=8000$ $\therefore x=4$
따라서 수현이의 예금액의 3배와 민정이의 예금액의 2배가 같아지는 것은 4개월 후이다.

발전 유형 08 원가와 정가에 대한 문제

0729

(정답) ④

물건의 원가를 x원이라 하면
(정가)$=x+\frac{20}{100}x=\frac{6}{5}x$(원)
(판매 가격)$=\frac{6}{5}x-1600$(원)
이때 (판매 가격)$-$(원가)$=$(이익)이므로
$\left(\frac{6}{5}x-1600\right)-x=\frac{10}{100}x$, $\frac{1}{5}x-1600=\frac{1}{10}x$
$\frac{1}{10}x=1600$ $\therefore x=16000$
따라서 물건의 원가는 16000원이다.

0730

(정답) 8000원

상품의 원가를 x원이라 하면
(정가)$=x+\frac{30}{100}x=\frac{13}{10}x$(원)
(판매 가격)$=\frac{13}{10}x-1400$(원)
이때 (판매 가격)$-$(원가)$=$(이익)이므로
$\left(\frac{13}{10}x-1400\right)-x=1000$, $\frac{3}{10}x-1400=1000$
$\frac{3}{10}x=2400$ $\therefore x=8000$
따라서 상품의 원가는 8000원이다.

0731

(정답) 8100원

❶ **방정식을 세울 수 있다.**
상품의 정가를 x원이라 하면
(판매 가격)$=x-\frac{20}{100}x=\frac{4}{5}x$(원)
이때 (판매 가격)$-$(원가)$=$(이익)이므로
$\frac{4}{5}x-6000=6000\times\frac{8}{100}$
❷ **방정식을 만족시키는 x의 값을 구할 수 있다.**
$\frac{4}{5}x-6000=480$, $\frac{4}{5}x=6480$ $\therefore x=8100$
❸ **상품의 정가를 구할 수 있다.**
따라서 상품의 정가는 8100원이다.

채점 기준		
❶	방정식을 세울 수 있다.	50 %
❷	방정식을 만족시키는 x의 값을 구할 수 있다.	30 %
❸	상품의 정가를 구할 수 있다.	20 %

0732

(정답) ⑤

상품의 원가를 x원이라 하면
(정가)$=x+\frac{40}{100}x=\frac{7}{5}x$(원)
정가의 25 %를 할인하여 팔았으므로
(판매 가격)$=\frac{7}{5}x-\frac{7}{5}x\times\frac{25}{100}=\frac{21}{20}x$(원)
이때 (판매 가격)$-$(원가)$=$(이익)이므로
$\frac{21}{20}x-x=3000$, $\frac{1}{20}x=3000$ $\therefore x=60000$
따라서 상품의 원가는 60000원이다.

발전유형 09 증가와 감소에 대한 문제

0733 정답 ④

작년 남학생 수를 x라 하면 작년 여학생 수는 $1600-x$이고, 올해 전체 학생은 작년보다 16명이 증가하였으므로

$\frac{5}{100}x-\frac{3}{100}(1600-x)=16$, $5x-3(1600-x)=1600$

$5x-4800+3x=1600$, $8x=6400$ $\quad\therefore x=800$

따라서 올해 남학생은 모두 $800+800\times\frac{5}{100}=840$(명)이다.

다른 풀이

작년 남학생 수를 x라 하면 작년 여학생 수는 $1600-x$이므로

올해 남학생 수는 $x+\frac{5}{100}x=\frac{105}{100}x$

올해 여학생 수는

$(1600-x)-\frac{3}{100}(1600-x)=\frac{97}{100}(1600-x)$

올해 전체 학생이 16명 증가하였으므로

$\frac{105}{100}x+\frac{97}{100}(1600-x)=1600+16$

$105x+97(1600-x)=161600$

$105x+155200-97x=161600$

$8x=6400$ $\quad\therefore x=800$

따라서 올해 남학생은 모두 $\frac{105}{100}\times800=840$(명)이다.

0734 정답 25000명

작년 회원 수를 x라 하면

$x-\frac{5}{100}x=23750$, $\frac{19}{20}x=23750$ $\quad\therefore x=25000$

따라서 작년의 회원은 모두 25000명이다.

0735 정답 48명

작년에 영어 캠프에 참가한 여학생 수를 x라 하면 남학생 수는 $200-x$이고, 올해 전체 학생 수가 5 % 증가하였으므로

$\frac{8}{100}(200-x)-\frac{4}{100}x=\frac{5}{100}\times200$, $8(200-x)-4x=1000$

$1600-8x-4x=1000$, $-12x=-600$ $\quad\therefore x=50$

따라서 올해 영어 캠프에 참가한 여학생은 모두

$50-50\times\frac{4}{100}=48$(명)이다.

0736 정답 288만 톤

작년 쌀 소비량을 x만 톤이라 하면 작년 잡곡 소비량은 $(x-80)$만 톤이고, 올해 쌀 소비량과 잡곡 소비량이 같아졌으므로

$\frac{90}{100}x=\frac{120}{100}(x-80)$, $9x=12(x-80)$

$9x=12x-960$, $-3x=-960$ $\quad\therefore x=320$

따라서 올해 쌀 소비량은 $\frac{90}{100}\times320=288$(만 톤)이다.

유형 10 과부족에 대한 문제

0737 정답 ④

학생 수를 x라 하면

$5x+8=6x-4$, $-x=-12$ $\quad\therefore x=12$

따라서 연필은 모두 $5\times12+8=68$(자루)이다.

0738 정답 ⑤

친구 수를 x라 하면

$3x+2=4(x-1)$, $3x+2=4x-4$

$-x=-6$ $\quad\therefore x=6$

따라서 사과는 모두 $3\times6+2=20$(개)이다.

0739 정답 103명

긴 의자의 개수를 x라 하면

$6x+13=7(x-1)+5$, $6x+13=7x-7+5$

$-x=-15$ $\quad\therefore x=15$

따라서 강당에 있는 학생은 모두 $6\times15+13=103$(명)이다.

유형 11 일에 대한 문제

0740 정답 ②

전체 일의 양을 1이라 하면 A, B가 하루 동안 할 수 있는 일의 양은 각각 $\frac{1}{14}$, $\frac{1}{21}$이다.

A, B가 x일 동안 함께 일했다고 하면

$\frac{1}{21}\times6+\left(\frac{1}{14}+\frac{1}{21}\right)\times x=1$, $\frac{2}{7}+\frac{5}{42}x=1$

$12+5x=42$, $5x=30$ $\quad\therefore x=6$

따라서 A, B가 함께 일한 날은 6일이다.

0741 정답 1시간 20분

전체 과제의 양을 1이라 하면 A, B가 1시간 동안 할 수 있는 과제의 양은 각각 $\frac{1}{6}$, $\frac{1}{3}$이다.

A, B가 x시간 동안 함께 과제를 했다고 하면

$\left(\frac{1}{6}+\frac{1}{3}\right)\times x+\frac{1}{3}\times1=1$, $\frac{1}{2}x+\frac{1}{3}=1$

$3x+2=6$, $3x=4$ $\quad\therefore x=\frac{4}{3}$

따라서 A, B가 함께 과제를 한 시간은 $\frac{4}{3}$시간, 즉 1시간 20분이다.

0742 정답 6분

전체 조립하는 양을 1이라 하면 경수와 은호가 1분 동안 조립하는 양은 각각 $\frac{1}{12}$, $\frac{1}{8}$이다.

은호가 x분 동안 조립했다고 하면

$\frac{1}{12}\times3+\frac{1}{8}\times x=1$, $\frac{1}{4}+\frac{1}{8}x=1$

$2+x=8$ $\quad\therefore x=6$

따라서 은호는 장난감을 6분 동안 조립했다.

0743 정답 14분

❶ **A, B 두 호스로 1분 동안 받을 수 있는 물의 양을 각각 구할 수 있다.**

물통에 가득 채워진 물의 양을 1이라 하면 A, B 두 호스로 1분 동안 받을 수 있는 물의 양은 각각 $\frac{1}{30}$, $\frac{1}{50}$이다.

❷ **방정식을 세울 수 있다.**

A 호스로 x분 동안 물을 더 받는다고 하면

$\left(\frac{1}{30}+\frac{1}{50}\right)\times10+\frac{1}{30}\times x=1$

❸ **A 호스로 몇 분 동안 물을 더 받아야 하는지 구할 수 있다.**

$\frac{8}{15}+\frac{1}{30}x=1$, $16+x=30$ $\quad\therefore x=14$

따라서 A 호스로 14분 동안 물을 더 받아야 한다.

채점 기준		
❶	A, B 두 호스로 1분 동안 받을 수 있는 물의 양을 각각 구할 수 있다.	30 %
❷	방정식을 세울 수 있다.	40 %
❸	A 호스로 몇 분 동안 물을 더 받아야 하는지 구할 수 있다.	30 %

0744 정답 12시간

전체 일의 양을 1이라 하면 A, B가 1시간 동안 할 수 있는 일의 양은 각각 $\frac{1}{20}$, $\frac{1}{25}$이다.

A, B가 함께 x시간 동안 일했다고 하면

$\left(\frac{1}{20}+\frac{1}{25}\right)x+\frac{1}{20}\times2=1$, $\frac{9}{100}x+\frac{1}{10}=1$

$9x+10=100$, $9x=90$ $\quad\therefore x=10$

따라서 A가 일한 총 시간은 $10+2=12$(시간)이다.

유형 12 비율에 대한 문제

0745 정답 60쪽

책의 전체 쪽수를 x라 하면

$x-\frac{1}{4}x-\frac{2}{5}x-18=\frac{1}{20}x$

$20x-5x-8x-360=x$

$6x=360$ $\quad\therefore x=60$

따라서 이 책은 60쪽이다.

0746 정답 ④

여름 방학이 x일이라 하면

$\frac{1}{4}x+\frac{1}{3}x+\frac{1}{6}x+6=x$

$3x+4x+2x+72=12x$

$-3x=-72$ $\quad\therefore x=24$

따라서 여름 방학은 24일이다.

0747 정답 30송이

수련 꽃다발에 수련 꽃이 x송이가 있다고 하면

$\frac{1}{3}x+\frac{1}{6}x+\frac{1}{5}x+\frac{1}{4}x+9=x$

$20x+10x+12x+15x+540=60x$

$57x+540=60x$, $-3x=-540$ $\quad\therefore x=180$

따라서 휴리에게 주는 수련 꽃은 $180\times\frac{1}{6}=30$(송이)이다.

0748 정답 60

지희가 처음에 가지고 있던 구슬의 개수를 x개라 하면

성원이에게 준 구슬은 $\frac{1}{5}x$개, 효진이에게 준 구슬은

$\left(x-\frac{1}{5}x\right)\times\frac{1}{2}+3=\frac{2}{5}x+3$(개)이므로

$x-\frac{1}{5}x-\left(\frac{2}{5}x+3\right)=21$, $x-\frac{1}{5}x-\frac{2}{5}x-3=21$

$\frac{2}{5}x-3=21$, $\frac{2}{5}x=24$ $\quad\therefore x=60$

따라서 지희가 처음에 가지고 있던 구슬은 60개이다.

유형 13 거리, 속력, 시간에 대한 문제 - 총 걸린 시간이 주어진 경우

0749 정답 ③

올라갈 때 걸은 거리를 x km라 하면 내려올 때 걸은 거리는 $(x+3)$ km이므로

$\frac{x}{4}+\frac{x+3}{6}=3$, $3x+2(x+3)=36$

$3x+2x+6=36$, $5x=30$ $\quad\therefore x=6$

따라서 올라갈 때 걸은 거리는 6 km이므로 올라갈 때 걸린 시간은 $\frac{6}{4}=\frac{3}{2}$(시간), 즉 1시간 30분이다.

0750 정답 ④

주원이가 올라갈 때 걸은 거리를 x km라 하면

$\frac{x}{3}+\frac{x}{5}=4$, $5x+3x=60$

$8x=60$ $\quad\therefore x=7.5$

따라서 주원이가 올라갈 때 걸은 거리는 7.5 km이다.

0751 정답 5 km

유나네 집에서 서점까지의 거리를 x km라 하면

$\frac{x}{15}+\frac{30}{60}+\frac{x}{20}=\frac{65}{60}$, $4x+30+3x=65$

$7x=35$　　$\therefore x=5$

따라서 유나네 집에서 서점까지의 거리는 5 km이다.

참고 거리, 속력, 시간 사이의 관계를 이용하여 방정식을 세울 때는 단위를 먼저 통일한다.
예를 들어 속력이 시속으로 주어진 경우 시간의 단위도 '시간'으로 통일해야 한다.

0752 정답 120 km

❶ **방정식을 세울 수 있다.**

시속 60 km로 간 거리를 x km라 하면 시속 80 km로 간 거리는 $(280-x)$ km이므로

$\frac{x}{60}+\frac{280-x}{80}=4$

❷ **시속 60 km로 간 거리를 구할 수 있다.**

$4x+3(280-x)=960$, $4x+840-3x=960$　　$\therefore x=120$

따라서 시속 60 km로 간 거리는 120 km이다.

채점 기준		
❶	방정식을 세울 수 있다.	50 %
❷	시속 60 km로 간 거리를 구할 수 있다.	50 %

0753 정답 148 km

A역과 B역 사이의 거리를 x km라 하면

기차가 시속 200 km로 움직이는 거리는 $(x-2)$ km

전체 걸리는 시간은 45분$=\frac{3}{4}$시간이므로

$\frac{1}{100}+\frac{x-2}{200}+\frac{1}{100}=\frac{3}{4}$

$2+(x-2)+2=150$　　$\therefore x=148$

따라서 A역과 B역 사이의 거리는 148 km이다.

0754 정답 8 km

집에서 태연이를 만난 지점까지의 거리를 x km라 하면

시속 8 km로 x km를 이동한 후, 태연이와 20분, 즉 $\frac{1}{3}$시간을 이야기하였고, 남은 거리 $(10-x)$ km를 시속 12 km로 이동하여 15분 빨리 학교에 도착하였으므로 수현이가 집에서 출발하여 학교에 도착하기까지 걸린 시간은 1시간 45분$-$15분$=$1시간 30분, 즉 $\frac{3}{2}$시간이다.

$\frac{x}{8}+\frac{1}{3}+\frac{10-x}{12}=\frac{3}{2}$, $3x+8+2(10-x)=36$

$3x+8+20-2x=36$　　$\therefore x=8$

따라서 수현이가 태연이를 만난 지점은 집에서 8 km 떨어진 지점이다.

유형 14 거리, 속력, 시간에 대한 문제 - 시간 차가 주어진 경우

0755 정답 6 km

두 지점 A, B 사이의 거리를 x km라 하면 시간 차는 10분, 즉 $\frac{10}{60}=\frac{1}{6}$(시간)이므로

$\frac{x}{12}-\frac{x}{18}=\frac{1}{6}$, $3x-2x=6$　　$\therefore x=6$

따라서 두 지점 A, B 사이의 거리는 6 km이다.

0756 정답 2.5 km

두 지점 A, B 사이의 거리를 x km라 하면 시간 차는 40분, 즉 $\frac{40}{60}=\frac{2}{3}$(시간)이므로

$\frac{x}{3}-\frac{x}{15}=\frac{2}{3}$, $5x-x=10$

$4x=10$　　$\therefore x=2.5$

따라서 두 지점 A, B 사이의 거리는 2.5 km이다.

0757 정답 ②

집에서 영화관까지의 거리를 x km라 하면 시간 차는

$10+12=22$(분), 즉 $\frac{22}{60}=\frac{11}{30}$(시간)이므로

$\frac{x}{4}-\frac{x}{15}=\frac{11}{30}$, $15x-4x=22$

$11x=22$　　$\therefore x=2$

따라서 집에서 영화관까지의 거리는 2 km이다.

0758 정답 90분

토끼의 속력은 분속 20 m이고 토끼가 x분 동안 잠을 잤다고 하면

$\frac{2400}{20}+x-\frac{2000}{10}=10$

$120+x-200=10$　　$\therefore x=90$

따라서 토끼가 잠을 잔 시간은 90분이다.

유형 15 거리, 속력, 시간에 대한 문제 - 따라가서 만나는 경우

0759 정답 ①

형이 집을 출발한 지 x분 후에 동생을 만난다고 하면 동생이 $(x+30)$분 동안 간 거리와 형이 x분 동안 간 거리가 같으므로

$60(x+30)=150x$, $60x+1800=150x$

$-90x=-1800$　　$\therefore x=20$

따라서 형이 집을 출발한 지 20분 후에 동생을 만난다.

0760 정답 ②

언니가 집을 출발한 지 x분 후에 동생을 만난다고 하면 동생이 $(x+30)$분 동안 간 거리와 언니가 x분 동안 간 거리가 같으므로

$20(x+30)=60x$, $20x+600=60x$

$-40x=-600$ $\quad\therefore x=15$

따라서 언니가 동생을 만나는 시각은 오전 9시 30분으로부터 15분 후인 오전 9시 45분이다.

0761 정답 15일

좋은 말이 달리기 시작한 지 x일 만에 둔한 말을 따라잡는다고 하면 둔한 말이 $(x+10)$일 동안 간 거리와 좋은 말이 x일 동안 간 거리가 같으므로

$200x=120(x+10)$, $200x=120x+1200$

$80x=1200$ $\quad\therefore x=15$

따라서 좋은 말은 달리기 시작한 지 15일 만에 둔한 말을 따라잡을 수 있다.

0762 정답 160 km

늦게 출발한 차가 목적지에 도착할 때까지 걸린 시간을 x시간이라 하면 먼저 출발한 차가 $\left(x+\frac{24}{60}\right)$시간 동안 간 거리와 늦게 출발한 차가 x시간 동안 간 거리가 같으므로

$80\left(x+\frac{24}{60}\right)=100x$, $80x+32=100x$

$-20x=-32$ $\quad\therefore x=\frac{8}{5}$

따라서 출발지에서 목적지까지의 거리는 $100\times\frac{8}{5}=160$ (km)이다.

유형 16 거리, 속력, 시간에 대한 문제 - 마주 보고 걷거나 둘레를 도는 경우

0763 정답 36분 후

두 사람이 출발한 지 x분 후에 처음으로 다시 만난다고 하면

$40x+60x=3600$, $100x=3600$ $\quad\therefore x=36$

따라서 두 사람은 출발한 지 36분 후에 처음으로 다시 만난다.

0764 정답 1 km

슬기와 예솔이가 출발한 지 x분 후에 만난다고 하면

$50x+20x=1400$, $70x=1400$ $\quad\therefore x=20$

따라서 두 사람이 만나는 지점은 슬기네 집으로부터 $50\times20=1000$ (m), 즉 1 km 떨어진 곳이다.

0765 정답 ③

두 사람이 출발한 지 x분 후에 처음으로 다시 만난다고 하면

$75x-50x=450$, $25x=450$ $\quad\therefore x=18$

따라서 두 사람은 출발한 지 18분 후에 처음으로 다시 만난다.

0766 정답 ②

두 사람 A, B가 출발한 지 x초 후에 처음으로 만난다고 하면

$9x-6x=600$, $3x=600$ $\quad\therefore x=200$

즉, 200초마다 A가 B를 추월하게 된다.

이때 12분은 720초이고 $720=200\times3+120$이므로 12분 동안 A가 B를 추월하는 횟수는 3회이다.

0767 정답 8 km

운재가 달린 거리를 x km라 하면 정우가 달린 거리는 $(20-x)$ km이므로

$\frac{20-x}{9}=\frac{x}{6}$, $2(20-x)=3x$

$40-2x=3x$, $-5x=-40$ $\quad\therefore x=8$

따라서 출발 지점으로부터 두 사람이 만난 지점까지의 거리는 8 km이다.

발전 유형 17 거리, 속력, 시간에 대한 문제 - 열차가 다리 또는 터널을 통과하는 경우

0768 정답 ③

열차의 길이를 x m라 하면

$\frac{360+x}{30}=\frac{510+x}{40}$, $4(360+x)=3(510+x)$

$1440+4x=1530+3x$ $\quad\therefore x=90$

따라서 열차의 길이는 90 m이다.

보충 설명

길이가 x m인 기차가 길이가 l m인 다리(터널)를 완전히 통과하려면 $(l+x)$ m를 달려야 한다.

➡ $(\text{기차의 속력})=\dfrac{l+x}{(\text{완전히 통과하는 데 걸린 시간})}$

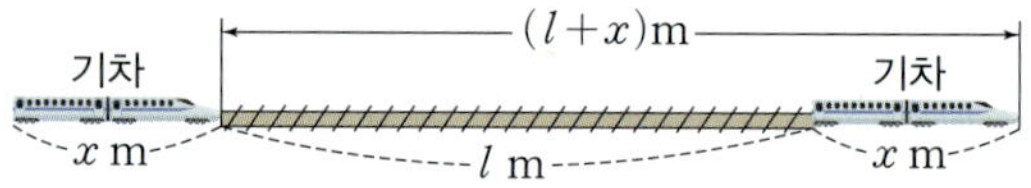

0769 정답 ④

열차의 길이를 x m라 하면

$\frac{1200+x}{25}=60$, $1200+x=1500$ $\quad\therefore x=300$

따라서 열차의 길이는 300 m이다.

0770 정답 ⑤

다리의 길이를 x m라 하면

$\frac{150+x}{40}=\frac{260+x}{50}$, $5(150+x)=4(260+x)$

$750+5x=1040+4x$ $\quad\therefore x=290$

따라서 다리의 길이는 290 m이다.

0771
정답 ②

열차의 길이를 x m라 하면

$\frac{270+x}{20}=\frac{420+x}{30}$, $3(270+x)=2(420+x)$

$810+3x=840+2x \qquad \therefore x=30$

따라서 열차의 속력은 초속 $\frac{270+30}{20}=15$ (m)이다.

발전유형 18 물의 속력, 배의 속력

0772
정답 ①

정지한 물에서의 배의 속력을 시속 x km라 하면

$2(x+5)=50$, $2x+10=50$

$2x=40 \qquad \therefore x=20$

따라서 정지한 물에서의 배의 속력은 시속 20 km이다.

0773
정답 ①

강물의 속력을 분속 x m라 하면

$12(25-x)=240$, $300-12x=240$

$-12x=-60 \qquad \therefore x=5$

따라서 강물의 속력은 분속 5 m이다.

발전유형 19 농도에 대한 문제 - 소금 또는 물을 넣거나 물을 증발시키는 경우

0774
정답 ①

증발시켜야 하는 물의 양을 x g이라 하면

$\frac{6}{100}\times300=\frac{9}{100}\times(300-x)$, $1800=9(300-x)$

$1800=2700-9x$, $9x=900 \qquad \therefore x=100$

따라서 증발시켜야 하는 물의 양은 100 g이다.

0775
정답 150 g

❶ **방정식을 세울 수 있다.**

더 넣어야 하는 물의 양을 x g이라 하면

$\frac{8}{100}\times250=\frac{5}{100}\times(250+x)$

❷ **더 넣어야 하는 물의 양을 구할 수 있다.**

$2000=5(250+x)$, $2000=1250+5x$

$-5x=-750 \qquad \therefore x=150$

따라서 더 넣어야 하는 물의 양은 150 g이다.

채점 기준		
❶	방정식을 세울 수 있다.	50 %
❷	더 넣어야 하는 물의 양을 구할 수 있다.	50 %

0776
정답 ③

처음 소금물의 농도를 x %라 하면

$\frac{x}{100}\times200+25=\frac{2x}{100}\times(200+25)$

$200x+2500=450x$

$-250x=-2500 \qquad \therefore x=10$

따라서 처음 소금물의 농도는 10 %이다.

BIBLE SAYS

소금을 더 넣으면 소금물의 양도 변하고 소금의 양도 변하므로

(나중 소금물의 양)=(처음 소금물의 양)+(더 넣은 소금의 양)

(나중 소금의 양)=(처음 소금의 양)+(더 넣은 소금의 양)

0777
정답 20 g

소금을 x g 더 넣는다고 하면

$\frac{20}{100}\times300+x=\frac{25}{100}\times(300+x)$

$6000+100x=7500+25x$, $75x=1500 \qquad \therefore x=20$

따라서 20 g의 소금을 더 넣어야 한다.

발전유형 20 농도에 대한 문제 - 두 소금물을 섞는 경우

0778
정답 ①

6 %의 소금물의 양을 x g이라 하면

$\frac{12}{100}\times400+\frac{6}{100}\times x=\frac{8}{100}\times(400+x)$

$4800+6x=8(400+x)$

$4800+6x=3200+8x$

$-2x=-1600 \qquad \therefore x=800$

따라서 6 %의 소금물의 양은 800 g이다.

0779
정답 ⑤

$\frac{x}{100}\times400+\frac{9}{100}\times200=\frac{7}{100}\times(400+200)$에서

$400x+1800=4200$, $400x=2400 \qquad \therefore x=6$

0780
정답 ③

12 %의 소금물의 양을 x g이라 하면

$\frac{7}{100}\times(400-x)+\frac{12}{100}\times x=\frac{8}{100}\times400$

$7(400-x)+12x=3200$

$2800-7x+12x=3200$

$5x=400 \qquad \therefore x=80$

따라서 12 %의 소금물의 양은 80 g이다.

0781
정답 ②

증발시킨 물의 양을 x g이라 하면

$\frac{10}{100}\times100+\frac{16}{100}\times200=\frac{20}{100}\times(100+200-x)$

$1000+3200=20(300-x)$

$1000+3200=6000-20x$

$20x=1800 \quad \therefore x=90$

따라서 증발시킨 물의 양은 90 g이다.

0782
정답 ④

더 넣은 물의 양을 x g이라 하면

$\frac{3}{100}\times300+\frac{6}{100}\times150=\frac{2}{100}\times(300+150+x)$

$900+900=2(450+x)$, $1800=900+2x$

$-2x=-900 \quad \therefore x=450$

따라서 더 넣은 물의 양은 450 g이다.

발전 유형 21 시계에 대한 문제

0783
정답 ④

7시 x분에 시침과 분침이 일치한다고 하면

$6x=30\times7+0.5x$, $5.5x=210 \quad \therefore x=\frac{420}{11}=38\frac{2}{11}$

따라서 구하는 시각은 7시 $38\frac{2}{11}$분이다.

BIBLE SAYS

시계에 대한 문제는 분침과 시침이 모두 12를 가리키는 것을 기준으로 구하려는 시각까지 분침과 시침이 움직인 각도를 미지수로 나타낸다.

	60분	1분	x분
분침	360°	6°	$6x^\circ$
시침	30°	0.5°	$0.5x^\circ$

0784
정답 ①

2시 x분에 시침과 분침이 이루는 각 중 작은 각의 크기가 처음으로 160°가 된다고 하면

$6x-(30\times2+0.5x)=160$

$6x-60-0.5x=160$

$5.5x=220 \quad \therefore x=40$

따라서 구하는 시각은 2시 40분이다.

0785
정답 ②

3시 x분에 시침과 분침이 서로 반대 방향으로 일직선을 이룬다고 하면

$6x-(30\times3+0.5x)=180$

$6x-90-0.5x=180$

$5.5x=270 \quad \therefore x=\frac{540}{11}=49\frac{1}{11}$

따라서 구하는 시각은 3시 $49\frac{1}{11}$분이다.

유형 22 규칙이 있는 수에 대한 문제

0786
정답 29

그림과 같이 맨 윗줄의 수를 x라 하면 나머지 수는 $x+7$, $x+14$, $x+15$이므로

x	
$x+7$	
$x+14$	$x+15$

$x+(x+7)+(x+14)+(x+15)=92$

$4x+36=92$, $4x=56 \quad \therefore x=14$

따라서 4개의 날짜 중 가장 큰 수는

$14+15=29$이다.

0787
정답 ②

[1단계]의 도형을 만드는 데 필요한 바둑돌은 1개이고, 한 단계 올라갈 때마다 바둑돌이 3개씩 늘어나므로 115개의 바둑돌을 이용할 때, [x단계]의 도형을 만들 수 있다고 하면

$1+3(x-1)=115$, $3x-2=115$

$3x=117 \quad \therefore x=39$

따라서 115개의 바둑돌을 이용할 때, [39단계]의 도형을 만들 수 있다.

0788
정답 15개

❶ 방정식을 세울 수 있다.

처음 정육각형을 만드는 데 성냥개비 6개가 필요하고 정육각형을 1개씩 추가할 때마다 5개의 성냥개비가 더 필요하므로 x개의 정육각형을 만드는 데 필요한 성냥개비의 개수는

$6+5(x-1)=5x+1$

❷ 성냥개비 76개를 이용하여 만들 수 있는 정육각형의 개수를 구할 수 있다.

$5x+1=76$에서 $5x=75 \quad \therefore x=15$

따라서 성냥개비 76개를 이용하여 만들 수 있는 정육각형은 15개이다.

	채점 기준	
❶	방정식을 세울 수 있다.	60 %
❷	성냥개비 76개를 이용하여 만들 수 있는 정육각형의 개수를 구할 수 있다.	40 %

0789
정답 ②

[1단계]의 도형을 만드는 데 필요한 스티커는 8개이고, 한 단계 올라갈 때마다 스티커는 4개씩 늘어나므로 92개의 스티커를 이용할 때, [x단계]의 도형을 만들 수 있다고 하면

$8+4\times(x-1)=92$, $4x+4=92$

$4x=88 \quad \therefore x=22$

따라서 92개의 스티커를 이용할 때, [22단계]의 도형을 만들 수 있다.

C 중단원 마무리

• 본책 148~150쪽

0790 정답 ④

연속하는 세 자연수를 $x-2$, $x-1$, x라 하면

$(x-2)+(x-1)+x=105$, $3x-3=105$

$3x=108$ $\therefore x=36$

따라서 연속하는 세 자연수 중 가장 큰 수는 36이다.

0791 정답 ③

처음 수의 일의 자리의 숫자를 x라 하면

$10x+6=(60+x)-27$, $10x+6=x+33$

$9x=27$ $\therefore x=3$

따라서 처음 수는 63이다.

0792 정답 ④

x년 후에 어머니의 나이가 딸의 나이의 2배가 된다고 하면

$46+x=2(13+x)$, $46+x=26+2x$

$-x=-20$ $\therefore x=20$

따라서 어머니의 나이가 딸의 나이의 2배가 되는 것은 20년 후이다.

0793 정답 ②

2점짜리 슛을 x골 넣었다고 하면 3점짜리 슛은 $(9-x)$골이므로

$2x+3(9-x)=23$, $2x+27-3x=23$

$-x=-4$ $\therefore x=4$

따라서 2점짜리 슛은 4골 넣었다.

0794 정답 ①

직육면체의 높이를 x cm라 하면

$2\times(2\times3+2\times x+3\times x)=62$, $2(6+5x)=62$

$12+10x=62$, $10x=50$ $\therefore x=5$

따라서 직육면체의 높이는 5 cm이다.

0795 정답 4일 후

x일 후에 형의 저금통에 들어 있는 금액이 동생의 저금통에 들어 있는 금액의 2배가 된다고 하면

$6000+300x=2(2000+400x)$, $6000+300x=4000+800x$

$-500x=-2000$ $\therefore x=4$

따라서 형의 저금통에 들어 있는 금액이 동생의 저금통에 들어 있는 금액의 2배가 되는 것은 4일 후이다.

0796 정답 52000원

구두의 원가를 x원이라 하면

(정가)$=x+\frac{20}{100}x=\frac{6}{5}x$(원)

(판매 가격)$=\frac{6}{5}x-\frac{6}{5}x\times\frac{10}{100}=\frac{27}{25}x$(원)

이때 (판매 가격)$-$(원가)$=$(이익)이므로

$\frac{27}{25}x-x=4160$, $\frac{2}{25}x=4160$ $\therefore x=52000$

따라서 구두의 원가는 52000원이다.

0797 정답 37명

5명씩 설 때의 줄을 x줄이라 하면

$5x+2=6(x-1)+1$, $5x+2=6x-6+1$

$-x=-7$ $\therefore x=7$

따라서 이 학급의 학생은 $5\times7+2=37$(명)이다.

0798 정답 21000원

지민이가 받은 용돈을 x원이라 하면 저축하고 남은 돈은

$x-\frac{1}{3}x=\frac{2}{3}x$(원), 책을 사고 남은 돈은

$\frac{2}{3}x-\left(\frac{2}{3}x\times\frac{3}{4}\right)=\frac{2}{3}x-\frac{1}{2}x=\frac{1}{6}x$(원)이므로

아이스크림을 사고 남은 돈은

$\frac{1}{6}x-2500=1000$, $\frac{1}{6}x=3500$ $\therefore x=21000$

따라서 지민이가 받은 용돈은 21000원이다.

0799 정답 4일

전체 일의 양을 1이라 하면 주현이와 정원이가 하루 동안 할 수 있는 일의 양은 각각 $\frac{1}{8}$, $\frac{1}{12}$이다.

두 사람이 x일 동안 함께 일했다고 하면

$\frac{1}{12}\times2+\left(\frac{1}{8}+\frac{1}{12}\right)\times x=1$, $\frac{1}{6}+\frac{5}{24}x=1$

$4+5x=24$, $5x=20$ $\therefore x=4$

따라서 두 사람이 함께 일한 날은 4일이다.

0800 정답 75분

집에서 도서관까지의 거리를 x km라 하면 시간 차는 45분, 즉

$\frac{45}{60}=\frac{3}{4}$(시간)이므로

$\frac{x}{16}-\frac{x}{40}=\frac{3}{4}$, $5x-2x=60$

$3x=60$ $\therefore x=20$

따라서 집에서 도서관까지의 거리가 20 km이므로 자전거를 타고 가는 데 걸리는 시간은 $\frac{20}{16}$시간, 즉 $\frac{20}{16}\times60=75$(분)이다.

0801 정답 25분 후

두 사람이 출발한 지 x분 후에 처음으로 다시 만난다고 하면

$80x-60x=500$, $20x=500$ $\therefore x=25$

따라서 두 사람은 출발한 지 25분 후에 처음으로 다시 만난다.

0802
정답 48분 후

두 사람이 런닝 머신에서 달린 시간을 x시간이라 하면 한석이가 달린 거리는 $10x$ km, 기철이가 달린 거리는 $13x$ km이므로

$13x-10x=2.4$, $3x=2.4$ $\quad\therefore x=0.8$

따라서 런닝 머신이 멈춘 시간은 달리기 시작한 지 0.8시간,

즉 $\frac{8}{10}\times60=48$(분) 후이다.

0803
정답 ③

기차의 길이를 x m라 하면

$\frac{240+x}{10}=\frac{390+x}{13}$, $13(240+x)=10(390+x)$

$3120+13x=3900+10x$, $3x=780$ $\quad\therefore x=260$

따라서 기차의 속력은 초속 $\frac{240+260}{10}=50$ (m)이다.

0804
정답 50 g

더 넣은 소금의 양을 x g이라 하면

$\frac{10}{100}\times800+x=\frac{20}{100}\times(800-200+x)$

$8000+100x=20(600+x)$

$8000+100x=12000+20x$

$80x=4000$ $\quad\therefore x=50$

따라서 더 넣은 소금의 양은 50 g이다.

0805
정답 12.5 g

농도가 15 %인 설탕물의 양을 x g이라 하면

$\frac{15}{100}\times x=\frac{20}{100}(x-50)$

$15x=20x-1000$, $-5x=-1000$ $\quad\therefore x=200$

농도가 15 %인 설탕물의 양이 200 g이므로 더 넣어야 하는 설탕의 양을 y g이라 하면

$\frac{15}{100}\times200+y=\frac{20}{100}\times(200+y)$

$3000+100y=4000+20y$, $80y=1000$ $\quad\therefore x=12.5$

따라서 더 넣어야 하는 설탕의 양은 12.5 g이다.

0806
정답 ③

8 %의 소금물의 양을 x g이라 하면

$\frac{4}{100}\times200+\frac{8}{100}\times x=\frac{6}{100}\times(200+x)$

$800+8x=6(200+x)$, $800+8x=1200+6x$

$2x=400$ $\quad\therefore x=200$

따라서 8 %의 소금물의 양은 200 g이다.

0807
정답 ②

8시 x분에 시침과 분침이 이루는 각 중 작은 각의 크기가 처음으로 13°가 된다고 하면

$(30\times8+0.5x)-6x=13$, $240+0.5x-6x=13$

$-5.5x=-227$ $\quad\therefore x=\frac{454}{11}=41\frac{3}{11}$

따라서 구하는 시각은 8시 $41\frac{3}{11}$분이다.

0808
정답 ⑤

[1단계]의 도형을 만드는 데 필요한 성냥개비는 22개이고, 한 단계 올라갈 때마다 성냥개비는 9개씩 늘어나므로 157개의 성냥개비를 이용할 때, [x단계]의 도형을 만들 수 있다고 하면

$22+9(x-1)=157$, $9x+13=157$

$9x=144$ $\quad\therefore x=16$

따라서 157개의 성냥개비를 이용할 때, [16단계]의 도형을 만들 수 있다.

0809
정답 ④

그림과 같이 맨 윗줄의 수를 x라 하면 나머지 수는 $x+6$, $x+7$, $x+8$, $x+14$이므로

	x	
$x+6$	$x+7$	$x+8$
	$x+14$	

$x+(x+6)+(x+7)+(x+8)+(x+14)=95$

$5x+35=95$, $5x=60$ $\quad\therefore x=12$

따라서 5개의 날짜 중 가장 작은 수는 12이다.

0810
정답 24단계

[1단계]의 직사각형의 둘레의 길이는 $4\times3=12$이고, 한 단계가 증가할 때마다 둘레의 길이는 $2\times3=6$씩 커지므로 [x단계]의 직사각형의 둘레의 길이는

$12+6(x-1)=6x+6$

[x단계]의 직사각형의 둘레의 길이가 150이라 하면

$6x+6=150$에서 $6x=144$ $\quad\therefore x=24$

따라서 직사각형의 둘레의 길이가 150이 되는 것은 [24단계]이다.

0811
정답 150 g

왕관에 섞은 은의 무게를 x g이라 하면 금의 무게는 $(600-x)$ g

세공업자가 만든 왕관의 무게가 $600-550=50$(g) 가벼워졌으므로

$\frac{1}{6}x+\frac{1}{18}(600-x)=50$, $3x+600-x=900$

$2x=300$ $\quad\therefore x=150$

따라서 왕관에 섞은 은의 무게는 150 g이다.

09 순서쌍과 좌표

PART A 개념 확인하기

• 본책 153쪽

0812 (정답) A(-4), B$\left(-\frac{1}{2}\right)$, C$(1)$, D$(5)$

0813 (정답)

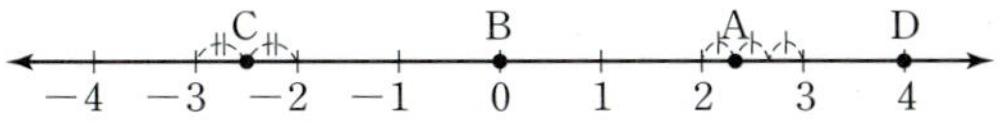

0814 (정답) (1) P$(-1, -2)$ (2) Q$(4, 0)$ (3) R$(0, -3)$

0815 (정답) A$(-2, 3)$, B$(-4, -3)$, C$(1, -4)$, D$(3, 0)$, E$(0, 1)$

0816 (정답)

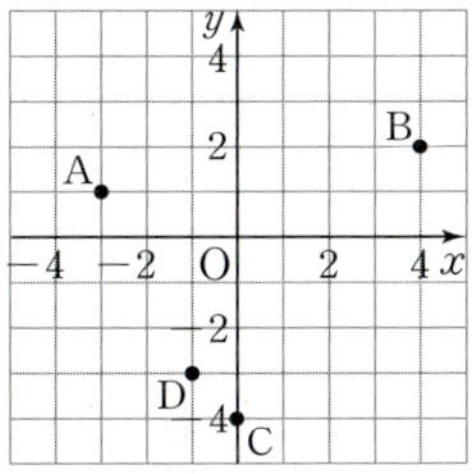

0817 (정답) (1) 제2사분면 (2) 제1사분면 (3) 제4사분면 (4) 제3사분면

0818 (정답) (1) 제4사분면 (2) 제2사분면 (3) 제3사분면 (4) 제1사분면

(1) $a>0$, $b<0$이므로 점 (a, b)는 제4사분면 위의 점이다.
(2) $b<0$, $a>0$이므로 점 (b, a)는 제2사분면 위의 점이다.
(3) $-a<0$, $b<0$이므로 점 $(-a, b)$는 제3사분면 위의 점이다.
(4) $a>0$, $-b>0$이므로 점 $(a, -b)$는 제1사분면 위의 점이다.

0819 (정답) (1) $(-2, -5)$ (2) $(2, 5)$ (3) $(2, -5)$

0820 (정답) (1) 12분 (2) 300 m (3) 3분

(3) 멈춰 있는 동안에는 이동 거리의 변화가 없으므로 도중에 멈춰 있을 때는 집을 출발한 지 3분 후부터 6분 후까지이다.
따라서 현빈이는 도중에 3분 동안 멈춰 있었다.

PART B 유형별 문제

• 본책 154~162쪽

유형 01 순서쌍

0821 (정답) 4

$-a+3=-3$에서 $-a=-6$ $\therefore a=6$
$2b+1=5$에서 $2b=4$ $\therefore b=2$
$\therefore a-b=6-2=4$

0822 (정답) 5

$a+b=6$을 만족시키는 순서쌍 (a, b)는 $(1, 5)$, $(2, 4)$, $(3, 3)$, $(4, 2)$, $(5, 1)$의 5개이다.

0823 (정답) ③

$|a|=1$이므로 $a=-1$ 또는 $a=1$
$|b|=2$이므로 $b=-2$ 또는 $b=2$
$(a, 0)$ ⇨ $(-1, 0)$, $(1, 0)$
$(a, 2b)$ ⇨ $(-1, -4)$, $(-1, 4)$, $(1, -4)$, $(1, 4)$
따라서 두 순서쌍 $(a, 0)$, $(a, 2b)$로 좌표평면 위에 나타낼 수 있는 모든 점의 개수는 6이다.

0824 (정답) 10

$a>b$를 만족시키는 순서쌍 (a, b)는
$(2, 1)$, $(3, 1)$, $(3, 2)$, $(4, 1)$, $(4, 2)$, $(4, 3)$, $(5, 1)$, $(5, 2)$, $(5, 3)$, $(5, 4)$의 10개이다.

유형 02 좌표평면 위의 점의 좌표

0825 (정답) ②

① A$(3, 2)$ ③ C$(-3, 4)$
④ D$(-2, 0)$ ⑤ E$(-2, -2)$
따라서 좌표를 바르게 나타낸 것은 ②이다.

0826 (정답) ③

③ C$(-3, 2)$

0827 (정답)

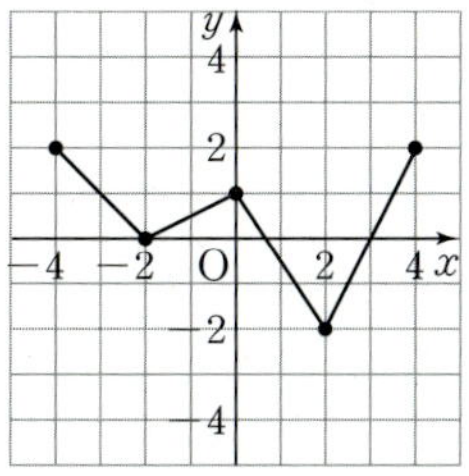

0828 (정답) A$(-1,\ 2)$, C$(2,\ -3)$

(점 A의 x좌표)=(점 B의 x좌표)$=-1$
(점 A의 y좌표)=(점 D의 y좌표)$=2$
$\therefore$ A$(-1,\ 2)$
(점 C의 x좌표)=(점 D의 x좌표)$=2$
(점 C의 y좌표)=(점 B의 y좌표)$=-3$
$\therefore$ C$(2,\ -3)$

유형 03 좌표축(x축 또는 y축) 위의 점의 좌표

0829 (정답) ③

점 $(a-1,\ b+3)$이 x축 위의 점이므로 $b+3=0$ $\therefore b=-3$
점 $(a+2,\ b-5)$가 y축 위의 점이므로 $a+2=0$ $\therefore a=-2$
따라서 점 $(a,\ b)$는 $(-2,\ -3)$이다.

0830 (정답) ③, ⑤

y축 위의 점의 좌표는 $(0,\ y$좌표$)$이므로 구하는 점의 좌표는 ③, ⑤이다.

0831 (정답) ④

점 $(a,\ b)$가 y축 위의 점이므로 x좌표가 0이다. $\therefore a=0$
이때 점 $(a,\ b)$는 원점이 아니므로 $b\neq0$이다.

0832 (정답) 7

점 P가 x축 위의 점이므로 P$(4,\ 0)$
점 Q가 y축 위의 점이므로 Q$(0,\ -3)$
따라서 $a=4,\ b=0,\ c=0,\ d=-3$이므로
$a-b-c-d=4-0-0-(-3)=7$

0833 (정답) 4

❶ a의 값을 구할 수 있다.
점 A가 x축 위의 점이므로 $a-1=0$ $\therefore a=1$
❷ b의 값을 구할 수 있다.
점 B가 y축 위의 점이므로 $3-b=0$ $\therefore b=3$
❸ $a+b$의 값을 구할 수 있다.
$\therefore a+b=1+3=4$

채점 기준		
❶	a의 값을 구할 수 있다.	40 %
❷	b의 값을 구할 수 있다.	40 %
❸	$a+b$의 값을 구할 수 있다.	20 %

유형 04 좌표평면 위의 도형의 넓이

0834 (정답) 24

세 점 A, B, C를 꼭짓점으로 하는 삼각형 ABC를 좌표평면 위에 나타내면 그림과 같다.

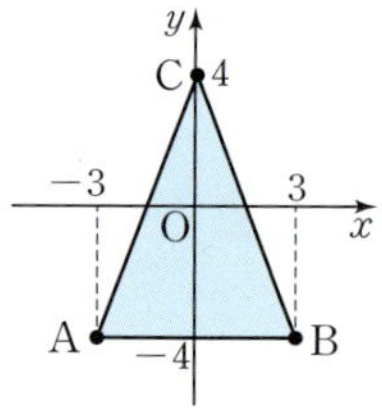

$\therefore$ (삼각형 ABC의 넓이)$=\frac{1}{2}\times6\times8=24$

0835 (정답) 30

네 점 A, B, C, D를 꼭짓점으로 하는 사각형 ABCD를 좌표평면 위에 나타내면 그림과 같은 사다리꼴이다.

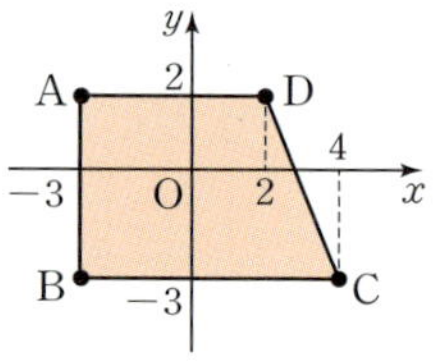

$\therefore$ (사각형 ABCD의 넓이)
$=\frac{1}{2}\times(5+7)\times5=30$

0836 (정답) 6

(나)에서 점 B의 좌표는 $(-4,\ 0)$이다.
(다)에서 점 C의 좌표는 $(0,\ -5)$이다.
세 점 A, B, C를 꼭짓점으로 하는 삼각형 ABC를 좌표평면 위에 나타내면 그림과 같다.

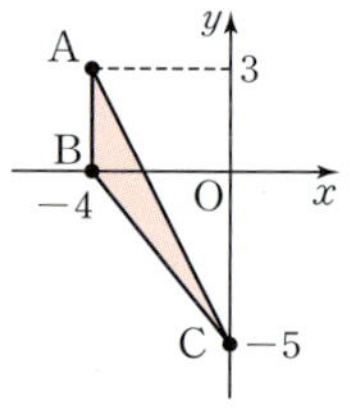

$\therefore$ (삼각형 ABC의 넓이)$=\frac{1}{2}\times3\times4=6$

0837 (정답) 13

세 점 A, B, C를 꼭짓점으로 하는 삼각형 ABC를 좌표평면 위에 나타내면 그림과 같다.

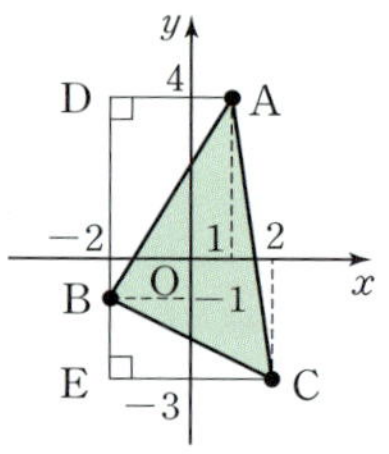

(삼각형 ABC의 넓이)
=(사다리꼴 DECA의 넓이)
 −(삼각형 DBA의 넓이)
 −(삼각형 BEC의 넓이)
$=\frac{1}{2}\times(3+4)\times7-\frac{1}{2}\times5\times3-\frac{1}{2}\times4\times2$
$=\frac{49}{2}-\frac{15}{2}-4=13$

0838 (정답) 5

❶ 삼각형 ABC를 좌표평면 위에 나타내고, 삼각형의 밑변의 길이와 높이를 구할 수 있다.
세 점 A, B, C를 꼭짓점으로 하는 삼각형 ABC를 좌표평면 위에 나타내면 그림과 같다.

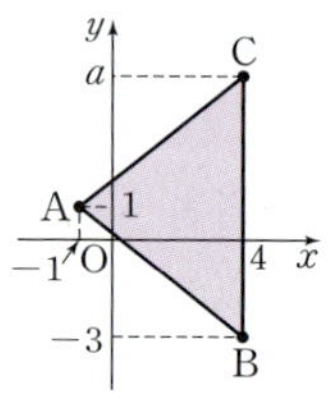

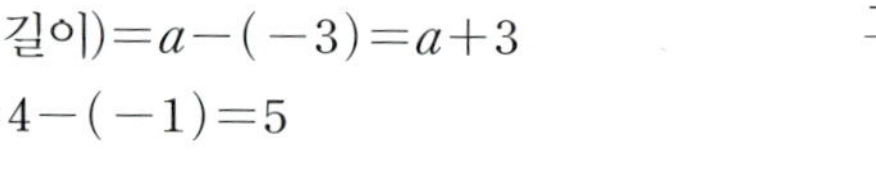

선분 BC를 밑변으로 하면
(밑변의 길이)$=a-(-3)=a+3$
(높이)$=4-(-1)=5$

❷ **양수 a의 값을 구할 수 있다.**

이때 삼각형 ABC의 넓이가 20이므로

$\frac{1}{2}\times(a+3)\times5=20,\ a+3=8 \qquad \therefore a=5$

채점 기준		
❶	삼각형 ABC를 좌표평면 위에 나타내고, 삼각형의 밑변의 길이와 높이를 구할 수 있다.	40 %
❷	양수 a의 값을 구할 수 있다.	60 %

유형 05 사분면

0839 정답 ①, ④

② 점 (3, 2)는 제1사분면 위에 있다.

③ 점 $(-4, -3)$은 제3사분면 위에 있다.

⑤ 점 $(-2, 1)$은 제2사분면 위의 점이고, 점 $(1, -2)$는 제4사분면 위의 점이다.

0840 정답 ㄷ, ㅁ, ㅂ

주어진 점이 속하는 사분면은 다음과 같다.

ㄱ. 어느 사분면에도 속하지 않는다.

ㄴ. 제1사분면

ㄷ. 제2사분면

ㄹ. 제3사분면

ㅁ. 제2사분면

ㅂ. 제2사분면

따라서 제2사분면 위의 점은 ㄷ, ㅁ, ㅂ이다.

0841 정답 ④

주어진 점이 속하는 사분면은 다음과 같다.

① 제2사분면

② 제3사분면

③ 어느 사분면에도 속하지 않는다.

⑤ 제4사분면

0842 정답 ①

점 $(a, -3)$이 제4사분면 위의 점이므로 $a>0$

따라서 a의 값이 될 수 있는 것은 ①이다.

0843 정답 ③, ⑤

① 점 (0, 4)는 어느 사분면에도 속하지 않는다.

② 점 (2, 1)은 제1사분면 위의 점이다.

④ 점 $(-1, 1)$은 제2사분면 위의 점이고, 점 $(1, -1)$은 제4사분면 위의 점이다.

0844 정답 제4사분면

$a-8=4-3a$이므로 $4a=12 \qquad \therefore a=3$

$3b+5=b-1$이므로 $2b=-6 \qquad \therefore b=-3$

따라서 점 $(3, -3)$은 제4사분면 위의 점이다.

유형 06 사분면의 결정 (1) - 점이 속한 사분면이 주어진 경우

0845 정답 제3사분면

점 (x, y)가 제2사분면 위의 점이므로 $x<0,\ y>0$

$\therefore xy<0,\ -y<0$

따라서 점 $(xy, -y)$는 제3사분면 위의 점이다.

0846 정답 제4사분면

점 $(x, -y)$가 제1사분면 위의 점이므로 $x>0,\ -y>0$

$\therefore x>0,\ y<0$

따라서 $x-y>0,\ xy<0$이므로 점 $(x-y, xy)$는 제4사분면 위의 점이다.

0847 정답 ①

점 (x, y)가 제4사분면 위의 점이므로 $x>0,\ y<0$

이때 $-x<0,\ -y>0$이므로 점 $(-x, -y)$는 제2사분면 위의 점이다.

따라서 점 $(-x, -y)$와 같은 사분면 위의 점은 ①이다.

0848 정답 ②

점 (a, b)가 제4사분면 위의 점이므로 $a>0,\ b<0$

① $a>0,\ -b>0$ ⇨ 제1사분면

② $b<0,\ -a<0$ ⇨ 제3사분면

③ $ab<0,\ -b>0$ ⇨ 제2사분면

④ $-a<0,\ b<0$이므로 $-a+b<0,\ a>0$ ⇨ 제2사분면

⑤ $a>0,\ -b>0$이므로 $a-b>0$ ⇨ 제1사분면

따라서 제3사분면 위의 점은 ②이다.

0849 정답 ③

점 (x, y)가 제3사분면 위의 점이므로 $x<0,\ y<0$

① $x<0,\ -y>0$ ⇨ 제2사분면

② $-x>0,\ y<0$ ⇨ 제4사분면

③ $-xy<0,\ x^3<0$ ⇨ 제3사분면

④ $x<0,\ x+y<0$ ⇨ 제3사분면

⑤ $-\frac{x}{y}<0,\ xy>0$ ⇨ 제2사분면

따라서 바르게 짝 지어진 것은 ③이다.

0850 정답 제4사분면

점 (a, b)가 제2사분면 위의 점이므로 $a<0$, $b>0$
점 (c, d)가 제3사분면 위의 점이므로 $c<0$, $d<0$
따라서 $-\frac{d}{b}>0$, $-ac<0$이므로 점 $\left(-\frac{d}{b}, -ac\right)$는 제4사분면 위의 점이다.

0851 정답 ③

점 $(-a, b)$가 제1사분면 위의 점이므로 $-a>0$, $b>0$
$\therefore a<0$, $b>0$
이때 $a-b<0$, $b-a>0$이므로 점 $(a-b, b-a)$는 제2사분면 위의 점이다.
따라서 점 $(a-b, b-a)$와 같은 사분면 위의 점은 ③이다.

유형 07 사분면의 결정 (2) - 두 수의 부호를 이용하는 경우

0852 정답 ①

$xy>0$이므로 x, y의 부호는 서로 같다.
이때 $x+y>0$이므로 $x>0$, $y>0$
따라서 점 (x, y)는 제1사분면 위의 점이다.

0853 정답 ③

$ab<0$이므로 a, b의 부호는 서로 다르다.
이때 $a<b$이므로 $a<0$, $b>0$ $\quad\therefore -a>0$, $-b<0$
따라서 점 $(-a, -b)$는 제4사분면 위의 점이므로 같은 사분면 위의 점은 ③이다.

0854 정답 제1사분면

❶ $xy<0$의 의미를 설명할 수 있다.
$xy<0$이므로 x, y의 부호는 서로 다르다.
❷ x, y의 부호를 구할 수 있다.
이때 $x>y$이므로 $x>0$, $y<0$
❸ 점 $(x, x-y)$가 제몇 사분면 위의 점인지 구할 수 있다.
따라서 $x>0$, $x-y>0$이므로 점 $(x, x-y)$는 제1사분면 위의 점이다.

채점 기준		
❶	$xy<0$의 의미를 설명할 수 있다.	30 %
❷	x, y의 부호를 구할 수 있다.	30 %
❸	점 $(x, x-y)$가 제몇 사분면 위의 점인지 구할 수 있다.	40 %

0855 정답 ⑤

$a>0$, $b<0$이고 $|a|<|b|$이므로 $a+b<0$
$b<0$, $-a<0$이므로 $b-a<0$
따라서 점 $(a+b, b-a)$는 제3사분면 위의 점이므로 같은 사분면 위의 점은 ⑤이다.

0856 정답 제4사분면

(가)에서 a, b의 부호는 서로 다르다.
이때 (나)에서 $a-b<0$, 즉 $a<b$이므로 $a<0$, $b>0$
(다)에서 $|a|>|b|$이므로 $a+b<0$
따라서 점 $(b, a+b)$는 제4사분면 위의 점이다.

유형 08 대칭인 점의 좌표

0857 정답 12

두 점 $(a, 8)$, $(-3, b-1)$이 y축에 대하여 대칭이므로
$a=3$, $8=b-1$
따라서 $a=3$, $b=9$이므로 $a+b=3+9=12$

0858 정답 ⑤

두 점 $(a+1, 6)$, $(-5, b)$가 x축에 대하여 대칭이므로
$a+1=-5$, $-6=b$
따라서 $a=-6$, $b=-6$이므로 $ab=-6\times(-6)=36$

0859 정답 -5

❶ 점 $(a, -1)$과 x축에 대하여 대칭인 점의 좌표를 구할 수 있다.
점 $(a, -1)$과 x축에 대하여 대칭인 점의 좌표는 $(a, 1)$
❷ 점 $(4, b)$와 y축에 대하여 대칭인 점의 좌표를 구할 수 있다.
점 $(4, b)$와 y축에 대하여 대칭인 점의 좌표는 $(-4, b)$
❸ a, b의 값을 각각 구할 수 있다.
이때 두 점의 좌표가 같으므로 $a=-4$, $b=1$
❹ $a-b$의 값을 구할 수 있다.
$\therefore a-b=-4-1=-5$

채점 기준		
❶	점 $(a, -1)$과 x축에 대하여 대칭인 점의 좌표를 구할 수 있다.	30 %
❷	점 $(4, b)$와 y축에 대하여 대칭인 점의 좌표를 구할 수 있다.	30 %
❸	a, b의 값을 각각 구할 수 있다.	30 %
❹	$a-b$의 값을 구할 수 있다.	10 %

0860 정답 12

점 A(3, 2)와 원점에 대하여 대칭인 점은 B$(-3, -2)$, x축에 대하여 대칭인 점은 C$(3, -2)$이다.
세 점 A, B, C를 꼭짓점으로 하는 삼각형 ABC를 좌표평면 위에 나타내면 그림과 같다.

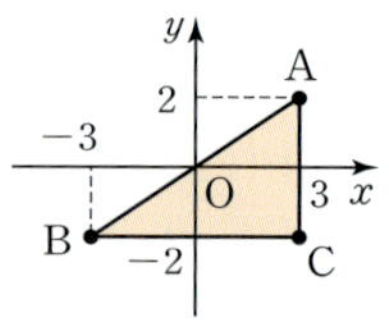

$\therefore$ (삼각형 ABC의 넓이)$=\frac{1}{2}\times6\times4=12$

유형 09 그래프 해석하기

0861 (정답) ④

ㄱ, ㄴ. 지영이가 오전 9시에 출발했으므로 출발한 지 3시간 30분 후는 12시 30분이고, 이때 집으로부터 떨어진 거리는 10 km이다.

ㄷ. 지영이가 방향을 바꿔 집으로 돌아가기 시작한 시각은 집으로부터 떨어진 거리가 증가하다가 감소하는 지점의 시각이므로 14시, 즉 오후 2시이다.

ㄹ. 지영이가 멈춰 있었을 때는 그래프에서 y의 값에 변화가 없는 부분이므로 지영이가 멈춰 있었던 시간은 10시 30분부터 11시 30분까지, 12시 30분부터 13시까지로 총 1시간 30분이다.

따라서 옳은 것은 ㄱ, ㄴ, ㄷ이다.

0862 (정답) 5분

x의 값이 5일 때 y의 값이 처음으로 100이 되므로 물을 100 ℃까지 가열하는 데 걸린 시간은 5분이다.

0863 (정답) ㄱ, ㄴ

ㄱ. 서현이와 연정이의 키가 같았을 때는 두 그래프가 만나는 경우이므로 3살과 4살 사이, 9살 때로 2번 있었다.

ㄴ. x의 값이 7일 때 연정이의 그래프에서 y의 값이 서현이의 그래프에서 y의 값보다 크므로 7살 때 연정이가 서현이보다 키가 크다.

ㄷ. 6살 때 서현이와 연정이의 키의 차가 가장 크다.

따라서 옳은 것은 ㄱ, ㄴ이다.

0864 (정답) ㄱ, ㄹ

ㄴ. 그래프가 오른쪽 아래로 향하기 시작한 때가 속력이 감소하기 시작한 때이므로 오토바이의 속력이 첫 번째로 감소하기 시작한 때는 출발한 지 6분 후이다.

ㄷ. 피자 가게에서 출발하여 두 번째 배달지에 도착할 때까지 걸린 시간은 13분이다.

ㄹ. 오토바이의 속력이 일정하게 유지된 시간은 그래프에서 y의 값에 변화가 없는 부분이므로 출발한 지 3분 후부터 6분 후까지, 11분 후부터 12분 후까지 총 $3+1=4$(분) 동안이다.

따라서 옳은 것은 ㄱ, ㄹ이다.

0865 (정답) 160 m

오르막길에서 내리막길로 바뀐 지점은 지면으로부터의 높이가 증가하다가 감소하는 지점이므로 출발한 지 30분 후, 50분 후, 100분 후이다.

따라서 두 번째로 오르막길에서 내리막길로 바뀐 지점은 출발한 지 50분 후이고 지면으로부터의 높이가 160 m이다.

0866 (정답) ③

② 토끼가 경주 도중 쉰 시간은 그래프에서 y의 값에 변화가 없는 부분이므로 토끼가 출발한 지 20분 후부터 60분 후까지 총 $60-20=40$(분)이다.

③ 토끼가 출발한 지 10분 후에 거북이와 처음으로 만났다.

따라서 옳지 않은 것은 ③이다.

0867 (정답) 29

❶ **a의 값을 구할 수 있다.**

지윤이가 중간에 멈춰 있기 시작한 때는 출발한 지 3분 후, 6분 후, 13분 후이므로 3번 멈춰 있었다. $\therefore a=3$

❷ **b의 값을 구할 수 있다.**

멈춰 있었던 시간은 출발한 지 3분 후부터 4분 후까지, 6분 후부터 9분 후까지, 13분 후부터 15분 후까지이므로 총 $1+3+2=6$(분)이다.

$\therefore b=6$

❸ **c의 값을 구할 수 있다.**

집에서 도서관까지의 거리가 1800 m이므로 도서관까지 가는 데 걸린 시간은 20분이다. $\therefore c=20$

❹ **$a+b+c$의 값을 구할 수 있다.**

$\therefore a+b+c=3+6+20=29$

채점 기준		
❶	a의 값을 구할 수 있다.	30 %
❷	b의 값을 구할 수 있다.	30 %
❸	c의 값을 구할 수 있다.	30 %
❹	$a+b+c$의 값을 구할 수 있다.	10 %

유형 10 상황에 맞는 그래프 찾기

0868 (정답) ③

일정한 속력으로 걸어가거나 뛰어가면 거리가 일정하게 증가하고 잠시 쉬면 거리의 변화가 없다.

따라서 상황에 알맞은 그래프는 ③이다.

0869 (정답) ②

A 구간에서 x의 값이 증가할 때 y의 값은 변화가 없으므로 A 구간에서 잠시 멈춰 있고, B 구간은 x의 값이 증가할 때 y의 값이 일정하게 증가하므로 일정한 속력으로 올라가고 있다.

따라서 가장 적절한 것은 ②이다.

0870 (정답) (1) ㄷ (2) ㄴ (3) ㄱ

(1) 물의 양이 그대로였다가 물의 양이 0까지 일정하게 줄어들었으므로 마시지 않다가 일정한 속력으로 다 마셨다. ⇨ ㄷ

(2) 물의 양이 일정하게 줄어들다가 일정 시간 물의 양이 변화하지 않고 다시 물의 양이 일정하게 0까지 줄었으므로 일정한 속력으로 마시다가 멈추고 다시 일정한 속력으로 다 마셨다. ⇨ ㄴ

(3) 물의 양이 0이 되지 않았으므로 물을 다 마시지 못했다. ⇨ ㄱ

0871 (정답) ③

주어진 그래프는 x의 값이 증가할 때, y의 값은 증가하다가 감소하므로 두 변수 x, y로 가장 알맞은 것은 ③이다.

0872 (정답) ④

주어진 그래프는 x의 값이 증가할 때, y의 값이 빠르게 감소하다가 점점 느리게 감소하므로 두 변수 x, y로 가장 알맞은 것은 ④이다.

유형 11 시간에 따른 물의 높이와 그릇의 모양

0873 (정답) A－ㄴ, B－ㄷ, C－ㄱ

그릇의 밑면의 반지름의 길이가 길수록 같은 시간 동안 채운 물의 높이는 느리게 증가한다. 세 그릇 A, B, C의 밑면의 반지름의 길이를 비교하면 A<B<C이므로 각 그릇에 해당하는 그래프는 A－ㄴ, B－ㄷ, C－ㄱ이다.

0874 (정답) ④

그릇의 폭이 점점 좁아지다가 일정해지므로 물의 높이는 점점 빠르게 증가하다가 일정하게 증가한다.
따라서 그래프로 알맞은 것은 ④이다.

0875 (정답) ㄷ

물의 높이가 처음에는 빠르게 증가하다가 점점 느리게 증가하고 다시 점점 빠르게 증가한다.
따라서 수지가 가지고 있는 물통의 아랫부분은 위로 올라갈수록 폭이 점점 넓어지고 어느 부분부터는 위로 갈수록 점점 좁아지는 모양이어야 하므로 가장 알맞은 것은 ㄷ이다.

0876 (정답) ①

물의 높이가 일정하게 증가하다가 어느 부분부터 물의 높이가 점점 빠르게 증가한다.
따라서 그릇의 아랫부분은 폭이 일정하고 어느 부분부터는 위로 갈수록 폭이 좁아지는 모양이어야 하므로 가장 알맞은 것은 ①이다.

C 중단원 마무리

• 본책 163~164쪽

0877 (정답) 2

$8-a=3a$에서 $-4a=-8$ $\quad\therefore a=2$

$2b+5=5b-1$에서 $-3b=-6$ $\quad\therefore b=2$

$\therefore 3a-2b=3\times2-2\times2=2$

0878 (정답) ④

A(3, 3), B(−3, −4), C(3, −4), D(0, −5), E(−5, 3)

④ 점 D의 좌표는 (0, −5)이므로 y좌표만 음수이다.

⑤ 점 B와 점 E의 y좌표는 각각 −4, 3이므로 곱은 $-4\times3=-12<0$, 즉 음수이다.

따라서 옳지 않은 것은 ④이다.

0879 (정답) (1) $a=4$, $b=-2$ (2) C(2, 8)

(1) $4a-16=0$에서 $4a=16$ $\quad\therefore a=4$

$3b+6=0$에서 $3b=-6$ $\quad\therefore b=-2$

(2) $a+b=4+(-2)=2$, $-\dfrac{a^2}{b}=-\dfrac{4^2}{-2}=8$

따라서 점 C의 좌표는 C(2, 8)이다.

0880 (정답) ③

네 점 A, B, C, D를 꼭짓점으로 하는 사각형 ABCD를 좌표평면 위에 나타내면 그림과 같다.

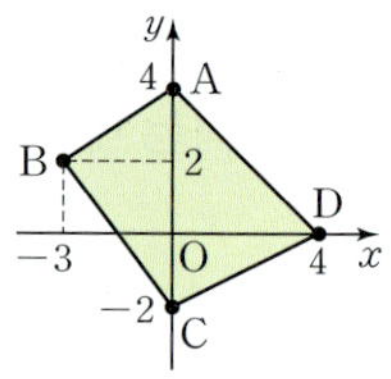

$\therefore$ (사각형 ABCD의 넓이)

$=$(삼각형 ABC의 넓이)

$+$(삼각형 ACD의 넓이)

$=\dfrac{1}{2}\times6\times3+\dfrac{1}{2}\times6\times4$

$=9+12=21$

0881 (정답) ②, ④

② 점 (−4, −1)은 제3사분면 위의 점이다.

④ 점 (0, −6)은 y축 위의 점이므로 어느 사분면에도 속하지 않는다.

0882 (정답) ③

점 (a, b)가 제3사분면 위의 점이므로 $a<0$, $b<0$

점 (c, d)가 제2사분면 위의 점이므로 $c<0$, $d>0$

따라서 $a+c<0$, $bd<0$이므로 점 $(a+c, bd)$는 제3사분면 위의 점이다.

0883 (정답) 제2사분면

$xy<0$이므로 x, y의 부호는 서로 다르다.

이때 $x-y<0$, 즉 $x<y$이므로 $x<0$, $y>0$

따라서 점 (x, y)는 제2사분면 위의 점이다.

0884 (정답) ②

두 점 $(2a-3, 1)$, $(2, 2-b)$가 원점에 대하여 대칭이므로 x좌표, y좌표의 부호가 모두 반대이다.

$2a-3=-2$에서 $2a=1$ $\quad\therefore a=\dfrac{1}{2}$

$1=-(2-b)$에서 $1=-2+b$ $\therefore b=3$

$\therefore 2a-b=2\times\frac{1}{2}-3=1-3=-2$

0885 정답 24

점 A(3, 4)와 x축에 대하여 대칭인 점은 B(3, −4), 원점에 대하여 대칭인 점은 C(−3, −4)이다.

세 점 A, B, C를 꼭짓점으로 하는 삼각형 ABC를 좌표평면 위에 나타내면 그림과 같다.

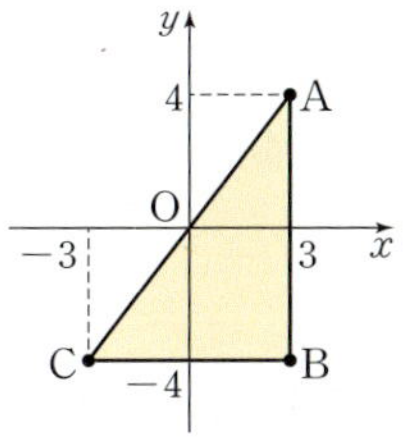

$\therefore$ (삼각형 ABC의 넓이)$=\frac{1}{2}\times6\times8=24$

0886 정답 (1) 20분 (2) 3번

(2) 1시간은 60분이므로 모두 $60\div20=3$(번) 왕복할 수 있다.

0887 정답 ②

ㄱ. 수현이는 완주하지 못했다.

ㄷ. 민준이는 출발한 지 28분 후부터 40분 후까지 y의 값에 변화가 없으므로 $40-28=12$(분)동안 쉬었다.

ㄹ. 달리기 시작하여 30분 전까지는 지섭, 수현, 민준이의 순서대로 달렸다.

따라서 옳은 것은 ㄴ, ㄷ이다.

0888 정답 ㄹ

용기의 가장 위부터 아래로 내려갈수록 폭이 점점 넓어지므로 물의 높이는 처음에는 빠르게 감소하다가 점점 느리게 감소하게 된다.

따라서 x와 y 사이의 관계를 나타낸 그래프로 알맞은 것은 ㄹ이다.

10 정비례와 반비례

PART A 개념 확인하기

• 본책 167쪽

0889 정답

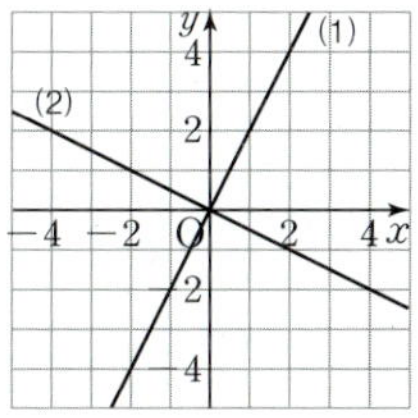

0890 정답 (1) $\frac{1}{4}$ (2) -1

(1) $y=ax$에 $x=4$, $y=1$을 대입하면 $1=4a$ $\therefore a=\frac{1}{4}$

(2) $y=ax$에 $x=3$, $y=-3$을 대입하면 $-3=3a$ $\therefore a=-1$

0891 정답

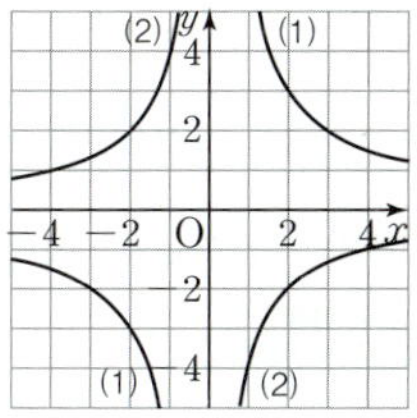

0892 정답 (1) 10 (2) -3

(1) $y=\frac{a}{x}$에 $x=2$, $y=5$를 대입하면 $5=\frac{a}{2}$ $\therefore a=10$

(2) $y=\frac{a}{x}$에 $x=-3$, $y=1$을 대입하면 $1=\frac{a}{-3}$ $\therefore a=-3$

0893 정답 (1) 풀이 참조 (2) $y=800x$

(1)

x	1	2	3	4	5	⋯
y	800	1600	2400	3200	4000	⋯

0894 정답 (1) $y=5000x$ (2) 60000원

(1) 일주일에 5000원씩 모으므로 x주 동안 모은 금액은 $5000x$원이다.

$\therefore y=5000x$

(2) $y=5000x$에 $x=12$를 대입하면 $y=5000\times12=60000$

따라서 12주 동안 모은 금액은 60000원이다.

0895 정답 (1) 풀이 참조 (2) $y=\frac{300}{x}$

(1)

x	1	2	3	4	5	$\cdots$
y	300	150	100	75	60	$\cdots$

0896 정답 (1) $y=\frac{24}{x}$ (2) 4 cm

(1) (직사각형의 넓이)=(가로의 길이)×(세로의 길이)이므로

$24=x\times y \quad \therefore y=\frac{24}{x}$

(2) $y=\frac{24}{x}$에 $y=6$을 대입하면 $6=\frac{24}{x} \quad \therefore x=4$

따라서 세로의 길이가 6 cm일 때, 가로의 길이는 4 cm이다.

PART B 유형별 문제

• 본책 168~183쪽

유형 01 정비례 관계

0897 정답 ④

ㅁ. $\frac{y}{x}=5$에서 $y=5x$

ㅂ. $xy=-2$에서 $y=-\frac{2}{x}$

따라서 y가 x에 정비례하는 것은 ㄱ, ㄷ, ㅁ이다.

보충 설명

0이 아닌 a에 대하여 $y=ax$, $y=\frac{x}{a}$, $\frac{y}{x}=a$, $\frac{x}{y}=a$ 꼴은 모두 y가 x에 정비례한다.

0898 정답 ㄱ, ㄹ

ㄴ. $y=-4x$에서 $\frac{y}{x}=-4$이므로 $\frac{y}{x}$의 값이 일정하다.

ㄷ. y가 x에 정비례하므로 x의 값이 5배가 되면 y의 값도 5배가 된다.

따라서 옳은 것은 ㄱ, ㄹ이다.

0899 정답 2

x의 값이 2배, 3배, 4배, $\cdots$가 될 때 y의 값도 2배, 3배, 4배, $\cdots$가 되는 관계가 있으면 y는 x에 정비례하므로 $y=ax\ (a\neq0)$ 꼴이다.

ㄱ. $\frac{y}{x}=-5$에서 $y=-5x$

ㄴ. $x-y=2$에서 $y=x-2$

ㄷ. $xy=7$에서 $y=\frac{7}{x}$

ㅂ. $y=-\frac{x}{9}$에서 $y=-\frac{1}{9}x$

따라서 y가 x에 정비례하는 것은 ㄱ, ㅂ의 2개이다.

0900 정답 ④

① (거리)=(속력)×(시간)이므로 $y=4x$

② $y=70x$

③ $y=3x$

④ x분 동안 흘러 나온 물의 양은 $5x$ L이므로 $y=100-5x$

⑤ (소금의 양)$=\frac{(\text{소금물의 농도})}{100}\times$(소금물의 양)이므로

$y=\frac{10}{100}\times x \quad \therefore y=\frac{1}{10}x$

따라서 y가 x에 정비례하지 않는 것은 ④이다.

유형 02 정비례 관계식 구하기

0901 정답 ③

y가 x에 정비례하므로 $y=ax\ (a\neq0)$로 놓고

$x=\frac{1}{2}$, $y=-4$를 대입하면

$-4=\frac{1}{2}a$에서 $a=-8 \quad \therefore y=-8x$

따라서 $y=-8x$에 $y=6$을 대입하면

$6=-8x \quad \therefore x=-\frac{3}{4}$

0902 정답 ②

x의 값이 2배, 3배, 4배, $\cdots$가 될 때 y의 값도 2배, 3배, 4배, $\cdots$가 되는 관계가 있으면 y는 x에 정비례한다.

$y=ax\ (a\neq0)$로 놓고 $x=-3$, $y=15$를 대입하면

$15=-3a \quad \therefore a=-5$

따라서 x와 y 사이의 관계식은 $y=-5x$

0903 정답 ㄱ, ㄷ

ㄱ. y가 x에 정비례하므로 x의 값이 2배가 되면 y의 값도 2배가 된다.

ㄴ. $y=ax\ (a\neq0)$로 놓고 $x=\frac{1}{4}$, $y=-1$을 대입하면

$-1=\frac{1}{4}a$에서 $a=-4 \quad \therefore y=-4x$

ㄷ. $y=-4x$에 $x=-\frac{1}{2}$을 대입하면 $y=-4\times\left(-\frac{1}{2}\right)=2$

따라서 옳은 것은 ㄱ, ㄷ이다.

0904 정답 9

❶ **x와 y 사이의 관계식을 구할 수 있다.**

y가 x에 정비례하므로 $y=ax\ (a\neq0)$로 놓고

$x=-2$, $y=-\frac{1}{3}$을 대입하면

$-\frac{1}{3}=-2a \quad \therefore a=\frac{1}{6} \quad \therefore y=\frac{1}{6}x$

② **A의 값을 구할 수 있다.**

$y=\frac{1}{6}x$에 $x=A$, $y=-1$을 대입하면 $-1=\frac{1}{6}A$ $\therefore A=-6$

③ **B의 값을 구할 수 있다.**

$y=\frac{1}{6}x$에 $x=3$, $y=B$를 대입하면 $B=\frac{1}{6}\times 3=\frac{1}{2}$

④ **C의 값을 구할 수 있다.**

$y=\frac{1}{6}x$에 $x=C$, $y=2$를 대입하면 $2=\frac{1}{6}C$ $\therefore C=12$

⑤ **$AB+C$의 값을 구할 수 있다.**

$\therefore AB+C=-6\times\frac{1}{2}+12=9$

채점 기준		
❶	x와 y 사이의 관계식을 구할 수 있다.	30 %
❷	A의 값을 구할 수 있다.	20 %
❸	B의 값을 구할 수 있다.	20 %
❹	C의 값을 구할 수 있다.	20 %
❺	$AB+C$의 값을 구할 수 있다.	10 %

유형 03 정비례 관계의 활용

0905
정답 (1) $y=12x$ (2) 840 km

(1) 5 L의 휘발유로 60 km를 갈 수 있으므로 1 L의 휘발유로 12 km를 갈 수 있다.
즉, x L의 휘발유로 갈 수 있는 거리는 $12x$ km이다.
$\therefore y=12x$

(2) $y=12x$에 $x=70$을 대입하면 $y=12\times 70=840$
따라서 70 L의 휘발유로 840 km를 갈 수 있다.

0906
정답 $y=4x$

물의 높이는 매분 4 cm씩 증가하므로 x분 후의 물의 높이는 $4x$ cm이다.
$\therefore y=4x$

0907
정답 12번

두 톱니바퀴 A, B가 회전하는 동안 맞물린 톱니의 수는 서로 같으므로

$30\times x=20\times y$ $\therefore y=\frac{3}{2}x$

$y=\frac{3}{2}x$에 $x=8$을 대입하면 $y=\frac{3}{2}\times 8=12$

따라서 톱니바퀴 A가 8번 회전할 때, 톱니바퀴 B는 12번 회전한다.

0908
정답 8 cm

선분 BP의 길이가 x cm이므로 $y=\frac{1}{2}\times x\times 6$ $\therefore y=3x$

$y=3x$에 $y=24$를 대입하면 $24=3x$ $\therefore x=8$

따라서 선분 BP의 길이는 8 cm이다.

0909
정답 (1) $y=0.6x$ (2) 20분 후

(1) 양초의 길이는 불을 붙이면 1분에 0.6 cm씩 줄어들므로 x분 동안 줄어든 양초의 길이는 $0.6x$ cm이다.
$\therefore y=0.6x$

(2) 양초의 길이가 13 cm가 되려면 줄어든 양초의 길이가 $25-13=12$ (cm)이어야 하므로
$y=0.6x$에 $y=12$를 대입하면
$12=0.6x$ $\therefore x=20$
따라서 양초의 길이가 13 cm가 될 때 불을 끄려면 불을 붙인 지 20분 후에 불을 꺼야 한다.

0910
정답 75 g

y가 x에 정비례하므로 $y=ax\ (a\neq 0)$로 놓고 $x=10$, $y=2$를 대입하면

$2=10a$ $\therefore a=\frac{1}{5}$

$\therefore y=\frac{1}{5}x$

용수철의 길이가 35 cm가 되려면 늘어난 길이는 $35-20=15$ (cm)이어야 하므로

$y=\frac{1}{5}x$에 $y=15$를 대입하면 $15=\frac{1}{5}x$ $\therefore x=75$

따라서 용수철의 길이가 35 cm가 되려면 75 g짜리 추를 매달아야 한다.

유형 04 정비례 관계 $y=ax\ (a\neq 0)$의 그래프

0911
정답 ②

$y=\frac{2}{3}x$에 $x=3$을 대입하면 $y=\frac{2}{3}\times 3=2$

따라서 $y=\frac{2}{3}x$의 그래프는 원점과 점 $(3,\ 2)$를 지나는 직선이므로 ②이다.

0912
정답 ②

$x=-5$일 때, $y=-\frac{3}{5}\times(-5)=3$

$x=0$일 때, $y=-\frac{3}{5}\times 0=0$

$x=5$일 때, $y=-\frac{3}{5}\times 5=-3$

따라서 구하는 정비례 관계의 그래프는 3개의 점 $(-5,\ 3)$, $(0,\ 0)$, $(5,\ -3)$으로 나타나므로 ②이다.

BIBLE SAYS

정비례 관계 $y=ax\ (a\neq 0)$의 그래프는
(1) x의 값이 유한개이면 ➡ 유한개의 점으로 나타난다.
(2) x의 값이 모든 수이면 ➡ 원점을 지나는 직선이다.

0913

정답 ④

정비례 관계 $y=ax\ (a\neq0)$의 그래프가 제2사분면과 제4사분면을 지나려면 $a<0$이어야 하므로 ㄴ, ㅁ, ㅂ이다.

0914

정답 ④

① 원점을 지난다.

② $y=-\frac{5}{4}x$에 $x=4$, $y=5$를 대입하면 $5\neq-\frac{5}{4}\times4$

③ 오른쪽 아래로 향하는 직선이다.

⑤ x의 값이 증가하면 y의 값은 감소한다.

0915

정답 ③

③ 정비례 관계 $y=ax$의 그래프는 $a>0$일 때는 오른쪽 위로 향하는 직선이고, $a<0$일 때는 오른쪽 아래로 향하는 직선이다.

보충 설명

$y=ax$에 $x=0$을 대입하면 a의 값에 관계없이 $y=0$이므로 정비례 관계 $y=ax\ (a\neq0)$의 그래프는 항상 점 $(0, 0)$, 즉 원점을 지난다.

유형 05 정비례 관계 $y=ax\ (a\neq0)$의 그래프와 a의 값 사이의 관계

0916

정답 ④

정비례 관계 $y=ax\ (a\neq0)$의 그래프는 a의 절댓값이 작을수록 x축에 가깝다.

따라서 $\left|-\frac{3}{4}\right|<\left|-\frac{4}{5}\right|<\left|\frac{5}{3}\right|<|4|<|-6|$이므로 그래프가 x축에 가장 가까운 것은 ④이다.

0917

정답 ③

$y=\frac{9}{4}x$의 그래프는 제1사분면과 제3사분면을 지나고,

$|1|<\left|\frac{9}{4}\right|$이므로 $y=x$의 그래프보다 y축에 가깝다.

따라서 $y=\frac{9}{4}x$의 그래프가 될 수 있는 것은 ③이다.

0918

정답 ③

$y=ax$의 그래프가 제2사분면과 제4사분면을 지나므로 $a<0$

또한 $y=ax$의 그래프가 $y=-x$의 그래프보다 x축에 가까우므로

$|a|<|-1|$

$\therefore\ -1<a<0$

따라서 상수 a의 값이 될 수 있는 것은 ③이다.

0919

정답 ③

$y=ax$, $y=bx$의 그래프는 제2사분면과 제4사분면을 지나고,

$y=cx$의 그래프는 제1사분면과 제3사분면을 지나므로

$a<0$, $b<0$, $c>0$

이때 $y=bx$의 그래프가 $y=ax$의 그래프보다 y축에 가까우므로

$|a|<|b|\qquad\therefore\ a>b$

$\therefore\ b<a<c$

참고 음수끼리는 절댓값이 큰 수가 더 작다.

유형 06 정비례 관계 $y=ax\ (a\neq0)$의 그래프 위의 점

0920

정답 ⑤

$y=\frac{1}{4}x$에 $x=a$, $y=a-3$을 대입하면

$a-3=\frac{1}{4}a$, $\frac{3}{4}a=3\qquad\therefore\ a=4$

0921

정답 ④

$y=ax$에 $x=-3$, $y=4$를 대입하면

$4=-3a\qquad\therefore\ a=-\frac{4}{3}\qquad\therefore\ y=-\frac{4}{3}x$

$y=-\frac{4}{3}x$에 주어진 각 점의 좌표를 대입하면

① $-4=-\frac{4}{3}\times3$　　② $-1=-\frac{4}{3}\times\frac{3}{4}$

③ $-8=-\frac{4}{3}\times6$　　④ $\frac{2}{3}\neq-\frac{4}{3}\times\left(-\frac{9}{8}\right)$

⑤ $\frac{1}{9}=-\frac{4}{3}\times\left(-\frac{1}{12}\right)$

따라서 정비례 관계 $y=-\frac{4}{3}x$의 그래프 위에 있지 않은 점은 ④이다.

0922

정답 -1

❶ a의 값을 구할 수 있다.

$y=ax$의 그래프가 점 $(3, 2)$를 지나므로

$y=ax$에 $x=3$, $y=2$를 대입하면 $2=3a\qquad\therefore\ a=\frac{2}{3}$

❷ b의 값을 구할 수 있다.

$y=bx$의 그래프가 점 $\left(2, -\frac{10}{3}\right)$을 지나므로

$y=bx$에 $x=2$, $y=-\frac{10}{3}$을 대입하면

$-\frac{10}{3}=2b\qquad\therefore\ b=-\frac{5}{3}$

❸ $a+b$의 값을 구할 수 있다.

$\therefore\ a+b=\frac{2}{3}+\left(-\frac{5}{3}\right)=-1$

채점 기준		
❶	a의 값을 구할 수 있다.	40 %
❷	b의 값을 구할 수 있다.	40 %
❸	$a+b$의 값을 구할 수 있다.	20 %

0923
(정답) 12

그래프가 점 (6, 3)을 지나므로

$y=ax$에 $x=6$, $y=3$을 대입하면

$3=6a \quad \therefore a=\frac{1}{2} \quad \therefore y=\frac{1}{2}x$

이 그래프가 점 $(-b, -5)$를 지나므로

$y=\frac{1}{2}x$에 $x=-b$, $y=-5$를 대입하면

$-5=-\frac{1}{2}b \quad \therefore b=10$

$\therefore 4a+b=4\times\frac{1}{2}+10=12$

0924
(정답) ④

$y=ax$에 $x=-3$, $y=-9$를 대입하면

$-9=-3a \quad \therefore a=3 \quad \therefore y=3x$

$y=3x$에 $x=b$, $y=6$을 대입하면 $6=3b \quad \therefore b=2$

$y=3x$에 $x=-2$, $y=c$를 대입하면 $c=3\times(-2)=-6$

$\therefore a-b-c=3-2-(-6)=7$

유형 07 그래프가 주어질 때 정비례 관계식 구하기

0925
(정답) ③

그래프가 원점과 점 (4, 3)을 지나는 직선이므로 $y=ax\ (a\neq0)$로 놓고 $x=4$, $y=3$을 대입하면 $3=4a \quad \therefore a=\frac{3}{4}$

$\therefore y=\frac{3}{4}x$

0926
(정답) 3

그래프가 원점과 점 $(3, -2)$를 지나는 직선이므로

$y=ax\ (a\neq0)$로 놓고 $x=3$, $y=-2$를 대입하면

$-2=3a \quad \therefore a=-\frac{2}{3}$

$\therefore y=-\frac{2}{3}x$

이 그래프가 점 P를 지나므로 $y=-\frac{2}{3}x$에 $x=-\frac{9}{2}$를 대입하면

$y=-\frac{2}{3}\times\left(-\frac{9}{2}\right)=3$

따라서 점 P의 y좌표는 3이다.

0927
(정답) ④

그래프가 원점과 점 $(-4, 5)$를 지나는 직선이므로

$y=ax\ (a\neq0)$로 놓고 $x=-4$, $y=5$를 대입하면

$5=-4a \quad \therefore a=-\frac{5}{4}$

$\therefore y=-\frac{5}{4}x$

따라서 $y=-\frac{5}{4}x$에 $x=k$, $y=-10$을 대입하면

$-10=-\frac{5}{4}k \quad \therefore k=8$

0928
(정답) ⑤

그래프가 원점과 점 (6, 2)를 지나는 직선이므로 $y=ax\ (a\neq0)$로 놓고 $x=6$, $y=2$를 대입하면 $2=6a \quad \therefore a=\frac{1}{3} \quad \therefore y=\frac{1}{3}x$

① $y=\frac{1}{3}x$에 $x=-9$, $y=3$을 대입하면 $3\neq\frac{1}{3}\times(-9)$

② $y=\frac{1}{3}x$에 $x=-3$, $y=\frac{1}{6}$을 대입하면 $\frac{1}{6}\neq\frac{1}{3}\times(-3)$

③ $y=\frac{1}{3}x$에 $x=-1$, $y=-\frac{2}{3}$를 대입하면

$-\frac{2}{3}\neq\frac{1}{3}\times(-1)$

④ $y=\frac{1}{3}x$에 $x=3$, $y=\frac{1}{3}$을 대입하면 $\frac{1}{3}\neq\frac{1}{3}\times3$

⑤ $y=\frac{1}{3}x$에 $x=12$, $y=4$를 대입하면 $4=\frac{1}{3}\times12$

따라서 주어진 그래프 위의 점은 ⑤이다.

유형 08 정비례 관계 $y=ax\ (a\neq0)$의 그래프와 도형의 넓이

0929
(정답) 12

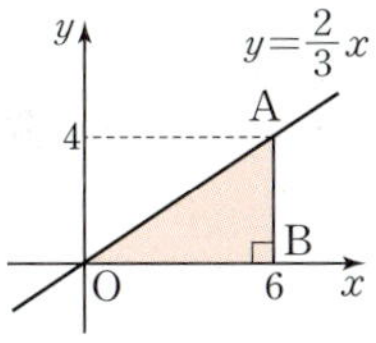

점 A의 x좌표가 6이므로 $y=\frac{2}{3}x$에 $x=6$을 대입하면

$y=\frac{2}{3}\times6=4$

따라서 A(6, 4)이므로

(삼각형 AOB의 넓이)$=\frac{1}{2}\times6\times4=12$

0930
(정답) ⑤

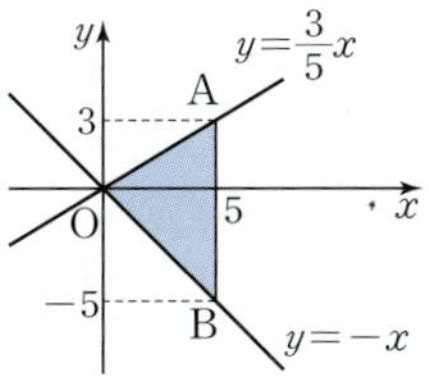

두 점 A, B의 x좌표가 모두 5이므로

$y=\frac{3}{5}x$에 $x=5$를 대입하면

$y=\frac{3}{5}\times5=3 \quad \therefore A(5, 3)$

$y=-x$에 $x=5$를 대입하면

$y=-5 \quad \therefore B(5, -5)$

$\therefore$ (삼각형 AOB의 넓이)$=\frac{1}{2}\times\{3-(-5)\}\times5=20$

0931
(정답) $-\frac{5}{8}$

❶ **점 A의 좌표를 구할 수 있다.**

B(0, 5)이고 점 A가 제2사분면 위의 점이므로 $A(k, 5)\ (k<0)$라 하자.

이때 삼각형 AOB의 넓이가 20이므로

$\frac{1}{2}\times(-k)\times5=20$ $\quad\therefore k=-8$

$\therefore$ A$(-8, 5)$

❷ a의 값을 구할 수 있다.

따라서 $y=ax$에 $x=-8$, $y=5$를 대입하면

$5=-8a$ $\quad\therefore a=-\frac{5}{8}$

채점 기준		
❶	점 A의 좌표를 구할 수 있다.	50 %
❷	a의 값을 구할 수 있다.	50 %

유형 09 정비례 관계의 활용 - 그래프가 주어지는 경우

0932
정답 (1) $y=3x$ (2) 180 kcal

(1) 주어진 그래프는 원점과 점 (10, 30)을 지나는 직선이므로
$y=ax\ (a\neq0)$로 놓고 $x=10$, $y=30$을 대입하면
$30=10a$ $\quad\therefore a=3$ $\quad\therefore y=3x$

(2) 1시간은 60분이므로 $y=3x$에 $x=60$을 대입하면
$y=3\times60=180$
따라서 1시간 운동했을 때, 소모되는 열량은 180 kcal이다.

0933
정답 ③

주어진 그래프는 원점과 점 (3, 105)를 지나는 직선이므로
$y=ax\ (a\neq0)$로 놓고 $x=3$, $y=105$를 대입하면
$105=3a$ $\quad\therefore a=35$ $\quad\therefore y=35x$
$y=35x$에 $y=420$을 대입하면 $420=35x$ $\quad\therefore x=12$
따라서 송이는 5일 동안 12개의 귤을 먹었다.

0934
정답 10분

호스 A의 그래프는 원점과 점 (5, 4000)을 지나는 직선이므로
$y=ax\ (a\neq0)$로 놓고 $x=5$, $y=4000$을 대입하면
$4000=5a$ $\quad\therefore a=800$ $\quad\therefore y=800x$
호스 B의 그래프는 원점과 점 (5, 3000)을 지나는 직선이므로
$y=bx\ (b\neq0)$로 놓고 $x=5$, $y=3000$을 대입하면
$3000=5b$ $\quad\therefore b=600$ $\quad\therefore y=600x$
두 호스로 24000 L 들이 수조 두 개에 각각 물을 가득 채울 때 걸리는 시간은
호스 A: $y=800x$에 $y=24000$을 대입하면 $24000=800x$
$\therefore x=30$
즉, 30분 걸린다.
호스 B: $y=600x$에 $y=24000$을 대입하면 $24000=600x$
$\therefore x=40$
즉, 40분 걸린다.
따라서 걸리는 시간의 차는 $40-30=10$(분)이다.

0935
정답 325

기계 A의 그래프는 원점과 점 (30, 45)를 지나는 직선이므로
$y=ax\ (a\neq0)$로 놓고 $x=30$, $y=45$를 대입하면
$45=30a$ $\quad\therefore a=\frac{3}{2}$ $\quad\therefore y=\frac{3}{2}x$
기계 B의 그래프는 원점과 점 (30, 20)을 지나는 직선이므로
$y=bx\ (b\neq0)$로 놓고 $x=30$, $y=20$을 대입하면
$20=30b$ $\quad\therefore b=\frac{2}{3}$ $\quad\therefore y=\frac{2}{3}x$
두 기계 A, B를 동시에 150분 동안 가동하였을 때 만들어지는 장난감의 개수는
기계 A: $y=\frac{3}{2}x$에 $x=150$을 대입하면 $y=\frac{3}{2}\times150=225$
즉, 장난감 225개를 만든다.
기계 B: $y=\frac{2}{3}x$에 $x=150$을 대입하면 $y=\frac{2}{3}\times150=100$
즉, 장난감 100개를 만든다.
따라서 두 기계 A, B를 동시에 150분 동안 가동했을 때 만들어지는 장난감의 개수는
$225+100=325$

0936
정답 ②

주혁이의 그래프는 원점과 점 (2, 320)을 지나는 직선이므로
$y=ax\ (a\neq0)$로 놓고 $x=2$, $y=320$을 대입하면
$320=2a$ $\quad\therefore a=160$ $\quad\therefore y=160x$
민정이의 그래프는 원점과 점 (2, 240)을 지나는 직선이므로
$y=bx\ (b\neq0)$로 놓고 $x=2$, $y=240$을 대입하면
$240=2b$ $\quad\therefore b=120$ $\quad\therefore y=120x$
학교에서 도서관까지의 거리는 960 m이므로 도서관까지 가는 데 걸리는 시간은
주혁: $y=160x$에 $y=960$을 대입하면 $960=160x$ $\quad\therefore x=6$
즉, 6분이 걸린다.
민정: $y=120x$에 $y=960$을 대입하면 $960=120x$ $\quad\therefore x=8$
즉, 8분이 걸린다.
따라서 주혁이가 도서관에 도착한 후 $8-6=2$(분)을 기다려야 민정이가 도착한다.

발전 유형 10 도형의 넓이를 이등분하는 직선

0937
정답 (1) 18 (2) 2

(1) 점 A의 x좌표가 3이므로 B(3, 0)이고,
$y=4x$에 $x=3$을 대입하면
$y=4\times3=12$ $\quad\therefore$ A(3, 12)
$\therefore$ (삼각형 AOB의 넓이)$=\frac{1}{2}\times3\times12=18$

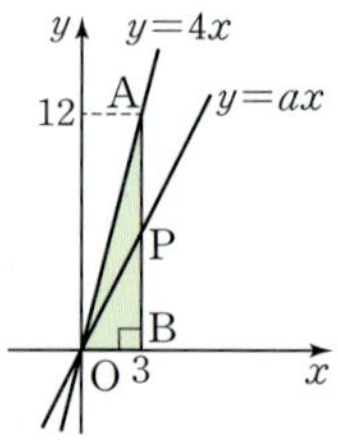

(2) 선분 AB와 $y=ax$의 그래프가 만나는 점을 P라 하면 P$(3, 3a)$

이때 (삼각형 POB의 넓이)$=\frac{1}{2}\times$(삼각형 AOB의 넓이)이므로

$\frac{1}{2}\times3\times3a=\frac{1}{2}\times18$, $\frac{9}{2}a=9$ $\quad\therefore a=2$

0938

정답 4

점 A의 y좌표가 14이므로 B(0, 14)이고,
$y=2x$에 $y=14$를 대입하면
$14=2x$ $\quad\therefore x=7$ $\quad\therefore$ A(7, 14)

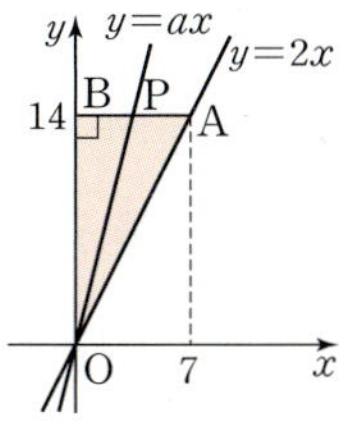

$\therefore$ (삼각형 ABO의 넓이)$=\frac{1}{2}\times14\times7=49$

선분 AB와 $y=ax$의 그래프가 만나는 점을 P라 하면 $\mathrm{P}\left(\frac{14}{a},\ 14\right)$

이때 (삼각형 PBO의 넓이)$=\frac{1}{2}\times$(삼각형 ABO의 넓이)이므로

$\frac{1}{2}\times14\times\frac{14}{a}=\frac{1}{2}\times49$ $\quad\therefore a=4$

0939

정답 $\frac{3}{4}$

$y=ax$의 그래프와 선분 AB가 만나는 점을 P$(m,\ n)$이라 하자.

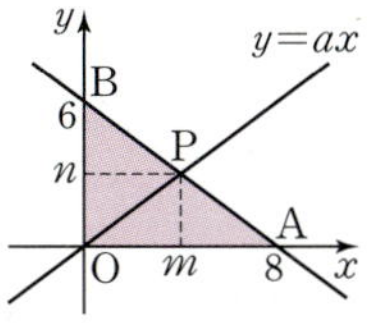

(삼각형 OAB의 넓이)$=\frac{1}{2}\times8\times6=24$이고

$y=ax$의 그래프가 삼각형 OAB의 넓이를 이등분하므로

(삼각형 APO의 넓이)=(삼각형 BPO의 넓이)$=12$

(삼각형 APO의 넓이)$=\frac{1}{2}\times8\times n=12$ $\quad\therefore n=3$

(삼각형 BPO의 넓이)$=\frac{1}{2}\times6\times m=12$ $\quad\therefore m=4$

따라서 점 P(4, 3)이므로 $y=ax$에 $x=4$, $y=3$을 대입하면

$3=4a$ $\quad\therefore a=\frac{3}{4}$

0940

정답 $\frac{5}{3}$

그림에서 $y=ax$의 그래프와 선분 AB가 만나는 점을 P$(m,\ n)$이라 하자.

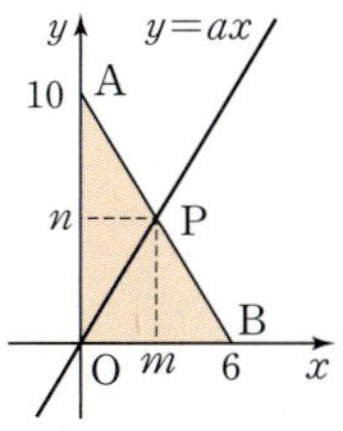

삼각형 AOB의 넓이는 $\frac{1}{2}\times6\times10=30$이고

$y=ax$의 그래프가 삼각형 AOB의 넓이를 이등분하므로

(삼각형 AOP의 넓이)=(삼각형 BOP의 넓이)$=15$

(삼각형 AOP의 넓이)$=\frac{1}{2}\times10\times m=15$ $\quad\therefore m=3$

(삼각형 BOP의 넓이)$=\frac{1}{2}\times6\times n=15$ $\quad\therefore n=5$

따라서 점 P(3, 5)이므로 $y=ax$에 $x=3$, $y=5$를 대입하면

$5=3a$ $\quad\therefore a=\frac{5}{3}$

유형 11 반비례 관계

0941

정답 ①, ④

① $xy=-5$에서 $y=-\frac{5}{x}$

③ $x+y=-1$에서 $y=-x-1$

⑤ $\frac{y}{x}=-3$에서 $y=-3x$

따라서 y가 x에 반비례하는 것은 ①, ④이다.

보충 설명

0이 아닌 a에 대하여 $y=\frac{a}{x}$, $y=\frac{1}{ax}$, $xy=a$, $x=\frac{a}{y}$ 꼴은 모두 y가 x에 반비례한다.

0942

정답 ㄱ, ㄷ, ㄹ

ㄴ. y가 x에 반비례하므로 x의 값이 3배가 되면 y의 값은 $\frac{1}{3}$배가 된다.

ㄷ. $x=-6$일 때, $y=-\frac{4}{-6}=\frac{2}{3}$

ㄹ. $xy=-4$이므로 xy의 값이 일정하다.

따라서 옳은 것은 ㄱ, ㄷ, ㄹ이다.

0943

정답 ㄴ, ㄷ

ㄷ. $xy=5$에서 $y=\frac{5}{x}$

ㅁ. $\frac{y}{x}=1$에서 $y=x$

ㅂ. $x+2y=0$에서 $y=-\frac{x}{2}$

따라서 y가 x에 반비례하는 것은 ㄴ, ㄷ이다.

0944

정답 ③, ⑤

x의 값이 2배, 3배, 4배, …가 될 때 y의 값은 $\frac{1}{2}$배, $\frac{1}{3}$배, $\frac{1}{4}$배, …가 되는 관계가 있으면 y는 x에 반비례하므로 $y=\frac{a}{x}\ (a\neq0)$ 꼴이다.

① $x+y=3$에서 $y=-x+3$

③ $x=\frac{8}{y}$에서 $xy=8$, 즉 $y=\frac{8}{x}$

④ $\frac{y}{x}=-2$에서 $y=-2x$

⑤ $xy=11$에서 $y=\frac{11}{x}$

따라서 y가 x에 반비례하는 것은 ③, ⑤이다.

0945

정답 ②, ③

① $y=\frac{100}{x}$

② $y=\frac{1}{2}\times 20\times x$이므로 $y=10x$

③ $y=1500x$

④ (시간)$=\frac{(\text{거리})}{(\text{속력})}$이므로 $y=\frac{5}{x}$

⑤ (소금물의 농도)$=\frac{(\text{소금의 양})}{(\text{소금물의 양})}\times 100$이므로

$y=\frac{30}{x}\times 100 \qquad \therefore y=\frac{3000}{x}$

따라서 y가 x에 반비례하지 않는 것은 ②, ③이다.

유형 12 반비례 관계식 구하기

0946

정답 -1

y가 x에 반비례하므로 $y=\frac{a}{x}\,(a\neq 0)$로 놓고

$x=6$, $y=\frac{1}{3}$을 대입하면

$\frac{1}{3}=\frac{a}{6} \qquad \therefore a=2$

따라서 $y=\frac{2}{x}$에 $x=-2$를 대입하면

$y=\frac{2}{-2}=-1$

0947

정답 $-\frac{3}{2}$

㈎에서 y가 x에 반비례하므로 $y=\frac{a}{x}\,(a\neq 0)$로 놓는다.

㈏에서 $y=\frac{a}{x}$에 $x=2$, $y=-3$을 대입하면

$-3=\frac{a}{2} \qquad \therefore a=-6 \qquad \therefore y=-\frac{6}{x}$

따라서 $y=-\frac{6}{x}$에 $y=4$를 대입하면 $4=-\frac{6}{x} \qquad \therefore x=-\frac{3}{2}$

0948

정답 ㄱ, ㄷ

ㄱ. x의 값이 2배, 3배, 4배, …가 될 때 y의 값은 $\frac{1}{2}$배, $\frac{1}{3}$배, $\frac{1}{4}$배, …가 되는 관계가 있으면 y가 x에 반비례한다.

ㄴ. y가 x에 반비례하므로 $y=\frac{a}{x}\,(a\neq 0)$로 놓고 $x=3$, $y=5$를 대입하면

$5=\frac{a}{3} \qquad \therefore a=15 \qquad \therefore y=\frac{15}{x}$

ㄷ. $y=\frac{15}{x}$에 $x=-5$를 대입하면 $y=\frac{15}{-5}=-3$

ㄹ. $y=\frac{15}{x}$에서 $xy=15$, 즉 xy의 값은 15로 일정하다.

따라서 옳지 않은 것은 ㄱ, ㄷ이다.

0949

정답 7

❶ **x와 y 사이의 관계식을 구할 수 있다.**

y가 x에 반비례하므로 $y=\frac{a}{x}\,(a\neq 0)$로 놓고 $x=-4$, $y=3$을 대입하면 $3=\frac{a}{-4} \qquad \therefore a=-12 \qquad \therefore y=-\frac{12}{x}$

❷ **A의 값을 구할 수 있다.**

$y=-\frac{12}{x}$에 $x=A$, $y=6$을 대입하면 $6=-\frac{12}{A} \qquad \therefore A=-2$

❸ **B의 값을 구할 수 있다.**

$y=-\frac{12}{x}$에 $x=2$, $y=B$를 대입하면 $B=-\frac{12}{2}=-6$

❹ **C의 값을 구할 수 있다.**

$y=-\frac{12}{x}$에 $x=4$, $y=C$를 대입하면 $C=-\frac{12}{4}=-3$

❺ **$A-B-C$의 값을 구할 수 있다.**

$\therefore A-B-C=-2-(-6)-(-3)=7$

채점 기준		
❶	x와 y 사이의 관계식을 구할 수 있다.	30 %
❷	A의 값을 구할 수 있다.	20 %
❸	B의 값을 구할 수 있다.	20 %
❹	C의 값을 구할 수 있다.	20 %
❺	$A-B-C$의 값을 구할 수 있다.	10 %

유형 13 반비례 관계의 활용

0950

정답 (1) $y=\frac{600}{x}$ (2) 25 L

(1) 매분 15 L씩 40분 동안 물을 넣으면 물탱크가 가득 차므로 물탱크에 들어갈 수 있는 물의 양은 $15\times 40=600$ (L)이다. 매분 x L씩 물을 넣으면 y분 만에 가득 차므로

$x\times y=600 \qquad \therefore y=\frac{600}{x}$

(2) $y=\frac{600}{x}$에 $y=24$를 대입하면

$24=\frac{600}{x} \qquad \therefore x=25$

따라서 매분 25 L의 물을 넣어야 한다.

0951

정답 (1) $y=\frac{90}{x}$ (2) 15 cm^3

(1) 기체의 부피는 압력에 반비례하므로 $y=\frac{a}{x}\,(a\neq 0)$로 놓는다.

어떤 기체의 부피가 10 cm^3일 때, 압력이 9기압이므로

$y=\frac{a}{x}$에 $x=9$, $y=10$을 대입하면

$10=\frac{a}{9} \qquad \therefore a=90 \qquad \therefore y=\frac{90}{x}$

(2) $y=\frac{90}{x}$에 $x=6$을 대입하면 $y=\frac{90}{6}=15$

따라서 구하는 기체의 부피는 15 cm^3이다.

본책

0952
정답 ④

(삼각형의 넓이)$=\frac{1}{2}\times$(밑변의 길이)$\times$(높이)이므로

$24=\frac{1}{2}xy$ $\quad\therefore y=\frac{48}{x}$

$y=\frac{48}{x}$에 $y=8$을 대입하면 $8=\frac{48}{x}$ $\quad\therefore x=6$

따라서 밑변의 길이는 6 cm이다.

0953
정답 6명

9명이 14시간 동안 작업한 일의 양과 x명이 y시간 동안 작업한 일의 양이 같다고 하면 $x\times y=9\times 14$ $\quad\therefore y=\frac{126}{x}$

$y=\frac{126}{x}$에 $y=21$을 대입하면 $21=\frac{126}{x}$ $\quad\therefore x=6$

따라서 6명의 직원이 필요하다.

0954
정답 (1) $y=\frac{1.5}{x}$ (2) 0.3

(1) y가 x에 반비례하므로 $y=\frac{a}{x}\,(a\neq 0)$로 놓자.

빈틈의 폭이 1.5 mm일 때 시력이 1.0이므로 $y=\frac{a}{x}$에 $x=1.5$, $y=1.0$을 대입하면

$1.0=\frac{a}{1.5}$ $\quad\therefore a=1.5$ $\quad\therefore y=\frac{1.5}{x}$

(2) $y=\frac{1.5}{x}$에 $x=5$를 대입하면 $y=\frac{1.5}{5}=0.3$

따라서 빈틈의 폭이 5 mm인 고리까지 판별할 수 있는 사람의 시력은 0.3이다.

0955
정답 (1) $y=\frac{1200}{x}$ (2) 16 cm

(1) $y\times x=20\times 60$ $\quad\therefore y=\frac{1200}{x}$

(2) $y=\frac{1200}{x}$에 $x=75$를 대입하면 $y=\frac{1200}{75}=16$

따라서 물체 A를 매단 곳은 손잡이로부터 16 cm 떨어져 있다.

0956
정답 8번

두 톱니바퀴 A, B가 회전하는 동안 맞물린 톱니의 수는 서로 같으므로

$16\times 5=x\times y$ $\quad\therefore y=\frac{80}{x}$

$y=\frac{80}{x}$에 $x=10$을 대입하면 $y=\frac{80}{10}=8$

따라서 톱니바퀴 B의 톱니가 10개일 때, 톱니바퀴 B는 1분에 8번 회전한다.

유형 14 반비례 관계 $y=\frac{a}{x}\,(a\neq 0)$의 그래프

0957
정답 ④

$y=\frac{4}{x}$에 $x=2$를 대입하면 $y=\frac{4}{2}=2$

따라서 $y=\frac{4}{x}$의 그래프는 제1사분면과 제3사분면을 지나는 한 쌍의 매끄러운 곡선이고, 점 (2, 2)를 지나므로 ④이다.

0958
정답 ②, ⑤

정비례 관계 $y=ax\,(a\neq 0)$ 또는 반비례 관계 $y=\frac{a}{x}\,(a\neq 0)$의 그래프는 모두 $a<0$일 때, 제2사분면과 제4사분면을 지난다.
따라서 제4사분면을 지나는 것은 ②, ⑤이다.

0959
정답 ①

$y=ax$의 그래프가 제2사분면과 제4사분면을 지나므로 $a<0$

즉, $-a>0$이므로 $y=-\frac{a}{x}$의 그래프는 제1사분면과 제3사분면을 지나는 한 쌍의 매끄러운 곡선이다.

따라서 $y=-\frac{a}{x}$의 그래프가 될 수 있는 것은 ①이다.

0960
정답 ㄱ, ㄹ

ㄴ. $y=-\frac{7}{x}$에 $x=-1$, $y=-7$을 대입하면 $-7\neq-\frac{7}{-1}$

ㄷ. 제2사분면과 제4사분면을 지난다.
따라서 옳은 것은 ㄱ, ㄹ이다.

유형 15 반비례 관계 $y=\frac{a}{x}\,(a\neq 0)$의 그래프와 a의 값 사이의 관계

0961
정답 ①

반비례 관계 $y=\frac{a}{x}\,(a\neq 0)$의 그래프는 a의 절댓값이 클수록 원점에서 멀다.

따라서 $\left|\frac{3}{4}\right|<|-1|<|2|<|3|<|-5|$이므로 그래프가 원점에서 가장 멀리 떨어진 것은 ①이다.

0962
정답 ①, ⑤

① 원점을 지나지 않고, 한 쌍의 매끄러운 곡선이다.

② $y=\frac{9}{x}$에 $x=-3$, $y=-3$을 대입하면 $-3=\frac{9}{-3}$

⑤ $|9|<|-10|$이므로 $y=-\frac{10}{x}$의 그래프가 $y=\frac{9}{x}$의 그래프보다 좌표축에서 멀리 떨어져 있다.

따라서 옳지 않은 것은 ①, ⑤이다.

0963

(정답) $a<-3$

$y=\frac{a}{x}$의 그래프가 제2사분면과 제4사분면을 지나므로

$a<0$

이때 $y=-\frac{3}{x}$의 그래프보다 좌표축에서 멀리 떨어져 있으므로

$|a|>|-3|$ $\quad\therefore a<-3$

0964

(정답) ③, ④

㉠, ㉡은 원점을 지나는 직선이므로 정비례 관계의 그래프이다.
이때 ㉠은 제2사분면과 제4사분면을 지나므로 $y=-2x$의 그래프이고, ㉡은 제1사분면과 제3사분면을 지나므로 $y=3x$의 그래프이다.
㉢, ㉣, ㉤은 좌표축에 점점 가까워지면서 한없이 뻗어 나가는 한 쌍의 매끄러운 곡선이므로 반비례 관계의 그래프이다.
이때 ㉢은 제2사분면과 제4사분면을 지나므로 $y=-\frac{5}{x}$의 그래프이다.
또한 ㉣, ㉤은 제1사분면과 제3사분면을 지나고, $|2|<|6|$이므로 $y=\frac{2}{x}$의 그래프가 $y=\frac{6}{x}$의 그래프보다 좌표축에 가깝다.
따라서 ㉣은 $y=\frac{2}{x}$, ㉤은 $y=\frac{6}{x}$의 그래프이므로 바르게 짝 지은 것은 ③, ④이다.

유형 16 반비례 관계 $y=\frac{a}{x}$ $(a\neq0)$의 그래프 위의 점

0965

(정답) ②

$y=\frac{a}{x}$에 $x=-1$, $y=-6$을 대입하면

$-6=\frac{a}{-1}$ $\quad\therefore a=6$

$y=\frac{6}{x}$에 주어진 각 점의 좌표를 대입하면

① $1\neq\frac{6}{-6}$ ② $-3=\frac{6}{-2}$ ③ $-6\neq\frac{6}{1}$

④ $-3\neq\frac{6}{2}$ ⑤ $-1\neq\frac{6}{6}$

따라서 반비례 관계 $y=\frac{6}{x}$의 그래프 위의 점은 ②이다.

0966

(정답) 34

$y=-\frac{18}{x}$에 $x=9$, $y=a$를 대입하면 $a=-\frac{18}{9}=-2$

$y=-\frac{18}{x}$에 $x=b$, $y=-\frac{1}{2}$을 대입하면

$-\frac{1}{2}=-\frac{18}{b}$ $\quad\therefore b=36$

$\therefore a+b=-2+36=34$

0967

(정답) 12

❶ m의 값을 구할 수 있다.

$y=-\frac{16}{x}$에 $x=-2$, $y=m$을 대입하면 $m=-\frac{16}{-2}=8$

❷ n의 값을 구할 수 있다.

$y=-\frac{16}{x}$에 $x=n$, $y=-4$를 대입하면

$-4=-\frac{16}{n}$ $\quad\therefore n=4$

❸ $m+n$의 값을 구할 수 있다.

$\therefore m+n=8+4=12$

	채점 기준	
❶	m의 값을 구할 수 있다.	40 %
❷	n의 값을 구할 수 있다.	40 %
❸	$m+n$의 값을 구할 수 있다.	20 %

0968

(정답) 10

점 P의 x좌표가 2이므로 y좌표는 $\frac{a}{2}$, 점 Q의 x좌표가 4이므로 y좌표는 $\frac{a}{4}$이다.

이때 두 점 P, Q의 y좌표의 차가 $\frac{5}{2}$이므로

$\frac{a}{2}-\frac{a}{4}=\frac{5}{2}$, $\frac{a}{4}=\frac{5}{2}$ $\quad\therefore a=10$

0969

(정답) $(-5, 6)$

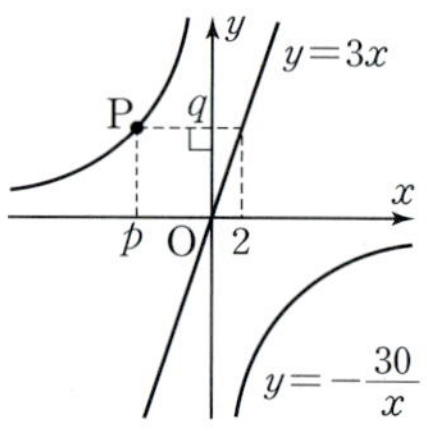

점 P의 좌표를 (p, q)라 하면 $y=3x$의 그래프가 점 $(2, q)$를 지나므로
$y=3x$에 $x=2$, $y=q$를 대입하면
$q=3\times2=6$
따라서 $y=-\frac{30}{x}$의 그래프가 점 $(p, 6)$을 지나므로 $y=-\frac{30}{x}$에 $x=p$, $y=6$을 대입하면 $6=-\frac{30}{p}$
$\therefore p=-5$
따라서 점 P의 좌표는 $(-5, 6)$

유형 17 반비례 관계 $y=\frac{a}{x}$ $(a\neq0)$의 그래프 위의 점 - 점의 좌표가 정수인 경우

0970

(정답) 6

12의 약수는 1, 2, 3, 4, 6, 12
따라서 반비례 관계 $y=\frac{12}{x}$의 그래프 위의 점 중 x좌표와 y좌표가 모두 자연수인 점은
(1, 12), (2, 6), (3, 4), (4, 3), (6, 2), (12, 1)의 6개이다.

0971

정답 ①

6의 약수는 1, 2, 3, 6

따라서 반비례 관계 $y=-\frac{6}{x}$의 그래프 위의 점 중 x좌표와 y좌표가 모두 정수인 점은

$(1, -6)$, $(2, -3)$, $(3, -2)$, $(6, -1)$, $(-1, 6)$, $(-2, 3)$, $(-3, 2)$, $(-6, 1)$의 8개이다.

0972

정답 8

❶ a의 값을 구할 수 있다.

$y=\frac{a}{x}$의 그래프가 점 $(4, -2)$를 지나므로

$y=\frac{a}{x}$에 $x=4$, $y=-2$를 대입하면 $-2=\frac{a}{4}$ $\quad\therefore a=-8$

$\therefore y=-\frac{8}{x}$

❷ $y=-\frac{8}{x}$의 그래프 위의 점 중 x좌표와 y좌표가 모두 정수인 점의 개수를 구할 수 있다.

이때 8의 약수는 1, 2, 4, 8

따라서 반비례 관계 $y=-\frac{8}{x}$의 그래프 위의 점 중 x좌표와 y좌표가 모두 정수인 점은

$(1, -8)$, $(2, -4)$, $(4, -2)$, $(8, -1)$, $(-1, 8)$, $(-2, 4)$, $(-4, 2)$, $(-8, 1)$의 8개이다.

	채점 기준	
❶	a의 값을 구할 수 있다.	50 %
❷	$y=-\frac{8}{x}$의 그래프 위의 점 중 x좌표와 y좌표가 모두 정수인 점의 개수를 구할 수 있다.	50 %

유형 18 그래프가 주어질 때 반비례 관계식 구하기

0973

정답 $\frac{3}{2}$

그래프가 좌표축에 점점 가까워지면서 한없이 뻗어 나가는 한 쌍의 매끄러운 곡선이고, 점 $(3, -2)$를 지나므로 $y=\frac{a}{x}$ $(a\neq0)$로 놓고 $x=3$, $y=-2$를 대입하면 $-2=\frac{a}{3}$ $\quad\therefore a=-6$

$\therefore y=-\frac{6}{x}$

이 그래프가 점 $(-4, m)$을 지나므로 $y=-\frac{6}{x}$에 $x=-4$, $y=m$을 대입하면

$m=-\frac{6}{-4}=\frac{3}{2}$

0974

정답 ③, ⑤

그래프가 좌표축에 점점 가까워지면서 한없이 뻗어 나가는 한 쌍의 매끄러운 곡선이고, 점 $(-3, -3)$을 지나므로 $y=\frac{a}{x}$ $(a\neq0)$로 놓고 $x=-3$, $y=-3$을 대입하면

$-3=\frac{a}{-3}$ $\quad\therefore a=9$ $\quad\therefore y=\frac{9}{x}$

③ $y=\frac{9}{x}$에 $x=3$, $y=\frac{1}{3}$을 대입하면 $\frac{1}{3}\neq\frac{9}{3}$

⑤ $x>0$일 때, x의 값이 2배가 되면 y의 값은 $\frac{1}{2}$배가 된다.

0975

정답 ②

① 그래프가 원점과 점 $(-4, 2)$를 지나는 직선이므로 $y=ax$ $(a\neq0)$로 놓고 $x=-4$, $y=2$를 대입하면

$2=-4a$ $\quad\therefore a=-\frac{1}{2}$ $\quad\therefore y=-\frac{1}{2}x$

② 그래프가 좌표축에 점점 가까워지면서 한없이 뻗어 나가는 한 쌍의 매끄러운 곡선이고, 점 $(-2, 4)$를 지나므로 $y=\frac{a}{x}$ $(a\neq0)$로 놓고 $x=-2$, $y=4$를 대입하면

$4=\frac{a}{-2}$ $\quad\therefore a=-8$ $\quad\therefore y=-\frac{8}{x}$

③ 그래프가 좌표축에 점점 가까워지면서 한없이 뻗어 나가는 한 쌍의 매끄러운 곡선이고, 점 $(1, 2)$를 지나므로 $y=\frac{a}{x}$ $(a\neq0)$로 놓고 $x=1$, $y=2$를 대입하면

$2=\frac{a}{1}$ $\quad\therefore a=2$ $\quad\therefore y=\frac{2}{x}$

④ 그래프가 원점과 점 $(1, 2)$를 지나는 직선이므로 $y=ax$ $(a\neq0)$로 놓고 $x=1$, $y=2$를 대입하면

$2=a$ $\quad\therefore y=2x$

⑤ 그래프가 원점과 점 $(5, 4)$를 지나는 직선이므로 $y=ax$ $(a\neq0)$로 놓고 $x=5$, $y=4$를 대입하면

$4=5a$ $\quad\therefore a=\frac{4}{5}$ $\quad\therefore y=\frac{4}{5}x$

따라서 그래프가 나타내는 식으로 옳지 않은 것은 ②이다.

유형 19 반비례 관계 $y=\frac{a}{x}$ $(a\neq0)$의 그래프와 도형의 넓이

0976

정답 12

점 P의 좌표를 $\left(a, \frac{12}{a}\right)$ $(a>0)$라 하면 $A(a, 0)$, $B\left(0, \frac{12}{a}\right)$

$\therefore$ (직사각형 OAPB의 넓이)$=a\times\frac{12}{a}=12$

0977

(정답) 18

점 P의 좌표를 $\left(p, \frac{a}{p}\right)$ $(p>0)$라 하면 $A(p, 0)$

삼각형 OAP의 넓이가 9이므로 $\frac{1}{2}\times p\times\frac{a}{p}=9$ $\therefore a=18$

(참고) 점 P의 위치와 관계없이 직각삼각형 OAP의 넓이는 9로 항상 일정하다.

0978

(정답) -15

점 A의 x좌표가 -3이므로

$y=\frac{a}{x}$에 $x=-3$을 대입하면 $y=\frac{a}{-3}$ $\therefore A\left(-3, -\frac{a}{3}\right)$

따라서 (선분 BO의 길이)$=3$, (선분 AB의 길이)$=-\frac{a}{3}$이고 사각형 ABOC의 넓이가 15이므로

$3\times\left(-\frac{a}{3}\right)=15$ $\therefore a=-15$

0979

(정답) 49

❶ **a의 값을 구할 수 있다.**

$A(2, 5)$이므로 $y=\frac{a}{x}$에 $x=2$, $y=5$를 대입하면

$5=\frac{a}{2}$ $\therefore a=10$ $\therefore y=\frac{10}{x}$

❷ **점 C의 좌표를 구할 수 있다.**

점 C의 x좌표가 -5이므로 $y=\frac{10}{x}$에 $x=-5$를 대입하면

$y=\frac{10}{-5}=-2$ $\therefore C(-5, -2)$

❸ **직사각형 ABCD의 넓이를 구할 수 있다.**

따라서 $B(-5, 5)$, $D(2, -2)$이므로

(직사각형 ABCD의 넓이)$=\{2-(-5)\}\times\{5-(-2)\}$

$=7\times7=49$

채점 기준		
❶	a의 값을 구할 수 있다.	30 %
❷	점 C의 좌표를 구할 수 있다.	40 %
❸	직사각형 ABCD의 넓이를 구할 수 있다.	30 %

0980

(정답) 24

$y=\frac{a}{x}$에 $x=-6$, $y=-2$를 대입하면

$-2=\frac{a}{-6}$ $\therefore a=12$ $\therefore y=\frac{12}{x}$

두 점 P, Q의 좌표를 각각 $P\left(b, \frac{12}{b}\right)$ $(b>0)$, $Q\left(c, \frac{12}{c}\right)$ $(c<0)$라 하면

$A\left(0, \frac{12}{b}\right)$, $B(b, 0)$, $C(c, 0)$, $D\left(0, \frac{12}{c}\right)$

따라서 구하는 넓이의 합은 $b\times\frac{12}{b}+(-c)\times\left(-\frac{12}{c}\right)=24$

유형 20 $y=ax$ $(a\neq0)$, $y=\frac{b}{x}$ $(b\neq0)$의 그래프가 만나는 점

0981

(정답) 2

$y=\frac{2}{x}$에 $x=-1$을 대입하면 $y=\frac{2}{-1}=-2$

$\therefore A(-1, -2)$

또한 점 $A(-1, -2)$가 $y=ax$의 그래프 위의 점이므로

$y=ax$에 $x=-1$, $y=-2$를 대입하면 $-2=-a$ $\therefore a=2$

0982

(정답) 21

$y=2x$에 $x=b$, $y=6$을 대입하면 $6=2b$ $\therefore b=3$

$\therefore A(3, 6)$

$y=\frac{a}{x}$에 $x=3$, $y=6$을 대입하면 $6=\frac{a}{3}$ $\therefore a=18$

$\therefore a+b=18+3=21$

0983

(정답) -9

$y=ax$에 $x=-2$, $y=6$을 대입하면 $6=-2a$ $\therefore a=-3$

$y=\frac{b}{x}$에 $x=-2$, $y=6$을 대입하면 $6=\frac{b}{-2}$ $\therefore b=-12$

$y=-3x$에 $x=2$, $y=c$를 대입하면 $c=-3\times2=-6$

$\therefore a+b-c=-3+(-12)-(-6)=-9$

0984

(정답) -36

$y=-\frac{1}{3}x$의 그래프가 점 $(b, 4)$를 지나므로

$y=-\frac{1}{3}x$에 $x=b$, $y=4$를 대입하면 $4=-\frac{1}{3}b$ $\therefore b=-12$

또한 $y=\frac{a}{x}$의 그래프가 점 $(-12, 4)$를 지나므로

$y=\frac{a}{x}$에 $x=-12$, $y=4$를 대입하면

$4=\frac{a}{-12}$ $\therefore a=-48$

$\therefore a-b=-48-(-12)=-48+12=-36$

0985

(정답) 128

❶ **점 P의 좌표를 구할 수 있다.**

점 P의 x좌표가 -8이므로 $y=\frac{1}{4}x$에 $x=-8$을 대입하면

$y=\frac{1}{4}\times(-8)=-2$ $\therefore P(-8, -2)$

❷ **a의 값을 구할 수 있다.**

또한 점 $P(-8, -2)$가 $y=\frac{a}{x}$의 그래프 위의 점이므로

$y=\frac{a}{x}$에 $x=-8$, $y=-2$를 대입하면 $-2=\frac{a}{-8}$ $\therefore a=16$

$\therefore y=\frac{16}{x}$

③ b의 값을 구할 수 있다.

$y=\frac{16}{x}$에 $x=6$, $y=b$를 대입하면 $b=\frac{16}{6}=\frac{8}{3}$

④ $3ab$의 값을 구할 수 있다.

$\therefore 3ab=3\times16\times\frac{8}{3}=128$

채점 기준		
❶	점 P의 좌표를 구할 수 있다.	30 %
❷	a의 값을 구할 수 있다.	30 %
❸	b의 값을 구할 수 있다.	30 %
❹	$3ab$의 값을 구할 수 있다.	10 %

0986

(정답) 16

점 A의 x좌표가 6이므로 A$(6, 6a)$

점 B의 x좌표가 -6이므로 B$(-6, -6a)$

$\therefore$ C$(-6, 6a)$, D$(6, -6a)$

이때 직사각형 ACBD의 넓이가 96이므로

$\{6-(-6)\}\times\{6a-(-6a)\}=96$, $144a=96$ $\quad\therefore a=\frac{2}{3}$

A$(6, 4)$이므로 $y=\frac{b}{x}$에 $x=6$, $y=4$를 대입하면

$4=\frac{b}{6}$ $\quad\therefore b=24$

$\therefore ab=\frac{2}{3}\times24=16$

유형 21 반비례 관계의 활용 - 그래프가 주어지는 경우

0987

(정답) 4시간

(거리)=(속력)×(시간)이므로 출발지로부터 도착지까지의 거리는 $72\times5=360$ (km)

즉, $xy=360$이므로 $y=\frac{360}{x}$

$y=\frac{360}{x}$에 $x=90$을 대입하면 $y=\frac{360}{90}=4$

따라서 이 자동차가 시속 90 km로 달릴 때, 도착지까지 가는 데 걸리는 시간은 4시간이다.

0988

(정답) 8대

기계 5대를 16시간 동안 가동해서 끝내는 작업의 양과 기계 x대를 y시간 동안 가동해서 끝내는 작업의 양은 같으므로

$5\times16=xy$ $\quad\therefore y=\frac{80}{x}$

$y=\frac{80}{x}$에 $y=10$을 대입하면 $10=\frac{80}{x}$ $\quad\therefore x=8$

따라서 기계를 8대 가동하였다.

0989

(정답) $\frac{17}{1000}$ m 이상 17 m 이하

음파의 파장은 진동수에 반비례하므로 $y=\frac{a}{x}$ $(a\neq0)$로 놓고

$x=10$, $y=34$를 대입하면

$34=\frac{a}{10}$ $\quad\therefore a=340$ $\quad\therefore y=\frac{340}{x}$

$y=\frac{340}{x}$에 $x=20$을 대입하면 $y=\frac{340}{20}=17$

$y=\frac{340}{x}$에 $x=20000$을 대입하면 $y=\frac{340}{20000}=\frac{17}{1000}$

따라서 사람이 들을 수 있는 음파의 파장의 범위는 $\frac{17}{1000}$ m 이상 17 m 이하이다.

PART C 중단원 마무리

본책 184~186쪽

0990

(정답) ③, ⑤

x의 값이 2배, 3배, 4배, …가 될 때 y의 값도 2배, 3배, 4배, …가 되는 관계가 있으면 y는 x에 정비례하므로 $y=ax$ $(a\neq0)$ 꼴이다.

② $xy=8$에서 $y=\frac{8}{x}$

③ $\frac{y}{x}=-3$에서 $y=-3x$

④ $x+y=7$에서 $y=-x+7$

⑤ $x+2y=0$에서 $2y=-x$ $\quad\therefore y=-\frac{x}{2}$

따라서 y가 x에 정비례하는 것은 ③, ⑤이다.

0991

(정답) ㄱ, ㄷ

ㄱ. y가 x에 정비례하므로 $y=ax$ $(a\neq0)$로 놓고 $x=2$, $y=16$을 대입하면 $16=2a$ $\quad\therefore a=8$

$\therefore y=8x$

ㄴ. y가 x에 정비례하므로 x의 값이 3배가 되면 y의 값도 3배가 된다.

ㄷ. $y=8x$에 $x=6$을 대입하면 $y=8\times6=48$

ㄹ. $y=8x$에 $y=-40$을 대입하면 $-40=8x$ $\quad\therefore x=-5$

따라서 옳은 것은 ㄱ, ㄷ이다.

0992

(정답) 10400원

(구입한 금액)=(정가)−(할인받은 금액)이므로

$y=x-\frac{20}{100}x$ $\quad\therefore y=\frac{4}{5}x$

$y=\frac{4}{5}x$에 $x=13000$을 대입하면 $y=\frac{4}{5}\times13000=10400$

따라서 정가가 13000원인 케이크는 할인받아 10400원에 구입할 수 있다.

0993

정답 ②, ⑤

① $y=-\frac{5}{6}x$에 $x=-3$, $y=\frac{5}{2}$를 대입하면 $\frac{5}{2}=-\frac{5}{6}\times(-3)$

② 오른쪽 아래로 향하는 직선이다.

⑤ $\left|-\frac{5}{6}\right|<\left|-\frac{3}{2}\right|$이므로 $y=-\frac{3}{2}x$의 그래프가 $y=-\frac{5}{6}x$의 그래프보다 y축에 더 가깝다.

따라서 옳지 않은 것은 ②, ⑤이다.

0994

정답 ②

$y=ax$의 그래프는 제2사분면과 제4사분면을 지나고, $y=bx$, $y=cx$의 그래프는 제1사분면과 제3사분면을 지나므로

$a<0$, $b>0$, $c>0$

이때 $y=bx$의 그래프가 $y=cx$의 그래프보다 y축에 가까우므로

$|b|>|c|$ $\quad\therefore b>c$

$\therefore a<c<b$

0995

정답 $\frac{11}{2}$

두 점 A, B의 x좌표가 모두 2이므로

$y=\frac{3}{4}x$에 $x=2$를 대입하면 $y=\frac{3}{4}\times2=\frac{3}{2}$ $\quad\therefore A\left(2,\ \frac{3}{2}\right)$

$y=-2x$에 $x=2$를 대입하면

$y=-2\times2=-4$ $\quad\therefore B(2,\ -4)$

$\therefore$ (삼각형 AOB의 넓이)$=\frac{1}{2}\times\left\{\frac{3}{2}-(-4)\right\}\times2=\frac{11}{2}$

0996

정답 21

두 점 A, B의 y좌표가 모두 6이므로

$y=3x$에 $y=6$을 대입하면 $6=3x$ $\quad\therefore x=2$ $\quad\therefore A(2,\ 6)$

$y=\frac{2}{3}x$에 $y=6$을 대입하면 $6=\frac{2}{3}x$ $\quad\therefore x=9$ $\quad\therefore B(9,\ 6)$

$\therefore$ (삼각형 AOB의 넓이)$=\frac{1}{2}\times(9-2)\times6=21$

0997

정답 18초 후

규원이의 그래프는 원점과 점 (60, 50)을 지나는 직선이므로 $y=ax\ (a\neq0)$로 놓고 $x=60$, $y=50$을 대입하면

$50=60a$ $\quad\therefore a=\frac{5}{6}$ $\quad\therefore y=\frac{5}{6}x$

재유의 그래프는 원점과 점 (75, 50)을 지나는 직선이므로 $y=bx\ (b\neq0)$로 놓고 $x=75$, $y=50$을 대입하면

$50=75b$ $\quad\therefore b=\frac{2}{3}$ $\quad\therefore y=\frac{2}{3}x$

t초 후에 두 사람의 거리의 차가 3 m가 된다고 하면

$\frac{5}{6}t-\frac{2}{3}t=3$, $\frac{1}{6}t=3$ $\quad\therefore t=18$

따라서 18초 후에 두 사람의 거리의 차가 3 m가 된다.

0998

정답 $\frac{3}{4}$

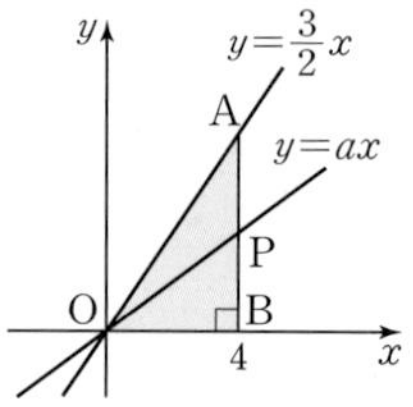

점 A의 x좌표가 4이므로 B(4, 0)이고,

$y=\frac{3}{2}x$에 $x=4$를 대입하면

$y=\frac{3}{2}\times4=6$ $\quad\therefore A(4,\ 6)$

$\therefore$ (삼각형 AOB의 넓이)$=\frac{1}{2}\times4\times6=12$

선분 AB와 $y=ax$의 그래프가 만나는 점을 P라 하면 P(4, 4a)

이때 (삼각형 POB의 넓이)$=\frac{1}{2}\times$(삼각형 AOB의 넓이)이므로

$\frac{1}{2}\times4\times4a=\frac{1}{2}\times12$, $8a=6$ $\quad\therefore a=\frac{3}{4}$

0999

정답 ③, ④

① $y=300-x$

② $y=4x$

③ $xy=36$이므로 $y=\frac{36}{x}$

④ $y=\frac{2}{x}$

⑤ 5분에 250장을 출력할 수 있으므로 1분에 50장을 출력할 수 있다. 즉, x분 동안 $50x$장을 출력할 수 있으므로 $y=50x$

따라서 y가 x에 반비례하는 것은 ③, ④이다.

1000

정답 $-\frac{5}{2}$

y가 x에 반비례하므로 $y=\frac{a}{x}\ (a\neq0)$로 놓고 $x=2$, $y=5$를 대입하면 $5=\frac{a}{2}$ $\quad\therefore a=10$

$\therefore y=\frac{10}{x}$

따라서 $y=\frac{10}{x}$에 $y=-4$를 대입하면

$-4=\frac{10}{x}$ $\quad\therefore x=-\frac{5}{2}$

1001

정답 ㄱ, ㄷ

ㄴ. $a<0$이면 $x<0$인 범위에서 x의 값이 증가하면 y의 값도 증가한다.

ㄹ. a의 절댓값이 클수록 원점에서 멀리 떨어져 있다.

따라서 옳은 것은 ㄱ, ㄷ이다.

1002

(정답) ②

$y=ax$에 $x=-2$, $y=4$를 대입하면 $4=-2a$ $\quad\therefore a=-2$

반비례 관계 $y=-\frac{a}{x}$, 즉 $y=\frac{2}{x}$의 그래프는 제1사분면과 제3사분면을 지나는 한 쌍의 매끄러운 곡선이고, $y=\frac{2}{x}$에 $x=1$을 대입하면 $y=\frac{2}{1}=2$이므로 점 (1, 2)를 지난다.

따라서 $y=\frac{2}{x}$의 그래프는 ②이다.

1003

(정답) -2

$y=-\frac{12}{x}$에 $x=2$, $y=a$를 대입하면 $a=-\frac{12}{2}=-6$

$y=-\frac{12}{x}$에 $x=b$, $y=-3$을 대입하면 $-3=-\frac{12}{b}$ $\quad\therefore b=4$

$\therefore a+b=-6+4=-2$

1004

(정답) ④

$y=\frac{a}{x}$에 $x=10$, $y=-\frac{8}{5}$을 대입하면

$-\frac{8}{5}=\frac{a}{10}$ $\quad\therefore a=-16$

$\therefore y=-\frac{16}{x}$

이때 16의 약수는 1, 2, 4, 8, 16

따라서 반비례 관계 $y=-\frac{16}{x}$의 그래프 위의 점 중 x좌표와 y좌표가 모두 정수인 점은 $(1,\ -16)$, $(2,\ -8)$, $(4,\ -4)$, $(8,\ -2)$, $(16,\ -1)$, $(-1,\ 16)$, $(-2,\ 8)$, $(-4,\ 4)$, $(-8,\ 2)$, $(-16,\ 1)$의 10개이다.

1005

(정답) -12

그래프가 제2사분면, 제4사분면을 지나므로 $a<0$

점 A의 x좌표가 -3이므로 $A\left(-3,\ -\frac{a}{3}\right)$이고, 점 C의 x좌표가 3이므로 $C\left(3,\ \frac{a}{3}\right)$이다.

$\therefore$ (직사각형 ABCD의 넓이)$=\{3-(-3)\}\times\left(-\frac{a}{3}-\frac{a}{3}\right)$

$=6\times\left(-\frac{2}{3}a\right)=-4a$

이때 직사각형 ABCD의 넓이가 48이므로

$-4a=48$ $\quad\therefore a=-12$

1006

(정답) 30

점 B의 y좌표가 4이므로 $y=\frac{4}{5}x$에 $y=4$를 대입하면

$4=\frac{4}{5}x$ $\quad\therefore x=5$ $\quad\therefore B(5,\ 4)$

$y=\frac{a}{x}$에 $x=5$, $y=4$를 대입하면 $4=\frac{a}{5}$ $\quad\therefore a=20$

$y=\frac{20}{x}$에 $x=2$, $y=b$를 대입하면 $b=\frac{20}{2}=10$

$\therefore a+b=20+10=30$

1007

(정답) 320 kWh

(주행 거리)=(전비)×(전기의 양)이고, 전비가 4 km/kWh인 전기차가 일정한 거리를 가는 데 필요한 전기의 양이 480 kWh이므로

$xy=4\times480$ $\quad\therefore y=\frac{1920}{x}$

$y=\frac{1920}{x}$에 $x=6$을 대입하면 $y=\frac{1920}{6}=320$

따라서 필요한 전기의 양은 320 kWh이다.

MEMO

수학의 바이블

유형 ON

정답과 풀이

고난도 문제

중학 1·1

PART C 01 소인수분해

• 본책 188~189쪽

1008

정답 ⑤

3의 거듭제곱의 일의 자리의 숫자는 3, 9, 7, 1이 반복되고
$1315=4\times328+3$이므로
$<3^{1315}>$의 값은 3, 9, 7, 1에서 세 번째 숫자인 7이다.
7의 거듭제곱의 일의 자리의 숫자는 7, 9, 3, 1이 반복되고
$1322=4\times330+2$이므로
$<7^{1322}>$의 값은 7, 9, 3, 1에서 두 번째 숫자인 9이다.
$\therefore <3^{1315}>+<7^{1322}>=7+9=16$

1009

정답 ③

(나)에서 2개의 소인수를 가지고, 두 소인수의 합이 8이므로
두 소인수는 3과 5이다.
(가)에서 100 미만의 자연수 중 소인수가 3, 5인 수는
$3\times5=15$, $3^2\times5=45$, $3\times5^2=75$의 3개이다.

참고 합이 8인 두 수 중
(1) 1과 7: 1이 소수가 아니다.
(2) 2와 6: 6이 소수가 아니다.

1010

정답 11

$12=2^2\times3$, $18=2\times3^2$이므로 $2^2\times3\times a=2\times3^2\times b=c^2$
위의 식을 만족시키는 가장 작은 자연수 c에 대하여
$c^2=2^2\times3^2=36$ $\quad\therefore c=6$
$12\times a=36$에서 $a=3$
$18\times b=36$에서 $b=2$
$\therefore a+b+c=3+2+6=11$

1011

정답 168

$441=3^2\times7^2$이므로 x는 $3\times7\times(\text{자연수})^3$ 꼴이다.
이때 자연수 x의 값은 $3\times7\times1^3$, $3\times7\times2^3$, $3\times7\times3^3$, $\cdots$
따라서 두 번째로 작은 자연수는
$3\times7\times2^3=168$

1012

정답 ④

$72\times a\times b=2^3\times3^2\times a\times b$이므로 $a\times b=2\times(\text{자연수})^2$ 꼴이어야 한다.
(i) $a\times b=2\times1^2=2$일 때,
가능한 (a, b)는 $(1, 2)$, $(2, 1)$의 2개이다.
(ii) $a\times b=2\times2^2=8$일 때,
가능한 (a, b)는 $(2, 4)$, $(4, 2)$의 2개이다.
(iii) $a\times b=2\times3^2=18$일 때,
가능한 (a, b)는 $(3, 6)$, $(6, 3)$의 2개이다.
(i)~(iii)에서 가능한 (a, b)의 개수는
$2+2+2=6$

1013

정답 16

$3^4=81$이므로 $\langle n\rangle=4$가 되는 자연수 n은
$81\times(3\text{의 배수가 아닌 수})$ 꼴이다.
2000 이하의 자연수 중 81의 배수는
$81\times1=81$, $81\times2=162$, $\cdots$, $81\times24=1944$의 24개이다.
이때 1부터 24까지의 수 중 3의 배수인 수는 3, 6, 9, 12, 15, 18, 21, 24의 8개이다.
따라서 조건을 만족시키는 자연수 n의 개수는
$24-8=16$

1014

정답 46

서로 다른 두 소수 p, q에 대하여 $n=p\times q$이므로
n의 약수는 1, p, q, $p\times q$이다.
n의 모든 약수의 합이 $n+26$이므로
$1+p+q+p\times q=n+26$
$1+p+q+p\times q=p\times q+26$
$1+p+q=26$ $\quad\therefore p+q=25$
이때 p, q는 소수이므로 $p=2$, $q=23$ 또는 $p=23$, $q=2$
$\therefore n=2\times23=46$

1015

정답 ③

$45=3^2\times5$이고, $45\times x$의 소인수의 개수가 2이므로
x의 소인수는 3, 5 이외의 것이 될 수 없다.
(i) $x=3^a$ (a는 자연수) 꼴일 때, $45\times x=3^2\times5\times3^a$
$3^2\times3^a$의 약수의 개수는 6이므로
$3^2\times3^a=3^5$, $3^a=3^3$ $\quad\therefore a=3$
$\therefore x=3^3=27$
(ii) $x=5^a$ (a는 자연수) 꼴일 때, $45\times x=3^2\times5\times5^a$
5×5^a의 약수의 개수는 4이므로
$5\times5^a=5^3$, $5^a=5^2$ $\quad\therefore a=2$
$\therefore x=5^2=25$
(iii) $x=3^a\times5^b$ (a, b는 자연수) 꼴일 때, $45\times x=3^2\times5\times3^a\times5^b$
$3^2\times3^a$의 약수의 개수는 4, 5×5^b의 약수의 개수는 3이므로
$3^2\times3^a=3^3$, $3^a=3$ $\quad\therefore a=1$
$5\times5^b=5^2$, $5^b=5$ $\quad\therefore b=1$
$\therefore x=3\times5=15$
(i)~(iii)에서 구하는 모든 x의 값의 합은
$27+25+15=67$

1016

정답 48

$63=3^2\times7$이므로 $f(63)=(2+1)\times(1+1)=6$
54의 약수는 1, 2, 3, 6, 9, 18, 27, 54이므로
$S(54)=1+2+3+6+9+18+27+54=120$
$2\times f(63)\times f(x)=S(54)$에서
$2\times6\times f(x)=120$, $12\times f(x)=120$ $\quad\therefore f(x)=10$
즉, x는 약수의 개수가 10인 자연수이다.

(i) $x=a^9$ (a는 소수) 꼴일 때,
가장 작은 자연수 x의 값은 $2^9=512$
(ii) $x=a^4\times b$ (a, b는 서로 다른 소수) 꼴일 때,
가장 작은 자연수 x의 값은 $2^4\times 3=48$
(i), (ii)에서 x의 값 중 가장 작은 자연수는 48이다.

보충 설명
자연수 A가 $A=a^m\times b^n$ (a, b는 서로 다른 소수, m, n은 자연수)으로 소인수분해될 때, A의 약수의 총합은
$(1+a+a^2+\cdots+a^m)\times(1+b+b^2+\cdots+b^n)$
이때 $54=2\times 3^3$이므로 54의 모든 약수의 합은
$(1+2)\times(1+3+3^2+3^3)=3\times 40=120$

1017
정답 4

(가)에서 n의 약수의 개수는 8이므로
(i) a^7 (a는 소수) 꼴일 때,
가장 작은 자연수는 $2^7=128$
이때 n은 두 자리 자연수이므로 조건을 만족시키지 않는다.
(ii) $a^3\times b$ (a, b는 서로 다른 소수) 꼴일 때,
가능한 두 자리 자연수 n의 값은
$2^3\times 3=24$, $2^3\times 5=40$, $2\times 3^3=54$, $2^3\times 7=56$, $2^3\times 11=88$
(나)에서 $n-9$가 소수이어야 하므로
$24-9=15$, $40-9=31$, $54-9=45$, $56-9=47$,
$88-9=79$
이때 조건을 만족시키는 자연수 n의 값은 40, 56, 88이다.
(iii) $a\times b\times c$ (a, b, c는 서로 다른 소수) 꼴일 때,
가능한 두 자리 자연수 n의 값은
$2\times 3\times 5=30$, $2\times 3\times 7=42$, $2\times 3\times 11=66$, $2\times 5\times 7=70$,
$2\times 3\times 13=78$
(나)에서 $n-9$가 소수이어야 하므로
$30-9=21$, $42-9=33$, $66-9=57$, $70-9=61$,
$78-9=69$
이때 조건을 만족시키는 자연수 n의 값은 70이다.
(i)~(iii)에서 조건을 모두 만족시키는 자연수 n은 40, 56, 70, 88의 4개이다.

1018
정답 7

n번째 사람은 자기 번호의 배수에 해당하는 스위치를 누른다. 즉, 스위치 번호의 약수가 되는 번호의 사람이 스위치를 누르게 된다.
예를 들어 4번 스위치의 경우 1번째 사람, 2번째 사람, 4번째 사람이 누르게 된다.
공연이 끝날 때 조명이 켜져 있기 위해서는 스위치를 누른 사람이 홀수 명이어야 하므로 스위치의 번호의 약수의 개수가 홀수이어야 한다.
이때 약수의 개수가 홀수인 수는 (자연수)^2 꼴이므로 공연이 끝난 후 켜져 있는 조명은 1, 4, 9, 16, 25, 36, 49가 적혀 있는 7개이다.

PART C+ 02 최대공약수와 최소공배수
본책 190~191쪽

1019
정답 57

$63=3^2\times 7$과 서로소인 수는 3의 배수도 아니고 7의 배수도 아닌 수이다.
100 이하의 자연수 중 3의 배수의 개수는 33, 7의 배수의 개수는 14, 3과 7의 공배수인 21의 배수의 개수는 4이다.
따라서 구하는 수의 개수는
$100-(33+14-4)=57$

1020
정답 ⑤

$27=3^3$, $45=3^2\times 5$이므로 $45\triangle 27=3^3\times 5$
$225=3^2\times 5^2$이므로
$225\triangledown(45\triangle 27)=(3^2\times 5^2)\triangledown(3^3\times 5)=3^2\times 5$
$\therefore \{225\triangledown(45\triangle 27)\}\triangle(2^2\times 3\times 5^3)=(3^2\times 5)\triangle(2^2\times 3\times 5^3)$
$=2^2\times 3^2\times 5^3$

1021
정답 21

x는 $115-3=112$, $128-2=126$, $214-4=210$의 공약수 중 4보다 큰 수이다.
$112=2^4\times 7$, $126=2\times 3^2\times 7$, $210=2\times 3\times 5\times 7$의 공약수는 세 수의 최대공약수인 $2\times 7=14$의 약수이므로 1, 2, 7, 14이다.
이때 $x>4$이므로 $x=7$, 14
따라서 모든 자연수 x의 값의 합은
$7+14=21$

1022
정답 17900원

$48=2^4\times 3$, $60=2^2\times 3\times 5$, $84=2^2\times 3\times 7$의 최대공약수는
$2^2\times 3=12$
즉, 상자는 최대 12개이다.
한 상자에 넣을 제품의 수는
우유: $48\div 12=4$, 쿠키: $60\div 12=5$, 초콜릿: $84\div 12=7$
따라서 한 상자에 넣을 제품의 가격의 합은
$4\times 1200+5\times 1500+7\times 800=17900$(원)

1023
정답 120 cm

상자의 밑면의 넓이가 최소가 되려면 밑면의 가로의 길이는 6, 8의 최소공배수, 밑면의 세로의 길이는 9, 12의 최소공배수이어야 한다.
$6=2\times 3$, $8=2^3$의 최소공배수는 $2^3\times 3=24$
$9=3^2$, $12=2^2\times 3$의 최소공배수는 $2^2\times 3^2=36$
따라서 상자의 밑면의 가로의 길이는 24 cm, 세로의 길이는 36 cm이므로 밑면의 둘레의 길이는
$(24+36)\times 2=120$ (cm)

1024 정답 10

n의 값은 180, 420의 공약수이고 n의 값 중 가장 큰 수 a는 180, 420의 최대공약수이다.
$180=2^2\times3^2\times5$, $420=2^2\times3\times5\times7$의 최대공약수는
$2^2\times3\times5=60$이므로 $a=60$
$\therefore \frac{180}{a}+\frac{420}{a}=\frac{180}{60}+\frac{420}{60}=3+7=10$

1025 정답 283

a는 $48=2^4\times3$, $32=2^5$, $36=2^2\times3^2$의 최소공배수이므로
$a=2^5\times3^2=288$
b는 5, $15=3\times5$, $35=5\times7$의 최대공약수이므로 $b=5$
$\therefore a-b=288-5=283$

1026 정답 50

$252=2^2\times3^2\times7$, $324=2^2\times3^4$의 공약수는 두 수의 최대공약수인 $2^2\times3^2$의 약수이다.
이때 두 수의 공약수 중 어떤 자연수의 제곱이 되는 수는
1, $2^2=4$, $3^2=9$, $2^2\times3^2=36$
따라서 구하는 합은
$1+4+9+36=50$

1027 정답 ②

$90=2\times3^2\times5$, $2^a\times3^4\times5^2$, $2^3\times3^3\times7^b$의 최소공배수는
$2^3\times3^4\times5^2\times7^b$ 또는 $2^a\times3^4\times5^2\times7^b$ $(a>3)$
이때 최소공배수가 어떤 자연수의 제곱이 되려면 모든 소인수의 지수가 짝수이어야 하므로 세 수의 최소공배수는
$2^a\times3^4\times5^2\times7^b$ $(a>3)$
따라서 가장 작은 자연수 a, b의 값은 $a=4$, $b=2$이므로
$a+b=4+2=6$

1028 정답 20

$72=2^3\times3^2$, $162=2\times3^4$, A의 최소공배수가 $2^3\times3^4\times5^2$이므로 A는 5^2의 배수이고 $2^3\times3^4\times5^2$의 약수이어야 한다.
즉, $A=5^2\times(2^3\times3^4$의 약수$)$이므로 A의 값이 될 수 있는 자연수의 개수는 $2^3\times3^4$의 약수의 개수와 같다.
따라서 A의 값이 될 수 있는 자연수의 개수는
$(3+1)\times(4+1)=20$

1029 정답 45

a, b의 최대공약수가 $3^3\times5\times7$이므로 a, b의 공약수는 $3^3\times5\times7$의 약수이다.
b, c의 최대공약수가 $225=3^2\times5^2$이므로 b, c의 공약수는 $3^2\times5^2$의 약수이다.
즉, a, b, c의 공약수는 $3^3\times5\times7$과 $3^2\times5^2$의 공약수이다.
따라서 a, b, c의 최대공약수는 $3^3\times5\times7$과 $3^2\times5^2$의 최대공약수인 $3^2\times5=45$

1030 정답 36

(가)에서 A, B의 최대공약수가 18이므로
$A=18\times a$, $B=18\times b$ (a, b는 서로소, $a<b$)라 하자.
(나)에서 A, B의 최소공배수가 270이므로
$18\times a\times b=270$ $\quad\therefore a\times b=15$
(i) $a=1$, $b=15$일 때,
$A=18\times1=18$, $B=18\times15=270$
(ii) $a=3$, $b=5$일 때,
$A=18\times3=54$, $B=18\times5=90$
이때 (다)에서 $A+B=144$이므로 $A=54$, $B=90$
$\therefore B-A=90-54=36$

1031 정답 72

(두 자연수의 곱)=(최대공약수)×(최소공배수)이므로
896=(최대공약수)×112 $\quad\therefore$ (최대공약수)=8
$A=8\times a$, $B=8\times b$ (a, b는 서로소, $a>b$)라 하면 두 수의 곱이 896이므로
$(8\times a)\times(8\times b)=896$ $\quad\therefore a\times b=14$
(i) $a=14$, $b=1$일 때,
$A=8\times14=112$, $B=8\times1=8$
(ii) $a=7$, $b=2$일 때,
$A=8\times7=56$, $B=8\times2=16$
(i), (ii)에서 A, B는 두 자리 자연수이므로
$A=56$, $B=16$
$\therefore A+B=56+16=72$

1032 정답 325

$30=5\times6$이므로 $A=5\times a$ (a는 6과 서로소)라 하면
$a=1, 5, 7, \cdots$
즉, $A=5, 25, 35, \cdots$이므로 $x=35$
$72=2^3\times3^2$, $360=2^3\times3^2\times5$이므로
$y=2^3\times3^2\times5=360$
$\therefore y-x=360-35=325$

PART C 03 정수와 유리수

• 본책 192쪽

1033 정답 4, −6

(가), (나)에서 두 수 a, b를 나타내는 두 점은 0을 나타내는 점으로부터 각각 $24\times\frac{1}{2}=12$만큼 떨어져 있으므로 두 수는 -12, 12이다.
두 수 a, b를 나타내는 두 점 사이의 거리를 12등분하는 점들 사이의 간격은 $24\times\frac{1}{12}=2$이므로 12등분하는 11개의 점이 나타내는 수를 작은 것부터 차례대로 나열하면 -10, -8, -6, -4, -2, 0, 2, 4, 6, 8, 10이다.

따라서 오른쪽에서 네 번째에 있는 점이 나타내는 수는 4, 왼쪽에서 세 번째에 있는 점이 나타내는 수는 -6이다.

1034

(정답) ③

0과 1 사이에 분모가 7인 정수가 아닌 유리수는

$\frac{1}{7}, \frac{2}{7}, \frac{3}{7}, \frac{4}{7}, \frac{5}{7}, \frac{6}{7}$의 6개이므로 x가 1만큼 커질 때마다 분모가 7인 정수가 아닌 유리수는 6개씩 증가하고 $120=6\times20$이므로 구하는 자연수 x는 20이다.

1035

(정답) 15

a의 절댓값이 b의 절댓값의 4배이므로 두 수 a, b를 수직선 위에 점으로 나타내면 그림과 같이 네 가지 경우가 있다.

(i)
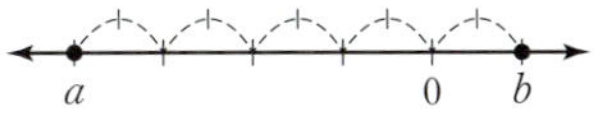

(ii)
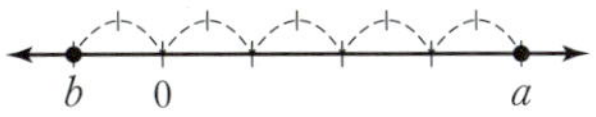

(iii)
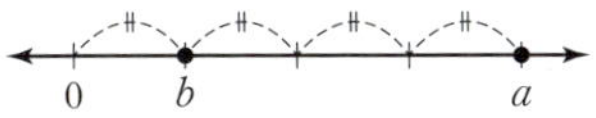

(iv)
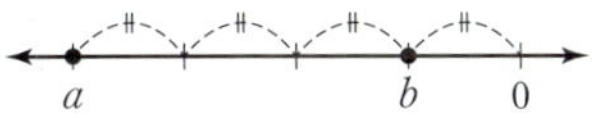

(i), (ii)에서 a와 b 사이의 거리가 15이므로 $|a|+|b|=15$

(iii), (iv)에서 a와 b 사이의 거리가 15이므로

$|b|=\frac{15}{3}=5$

$|a|=4\times|b|=4\times5=20$

$\therefore |a|+|b|=20+5=25$

따라서 $|a|+|b|$가 될 수 있는 값 중 가장 작은 값은 15이다.

1036

(정답) 10

(가)에서 $5<|m|\le7$이므로 $|m|=6, 7$

이를 만족시키는 m의 값은 $-7, -6, 6, 7$

$4<|n|\le7$이므로 $|n|=5, 6, 7$

이를 만족시키는 n의 값은 $-7, -6, -5, 5, 6, 7$

(나)에서 $m<n$이므로

(i) $m=-7$일 때, 가능한 n의 값은 $-6, -5, 5, 6, 7$

(ii) $m=-6$일 때, 가능한 n의 값은 $-5, 5, 6, 7$

(iii) $m=6$일 때, 가능한 n의 값은 7

(iv) $m=7$일 때, 가능한 n의 값은 없다.

(i)~(iv)에서 (m, n)은 $(-7, -6)$, $(-7, -5)$, $(-7, 5)$, $(-7, 6)$, $(-7, 7)$, $(-6, -5)$, $(-6, 5)$, $(-6, 6)$, $(-6, 7)$, $(6, 7)$의 10개이다.

1037

(정답) 8

(나)에서 $|a-1|=3$이므로 $a-1=3$ 또는 $a-1=-3$

$\therefore a=4$ 또는 $a=-2$

(i) $a=4$이면 (다)에서 $b+4=16$이므로 $b=12$

이때 a, b는 서로 같은 부호이므로 (가)를 만족시킨다.

(ii) $a=-2$이면 $b+2=16$이므로 $b=14$

이때 a, b는 서로 다른 부호이므로 (가)를 만족시키지 않는다.

(i), (ii)에서 $a=4$, $b=12$이므로 수직선 위에서 4와 12를 나타내는 두 점의 한가운데에 있는 점은 8이다.

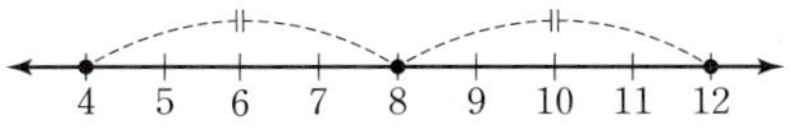

1038

(정답) 6

$|13|=13$, $|-5|=5$에서 $|13|>|-5|$이므로 $13\blacktriangle(-5)=13$

$\{13\blacktriangle(-5)\}\bullet(m\blacktriangle3)=3$에서

$13\bullet(m\blacktriangle3)=3$이므로 $m\blacktriangle3=3$이어야 한다.

(i) $|m|\ge|3|$일 때, $m\blacktriangle3=m$

$\therefore m=3$

(ii) $|m|<|3|$일 때, $m\blacktriangle3=3$

이때 $|m|<3$이므로 $|m|=0, 1, 2$

$\therefore m=-2, -1, 0, 1, 2$

(i), (ii)에서 주어진 식을 만족시키는 정수 m은 $-2, -1, 0, 1, 2, 3$의 6개이다.

PART C⁺ 04 정수와 유리수의 계산 (1)

• 본책 193~194쪽

1039

(정답) -6

어떤 정수를 x라 하면

(i) x에 7을 더하면 양의 정수가 되므로 x는 -7보다 크다.

$\therefore x=-6, -5, -4, -3, \cdots$

(ii) x에 5를 더하면 음의 정수가 되므로 x는 -5보다 작다.

$\therefore x=-6, -7, -8, -9, \cdots$

(i), (ii)에서 어떤 정수는 -6이다.

1040

(정답) 9

$a=\frac{3}{7}+(-1)=\frac{3}{7}+\left(-\frac{7}{7}\right)=-\frac{4}{7}$

$b=\frac{5}{4}-(-3)=\frac{5}{4}+3=\frac{5}{4}+\frac{12}{4}=\frac{17}{4}$

따라서 $-\frac{4}{7}<|x|<\frac{17}{4}$을 만족시키는 $|x|$의 값은 0, 1, 2, 3, 4이므로 정수 x는 $-4, -3, -2, -1, 0, 1, 2, 3, 4$의 9개이다.

1041

(정답) ②

$\frac{16}{5}=3.2$이므로 $\left\langle\frac{16}{5}\right\rangle=3$

$-\frac{19}{3}=-6.33\cdots$이므로 $\left\langle-\frac{19}{3}\right\rangle=-6$

$<-1.8>=-2$

$\therefore \left\langle\frac{16}{5}\right\rangle+\left\langle-\frac{19}{3}\right\rangle+<-1.8>=3+(-6)+(-2)$

$=-5$

1042

정답 ④

(i) $a=\frac{7}{6}$일 때, $|b|=\frac{7}{6}+2=\frac{19}{6}$

a와 b는 부호가 다르므로 $b=-\frac{19}{6}$

$\therefore a-b=\frac{7}{6}-\left(-\frac{19}{6}\right)=\frac{13}{3}$

(ii) $a=-\frac{7}{6}$일 때, $|b|=\frac{7}{6}+2=\frac{19}{6}$

a와 b는 부호가 다르므로 $b=\frac{19}{6}$

$\therefore a-b=\left(-\frac{7}{6}\right)-\frac{19}{6}=-\frac{13}{3}$

따라서 $M=\frac{13}{3}$, $m=-\frac{13}{3}$이므로

$M-m=\frac{13}{3}-\left(-\frac{13}{3}\right)=\frac{26}{3}$

1043

정답 $\frac{19}{20}$

$\frac{1}{1\times2}+\frac{1}{2\times3}+\frac{1}{3\times4}+\cdots+\frac{1}{19\times20}$

$=\left(\frac{1}{1}-\frac{1}{2}\right)+\left(\frac{1}{2}-\frac{1}{3}\right)+\left(\frac{1}{3}-\frac{1}{4}\right)+\cdots+\left(\frac{1}{19}-\frac{1}{20}\right)$

$=\left\{\frac{1}{1}+\left(-\frac{1}{2}\right)\right\}+\left\{\frac{1}{2}+\left(-\frac{1}{3}\right)\right\}+\left\{\frac{1}{3}+\left(-\frac{1}{4}\right)\right\}+\cdots+\left\{\frac{1}{19}+\left(-\frac{1}{20}\right)\right\}$

$=1+\left\{\left(-\frac{1}{2}\right)+\frac{1}{2}\right\}+\left\{\left(-\frac{1}{3}\right)+\frac{1}{3}\right\}+\cdots+\left\{\left(-\frac{1}{19}\right)+\frac{1}{19}\right\}+\left(-\frac{1}{20}\right)$

$=1+\left(-\frac{1}{20}\right)=\frac{19}{20}$

1044

정답 5점

눈의 수가 1, 3, 5일 때의 점수는 각각 +1점, +3점, +5점이고 눈의 수가 2, 4, 6일 때의 점수는 각각 −2점, −4점, −6점이다.

민주: $(-2)+(+5)+(+1)+(-6)=-2$(점)

정현: $(+3)+(+3)+(-4)+(+1)=3$(점)

따라서 두 사람의 점수의 차는

$3-(-2)=3+2=5$(점)

1045

정답 ⑤

위에 놓인 주사위에서 −5와 마주 보는 면에 적힌 수는 11, −3과 마주 보는 면에 적힌 수는 9, 7과 마주 보는 면에 적힌 수는 −1이므로 위에 놓인 주사위에서 보이지 않는 3개의 면에 적힌 수의 합은 $11+9+(-1)=19$

아래에 놓인 주사위에서 −2와 마주 보는 면에 적힌 수는 8, 5와 마주 보는 면에 적힌 수는 1, 윗면과 아랫면에 서로 마주 보는 면의 두 수의 합은 6이므로 아래에 놓인 주사위에서 보이지 않는 4개의 면에 적힌 수의 합은 $8+1+6=15$

따라서 구하는 합은 $19+15=34$

1046

정답 4

(가), (나)에서 $|c|=4$, $c<0$이므로 $c=-4$

(다)에서 $|c|=4$이므로 $|b|+4=7$ $\therefore |b|=7-4=3$

이때 (가)에서 $b>0$이므로 $b=3$

(라)에서 $a-b+c=-2$이므로 $a-3+(-4)=-2$

$a-7=-2$ $\therefore a=-2+7=5$

$\therefore a+b+c=5+3+(-4)=4$

1047

정답 $-\frac{11}{10}$

−1.5와 마주 보는 면에 적힌 수는 $\frac{1}{5}$이므로 마주 보는 면에 적힌 두 수의 합은

$-1.5+\frac{1}{5}=-\frac{3}{2}+\frac{1}{5}=-\frac{15}{10}+\frac{2}{10}=-\frac{13}{10}$

A와 마주 보는 면에 적힌 수는 $\frac{1}{2}$이므로

$A+\frac{1}{2}=-\frac{13}{10}$

$\therefore A=-\frac{13}{10}-\frac{1}{2}=-\frac{13}{10}-\frac{5}{10}=-\frac{18}{10}=-\frac{9}{5}$

B와 마주 보는 면에 적힌 수는 −2이므로

$B+(-2)=-\frac{13}{10}$

$\therefore B=-\frac{13}{10}+2=-\frac{13}{10}+\frac{20}{10}=\frac{7}{10}$

$\therefore A+B=-\frac{9}{5}+\frac{7}{10}=-\frac{18}{10}+\frac{7}{10}=-\frac{11}{10}$

1048

정답 −3

4	−3	−7	−4	3	a	b	c	⋯

그림에서

$-4+a=3$이므로 $a=3-(-4)=3+4=7$

$3+b=7$이므로 $b=7-3=4$

$7+c=4$이므로 $c=4-7=-3$

⋮

따라서 4, −3, −7, −4, 3, 7의 6개의 수가 이 순서대로 반복된다.
이때 $80=6\times13+2$이므로 80번째 칸에 적히는 수는 2번째 칸에 적힌 수와 같은 −3이다.

1049

정답 14

$[-4, 6]=6-(-4)=6+4=10$이므로 $[[a, 8], 10]=3$

$[a, 8]=k$라 하면 $[k, 10]=3$이므로

$k-10=3$ 또는 $10-k=3$ $\therefore k=13$ 또는 $k=7$

즉, $[a, 8]=7$ 또는 $[a, 8]=13$

(i) $[a, 8]=7$일 때, $8-a=7$ 또는 $a-8=7$

$\therefore a=1$ 또는 $a=15$

(ii) $[a, 8]=13$일 때, $8-a=13$ 또는 $a-8=13$

$\therefore a=-5$ 또는 $a=21$

(i), (ii)에서 $M=21$, $m=-5$

$\therefore [[M, m], 12]=[[21, -5], 12]$

$=[21-(-5), 12]$

$=[26, 12]=26-12=14$

PART C+ 05 정수와 유리수의 계산 (2)

• 본책 195~197쪽

1050

정답 2

계산 결과가 가장 크려면 ㉠×㉡은 양수이고, ㉢은 음수이어야 한다.

㉠$=\frac{3}{10}$, ㉡$=4$, ㉢$=-\frac{4}{5}$ 또는 ㉠$=4$, ㉡$=\frac{3}{10}$, ㉢$=-\frac{4}{5}$이어야 하므로 구하는 값은

$\frac{3}{10}\times 4-\left(-\frac{4}{5}\right)=\frac{6}{5}+\frac{4}{5}=\frac{10}{5}=2$

1051

정답 ②

세 정수의 곱이 음수이므로 세 정수가 모두 음수이거나 음수가 1개, 양수가 2개이어야 한다.

(i) 세 정수가 모두 음수인 경우

$(-1)+(-2)+(-13)=-16$

(ii) 음수가 1개, 양수가 2개인 경우

$(-1)+(+2)+(+13)=14$

$(+1)+(-2)+(+13)=12$

$(+1)+(+2)+(-13)=-10$

$(-1)+(+1)+(+26)=26$

(i), (ii)에서 세 정수의 합이 될 수 없는 것은 ②이다.

1052

정답 $\frac{5}{3}$

$(-3)◎(-11)=\{(-3)-(-11)\}\div k$

$=(-3+11)\div k=8\div k$

이때 $8\div k=-16$이므로 $k=8\div(-16)=-\frac{1}{2}$

$\therefore \left(-\frac{1}{6}\right)◎\frac{2}{3}=\left\{\left(-\frac{1}{6}\right)-\frac{2}{3}\right\}\div\left(-\frac{1}{2}\right)$

$=\left(-\frac{1}{6}-\frac{4}{6}\right)\times(-2)$

$=\left(-\frac{5}{6}\right)\times(-2)=\frac{5}{3}$

1053

정답 -18

$\left(-\frac{3}{8}\right)\div\frac{6}{5}\times\square\div\left(\frac{3}{2}\right)^3=\frac{5}{3}$에서

$\left(-\frac{3}{8}\right)\div\frac{6}{5}\times\square\div\frac{27}{8}=\frac{5}{3}$

$\left(-\frac{3}{8}\right)\times\frac{5}{6}\times\square\times\frac{8}{27}=\frac{5}{3}$

$\left(-\frac{5}{54}\right)\times\square=\frac{5}{3}$

$\therefore \square=\frac{5}{3}\div\left(-\frac{5}{54}\right)=\frac{5}{3}\times\left(-\frac{54}{5}\right)=-18$

1054

정답 ⑤

$|a|=|b|=1$, $a>b$이므로 $a=1$, $b=-1$

$\therefore \frac{a^{11}-b^{11}}{a^{10}+b^{10}}=\frac{1^{11}-(-1)^{11}}{1^{10}+(-1)^{10}}=\frac{1-(-1)}{1+(+1)}=\frac{2}{2}=1$

1055

정답 16

$\left(-\frac{2}{3}\right)\diamond\frac{8}{9}=\left|-\left(-\frac{2}{3}\right)^2\div\frac{8}{9}\right|=\left|-\frac{4}{9}\times\frac{9}{8}\right|=\left|-\frac{1}{2}\right|=\frac{1}{2}$

이므로

$\left\{\left(-\frac{2}{3}\right)\diamond\frac{8}{9}\right\}\blacklozenge\left(-\frac{5}{4}\right)=\frac{1}{2}\blacklozenge\left(-\frac{5}{4}\right)=\left|1\div\left(\frac{1}{2}\right)^2\times\left(-\frac{5}{4}\right)^2\right|$

$=\left|1\div\frac{1}{4}\times\frac{25}{16}\right|=\left|4\times\frac{25}{16}\right|=\frac{25}{4}$

$\therefore 10\diamond\left[\left\{\left(-\frac{2}{3}\right)\diamond\frac{8}{9}\right\}\blacklozenge\left(-\frac{5}{4}\right)\right]=10\diamond\frac{25}{4}=\left|-10^2\div\frac{25}{4}\right|$

$=\left|-100\times\frac{4}{25}\right|$

$=|-16|=16$

1056

정답 5

$[4.3]=4$, $\left[-\frac{7}{2}\right]=[-3.5]=-4$,

$\left[-\frac{5}{4}\right]=[-1.25]=-2$, $\left[\frac{1}{2}\right]=[0.5]=0$, $[3.1]=3$

$\therefore [4.3]\div\left[-\frac{7}{2}\right]^2\times\left[-\frac{5}{4}\right]-\left\{\left(\left[\frac{1}{2}\right]-[3.1]\right)\div\frac{1}{2}\right\}$

$=4\div(-4)^2\times(-2)-\left\{(0-3)\div\frac{1}{2}\right\}$

$=4\div16\times(-2)-\left\{(-3)\div\frac{1}{2}\right\}$

$=\frac{1}{4}\times(-2)-\{(-3)\times2\}$

$=\left(-\frac{1}{2}\right)-(-6)=\left(-\frac{1}{2}\right)+(+6)=\frac{11}{2}$

따라서 $a=\frac{11}{2}$이므로 $[a]=\left[\frac{11}{2}\right]=[5.5]=5$

1057

정답 $-\frac{5}{6}$

$a=\left(-\frac{3}{2}\right)^3\div\frac{5}{4}-\left\{-\frac{2}{3}-\left(-\frac{2}{3}\right)^2\times\left(-\frac{3}{4}\right)\right\}\div\left(\frac{2}{9}-\frac{4}{3}\right)$

$=\left(-\frac{3}{2}\right)^3\div\frac{5}{4}-\left\{-\frac{2}{3}-\left(-\frac{2}{3}\right)^2\times\left(-\frac{3}{4}\right)\right\}\div\left(-\frac{10}{9}\right)$

$=-\frac{27}{8}\div\frac{5}{4}-\left\{-\frac{2}{3}-\frac{4}{9}\times\left(-\frac{3}{4}\right)\right\}\div\left(-\frac{10}{9}\right)$

$=-\frac{27}{8}\div\frac{5}{4}-\left(-\frac{2}{3}+\frac{1}{3}\right)\div\left(-\frac{10}{9}\right)$

$=-\frac{27}{8}\times\frac{4}{5}-\left(-\frac{1}{3}\right)\times\left(-\frac{9}{10}\right)$

$=-\frac{27}{10}-\frac{3}{10}=-3$

$b=14-\left(-\frac{2^2}{3}\right)-\left[\left\{(-3)^2+\left(-\frac{11}{2}\right)\right\}\times5\right]\div\frac{5}{4}$

$=14-\left(-\frac{4}{3}\right)-\left[\left\{9+\left(-\frac{11}{2}\right)\right\}\times5\right]\times\frac{4}{5}$

$=14+\frac{4}{3}-\left(\frac{7}{2}\times5\right)\times\frac{4}{5}$

$=14+\frac{4}{3}-\frac{35}{2}\times\frac{4}{5}$

$=14+\frac{4}{3}-14=\frac{4}{3}$

따라서 수직선에서 -3과 $\frac{4}{3}$를 나타내는 두 점 사이의 거리가

$3+\frac{4}{3}=\frac{13}{3}$이므로 두 점으로부터 같은 거리에 있는 점이 나타내는 수는

$-3+\frac{13}{3}\times\frac{1}{2}=-3+\frac{13}{6}=-\frac{5}{6}$

1058

정답 ⑤

$\left|\frac{6}{5}\right|<\left|\frac{5}{4}\right|<\left|-\frac{4}{3}\right|<\left|-\frac{3}{2}\right|$, $-\frac{3}{2}<-\frac{4}{3}<\frac{6}{5}<\frac{5}{4}$

$a\div b$가 최대가 되려면 절댓값이 가장 큰 양수가 되어야 하므로

a, b는 모두 양수 또는 모두 음수가 되어야 하고,

a는 절댓값이 큰 수, b는 절댓값이 작은 수이어야 한다.

(i) a, b가 모두 양수일 때, $a\div b$의 최댓값은

$\frac{5}{4}\div\frac{6}{5}=\frac{5}{4}\times\frac{5}{6}=\frac{25}{24}$

(ii) a, b가 모두 음수일 때, $a\div b$의 최댓값은

$\left(-\frac{3}{2}\right)\div\left(-\frac{4}{3}\right)=\left(-\frac{3}{2}\right)\times\left(-\frac{3}{4}\right)=\frac{9}{8}$

(i), (ii)에서 $\frac{25}{24}<\frac{9}{8}$이므로 $A=\frac{9}{8}$

$a\div b$가 최소가 되려면 절댓값이 가장 큰 음수가 되어야 하므로

a, b는 서로 부호가 달라야 하고, a는 절댓값이 큰 수, b는 절댓값이 작은 수이어야 한다.

$\therefore B=\left(-\frac{3}{2}\right)\div\frac{6}{5}=\left(-\frac{3}{2}\right)\times\frac{5}{6}=-\frac{5}{4}$

$\therefore A+B=\frac{9}{8}+\left(-\frac{5}{4}\right)=\frac{9}{8}+\left(-\frac{10}{8}\right)=-\frac{1}{8}$

1059

정답 ②

ㄱ. n은 홀수이므로 $(-1)^n+(-1)^{n+1}=(-1)+(+1)=0$

ㄴ. n은 짝수이므로 $(-1)^n-(-1)^{n+1}=1-(-1)=1+1=2$

ㄷ. n은 짝수이므로

$(-1)^n+(-1)^{n+1}-(-1)^{n+2}\times(-1)^{n+3}+(-1)^{n+4}\div(-1)^{n+5}$

$=(+1)+(-1)-(+1)\times(-1)+(+1)\div(-1)$

$=(+1)+(-1)-(-1)+(-1)=1-1+1-1=0$

ㄹ. n은 홀수이므로

$(-1)^n+(-1)^{n+1}-(-1)^{n+2}\times(-1)^{n+3}+(-1)^{n+4}\div(-1)^{n+5}$

$=(-1)+(+1)-(-1)\times(+1)+(-1)\div(+1)$

$=(-1)+(+1)-(-1)+(-1)=-1+1+1-1=0$

따라서 옳은 것은 ㄱ, ㄷ이다.

1060

정답 $-\frac{43}{5}$

$\left(-\frac{2}{5}\right)\div\frac{1}{3}+\frac{7}{10}=C$이므로

$C=\left(-\frac{2}{5}\right)\times3+\frac{7}{10}=-\frac{6}{5}+\frac{7}{10}$

$=-\frac{12}{10}+\frac{7}{10}=-\frac{5}{10}=-\frac{1}{2}$

$1.2\div\frac{1}{3}\times(-2)=B$이므로

$B=\frac{6}{5}\times3\times(-2)=-\frac{36}{5}$

$\left(\frac{3}{4}+\frac{7}{10}\right)\times(-2)=A$이므로

$A=\left(\frac{15}{20}+\frac{14}{20}\right)\times(-2)=\frac{29}{20}\times(-2)=-\frac{29}{10}$

$\therefore (A-B)\div C=\left\{\left(-\frac{29}{10}\right)-\left(-\frac{36}{5}\right)\right\}\div\left(-\frac{1}{2}\right)$

$=\left(-\frac{29}{10}+\frac{72}{10}\right)\times(-2)$

$=\frac{43}{10}\times(-2)=-\frac{43}{5}$

1061

정답 ⑤

$k>0$일 때, $(-k)^{짝수}=$양수, $(-k)^{홀수}=$음수, $(-k^{짝수})=$음수, $(-k^{홀수})=$음수

① $-a^2=$(음수), $(-b)^3=$(음수), $(-c^3)=$(음수)이므로

$\frac{(-a^2)\times(-b)^3}{(-c^3)}=\frac{(음수)\times(음수)}{(음수)}=(음수)$

② $-(-a^2)^3=-$(음수)$=$(양수), $(-b)^2=$(양수), $(-c^2)=$(음수)이므로

$\frac{-(-a^2)^3}{(-b)^2\times(-c^2)}=\frac{(양수)}{(양수)\times(음수)}=(음수)$

③ $(-a^3)=$(음수), $(-b)^2=$(양수), $(-c)^3=$(음수)이므로

$-\frac{(-a)^3\times(-b)^2}{(-c)^3}=-\frac{(음수)\times(양수)}{(음수)}=(음수)$

④ $-a^2=$(음수), $(-b)^2=$(양수), $(-c)^2=$(양수)이므로

$-a^2\times(-b)^2\div(-c)^2=(음수)\times(양수)\div(양수)=(음수)$

⑤ $-(a^2)^2=$(음수), $(-b^3)=$(음수), $(-c)^2=$(양수)이므로

$-(a^2)^2\div(-b^3)\times(-c)^2=(음수)\div(음수)\times(양수)=(양수)$

따라서 계산 결과가 항상 양수인 것은 ⑤이다.

1062

정답 ④

(가)에서 a와 b는 절댓값이 같고 부호가 다른 수이다.

(나)에서 $a\times b=-1$이므로 $a=-1$, $b=1$ ($\because a<b$)

(다)에서 $|a|\times|b|\times|c|\times|d|\times|e|=162$이므로

$|-1|\times|1|\times|c|\times|d|\times|e|=162$

$\therefore |c| \times |d| \times |e| = 162$

(라)에서 $|c|$의 값을 k라 하면 c, d, e의 절댓값의 비가 $1:2:3$이므로 $|d|=2k$, $|e|=3k$

$|c| \times |d| \times |e| = 162$이므로 $k \times 2k \times 3k = 162$

$6 \times k^3 = 162$, $k^3 = 27 = 3^3$이므로 $k=3$

$\therefore |c|=3$, $|d|=6$, $|e|=9$

(마)에서 $|c+d+e|=0$이므로 $c=3$, $d=6$, $e=-9$

또는 $c=-3$, $d=-6$, $e=9$

따라서 $a=-1$, $b=1$, $c=3$, $d=6$, $e=-9$

또는 $a=-1$, $b=1$, $c=-3$, $d=-6$, $e=9$이므로

a, b, c, d, e 중 하나가 될 수 없는 수는 ④이다.

1063

정답 42

$180 = 2^2 \times 3^2 \times 5$이고 $|a|=|c|$, $a<0$, $c>0$이므로

(i) $|a|=|c|=1$일 때, $a=-1$, $c=1$

$(-1) \times b \times d = 180$　　$\therefore b \times d = -180$

이때 (다)에서 $-1<b<0$을 만족시키는 정수 b의 값은 존재하지 않는다.

(ii) $|a|=|c|=2$일 때, $a=-2$, $c=2$

$(-4) \times b \times d = 180$　　$\therefore b \times d = -45$

$a<b<0<c<d$이어야 하므로 $b=-1$, $d=45$

$\therefore a-b-c+d = -2-(-1)-2+45 = 42$

(iii) $|a|=|c|=3$일 때, $a=-3$, $c=3$

$(-9) \times b \times d = 180$　　$\therefore b \times d = -20$

$a<b<0<c<d$이어야 하므로

$b=-1$, $d=20$ 또는 $b=-2$, $d=10$

$\therefore a-b-c+d = -3-(-1)-3+20 = 15$

또는 $a-b-c+d = -3-(-2)-3+10 = 6$

(iv) $|a|=|c|=6$일 때, $a=-6$, $c=6$

$(-36) \times b \times d = 180$　　$\therefore b \times d = -5$

이때 (다)에서 $0<6<d$를 만족시키는 d의 값은 존재하지 않는다.

(i)~(iv)에서 $a-b-c+d$의 값 중 가장 큰 값은 42이다.

PART C 06 문자의 사용과 식

• 본책 198~200쪽

1064

정답 $(27n+9)\ \text{cm}^2$

한 변의 길이가 6 cm인 정사각형 n개의 넓이는

$6 \times 6 \times n = 36n\ (\text{cm}^2)$

이때 겹쳐지는 부분은 한 변의 길이가 $\frac{1}{2} \times 6 = 3\ (\text{cm})$인

정사각형 $(n-1)$개이므로

그 넓이는 $3 \times 3 \times (n-1) = 9n-9\ (\text{cm}^2)$

따라서 구하는 넓이는

$36n-(9n-9) = 36n-9n+9 = 27n+9\ (\text{cm}^2)$

1065

정답 A 마트, $2x$원

A 마트에서는 과자 30개를 25개의 가격으로 구입할 수 있으므로 과자 30개의 구매 가격은 $25x$원이다.

B 마트에서는 전체 가격에서 10 %를 할인해주므로 과자 30개의 구매 가격은

$30x - 30x \times \frac{10}{100} = 30x - 3x = 27x$(원)

따라서 A 마트에서 사는 것이 $27x - 25x = 2x$(원)만큼 더 저렴하다.

1066

정답 $6x-1$

가현이가 계산한 식으로 A를 구하면

$A+(3x-5) = 6x+8$　　$\therefore A = 3x+13$

가현이는 상수항을 잘못 보았으므로 A의 x의 계수는 3이다.

지성이가 계산한 식으로 A를 구하면

$A+(3x-5) = 8x-1$　　$\therefore A = 5x+4$

지성이는 x의 계수를 잘못 보았으므로 A의 상수항은 4이다.

따라서 $A=3x+4$이므로 바르게 계산한 식은

$A+(3x-5) = 3x+4+(3x-5) = 6x-1$

1067

정답 5

$|x|=5$이므로 $x=-5$ 또는 $x=5$

$|y|=4$이므로 $y=-4$ 또는 $y=4$

이때 $xy<0$에서 x와 y의 부호는 서로 반대이고 $x<y$이므로

$x=-5$, $y=4$

$$\therefore \frac{xy}{2} - \frac{x^2-7}{x+y} + \frac{18}{2x+y}$$
$$= \frac{(-5)\times 4}{2} - \frac{(-5)^2-7}{-5+4} + \frac{18}{2\times(-5)+4}$$
$$= \frac{-20}{2} - \frac{18}{-1} + \frac{18}{-6}$$
$$= -10+18-3 = 5$$

1068

정답 $\frac{9}{2}$

$(ax+b) \times \left(-\frac{1}{2}\right) = -\frac{a}{2}x - \frac{b}{2} = 2x-3$이므로

$-\frac{a}{2} = 2$, $-\frac{b}{2} = -3$　　$\therefore a=-4$, $b=6$

$(2x-3) \times \left(-\frac{5}{2}\right) = -5x + \frac{15}{2} = cx+d$이므로

$c=-5$, $d=\frac{15}{2}$

$\therefore a+b+c+d = -4+6+(-5)+\frac{15}{2} = \frac{9}{2}$

1069

정답 ④

$4(A-3B)-\{3A-5(B+2C)\}$

$=4A-12B-(3A-5B-10C)$

$=4A-12B-3A+5B+10C$

$=A-7B+10C$

$=(3x-2)-7\left(-\frac{2}{7}x+1\right)+10\left(-\frac{1}{5}x+\frac{1}{2}\right)$

$=3x-2+2x-7-2x+5=3x-4$

따라서 $a=3$, $b=-4$이므로 $a-b=3-(-4)=3+4=7$

1070

정답 46

$a(x^2-3)-2\left\{-2x^2-\frac{1}{3}(6x-3)-a^2\right\}$

$=ax^2-3a-2(-2x^2-2x+1-a^2)$

$=ax^2-3a+4x^2+4x-2+2a^2$

$=(a+4)x^2+4x+2a^2-3a-2$

이 식이 x에 대한 일차식이므로 $a+4=0$ $\quad\therefore a=-4$

이때 이 일차식의 x의 계수는 4이고

상수항은 $2\times(-4)^2-3\times(-4)-2=32+12-2=42$이므로

그 합은 $4+42=46$

1071

정답 $x+2y$

$3(4x-5)-\frac{1}{2}(4x+8)=12x-15-2x-4=10x-19$

따라서 $m=10$, $n=19$이므로

$(-1)^m\frac{3x+y}{2}+(-1)^n\frac{x-2y}{3}+(-1)^{m+n}\frac{x-5y}{6}$

$=(-1)^{10}\frac{3x+y}{2}+(-1)^{19}\frac{x-2y}{3}+(-1)^{29}\frac{x-5y}{6}$

$=\frac{3x+y}{2}-\frac{x-2y}{3}-\frac{x-5y}{6}$

$=\frac{3(3x+y)-2(x-2y)-(x-5y)}{6}$

$=\frac{9x+3y-2x+4y-x+5y}{6}$

$=\frac{6x+12y}{6}=x+2y$

1072

정답 -2

$(x+y)\diamond(x-y)=-2(x+y)+5(x-y)$

$=-2x-2y+5x-5y=3x-7y$

$(2x+y)\circledcirc(2y-x)=-3(2x+y)+7(2y-x)$

$=-6x-3y+14y-7x=-13x+11y$

$\therefore \{(x+y)\diamond(x-y)\}-\{(2x+y)\circledcirc(2y-x)\}$

$=(3x-7y)-(-13x+11y)$

$=3x-7y+13x-11y$

$=16x-18y$

따라서 x의 계수는 16, y의 계수는 -18이므로 그 합은

$16+(-18)=-2$

1073

정답 5

(가)에서 $A-(4x-3)=6x+2$

$\therefore A=6x+2+(4x-3)=10x-1$

(나)에서 $B+(15-6x)\div\frac{3}{2}=10x-1$

$\therefore B=10x-1-(15-6x)\times\frac{2}{3}$

$=10x-1-(10-4x)$

$=10x-1-10+4x=14x-11$

(다)에서 $C-2(3-5x)=14x-11$

$\therefore C=14x-11+2(3-5x)$

$=14x-11+6-10x=4x-5$

$\therefore A-B+C=(10x-1)-(14x-11)+(4x-5)$

$=10x-1-14x+11+4x-5=5$

1074

정답 $4x-4$

표에서 첫 번째 가로줄에 놓인 세 다항식의 합은

$(3x-4)+(4x+1)+(-x)=6x-3$

대각선에서 $(3x-4)+A+(x+2)=6x-3$이므로

$A+(4x-2)=6x-3$

$\therefore A=6x-3-(4x-2)$

$=6x-3-4x+2=2x-1$

세 번째 세로줄에서 빈칸에 들어갈 다항식을 C라 하면

$-x+C+(x+2)=6x-3$이므로 $C+2=6x-3$

$\therefore C=6x-3-2=6x-5$

두 번째 가로줄에서 $B+(2x-1)+(6x-5)=6x-3$이므로

$B+(8x-6)=6x-3$

$\therefore B=6x-3-(8x-6)$

$=6x-3-8x+6=-2x+3$

$\therefore A-B=(2x-1)-(-2x+3)$

$=2x-1+2x-3=4x-4$

1075

정답 $48x+70y$

윗변의 길이는 $2x+2y$에서 25 % 줄였으므로

$(2x+2y)\times\left(1-\frac{25}{100}\right)=\frac{3}{4}(2x+2y)=\frac{3}{2}(x+y)$

아랫변의 길이는 $3x+5y$에서 10 % 늘였으므로

$(3x+5y)\times\left(1+\frac{10}{100}\right)=\frac{11}{10}(3x+5y)$

높이는 20 % 줄였으므로

$25\times\left(1-\frac{20}{100}\right)=20$

따라서 새로 만든 사다리꼴의 넓이는

$\frac{1}{2}\times\left\{\frac{3}{2}(x+y)+\frac{11}{10}(3x+5y)\right\}\times 20$

$=15(x+y)+11(3x+5y)$

$=15x+15y+33x+55y=48x+70y$

1076

정답 6

점 P가 점 A를 출발하여 m바퀴 돌고 난 후 다시 점 A로 돌아올 때까지 움직인 거리는 $5\times6\times m=30m$ (cm)

점 P는 매초 2 cm의 속력으로 움직이므로 걸리는 시간은

$\frac{30m}{2}=15m$(초)

점 Q가 점 B를 출발하여 n바퀴 돌고 난 후 점 E에 도착할 때까지 움직인 거리는

$5\times6\times n+5\times3=30n+15$ (cm)

점 Q는 매초 3 cm의 속력으로 움직이므로 걸리는 시간은

$\frac{30n+15}{3}=10n+5$(초)

이때 두 점 P, Q가 움직이는 데 걸린 시간이 같으므로

$15m=10n+5 \quad \therefore m=\frac{2n+1}{3}$

따라서 $a=3$, $b=2$, $c=1$이므로 $a+b+c=3+2+1=6$

1077

정답 10

농도가 a %인 소금물 200 g과 b %인 소금물 300 g을 섞어 p %의 소금물 $200+300=500$ (g)을 만들었으므로

$\frac{a}{100}\times200+\frac{b}{100}\times300=\frac{p}{100}\times500 \quad \therefore 2a+3b=5p$

이때 $5p=3q$이므로 $q=\frac{2a+3b}{3}$ …… ㉠

농도가 a %인 소금물 300 g과 b %인 소금물 100 g을 섞어 q %의 소금물 $300+100=400$ (g)을 만들었으므로

$\frac{a}{100}\times300+\frac{b}{100}\times100=\frac{q}{100}\times400$

$3a+b=4q \quad \therefore q=\frac{3a+b}{4}$ …… ㉡

㉠, ㉡에서 $\frac{2a+3b}{3}=\frac{3a+b}{4}$

$4(2a+3b)=3(3a+b)$, $8a+12b=9a+3b \quad \therefore a=9b$

$\therefore \frac{a^2+9b^2}{ab}=\frac{(9b)^2+9b^2}{9b\times b}=\frac{81b^2+9b^2}{9b^2}=\frac{90b^2}{9b^2}=10$

PART C 07 일차방정식의 풀이

• 본책 201~202쪽

1078

정답 2

$x\left\{\frac{1}{3}(6x-3)+x\right\}-2=ax(x-1)-5$에서

$x(2x-1+x)-2=ax^2-ax-5$, $3x^2-x-2=ax^2-ax-5$

$(3-a)x^2+(a-1)x+3=0$ …… ㉠

이 등식이 x에 대한 일차방정식이 되려면 $3-a=0$, $a-1\neq0$이어야 하므로 $a=3$, $a\neq1$

$a=3$을 ㉠에 대입하면 $2x+3=0 \quad \therefore k=2$

1079

정답 $x=2$

$2ax-9=4x+3b$가 x의 값에 관계없이 항상 참이므로

$2a=4$, $-9=3b \quad \therefore a=2$, $b=-3$

$ax-\frac{b}{3}=5(x-1)$에 $a=2$, $b=-3$을 대입하면

$2x+1=5x-5$, $-3x=-6 \quad \therefore x=2$

1080

정답 ⑤

$2(3x+1)=1-a$에서 $6x+2=1-a$

$6x=-a-1 \quad \therefore x=\frac{-a-1}{6}$

$\frac{x-3}{2}=\frac{2x-a}{6}$의 양변에 6을 곱하면

$3(x-3)=2x-a$, $3x-9=2x-a \quad \therefore x=-a+9$

두 일차방정식의 해가 같으므로

$\frac{-a-1}{6}=-a+9$

$-a-1=6(-a+9)$, $-a-1=-6a+54$

$5a=55 \quad \therefore a=11$

1081

정답 ①

$\frac{3}{4}(x-a)=0.4x+\frac{1}{5}$에서 $\frac{3}{4}x-\frac{3}{4}a=\frac{2}{5}x+\frac{1}{5}$

양변에 20을 곱하면 $15x-15a=8x+4$

$7x=15a+4 \quad \therefore x=\frac{15a+4}{7}$

이때 $\frac{15a+4}{7}$가 양의 정수이려면 $15a+4$가 7의 배수이어야 한다.

$15a+4=21, 28, 35, 42, 49, 56, \cdots$이므로

└ a가 자연수이므로 19 이상인 7의 배수

$15a=17, 24, 31, 38, 45, 52, \cdots$

$\therefore a=\frac{17}{15}, \frac{8}{5}, \frac{31}{15}, \frac{38}{15}, 3, \frac{52}{15}, \cdots$

따라서 가장 작은 자연수 a는 3이다.

1082

정답 23

$ax-(3x+5)=1$에서 $ax-3x-5=1$, $(a-3)x=6$

이 방정식의 해가 존재하지 않으므로

$a-3=0 \quad \therefore a=3$

$b(0.5x-2)+7=\frac{1}{4}cx$에서 $\frac{1}{2}bx-2b+7=\frac{1}{4}cx$

양변에 4를 곱하면 $2bx-8b+28=cx$

$(2b-c)x=8b-28$

이 방정식의 해가 무수히 많으므로

$2b-c=0$, $8b-28=0$ $\quad\therefore b=\frac{7}{2}$, $c=7$

$\therefore 3a+2b+c=3\times3+2\times\frac{7}{2}+7=23$

1083

정답 4

$\frac{x+1}{4}-\frac{3x-2}{5}=4.5$의 양변에 20을 곱하면

$5(x+1)-4(3x-2)=90$

$5x+5-12x+8=90$, $-7x=77$ $\quad\therefore x=-11$

따라서 $3(x-10)=x-2k$에 $x=11$을 대입하면

$3=11-2k$, $2k=8$ $\quad\therefore k=4$

1084

정답 $-\frac{1}{2}$

$\ll 1, x, -4\gg=x+4x-4=5x-4$

$\ll 0.5, 10, -2x\gg=5+20x-x=19x+5$

이때 $\ll 1, x, -4\gg-\ll 0.5, 10, -2x\gg=-2$이므로

$(5x-4)-(19x+5)=-2$, $-14x=7$ $\quad\therefore x=-\frac{1}{2}$

1085

정답 2

$\frac{1}{2}x-\frac{1}{3}\left\{x-\frac{1}{2}x+\frac{1}{10}\left(\frac{1}{3}x-\frac{1}{12}x\right)\right\}=26$에서

$\frac{1}{2}x-\frac{1}{3}\left(x-\frac{1}{2}x+\frac{1}{10}\times\frac{1}{4}x\right)=26$

$\frac{1}{2}x-\frac{1}{3}\left(x-\frac{1}{2}x+\frac{1}{40}x\right)=26$, $\frac{1}{2}x-\frac{1}{3}\times\frac{21}{40}x=26$

$\frac{1}{2}x-\frac{7}{40}x=26$, $\frac{13}{40}x=26$ $\quad\therefore x=80$

$\frac{a(x+2)}{3}-\frac{2-ax}{4}=\frac{1}{6}$에 $x=80$을 대입하면

$\frac{82a}{3}-\frac{2-80a}{4}=\frac{1}{6}$, $328a-3(2-80a)=2$

$328a-6+240a=2$

$568a=8$ $\quad\therefore a=\frac{1}{71}$, 즉 $142a=2$

1086

정답 ①

$\frac{a-x}{2}=\frac{5a-3}{4}+x$에서 $2a-2x=5a-3+4x$

$-6x=3a-3$ $\quad\therefore x=\frac{-a+1}{2}$, 즉 $A=\frac{-a+1}{2}$

$0.2(2x+3a+2)-\frac{x-2}{5}=-1$에서

$2x+3a+2-x+2=-5$

$\therefore x=-3a-9$, 즉 $B=-3a-9$

이때 $A+B=2$이므로 $\frac{-a+1}{2}+(-3a-9)=2$

$-a+1-6a-18=4$, $-7a=21$ $\quad\therefore a=-3$

1087

정답 3

$\frac{3x-2a}{2}=\frac{6a+3}{4}$에서 $2(3x-2a)=6a+3$

$6x-4a=6a+3$, $6x=10a+3$ $\quad\therefore x=\frac{10a+3}{6}$

$0.2(3x+1+2a)-\frac{2x-1}{3}=1$에서

$3(3x+1+2a)-5(2x-1)=15$

$9x+3+6a-10x+5=15$, $-x=7-6a$

$\therefore x=6a-7$

이때 $\frac{10a+3}{6}:(6a-7)=1:2$이므로 $6a-7=2\times\frac{10a+3}{6}$

$6a-7=\frac{10a+3}{3}$, $18a-21=10a+3$

$8a=24$ $\quad\therefore a=3$

1088

정답 64

❶ 접시저울의 양쪽 접시에서 빨간 공을 3개씩 덜어낸다.

❷ 접시저울의 양쪽 접시에서 파란 공을 1개씩 덜어낸다.

❸ 이때 파란 공 2개의 무게가 빨간 공 1개의 무게와 같고, 파란 공 2개의 무게가 $15\times2=30$ (g)이므로 빨간 공 1개의 무게는 30 g이다.

따라서 $a=3$, $b=1$, $c=30$, $d=30$이므로

$a+b+c+d=3+1+30+30=64$

1089

정답 ②

$ax-2=3x+b$에서 $(a-3)x=b+2$

① $a-3\neq0$, $b+2\neq0$, 즉 $a\neq3$, $b\neq-2$이면 $x=\frac{b+2}{a-3}$

②, ③ $a=3$, $b=-2$이면 해는 모든 수이다.

④ $a=3$, $b\neq-2$이면 해가 없다.

⑤ $a\neq3$, $b=-2$이면 $x=0$

따라서 옳은 것은 ②이다.

PART C 08 일차방정식의 활용

• 본책 203~205쪽

1090

정답 ③

처음 수의 십의 자리의 숫자를 $2x$, 일의 자리의 숫자를 $3x$ (x는 한 자리 자연수)라 하면

$3x\times10+2x=(2x\times10+3x)+18$, $32x=23x+18$

$9x=18$ $\quad\therefore x=2$

따라서 처음 수의 십의 자리의 숫자는 $2\times2=4$, 일의 자리의 숫자는 $3\times2=6$이므로 처음 수는 46이다.

1091

정답 ④

효린이의 일생을 x년이라 하면

$\frac{1}{3}x+\frac{1}{9}x+1+2+\frac{1}{2}x+1=x$

$6x+2x+18+36+9x+18=18x$

$17x+72=18x \quad \therefore x=72$

① 효린이는 $\frac{1}{3}\times72=24$(년) 동안 부모님의 도움을 받았다.

② 효린이는 $\frac{1}{9}\times72=8$(년) 동안 세계를 다니면서 사진작가로 일했다.

③ 효린이가 결혼한 나이는

$\frac{1}{3}\times72+\frac{1}{9}\times72=24+8=32$(세)이다.

④ 효린이가 기부 활동을 시작한 나이는

$\frac{1}{3}\times72+\frac{1}{9}\times72+1+2=24+8+3=35$(세)이다.

⑤ 효린이가 사망한 나이는 72세이다.

따라서 옳은 것은 ④이다.

1092

정답 (1) 800 g (2) 700 g

(1) 쓰레기 1 g에 2.5포인트를 적립해 주므로 젖은 쓰레기의 무게를 x g이라 하면

$\frac{60}{100}x\times2.5=1200,\ \frac{3}{2}x=1200 \quad \therefore x=800$

따라서 젖은 쓰레기의 무게는 800 g이다.

(2) 젖은 쓰레기와 젖지 않은 쓰레기의 무게를 각각 $2x$ g, $3x$ g이라 하면

$2x\times\frac{60}{100}\times2.5+3x\times2.5=1470$

$3x+7.5x=1470,\ 30x+75x=14700$

$105x=14700 \quad \therefore x=140$

따라서 수거한 전체 쓰레기의 무게는 $5x=5\times140=700$ (g)이다.

1093

정답 6시간

물통에 물이 가득 찼을 때 물의 양을 1이라 하면 A 호스로는 한 시간에 $\frac{1}{4}$을 채울 수 있고, B 호스로는 한 시간에 $\frac{1}{5}$을 채울 수 있고, C 호스로는 한 시간에 $\frac{1}{3}$을 빼낼 수 있다.

물통에 물을 $\frac{7}{10}$만큼 채우는 데 x시간이 걸린다고 하면

$\left(\frac{1}{4}+\frac{1}{5}-\frac{1}{3}\right)x=\frac{7}{10},\ \left(\frac{15}{60}+\frac{12}{60}-\frac{20}{60}\right)x=\frac{7}{10}$

$\frac{7}{60}x=\frac{7}{10} \quad \therefore x=6$

따라서 물통에 물을 $\frac{7}{10}$만큼 채우는 데 6시간이 걸린다.

1094

정답 ③

짐을 가득 실은 수레로는 이틀에 80리를 가므로 하루에 $80\div2=40$(리)를 간다.

집에서 창고까지의 거리를 x리라 하면 곡식을 가득 싣고 창고에 가서 곡식을 내리고 빈 수레로 집으로 돌아오는 것을 3번 반복하는 데 4일이 걸렸으므로

$3\left(\frac{x}{40}+\frac{x}{60}\right)=4,\ 3\times\frac{5}{120}x=4,\ \frac{1}{8}x=4 \quad \therefore x=32$

따라서 집에서 창고까지의 거리는 32리이다.

1095

정답 1

사다리꼴의 윗변의 길이를 20 % 늘이고, 아랫변의 길이를 10 % 줄이면

(윗변의 길이)$=x+\frac{20}{100}x=\frac{6}{5}x$

(아랫변의 길이)$=(3x-1)-\frac{10}{100}(3x-1)=\frac{9}{10}(3x-1)$

이때 새로 만든 사다리꼴의 넓이가 6이므로

$\frac{1}{2}\times\left\{\frac{6}{5}x+\frac{9}{10}(3x-1)\right\}\times4=6,\ 2\left(\frac{6}{5}x+\frac{27}{10}x-\frac{9}{10}\right)=6$

$2\left(\frac{39}{10}x-\frac{9}{10}\right)=6,\ 39x-9=30$

$39x=39 \quad \therefore x=1$

1096

정답 ⑤

작년에 과학 실험 캠프에 참가한 남학생을 x명이라 하면 여학생은 $(200-x)$명이고, 올해 전체 학생이 7 % 증가하였으므로

$\frac{10}{100}x-\frac{5}{100}(200-x)=\frac{7}{100}\times200,\ 10x-5(200-x)=1400$

$10x-1000+5x=1400,\ 15x=2400 \quad \therefore x=160$

따라서 올해 과학 실험 캠프에 참가한 남학생은

$160+160\times\frac{10}{100}=176$(명)

1097

정답 200 g

페인트 A의 양을 x g이라 하면 페인트 B의 양은 $(520-x)$ g이므로 빨간색 페인트의 양은

$x\times\frac{2}{2+3}+(520-x)\times\frac{5}{5+3}=520\times\frac{7}{7+6}$

$\frac{2}{5}x+325-\frac{5}{8}x=280,\ 16x+13000-25x=11200$

$-9x=-1800 \quad \therefore x=200$

따라서 페인트 A의 양은 200 g이다.

다른 풀이

빨간색과 파란색의 비율이 7 : 6으로 섞인 페인트 C의 양이 520 g이므로

(빨간색 페인트의 양)$=520\times\frac{7}{7+6}=280$ (g)

(파란색 페인트의 양)$=520\times\frac{6}{7+6}=240$ (g)

페인트 A에 들어 있는 빨간색 페인트의 양을 $2x$ g이라 하면 파란색 페인트의 양은 $3x$ g이므로 페인트 B에 들어 있는 빨간색 페인트의 양은 $(280-2x)$ g이고, 파란색 페인트의 양은 $(240-3x)$ g이다.
즉, $(280-2x):(240-3x)=5:3$이므로
$3(280-2x)=5(240-3x)$, $840-6x=1200-15x$
$9x=360 \quad \therefore x=40$
따라서 페인트 A의 양은 $2x+3x=5x=5\times40=200$ (g)이다.

1098

정답 ③

버려야 하는 소금물의 양을 x g이라 하면
$\frac{12}{100}\times(600-x)=\frac{9.6}{100}\times600$, $12(600-x)=5760$
$7200-12x=5760$, $-12x=-1440 \quad \therefore x=120$
따라서 버려야 하는 소금물의 양은 120 g이다.

1099

정답 24

기약분수의 분자와 분모의 합이 70이므로 기약분수의 분모를 x라 하면 분자는 $70-x$이다.
즉, 기약분수는 $\frac{70-x}{x}$ $(x\neq0)$이고 $\frac{70-x}{x}\times46$이 자연수가 되려면 x는 46의 약수인 1, 2, 23, 46 중 하나가 되어야 한다.
이때 $\frac{70-x}{x}$가 정수가 아닌 기약분수이므로 $x\neq1$이고 $70-x$와 x가 서로소가 되어야 하므로 $x\neq2$, $x\neq46$이다.
따라서 정수 x는 23뿐이므로 기약분수는 $\frac{47}{23}$이고 분자와 분모의 차는 $47-23=24$

1100

정답 3일

A 독서실을 주말 x일 이용하였다고 하면 B 독서실은 주말 $(6-x)$일을 이용하였고, A 독서실을 총 6일 갔으므로 A 독서실은 평일 $(6-x)$일을 이용하였고, B 독서실을 총 10일 갔으므로 B 독서실은 평일 $10-(6-x)=x+4$(일)을 이용하였다.
A, B 독서실을 이용한 총 사용료가 117000원이므로
$10000x+8000(6-x)+7000(6-x)+6000(x+4)=117000$
$10x+8(6-x)+7(6-x)+6(x+4)=117$
$10x+48-8x+42-7x+6x+24=117$
$x+114=117 \quad \therefore x=3$
따라서 A 독서실을 이용한 주말은 3일이다.

1101

정답 ①

기차의 길이를 x m라 하면
$\frac{920+x}{25}=\frac{1280-x}{30}$, $6(920+x)=5(1280-x)$
$5520+6x=6400-5x$, $11x=880 \quad \therefore x=80$
따라서 기차의 속력은 초속 $\frac{920+80}{25}=40$ (m)이다.

1102

정답 60개

주인아주머니는 수습생보다 3분 동안 10개의 송편을 더 만드므로 1분에 $\frac{10}{3}$개의 송편을 더 만든다.
수습생이 1분에 x개의 송편을 만든다면
주인아주머니는 1분에 $\left(x+\frac{10}{3}\right)$개의 송편을 만드므로
$30x=\frac{1}{2}\times\left\{10\times\left(x+\frac{10}{3}\right)\right\}$, $30x=5\left(x+\frac{10}{3}\right)$
$30x=5x+\frac{50}{3}$, $25x=\frac{50}{3} \quad \therefore x=\frac{2}{3}$
따라서 수습생은 1분에 $\frac{2}{3}$개의 송편을 만드므로 두 사람이 만든 송편은 모두
$30x+10\left(x+\frac{10}{3}\right)=40x+\frac{100}{3}=40\times\frac{2}{3}+\frac{100}{3}=60$(개)

1103

정답 75 %

이 상인이 물건을 구입하는 데 든 총 비용은
$6000\times100+100000=700000$(원)
도매 가격에 x %의 이익을 붙여 판매 가격을 정한다고 하면
$6000\times\left(1+\frac{x}{100}\right)\times(100-20)=700000\times\frac{120}{100}$
$480000\times\left(1+\frac{x}{100}\right)=840000$
$1+\frac{x}{100}=\frac{7}{4}$, $\frac{x}{100}=\frac{3}{4} \quad \therefore x=75$
따라서 도매 가격에 75 %의 이익을 붙여서 판매 가격을 정해야 한다.

1104

정답 15 km

출발점부터 반환점까지의 거리를 x km라 하면
강물을 따라 내려갈 때 보트의 속력은 시속 $40+10=50$ (km)
강물을 거슬러 올라갈 때 보트의 속력은 시속 $40-10=30$ (km)
진희가 강을 따라 왕복하는데 걸린 시간은 $\left(\frac{x}{50}+\frac{x}{30}\right)$시간
윤성이가 $2x$ km의 거리를 시속 40 km로 왕복하는 데
걸린 시간은 $\frac{2x}{40}=\frac{x}{20}$(시간)
윤성이가 진희보다 3분 먼저 도착하였으므로
$\left(\frac{x}{50}+\frac{x}{30}\right)-\frac{x}{20}=\frac{3}{60}$, $6x+10x-15x=15 \quad \therefore x=15$
따라서 출발점부터 반환점까지의 거리는 15 km이다.

1105

정답 ③

인상하기 전의 입장료를 a원, 관람객 수를 b명이라 하면 인상한 입장료는 $a+a\times\frac{20}{100}=\frac{6}{5}a$(원)
입장료를 인상한 후 관람객 수가 x % 감소하였다고 하면 관람객 수는 $b-b\times\frac{x}{100}=b\left(1-\frac{x}{100}\right)$(명)이므로

$\frac{6}{5}ab\left(1-\frac{x}{100}\right)=ab\left(1+\frac{8}{100}\right)$

이때 양변을 ab ($ab\neq0$)로 나누면

$\frac{6}{5}\left(1-\frac{x}{100}\right)=\frac{27}{25}$, $\frac{6}{5}-\frac{3}{250}x=\frac{27}{25}$

$300-3x=270$, $-3x=-30$ $\quad\therefore x=10$

따라서 관람객 수는 10 % 감소하였다.

참고 (총 수입)=(총 관람객 수)×(입장료)임을 이용하여 문제를 해결한다.

PART C 09 순서쌍과 좌표 • 본책 206~208쪽

1106 정답 6

6의 배수는 6, 12, 18, ⋯이다.

이때 a, b는 1 이상 6 이하인 자연수이므로 6의 배수 중 $a+b$의 값으로 가능한 수는 6 또는 12이다.

(i) $a+b=6$을 만족시키는 순서쌍 (a, b)는

$(1, 5)$, $(2, 4)$, $(3, 3)$, $(4, 2)$, $(5, 1)$의 5개

(ii) $a+b=12$를 만족시키는 순서쌍 (a, b)는

$(6, 6)$의 1개

(i), (ii)에서 구하는 순서쌍 (a, b)는 $5+1=6$(개)

1107 정답 제3사분면

점 $(2a-4, b-5)$가 x축 위의 점이므로

$b-5=0$ $\quad\therefore b=5$

점 $(3a+15, b-1)$이 y축 위의 점이므로

$3a+15=0$ $\quad\therefore a=-5$

따라서 점 $(a, -b)$, 즉 점 $(-5, -5)$는 제3사분면 위의 점이다.

1108 정답 4

점 $\left(\frac{2}{3}a-4, \frac{1}{2}a+1\right)$이 어느 사분면에도 속하지 않으려면 x축 또는 y축 위에 있어야 한다.

(i) 점 $\left(\frac{2}{3}a-4, \frac{1}{2}a+1\right)$이 x축 위에 있을 때

$\frac{1}{2}a+1=0$이므로 $\frac{1}{2}a=-1$ $\quad\therefore a=-2$

(ii) 점 $\left(\frac{2}{3}a-4, \frac{1}{2}a+1\right)$이 y축 위에 있을 때

$\frac{2}{3}a-4=0$이므로 $\frac{2}{3}a=4$ $\quad\therefore a=6$

(i), (ii)에서 모든 a의 값의 합은 $-2+6=4$

1109 정답 제4사분면

점 $(ab, a-b)$가 제2사분면 위의 점이므로 $ab<0$, $a-b>0$

$ab<0$이므로 a, b의 부호는 서로 다르다.

이때 $a-b>0$이므로 $a>0$, $b<0$

따라서 $a-b-ab>0$, $-2a+b<0$이므로

점 $(a-b-ab, -2a+b)$는 제4사분면 위의 점이다.

1110 정답 28

점 A$(6, -1)$과 x축에 대하여 대칭인 점은 B$(6, 1)$, 원점에 대하여 대칭인 점은 C$(-6, 1)$, y축에 대하여 대칭인 점은 D$(-6, -1)$이다.

네 점 A, B, C, D를 꼭짓점으로 하는 사각형 ABCD를 좌표평면 위에 나타내면 그림과 같다.

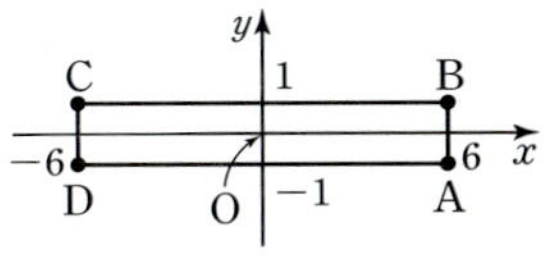

따라서 사각형 ABCD의 둘레의 길이는

$2\times[\{1-(-1)\}+\{6-(-6)\}]=2\times14=28$

1111 정답 90분

대관람차가 출발점에서 출발하여 다시 출발점으로 돌아오는 데 걸린 시간은 18분이므로 대관람차가 한 바퀴 도는 데 걸린 시간은 18분이다.

따라서 대관람차가 5바퀴 도는 데 걸리는 시간은 $18\times5=90$(분)이다.

1112 정답 ④

세 점 A, B, C를 꼭짓점으로 하는 삼각형 ABC를 좌표평면 위에 나타내면 그림과 같다.

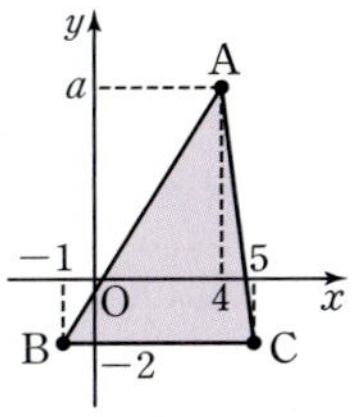

이때 삼각형 ABC의 넓이가 24이므로

$\frac{1}{2}\times6\times(a+2)=24$, $a+2=8$ $\quad\therefore a=6$

1113 정답 20

점 A$(2, 1)$과 x축에 대하여 대칭인 점은 C$(2, -1)$

점 B$(-2, 4)$와 x축에 대하여 대칭인 점은 D$(-2, -4)$

네 점 A, B, C, D를 꼭짓점으로 하는 사각형을 좌표평면 위에 나타내면 그림과 같다.

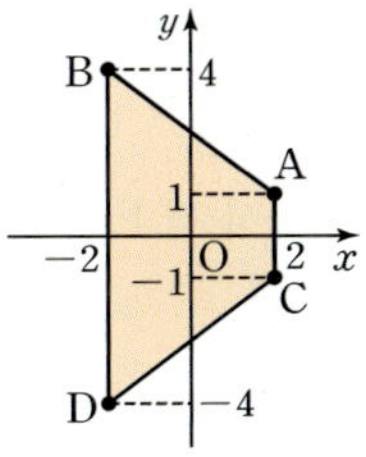

$\therefore$ (사각형 ABDC의 넓이)$=\frac{1}{2}\times(2+8)\times4=20$

1114 정답 ④

③ 언니가 멈춰 있었던 시간은 그래프에서 y의 값에 변화가 없는 부분이므로 출발한 지 6분 후부터 10분 후까지이다. 즉, $10-6=4$(분) 동안 멈춰 있었다.

④ 등교하는 데 걸린 시간이 언니는 14분, 동생은 $14-2=12$(분)이므로 언니가 동생보다 등교하는 데 걸린 시간이 더 길다.

⑤ (속력)$=\dfrac{(\text{거리})}{(\text{시간})}$이므로 언니는 출발하고 처음 6분 동안 분속

$\dfrac{300}{6}=50$ (m)로 걸었다.

따라서 옳지 않은 것은 ④이다.

1115

정답 -9

점 P가 직사각형 ABCD의 네 변 위를 움직이므로

$-4\le a\le 1$, $-2\le b\le 5$

$a-b$의 값이 가장 작으려면 a의 값은 가장 작고, b의 값은 가장 커야 하므로 점 P는 점 A의 위치에 있어야 한다.

따라서 $a=-4$, $b=5$일 때, $a-b$의 값이 가장 작으므로 구하는 값은 $a-b=-4-5=-9$

1116

정답 ②

$ab>0$이므로 a, b의 부호는 서로 같다.

이때 $a+b<0$이므로 $a<0$, $b<0$

① $-a>0$이고 $|a|<|b|$이므로 $-a+b<0$ ⇨ 제4사분면

② $-a>0$, $-b>0$ ⇨ 제1사분면

③ $-b>0$, $a<0$ ⇨ 제4사분면

④ $|a|<|b|$이므로 $a-b>0$, $b-a<0$ ⇨ 제4사분면

⑤ $ab>0$, $-a>0$이므로 $ab-a>0$, $b<0$ ⇨ 제4사분면

따라서 속하는 사분면이 나머지 넷과 다른 하나는 ②이다.

1117

정답 (9, 5)

정사각형 ABCD의 한 변의 길이가 6이므로 C(9, 0), D(9, 6)

점 E의 좌표를 $(9, k)$ $(k>0)$라 하면

(삼각형 OCE의 넓이)$=\dfrac{1}{2}\times 9\times k=\dfrac{9}{2}k$

(사다리꼴 AOCD의 넓이)$=\dfrac{1}{2}\times(6+9)\times 6=45$

이때 삼각형 OCE의 넓이는 사다리꼴 AOCD의 넓이의 $\dfrac{1}{2}$이므로

$\dfrac{9}{2}k=\dfrac{1}{2}\times 45$ $\quad\therefore k=5$

따라서 점 E의 좌표는 (9, 5)이다.

1118

정답 ①, ⑤

두 점 A, B의 x좌표가 -2로 같으므로 세 점 A, B, C를 선분으로 연결했을 때 삼각형이 만들어지려면 점 C의 x좌표가 -2보다 크거나 -2보다 작아야 한다.

(i) $k<-2$인 경우

삼각형 ABC는 그림과 같으므로

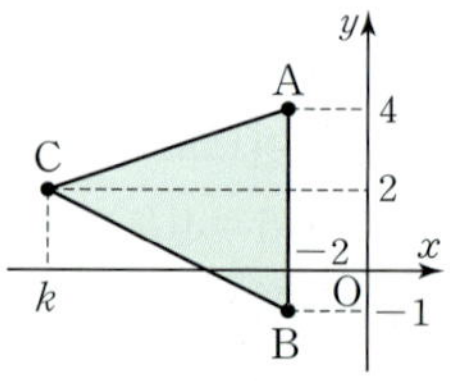

(삼각형 ABC의 넓이)

$=\dfrac{1}{2}\times 5\times(-2-k)$

$=-\dfrac{5}{2}(2+k)$

즉, $-\dfrac{5}{2}(2+k)=15$이므로 $-10-5k=30$

$-5k=40$ $\quad\therefore k=-8$

(ii) $k>-2$인 경우

삼각형 ABC는 그림과 같으므로

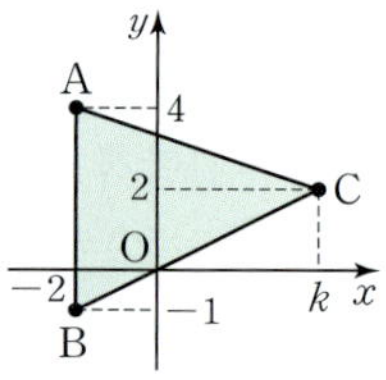

(삼각형 ABC의 넓이)

$=\dfrac{1}{2}\times 5\times\{k-(-2)\}$

$=\dfrac{5}{2}(k+2)$

즉, $\dfrac{5}{2}(k+2)=15$이므로 $5k+10=30$

$5k=20$ $\quad\therefore k=4$

(i), (ii)에서 구하는 k의 값은 -8, 4이다.

1119

정답 ②, ④

② 방향을 바꾼 지점은 출발점으로부터의 거리가 증가하다가 감소하거나 감소하다가 증가하는 지점이므로 성원이가 수영을 하는 동안 방향을 바꾼 횟수는 4회이다.

③ (성원이가 수영한 총 거리)

$=100+(100-50)+(70-50)+(70-40)+(80-40)$

$=240$ (m)

④ (라임이가 수영한 총 거리)$=100+(100-60)+60+80$

$=280$ (m)

(평균 속력)$=\dfrac{(\text{전체 이동한 거리})}{(\text{전체 걸린 시간})}$이므로 라임이의 평균 속력은

분속 $\dfrac{280}{8}=35$ (m)이다.

⑤ 성원이의 평균 속력은 분속 $\dfrac{240}{8}=30$ (m)이다.

따라서 옳지 않은 것은 ②, ④이다.

1120

정답 ㄴ

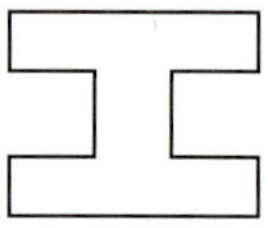

주어진 그릇의 단면은 그림과 같이 폭이 넓고 일정한 부분, 폭이 좁고 일정한 부분, 폭이 넓고 일정한 부분으로 나뉜다.

폭이 넓고 일정한 부분에서는 물의 높이가 느리고 일정하게 감소하고, 폭이 좁고 일정한 부분에서는 물의 높이가 빠르고 일정하게 감소하며 다시 폭이 넓은 부분은 처음과 같은 빠르기로 물의 높이가 느리고 일정하게 감소하므로 알맞은 그래프는 ㄴ이다.

1121

정답 ㄷ

(i) 점 P가 점 A에서 점 B까지 움직일 때

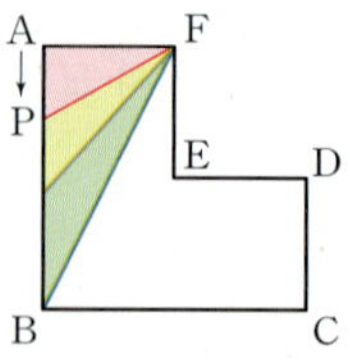

선분 AF를 삼각형 APF의 밑변이라 하면 높이는 선분 AP의 길이이다. 이때 선분 AF의 길이는 변하지 않고 선분 AP의 길이는 0부터 일정하게 늘어나므로 삼각형 APF의 넓이는 일정하게 증가한다.

(ii) 점 P가 점 B에서 점 C까지 움직일 때 선분 AF를 삼각형 APF의 밑변이라 하면 높이는 선분 AB의 길이와 같다. 이때 선분 AF, 선분 AB의 길이는 변하지 않으므로 삼각형 APF의 넓이는 정사각형 1개의 넓이와 같은 넓이로 일정하다.

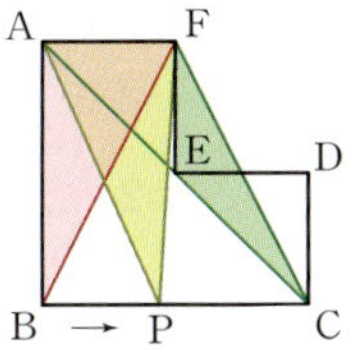

(iii) 점 P가 점 C에서 점 D까지 움직일 때 점 P가 점 C에 있을 때, 선분 AF를 삼각형 APF의 밑변이라 하면 높이는 점 C에서 선분 AF의 연장선에 내린 수선의 길이와 같다. 이때 선분 AF의 길이는 변하지 않고 높이는 점 C에서 점 D까지 선분 AF의 연장선에 내린 수선의 길이만큼까지 일정하게 줄어든다.
따라서 삼각형 APF의 넓이는 일정하게 줄어든다.

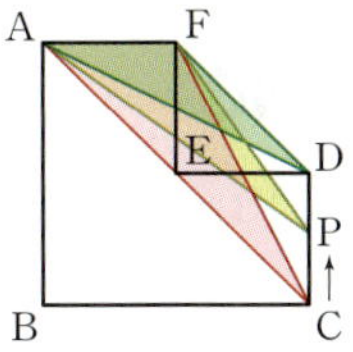

(iv) 점 P가 점 D에서 점 E까지 움직일 때 선분 AF를 삼각형 APF의 밑변이라 하면 높이는 선분 FE의 길이와 같다. 이때 선분 AF, 선분 FE의 길이는 변하지 않으므로 삼각형 APF의 넓이는 정사각형 1개의 넓이의 $\frac{1}{2}$과 같은 넓이로 일정하다.

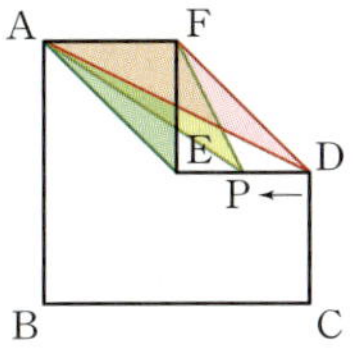

(v) 점 P가 점 E에서 점 F까지 움직일 때 선분 AF를 삼각형 APF의 밑변이라 하면 높이는 선분 FP의 길이이다. 이때 선분 AF의 길이는 변하지 않고 선분 FP의 길이는 일정하게 0까지 줄어들므로 삼각형 APF의 넓이는 일정하게 감소한다.

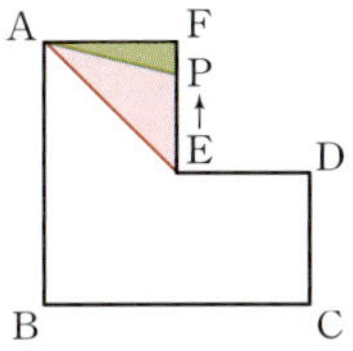

(i)~(v)에서 x와 y 사이의 관계를 나타낸 그래프로 알맞은 것은 ㄷ이다.

PART C⁺ 10 정비례와 반비례

• 본책 209~210쪽

1122

정답 ⑤

점 (a, b)가 제2사분면 위의 점이므로 $a<0$, $b>0$
각 그래프가 지나는 사분면을 구하면 다음과 같다.
①, ④ $-a>0$ ⇨ 제1사분면, 제3사분면
② $-\frac{a}{b}>0$ ⇨ 제1사분면, 제3사분면
③ $b>0$ ⇨ 제1사분면, 제3사분면
⑤ $ab<0$ ⇨ 제2사분면, 제4사분면
따라서 제2사분면과 제4사분면을 지나는 것은 ⑤이다.

1123

정답 (1) $y=\frac{7}{2}x$ (2) 140 g

(1) 5 %의 소금물의 양이 x g이므로 12 %의 소금물의 양은 $(y-x)$ g이다.
$(\text{소금의 양})=\frac{(\text{소금물의 농도})}{100}\times(\text{소금물의 양})$이고
소금의 양은 변하지 않으므로
$\frac{5}{100}\times x+\frac{12}{100}\times(y-x)=\frac{10}{100}\times y$
$5x+12y-12x=10y$, $2y=7x$ $\quad\therefore y=\frac{7}{2}x$

(2) $y=\frac{7}{2}x$에 $y=490$을 대입하면 $490=\frac{7}{2}x$ $\quad\therefore x=140$
따라서 구하는 5 %의 소금물의 양은 140 g이다.

1124

정답 ㄴ, ㄹ

ㄱ, ㄴ 학생 6명이 15분 동안 한 일의 양과 학생 x명이 y분 동안 한 일의 양이 같으므로 $6\times15=x\times y$ $\quad\therefore y=\frac{90}{x}$
즉, y는 x에 반비례한다.
ㄷ. $y=\frac{90}{x}$에 $x=18$을 대입하면 $y=\frac{90}{18}=5$
즉, 학생 18명이 교실을 청소하면 5분이 걸린다.
ㄹ. $y=\frac{90}{x}$에 $y=10$을 대입하면 $10=\frac{90}{x}$ $\quad\therefore x=9$
즉, 10분만에 교실을 청소하려면 학생 9명이 필요하다.
따라서 옳지 않은 것은 ㄴ, ㄹ이다.

1125

정답 (1) $y=\frac{1}{4}x$ (2) 3번

(1) 톱니바퀴 A가 x번 회전할 때, 톱니바퀴 D는 y번 회전하고 톱니바퀴 B, C가 각각 a번, b번 회전한다고 하면 네 톱니바퀴 A, B, C, D가 회전하는 동안 맞물린 톱니의 수는 서로 같으므로
$12\times x=32\times a=24\times b=48\times y$
즉, $12\times x=48\times y$이므로 $y=\frac{1}{4}x$

(2) $y=\frac{1}{4}x$에 $x=12$를 대입하면 $y=\frac{1}{4}\times12=3$
따라서 톱니바퀴 A가 12번 회전하는 동안 톱니바퀴 D는 3번 회전한다.

1126

정답 $\frac{5}{4}$

$y=5x$에 $x=b$, $y=15$를 대입하면 $15=5b$
$\therefore b=3$
이때 정사각형 ABCD의 한 변의 길이가 5이므로
B(3, 10), C(8, 10), D(8, 15)
점 C(8, 10)이 $y=ax$의 그래프 위의 점이

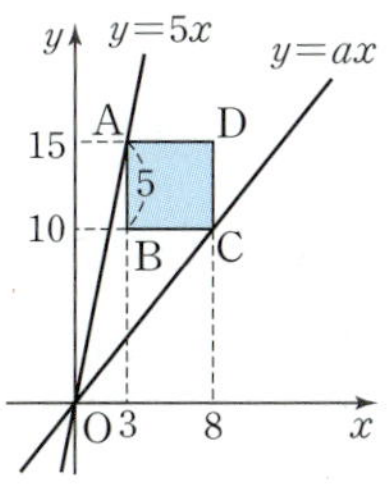

므로 $y=ax$에 $x=8$, $y=10$을 대입하면

$10=8a \qquad \therefore a=\frac{5}{4}$

1127

정답 $\frac{1}{3}$

(사다리꼴 OABC의 넓이)

$=\frac{1}{2}\times(2+6)\times3=12$

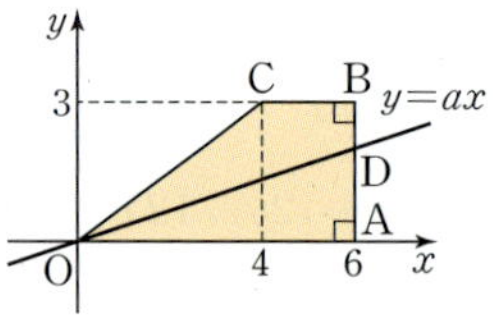

그림과 같이 정비례 관계 $y=ax$의 그래프가 사다리꼴 OABC의 넓이를 이등분할 때, 선분 AB 위의 점 D(6, 6a)를 지난다고 하면 삼각형 OAD의 넓이는 사다리꼴 OABC의 넓이의 $\frac{1}{2}$이므로

$\frac{1}{2}\times6\times6a=\frac{1}{2}\times12$, $18a=6 \qquad \therefore a=\frac{1}{3}$

1128

정답 $\frac{3}{4}\le k\le3$

$y=\frac{b}{x}$의 그래프가 점 A(2, 6)을 지나므로

$y=\frac{b}{x}$에 $x=2$, $y=6$을 대입하면 $6=\frac{b}{2} \qquad \therefore b=12$

$\therefore y=\frac{12}{x}$

$y=\frac{12}{x}$의 그래프가 점 B(a, 3)을 지나므로

$y=\frac{12}{x}$에 $x=a$, $y=3$을 대입하면 $3=\frac{12}{a} \qquad \therefore a=4$

이때 $y=kx$의 그래프가 선분 AB와 만나므로

(i) $y=kx$의 그래프가 점 A(2, 6)을 지날 때

$y=kx$에 $x=2$, $y=6$을 대입하면 $6=2k \qquad \therefore k=3$

(ii) $y=kx$의 그래프가 점 B(4, 3)을 지날 때

$y=kx$에 $x=4$, $y=3$을 대입하면 $3=4k \qquad \therefore k=\frac{3}{4}$

(i), (ii)에서 구하는 k의 값의 범위는 $\frac{3}{4}\le k\le3$이다.

1129

정답 $\frac{21}{2}$

점 P(2, 5)가 $y=\frac{a}{x}$ $(x>0)$의 그래프 위의 점이므로

$y=\frac{a}{x}$에 $x=2$, $y=5$를 대입하면 $5=\frac{a}{2} \qquad \therefore a=10$

$\therefore y=\frac{10}{x}$

점 B가 점 A를 출발한 지 12초 후 점 B의 x좌표는

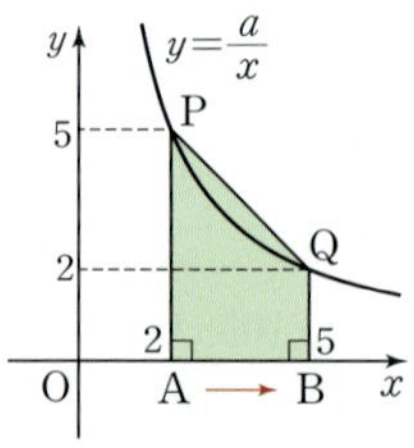

$2+\frac{1}{4}\times12=5 \qquad \therefore B(5, 0)$

점 B와 점 Q의 x좌표는 같으므로 점 Q의 x좌표는 5

이때 $y=\frac{10}{x}$에 $x=5$를 대입하면

$y=\frac{10}{5}=2 \qquad \therefore Q(5, 2)$

$\therefore$ (사각형 PABQ의 넓이)$=\frac{1}{2}\times(2+5)\times3=\frac{21}{2}$

1130

정답 18

점 P(a, b)가 $y=\frac{16}{x}$ $(x>0)$의 그래프 위의 점이므로

$y=\frac{16}{x}$에 $x=a$, $y=b$를 대입하면 $b=\frac{16}{a} \qquad \therefore ab=16$

16의 약수는 1, 2, 4, 8, 16이고 a, b가 모두 자연수이므로

점 P(a, b)가 될 수 있는 점의 좌표는 (1, 16), (2, 8), (4, 4), (8, 2), (16, 1)

(i) 직사각형 PROQ의 둘레의 길이가 최대가 될 때는 x좌표와 y좌표의 합이 가장 클 때이므로 점 P의 좌표가 (1, 16) 또는 (16, 1)일 때이다.

$\therefore$ (직사각형 PROQ의 둘레의 길이의 최댓값)$=2\times(1+16)$
$=34$

(ii) 직사각형 PROQ의 둘레의 길이가 최소가 될 때는 x좌표와 y좌표의 합이 가장 작을 때이므로 점 P의 좌표가 (4, 4)일 때이다.

$\therefore$ (직사각형 PROQ의 둘레의 길이의 최솟값)$=2\times(4+4)$
$=16$

(i), (ii)에서 구하는 최댓값과 최솟값의 차는 $34-16=18$

MEMO

MEMO

MEMO

MEMO

MEMO

MEMO

수학의 바이블

유형을 완벽하게 마스터하는
중학 수학 유형 기본서

수학의 바이블 유형 ON

수학의 바이블 유형ON은
수학의 바이블 개념ON의 필수 개념과 중학 수학에서 학습해야 하는
'모든 유형'을 선정하여 구성한 중학 수학 유형 기본서입니다.

가르치기 쉽고 빠르게 배울 수 있는 **이투스북**

www.etoosbook.com

○ **도서 내용 문의**
홈페이지 > 이투스북 고객센터 > 1:1 문의

○ **도서 정답 및 해설**
홈페이지 > 도서자료실 > 정답/해설

○ **도서 정오표**
홈페이지 > 도서자료실 > 정오표

○ **선생님을 위한 강의 지원 서비스 T폴더**
홈페이지 > 교강사 T폴더